海量 掌握技巧，拥有资源，创意在您手！

DVD多媒体光盘使用说明

海量资源目录

1. **324**段视频教学（时长**810**分钟）
2. 本书**22**章的素材文件（共**462**个）
3. 本书**22**章的最终效果文件（共**334**个）
4. 超值赠送**520**个图纸及图块文件

视频　　素材　　效果　　赠送资料

光盘内容

810分钟全程同步多媒体视频教学

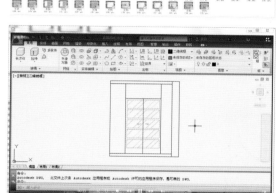

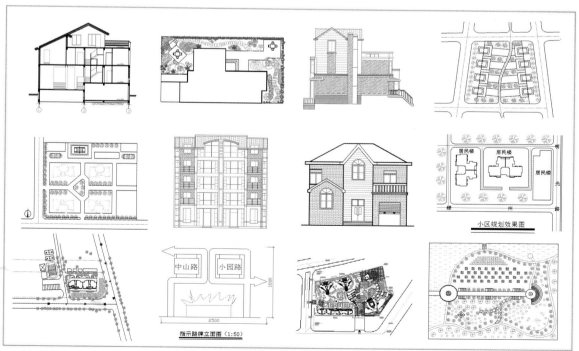

50款室外建筑图纸

1

50款室内装潢图纸

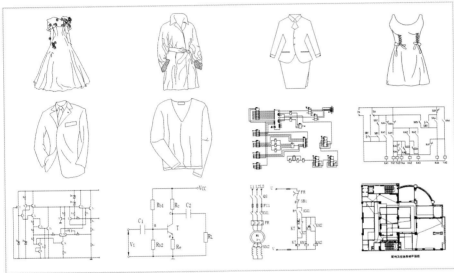

50款服装及电气图纸

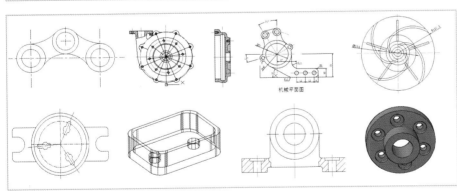

机械平面图

100款机械图纸

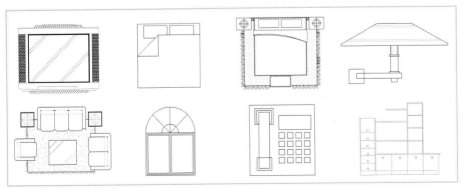

270款装饰图块

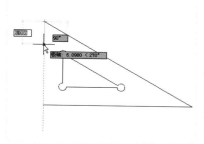

3.2.2 开启极轴追踪功能
教学视频：光盘\视频\第3章\三角板.mp4

3.3.1 设置对象捕捉中点
教学视频：光盘\视频\第3章\设置对象捕捉中点

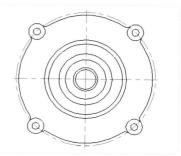

4.1.3 按中心点缩放
教学视频：光盘\视频\第4章\阀盖.mp4

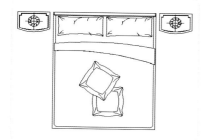

4.5.2 重生图形
教学视频：光盘\视频\第4章\双人床.dwg

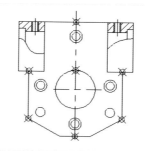

5.1.2 创建多点
教学视频：光盘\视频\第5章\创建多点.mp4

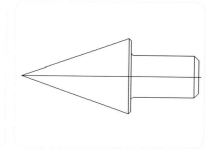

5.2.2 创建射线
教学视频：光盘\视频\第5章\箭头.mp4

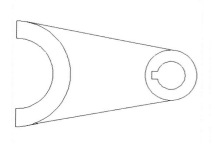

5.3.2 创建圆弧
教学视频：光盘\视频\第5章\曲柄.mp4

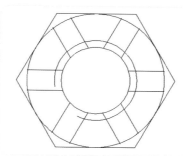

5.4.2 创建正多边形
教学视频：光盘\视频\第5章\开槽螺母.mp4

5.6.6 创建修订云线
教学视频：光盘\视频\第5章\盆栽.mp4

6.3.2 通过位移移动对象
教学视频：光盘\视频\第6章\电话机.mp4

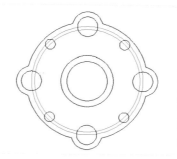

6.3.3 通过拉伸移动对象
教学视频：光盘\视频\第6章\法兰盘.mp4

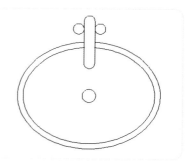

6.4.3 偏移对象
教学视频：光盘\视频\第6章\洗脸盆.mp4

6.6.4 修剪对象
教学视频：光盘\视频\第6章\台灯.mp4

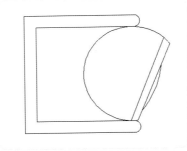

6.7.1 旋转对象
教学视频：光盘\视频\第6章\射灯.mp4

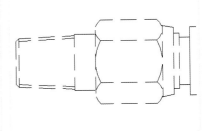

6.7.2 对齐对象
教学视频：光盘\视频\第6章\管类零件.mp4

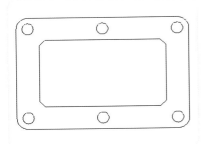

6.7.8 圆角对象
教学视频：光盘\视频\第6章\垫片.mp4

7.2.3 锁定图层
教学视频：光盘\视频\第7章\图标.mp4

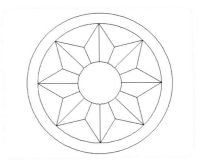

7.2.6 删除图层
教学视频：光盘\视频\第7章\圆形拼花.mp4

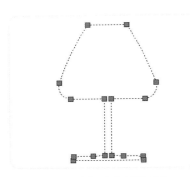

8.1.1 使用"面域"命令创建面域
教学视频：光盘\视频\第8章\酒杯.mp4

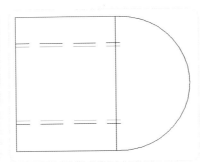

8.2.1 并集运算面域
教学视频：光盘\视频\第8章\盖形螺母.mp4

8.2.2 差集运算面域
教学视频：光盘\视频\第8章\双头扳手.mp4

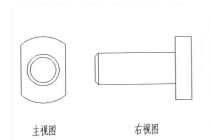

主视图   右视图

8.2.3 交集运算面域
教学视频：光盘\视频\第8章\螺栓.mp4

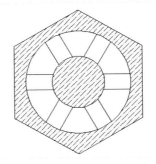

8.3.3 使用孤岛填充
教学视频：光盘\视频\第8章\开槽螺母.mp4

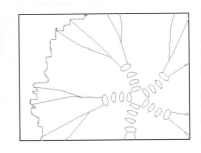

9.4.2 剪裁外部参照
教学视频：光盘\视频\第9章\盆景.mp4

10.1.2 创建内部图块
教学视频：光盘\视频\第10章\家庭影院.mp4

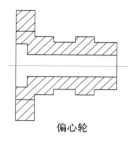

偏心轮

10.3.2 插入带有属性的块
教学视频：光盘\视频\第10章\插入带有属性的块

位置1

10.4.2 创建动态图块
教学视频：光盘\视频\第10章\时间纹路.mp4

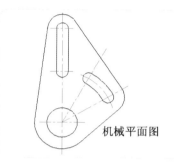

机械平面图

11.1.1 创建文字样式
教学视频：光盘\视频\第11章\机械平面图.mp4

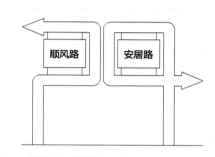

顺风路　安居路

11.1.4 设置文字高度
教学视频：光盘\视频\第11章\床头背景.mp4

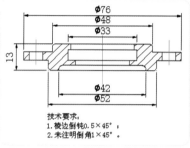

技术要求：
1. 被边倒钝0.5×45°；
2. 未注明倒角1×45°。

11.2.3 创建多行文字
教学视频：光盘\视频\第11章\技术要求.mp4

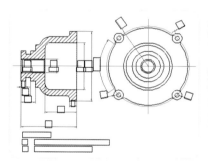

11.4.2 控制文字显示
教学视频：光盘\视频\第11章\控制文字显示状态.mp4

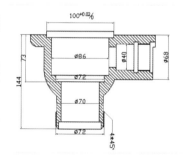

11.4.7 修改堆叠特性
教学视频：光盘\视频\第11章\转阀剖视图.mp4

蜗轮		
蜗杆类型		阿基米德
蜗轮端面模数	m_1	4
端面压力角	a	20°
螺旋线升角		5° 42′ 38″
蜗轮齿数	Z_2	19
螺旋线方向		右
齿形公差	f_{f1}	0.020

12.3.6 调整单元内容对齐方式
教学视频：光盘\视频\第12章\调整单元内容对齐方式

种植材料表			
序号	名称	数量	备注
1	水仙	105	20株/平方米
2	月季	80	20株/平方米
3	玫瑰	55	30株/平方米
4	丁香	68	40株/平方米
合计		308	

12.4.7 在表格中使用公式
教学视频：光盘\视频\第12章\种植材料表.mp4

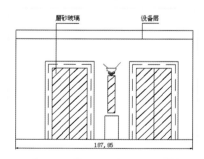

磨砂玻璃　设备层

187.85

13.3.1 创建线性尺寸标注
教学视频：光盘\视频\第13章\电梯立面图.mp4

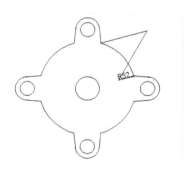

R52

13.4.3 创建折弯尺寸标注
教学视频：光盘\视频\第13章\轴承盖.mp4

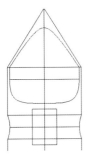

14.2.1 使用对话框设置视点
教学视频：光盘\视频\第14章\顶尖.mp4

14.3.3 连续动态观察
教学视频：光盘\视频\第14章\带轮.mp4

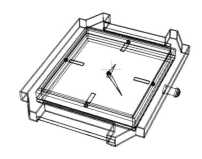

14.5.2 飞行
教学视频：光盘\视频\第14章\手表.mp4

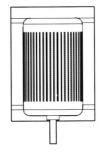

14.8.6 切换至XY平面视图
教学视频：光盘\视频\第14章\电动机.mp4

15.2.1 创建二维填充实体
教学视频：光盘\视频\第15章\地面拼花.mp4

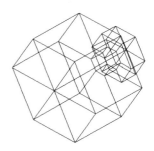

15.2.4 创建旋转网格
教学视频：光盘\视频\第15章\墨水瓶.mp4

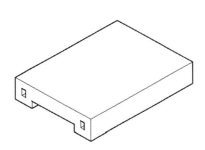

15.3.1 绘制多段体
教学视频：光盘\视频\第15章\石凳.mp4

15.3.3 绘制楔体
教学视频：光盘\视频\第15章\三维零件.mp4

15.3.5 绘制圆锥体
教学视频：光盘\视频\第15章\沙漏.mp4

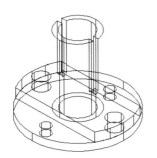

15.4.1 创建拉伸实体
教学视频：光盘\视频\第15章\传动轴套.mp4

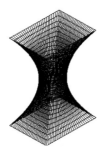

15.4.3 创建放样实体
教学视频：光盘\视频\第15章\花瓶.mp4

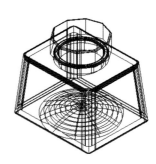

16.1.1 移动三维实体
教学视频：光盘\视频\第16章\墨水瓶.mp4

16.1.3 镜像三维实体
教学视频：光盘\视频\第16章\耳机.mp4

16.1.5 对齐三维实体
教学视频：光盘\视频\第16章\茶杯.mp4

16.1.8 分解三维实体
教学视频：光盘\视频\第16章\接头弯管.mp4

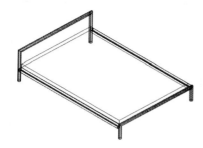

16.1.10 加厚三维实体
教学视频：光盘\视频\第16章\单人床.mp4

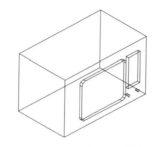

16.4.1 移动三维面
教学视频：光盘\视频\第16章\微波炉.mp4

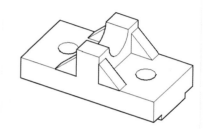

16.4.3 偏移三维面
教学视频：光盘\视频\第16章\滚轴支墩.mp4

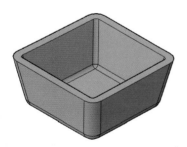

17.1.1.4 使用概念样式显示
教学视频：光盘\视频\第17章\花盆.mp4

17.1.1.5 使用真实样式显示
教学视频：光盘\视频\第17章\床.mp4

17.2.1.2 创建聚光灯
教学视频：光盘\视频\第17章\盘子.mp4

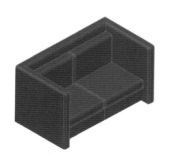

17.3.6 设置漫射贴图
教学视频：光盘\视频\第17章\沙发.mp4

17.3.7 调整纹理贴图
教学视频：光盘\视频\第17章\弯管.mp4

17.4.3 渲染并保存图形
教学视频：光盘\视频\第17章\三通接头.mp4

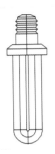

19.1 节能灯泡
教学视频：光盘\视频\第19章\节能灯泡.mp4

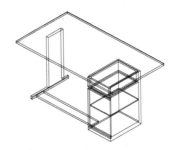

19.2 办公桌
教学视频：光盘\视频\第19章\办公桌.mp4

19.3 电气工程图
教学视频：光盘\视频\第19章\电气工程图.mp4

20.1 轴支架
教学视频：光盘\视频\第20章\绘制轴支架.mp4、渲染轴支架.mp4

20.2 垫片
教学视频：光盘\视频\第20章\垫片.mp4

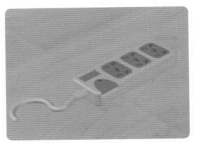

20.3 插线板
教学视频：光盘\视频\第20章\绘制插线板.mp4、渲染插线板.mp4

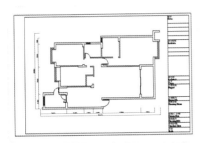

21.1 户型结构图
教学视频：光盘\视频\第21章\户型结构图.mp4

21.2 户型平面图
教学视频：光盘\视频\第21章\户型平面图.mp4

21.3 接待室透视图
教学视频：光盘\视频\第21章\接待室透视图.mp4

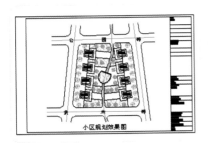

22.1 小区规划效果图
教学视频：光盘\视频\第22章\小区规划效果图.mp4

22.2 别墅立面图
教学视频：光盘\视频\第22章\别墅立面图.mp4

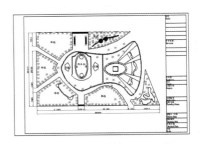

22.3 园林规划鸟瞰图
教学视频：光盘\视频\第22章\建筑景观平面图.mp4

AutoCAD 2013
完全学习手册

新视角文化行 编著

人民邮电出版社
北京

图书在版编目（CIP）数据

AutoCAD 2013完全学习手册 / 新视角文化行编著
. -- 北京 ：人民邮电出版社，2013.2
ISBN 978-7-115-30313-4

Ⅰ. ①A… Ⅱ. ①新… Ⅲ. ①AutoCAD软件—技术手册
Ⅳ. ①TP391.72-62

中国版本图书馆CIP数据核字(2012)第295466号

内 容 提 要

本书为AutoCAD 2013学习手册。本书对AutoCAD 2013的各项核心技术与精髓内容进行了全面且详细的讲解，可以有效地帮助读者在最短的时间内掌握软件。

本书共分为基础入门篇、进阶提高篇、核心攻略篇、高手终极篇和综合实战篇5篇，主要包括AutoCAD 2013软件导航、设置绘图环境、设置辅助功能、控制图形显示、创建二维图形、编辑二维图形、应用图层、创建面域和填充图案、查询与管理外部参照、管理图块与AutoCAD设计中心、创建与设置文字、创建与设置表格、创建与设置尺寸标注、控制三维视图、创建三维模型、编辑三维模型、观察与渲染三维模型、图形后期处理、简易图纸设计、机械产品设计、室内装潢设计、室外建筑设计等内容，读者学后可以融会贯通、举一反三，制作出更多更加精彩、漂亮的模型。

本书结构清晰、语言简洁，适合于AutoCAD的初、中级读者阅读，包括平面辅助绘图人员、机械绘图人员、工程绘图人员、模具绘图人员、工业绘图人员、室内装潢设计人员、室外建筑施工人员及建筑效果图制作者等，同时也可作为各类计算机培训中心、中职中专、高职高专等院校及相关专业的辅导教材。

AutoCAD 2013 完全学习手册

◆ 编　　著　新视角文化行
　　责任编辑　郭发明

◆ 人民邮电出版社出版发行　　北京市崇文区夕照寺街 14 号
　　邮编　100061　　电子邮件　315@ptpress.com.cn
　　网址　http://www.ptpress.com.cn
　　北京艺辉印刷有限公司印刷

◆ 开本：787×1092　1/16
　　印张：34.75　　　　　　　　彩插：4
　　字数：603 千字　　　　　　2013 年 2 月第 1 版
　　印数：1- 4 000 册　　　　　2013 年 2 月北京第 1 次印刷

ISBN 978-7-115-30313-4

定价：68.00 元（附 1DVD）

读者服务热线：**(010)67132692**　印装质量热线：**(010)67129223**
反盗版热线：**(010)67171154**
广告经营许可证：京崇工商广字第 0021 号

前 言

软件简介

AutoCAD 2013 是由美国 Autodesk 公司开发的一款计算机辅助绘图与设计软件，具有界面友好、功能强大、易于掌握、使用方便和体系结构开放等特点，广泛应用于机械、电子、建筑、土木、园林等领域，深受相关行业设计人员的青睐。

本书特色

特　色	特　色　说　明
4大 案例应用实战	本书精讲了4大应用案例：简易图纸设计、机械产品设计、室内装潢设计和室外建筑设计，精心挑选素材并制作了大型设计案例：节能灯泡、办公桌、电气工程图、轴支架、垫片、插线板、户型结构图、户型平面图、接待室透视图、小区规划效果图、别墅立面图、园林规划鸟瞰图等
18大 技术专题精讲	本书专讲了18大技术专题：设置绘图环境、创建与编辑二维图形、创建面域和填充图案、管理外部参照以及创建与编辑三维模型等，结合432个中小型实例，帮助读者从零开始，循序渐进地学习
250个 技巧点拨放送	作者在编写时，将平时工作中总结的各方面AutoCAD实战技巧、设计经验等毫无保留地奉献给读者，不仅大大丰富和提高了本书的含金量，更方便读者提升软件的实战技巧与经验，从而大大提高学习与工作效率
432个 技能实例奉献	本书通过大量的技能实例来辅讲软件，共计432个，帮助读者在实战演练中逐步掌握软件的核心技能与操作技巧，与同类书相比，读者可以减少学习理论的时间，更能掌握大量超出同类书的实用技能，让学习更加高效
520款 超值素材赠送	为了使读者将所学的知识技能更好地融会贯通于实践工作中，本书特意赠送了520款超值素材，其中包括50款服装及电气图纸、50款室内装潢图纸、50款室外建筑图纸、100款机械图纸、270款装饰图块等
720张 素材效果奉献	随书光盘包含了410多个素材文件和310多个效果文件。其中素材包括机械、办公、家具、电器、电气工程、数码产品、水电工程、道路工程、园林规划、室内装潢、小区规划、建筑设计、日用品设计等，应有尽有，供读者选用
810多分钟 语音视频演示	书中311个技能实例及最后4大综合案例，全部录制了带语音讲解的演示视频，时间长度达810多分钟，重现书中所有实例的操作，读者可以结合书本，也可以独立观看视频演示，像看电影一样进行学习
2500多张 图片全程图解	本书采用了2500多张图片，对软件的技术、实例的讲解、效果的展示，进行了全程式的图解，通过这些大量清晰的图片，让实例的内容变得更通俗易懂，读者可以一目了然，快速领会，举一反三，制作出更加精美漂亮的效果

内容安排

本书具体篇章内容安排如下。

篇 章	主 要 内 容
基础入门篇	第1～4章，专业讲解了启动和退出AutoCAD 2013、AutoCAD 2013的基本功能、文件的基本操作、管理"功能区"选项板、设置图形单位、使用命令的技巧、设置捕捉和栅格、缩放图形及实时平移图形等内容
进阶提高篇	第5～8章，专业讲解了创建点对象、创建线对象、创建圆对象、移动对象、复制对象、阵列对象、旋转对象、修剪对象、使用夹点编辑对象、创建与设置图层、转换图层、管理图层、创建面域以及创建与编辑图案填充等内容
核心攻略篇	第9～13章，专业讲解了查询对象的几何信息、使用与管理外部参照、创建与编辑图块、分解图块、插入字段、使用AutoCAD设计中心、创建与设置文字、控制文字显示、创建和设置表格样式以及创建与设置尺寸标注等内容
高手终极篇	第14～18章，专业讲解了三维坐标系的应用、运动路径动画、控制三维模型、绘制三维点和线、绘制基本三维实体、三维边及三维实体面的编辑、设置模型光源、设置模型材质、观察与渲染三维图形以及图形后期处理等内容
综合实战篇	第19～22章，专业讲解了绘制节能灯泡的接口和灯管、办公桌、电气工程图、轴支架、垫片、插线板、户型结构图、户型平面图、接待室透视图、小区规划效果图、别墅立面图以及园林规划鸟瞰图等内容，让读者学有所用

读者对象

本书结构清晰、语言简洁，适合于 AutoCAD 的初、中级读者阅读，包括平面辅助绘图人员、机械绘图人员、工程绘图人员、模具绘图人员、工业绘图人员、室内装潢设计人员、室外建筑施工人员及建筑效果图制作者等，同时也可作为各类计算机培训中心、中职中专、高职高专等院校及相关专业的辅导教材。

版权声明

本书及光盘中所采用的图片、模型、音频、视频和赠品等素材，均为所属公司、网站或个人所有，本书引用仅为说明（教学）之用，绝无侵权之意，特此声明。

编者

2013 年 1 月

目　录

基础入门篇

第1章　AutoCAD 2013软件导航 … 19

1.1　启动与退出AutoCAD 2013 …………… 20
　　1.1.1　启动 AutoCAD 2013 ………… 20
　　实践操作 1 ………………………… 20
　　1.1.2　退出 AutoCAD 2013 ………… 20
　　实践操作 2 ………………………… 20
1.2　了解AutoCAD 2013的基本功能 …… 21
　　1.2.1　创建与编辑图形 …………… 21
　　1.2.2　标注图形尺寸 ……………… 22
　　1.2.3　控制图形显示 ……………… 23
　　1.2.4　渲染三维图形 ……………… 23
　　1.2.5　输出及打印图形 …………… 23
1.3　体验AutoCAD 2013的全新界面 …… 23
　　1.3.1　标题栏 ……………………… 24
　　1.3.2　菜单浏览器 ………………… 24
　　1.3.3　快速访问工具栏 …………… 25
　　1.3.4　"功能区"选项板 ………… 25
　　1.3.5　绘图窗口 …………………… 25
　　1.3.6　命令窗口 …………………… 25
　　1.3.7　状态栏 ……………………… 26
　　1.3.8　工具选项板 ………………… 27
1.4　熟悉AutoCAD 2013的新增功能 … 27
　　1.4.1　曲面曲线提取 ……………… 27
　　1.4.2　点云支持 …………………… 27
　　1.4.3　图案填充编辑器 …………… 27
　　1.4.4　阵列增强功能 ……………… 28
1.5　掌握文件的基本操作 ……………… 28
　　1.5.1　新建图形文件 ……………… 28
　　实践操作 3 ………………………… 28
　　1.5.2　打开已有图形文件 ………… 29
　　实践操作 4 ………………………… 29
　　1.5.3　直接保存文件 ……………… 29
　　实践操作 5 ………………………… 29
　　1.5.4　另存为图形文件 …………… 30
　　实践操作 6 ………………………… 30
　　1.5.5　切换图形文件 ……………… 31
　　实践操作 7 ………………………… 31
　　1.5.6　加密保护图形文件 …………`31
　　实践操作 8 ………………………… 31
　　1.5.7　输出图形文件 ……………… 32
　　实践操作 9 ………………………… 32

　　1.5.8　关闭图形文件 ……………… 33
　　实践操作 10 ……………………… 33
　　1.5.9　修复图形文件 ……………… 34
　　实践操作 11 ……………………… 34
　　1.5.10　恢复图形文件 …………… 35
　　实践操作 12 ……………………… 35

第2章　设置绘图环境 ………………… 36

2.1　管理"功能区"选项板 …………… 37
　　2.1.1　显示或隐藏功能区 ………… 37
　　实践操作 13 ……………………… 37
　　实践操作 14 ……………………… 38
　　2.1.2　隐藏面板标题名称 ………… 38
　　实践操作 15 ……………………… 38
　　2.1.3　浮动功能区 ………………… 39
　　实践操作 16 ……………………… 39
2.2　设置系统参数 ……………………… 40
　　2.2.1　设置文件路径 ……………… 40
　　实践操作 17 ……………………… 40
　　2.2.2　设置窗口元素 ……………… 41
　　实践操作 18 ……………………… 41
　　2.2.3　设置文件保存时间 ………… 42
　　实践操作 19 ……………………… 42
　　2.2.4　设置打印与发布 …………… 42
　　实践操作 20 ……………………… 42
　　2.2.5　设置三维性能 ……………… 43
　　实践操作 21 ……………………… 43
　　2.2.6　设置用户系统配置 ………… 43
　　实践操作 22 ……………………… 43
　　2.2.7　设置绘图 …………………… 43
　　实践操作 23 ……………………… 43
　　2.2.8　设置三维建模 ……………… 44
　　实践操作 24 ……………………… 44
　　2.2.9　设置拾取框大小 …………… 44
　　实践操作 25 ……………………… 44
2.3　设置图形单位 ……………………… 45
　　2.3.1　设置图形单位的长度 ……… 45
　　实践操作 26 ……………………… 45
　　2.3.2　设置图形单位的角度 ……… 46
　　实践操作 27 ……………………… 46
　　2.3.3　设置图形单位的方向 ……… 46
　　实践操作 28 ……………………… 46
　　2.3.4　设置图形单位的缩放比例 … 47
　　实践操作 29 ……………………… 47

2.4 设置图形界限 ……………… 47
　2.4.1 设置图形界限……………… 47
　实践操作 30 ……………………… 47
　2.4.2 显示图形界限……………… 48
　实践操作 31 ……………………… 48
2.5 管理用户界面 ………………… 49
　2.5.1 自定义用户界面…………… 49
　实践操作 32 ……………………… 49
　2.5.2 自定义个性化工具栏……… 50
　实践操作 33 ……………………… 50
　2.5.3 保存工作空间……………… 50
　实践操作 34 ……………………… 51
2.6 掌握使用命令的技巧 ………… 51
　2.6.1 使用鼠标执行命令………… 51
　实践操作 35 ……………………… 51
　2.6.2 使用命令行执行命令……… 52
　实践操作 36 ……………………… 52
　2.6.3 使用文本窗口执行命令…… 53
　实践操作 37 ……………………… 53
　2.6.4 使用透明命令……………… 54
　实践操作 38 ……………………… 54
　2.6.5 使用扩展命令……………… 54
　实践操作 39 ……………………… 54
　2.6.6 自动完成功能……………… 55
　实践操作 40 ……………………… 55
2.7 掌握停止和退出命令的技巧 … 56
　2.7.1 取消已执行的命令………… 56
　实践操作 41 ……………………… 56
　2.7.2 退出正在执行的命令……… 57
　实践操作 42 ……………………… 57
　2.7.3 恢复已撤销的命令………… 58
　实践操作 43 ……………………… 58
　2.7.4 重做已执行的命令………… 58
　实践操作 44 ……………………… 58
　2.7.5 使用系统变量……………… 59
　实践操作 45 ……………………… 59

第3章　设置辅助功能 …………… 60

3.1 设置捕捉和栅格 ……………… 61
　3.1.1 启用捕捉和栅格功能……… 61
　实践操作 46 ……………………… 61
　3.1.2 关闭捕捉功能……………… 62
　实践操作 47 ……………………… 62
　3.1.3 关闭栅格功能……………… 62
　实践操作 48 ……………………… 62
　3.1.4 设置捕捉和栅格间距……… 62
　实践操作 49 ……………………… 63
3.2 设置正交和极轴追踪 ………… 63
　3.2.1 开启正交功能……………… 63

实践操作 50 ……………………… 63
　3.2.2 开启极轴追踪功能………… 65
　实践操作 51 ……………………… 65
　3.2.3 设置极轴追踪增量角功能… 65
　实践操作 52 ……………………… 65
3.3 设置对象捕捉 ………………… 66
　3.3.1 设置对象捕捉中点………… 66
　实践操作 53 ……………………… 66
　3.3.2 设置自动捕捉标记的颜色… 67
　实践操作 54 ……………………… 67
3.4 设置对象捕捉追踪 …………… 68
　3.4.1 使用临时追踪点…………… 68
　实践操作 55 ……………………… 68
　3.4.2 使用对象捕捉追踪………… 69
　实践操作 56 ……………………… 69
　3.4.3 使用自动追踪功能………… 69
　实践操作 57 ……………………… 69
3.5 设置动态输入 ………………… 70
　3.5.1 启用并设置指针输入……… 70
　实践操作 58 ……………………… 70
　3.5.2 打开并设置标注输入……… 71
　实践操作 59 ……………………… 71
　3.5.3 设置工具提示外观………… 72
　实践操作 60 ……………………… 72
　3.5.4 显示命令提示……………… 73
　实践操作 61 ……………………… 73
3.6 使用坐标系与坐标 …………… 74
　3.6.1 世界坐标系………………… 74
　3.6.2 用户坐标系………………… 74
　实践操作 62 ……………………… 74
　3.6.3 绝对坐标…………………… 75
　3.6.4 相对坐标…………………… 75
　3.6.5 绝对极坐标………………… 75
　3.6.6 相对极坐标………………… 75
　3.6.7 控制坐标显示……………… 75
　实践操作 63 ……………………… 76
　3.6.8 控制坐标系图标显示……… 76
　实践操作 64 ……………………… 76
　3.6.9 设置正交 UCS ……………… 77
　实践操作 65 ……………………… 77
　3.6.10 重命名用户坐标系………… 78
　实践操作 66 ……………………… 78
　3.6.11 设置 UCS 的其他选项……… 79
　实践操作 67 ……………………… 79
3.7 切换绘图空间 ………………… 80
　3.7.1 切换模型空间与图纸空间… 80
　实践操作 68 ……………………… 80
　3.7.2 创建新布局………………… 81
　实践操作 69 ……………………… 81

3.7.3 使用样板布局 ·············· 82
实践操作 70 ···················· 82

第4章 控制图形显示 ·············· 83

4.1 缩放图形 ············ 84
4.1.1 按全部缩放 ·············· 84
实践操作 71 ···················· 84
4.1.2 按范围缩放 ·············· 85
实践操作 72 ···················· 85
4.1.3 按中心点缩放 ············ 85
实践操作 73 ···················· 86
4.1.4 恢复上一步 ·············· 86
实践操作 74 ···················· 87
4.1.5 使用动态缩放 ············ 87
实践操作 75 ···················· 87
4.1.6 使用窗口缩放 ············ 88
实践操作 76 ···················· 88
4.1.7 使用实时缩放 ············ 89
实践操作 77 ···················· 89
4.1.8 按指定比例缩放 ·········· 90
实践操作 78 ···················· 90

4.2 平移图形 ············ 91
4.2.1 实时平移 ················ 91
实践操作 79 ···················· 91
4.2.2 定点平移 ················ 92
实践操作 80 ···················· 92

4.3 平铺图形 ············ 93
4.3.1 新建平铺视口 ············ 93
实践操作 81 ···················· 93
4.3.2 分割平铺视口 ············ 94
实践操作 82 ···················· 94
4.3.3 合并平铺视口 ············ 95
实践操作 83 ···················· 95

4.4 使用视图管理器 ······ 95
4.4.1 新建命名视图 ············ 95
实践操作 84 ···················· 96
4.4.2 删除命名视图 ············ 97
实践操作 85 ···················· 97
4.4.3 恢复命名视图 ············ 97
实践操作 86 ···················· 97

4.5 重画与重生成图形 ···· 98
4.5.1 重画图形 ················ 98
实践操作 87 ···················· 98
4.5.2 重生图形 ················ 98
实践操作 88 ···················· 99

4.6 控制图形可见元素显示 · 100
4.6.1 控制填充显示 ··········· 100
实践操作 89 ··················· 100

4.6.2 控制文字快速显示 ······· 101
实践操作 90 ··················· 101

进阶提高篇

第5章 创建二维图形 ··········· 102

5.1 创建点对象 ·········· 103
5.1.1 创建单点 ··············· 103
实践操作 91 ··················· 103
5.1.2 创建多点 ··············· 104
实践操作 92 ··················· 104
5.1.3 创建定数等分点 ········· 105
实践操作 93 ··················· 105
5.1.4 创建定距等分点 ········· 106
实践操作 94 ··················· 106

5.2 创建线型对象 ········ 107
5.2.1 创建直线 ··············· 107
实践操作 95 ··················· 107
5.2.2 创建射线 ··············· 108
实践操作 96 ··················· 108
5.2.3 创建构造线 ············· 109
实践操作 97 ··················· 109

5.3 创建弧形对象 ········ 110
5.3.1 创建圆 ················· 110
实践操作 98 ··················· 110
5.3.2 创建圆弧 ··············· 111
实践操作 99 ··················· 111
5.3.3 创建椭圆 ··············· 112
实践操作 100 ·················· 113

5.4 创建多边形对象 ······ 114
5.4.1 创建矩形 ··············· 114
实践操作 101 ·················· 114
5.4.2 创建正多边形 ··········· 115
实践操作 102 ·················· 115

5.5 创建多线对象 ········ 116
5.5.1 创建多线 ··············· 116
实践操作 103 ·················· 116
5.5.2 创建多线样式 ··········· 117
实践操作 104 ·················· 117
5.5.3 编辑多线样式 ··········· 118
实践操作 105 ·················· 118

5.6 创建其他图形对象 ···· 119
5.6.1 创建多段线 ············· 119
实践操作 106 ·················· 119
5.6.2 编辑多段线 ············· 121
实践操作 107 ·················· 121
5.6.3 合并为多段线 ··········· 122
实践操作 108 ·················· 122

5.6.4 创建样条曲线·····················123
实践操作 109 ·····························123
5.6.5 编辑样条曲线·····················124
实践操作 110 ·····························124
5.6.6 创建修订云线·····················125
实践操作 111 ·····························125
5.6.7 创建区域覆盖对象··············126
实践操作 112 ·····························126

第6章　编辑二维图形···············127

6.1 选择对象 ·····························128
6.1.1 点选对象·····························128
实践操作 113 ·····························128
6.1.2 框选对象·····························128
实践操作 114 ·····························128
6.1.3 全选对象·····························129
实践操作 115 ·····························129
6.1.4 快速选择对象·····················130
实践操作 116 ·····························130
6.1.5 过滤选择对象·····················131
实践操作 117 ·····························131

6.2 编组对象 ·····························132
6.2.1 创建编组对象·····················132
实践操作 118 ·····························132
6.2.2 编辑编组对象·····················133
实践操作 119 ·····························133

6.3 移动对象 ·····························134
6.3.1 通过两点移动对象··············134
实践操作 120 ·····························134
6.3.2 通过位移移动对象··············135
实践操作 121 ·····························135
6.3.3 通过拉伸移动对象··············136
实践操作 122 ·····························136
6.3.4 将图形从模型空间移动到图纸空间···137
实践操作 123 ·····························137

6.4 复制对象 ·····························138
6.4.1 复制对象·····························138
实践操作 124 ·····························138
6.4.2 镜像对象·····························139
实践操作 125 ·····························139
6.4.3 偏移对象·····························140
实践操作 126 ·····························140
6.4.4 矩形阵列对象·····················141
实践操作 127 ·····························141
6.4.5 环形阵列对象·····················142
实践操作 128 ·····························142

6.5 使用夹点编辑对象 ···············144
6.5.1 拉伸图形对象·····················144
实践操作 129 ·····························144

6.5.2 移动图形对象·····················145
实践操作 130 ·····························145
6.5.3 旋转图形对象·····················145
实践操作 131 ·····························146
6.5.4 缩放图形对象·····················146
实践操作 132 ·····························146
6.5.5 镜像图形对象·····················147
实践操作 133 ·····························147

6.6 修改图形对象 ·····················148
6.6.1 延伸对象·····························148
实践操作 134 ·····························148
6.6.2 拉长对象·····························149
实践操作 135 ·····························149
6.6.3 拉伸对象·····························150
实践操作 136 ·····························150
6.6.4 修剪对象·····························151
实践操作 137 ·····························152
6.6.5 按照比例因子缩放对象·······152
实践操作 138 ·····························153
6.6.6 按照参照距离缩放对象·······154
实践操作 139 ·····························154

6.7 编辑图形对象 ·····················155
6.7.1 旋转对象·····························155
实践操作 140 ·····························155
6.7.2 对齐对象·····························156
实践操作 141 ·····························156
6.7.3 删除对象·····························157
实践操作 142 ·····························157
6.7.4 分解对象·····························158
实践操作 143 ·····························158
6.7.5 打断对象·····························159
实践操作 144 ·····························159
6.7.6 合并对象·····························160
实践操作 145 ·····························160
6.7.7 倒角对象·····························161
实践操作 146 ·····························161
6.7.8 圆角对象·····························163
实践操作 147 ·····························163
6.7.9 使用"特性"面板修改对象···164
实践操作 148 ·····························164
6.7.10 使用"特性匹配"复制对象 ·······165
实践操作 149 ·····························165

第7章　应用图层·····················166

7.1 创建与设置图层 ···············167
7.1.1 创建图层·····························167
实践操作 150 ·····························167
7.1.2 重命名图层·····················168
实践操作 151 ·····························168

7.1.3 设置图层颜色 ·········· 169
实践操作 152 ·········· 169
7.1.4 设置图层线型样式 ·········· 169
实践操作 153 ·········· 170
7.1.5 设置图层线型比例 ·········· 171
实践操作 154 ·········· 171
7.1.6 设置图层线宽 ·········· 171
实践操作 155 ·········· 172

7.2 管理图层 ·········· **172**
7.2.1 冻结图层 ·········· 172
实践操作 156 ·········· 173
7.2.2 解冻图层 ·········· 173
实践操作 157 ·········· 173
7.2.3 锁定图层 ·········· 174
实践操作 158 ·········· 174
7.2.4 解锁图层 ·········· 175
实践操作 159 ·········· 175
7.2.5 设置为当前图层 ·········· 175
实践操作 160 ·········· 175
7.2.6 删除图层 ·········· 176
实践操作 161 ·········· 176
7.2.7 转换图层 ·········· 176
实践操作 162 ·········· 176
7.2.8 合并图层 ·········· 178
实践操作 163 ·········· 178
7.2.9 改变对象所在图层 ·········· 179
实践操作 164 ·········· 179

7.3 使用图层工具 ·········· **180**
7.3.1 显示图层 ·········· 180
实践操作 165 ·········· 180
7.3.2 隐藏图层 ·········· 180
实践操作 166 ·········· 181
7.3.3 图层漫游 ·········· 181
实践操作 167 ·········· 181
7.3.4 图层匹配 ·········· 182
实践操作 168 ·········· 182

7.4 设置图层过滤器 ·········· **183**
7.4.1 设置过滤条件 ·········· 183
实践操作 169 ·········· 183
7.4.2 重命名图层过滤器 ·········· 184
实践操作 170 ·········· 184

7.5 保存、恢复和输出图层状态 ·········· **185**
7.5.1 保存图层状态 ·········· 185
实践操作 171 ·········· 185
7.5.2 恢复图层状态 ·········· 186
实践操作 172 ·········· 186
7.5.3 输出图层状态 ·········· 187
实践操作 173 ·········· 187

第8章 创建面域和填充图案 ·········· **188**

8.1 创建面域 ·········· **189**
8.1.1 使用"面域"命令创建面域 ·········· 189
实践操作 174 ·········· 189
8.1.2 使用"边界"命令创建面域 ·········· 190
实践操作 175 ·········· 190

8.2 布尔运算面域 ·········· **191**
8.2.1 并集运算面域 ·········· 191
实践操作 176 ·········· 191
8.2.2 差集运算面域 ·········· 192
实践操作 177 ·········· 192
8.2.3 交集运算面域 ·········· 193
实践操作 178 ·········· 193
8.2.4 提取面域数据 ·········· 194
实践操作 179 ·········· 194

8.3 创建图案填充 ·········· **195**
8.3.1 选择图案类型 ·········· 195
实践操作 180 ·········· 195
8.3.2 创建填充图案 ·········· 196
实践操作 181 ·········· 196
8.3.3 使用孤岛填充 ·········· 197
实践操作 182 ·········· 197
8.3.4 图案填充原点 ·········· 198
8.3.5 使用渐变色填充 ·········· 198
实践操作 183 ·········· 199

8.4 编辑图案特性 ·········· **199**
8.4.1 设置图案比例 ·········· 199
实践操作 184 ·········· 200
8.4.2 设置图案样例 ·········· 200
实践操作 185 ·········· 200
8.4.3 设置图案角度 ·········· 201
实践操作 186 ·········· 201
8.4.4 修剪填充图案 ·········· 202
实践操作 187 ·········· 202
8.4.5 分解填充图案 ·········· 202
实践操作 188 ·········· 203

8.5 设置填充对象可见性 ·········· **203**
8.5.1 使用 FILL 命令变量控制填充 ·········· 203
实践操作 189 ·········· 203
8.5.2 使用图层控制填充 ·········· 204
实践操作 190 ·········· 204

核心攻略篇

第9章 查询与管理外部参照 ·········· **206**

9.1 查询对象的几何信息 ·········· **207**
9.1.1 查询时间 ·········· 207

实践操作 191 ·············· 207
9.1.2 查询面积················· 208
实践操作 192 ·············· 208
9.1.3 查询周长················· 208
实践操作 193 ·············· 209
9.1.4 查询点坐标················ 209
实践操作 194 ·············· 209
9.1.5 查询质量特性·············· 210
实践操作 195 ·············· 210
9.1.6 查询对象状态·············· 211
实践操作 196 ·············· 211
9.1.7 查询系统变量·············· 212
实践操作 197 ·············· 212
9.1.8 设置系统变量·············· 212
实践操作 198 ·············· 213
9.2 使用CAL命令计算值和点 ······ 213
9.2.1 使用 CAL 作为点、矢量计算器 ······ 213
实践操作 199 ·············· 213
9.2.2 在 CAL 命令中使用捕捉模式 ······ 214
实践操作 200 ·············· 214
9.3 使用外部参照 ············· 215
9.3.1 附着外部参照·············· 215
实践操作 201 ·············· 215
9.3.2 附着图像参照·············· 216
实践操作 202 ·············· 216
9.3.3 附着 DWF 参考底图········· 217
实践操作 203 ·············· 217
9.3.4 附着 DGN 文件············ 218
实践操作 204 ·············· 218
9.3.5 附着 PDF 文件············ 219
实践操作 205 ·············· 220
9.4 管理外部参照 ············· 221
9.4.1 编辑外部参照·············· 221
实践操作 206 ·············· 221
9.4.2 剪裁外部参照·············· 222
实践操作 207 ·············· 222
9.4.3 拆离外部参照·············· 223
实践操作 208 ·············· 223
9.4.4 卸载外部参照·············· 223
实践操作 209 ·············· 224
9.4.5 重载外部参照·············· 224
实践操作 210 ·············· 224
9.4.6 绑定外部参照·············· 225
实践操作 211 ·············· 225

第10章 管理图块与AutoCAD设计中心 226

10.1 创建图块 ············· 227
10.1.1 图块的特点·············· 227
10.1.2 创建内部图块············· 227

实践操作 212 ·············· 227
10.1.3 创建外部图块············· 228
实践操作 213 ·············· 228
10.2 编辑图块 ············· 229
10.2.1 插入单个图块············· 229
实践操作 214 ·············· 229
10.2.2 插入阵列图块············· 230
实践操作 215 ·············· 230
10.2.3 修改图块插入基点··········· 232
实践操作 216 ·············· 232
10.2.4 分解图块················ 233
实践操作 217 ·············· 233
10.2.5 重新定义图块············· 233
实践操作 218 ·············· 234
10.3 创建与编辑图块属性 ········ 234
10.3.1 创建带有属性的块··········· 234
实践操作 219 ·············· 234
10.3.2 插入带有属性的块··········· 235
实践操作 220 ·············· 235
10.3.3 编辑块的属性············· 236
实践操作 221 ·············· 236
10.3.4 提取属性数据············· 237
实践操作 222 ·············· 237
10.4 创建与编辑动态图块 ········ 239
10.4.1 动态块的概念············· 239
10.4.2 创建动态图块············· 239
实践操作 223 ·············· 240
10.4.3 使用动态图块············· 241
实践操作 224 ·············· 241
10.5 使用AutoCAD设计中心 ······ 242
10.5.1 打开设计中心面板··········· 242
实践操作 225 ·············· 242
10.5.2 AutoCAD 设计中心的功能······ 242
10.5.3 插入设计中心内容··········· 243
实践操作 226 ·············· 243
10.5.4 将图形加载到设计中心········· 244
实践操作 227 ·············· 244
10.5.5 查找对象················ 244
实践操作 228 ·············· 244
10.5.6 收藏对象················ 245
实践操作 229 ·············· 245
10.5.7 预览对象················ 246
实践操作 230 ·············· 246
10.6 使用工具选项板和CAD标准 ······ 246
10.6.1 使用"工具选项板"填充图案 ······ 247
实践操作 231 ·············· 247
10.6.2 创建 CAD 标准············ 247
实践操作 232 ·············· 248
10.6.3 关联文件················ 248

实践操作 233 ······ 248
　10.6.4　检查图形 ······ 249
实践操作 234 ······ 249

10.7　使用"图纸集管理器"面板 ······ 250
　10.7.1　创建图纸集 ······ 250
实践操作 235 ······ 250
　10.7.2　编辑图纸集 ······ 251
实践操作 236 ······ 251
　10.7.3　归档图纸集 ······ 252
实践操作 237 ······ 252

第11章　创建与设置文字 ······ 254

11.1　创建文字样式 ······ 255
　11.1.1　创建文字样式 ······ 255
实践操作 238 ······ 255
　11.1.2　设置文字样式名 ······ 256
实践操作 239 ······ 256
　11.1.3　设置文字字体 ······ 257
实践操作 240 ······ 257
　11.1.4　设置文字高度 ······ 258
实践操作 241 ······ 258
　11.1.5　设置文字效果 ······ 259
实践操作 242 ······ 259
　11.1.6　预览与应用文字样式 ······ 260
实践操作 243 ······ 260

11.2　创建文字 ······ 260
　11.2.1　创建单行文字 ······ 260
实践操作 244 ······ 260
　11.2.2　查看单行文字样式 ······ 261
实践操作 245 ······ 262
　11.2.3　创建多行文字 ······ 262
实践操作 246 ······ 262
　11.2.4　输入特殊字符 ······ 263
实践操作 247 ······ 263
　11.2.5　创建堆叠文字 ······ 264
实践操作 248 ······ 264

11.3　编辑单行文字 ······ 265
　11.3.1　编辑单行文字的缩放比例 ······ 265
实践操作 249 ······ 265
　11.3.2　编辑单行文字内容 ······ 266
实践操作 250 ······ 266
　11.3.3　设置单行文字对正方式 ······ 266
实践操作 251 ······ 266

11.4　编辑多行文字 ······ 267
　11.4.1　使用数字标记 ······ 267
实践操作 252 ······ 267
　11.4.2　控制文字显示 ······ 268
实践操作 253 ······ 269
　11.4.3　缩放多行文字 ······ 269

实践操作 254 ······ 269
　11.4.4　对正多行文字 ······ 270
实践操作 255 ······ 270
　11.4.5　修改多行文字 ······ 271
实践操作 256 ······ 271
　11.4.6　格式化多行文字 ······ 272
实践操作 257 ······ 272
　11.4.7　修改堆叠特性 ······ 273
实践操作 258 ······ 273

11.5　在文字中使用字段 ······ 274
　11.5.1　插入字段 ······ 274
实践操作 259 ······ 274
　11.5.2　超链接字段 ······ 274
实践操作 260 ······ 275
　11.5.3　更新字段 ······ 275
实践操作 261 ······ 276

第12章　创建与设置表格 ······ 277

12.1　创建和设置表格样式 ······ 278
　12.1.1　创建表格样式 ······ 278
实践操作 262 ······ 278
　12.1.2　设置表格样式 ······ 279
实践操作 263 ······ 279

12.2　创建表格 ······ 280
　12.2.1　创建表格 ······ 280
实践操作 264 ······ 280
　12.2.2　输入文本 ······ 281
实践操作 265 ······ 281
　12.2.3　输入特殊数据 ······ 282
实践操作 266 ······ 282
　12.2.4　调用外部表格 ······ 283
实践操作 267 ······ 283

12.3　选择与编辑单元格 ······ 284
　12.3.1　选择单元格 ······ 284
实践操作 268 ······ 284
　12.3.2　合并单元格 ······ 285
实践操作 269 ······ 285
　12.3.3　取消合并单元格 ······ 285
实践操作 270 ······ 286
　12.3.4　匹配单元格 ······ 286
实践操作 271 ······ 286
　12.3.5　锁定单元格 ······ 287
实践操作 272 ······ 287
　12.3.6　调整单元内容对齐方式 ······ 287
实践操作 273 ······ 288

12.4　管理表格 ······ 288
　12.4.1　调整列宽 ······ 288
实践操作 274 ······ 289
　12.4.2　设置行高 ······ 289

实践操作 275 ···················· 289
　12.4.3　插入列 ···················· 290
实践操作 276 ···················· 290
　12.4.4　插入行 ···················· 291
实践操作 277 ···················· 291
　12.4.5　删除列 ···················· 291
实践操作 278 ···················· 291
　12.4.6　删除行 ···················· 292
实践操作 279 ···················· 292
　12.4.7　在表格中使用公式 ··········· 293
实践操作 280 ···················· 293

12.5　设置表格 ············ 294
　12.5.1　设置表格底纹 ·············· 294
实践操作 281 ···················· 294
　12.5.2　设置表格线宽 ·············· 295
实践操作 282 ···················· 295
　12.5.3　设置表格线型颜色 ··········· 296
实践操作 283 ···················· 296
　12.5.4　设置表格线型样式 ··········· 297
实践操作 284 ···················· 297

第13章　创建与设置尺寸标注 ········· 299

13.1　创建与设置标注样式 ····· 300
　13.1.1　创建标注样式 ·············· 300
实践操作 285 ···················· 300
　13.1.2　设置标注尺寸线 ············ 301
实践操作 286 ···················· 301
　13.1.3　设置标注延伸线 ············ 302
实践操作 287 ···················· 302
　13.1.4　设置标注文字 ·············· 302
实践操作 288 ···················· 302
　13.1.5　设置标注调整比例 ··········· 303
实践操作 289 ···················· 303
　13.1.6　设置标注主单位 ············ 303
实践操作 290 ···················· 304
　13.1.7　设置标注换算单位 ··········· 304
实践操作 291 ···················· 304
　13.1.8　设置标注公差 ·············· 305
实践操作 292 ···················· 305
　13.1.9　设置标注符号和箭头 ········· 305
实践操作 293 ···················· 305

13.2　更新与替代标注样式 ····· 306
　13.2.1　更新标注样式 ·············· 306
实践操作 294 ···················· 306
　13.2.2　替代标注样式 ·············· 307
实践操作 295 ···················· 307

13.3　创建长度型尺寸标注 ····· 308
　13.3.1　创建线性尺寸标注 ··········· 308
实践操作 296 ···················· 308

　13.3.2　创建对齐尺寸标注 ··········· 309
实践操作 297 ···················· 309
　13.3.3　创建弧长尺寸标注 ··········· 310
实践操作 298 ···················· 310
　13.3.4　创建基线尺寸标注 ··········· 311
实践操作 299 ···················· 311
　13.3.5　创建连续尺寸标注 ··········· 311
实践操作 300 ···················· 311

13.4　创建圆弧型尺寸标注 ····· 312
　13.4.1　创建半径尺寸标注 ··········· 312
实践操作 301 ···················· 313
　13.4.2　创建直径尺寸标注 ··········· 313
实践操作 302 ···················· 313
　13.4.3　创建折弯尺寸标注 ··········· 314
实践操作 303 ···················· 314
　13.4.4　创建角度尺寸标注 ··········· 315
实践操作 304 ···················· 315
　13.4.5　创建圆心标记标注 ··········· 316
实践操作 305 ···················· 316

13.5　创建其他类型尺寸标注 ····· 317
　13.5.1　创建快速尺寸标注 ··········· 317
实践操作 306 ···················· 317
　13.5.2　创建引线尺寸标注 ··········· 318
实践操作 307 ···················· 318
　13.5.3　创建坐标尺寸标注 ··········· 319
实践操作 308 ···················· 319
　13.5.4　创建垂直尺寸标注 ··········· 320
实践操作 309 ···················· 320
　13.5.5　创建转角尺寸标注 ··········· 321
实践操作 310 ···················· 321
　13.5.6　创建形位公差尺寸标注 ······· 322
实践操作 311 ···················· 322
　13.5.7　创建折弯线性尺寸标注 ······· 323
实践操作 312 ···················· 323

13.6　编辑尺寸标注 ·········· 323
　13.6.1　编辑尺寸标注 ·············· 323
实践操作 313 ···················· 324
　13.6.2　编辑标注文字位置 ··········· 324
实践操作 314 ···················· 325
　13.6.3　编辑标注文字内容 ··········· 325
实践操作 315 ···················· 325

13.7　管理尺寸标注 ·········· 326
　13.7.1　修改关联标注 ·············· 326
实践操作 316 ···················· 326
　13.7.2　调整标注间距 ·············· 327
实践操作 317 ···················· 327

13.8　约束的应用 ············ 328
　13.8.1　设置约束参数 ·············· 328
实践操作 318 ···················· 328

13.8.2　创建几何约束对象 ……………… 328
实践操作 319 …………………………… 328
13.8.3　创建标注约束对象 ……………… 329
在实践操作 320 ………………………… 329
13.8.4　编辑约束的几何图形 …………… 330

高手终极篇

第14章　控制三维视图 …………… 331

14.1　使用三维坐标系 …………………… 332
14.1.1　创建用户坐标系 ………………… 332
实践操作 321 …………………………… 332
14.1.2　创建圆柱坐标系 ………………… 333
实践操作 322 …………………………… 333
14.1.3　创建球面坐标系 ………………… 333
实践操作 323 …………………………… 334
14.1.4　切换世界坐标系 ………………… 334
实践操作 324 …………………………… 334

14.2　设置视点 ……………………………… 335
14.2.1　使用对话框设置视点 …………… 335
实践操作 325 …………………………… 335
14.2.2　使用"视点"命令设置视点 …… 335
实践操作 326 …………………………… 336

14.3　动态观察三维图形 ………………… 336
14.3.1　受约束的动态观察 ……………… 336
实践操作 327 …………………………… 337
14.3.2　自由动态观察 …………………… 337
实践操作 328 …………………………… 337
14.3.3　连续动态观察 …………………… 338
实践操作 329 …………………………… 338

14.4　使用相机 ……………………………… 339
14.4.1　认识相机 ………………………… 339
14.4.2　创建相机 ………………………… 339
实践操作 330 …………………………… 339
14.4.3　修改相机特性 …………………… 341
实践操作 331 …………………………… 341

14.5　漫游与飞行 …………………………… 341
14.5.1　漫游 ……………………………… 341
实践操作 332 …………………………… 342
14.5.2　飞行 ……………………………… 343
实践操作 333 …………………………… 343
14.5.3　漫游和飞行设置 ………………… 344
实践操作 334 …………………………… 344

14.6　运动路径动画 ………………………… 345
14.6.1　控制相机运动路径的方法 ……… 345
14.6.2　设置运动路径动画参数 ………… 345
14.6.3　创建运动路径动画 ……………… 346
实践操作 335 …………………………… 346

14.7　控制三维显示的系统变量 ……… 348
14.7.1　控制渲染对象的平滑度 ………… 348
实践操作 336 …………………………… 348
14.7.2　控制曲面轮廓线 ………………… 349
实践操作 337 …………………………… 349
14.7.3　控制以线框形式显示轮廓 ……… 349
实践操作 338 …………………………… 349

14.8　控制三维投影样式 ………………… 350
14.8.1　平行投影和透视投影概述 ……… 350
14.8.2　创建平行投影 …………………… 350
实践操作 339 …………………………… 351
14.8.3　创建透视投影 …………………… 351
实践操作 340 …………………………… 351
14.8.4　使用坐标值定义三维视图 ……… 352
实践操作 341 …………………………… 352
14.8.5　使用角度定义三维视图 ………… 353
实践操作 342 …………………………… 353
14.8.6　切换至 XY 平面视图 …………… 353
实践操作 343 …………………………… 354

第15章　创建三维模型 …………… 355

15.1　创建三维线 …………………………… 356
15.1.1　绘制三维直线 …………………… 356
实践操作 344 …………………………… 356
15.1.2　绘制样条曲线 …………………… 357
实践操作 345 …………………………… 357
15.1.3　绘制三维多段线 ………………… 358
实践操作 346 …………………………… 358

15.2　创建网格曲面 ………………………… 359
15.2.1　创建二维填充实体 ……………… 359
实践操作 347 …………………………… 359
15.2.2　创建三维面 ……………………… 360
实践操作 348 …………………………… 360
15.2.3　创建三维网格图元 ……………… 361
实践操作 349 …………………………… 361
15.2.4　创建旋转网格 …………………… 362
实践操作 350 …………………………… 363
15.2.5　创建平移网格 …………………… 363
实践操作 351 …………………………… 363
15.2.6　创建直纹网格 …………………… 364
实践操作 352 …………………………… 365
15.2.7　创建边界网格 …………………… 365
实践操作 353 …………………………… 365

15.3　创建实体模型 ………………………… 366
15.3.1　绘制多段体 ……………………… 366
实践操作 354 …………………………… 367
15.3.2　绘制长方体 ……………………… 368
实践操作 355 …………………………… 368
15.3.3　绘制楔体 ………………………… 369

实践操作 356 ················· 369
15.3.4 绘制圆柱体 ·············· 371
实践操作 357 ················· 371
15.3.5 绘制圆锥体 ·············· 372
实践操作 358 ················· 372
15.3.6 绘制球体 ··············· 373
实践操作 359 ················· 374
15.3.7 绘制圆环体 ·············· 374
实践操作 360 ················· 374
15.3.8 绘制棱锥体 ·············· 376
实践操作 361 ················· 376

15.4 由二维图形创建三维实体 ······ 377
15.4.1 创建拉伸实体 ············· 377
实践操作 362 ················· 377
15.4.2 创建旋转实体 ············· 378
实践操作 363 ················· 378
15.4.3 创建放样实体 ············· 379
实践操作 364 ················· 379
15.4.4 创建扫掠实体 ············· 380
实践操作 365 ················· 380

第16章 编辑三维模型 ················· **381**

16.1 编辑三维实体 ·············· 382
16.1.1 移动三维实体 ············· 382
实践操作 366 ················· 382
16.1.2 旋转三维实体 ············· 383
实践操作 367 ················· 383
16.1.3 镜像三维实体 ············· 384
实践操作 368 ················· 384
16.1.4 阵列三维实体 ············· 385
实践操作 369 ················· 385
16.1.5 对齐三维实体 ············· 387
实践操作 370 ················· 387
16.1.6 倒角三维实体 ············· 388
实践操作 371 ················· 388
16.1.7 圆角三维实体 ············· 390
实践操作 372 ················· 390
16.1.8 分解三维实体 ············· 391
实践操作 373 ················· 391
16.1.9 剖切三维实体 ············· 392
实践操作 374 ················· 392
16.1.10 加厚三维实体 ············ 393
实践操作 375 ················· 393

16.2 清除、分割、抽壳与检查实体 ····· 394
16.2.1 清除三维实体 ············· 394
16.2.2 分割三维实体 ············· 395
16.2.3 抽壳三维实体 ············· 395
实践操作 376 ················· 395
16.2.4 检查三维实体 ············· 396

实践操作 377 ················· 396

16.3 编辑三维实体边 ············· 397
16.3.1 复制三维边 ·············· 397
实践操作 378 ················· 397
16.3.2 压印三维边 ·············· 398
实践操作 379 ················· 398
16.3.3 着色三维边 ·············· 399
实践操作 380 ················· 399
16.3.4 提取三维边 ·············· 400
实践操作 381 ················· 400

16.4 编辑三维实体面 ············· 401
16.4.1 移动三维面 ·············· 401
实践操作 382 ················· 402
16.4.2 拉伸三维面 ·············· 403
实践操作 383 ················· 403
16.4.3 偏移三维面 ·············· 404
实践操作 384 ················· 404
16.4.4 删除三维面 ·············· 404
实践操作 385 ················· 405
16.4.5 倾斜三维面 ·············· 405
实践操作 386 ················· 406
16.4.6 着色三维面 ·············· 407
实践操作 387 ················· 407
16.4.7 复制三维面 ·············· 407
实践操作 388 ················· 408
16.4.8 旋转三维面 ·············· 408
实践操作 389 ················· 409

16.5 三维实体的其他编辑 ·········· 410
16.5.1 转换为实体 ·············· 410
实践操作 390 ················· 410
16.5.2 转换为曲面 ·············· 411
实践操作 391 ················· 411

16.6 布尔运算实体 ·············· 412
16.6.1 并集三维实体 ············· 412
实践操作 392 ················· 412
16.6.2 差集三维实体 ············· 413
实践操作 393 ················· 413
16.6.3 交集三维实体 ············· 413
实践操作 394 ················· 414

第17章 观察与渲染三维模型 ········· **415**

17.1 视觉样式 ················· 416
17.1.1 应用视觉样式 ············· 416
实践操作 395 ················· 416
实践操作 396 ················· 417
实践操作 397 ················· 417
实践操作 398 ················· 418
实践操作 399 ················· 419

　　17.1.2　管理视觉样式 ················ 419
17.2　设置模型光源 ················ 420
　　17.2.1　创建光源 ················ 420
　　实践操作 400 ················ 420
　　实践操作 401 ················ 421
　　17.2.2　查看光源列表 ················ 423
　　实践操作 403 ················ 423
　　17.2.3　控制光源轮廓显示 ················ 424
　　实践操作 404 ················ 424
　　17.2.4　设置阳光特性 ················ 425
　　实践操作 405 ················ 425
　　17.2.5　设置地理位置 ················ 426
　　实践操作 406 ················ 426
　　17.2.6　启用阳光状态 ················ 426
　　实践操作 407 ················ 426
17.3　设置模型材质和贴图 ········ 427
　　17.3.1　认识"材质编辑器"面板 ···· 427
　　17.3.2　认识"材质编辑器" ········ 427
　　17.3.3　创建并赋予材质 ················ 428
　　实践操作 408 ················ 428
　　17.3.4　复制材质 ················ 429
　　实践操作 409 ················ 429
　　17.3.5　删除材质 ················ 430
　　实践操作 410 ················ 430
　　17.3.6　设置漫射贴图 ················ 430
　　实践操作 411 ················ 430
　　17.3.7　调整纹理贴图 ················ 432
　　实践操作 412 ················ 432
17.4　渲染三维图形 ················ 432
　　17.4.1　设置渲染环境 ················ 432
　　实践操作 413 ················ 432
　　17.4.2　设置高级渲染 ················ 433
　　实践操作 414 ················ 433
　　17.4.3　渲染并保存图形 ················ 433
　　实践操作 415 ················ 433

第18章　图形后期处理 ················ 435

18.1　安装、添加与设置打印机 ···· 436
　　18.1.1　安装打印机 ················ 436
　　实践操作 416 ················ 436
　　18.1.2　添加打印机 ················ 438
　　实践操作 417 ················ 438
　　18.1.3　设置打印机 ················ 438
　　实践操作 418 ················ 438
18.2　图形的输入输出 ················ 439
　　18.2.1　导入图形 ················ 439
　　实践操作 419 ················ 439
　　18.2.2　输出 DXF 文件 ················ 440

　　实践操作 420 ················ 440
　　18.2.3　输出 DWF 图形 ················ 441
　　实践操作 421 ················ 441
18.3　图纸的打印 ················ 441
　　18.3.1　设置打印设备 ················ 442
　　18.3.2　设置图纸尺寸 ················ 442
　　实践操作 422 ················ 442
　　18.3.3　设置打印区域 ················ 442
　　18.3.4　设置打印比例 ················ 443
　　18.3.5　打印预览效果 ················ 443
18.4　图形图纸的打印 ················ 443
　　18.4.1　在模型空间打印 ················ 443
　　实践操作 423 ················ 443
　　18.4.2　创建打印布局 ················ 444
　　实践操作 424 ················ 444
　　18.4.3　创建打印样式表 ················ 446
　　实践操作 425 ················ 446
　　18.4.4　管理打印样式表 ················ 447
　　实践操作 426 ················ 447
　　18.4.5　相对图纸空间比例缩放视图 ···· 447
　　实践操作 427 ················ 447
　　18.4.6　在浮动视口中旋转视图 ········ 448
　　实践操作 428 ················ 448
18.5　发布图形图纸 ················ 450
　　18.5.1　电子打印图形 ················ 450
　　实践操作 429 ················ 450
　　18.5.2　电子发布 ················ 451
　　实践操作 430 ················ 451
　　18.5.3　三维 DWF 发布 ················ 452
　　实践操作 431 ················ 452
　　18.5.4　电子传递 ················ 452
　　实践操作 432 ················ 453

综合实战篇

第19章　简易图纸设计 ················ 454

19.1　节能灯泡 ················ 455
　　19.1.1　绘制灯泡的接口 ················ 455
　　实践操作 433 ················ 455
　　19.1.2　绘制灯管 ················ 457
　　实践操作 434 ················ 457
19.2　办公桌 ················ 458
　　19.2.1　绘制办公桌 ················ 459
　　实践操作 435 ················ 459
　　19.2.2　渲染实体 ················ 461
　　实践操作 436 ················ 461
19.3　电气工程图 ················ 462
　　19.3.1　绘制墙体 ················ 462

实践操作 437 ················· 463
19.3.2　绘制窗户 ············· 465
实践操作 438 ················· 465
19.3.3　绘制豆胆灯及木箱吊灯 ··· 466
实践操作 439 ················· 466
19.3.4　绘制筒灯 ············· 469
实践操作 440 ················· 469
19.3.5　调用素材 ············· 471
实践操作 441 ················· 471
19.3.6　创建文字标注 ········· 471
实践操作 442 ················· 471
19.3.7　创建尺寸标注 ········· 472
实践操作 443 ················· 472

第20章　机械产品设计 ·········· 474

20.1　轴支架 ···················· 475
20.1.1　绘制轴支架 ··········· 475
实践操作 444 ················· 475
20.1.2　渲染实体 ············· 476
实践操作 445 ················· 476

20.2　垫片 ······················ 478
20.2.1　绘制垫片 ············· 479
实践操作 446 ················· 479
20.2.2　渲染实体 ············· 481
实践操作 447 ················· 481

20.3　插线板 ···················· 483
20.3.1　创建插座孔 ··········· 483
实践操作 448 ················· 483
20.3.2　创建插座按钮 ········· 488
实践操作 449 ················· 488
20.3.3　创建插座底部 ········· 490
实践操作 450 ················· 490
20.3.4　创建插座线 ··········· 492
实践操作 451 ················· 492
20.3.5　渲染实体 ············· 495
实践操作 452 ················· 495

第21章　室内装潢设计 ·········· 497

21.1　户型结构图 ················ 498
21.1.1　设置绘图环境 ········· 498
实践操作 453 ················· 498
21.1.2　绘制轴线 ············· 500
实践操作 454 ················· 500
21.1.3　绘制墙体 ············· 501
实践操作 455 ················· 501
21.1.4　绘制门窗 ············· 503
实践操作 456 ················· 503
21.1.5　创建尺寸标注 ········· 505
实践操作 457 ················· 505

21.1.6　添加图框 ············· 506
实践操作 458 ················· 506

21.2　户型平面图 ················ 506
21.2.1　设置绘图环境 ········· 507
实践操作 459 ················· 507
21.2.2　绘制墙体 ············· 507
实践操作 460 ················· 507
21.2.3　绘制门窗 ············· 508
实践操作 461 ················· 508
21.2.4　完善户型平面图 ······· 510
实践操作 462 ················· 510

21.3　接待室透视图 ·············· 511
21.3.1　绘制墙线 ············· 511
实践操作 463 ················· 512
21.3.2　绘制天棚和正背景墙 ··· 513
实践操作 464 ················· 513
21.3.3　绘制灯具 ············· 516
实践操作 465 ················· 516
21.3.4　插入沙发图块 ········· 518
实践操作 466 ················· 518
21.3.5　绘制沙发背景墙 ······· 519
实践操作 467 ················· 519
21.3.6　绘制阳台 ············· 520
实践操作 468 ················· 520
21.3.7　绘制双开门 ··········· 521
实践操作 469 ················· 521
21.3.8　后期处理透视图 ······· 523
实践操作 470 ················· 523

第22章　室外建筑设计 ·········· 525

22.1　小区规划效果图 ············ 526
22.1.1　绘制建筑红线 ········· 526
实践操作 471 ················· 526
22.1.2　绘制主干道 ··········· 527
实践操作 472 ················· 527
22.1.3　绘制人行道 ··········· 528
实践操作 473 ················· 528
22.1.4　绘制建筑群 ··········· 530
实践操作 474 ················· 530
22.1.5　绘制绿化带 ··········· 532
实践操作 475 ················· 532
22.1.6　添加文本及图签 ······· 533
实践操作 476 ················· 533

22.2　别墅立面图 ················ 534
22.2.1　绘制别墅轮廓 ········· 534
实践操作 477 ················· 534
22.2.2　绘制别墅窗户 ········· 539
实践操作 478 ················· 539
22.2.3　绘制别墅门和其他 ····· 542

实践操作 479 ……………………………… 542

22.2.4　填充别墅立面图 ……………… 545

实践操作 480 ……………………………… 545

22.2.5　标注别墅立面图 ……………… 546

实践操作 481 ……………………………… 546

22.3　园林规划鸟瞰图 ……………… 547

22.3.1　绘制基本建筑 ……………… 547

实践操作 482 ……………………………… 548

22.3.2　绘制休闲设施 ……………… 550

实践操作 483 ……………………………… 550

22.3.3　插入图块 ………………………… 553

实践操作 484 ……………………………… 553

22.3.4　创建尺寸标注 ………………… 555

实践操作 485 ……………………………… 555

22.3.5　添加图框 ……………………… 556

实践操作 486 ……………………………… 556

基础入门篇

第1章

AutoCAD 2013
软件导航

AutoCAD 2013 是由美国 Autodesk 公司推出的 AutoCAD 的最新版本，是目前市场上最流行的计算机辅助绘图软件之一。随着 Autodesk 公司对 AutoCAD 软件不断地改进和完善，其功能也日渐强大，并且具有易于掌握、使用方便以及体系结构开放等优点，使其不仅在建筑、机械、石油、土木工程和产品造型等领域得到了大规模的应用，同时还在广告、气象、地理和航海等特殊领域开辟了广阔的市场。本章主要向用户介绍 AutoCAD 2013 全新的工作界面、新增功能以及文件的基本操作等内容。

A u t o C A D

1.1 启动与退出AutoCAD 2013

下面以在 Windows XP 下启动与退出 AutoCAD 2013 为例，向用户介绍启动与退出 AutoCAD 2013 的方法。

1.1.1 启动AutoCAD 2013

在安装好 AutoCAD 2013 软件后，用户可以通过以下方法启动 AutoCAD 2013。

【实践操作 1】启动 AutoCAD 2013 的具体操作步骤如下。

01 移动鼠标指针至桌面上的AutoCAD 2013图标 上，在图标上单击鼠标右键，在弹出的快捷菜单中选择"打开"选项，如图1-1所示。

02 弹出AutoCAD 2013程序启动界面，显示程序启动信息，如图1-2所示。

图1-1 选择"打开"选项

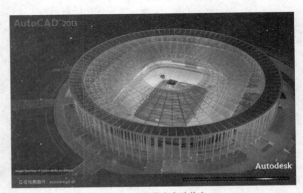

图1-2 显示程序启动信息

03 稍等片刻，即可进入AutoCAD 2013的程序界面，如图1-3所示。

技巧点拨

用户还可以通过以下两种方法启动 AutoCAD 2013。

- 命令：单击"开始"|"所有程序"|AutoCAD 2013-简体中文（Simplified Chinese）。
- 文件：双击DWG格式的AutoCAD文件。

图1-3 进入AutoCAD 2013

1.1.2 退出AutoCAD 2013

若用户完成了工作，则需要退出 AutoCAD 2013。退出 AutoCAD 2013 与退出其他大多数应用程序一样，执行"文件"|"退出"命令即可。

【实践操作 2】退出 AutoCAD 2013 的具体操作步骤如下。

01 启动AutoCAD 2013后，单击"菜单浏览器"按钮 ，在弹出的下拉菜单中，单击"退出 AutoCAD 2013"按钮，如图1-4所示。

02 执行操作后，即可退出AutoCAD 2013应用程序。

若在工作界面中进行了部分操作，之前也未保存，在退出该软件时，将弹出信息提示框，如图 1-5 所示。单击"是"按钮，将保存文件；单击"否"按钮，将不保存文件；单击"取消"按钮，将不退出 AutoCAD 2013 程序。

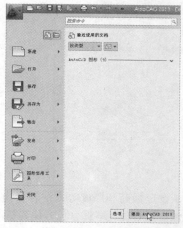

图1-4 单击"退出AutoCAD 2013"按钮

图1-5 信息提示框

1.2 了解AutoCAD 2013的基本功能

AutoCAD 产生于 1982 年，至今已经过多次升级，其功能不断增强并日趋完善，如今已成为工程设计领域中应用最为广泛的计算机辅助绘图和设计软件之一。AutoCAD 具有功能强大、易于掌握、使用方便和体系结构开放等特点，能够绘制平面图形与三维图形、标注图形尺寸、渲染图形以及打印输出图纸，深受广大工程技术人员的欢迎。

1.2.1 创建与编辑图形

在 AutoCAD 2013 中，可以通过单击"菜单浏览器"按钮，在弹出的菜单中使用"绘图"菜单和"修改"菜单下的相应命令绘制图形。在 AutoCAD 2013 中，既可以绘制平面图，也可以绘制轴测图和三维图。下面向用户介绍绘制各种图形的方法。

1. 绘制平面图

AutoCAD 提供了丰富的绘图命令，使用这些命令可以绘制直线、构造线、多段线、圆、矩形、多边形、椭圆等基本图形，也可以将绘制的图形转换为面域，对其进行填充，使用"修改"选项板中的相应命令，可以绘制出各种各样的平面图形，图 1-6 所示的是户型平面图形。

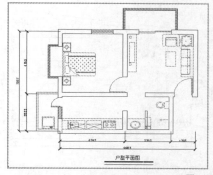

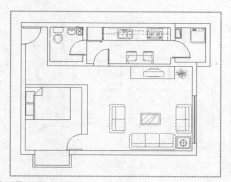

图1-6 户型平面图

2. 绘制轴测图

在工程设计中经常见到轴测图，轴测图以一种二维绘图技术来模拟三维对象沿特定视点产生的三维平行投影效果，但在绘制方法上不同于二维图形。因此轴测图看似三维图形，但实际上是二维图形。切换到 AutoCAD 的轴测模式下，就可以方便地绘制出轴测图。此时直线将绘制成与坐标轴成 300°、90°、150°等角度，圆将绘制成椭圆，图 1-7 所示为模型轴测图。

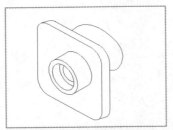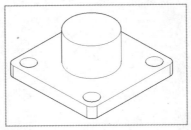

图1-7　模型轴测图

3. 绘制三维图

在 AutoCAD 2013 中，不仅可以把一些平面图形通过拉伸、设定标高和厚度等方法转换为三维图形，AutoCAD 2013 还提供了三维绘图命令，用户可以很方便地直接绘制圆柱体、球体、长方体等基本实体以及三维网格、旋转网格等网格模型。再结合编辑命令，还可以绘制出各种各样的复杂三维图形，如图 1-8 所示。

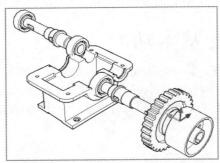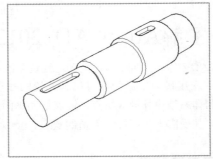

图1-8　三维模型

1.2.2　标注图形尺寸

尺寸标注是向图形中添加测量注释的过程，是整个绘图过程中不可缺少的一步。AutoCAD 2013 提供了标注功能，使用该功能可以在图形的各个方向上创建各种类型的标注，也可以方便、快速地以一定格式创建符合行业或项目标准的标注。

在 AutoCAD 2013 中提供了线性、半径和角度 3 种基本标注类型，可以进行水平、垂直、对齐、旋转、坐标、基线或连续等标注。标注的对象可以是二维图形或三维图形，如图 1-9 所示。

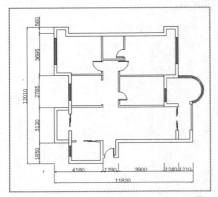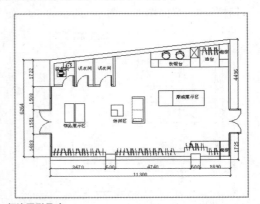

图1-9　标注图形尺寸

1.2.3 控制图形显示

控制图形显示可以方便地以多种方式放大或缩小绘制的图形。对于三维图形来说，可以通过改变观察视点，从不同视角显示图形；也可以将绘图窗口分为多个视口，从而在各个视口中以不同文件方位显示同一图形。此外，AutoCAD 2013 还提供了三维动态观察器，利用该观察器可以动态地观察三维图形，如图 1-10 所示。

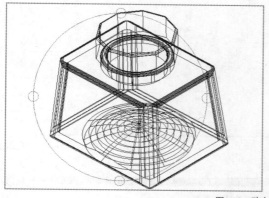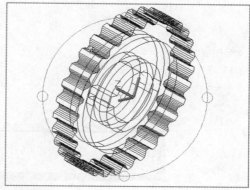

图1-10 动态观察图形

1.2.4 渲染三维图形

在 AutoCAD 2013 中，可以运用雾化、光源和材质，将模型渲染为具有真实感的图像。如果为了演示，可以渲染全部对象，如图 1-11 所示。

图1-11 渲染三维图形

1.2.5 输出及打印图形

AutoCAD 2013 不仅允许将所绘制的图形以不同样式通过绘图仪或打印机输出，还能够将不同格式的图形导入 AutoCAD 或将 AutoCAD 图形以其他格式输出。因此，当图形绘制完成之后可以使用多种方法将其输出。例如，可以将图形打印在图纸上或创建成文件以供其他应用程序使用。

1.3 体验AutoCAD 2013的全新界面

AutoCAD 2013 包含有 4 个工作界面，分别是"二维草图与注释"、"三维基础"、"三维建模"和"AutoCAD 经典"工作界面。在"二维草图与注释"工作界面中，其界面主要由"菜单浏览器"按钮、标题栏、快速访问工具栏、绘图窗口、"功能区"选项板、命令行、导航面板、文本窗口和状态栏等部分组成，如图 1-12 所示。

图1-12 AutoCAD 2013工作界面

1.3.1 标题栏

标题栏位于应用程序窗口的最上方，用于显示当前正在运行的程序及文件名等信息，如图1-13所示。

图1-13 AutoCAD 2013标题栏

标题栏中的信息中心提供了多种信息来源。在文本框中输入需要帮助的问题，然后单击"搜索"按钮，就可获取相关的帮助；单击"保持连接"按钮，可以访问产品更新并与 AutoCAD 社区连机。

单击标题栏右侧的按钮组，可以最小化、最大化或关闭应用程序窗口。在标题栏上的空白处单击鼠标右键，在弹出的快捷菜单中可以执行最小化或最大化窗口、还原窗口、关闭 AutoCAD 等操作。

1.3.2 菜单浏览器

"菜单浏览器"按钮是 AutoCAD 2013 新增的功能按钮，位于界面左上角。单击该按钮，将弹出 AutoCAD 菜单，如图 1-14 所示，在其中几乎包含了 AutoCAD 的全部功能和命令，用户单击相应命令后即可执行相应操作。

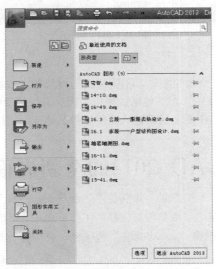

图1-14 "菜单浏览器"按钮的下拉菜单

1.3.3　快速访问工具栏

AutoCAD 2013 的快速访问工具栏中包含最常用的快捷按钮，方便用户使用。在默认状态中，快速访问工具栏中包含 8 个快捷按钮，如图 1-15 所示，分别为"新建"按钮 、"打开"按钮 、"保存"按钮 、"另存为"按钮 、"Cloud 选项"按钮 、"打印"按钮 、"放弃"按钮 和"重做"按钮 。

如果想在快速访问工具栏中添加或删除其他按钮，可以在快速访问工具栏上单击鼠标右键，在弹出的快捷菜单中选择"自定义快速访问工具栏"选项，在弹出的"自定义用户界面"对话框中进行设置即可。

图1-15　快速访问工具栏

1.3.4　"功能区"选项板

"功能区"选项板是一种特殊的选项板，位于绘图窗口的上方。在"二维草图与注释"工作界面中，"功能区"选项板中有 11 个选项卡，即常用、插入、注释、布局、参数化、渲染、视图、管理、输出、插件、联机。每个选项卡包含若干个面板，每个面板又包含有许多命令按钮，如图 1-16 所示。

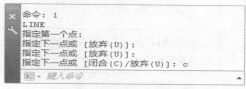

图1-16　"功能区"选项板

1.3.5　绘图窗口

绘图窗口是用户绘制图形时的工作区域，用户可以通过 LIMITS 命令设置显示在屏幕上绘图区域的大小，也可以根据需要关闭其他窗口元素，例如工具栏、选项板等，以增大绘图空间。如果图纸比较大，需要查看未显示部分时，可以单击窗口右边与下边滚动条上的箭头，或拖曳滚动条上的滑块来移动图纸。绘图窗口左下方显示的是系统默认的世界坐标系图标。绘图窗口底部显示了"模型"、"布局 1"和"布局 2" 3 个选项卡，用户可以在模型空间及图纸空间自由切换。

1.3.6　命令窗口

命令窗口位于绘图窗口的底部，用于接收输入的命令，并显示 AutoCAD 提示信息。在 AutoCAD 2013 中，命令窗口可以拖曳为浮动窗口，如图 1-17 所示。处于浮动状态的命令行随拖曳位置的不同，其标题显示的方向也不同。如果将命令行拖曳到绘图窗口的右侧，这时命令窗口的标题栏将位于右边。

```
命令: 1
LINE
指定第一个点:
指定下一点或 [放弃(U)]:
指定下一点或 [放弃(U)]:
指定下一点或 [闭合(C)/放弃(U)]: c
键入命令
```

图1-17　AutoCAD 2013命令窗口

使用 AutoCAD 2013 绘图时，命令提示行一般有以下两种显示状态。

- 等待命令输入状态：表示系统等待用户输入命令，以绘制或编辑图形。
- 正在执行命令的状态：在执行命令的过程中，命令提示行中将显示该命令的操作 提示。

1.3.7 状态栏

状态栏位于屏幕的最下方，它显示了当前 AutoCAD 的工作状态以及其他的显示按钮，如图 1-18 所示。

图1-18　AutoCAD 2013状态栏

状态栏中包括"推断约束"、"捕捉"、"栅格"、"正交"、"极轴"、"对象捕捉"、"三维对象捕捉"、"对象追踪"、"允许 / 禁止动态 UCS"、"动态输入"、"显示 / 隐藏线宽"、"显示 / 隐藏透明度"、"快捷特性"、"选择循环"和"注释监视器"这 15 个状态转换按钮，其功能如表 1-1 所示。

表1-1　状态栏中的状态转换按钮

名　称	按　钮	功　能　说　明
"推断约束"按钮		单击该按钮，打开推断约束功能，可设置约束的限制效果，比如限制两条直线垂直、相交、共线，圆与直线相切等
"捕捉"按钮		单击该按钮，打开捕捉设置，此时光标只能在x轴、y轴或极轴方向移动固定的距离
"栅格"按钮		单击该按钮，打开栅格显示，此时屏幕上将布满小点。其中，栅格的x轴和y轴间距也可通过"草图设置"对话框的"捕捉和栅格"选项卡进行设置
"正交"按钮		单击该按钮，打开正交模式，此时只能绘制垂直直线或水平直线
"极轴"按钮		单击该按钮，打开极轴追踪模式。在绘制图形时，系统将根据设置显示一条追踪线，可在该追踪线上根据提示精确移动光标，从而进行精确绘图
"对象捕捉"按钮		单击该按钮，打开对象捕捉模式。因为所有的几何对象都有一些决定其形状和方位的关键点，所以，在绘图时可以利用对象捕捉功能，自动捕捉这些关键点
"三维对象捕捉"按钮		单击该按钮，打开三维对象捕捉模式。在绘图时可以利用三维对象捕捉功能，自动捕捉三维图形的各个关键点
"对象追踪"按钮		单击该按钮，打开对象捕捉模式，可以通过捕捉对象上的关键点，并沿着正交方向或极轴方向拖曳光标，此时可以显示光标当前位置与捕捉点之间的相对关系。若找到符合要求的点，直接单击即可
"允许/禁止动态UCS"按钮		单击该按钮，可以允许或禁止动态UCS
"动态输入"按钮		单击该按钮，将在绘制图形时自动显示动态输入文本框，方便绘图时设置精确数值

名　称	按　钮	功能说明
"显示/隐藏线宽"按钮		单击该按钮，打开线宽显示。在绘图时如果为图层和所绘图形设置了不同的线宽，打开该开关，可以在屏幕上显示线宽，以标识各种具有不同线宽的对象
"显示/隐藏透明度"按钮		单击该按钮，打开透明度显示。在绘图时如果为图层和所绘图形设置了不同的透明度，打开该开关，可以在屏幕上显示透明度，方便识别不同的对象
"快捷特性"按钮		单击该按钮，可以显示对象的快捷特性选项板，能帮助用户快捷地编辑对象的一般特性。通过"草图设置"对话框的"快捷特性"选项卡可以设置快捷特性选项板的位置模式和大小
"选择循环"按钮		单击该按钮，可以帮助用户对选择进行循环操作
"注释监视器"按钮		单击该按钮，可以启用注释监视器，它提供关于关联注释状态的反馈。如果当前图形中的所有注释都已关联，在系统托盘中的注释图标将保持为正常

1.3.8　工具选项板

在 AutoCAD 2013 中，"所有选项板"选项板是一个可以浮动的选项板，如图 1-19 所示，用户可以拖曳该选项板使其处于浮动状态。与命令行相同，处于浮动状态的"所有选项板"选项板随着用户拖曳位置的不同，其标题显示的方向随之改变。

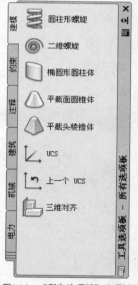

图1-19　"所有选项板"选项板

1.4　熟悉AutoCAD 2013的新增功能

经过多个版本的不断更新后，AutoCAD 2013 在性能和功能上得到了全面提升，极大地提高了用户的工作效率，本节将对 AutoCAD 2013 的新增功能进行介绍。

1.4.1　曲面曲线提取

新增的"提取等值线"工具可以从"曲面"功能区选项卡的"曲线"面板中找到，它可使您从现有的曲面或实体的面轻松提取等值线曲线。曲面提取工具的选项使用户可以更改所提取的等值线的方向、选择等值线的链，然后通过指定样条曲线点在弯曲的曲面上绘制一条样条曲线。

1.4.2　点云支持

点云工具可在新点云工具栏和在"插入"功能区选项卡中的"点云"面板上找到。选择附着的点云会显示围绕数据边界框，以帮助您直观观察它在三维空间中的位置和相对于其他三维对象的位置。除了显示边界框，选择点云将自动显示"点云编辑"功能区选项卡，其中包含易于访问的相关工具。在"特性"选项板中的其他信息可以使用户更轻松地查看和分析点云数据。

1.4.3　图案填充编辑器

在 Auto CAD 2013 版中，"图案填充编辑器"得到了增强，可以更快且轻松地编辑多个图案填充对象。

即使在选择多个图案填充对象时，也会自动显示上下文"图案填充编辑器"功能区选项卡。

1.4.4　阵列增强功能

　　Auto CAD 2013 版中阵列增强功能可更快更方便地创建阵列对象。为矩形阵列选择了对象后，它们会立即显示 3 行 4 列在栅格中。在创建环形阵列时，在指定圆心后将立即在 6 个完整的环形阵列中显示指定的对象。为路径阵列选择对象和路径后，对象会立即沿路径的整个长度均匀显示。对于每种类型的阵列，在阵列对象上的多功能夹点使您可以动态编辑相关的特性，除了使用多功能夹点，还可以在上下文功能区选项卡以及在命令行中修改阵列的值。

1.5　掌握文件的基本操作

　　要学习 AutoCAD 2013 软件的应用，首先需掌握 AutoCAD 2013 的基本操作，包括新建图形文件、打开图形文件、保存图形文件、输出图形文件和关闭图形文件，下面向用户介绍掌握各种基本操作的方法。

1.5.1　新建图形文件

　　启动 AutoCAD 2013 之后，系统将自动新建一个名为 Drawing1 的图形文件，该图形文件默认以 acadiso.dwt 为模板，根据需要用户也可以新建图形文件，以完成相应的绘图操作。

　　【实践操作 3】新建图形文件的具体操作步骤如下。

01　启动 AutoCAD 2013 后，单击"菜单浏览器"按钮，在弹出的菜单列表中单击"新建"命令，如图1-20所示。

02　弹出"选择样板"对话框，在列表框中选择 acadiso 选项，如图1-21所示。

03　单击"打开"按钮，即可新建图形文件。

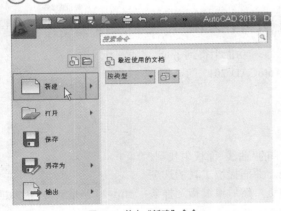

图1-20　单击"新建"命令

图1-21　选择 acadiso 选项

技巧点拨

　　用户还可以通过以下 3 种方法，新建图形文件。
- 命令：在命令行中输入 NEW 命令并按【Enter】键确认。
- 快捷键：按【Ctrl + N】快捷键。
- 工具栏：单击快速访问工具栏的"新建"按钮。

　　执行以上任意一种方法，均可弹出"选择样板"对话框。

1.5.2 打开已有图形文件

若电脑中已经保存了 AutoCAD 文件，可以将其打开进行查看和编辑。

【实践操作 4】打开已有图形文件的具体操作步骤如下。

01 在AutoCAD 2013工作界面中，单击"菜单浏览器"按钮，在弹出的菜单列表中单击"打开"命令，如图1-22所示。

02 弹出"选择文件"对话框，在"查找范围"列表框中选择需要打开的素材图形，如图1-23所示。

图1-22 单击"打开"命令

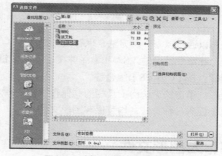

图1-23 选择需要打开的素材图形

AutoCAD 技巧点拨

用户还可以通过以下 3 种方法，打开图形文件。
- 命令：在命令行中输入OPEN命令并按【Enter】键确认。
- 快捷键：按【Ctrl + O】组合键。
- 工具栏：单击快速访问工具栏的"打开"按钮。

执行以上任意一种方法，均可弹出"选择文件"对话框。

03 单击"打开"按钮，即可打开素材图形，如图1-24所示。

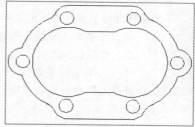

图1-24 打开素材图形

1.5.3 直接保存文件

在绘制一个图形文件时，要注意保存所绘制的图形文件到本地磁盘，以免因意外而丢失文件数据。

【实践操作 5】直接保存文件的具体操作步骤如下。

01 启动AutoCAD 2013，在其中进行图形的绘制，绘制完成后，单击"菜单浏览器"按钮，在弹出的菜单列表中选择"保存"选项，如图1-25所示。

02 弹出"图形另存为"对话框，在其中可根据需要设置文件的保存位置及文件名称，如图1-26所示。

图1-25 选择"保存"选项

图1-26 设置文件保存信息

03 单击"保存"按钮，即可保存绘制的图形文件，如图1-27所示。

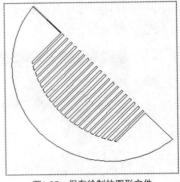

图1-27 保存绘制的图形文件

1.5.4 另存为图形文件

如果用户需要重新将图形文件保存至磁盘中的另一位置，此时可以使用"另存为"命令对图形文件进行另存为操作。

实践素材	光盘 \ 素材 \ 第 1 章 \ 床头柜 .dwg

【实践操作 6 】另存为图形文件的具体操作步骤如下。

01 单击"菜单浏览器"按钮，在弹出的菜单列表中单击"打开"|"图形"命令，打开一幅素材图形，如图1-28所示。

02 单击"菜单浏览器"按钮，在弹出的菜单列表中单击"另存为"|"图形"命令，弹出"图形另存为"对话框，单击"保存于"右侧的下拉按钮，在弹出的列表框中重新设置文件的保存位置，如图1-29所示。

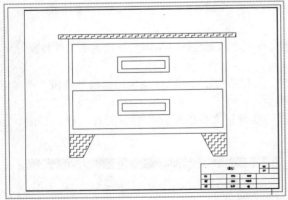

图1-28 打开一幅素材图形

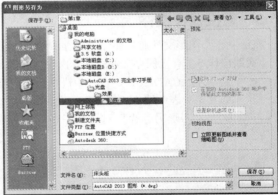

图1-29 选择文件的保存位置

03 单击"保存"按钮，即可另存为图形文件。

1.5.5 切换图形文件

在 AutoCAD 2013 窗口界面中，当用户打开了多幅图形文件时，可以在各图形文件之间进行切换操作。

实践素材	光盘 \ 素材 \ 第 1 章 \ 植物 .dwg、盆栽 .dwg
视频演示	光盘 \ 视频 \ 第 1 章 \ 植物 .mp4

【实践操作 7】切换图形文件的具体操作步骤如下。

01 单击"菜单浏览器"按钮，在弹出的菜单列表中单击"打开"|"图形"命令，打开素材图形，如图1-30所示。

02 单击"功能区"选项板中的"视图"选项卡，在"窗口"选项板中单击"切换窗口"下拉按钮，在弹出的列表框中选择"盆栽"选项，如图1-31所示。

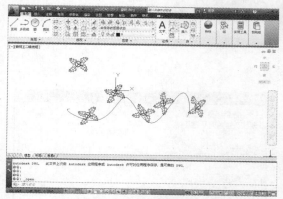

图1-30　打开素材图像

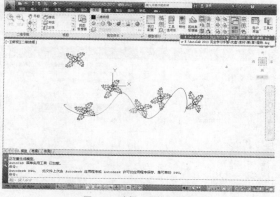

图1-31　选择"盆栽"选项

03 如果选择"植物"选项，则可切换到选择的"植物"图形窗口中，如图1-32所示。

AutoCAD　技巧点拨

> 除了运用上述方法可以切换图形文件之外，还可以按【Ctrl+Tab】组合键，切换图形文件。

1.5.6 加密保护图形文件

在 AutoCAD 2013 中，保存文件时可以使用密码保护功能对文件进行加密保存。

实践素材	光盘 \ 素材 \ 第 1 章 \ 拱顶石 .dwg
视频演示	光盘 \ 视频 \ 第 1 章 \ 拱顶石 .mp4

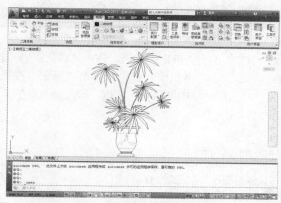

图1-32　切换到选择的植物图形窗口中

【实践操作 8】加密保护图形文件的具体操作步骤如下。

01 单击"菜单浏览器"按钮，在弹出的菜单列表中单击"打开"|"图形"命令，打开素材图形，如图1-33所示。

02 单击"菜单浏览器"按钮，在弹出的菜单列表中单击"另存为"|"图形"命令，如图1-34所示。

03 弹出"图形另存为"对话框，在其中设置文件的保存路径和文件名称，单击"工具"右侧的下拉按钮，在弹出的下拉菜单中选择"安全选项"选项，如图1-35所示。

04 弹出"安全选项"对话框，单击"密码"选项卡，在"用于打开此图形的密码或短语"文本框中输入密码，如图1-36所示。

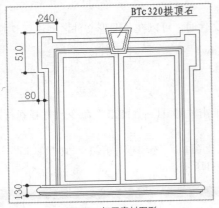

图1-33　打开素材图形

图1-34　单击"图形"命令

图1-35　选择"安全选项"选项

图1-36　输入密码数值

05 单击"确定"按钮，弹出"确认密码"对话框，如图1-37所示，再次输入密码，单击"确定"按钮，返回"图形另存为"对话框，单击"保存"按钮，即可加密保护文件。

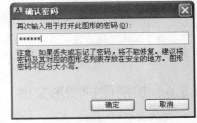

A U T O C A D　技巧点拨

在 AutoCAD 2013 中，保存图形文件时，用户可以为图形文件设置密码，以保证图形文件的安全性。

图1-37　确认输入密码

1.5.7　输出图形文件

在 AutoCAD 2013 中，用户可根据需要对图形文件进行输出操作。

实践素材	光盘 \ 素材 \ 第 1 章 \ 室内装潢图 .dwg

【实践操作 9】输出图形文件的具体操作步骤如下。

01 单击"菜单浏览器"按钮，在弹出的菜单列表中单击"打开"|"图形"命令，打开一幅素材图形，如图1-38所示。

02 单击"菜单浏览器"按钮，在弹出的菜单列表中单击"输出"|"其他格式"命令，如图1-39所示。

03 弹出"输出数据"对话框，在其中可以设置文件的保存路径及文件类型，如图1-40所示。

04 单击"保存"按钮，返回绘图区，在指定位置双击保存的图像，即可查看图像，如图1-41所示。

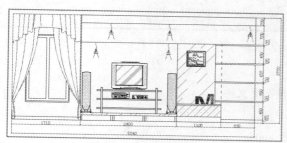

图1-38 打开一幅素材图形

图1-39 单击"其他格式"命令

图1-40 设置文件的保存路径及文件类型

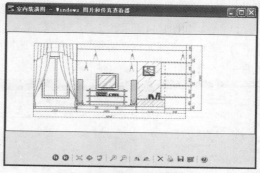

图1-41 查看输出的图像效果

AutoCAD **技巧点拨**

在命令行中输入 EXPORT 命令，并按【Enter】键确认，也可以输出图形文件。在 AutoCAD 2013 中，常用的输出文件类型有三维 DWF（*.dwf）、图元文件（*.wmf）、块（*.dwg）、位图（*.bmp）、V8.DGN（*.dgn）等。

1.5.8 关闭图形文件

当完成对图形文件的编辑之后，用户可以关闭图形文件。

【实践操作 10】关闭图形文件的具体操作步骤如下。

01 将鼠标移至绘图窗口右上角的"关闭"按钮上，单击鼠标左键，如图1-42所示。

02 执行操作后，如果图形文件尚未作修改，可以直接将当前图形文件关闭；如果保存后又修改过图形文件，且未对图形文件进行重新保存，系统将弹出提示信息框，提示用户是否保存文件或放弃已作的修改，如图1-43所示。单击"是"按钮，将保存图形文件；单击"否"按钮，将不保存图形文件，退出AutoCAD；单击"取消"按钮，则不退出AutoCAD 2013应用程序。

AutoCAD **技巧点拨**

用户还可以通过以下 4 种方法，关闭图形文件。

- 方法1：在命令行中输入CLOSE命令并按【Enter】键确认。
- 方法2：在命令行中输入CLOSEALL命令并按【Enter】键确认。
- 方法3：单击"菜单浏览器"按钮，在弹出的菜单中单击"关闭"命令。
- 方法4：单击标题栏右侧的"关闭"按钮。

执行以上任意一种方法，均可关闭图形文件。

图1-42　单击"关闭"按钮　　　　　　　　　　　　　　图1-43　信息提示框

1.5.9　修复图形文件

在 AutoCAD 2013 中，用户还可以修复已损坏的图形文件。

实践素材	光盘 \ 素材 \ 第 1 章 \ 机械图件 .dwg
视频演示	光盘 \ 视频 \ 第 1 章 \ 机械图件 .mp4

【实践操作 11】修复图形文件的具体操作步骤如下。

01　单击"菜单浏览器"按钮，在弹出的菜单列表中单击"图形实用工具"|"修复"|"修复"命令，如图1-44所示。

02　弹出"选择文件"对话框，在其中选择需要修复的图形文件，如图1-45所示。

图1-44　单击"修复"命令

图1-45　选择需要修复的图形文件

03　单击"打开"按钮，弹出信息提示框，提示用户修复后的数据库没有核查出错误，如图1-46所示。

04　单击"确定"按钮，返回绘图区，即可修复图形文件，如图1-47所示。

图1-46　信息提示框

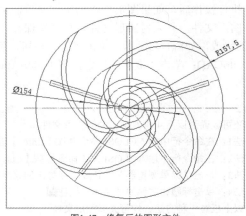

图1-47　修复后的图形文件

1.5.10 恢复图形文件

在 AutoCAD 2013 中，用户还可以对图形文件进行恢复操作。

【实践操作 12】恢复图形文件的具体操作步骤如下。

01 单击"菜单浏览器"按钮，在弹出的菜单列表中单击"图形实用工具"|"打开图形修复管理器"命令，如图1-48所示。

02 弹出"图形修复管理器"面板，如图1-49所示。

03 单击图形前的"＋"号按钮，列出所有可用图形文件和备份文件，即可恢复图形文件。

图1-48 单击"打开图形修复管理器"命令

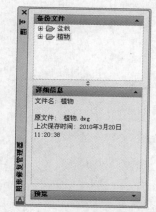

图1-49 弹出"图形修复管理器"面板

第2章

设置绘图环境

　　在进行绘图之前，首先应确定绘图环境所需要的环境参数，以提高绘图效率。在 AutoCAD 2013 中，设置绘图环境包括设置系统参数、设置图形单位、设置图形界限以及管理用户界面等。使用 AutoCAD 2013 的目的是进行辅助设计，这就要求设计时必须保证一定的精度，为了在 AutoCAD 中创建精确的图形，绘制或修改对象时，可以输入点在图形中的坐标值以确定点的位置。本章主要介绍设置绘图环境的基本操作。

2.1 管理"功能区"选项板

"功能区"选项板位于绘图窗口的上方，在"二维草图与注释"工作界面中，"功能区"选项板中有 11 个选项卡，即常用、插入、布局、注释、参数化、渲染、视图、管理、输出、插件、联机。本节主要介绍管理"功能区"选项板的基本操作。

2.1.1 显示或隐藏功能区

在 AutoCAD 2013 中，用户可根据需要对"功能区"选项板进行显示或隐藏操作。

1. 隐藏"功能区"选项板

如果用户需要在绘图区中显示更多的图形，此时可将"功能区"选项板进行隐藏。

实践素材	光盘 \ 素材 \ 第 2 章 \ 电源插座 .dwg

【实践操作 13】隐藏"功能区"选项板的具体操作步骤如下。

01 单击"菜单浏览器"按钮，在弹出的菜单列表中单击"打开"|"图形"命令，打开一幅素材图形，如图2-1所示。

02 在"功能区"选项板的空白处单击鼠标右键，在弹出的快捷菜单中选择"关闭"选项，如图2-2所示。

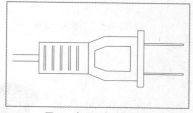

图2-1 打开一幅素材图形

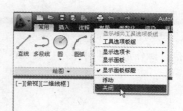

图2-2 选择"关闭"选项

03 执行操作后，即可隐藏"功能区"选项板，如图2-3所示。

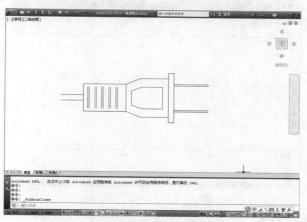

图2-3 隐藏"功能区"选项板

A u t o C A D　技巧点拨

用户还可以通过以下两种方法，隐藏"功能区"选项板。
- 方法1：显示菜单栏，单击"工具"|"选项板"|"功能区"命令。
- 方法2：在命令行中输入RIBBONCLOSE命令，按【Enter】键确认。
执行以上任意一种操作，均可隐藏"功能区"选项板。

2. 显示"功能区"选项板

与当前工作空间相关的操作都单一简洁地置于功能区中，下面向用户介绍显示"功能区"选项板的方法。

实践素材	光盘 \ 素材 \ 第 2 章 \ 电源插座 .dwg

【实践操作 14】显示"功能区"选项板的具体操作步骤如下。

01 单击快速访问工具栏右侧的双三角按钮，在弹出的快捷菜单右侧的下三角按钮上单击，再在弹出的菜单列表中选择"显示菜单栏"选项，如图2-4所示。

02 显示菜单栏，单击"工具"|"选项板"|"功能区"命令，如图2-5所示。

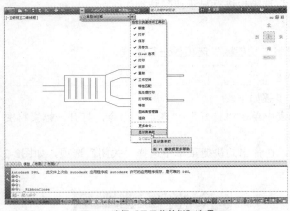

图2-4　选择"显示菜单栏"选项

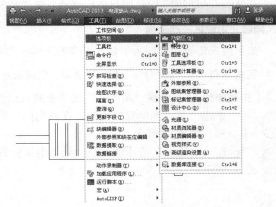

图2-5　单击"功能区"命令

03 执行操作后，即可显示"功能区"选项板，如图2-6所示。

AutoCAD 技巧点拨

在命令行中输入 RIBBON 命令，也可以显示"功能区"选项板。

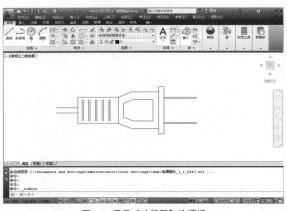

图2-6　显示"功能区"选项板

2.1.2　隐藏面板标题名称

在绘图过程中，用户还可以根据需要隐藏面板标题名称。

实践素材	光盘 \ 素材 \ 第 2 章 \ 时钟 .dwg

【实践操作 15】隐藏面板标题名称的具体操作步骤如下。

01 单击"菜单浏览器"按钮，在弹出的菜单列表中单击"打开"|"图形"命令，打开一幅素材图形，如图2-7所示。

02 在"功能区"选项板的空白处，单击鼠标右键，在弹出的快捷菜单中选择"显示面板标题"选项，如图2-8所示。

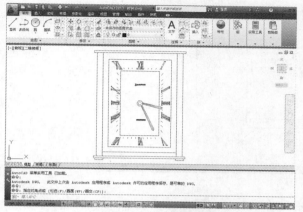

图2-7 打开一幅素材图形

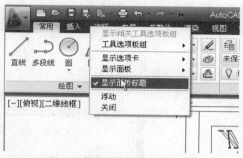

图2-8 选择"显示面板标题"选项

03 执行操作后，即可隐藏面板标题名称，如图2-9所示。

图2-9 隐藏面板标题名称

2.1.3 浮动功能区

在 AutoCAD 2013 中，还可以将"功能区"选项根据板进行浮动操作。

实践素材	光盘 \ 素材 \ 第 2 章 \ 电动机 .dwg

【实践操作 16】浮动功能区的具体操作步骤如下。

01 单击"菜单浏览器"按钮，在弹出的菜单列表中单击"打开" | "图形"命令，打开一幅素材图形，如图2-10所示。

02 在"功能区"选项板空白处单击鼠标右键，在弹出的快捷菜单中选择"浮动"选项，如图2-11所示。

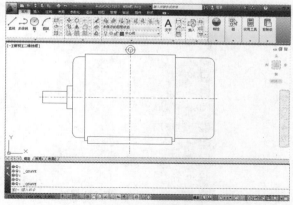

图2-10 打开一幅素材图形

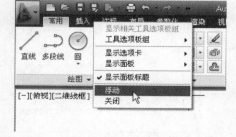

图2-11 选择"浮动"选项

03 执行操作后，即可浮动选项板，如图2-12所示。

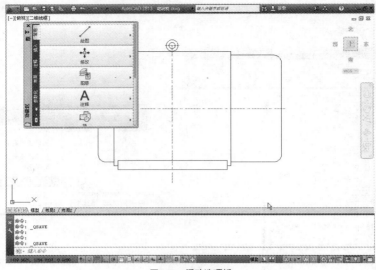

图2-12　浮动选项板

2.2　设置系统参数

在 AutoCAD 2013 中，单击"菜单浏览器"按钮，在弹出的菜单列表中单击"选项"按钮，在弹出的"选项"对话框中，可以对系统和绘图环境进行各种设置，以满足不同用户的需求。

2.2.1　设置文件路径

在"选项"对话框中，单击"文件"选项卡，在该选项卡中可以设置 AutoCAD 2013 支持文件、驱动程序、搜索路径、菜单文件和其他文件的目录等。

实践素材	光盘 \ 素材 \ 第 2 章 \ 健身器 .dwg

【实践操作 17】设置文件路径的具体操作步骤如下。

01　单击"菜单浏览器"按钮，在弹出的菜单列表中单击"打开"|"图形"命令，打开一幅素材图形，如图2-13所示。

02　单击"菜单浏览器"按钮，在弹出的菜单列表中单击"选项"按钮，如图2-14所示。

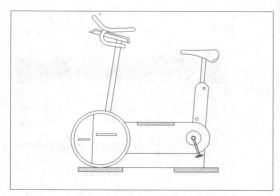

图2-13　打开一幅素材图形

图2-14　单击"选项"按钮

03　弹出"选项"对话框，单击"文件"选项卡，如图2-15所示。

04 单击"支持文件搜索路径"选项前的"＋"号 ⊞，在展开的列表中选择"D:\软件安装目录\autocad 2013\support"选项，如图2-16所示。

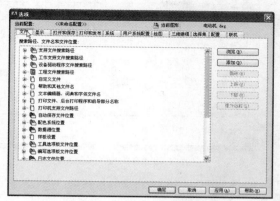

图2-15　单击"文件"选项卡

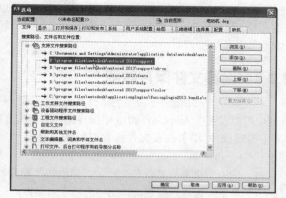

图2-16　展开相应列表选项

05 操作完成后，单击"确定"按钮，即可设置文件路径。

AutoCAD **技巧点拨**

用户可以在没有执行任何命令也没有选择任何对象的情况下，在绘图窗口中单击鼠标右键，在弹出的快捷菜单中选择"选项"命令。单击"草图设置"对话框中的"选项"按钮也可进入"选项"对话框。另外，在命令行中输入 OPTIONS（选项）命令，按下【Enter】键确认，也可弹出"选项"对话框。

2.2.2　设置窗口元素

在"选项"对话框中，切换至"显示"选项卡，该选项卡用于设置 AutoCAD 2013 的显示情况。

实践素材	光盘 \ 素材 \ 第 2 章 \ 椭形零件 .dwg

【实践操作 18】设置窗口元素的具体操作步骤如下。

01 单击"菜单浏览器"按钮，在弹出的菜单列表中单击"打开"|"图形"命令，打开一幅素材图形，如图2-17所示。

02 单击"菜单浏览器"按钮，在弹出的菜单列表中单击"选项"按钮，弹出"选项"对话框，切换至"显示"选项卡，单击"配色方案"右侧的下拉按钮，在弹出的列表框中选择"明"选项，如图2-18所示。

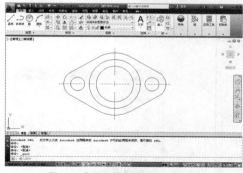

图2-17　打开一幅素材图形

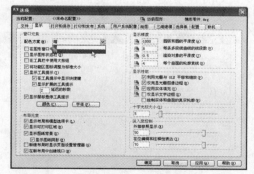

图2-18　选择"明"选项

03 设置完成后，单击"确定"按钮，更改窗口的颜色显示状态，如图2-19所示。

A u t o C A D **技巧点拨**

在"选项"对话框中的"显示"选项卡中，用户可以进行绘图环境显示设置、布局显示设置以及控制十字光标的尺寸等设置。

2.2.3 设置文件保存时间

在"选项"对话框中，切换至"打开和保存"选项卡，在其中可以设置在 AutoCAD 2013 中保存文件的相关选项。

【实践操作 19】设置文件保存时间的具体操作步骤如下。

01 单击"菜单浏览器"按钮，在弹出的菜单列表中单击"选项"按钮，弹出"选项"对话框，切换至"打开和保存"选项卡，选中"自动保存"复选框，在其下方设置自动保存的间隔分钟数，如图2-20所示。

02 设置完成后，单击"确定"按钮，即可完成文件保存时间的设置。

图2-19 更改窗口的颜色显示状态

A u t o C A D **技巧点拨**

在"选项"对话框的"打开和保存"选项卡中，用户可根据需要设置保存文件的格式，对要保存的文件采取安全措施，以及最近运用的文件数目、是否需要加载外部参照文件。

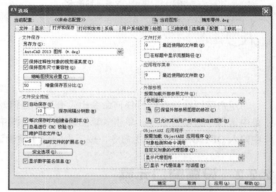

图2-20 设置自动保存的间隔分钟数

2.2.4 设置打印与发布

在"选项"对话框中，单击"打印和发布"选项卡，该选项卡用于设置 AutoCAD 打印和发布的相关选项。
【实践操作 20】设置打印与发布的具体操作步骤如下。

01 单击"菜单浏览器"按钮，在弹出的菜单列表中单击"选项"按钮，弹出"选项"对话框，切换至"打印和发布"选项卡，单击对话框下方的"打印样式表设置"按钮，如图2-21所示。

02 弹出"打印样式表设置"对话框，选中"使用颜色相关打印样式"单选按钮，如图2-22所示。

03 单击"确定"按钮，返回"选项"对话框，单击"确定"按钮，即可完成打印样式表的设置。

图2-21 单击"打印样式表设置"按钮

图2-22 选中相应单选按钮

2.2.5 设置三维性能

在"选项"对话框中,单击"系统"选项卡,在其中可以对当前三维图形的显示效果进行设置。

【实践操作 21】设置三维性能的具体操作步骤如下。

01 单击"菜单浏览器"按钮,在弹出的菜单列表中单击"选项"按钮,弹出"选项"对话框,切换至"系统"选项卡,在"三维性能"选项区中单击"性能设置"按钮,如图2-23所示。

02 弹出"自适应降级和性能调节"对话框,在其中设置相关参数,如图2-24所示。

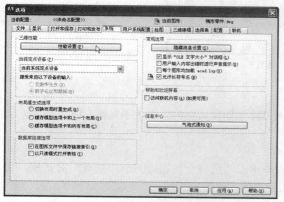

图2-23 单击"性能设置"按钮

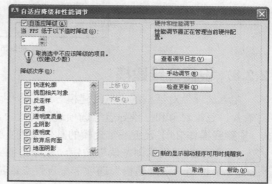

图2-24 设置相应的参数

03 设置完成后,依次单击"确定"按钮,完成三维性能的设置。

2.2.6 设置用户系统配置

在"选项"对话框中,单击"用户系统配置"选项卡,在其中可以设置 AutoCAD 中优化性能的选项。

【实践操作 22】设置用户系统配置的具体操作步骤如下。

01 单击"菜单浏览器"按钮,在弹出的菜单列表中单击"选项"按钮,弹出"选项"对话框,切换至"用户系统配置"选项卡,在其中可以设置用户系统配置的相关参数,如图2-25所示。

02 设置完成后,单击"确定"按钮,完成用户系统配置的设置。

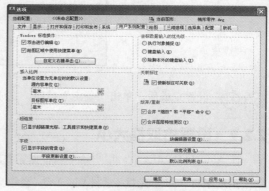

AutoCAD **技巧点拨**

在"用户系统配置"选项卡中,用户可以进行指定鼠标右键操作的模式、指定插入单位等设置。

图2-25 "用户系统配置"选项卡

2.2.7 设置绘图

在"选项"对话框的"绘图"选项卡中,可以设置 AutoCAD 2013 中的一些基本编辑选项。在其中,用户可以进行是否打开自动捕捉标记、改变自动捕捉标记大小等设置。

【实践操作 23】设置草图的具体操作步骤如下。

01 单击"菜单浏览器"按钮,在弹出的菜单列表中单击"选项"按钮,弹出"选项"对话框,切换至"绘图"选项卡,在其中可以设置AutoCAD 2013的相关参数,如图2-26所示。

02 设置完成后,单击"确定"按钮,完成绘图的设置。

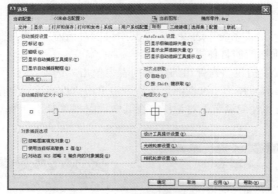

图2-26 "绘图"选项卡

2.2.8 设置三维建模

在"选项"对话框的"三维建模"选项卡中,可以对三维绘图模式下的三维十字光标、UCS图标、动态输入、三维对象和三维导航等选项进行设置。

【实践操作24】设置三维建模的具体操作步骤如下。

01 单击"菜单浏览器"按钮,在弹出的菜单列表中单击"选项"按钮,弹出"选项"对话框,切换至"三维建模"选项卡,设置三维建模的相应选项,如图2-27所示。

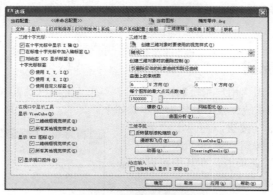

图2-27 "三维建模"选项卡

02 设置完成后,单击"确定"按钮,完成三维建模的设置。

2.2.9 设置拾取框大小

在 AutoCAD 2013 中,用户还可以根据需要设置拾取框的大小。

实践素材	光盘\素材\第2章\会议桌.dwg
视频演示	光盘\视频\第2章\会议桌.mp4

【实践操作25】设置拾取框大小的具体操作步骤如下。

01 单击"菜单浏览器"按钮,在弹出的菜单列表中单击"打开"|"图形"命令,打开一幅素材图形,如图2-28所示。

02 单击"菜单浏览器"按钮,在弹出的菜单列表中单击"选项"按钮,弹出"选项"对话框,切换至"选择集"选项卡,在"拾取框大小"选项区中单击滑块并向右拖曳到最大值,如图2-29所示。

03 设置完成后,单击"确定"按钮,即可设置拾取框的大小,如图2-30所示。

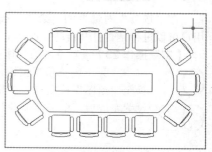

图2-28 打开一幅素材图形

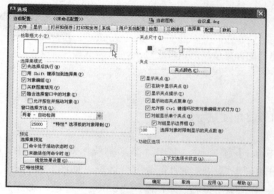

图2-29　向右拖曳到最大值

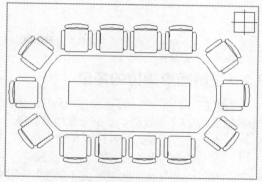

图2-30　设置拾取框的大小

2.3　设置图形单位

在开始绘制图形前，需要确定图形单位与实际单位之间的尺寸关系，即绘图比例。另外，还要指定程序中测量角度的方向。对于所有的线性和角度单位，还要设置显示精度的等级，如小数点的倍数或者以分数显示时的最小分母，精度的设置会影响距离、角度和坐标的显示。本节主要介绍设置图形单位的方法。

2.3.1　设置图形单位的长度

在"图形单位"对话框中的"长度"选项区中，可以设置图形的长度类型和精度。下面向用户介绍设置图形单位的长度。

【实践操作26】设置图形单位长度的具体操作步骤如下。

01　在命令行中输入UNITS（单位）命令，如图2-31所示，按【Enter】键确认。

02　弹出"图形单位"对话框，在"长度"选项区中单击"类型"下拉按钮，在弹出的列表框中选择"小数"选项，如图2-32所示。

03　单击"精度"下拉按钮，弹出列表框，选择"0.000"选项，如图2-33所示。

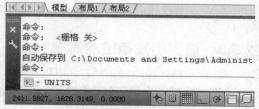

图2-31　输入UNITS（单位）命令

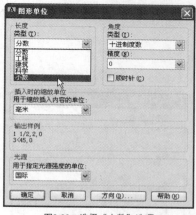

图2-32　选择"小数"选项

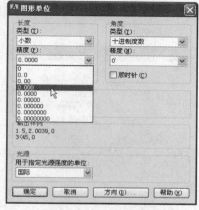

图2-33　选择"0.000"选项

04　设置完成后，单击"确定"按钮，即可设置图形单位的长度。

显示菜单栏，单击"格式"|"单位"命令，也可以弹出"图形单位"对话框。

2.3.2 设置图形单位的角度

在"角度"选项区中，可以指定当前角度的格式和当前角度显示的精度。

【实践操作 27】设置图形单位角度的具体操作步骤如下。

01 在命令行中输入UNITS（单位）命令，按【Enter】键确认，弹出"图形单位"对话框，在"角度"选项区中单击"类型"下拉按钮，在弹出的列表框中选择"百分度"选项，如图2-34所示。

02 在"角度"选项区中单击"精度"下拉按钮，在弹出的列表框中选择"0.00g"选项，如图2-35所示。

图2-34　选择"百分度"选项

图2-35　选择"0.00g"选项

03 设置完成后，单击"确定"按钮，即可设置图形单位的角度。

2.3.3 设置图形单位的方向

在 AutoCAD 2013 中，用户还可以设置图形单位的方向。

【实践操作 28】设置图形单位方向的具体操作步骤如下。

01 在命令行中输入UNITS（单位）命令，按【Enter】键确认，弹出"图形单位"对话框，单击"方向"按钮，如图2-36所示。

02 弹出"方向控制"对话框，在"基准角度"选项区中，选中"西"单选按钮，如图2-37所示。

图2-36　单击"方向"按钮

图2-37　选中"西"单选按钮

设置完成后,单击"确定"按钮,即可设置图形单位的方向。

在"方向控制"选项区中,选中"其他"单选按钮后,单击"拾取角度"按钮📐,返回到绘图窗口,通过选取两个点来确定基准角度为0°的方向。

2.3.4 设置图形单位的缩放比例

在"插入时的缩放单位"选项区中,可以控制从 AutoCAD 设计中心插入块时使用的测量单位,如果从 AutoCAD 设计中心插入块的单位与在此选项区中指定的单位不同,块会按比例缩放到指定单位;选择"无单位"选项,则表示在插入块时不按指定的单位进行缩放。

【实践操作 29】设置图形单位的缩放比例的具体操作步骤如下。

01 在命令行中输入UNITS(单位)命令,按【Enter】键确认,弹出"图形单位"对话框,在"插入时的缩放单位"选项区中单击"用于缩放插入内容的单位"下拉按钮,在弹出的列表框中选择"厘米"选项,如图2-38所示。

02 设置完成后,单击"确定"按钮,完成图形单位缩放比例的设置。

2.4 设置图形界限

AutoCAD 2013 的绘图区域是无限大的,用户可以绘制任意大小的图形。在绘图时,应尽可能使图形最大限度充满整个绘图窗口,以便于观察图形。本节主要介绍设置图形界限的方法。

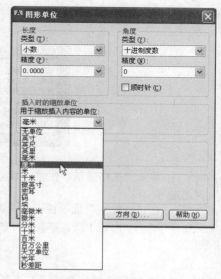

图2-38 选择"厘米"选项

2.4.1 设置图形界限

图形界限就是绘图区域,也称为图限。在 AutoCAD 2013 的命令行中,输入 LIMITS 命令,并按【Enter】键确认,可以设置图形界限。

【实践操作 30】设置图形界限的具体操作步骤如下。

01 单击快速访问工具栏上的"新建"按钮,新建一幅空白图形文件,在命令行中输入LIMITS命令,如图2-39所示,按【Enter】键确认。

02 根据命令行提示信息输入(0,0),如图2-40所示,按【Enter】键确认。

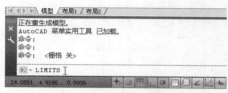

图2-39 输入LIMITS命令

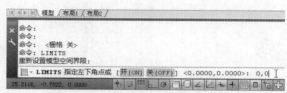

图2-40 根据命令行提示信息输入(0,0)

03 根据命令行提示信息,指定图形界限右上角点为(100,100),按【Enter】键确认,即可设置图形界限,如图2-41所示。

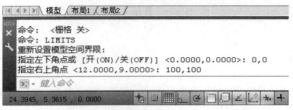

图2-41　指定图形界限右上角点为（100，100）

2.4.2　显示图形界限

在 AutoCAD 2013 中，不仅可以设置图形界限，还可以根据需要显示图形界限。

实践效果	光盘 \ 素材 \ 第 2 章 \ 正五边形 .dwg

【实践操作 31】显示图形界限的具体操作步骤如下。

01 移动鼠标指针至状态栏上的"栅格显示"按钮处，如图2-42所示。

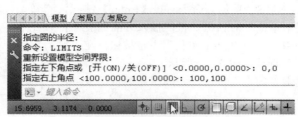

图2-42　将鼠标移至"栅格显示"按钮处

02 单击"栅格显示"按钮，即可显示图形界限，如图2-43所示。

03 在"功能区"选项板中，单击"常用"选项卡，在"绘图"面板上单击"多边形"按钮⬡，绘制一个内切于圆、半径为30的正五边形，效果如图2-44所示，完成显示图形界限的操作。

A⁢u⁢t⁢o⁢C⁢A⁢D　**技巧点拨**

由于 AutoCAD 中的界限检查只是针对输入点，所以在打开界限检查后，用户在创建图形对象时，仍有可能导致图形对象的某部分绘制在图形界限之外。例如绘制圆时，在图形界限内部指定圆心点后，如果半径很大，则有可能部分圆弧将绘制在图形界限之外。

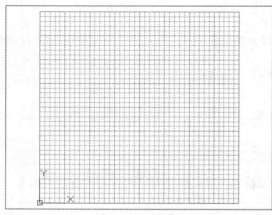

图2-43　显示图形界限

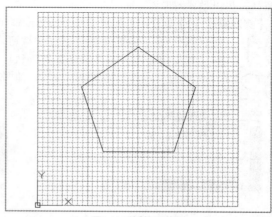

图2-44　绘制正五边形

2.5 管理用户界面

在 AutoCAD 2013 中，可以自定义工作空间来创建绘图环境，以便显示用户需要的工具栏、菜单和可固定的窗口。本节主要介绍管理用户界面的方法。

2.5.1 自定义用户界面

在"功能区"选项板中单击"管理"选项卡，在"自定义设置"面板上单击"用户界面"按钮，在弹出的"自定义用户界面"对话框中，可以重新设置图形环境使其满足需求。下面介绍自定义用户界面的方法。

【实践操作 32】自定义用户界面的具体操作步骤如下。

01 在"功能区"选项板中单击"管理"选项卡，在"自定义设置"面板上单击"用户界面"按钮，如图2-45所示。

02 弹出"自定义用户界面"对话框，在"自定义"选项卡的"所有自定义文件"选项区的列表框中选择"功能区"|"选项卡"选项，单击鼠标右键，在弹出的快捷菜单中选择"新建选项卡"选项，如图2-46所示。

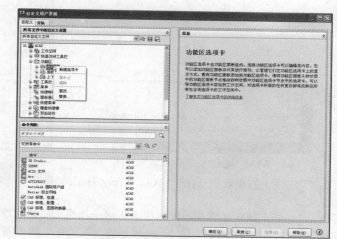

图2-45 单击"用户界面"按钮　　　　图2-46 选择"新建选项卡"选项

03 在文本框中输入"三维"，如图2-47所示，依次单击"确定"按钮，即可新建"三维"选项卡。

图2-47 在文本框中输入"三维"

在命令行中输入 CUI（界面）命令，按【Enter】键确认，也可以弹出"自定义用户界面"对话框。

2.5.2 自定义个性化工具栏

在 AutoCAD 2013 中，用户可根据需要自定义个性化工具栏。

【实践操作 33】自定义个性化工具栏的具体操作步骤如下。

01 在命令行中输入TOOLBAR（工具栏）命令，如图2-48所示，按【Enter】键确认。

02 弹出"自定义用户界面"对话框，如图2-49所示。

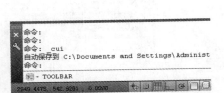

图2-48 输入TOOLBAR命令

图2-49 "自定义用户界面"对话框

03 在下方列表中选择"VBA，Visual Basic编辑器"选项，如图2-50所示。

04 单击鼠标左键并拖曳至快速访问工具栏上，然后单击"自定义用户界面"对话框中的"确定"按钮，返回绘图窗口，在快速访问工具栏上即可添加"VBA，Visual Basic编辑器"按钮，如图2-51所示。

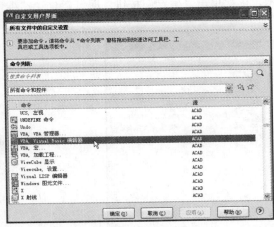

图2-50 选择相应选项

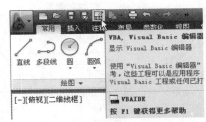

图2-51 显示添加的工具栏

2.5.3 保存工作空间

在 AutoCAD 2013 中，用户可以对当前工作空间进行保存操作。

【**实践操作 34**】保存工作空间的具体操作步骤如下。

01 单击状态栏上的"二维草图与注释"按钮，在弹出的列表框中选择"将当前工作空间另存为"选项，如图2-52所示。

02 弹出"保存工作空间"对话框，在"名称"文本框中输入文字"机械制图"，如图2-53所示，设置完成后，单击"保存"按钮，即可保存当前工作空间。

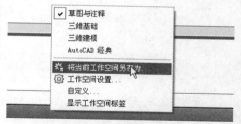

图2-52　选项相应选项

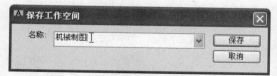

图2-53　输入文字"机械制图"

2.6 掌握使用命令的技巧

　　AutoCAD 2013 的命令执行方式有多种，主要有使用鼠标执行命令、使用命令行执行命令、使用文本窗口执行命令以及使用透明命令等。不论采用哪种方式执行命令，命令提示行中都将显示相应的提示信息。本节主要介绍掌握使用命令的技巧。

2.6.1　使用鼠标执行命令

　　在绘图窗口中，鼠标指针通常显示为"十"字形状。当鼠标指针移至菜单命令、工具栏或对话框内时，会自动变成箭头形状。无论鼠标指针是"十"字形状，还是箭头形状，当单击鼠标时，都会执行相应的命令。

实践素材	光盘 \ 素材 \ 第 2 章 \ 回转器 .dwg
实践效果	光盘 \ 效果 \ 第 2 章 \ 回转器 .dwg
视频演示	光盘 \ 视频 \ 第 2 章 \ 回转器 .mp4

【**实践操作 35**】使用鼠标执行命令的具体操作步骤如下。

01 单击"菜单浏览器"按钮，在弹出的菜单列表中单击"打开"|"图形"命令，打开一幅素材图形，如图2-54所示。

02 单击"功能区"选项板中的"常用"选项卡，在"绘图"面板上单击"圆心，半径"按钮，如图2-55所示。

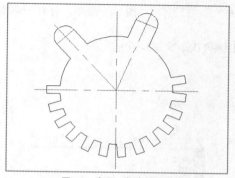

图2-54　打开一幅素材图形

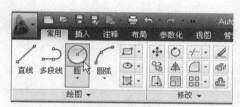

图2-55　单击"圆心，半径"按钮

03 根据命令行提示进行操作，在绘图区两条中心线的交点上，单击鼠标，输入13，按【Enter】键
确认，即可使用鼠标执行命令绘制圆，如图2-56所示。

04 使用与上面相同的方法，在绘图区中的相应位置再次绘制两个半径为3的圆，效果如图2-57
所示。

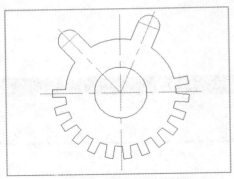

图2-56　使用鼠标执行命令绘制圆

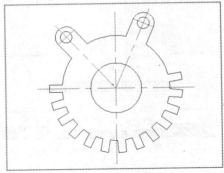

图2-57　再次绘制圆

AutoCAD **技巧点拨**

在 AutoCAD 2013 中，鼠标指针有 3 种模式：拾取模式、回车模式和弹出式模式。

- 拾取键：拾取键指的是鼠标左键，用于指定屏幕上的点，也被用于选择Windows对象、AutoCAD对象、工具栏按钮和菜单命令等。
- 回车键：回车键指的是鼠标右键，相当于【Enter】键，用于结束当前使用的命令，此时系统会根据当前绘图状态弹出不同的快捷菜单。
- 弹出键：按住【Shift】键的同时单击鼠标右键，系统将会弹出一个快捷菜单，用于设置捕捉点的方法。对于三键鼠标，弹出键相当于鼠标的中间键。

2.6.2　使用命令行执行命令

在 AutoCAD 2013 中，默认情况下命令行是一个可固定的窗口，用户可以在当前命令提示下输入命令、对象参数等内容。对大多数命令而言，命令行可以显示执行完的两条命令提示（也叫历史命令），而对于一些输入命令，如 TIME 和 LIST 命令，则需要放大命令行或用 AutoCAD 文本窗口才可以显示。

实践素材	光盘 \ 素材 \ 第 2 章 \ 沙发 .dwg
实践效果	光盘 \ 效果 \ 第 2 章 \ 沙发 .dwg
视频演示	光盘 \ 视频 \ 第 2 章 \ 沙发 .mp4

【实践操作 36】使用命令行执行命令的具体操作步骤如下。

01 单击"菜单浏览器"按钮，在弹出的菜单列表中单击"打开"|"图形"命令，打开一幅素材图形，如图2-58所示。

02 在命令行中输入LINE（直线）命令，按【Enter】键确认，如图2-59所示。

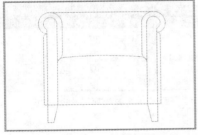

图2-58　打开一幅素材图形

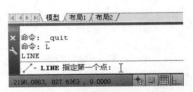

图2-59　在命令行中输入LINE命令

03 根据命令行提示进行操作，在绘图区中合适的端点上，单击鼠标左键，确认线段的起始点，如图2-60所示。

04 向右引导光标，输入530，并按【Enter】键确认，即可绘制一条长度为530的直线，如图2-61所示。

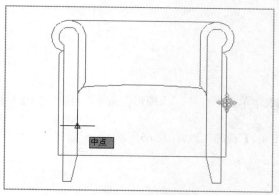

图2-60　确认线段的起始点

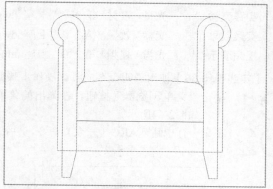

图2-61　绘制一条长度为530的直线

2.6.3　使用文本窗口执行命令

在 AutoCAD 2013 中，文本窗口是一个浮动窗口，可以在其中输入命令或查看命令行提示信息，以便查看执行的历史命令。

【实践操作 37】使用文本窗口执行命令的具体操作步骤如下。

01 单击快速访问工具栏上的"新建"按钮，新建一个空白图形文件，显示菜单栏，单击菜单栏中的"视图"菜单，在弹出的下拉列表框中选择"显示"选项，在弹出的快捷菜单中选择"文本窗口"，如图2-62所示。

02 弹出AutoCAD文本窗口，在文本窗口的命令行处输入LINE命令，并按【Enter】键确认，在其中用户可根据提示信息输入相应的数值，进行相应操作，如图2-63所示。

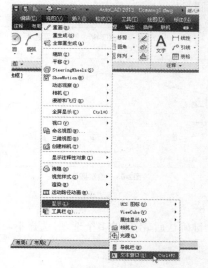

图2-62　选择"文本窗口"

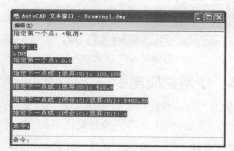

图2-63　通过文本窗口执行命令

技巧点拨

在命令行中用户还可以通过按【Back Space】键或【Delete】键，删除命令行中的文字；也可以选择历史命令，并执行"粘贴到命令行"命令，将其粘贴到命令行中。

2.6.4 使用透明命令

在执行命令的过程中，用户可以输入并执行某些其他命令，这类命令多为辅助修改图形设置的命令，或是打开绘图辅助工具的命令，在 AutoCAD 中，称这类命令为透明命令。下面向用户介绍使用透明命令的方法。

实践素材	光盘\素材\第 2 章\卡座 .dwg
实践效果	光盘\效果\第 2 章\卡座 .dwg
视频演示	光盘\视频\第 2 章\卡座 .mp4

【实践操作 38】使用透明命令的具体操作步骤如下。

01 单击"菜单浏览器"按钮，在弹出的菜单列表中单击"打开"|"图形"命令，打开一幅素材图形，如图2-64所示。

02 在命令行中输入ARC（三点）命令，并按【Enter】键确认，如图2-65所示。

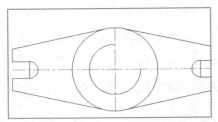

图2-64 打开一幅素材图形

图2-65 在命令行中输入ARC命令

03 捕捉合适的点为圆弧起点，如图2-66所示。

04 在命令行中输入C（圆心），按【Enter】键确认，指定圆心，再在命令行中输入A（角度），按【Enter】键确认，如图2-67所示。

05 在命令行中输入-90，按【Enter】键确认即可绘制圆弧，效果如图2-68所示。

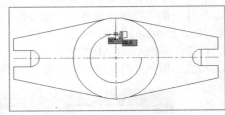

图2-66 捕捉圆弧起点

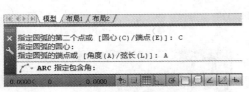

图2-67 在命令行中输入A

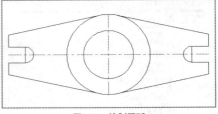

图2-68 绘制圆弧

2.6.5 使用扩展命令

"扩展"命令是在命令行中输入某一种命令，并按【Enter】键确认后，出现的多个选项，选择不同的选项，即可进行不同的操作，得到的效果也不同。

实践素材	光盘\素材\第 2 章\电源插座 .dwg
实践效果	光盘\效果\第 2 章\电源插座 .dwg
视频演示	光盘\视频\第 2 章\电源插座 .mp4

【实践操作 39】使用扩展命令的具体操作步骤如下。

01 单击"菜单浏览器"按钮，在弹出的菜单列表中单击"打开"|"图形"命令，打开一幅素材图形，如图2-69所示。

02 在命令行中输入FILLET（圆角）命令，并按【Enter】键确认，在命令行提示的信息中显示"【放弃（U）/多段线（P）/半径（R）/修剪（T）/多个（M）】"选项，如图2-70所示。

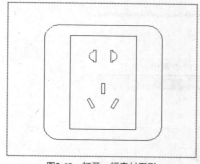

图2-69 打开一幅素材图形

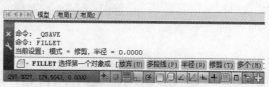

图2-70 命令行中的提示信息

03 输入半径R，按【Enter】键确认，输入5并确认，在绘图区中依次选择需要倒圆角的边，即可倒圆角，如图2-71所示。

04 使用与上面同样的方法，创建其他圆角矩形，效果如图2-72所示。

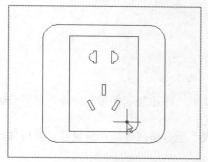

图2-71 倒圆角后的图形

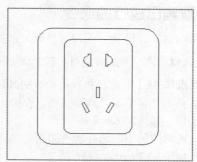

图2-72 创建其他圆角矩形

2.6.6 自动完成功能

AutoCAD 2013 的自动完成功能与 Word 中的"查找"功能相似，如果不记得某个命令的拼写或找不到相应的菜单命令时，只需在命令行中输入命令的前几个字母即可执行。

实践素材	光盘 \ 素材 \ 第 2 章 \ 吊灯 .dwg

【实践操作 40】自动完成功能的具体操作步骤如下。

01 单击"菜单浏览器"按钮，在弹出的菜单列表中单击"打开"|"图形"命令，打开一幅素材图形，如图2-73所示。

02 在命令行中输入字母S，如图2-74所示。

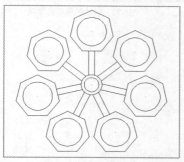

图2-73 打开一幅素材图形

图2-74 在命令行中输入字母S

03
按3次【Tab】键，在命令行中将出现SAVEFIDELITY命令，即可完成自动完成功能，如图2-75所示。

图2-75　自动完成功能

2.7　掌握停止和退出命令的技巧

在 AutoCAD 2013 中，用户可以方便地重复执行同一个命令，或撤销前面执行的一个或多个命令。此外，撤销前面执行的命令后，还可以通过重做来恢复前面执行的命令。本节主要介绍停止和退出命令的技巧。

2.7.1　取消已执行的命令

在 AutoCAD 2013 中，用户可以取消已执行的命令。

实践素材	光盘 \ 素材 \ 第 2 章 \ 茶几 .dwg

【实践操作 41】取消已执行的命令的具体操作步骤如下。

01
单击"菜单浏览器"按钮，在弹出的菜单列表中单击"打开"|"图形"命令，打开一幅素材图形，如图2-76所示。

02
在绘图区中，选择所有图形，单击鼠标左键并拖曳，至合适位置后释放鼠标，即可移动图形，如图2-77所示。

图2-76　打开一幅素材图形

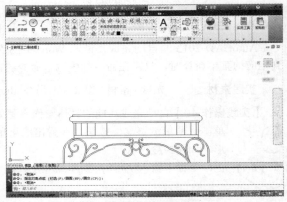

图2-77　移动图形后的效果

A u t o C A D　技巧点拨

用户还可以通过以下 3 种方法，取消已执行的命令。
- 按钮：单击快速访问工具栏上的"放弃"按钮🔄。
- 命令：显示菜单栏，单击"编辑"|"放弃"命令。
- 快捷键：按【Ctrl + Z】组合键。

执行以上任意一种操作，均可取消执行的命令。

03 在命令行中输入UNDO（放弃）命令，如图2-78所示，并按【Enter】键确认。

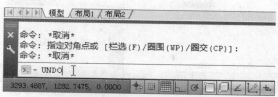

图2-78 输入UNDO（放弃）命令

04 命令行中显示提示信息，继续输入B，如图2-79所示，并按【Enter】键确认。

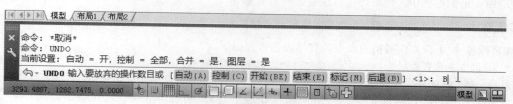

图2-79 继续输入B

05 命令行提示用户是否确定操作，输入Y，如图2-80所示，并按【Enter】键确认。

06 此时，命令窗口中提示已放弃所有操作，绘图区中的图形也将恢复至开始状态，如图2-81所示。

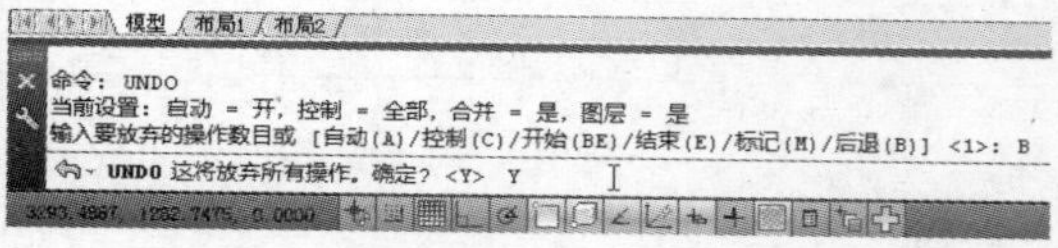

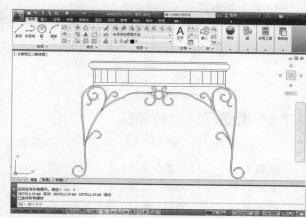

图2-80 输入Y确定操作

图2-81 命令窗口中提示已放弃所有操作

2.7.2 退出正在执行的命令

在 AutoCAD 2013 中，用户还可以退出正在执行的命令。

实践素材	光盘\素材\第 2 章\连杆 .dwg

【实践操作 42】退出正在执行的命令的具体操作步骤如下。

01 单击"菜单浏览器"按钮，在弹出的菜单列表中单击"打开"|"图形"命令，打开一幅素材图形，如图2-82所示。

02 在命令行中输入PLINESURF（多段线）命令，并按【Enter】键确认，此时命令行提示用户指定起点，如图2-83所示。

03 按【Esc】键，退出正在执行的命令，命令行提示已取消操作，如图2-84所示。

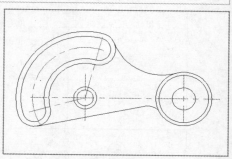

图2-82 打开一幅素材图形

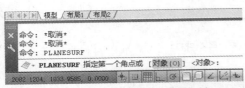

图2-83　命令行提示指定第一个角点或对象　　　　　图2-84　命令行提示用户已取消操作

2.7.3 恢复已撤销的命令

在绘制图形的过程中，用户还可以恢复已撤销的命令。

实践素材	光盘\素材\第2章\恢复已撤销的命令.dwg

【实践操作43】恢复已撤销的命令的具体操作步骤如下。

01　以2.7.2小节素材为例，在绘图窗口中，选择所有图形，如图2-85所示。

02　按【Delete】键将其删除，单击快速访问工具栏上的"放弃"按钮，如图2-86所示，放弃操作。

03　单击快速访问工具栏上的"重做"按钮，如图2-87所示，即可恢复已撤销的命令。

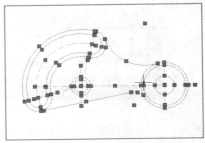

图2-85　选择所有图形

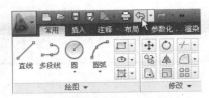

图2-86　单击"放弃"按钮

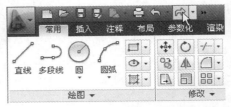

图2-87　单击"重做"按钮

2.7.4 重做已执行的命令

在AutoCAD 2013中，用户还可以重做已执行的命令。

实践素材	光盘\素材\第2章\零件.dwg
实践效果	光盘\效果\第2章\零件.dwg
视频演示	光盘\视频\第2章\零件.mp4

【实践操作44】重做已执行的命令的具体操作步骤如下。

01　单击"菜单浏览器"按钮，在弹出的菜单列表中单击"打开"|"图形"命令，打开一幅素材图形，如图2-88所示。

02　在命令行中输入L（直线）命令，如图2-89所示，并按【Enter】键确认。

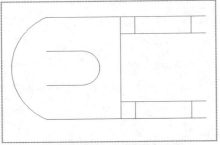

图2-88　打开一幅素材图形

图2-89　输入L（直线）命令

$\underset{\sim}{03}$ 根据命令行提示进行操作，在绘图区中右上角的端点上，单击鼠标，向下移动鼠标，捕捉右下角的端点，再次单击鼠标，按【Enter】键确认，即可绘制直线，如图2-90所示。

$\underset{\sim}{04}$ 按【Enter】键，重复执行L（直线）命令，捕捉合适的端点绘制第二条直线，效果如图2-91所示。

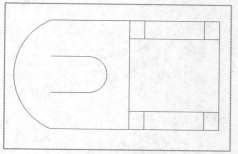

图2-90　绘制直线

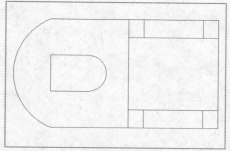

图2-91　重做已执行的命令

2.7.5　使用系统变量

系统变量用于控制 AutoCAD 的某些功能和设计环境，可以打开或关闭捕捉、栅格和正交等绘图模式，可以设置默认的填充图案或存储当前图形和 AutoCAD 配置的有关信息。

实践素材	光盘 \ 素材 \ 第 2 章 \ 汽车 .dwg

【实践操作 45】使用系统变量的具体操作步骤如下。

$\underset{\sim}{01}$ 单击"菜单浏览器"按钮，在弹出的菜单列表中单击"打开"|"图形"命令，打开一幅素材图形，如图2-92所示。

$\underset{\sim}{02}$ 在命令行中输入DWGNAME（只读）命令，按【Enter】键确认，即可使用系统变量，如图2-93所示。

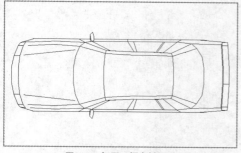

图2-92　打开一幅素材图形

图2-93　使用系统变量

第3章

设置辅助功能

在绘制图形时，用鼠标定位虽然方便快捷，但精度不高，绘制的图形也不够精确，远远不能满足工程制图的要求。为了解决该问题，AutoCAD 2013 提供了一些绘图辅助工具，用于帮助用户精确绘图。本章主要介绍设置辅助功能的方法。

3.1 设置捕捉和栅格

在 AutoCAD 2013 中，"栅格"是一些标定位置的小点；"捕捉"是用于设定鼠标指针移动的间距，起坐标纸的作用，可以提供直观的距离和位置参照。本节主要介绍设置捕捉和栅格的方法。

3.1.1 启用捕捉和栅格功能

在 AutoCAD 2013 中绘制图形时，如果要精确定位点，必须设置捕捉和栅格功能。

【实践操作 46】启用捕捉和栅格功能的具体操作步骤如下。

01 进入 AutoCAD 2013 工作界面，在命令行中输入 DSETTINGS（草图设置）命令，如图3-1所示。

02 按【Enter】键确认，弹出"草图设置"对话框，切换至"捕捉和栅格"选项卡，选中"启用捕捉"复选框，如图3-2所示。

图3-1　输入DSETTINGS命令

技巧点拨

用户还可以通过以下 5 种方法，启用捕捉功能。

- 命令：在命令行中输入SNAP命令，并按【Enter】键，根据命令行提示进行操作。
- 菜单：显示菜单栏，单击"工具"|"草图设置"命令，弹出"草图设置"对话框，在"捕捉和栅格"选项卡中，选中"启用捕捉"复选框。
- 按钮：单击状态栏上的"捕捉模式"按钮▦。
- 快捷键1：按【F9】键。
- 快捷键2：按【Ctrl＋B】组合键。

执行以上任意一种方法，均可启用捕捉功能。

03 在对话框右侧，选中"启用栅格"复选框，如图3-3所示，设置完成后，单击"确定"按钮，即可启用捕捉和栅格功能。

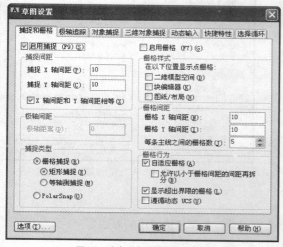

图3-2　选中"启用捕捉"复选框

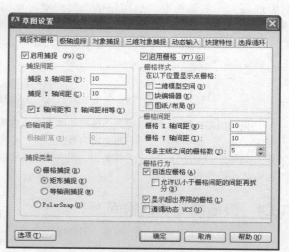

图3-3　选中"启用栅格"复选框

用户还可以通过以下 4 种方法，启用栅格功能。

- 菜单：显示菜单栏，单击"工具"|"草图设置"命令，弹出"草图设置"对话框，在"捕捉和栅格"选项卡中，选中"启用栅格"复选框。
- 按钮：单击状态栏上的"栅格显示"按钮▦。
- 快捷键1：按【F7】键。
- 快捷键2：按【Ctrl + G】组合键。

执行以上任意一种方法，均可启用栅格功能。

3.1.2 关闭捕捉功能

在绘图过程中，如果用户不需要捕捉功能了，此时可将捕捉功能关闭。

【实践操作 47】关闭捕捉功能的具体操作步骤如下。

01 进入AutoCAD 2013工作界面，在命令行中输入DSETTINGS（草图设置）命令，按【Enter】键确认。

02 弹出"草图设置"对话框，切换至"捕捉和栅格"选项卡，取消选中"启用捕捉"复选框，如图3-4所示。

03 设置完成后，单击"确定"按钮，即可关闭捕捉功能。

3.1.3 关闭栅格功能

在 AutoCAD 2013 中，用户可以根据需要关闭栅格功能。

【实践操作 48】关闭栅格功能的具体操作步骤如下。

01 进入AutoCAD 2013工作界面，在命令行中输入DSETTINGS（草图设置）命令，按【Enter】键确认，弹出"草图设置"对话框，切换至"捕捉和栅格"选项卡，取消选中"启用栅格"复选框，如图3-5所示。

02 设置完成后，单击"确定"按钮，即可关闭栅格功能。

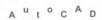
AutoCAD 技巧点拨

使用栅格功能可以显示可见的参照网格点，当启用栅格功能时，栅格将在图形界限范围内显示出来。栅格既不是图形的一部分，也不会被输出，但在绘图过程中却起着很重要的辅助作用。

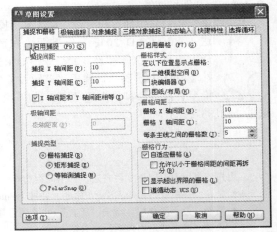

图3-4 取消选中"启用捕捉"复选框

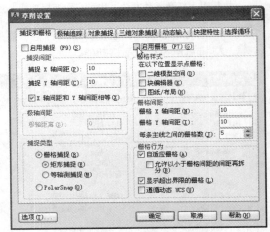

图3-5 取消选中"启用栅格"复选框

3.1.4 设置捕捉和栅格间距

栅格间距可以和捕捉间距相同，也可以不同，下面介绍设置捕捉和栅格间距的方法。

实践素材	光盘 \ 素材 \ 第 3 章 \ 螺丝刀 .dwg
实践效果	光盘 \ 效果 \ 第 3 章 \ 螺丝刀 .dwg
视频演示	光盘 \ 视频 \ 第 3 章 \ 螺丝刀 .mp4

【实践操作 49】设置捕捉和栅格间距的具体操作步骤如下。

01 单击"菜单浏览器"按钮，在弹出的菜单列表中单击"打开"|"图形"命令，打开一幅素材图形，如图3-6所示。

02 在命令行中输入DSETTINGS（草图设置）命令，并按【Enter】键确认，弹出"草图设置"对话框，切换至"捕捉和栅格"选项卡，在"栅格间距"选项区中设置"栅格X轴间距"为10、"栅格Y轴间距"为10，如图3-7所示。

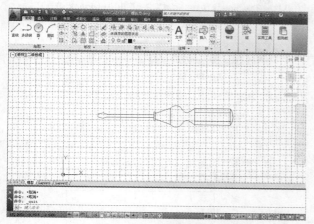

图3-6　打开一幅素材图形

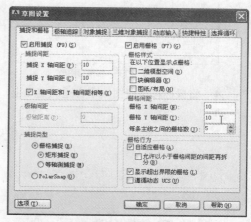

图3-7　设置栅格间距

03 设置完成后，单击"确定"按钮，即可设置栅格间距，如图3-8所示。

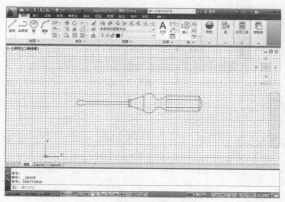

图3-8　设置栅格间距后的效果

3.2　设置正交和极轴追踪

正交功能是将十字光标限制在水平或垂直方向上，此时用户在绘图区中只能进行水平或垂直操作，极轴追踪是按事先给定的角度增量来追踪特征点。本节主要介绍设置正交和极轴追踪的方法。

3.2.1　开启正交功能

使用 ORTHO 命令，可以打开正交模式，以用正交方式绘图。在正交模式下，可以方便地绘制出与当前 X 轴或 Y 轴平行的线段。

实践素材	光盘 \ 素材 \ 第 3 章 \ 螺栓 .dwg
实践效果	光盘 \ 效果 \ 第 3 章 \ 螺栓 .dwg
视频演示	光盘 \ 视频 \ 第 3 章 \ 螺栓 .mp4

【实践操作 50】开启正交功能的具体操作步骤如下。

01 单击"菜单浏览器"按钮，在弹出的菜单列表中单击"打开"|"图形"命令，打开一幅素材图形，如图3-9所示。

02 单击状态栏上的"正交模式"按钮，打开正交功能，如图3-10所示。

03 在命令行中输入LINE（直线）命令，并按【Enter】键确认，此时命令行中提示用户指定第一点，如图3-11所示。

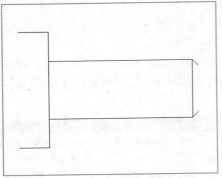

图3-9 打开一幅素材图形

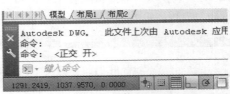

图3-10 单击"正交模式"按钮

$\overset{04}{\bigcirc}$ 将鼠标移至绘图区中合适的端点上，单击鼠标左键指定第一点，如图3-12所示。

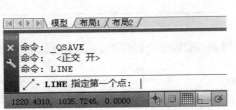

图3-11 提示指定第一点

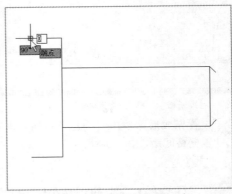

图3-12 单击鼠标左键指定第一点

$\overset{05}{\bigcirc}$ 向下引导光标，输入数值20，并连按两次【Enter】键确认，即可使用正交功能绘制直线，如图3-13所示。

$\overset{06}{\bigcirc}$ 使用与上面同样的方法，在绘图区中的其他位置绘制相应的直线，效果如图3-14所示。

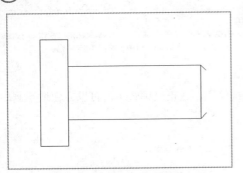

图3-13 使用正交功能绘制直线

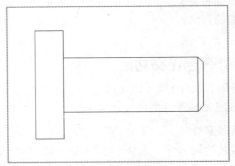

图3-14 绘制其他直线

A u t o C A D 技巧点拨

用户还可以通过以下 3 种方法，开启正交功能。
- 快捷键1：按【F8】键。
- 快捷键2：按【Ctrl + L】组合键。
- 命令：在命令行中输入ORTHO命令，并按【Enter】键确认，然后输入ON，再按【Enter】键确认。
执行以上任意一种方法，均可开启正交功能。

3.2.2 开启极轴追踪功能

极轴追踪功能可以在系统要求指定某一点时，按照预先设置的角度增量，显示一条无限延伸的辅助线（一条虚线），此时即可沿着辅助线追踪到指定点。用户可以在"草图设置"对话框的"极轴追踪"选项卡中，对极轴追踪进行设置。

实践素材	光盘 \ 素材 \ 第 3 章 \ 三角板 .dwg
视频演示	光盘 \ 视频 \ 第 3 章 \ 三角板 .mp4

【实践操作 51】开启极轴追踪功能的具体操作步骤如下。

01 单击"菜单浏览器"按钮，在弹出的菜单列表中单击"打开"|"图形"命令，打开一幅素材图形，如图3-15所示。

02 在命令行中输入DSETTINGS（草图设置）命令，并按【Enter】键确认，弹出"草图设置"对话框，切换至"极轴追踪"选项卡，选中"启用极轴追踪"复选框，如图3-16所示。

03 设置完成后，单击"确定"按钮，返回绘图窗口，在命令行中输入LINE（直线）命令，并按【Enter】键确认，根据命令行提示进行操作，在绘图区中合适的端点上单击鼠标左键，确定起始点，向下引导光标，即可显示极轴，如图3-17所示。

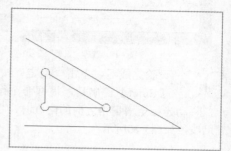

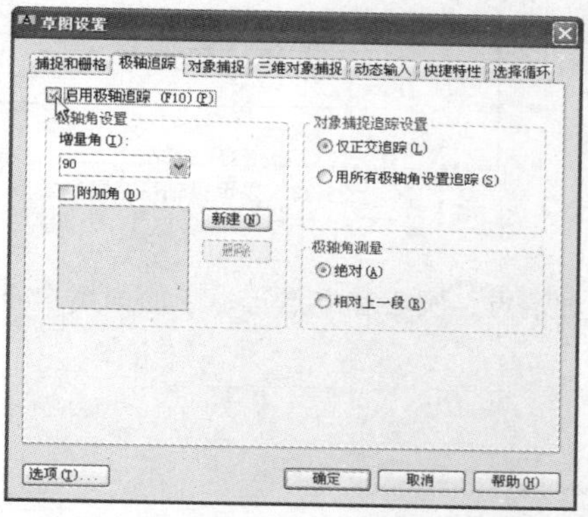

图3-15 打开一幅素材图形

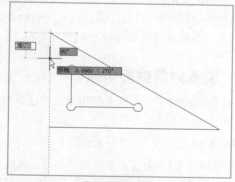

图3-16 选中"启用极轴追踪"复选框

图3-17 显示极轴

AutoCAD 技巧点拨

用户还可以通过以下两种方法，启用极轴追踪功能。
- 快捷键：按【F10】键。
- 按钮：单击状态栏上的"极轴追踪"按钮 。

执行以上任意一种方法，均可启用极轴追踪功能。

3.2.3 设置极轴追踪增量角功能

在 AutoCAD 2013 中，用户可以设置极轴追踪增量角功能。

【实践操作 52】设置极轴追踪增量角功能的具体操作步骤如下。

01 在状态栏的"极轴追踪"按钮上，单击鼠标右键，在弹出的快捷菜单中选择"设置"选项，如图3-18所示。

02 弹出"草图设置"对话框，切换至"极轴追踪"选项卡，单击"增量角"右侧的下拉按钮，在弹出的列表框中选择"30"选项，如图3-19所示。

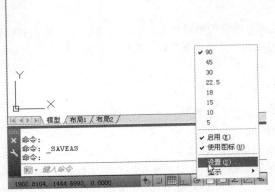

图3-18　选择"设置"选项

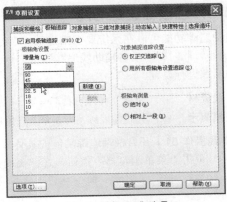

图3-19　选择"30"选项

○3　设置完成后，单击"确定"按钮，返回绘图窗口，在命令行中输入LINE（直线）命令，并按
　　【Enter】键确认，根据命令行提示进行操作，在绘图区中合适的端点上单击鼠标，确定起始
点，移动光标至增量角方向的附近时，将在该方向上显示一条
辅助线，如图3-20所示。

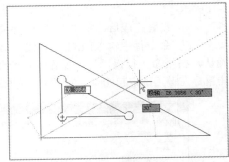

图3-20　显示极轴追踪增量角

3.3　设置对象捕捉

在 AutoCAD 2013 中，使用对象捕捉功能可以快速、
准确地捕捉到一些特殊点，从而达到精确绘制图形的目的。
本节主要介绍设置对象捕捉功能的方法。

3.3.1　设置对象捕捉中点

在绘图的过程中，经常需要指定一些已有对象的点，例如端点、圆心和中点等，下面向用户介绍设置
对象捕捉中心的方法。

实践素材	光盘 \ 素材 \ 第 3 章 \ 吊灯 .dwg

【实践操作 53】设置对象捕捉中心的具体操作步骤如下。

○1　按【Ctrl＋O】组合键，打开一幅素材图形，如图3-21所示。

○2　在命令行中输入DSETTINGS（草图设置）命令，按【Enter】键确认，弹出"草图设置"对话
　　框，切换至"对象捕捉"选项卡，选中"中点"复选框，如图3-22所示。

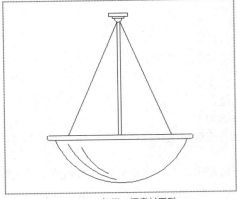

图3-21　打开一幅素材图形

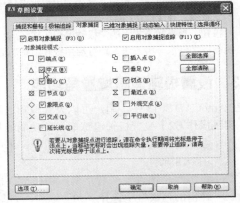

图3-22　选中"中心"复选框

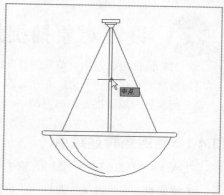

03 设置完成后，单击"确定"按钮，返回绘图窗口，在命令行中输入LINE（直线）命令，并按【Enter】键确认，根据命令行提示进行操作，移动鼠标指针至绘图区中的中点上，即可显示对象的捕捉中点，如图3-23所示。

3.3.2　设置自动捕捉标记的颜色

在AutoCAD 2013中，用户可以设置自动捕捉标记的颜色。

实践素材	光盘\素材\第3章\吊灯.dwg

【实践操作54】设置自动捕捉标记的颜色的具体操作步骤如下。

01 单击"菜单浏览器"按钮，弹出菜单列表，单击"选项"按钮，如图3-24所示。

02 弹出"选项"对话框，切换至"绘图"选项卡，如图3-25所示。

图3-23　显示对象的捕捉中点

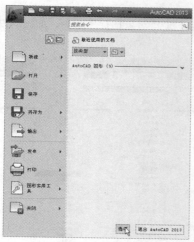

图3-24　单击"选项"按钮

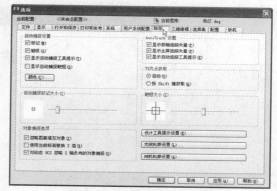

图3-25　切换至"绘图"选项卡

03 单击"自动捕捉设置"选项区中的"颜色"按钮，弹出"图形窗口颜色"对话框，单击"颜色"右侧的下拉按钮，在弹出的列表框中选择"红"选项，此时，"预览"窗口中的捕捉标记颜色为红色，如图3-26所示。

04 单击"应用并关闭"按钮，返回"选项"对话框，单击"确定"按钮，返回绘图窗口，在命令行中输入LINE（直线）命令，并按【Enter】键确认，根据命令行提示进行操作，移动鼠标指针至绘图区的中点上，即可设置标记的颜色，如图3-27所示。

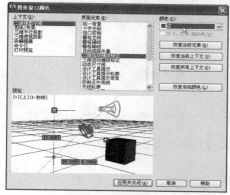

图3-26　捕捉标记颜色为红色

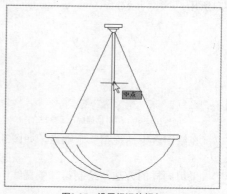

图3-27　设置标记的颜色

3.4 设置对象捕捉追踪

对象捕捉追踪是指当前系统自动捕捉到图形中的一个特征点后，再以这个点为基点，沿设置的极坐标角度增量追踪另一点，并在追踪方向上显示一条辅助线，用户可以在该辅助线上定位点。本节主要介绍设置对象捕捉追踪的方法。

3.4.1 使用临时追踪点

在 AutoCAD 2013 中，绘制图形时可以使用临时追踪点，使绘制的图形更加精确。

实践素材	光盘 \ 素材 \ 第 3 章 \ 双头扳手 .dwg
实践效果	光盘 \ 效果 \ 第 3 章 \ 双头扳手 .dwg

【实践操作 55 】使用临时追踪点的具体操作步骤如下。

01 按【Ctrl＋O】组合键，打开一幅素材图形，如图3-28所示。

02 显示菜单栏，单击"工具"|"工具栏" | "AutoCAD" | "对象捕捉"命令，如图3-29所示。

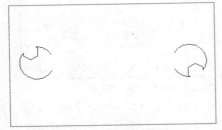

图3-28 打开一幅素材图形

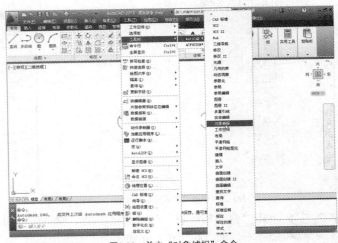

图3-29 单击"对象捕捉"命令

03 调出"对象捕捉"工具栏，如图3-30所示。

04 在命令行中输入LINE（直线）命令，并按【Enter】键确认，根据命令行提示进行操作，在"对象捕捉"工具栏中单击"捕捉到端点"按钮 ✐ ，在绘图区合适端点上单击鼠标，确定第一点，如图3-31所示。

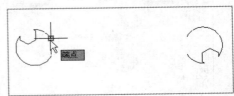

图3-31 确定第一点

图3-30 "对象捕捉"工具栏

05 在绘图区中捕捉第二个端点，如图3-32所示，按【Enter】键确认，绘制直线。

06 采用同样的方法，绘制第二条直线，如图3-33所示。

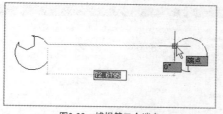

图3-32 捕捉第二个端点

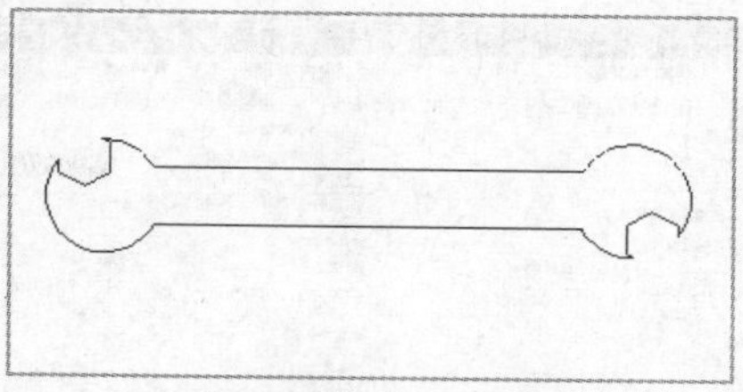

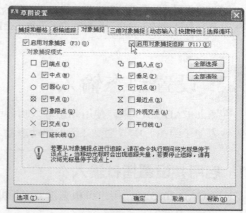

图3-33 绘制第二条直线

3.4.2 使用对象捕捉追踪

在使用对象捕捉追踪时，必须打开对象捕捉，并捕捉一个几何点作为追踪参考点。下面向用户介绍使用对象捕捉追踪的方法。

【实践操作56】使用对象捕捉追踪的具体操作步骤如下。

01 在状态栏上的"对象捕捉追踪"按钮 上，单击鼠标右键，在弹出的快捷菜单中选择"设置"选项，如图3-34所示。

02 弹出"草图设置"对话框，切换至"对象捕捉"选项卡，选中"启用对象捕捉追踪"复选框，如图3-35所示。

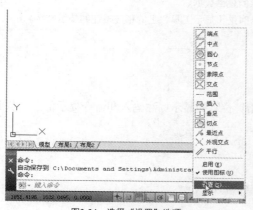

图3-34 选择"设置"选项

图3-35 选中"启用对象捕捉追踪"复选框

03 设置完成后，单击"确定"按钮，即可使用对象捕捉追踪功能。

A u t o C A D 技巧点拨

用户还可以通过以下两种方法，启用对象捕捉追踪功能。

- 快捷键：按【F11】键。
- 命令：在命令行中输入DSETTINGS（草图设置）命令，按【Enter】键确认，弹出"草图设置"对话框，切换至"对象捕捉"选项卡，选中"启用对象捕捉追踪"复选框。

执行以上任意一种方法，均可启用对象捕捉追踪功能。

3.4.3 使用自动追踪功能

使用自动追踪功能可以快速而精确地定位点，在很大程度上提高了绘图效率。下面向用户介绍使用自动追踪功能的方法。

【实践操作57】使用自动追踪功能的具体操作步骤如下。

01 启动AutoCAD 2013后，单击"菜单浏览器"按钮，在弹出的菜单列表中单击"选项"按钮，弹出"选项"对话框，切换至"绘图"选项卡，如图3-36所示。

02 在"Auto Track设置"选项区中，可以设置自动追踪功能，如图3-37所示，单击"确定"按钮，完成设置。

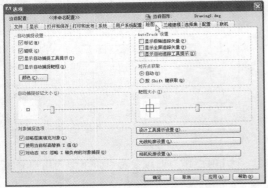

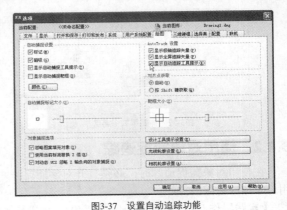

图3-36 切换至"绘图"选项卡　　　　　　　　　　图3-37 设置自动追踪功能

在"草图"选项卡中的"Auto Track 设置"选项区中，各主要选项含义如下。

- "显示极轴追踪矢量"复选框：设置是否显示极轴追踪的矢量数据。
- "显示全屏追踪矢量"复选框：设置是否显示全屏追踪的矢量数据。
- "显示自动追踪工具提示"复选框：设置在追踪特征点时是否显示工具栏上的相应按钮的提示文字。

3.5　设置动态输入

在 AutoCAD 2013 中，使用动态输入功能可以在指针位置处显示标注输入和命令提示信息，从而极大地方便了绘图。本节主要介绍设置动态输入的方法。

3.5.1　启用并设置指针输入

在 AutoCAD 2013 中，用户可根据需要启用并设置指针输入。

实践素材	光盘 \ 素材 \ 第 3 章 \ 操作杆模型 .dwg
视频演示	光盘 \ 视频 \ 第 3 章 \ 操作杆模型 .mp4

【实践操作 58】打开并设置指针输入的具体操作步骤如下。

01　单击"菜单浏览器"按钮，在弹出的菜单列表中单击"打开"|"图形"命令，打开一幅素材图形，如图3-38所示。

02　在命令行中输入DSETTINGS（草图设置）命令，并按【Enter】键确认，弹出"草图设置"对话框，切换至"动态输入"选项卡，选中"启用指针输入"复选框，如图3-39所示。

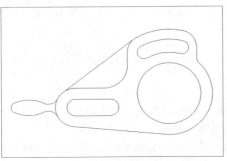

图3-38　打开一幅素材图形

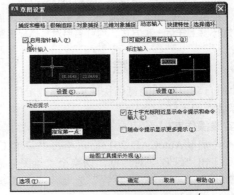

图3-39　选中"启用指针输入"复选框

在 AutoCAD 2013 中，每当用户启用指针输入且有命令在执行时，十字光标的位置将在光标附近的工具提示中显示坐标。可以在工具提示中输入坐标值，而不用在命令行中输入。

03 单击"设置"按钮，弹出"指针输入设置"对话框，在"可见性"选项区中选中"命令需要一个点时"单选按钮，如图3-40所示。

04 单击"确定"按钮，返回到"草图设置"对话框，单击"确定"按钮，在命令行中输入LINE（直线）命令，并按【Enter】键确认，移动鼠标指针到绘图区的圆心位置，即可显示坐标数据，如图3-41所示。

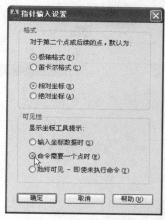

图3-40 选中相应单选按钮

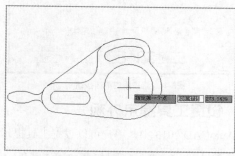

图3-41 显示坐标数据

3.5.2 打开并设置标注输入

绘制图形过程中，用户可以打开并设置标注输入。

实践素材	光盘 \ 素材 \ 第 3 章 \ 起钉锤 .dwg
视频演示	光盘 \ 视频 \ 第 3 章 \ 起钉锤 .mp4

【实践操作 59】打开并设置标注输入的具体操作步骤如下。

01 单击"菜单浏览器"按钮，在弹出的菜单列表中单击"打开"|"图形"命令，打开一幅素材图形，如图3-42所示。

02 在命令行中输入DSETTINGS（草图设置）命令，并按【Enter】键确认，弹出"草图设置"对话框，切换至"动态输入"选项卡，选中"可能时启用标注输入"复选框，如图3-43所示。

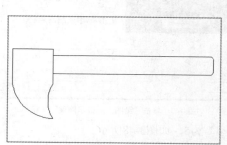

图3-42 打开一幅素材图形

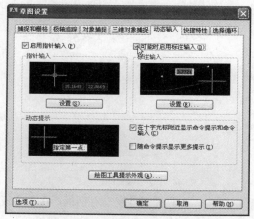

图3-43 选中"可能时启用标注输入"复选框

03 单击"设置"按钮，弹出"标注输入的设置"对话框，在"可见性"选项区中选中"每次显示2个标注输入字段"单选按钮，如图3-44所示。

04 设置完成后，单击"确定"按钮，返回"草图设置"对话框，单击"确定"按钮，在命令行中输入LINE（直线）命令，并按【Enter】键确认，在绘图区的合适位置上单击鼠标左键，即可显示两个标注输入，如图3-45所示。

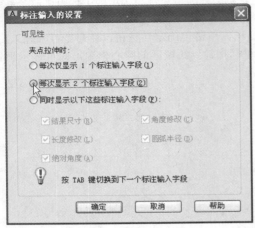

图3-44　选中相应单选按钮

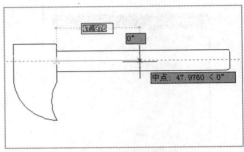

图3-45　显示两个标注输入

3.5.3　设置工具提示外观

在 AutoCAD 2013 中，用户可以设置工具提示外观，使其呈不同的显示状态。

实践素材	光盘 \ 素材 \ 第 3 章 \ 螺母 .dwg
视频演示	光盘 \ 视频 \ 第 3 章 \ 螺母 .swf

【实践操作 60 】设置工具提示外观的具体操作步骤如下。

01 单击"菜单浏览器"按钮，在弹出的菜单列表中单击"打开" | "图形"命令，打开一幅素材图形，如图3-46所示。

02 在命令行中输入DSETTINGS（草图设置）命令，并按【Enter】键确认，弹出"草图设置"对话框，切换至"动态输入"选项卡，单击"绘图工具提示外观"按钮，如图3-47所示。

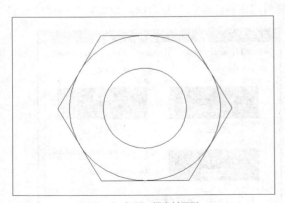

图3-46　打开一幅素材图形

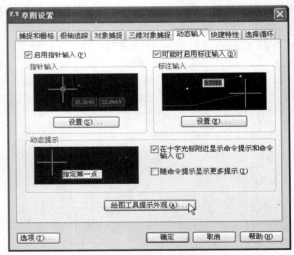

图3-47　单击"绘图工具提示外观"按钮

03 弹出"工具提示外观"对话框，在其中设置"大小"为5，如图3-48所示。

04 单击"颜色"按钮，弹出"图形窗口颜色"对话框，单击"颜色"右侧的下拉按钮，在弹出的列表框中选择"洋红"选项，如图3-49所示。

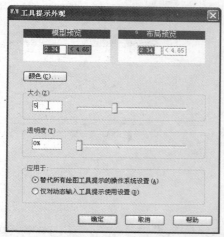

图3-48　设置"大小"为5

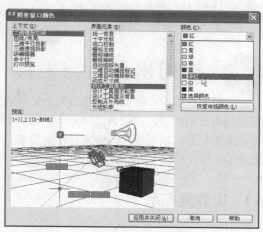

图3-49　选择"洋红"选项

05 设置完成后，单击"应用并关闭"按钮，返回"工具提示外观"对话框，依次单击"确定"按钮，返回绘图窗口，在命令行中输入LINE（直线）命令，并按【Enter】键确认，移动鼠标指针到绘图区中合适的端点上，即可显示工具外观，如图3-50所示。

3.5.4　显示命令提示

在绘制图形时，可以显示命令提示，方便用户绘制图形。

实践素材	光盘 \ 素材 \ 第 3 章 \ 剪刀 .dwg
视频演示	光盘 \ 视频 \ 第 3 章 \ 剪刀 .mp4

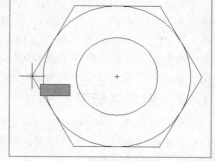

图3-50　显示工具外观

【实践操作61】显示命令提示的具体操作步骤如下。

01 单击"菜单浏览器"按钮，在弹出的菜单列表中单击"打开"|"图形"命令，打开一幅素材图形，如图3-51所示。

02 在命令行中输入DSETTINGS（草图设置）命令，并按【Enter】键确认，弹出"草图设置"对话框，切换至"动态输入"选项卡，选中"在十字光标附近显示命令提示和命令输入"复选框，如图3-52所示。

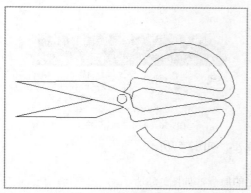

图3-51　打开一幅素材图形

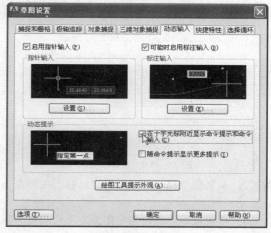

图3-52　选中相应复选框

03 单击"确定"按钮，返回绘图窗口，在命令行中输入LINE（直线）命令，并按【Enter】键确认，根据命令行提示进行操作，在绘图区中合适的端点上，单击鼠标左键，即可显示命令提示，如图3-53所示。

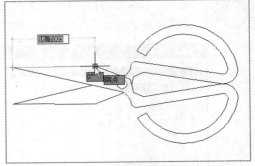

图3-53　显示命令提示

3.6 使用坐标系与坐标

在绘图过程中，常常需要使用某个坐标系作为参照来拾取点的位置，以精确定位某个对象，AutoCAD提供的坐标系可以用来准确设置并绘制图形。本章主要介绍使用坐标系与坐标的方法。

3.6.1 世界坐标系

在 AutoCAD 2013 中，默认的坐标系是世界坐标系（World Coordinate System，简称 WCS），是运行 AutoCAD 时由系统自动建立的，其原点位置和坐标轴方向固定的一种整体坐标系。WCS 包括 X 轴和 Y 轴（在 3D 空间下，还有 Z 轴），其坐标轴的交汇处有一个"口"字形标记，如图 3-54 所示。世界坐标系中所有的位置都是相对于坐标原点计算的，而且规定 X 轴正方向及 Y 轴正方向为正方向。

3.6.2 用户坐标系

用户坐标是一种可移动的自定义坐标系，用户不仅可以更改该坐标的位置，还可以改变其方向，在绘制三维对象时非常有用。

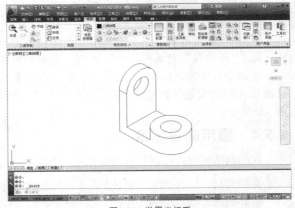

图3-54　世界坐标系

实践素材	光盘＼素材＼第 3 章＼锤子 .dwg
视频演示	光盘＼视频＼第 3 章＼锤子 .mp4

【实践操作 62】创建 UCS 的具体操作步骤如下。

01 单击"菜单浏览器"按钮，在弹出的菜单列表中单击"打开"｜"图形"命令，打开一幅素材图形，如图3-55所示。

02 在"功能区"选项板中单击【视图】选项卡，在"坐标"面板中单击"原点"按钮，如图3-56所示。

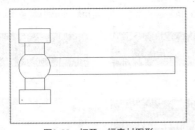

图3-55　打开一幅素材图形

图3-56　单击"原点"按钮

03 根据命令提示信息，将光标移至图形左下角端点处，如图3-57所示。

04 单击鼠标，即可指定图形左下角端点为新坐标系的原点，如图3-58所示。

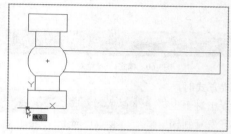

图3-57　将光标移至图形左下角端点处

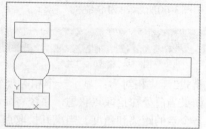

图3-58　指定新坐标系的原点

3.6.3　绝对坐标

在AutoCAD 2013中，绝对坐标以原点（0，0）或（0，0，0）为基点定位所有的点。AutoCAD默认的坐标原点位于绘图窗口左下角。在绝对坐标系中，X轴、Y轴和Z轴在原点（0，0，0）处相交。绘图窗口的任意一点都可以使用（X、Y、Z）来表示，也可以通过输入X、Y、Z坐标值（中间用逗号隔开）来定义点的位置。

3.6.4　相对坐标

相对坐标是指相对于当前点的坐标，在其X、Y轴上的位移，它与坐标系的原点无关。输入格式与绝对坐标相同，但要在输入坐标值前加上"@"符号。一般情况下，绘图中常常把上一操作点看作是特定点，后续绘图操作都是相对于上一操作点而进行的。如果上一操作点的坐标是（30，45），通过键盘输入下一点的相对坐标（@20，15），则等于确定了该点的绝对坐标为（50，60）。

3.6.5　绝对极坐标

绝对坐标和相对坐标实际上都是二维线性坐标，一个点在二维平面上都可以用（X，Y）来表示其位置。极坐标则是通过相对于极点的距离和角度来进行定位的。在默认情况下，AutoCAD 2013以逆时针方向来测量角度。水平向右为0°（或360°），垂直向上为90°，水平向左为180°，垂直向下为270°。当然，用户也可以自行设置角度方向。

绝对极坐标以原点作为极点。用户可以输入一个长度距离，后面加一个"<"符号，再加一个角度即表示绝对极坐标，绝对极坐标规定X轴正方向为0°，Y轴正方向为90°。例如，20＜45表示该点相对于原点的极径为20，而该点的连线与0°方向（通常为X轴正方向）之间的夹角为45°。

3.6.6　相对极坐标

相对极坐标通过用相对于某一特定点的极径和偏移角度来表示。相对极坐标是以上一操作点作为极点，而不是以原点作为极点，这也是相对极坐标同绝对极坐标之间的区别。用（@1＜a）来表示相对极坐标，其中@表示相对，1表示极径，a表示角度。例如，@60＜30表示相对于上一操作点的极径为60、角度为30°的点。

3.6.7　控制坐标显示

在绘图窗口中移动鼠标指针时，状态栏上将会动态显示当前坐标。在AutoCAD 2013中，坐标显示取决于所选择的模式和程序中运行的命令，共有"关"、"绝对"和"相对"3种模式，各种模式的含义如下。

- 模式0，"关"：显示上一个拾取点的绝对坐标。此时，指针坐标将不能动态更新，只有在拾取一个新点时，显示才会更新。但是，从键盘输入一个新点坐标时，不会改变显示方式，如图3-59所示，为"关"模式。
- 模式1，"绝对"：显示光标的绝对坐标，该值是动态更新的，默认情况下，显示方式是打开的，如图3-60所示，为"绝对"模式。

图3-59　模式0，"关"

图3-60　模式1，"绝对"

- 模式2，"相对"：显示一个相对极坐标，当选择该方式时，如果当前处在拾取点状态，系统将显示光标所在位置相对于上一个点的距离和角度。当离开拾取点状态时，系统将恢复到模式1，如图3-61所示，为"相对"模式。

图3-61　模式2，"相对"

【实践操作63】控制坐标显示的具体操作步骤如下。

01 单击快速访问工具栏上的"新建"按钮，新建一个图形文件，在命令行中输入LINE（直线）命令，并按【Enter】键确认，将鼠标移至绘图区中的任意位置，单击鼠标，此时在状态栏左侧将显示图形坐标为"关"模式，如图3-62所示。

02 在该图形坐标上，单击鼠标右键，在弹出的快捷菜单中选择"绝对"选项，如图3-63所示。

图3-62　显示图形坐标为"关"模式

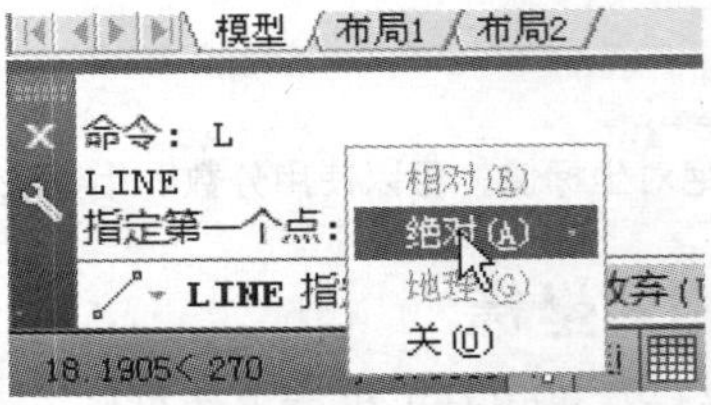

图3-63　选择"绝对"选项

03 执行操作后，图形坐标将切换至"绝对"模式，如图3-64所示。

04 在图形坐标的"绝对"坐标上，单击鼠标右键，在弹出的快捷菜单中选择"相对"选项，如图3-65所示。执行操作后，图形坐标切换至"相对"模式，

图3-64　切换至"绝对"模式

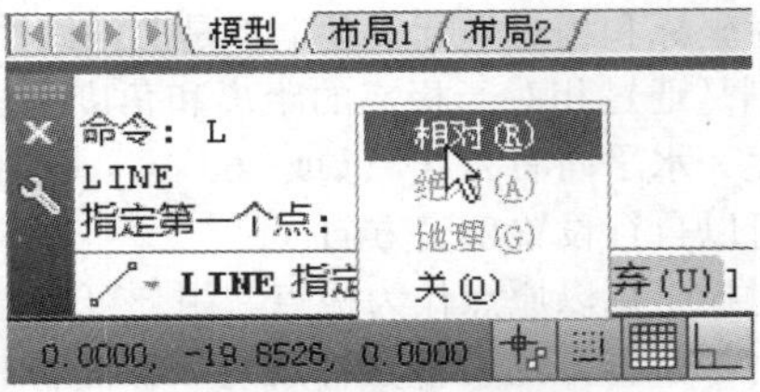

图3-65　选择"相对"选项

3.6.8　控制坐标系图标显示

在AutoCAD 2013中，用户可以控制坐标系图标显示。

实践素材	光盘\素材\第3章\煤气灶.dwg
视频演示	光盘\视频\第3章\煤气灶.mp4

【实践操作64】控制坐标系图标显示的具体操作步骤如下。

01 单击"菜单浏览器"按钮，在弹出的菜单列表中单击"打开"|"图形"命令，打开一幅素材图形，如图3-66所示。

02 在"功能区"选项板中单击"视图"选项卡，在"坐标"面板上单击"在原点处显示UCS图标"按钮，弹出列表框，选择"隐藏UCS图标"选项，如图3-67所示。

03 执行操作后即可隐藏坐标系原点，效果如图3-68所示。

显示菜单栏，单击"视图"|"显示"|"UCS图标"|"特性"命令，即可弹出"UCS图标"对话框，如图3-69所示，在其中可以设置UCS图标的样式、大小、颜色和布局选项卡图标颜色等。

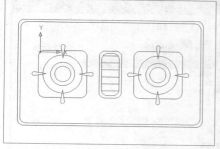

图3-66 打开一幅素材图形

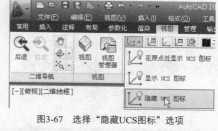

图3-67 选择"隐藏UCS图标"选项

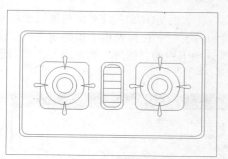

图3-68 隐藏坐标系原点

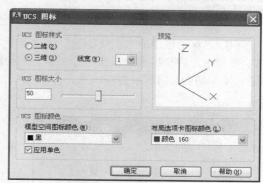

图3-69 "UCS图标"对话框

AutoCAD 技巧点拨

　　显示菜单栏，单击"工具"|"命名UCS"命令，在弹出的"UCS"对话框中，切换至"设置"选项卡，如图3-70所示，在其中可以控制UCS图标的显示特性。

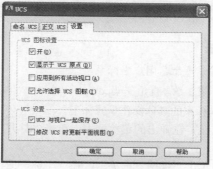

图3-70 控制UCS图标的显示特性

3.6.9 设置正交UCS

　　在AutoCAD 2013中，用户可以设置正交UCS。

　　【实践操作65】设置正交UCS的具体操作步骤如下。

01 在AutoCAD 2013工作界面中，新建一个空白图形文件，在"功能区"选项板中单击"视图"选项卡，在"坐标"面板中单击右侧的箭头按钮 ，如图3-71所示。

02 弹出UCS对话框，切换至"正交UCS"选项卡，如图3-72所示。

03 在"当前UCS：世界"列表框中，选择"前视"选项，并单击"置为当前"按钮，如图3-73所示。

[-][俯视][二维线框]

图3-71　单击箭头按钮

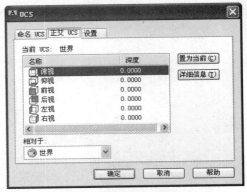

图3-72　切换至"正交UCS"选项卡

04 在UCS对话框中的"正交UCS"选项卡中，"深度"表示正交UCS的XY平面与通过坐标系统变量指定的坐标系统原点平行平面之间的距离，"相对于"下拉列表用于指定定义正交UCS的基准坐标系。如图3-74所示为在UCS对话框的"正交UCS"选项卡中的"深度"列选项与"相对于"列表框。

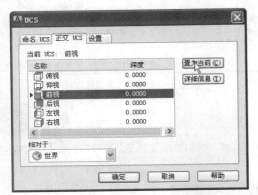

图3-73　单击"置为当前"按钮

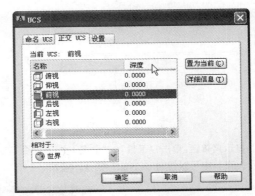

图3-74　"正交UCS"对话框

3.6.10　重命名用户坐标系

在 AutoCAD 2013 中，用户可以重命名用户坐标系。

实践素材	光盘\素材\第3章\直角支架.dwg

【实践操作66】重命名用户坐标系的具体操作步骤如下。

01 单击"菜单浏览器"按钮，在弹出的菜单列表中单击"打开"|"图形"命令，打开一幅素材图形，如图3-75所示。

02 在"功能区"选项板中单击"视图"选项卡，在"坐标"面板中单击右侧的箭头按钮 ，如图3-76所示。

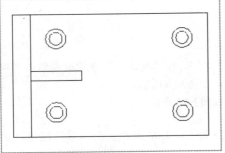

图3-75　打开一幅素材图形

图3-76　单击右侧的箭头按钮

$\underset{04}{\overset{03}{\bigcirc}}$ 弹出"UCS"对话框，切换至"命名UCS"选项卡，在"未命名"选项上，单击鼠标右键，在弹出的快捷菜单中选择"重命名"选项，如图3-77所示。

输入当前UCS的名称，如图3-78所示，设置完成后，单击"确定"按钮，即可命名UCS。

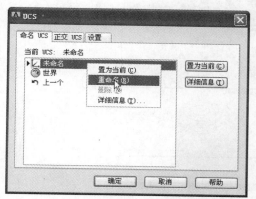
图3-77 选择"重命名"选项

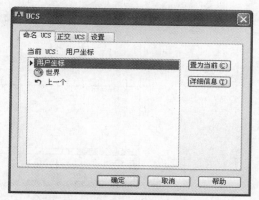
图3-78 输入当前UCS的名称

在 UCS 对话框中，切换至"命名 UCS"选项卡，单击"详细信息"按钮，弹出"UCS 详细信息"对话框，在其中可以查看坐标系的详细信息，如图 3-79 所示。

3.6.11　设置UCS的其他选项

当绘制的图形较大时，为了能够从多个角度观察图形的不同侧面或图形的不同部分，可以把当前绘图窗口划分为几个小的视口。在这些视口中，为了便于编辑对象，还可以定义成不同的 UCS。

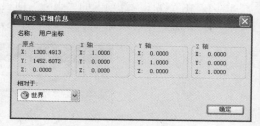
图3-79 查看坐标系的详细信息

实践素材	光盘 \ 素材 \ 第 3 章 \ 皮带轮 .dwg

【实践操作 67】设置 UCS 其他选项的具体操作步骤如下。

$\underset{}{\overset{01}{\bigcirc}}$ 单击"菜单浏览器"按钮，在弹出的菜单列表中单击"打开"|"图形"命令，打开一幅素材图形，如图3-80所示。

$\underset{}{\overset{02}{\bigcirc}}$ 在"功能区"选项板中单击"视图"选项卡，在"视口"面板中单击"视口配置"按钮，在弹出的列表框中选择"四个：相等"选项，如图3-81所示。

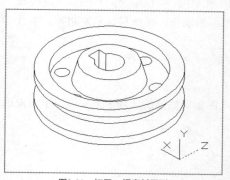
图3-80 打开一幅素材图形

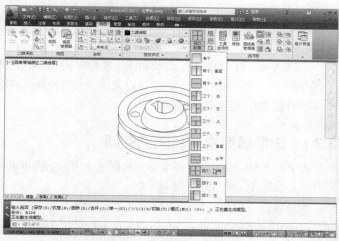
图3-81 单击"视口配置"按钮

03 执行操作后，即可在绘图窗口中显示四个视口，如图3-82所示。

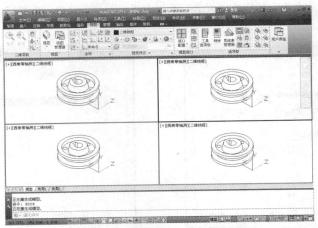

图3-82　在绘图窗口中显示四个视口

04 在"视图"选项卡的"坐标"面板上，单击"原点"按钮 ⊡，在绘图区中捕捉合适的点，单击鼠标，即可设置当前视口中的UCS，如图3-83所示。

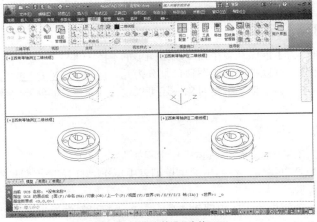

图3-83　设置当前视口中的UCS

3.7 切换绘图空间

　　在 AutoCAD 2013 中，绘制和编辑图形时，可以采用不同的工作空间，即模型空间和图纸空间（布局空间）。在不同的工作空间中可以完成不同的操作，如绘图和编辑操作、注释和显示控制等。本节主要介绍切换绘图空间的方法。

3.7.1 切换模型空间与图纸空间

　　在 AutoCAD 2013 中，模型空间和图纸空间的切换可以通过绘图窗口底部的选项卡来实现。下面向用户介绍切换模型空间与图纸空间的方法。

实践素材	光盘 \ 素材 \ 第 3 章 \ 灯笼 .dwg

【实践操作 68】切换模型空间与图纸空间的具体操作步骤如下。

01 单击"菜单浏览器"按钮，在弹出的菜单列表中单击"打开"|"图形"命令，打开一幅素材图形，如图3-84所示。

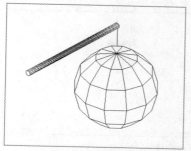

$\bigcirc 2$ 将鼠标指针移至状态栏上的"模型"按钮处，如图3-85所示。

图3-84 打开一幅素材图形

图3-85 移至"模型"按钮处

A u t o C A D **技巧点拨**

> 一般在绘图时，先在模型空间内进行绘制与编辑，完成上述工作之后，再进入图纸空间进行布局调整，直至最终出图。

$\bigcirc 3$ 在按钮上单击鼠标，即可切换至模型空间，如图3-86所示。

$\bigcirc 4$ 再次单击"模型"按钮，即可切换至"图纸"空间，如图3-87所示。

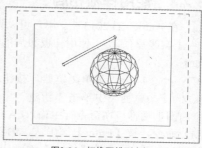

图3-86 切换至模型空间

A u t o C A D **技巧点拨**

> 无论是在模型空间还是在图纸空间，AutoCAD 都允许使用多个视图，但多视图的性质和作用并不是相同的。在模型空间中，多视图只是为了方便观察图形和绘图，因此其中的各个视图与原绘图窗口类似。在图纸空间中，多视图主要是便于进行图纸的合理布局，用户可以对其中任何一个视图进行复制、移动等基本编辑操作。多视图操作大大方便了用户从不同视点观察同一实体，这在三维绘图时非常有利。

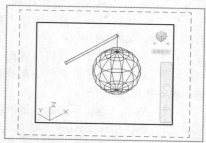

图3-87 切换至"图纸"空间

3.7.2 创建新布局

在 AutoCAD 2013 中，用户可根据需要创建新布局。

【**实践操作 69**】创建新布局的具体操作步骤如下。

$\bigcirc 1$ 单击"菜单浏览器"按钮，在弹出的菜单列表中单击"新建"命令，新建一个空白图形文件，在命令行中输入LAYOUT（新建布局）命令，如图3-88所示。

$\bigcirc 2$ 按【Enter】键确认，输入N（新建）并确认，如图3-89所示。

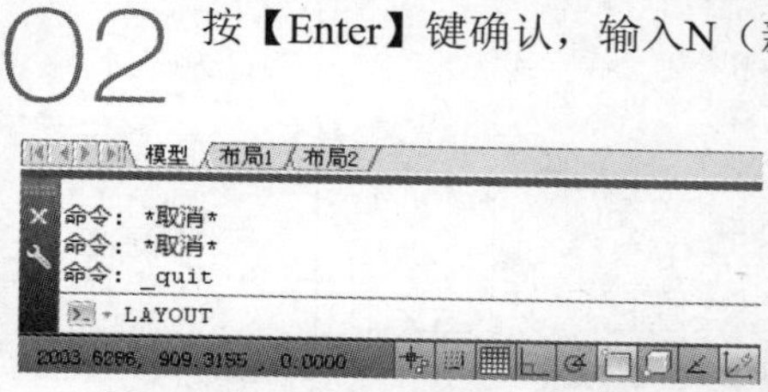

图3-88 输入LAYOUT（新建布局）命令

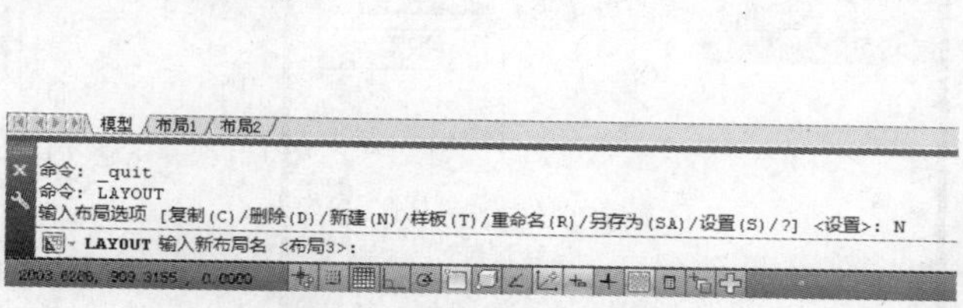

图3-89 输入N（新建）并确认

$\bigcirc 3$ 在命令行中输入"布局02"，并按【Enter】键确认，如图3-90所示。

$\bigcirc 4$ 执行操作后，即可新建一个布局，如图3-91所示。

图3-90 输入"布局02"

图3-91 新建一个布局

3.7.3 使用样板布局

在 AutoCAD 2013 中，用户可以使用样板布局。

【实践操作 70】使用样板布局的具体操作步骤如下。

图3-92 输入T（样板）

01 单击"菜单浏览器"按钮，在弹出的菜单列表中单击"新建"命令，新建一个空白图形文件，在命令行中输入LAYOUT（新建布局）命令，按【Enter】键确认，输入T（样板），如图3-92所示，并按【Enter】键确认。

02 弹出"从文件选择样板"对话框，在"名称"列表框中选择"Tutorial-iMfg.dwt"选项，如图3-93所示。

03 单击"打开"按钮，弹出"插入布局"对话框，在列表框中选择需要插入的布局名称，如图3-94所示。

04 单击"确定"按钮，返回绘图窗口，单击D-Size Layout选项卡，即可查看使用的样板布局效果，如图3-95所示。

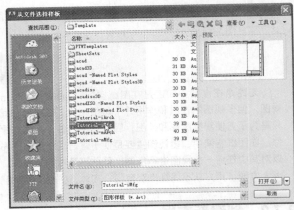

图3-93 选择"Tutorial-iMfg.dwt"选项

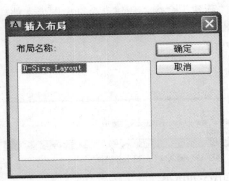

图3-94 选择需要插入的布局名称

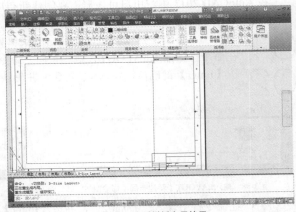

图3-95 查看样板布局效果

第4章

控制图形显示

AutoCAD 的图形显示控制功能，在工程设计和绘图领域中应用得十分广泛。用户可以使用多种方法来观察绘图窗口中绘制的图形，以便灵活观察图形的整体效果或局部细节。本章主要介绍控制图形显示的多种操作方法。

A u t o C A D

4.1 缩放图形

在 AutoCAD 2013 中，通过缩放视图，可以放大或缩小图形的屏幕显示尺寸，而图形的真实尺寸保持不变。本节主要介绍缩放图形等内容。

4.1.1 按全部缩放

在 AutoCAD 2013 中，可以显示整个图形中的所有图像。在平面视图中，它以图形界限或当前图形范围为显示边界。

实践素材	光盘 \ 素材 \ 第 4 章 \ 机械图纸 .dwg
视频演示	光盘 \ 视频 \ 第 4 章 \ 机械图纸 .mp4

【实践操作 71】按全部缩放的具体操作步骤如下。

01 单击"菜单浏览器"按钮，在弹出的菜单列表中单击"打开"|"图形"命令，打开一幅素材图形，如图4-1所示。

02 单击"功能区"选项板中的"视图"选项卡，在"二维导航"面板上，单击"范围"右侧的下拉按钮，在弹出的列表框中单击"全部"按钮 🔍，如图4-2所示。

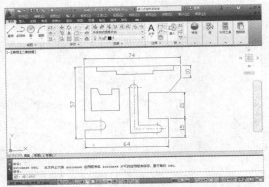

图4-1　打开一幅素材图形

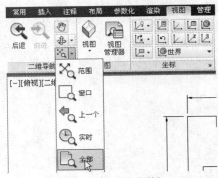

图4-2　单击"全部"按钮

技巧点拨

单击快速访问工具栏右侧的下拉按钮，在弹出的列表框中选择"显示菜单栏"选项，显示菜单栏，然后单击"视图"|"缩放"|"全部"命令，也可以全部缩放显示图形。

03 执行操作后，即可全部缩放显示图形，如图4-3所示。

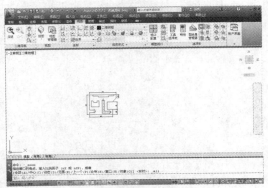

图4-3　全部缩放显示图形

4.1.2 按范围缩放

使用范围缩放图形，可以在绘图区最大化显示图形对象。它与全部缩放不同，范围缩放使用的显示边界只是图形范围而不是图形界限。

实践素材	光盘 \ 素材 \ 第 4 章 \ 小车模型 .dwg
视频演示	光盘 \ 视频 \ 第 4 章 \ 小车模型 .mp4

【实践操作 72】按范围缩放的具体操作步骤如下。

01 单击"菜单浏览器"按钮，在弹出的菜单列表中单击"打开"|"图形"命令，打开一幅素材图形，如图4-4所示。

02 单击"功能区"选项板中的"视图"选项卡，在"二维导航"面板上，单击"范围"按钮，如图4-5所示。

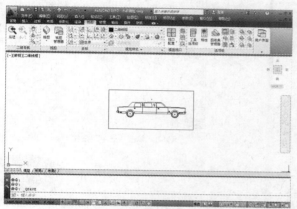

图4-4　打开一幅素材图形

图4-5　单击"范围"按钮

03 执行操作后，即可按范围缩放图形，效果如图4-6所示。

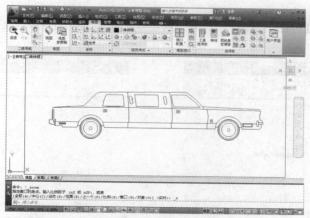

图4-6　按范围缩放图形

AutoCAD 技巧点拨

单击快速访问工具栏右侧的下拉按钮，在弹出的列表框中选择"显示菜单栏"选项，显示菜单栏，然后单击"视图"|"缩放"|"范围"命令，也可以按缩放范围显示图形。

4.1.3 按中心点缩放

中心点缩放是指可以使图形以某一中心位置按照指定的缩放比例因子进行缩放。

实践素材	光盘 \ 素材 \ 第 4 章 \ 阀盖 .dwg
实践效果	光盘 \ 效果 \ 第 4 章 \ 阀盖 .dwg
视频演示	光盘 \ 视频 \ 第 4 章 \ 阀盖 .mp4

【实践操作 73】按中心点缩放的具体操作步骤如下。

01 单击"菜单浏览器"按钮，在弹出的菜单列表中单击"打开"|"图形"命令，打开一幅素材图形，如图4-7所示。

02 单击"功能区"选项板中的"视图"选项卡，在"二维导航"面板上，单击"范围"右侧的下拉按钮，在弹出的列表框中单击"居中"按钮 ，如图4-8所示。

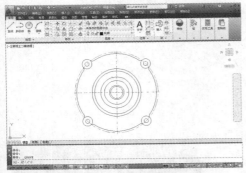

图4-7 打开一幅素材图形

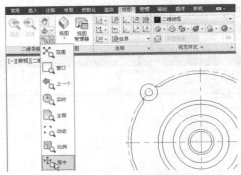

图4-8 单击"居中"按钮

单击快速访问工具栏右侧的下拉按钮，弹出列表框，选择"显示菜单栏"选项，显示菜单栏，然后单击"视图"|"缩放"|"中心"命令，也可以按中心点缩放显示图形。

03 执行操作后，根据命令行提示进行操作，在绘图区的合适中心点上单击鼠标确定中心点，如图4-9所示。

04 输入1000，按【Enter】键确认，即可以居中缩放图形，效果如图4-10所示。

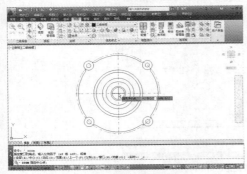

图4-9 单击鼠标左键确定中心点

图4-10 以中心点缩放图形

4.1.4 恢复上一步

在 AutoCAD 2013 中，用户可以通过恢复上一步视图功能，快速返回到最初的视图。在绘制图形时，可能会将已放大的图形缩小来观察总体布局，然后又希望重新显示前面的视图，这时就可以使用该命令来完成了。

实践素材	光盘 \ 素材 \ 第 4 章 \ 电视机 .dwg
视频演示	光盘 \ 视频 \ 第 4 章 \ 电视机 .mp4

【**实践操作** 74】恢复上一步的具体操作步骤如下。

01 单击"菜单浏览器"按钮，在弹出的菜单列表中单击"打开"|"图形"命令，打开一幅素材图形，如图4-11所示。

02 在绘图区中的空白位置，单击鼠标右键，在弹出的快捷菜单中选择"平移"选项，如图4-12所示。

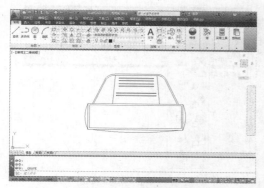
图4-11 打开一幅素材图形

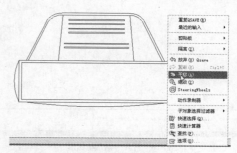
图4-12 选择"平移"选项

03 在绘图区中，单击鼠标并向左拖曳，移动图形位置，如图4-13所示。

04 单击"功能区"选项板中的"视图"选项卡，在"二维导航"面板上单击"范围"右侧的下拉按钮，在弹出的列表框中单击"上一个"按钮 ，如图4-14所示。

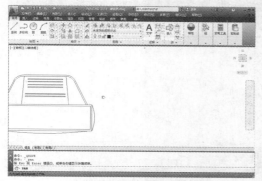
图4-13 移动图形位置

图4-14 单击"上一个"按钮

05 执行操作后，即可恢复至上一步图形显示的效果，如图4-15所示。

技巧点拨

除了运用上述方法可以调用"上一步"命令外，还可以单击"工具"|"工具栏"|"AutoCAD"|"标准"命令，弹出"标准"工具栏，单击"缩放上一个"按钮 来执行。

图4-15 恢复至上一步图形显示的效果

4.1.5 使用动态缩放

在 AutoCAD 2013 中，当进入动态缩放模式时，在绘图区中将会显示一个带有"×"标记的矩形方框。

实践素材	光盘\素材\第 4 章\弹簧盖 .dwg
视频演示	光盘\视频\第 4 章\弹簧盖 .mp4

【**实践操作** 75】使用动态缩放功能的具体操作步骤如下。

01 单击"菜单浏览器"按钮，在弹出的菜单列表中单击"打开"|"图形"命令，打开一幅素材图形，如图4-16所示。

02 单击"功能区"选项板中的"视图"选项卡，在"二维导航"面板上单击"范围"右侧的下拉按钮，在弹出的列表框中单击"动态"按钮，如图4-17所示。

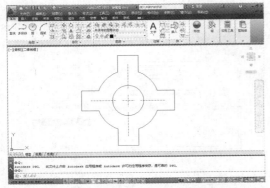

图4-16 打开一幅素材图形

图4-17 单击"动态"按钮

03 此时，鼠标指针呈带有"×"标记的矩形形状，如图4-18所示。

04 将矩形框移至合适位置，按【Enter】键确认，即可运用动态缩放显示图形，效果如图4-19所示。

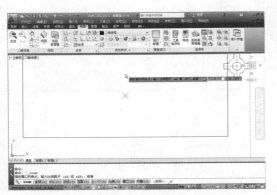

图4-18 鼠标呈带有"×"标记的形状

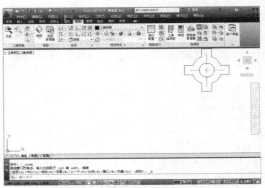

图4-19 运用动态缩放显示图形

技巧点拨 AutoCAD

单击快速访问工具栏右侧的下拉按钮，在弹出的列表框中选择"显示菜单栏"选项，显示菜单栏，然后单击"视图"|"缩放"|"动态"命令，也可以运用动态缩放显示图形。

4.1.6 使用窗口缩放

在 AutoCAD 2013 中，使用窗口缩放可以放大某一指定区域。

实践素材	光盘 \ 素材 \ 第 4 章 \ 会议室 .dwg
视频演示	光盘 \ 视频 \ 第 4 章 \ 会议室 .mp4

【实践操作 76】使用窗口缩放的具体操作步骤如下。

01 单击"菜单浏览器"按钮，在弹出的菜单列表中单击"打开"|"图形"命令，打开一幅素材图形，如图4-20所示。

02 单击"功能区"选项板中的"视图"选项卡，在"二维导航"面板上单击"范围"右侧的下拉按钮，在弹出的列表框中单击"窗口"按钮，如图4-21所示。

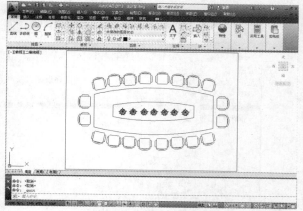

图4-20 打开一幅素材图形

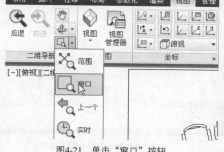

图4-21 单击"窗口"按钮

03 根据命令行提示进行操作，输入1500，如图4-22所示，并按【Enter】键确认。

04 再次在命令行中输入3000，如图4-23所示，并按【Enter】键确认。

图4-22 在命令行中输入1500

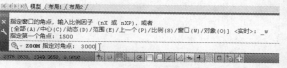

图4-23 命令行中输入3000

05 执行操作后，即可运用窗口缩放显示图形，如图4-24所示。

技巧点拨

除了运用上述方法可以调用"窗口"命令外，还可以单击"工具"|"工具栏"|"AutoCAD"|"标准"命令，弹出"标准"工具栏，单击"窗口缩放"按钮即可。

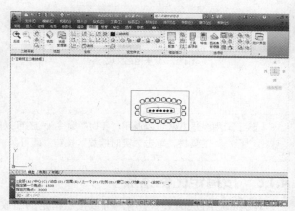

图4-24 运用窗口缩放显示图形

4.1.7 使用实时缩放

在 AutoCAD 2013 中，用户可以使用实时缩放功能，对图形进行缩放操作。

实践素材	光盘\素材\第 4 章\洗衣机 .dwg
视频演示	光盘\视频\第 4 章\洗衣机 .mp4

【实践操作 77】使用实时缩放的具体操作步骤如下。

01 单击"菜单浏览器"按钮，在弹出的菜单列表中单击"打开"|"图形"命令，打开一幅素材图形，如图4-25所示。

02 单击"功能区"选项板中的"视图"选项卡，在"二维导航"面板上单击"范围"右侧的下拉按钮，在弹出的列表框中单击"实时"按钮，如图4-26所示。

03 当鼠标指针呈放大镜形状时，在绘图区中按下鼠标左键并向上拖曳，即可放大图形区域，如图4-27所示。

04 按下鼠标左键并向下拖曳，即可缩小图形，如图4-28所示。

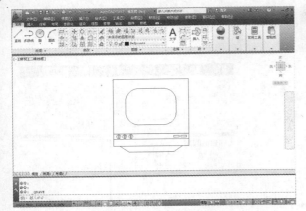

图4-25 打开一幅素材图形

图4-26 单击"实时"按钮

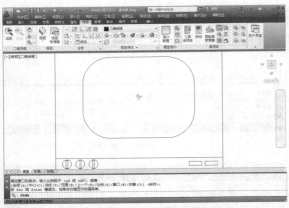

图4-27 放大图形区域

图4-28 缩小图形区域

A u t O C A D 技巧点拨

除了运用上述方法可以调用"实时"命令外,还可以单击"工具"|"工具栏"|"AutoCAD"|"标准"命令,弹出"标准"工具栏,单击"实时缩放"按钮即可。

4.1.8 按指定比例缩放

在 AutoCAD 2013 中,用户可以按照指定的缩放比例缩放视图。

实践素材	光盘\素材\第4章\沙发.dwg
视频演示	光盘\视频\第4章\沙发.mp4

【实践操作 78】按指定比例缩放的具体操作步骤如下。

01 单击"菜单浏览器"按钮,在弹出的菜单列表中单击"打开"|"图形"命令,打开一幅素材图形,如图4-29所示。

02 单击"功能区"选项板中的"视图"选项卡,在"二维导航"面板上单击"范围"右侧的下拉按钮,在弹出的列表框中单击"比例"按钮,如图4-30所示。

03 根据命令行提示进行操作,输入4,如图4-31所示,按【Enter】键确认。

04 执行操作后,即可按比例缩放图形,效果如图4-32所示。

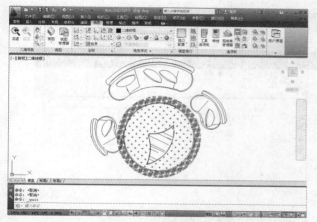

图4-29 打开一幅素材图形

图4-30 单击"缩放"按钮

图4-31 在命令行中输入4

图4-32 按比例缩放图形的效果

4.2 平移图形

在AutoCAD 2013中,平移功能通常又称为"摇镜"。使用平移视图命令,可以移动视图显示的区域,以便更好地查看其他部分的图形,平移图形并不会改变图形中对象的位置和显示比例。本节主要介绍使用平移功能移动图形的多种操作方法。

4.2.1 实时平移

在AutoCAD 2013中,实时平移相当于一个镜头对准视图,当移动镜头时,视口中的图形也跟着移动。

实践素材	光盘\素材\第4章\三人沙发.dwg
视频演示	光盘\视频\第4章\三人沙发.mp4

【实践操作79】实时平移的具体操作步骤如下。

01 单击"菜单浏览器"按钮,在弹出的菜单列表中单击"打开"|"图形"命令,打开一幅素材图形,如图4-33所示。

02 单击"功能区"选项板中的"视图"选项卡,在"二维导航"面板上单击"平移"按钮,如图4-34所示。

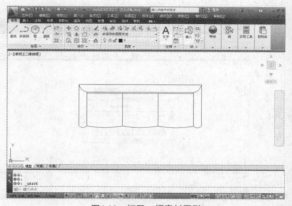

图4-33 打开一幅素材图形

03 将鼠标移至绘图区，当鼠标指针呈小手形状🖐时，按下鼠标左键并拖曳至合适位置，即可实时平移视图，如图4-35所示。

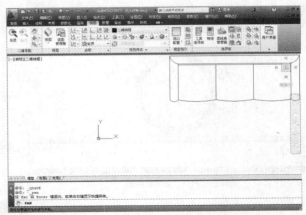

图4-34 单击"平移"按钮　　　　　　　　　图4-35 实时平移视图

AUTOCAD 技巧点拨

用户还可以通过以下 5 种方法，调用"实时"命令。

- 方法1：在命令行中输入PAN（实时）命令，并按【Enter】键确认。
- 方法2：在命令行中输入P（实时）命令，并按【Enter】键确认。
- 方法3：显示菜单栏，单击"视图" | "平移" | "实时"命令。
- 方法4：显示菜单栏，单击"工具" | "工具栏" | AutoCAD | "标准"命令，弹出"标准"工具栏，单击"实时平移"按钮。
- 方法5：在绘图区中的任意空白位置，单击鼠标右键，在弹出的快捷菜单中选择"平移"选项。

4.2.2 定点平移

在 AutoCAD 2013 中，使用定点平移可以将视图按照两点间的距离进行平移。

实践素材	光盘 \ 素材 \ 第 4 章 \ 播放机 .dwg
视频演示	光盘 \ 视频 \ 第 4 章 \ 播放机 .mp4

【实践操作 80】定点平移的具体操作步骤如下。

01 单击"菜单浏览器"按钮，在弹出的菜单列表中单击"打开" | "图形"命令，打开一幅素材图形，如图4-36所示。

02 在命令行中输入-PAN（定点平移）命令，如图4-37所示，按【Enter】键确认。

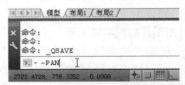

图4-36 打开一幅素材图形　　　　　　　　图4-37 在命令行中输入-PAN命令

$\underset{\bigcirc}{\bigcirc}3$ 根据命令行提示进行操作，输入200，如图4-38所示，按【Enter】键确认。

$\underset{\bigcirc}{\bigcirc}4$ 再次在命令行中输入300，如图4-39所示，按【Enter】键确认。

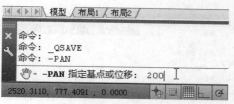

图4-38　在命令行中输入200

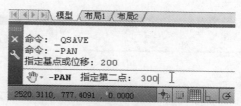

图4-39　在命令行中输入300

$\underset{\bigcirc}{\bigcirc}5$ 执行操作后，即可定点平移视图，效果如图4-40所示。

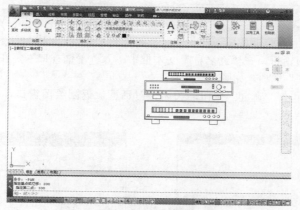

图4-40　定点平移视图

技巧点拨

在 AutoCAD 2013 中，显示菜单栏，单击"视图"|"平移"|"定点"命令，也可以定点平移图形文件。

4.3　平铺图形

在 AutoCAD 2013 中，为了便于编辑图形，常常需要对图形的局部进行放大，以显示其细节。当需要观察图形的整体效果时，仅使用单一的绘图视口已无法满足需要，此时可使用 AutoCAD 2013 的平铺视口功能，将绘图窗口划分为若干视口。

4.3.1　新建平铺视口

平铺视口是指把绘图窗口分为多个矩形区域，从而创建多个不同的绘图区域，其中每一个区域都可用来查看图形的不同部分。在 AutoCAD 2013 中，可以同时打开多个视口，屏幕上还可以保留"功能区"选项板和命令提示窗口。下面介绍新建平铺视口的方法。

实践素材	光盘 \ 素材 \ 第 4 章 \ 手机模型 .dwg
视频演示	光盘 \ 视频 \ 第 4 章 \ 手机模型 .mp4

【实践操作 81】新建平铺视口的具体操作步骤如下。

01 单击"菜单浏览器"按钮,在弹出的菜单列表中单击"打开"|"图形"命令,打开一幅素材图形,如图4-41所示。

02 显示菜单栏,单击"视图"|"视口"|"新建视口"命令,执行"新建视口"命令,如图4-42所示。

图4-41 打开一幅素材图形

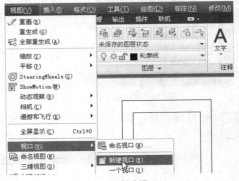

图4-42 新建视口

03 弹出"视口"对话框,在"新名称"文本框中输入"平铺视口",在"标准视口"列表框中选择"两个:水平"选项,如图4-43所示。

04 设置完成后,单击"确定"按钮,关闭该对话框,返回绘图窗口,即可新建平铺视口,如图4-44所示。

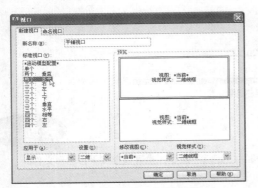

图4-43 选择"两个:水平"选项

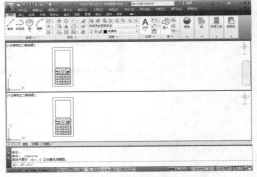

图4-44 新建平铺视口

A u t o C A D **技巧点拨**

在 AutoCAD 2013 中,用户还可以在命令行中输入 VPORTS(新建视口)命令,并按【Enter】键确认,调用"新建视口"命令。

4.3.2 分割平铺视口

在 AutoCAD 2013 中,用户还可以根据需要分割平铺视口。

实践素材	光盘 \ 素材 \ 第 4 章 \ 手机模型 .dwg
视频演示	光盘 \ 视频 \ 第 4 章 \ 分割平铺视口 .mp4

【实践操作 82】分割平铺视口的具体操作步骤如下。

01 打开素材图形,单击"功能区"选项板中的"视图"选项卡,在"模型视口"面板上单击"视口配置"右侧的下拉按钮,在弹出的列表框中选择"四个:右"选项,如图4-45所示。

02 执行操作后,即可分割平铺视口,如图4-46所示。

图4-45 选择"四个：右"选项

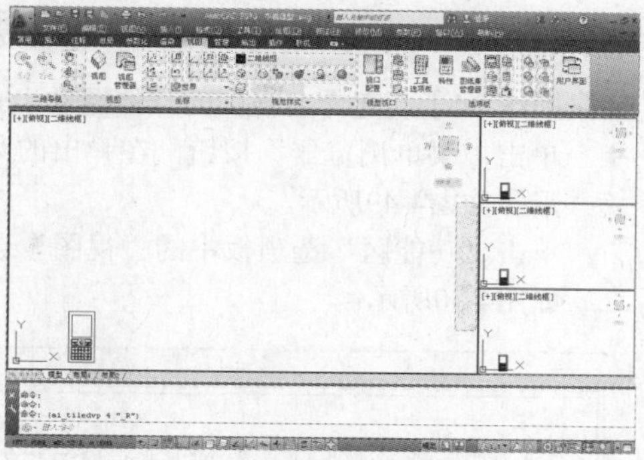

图4-46 分割平铺视口

4.3.3 合并平铺视口

在 AutoCAD 2013 中，当用户需要从视口中减去一个视口时，可以将其中一个视口合并到当前视口中。

实践素材	光盘 \ 素材 \ 第 4 章 \ 手机模型 2.dwg
实践效果	光盘 \ 效果 \ 第 4 章 \ 手机模型 .dwg
视频演示	光盘 \ 视频 \ 第 4 章 \ 合并平铺视口 .mp4

【实践操作 83】合并平铺视口的具体操作步骤如下。

01 打开素材图形，单击"功能区"选项板中的"视图"选项卡，在"模型视口"面板上单击"合并视口"按钮，如图4-47所示。

02 根据命令行提示进行操作，选择右上方的视口为主视口，单击右侧中间的视口，即可合并平铺视口，如图4-48所示。

图4-47 单击"合并视口"按钮

图4-48 合并平铺视口

AutoCAD 技巧点拨

在 AutoCAD 2013 中，用户还可以单击"视图" | "视口" | "合并"命令，根据命令行提示进行相应操作，也可以合并平铺视口。

4.4 使用视图管理器

使用"视图管理器"命令，可以对绘图区中的视图进行管理，为其中的任意视图指定名称，并在以后的操作过程中将其恢复。本节主要介绍使用命名视图的方法。

4.4.1 新建命名视图

在 AutoCAD 2013 中，新建命名视图时，将保存该视图的中点、位置、缩放比例和透视设置等。

【实践操作 84】新建命名视图的具体操作步骤如下。

01 单击"菜单浏览器"按钮，在弹出的菜单列表中单击"打开"|"图形"命令，打开一幅素材图形，如图4-49所示。

02 单击"功能区"选项板中的"视图"选项卡，在"视图"面板中单击"视图管理器"按钮，如图4-50所示。

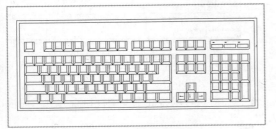

图4-49 打开一幅素材图形

图4-50 单击"命名视图"按钮

03 弹出"视图管理器"对话框，单击"新建"按钮，如图4-51所示。

04 弹出"新建视图/快照特性"对话框，在"视图名称"文本框中输入"键盘"，在"视觉样式"列表框中选择"二维线框"选项，如图4-52所示。

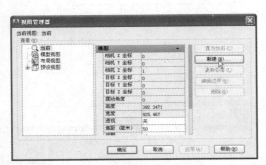

图4-51 单击"新建"按钮

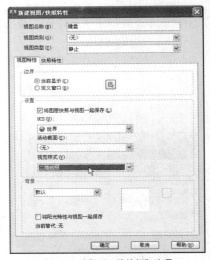

图4-52 选择"二维线框"选项

05 单击"确定"按钮，返回到"视图管理器"对话框，在"查看"列表框中将显示"键盘"视图，如图4-53所示。

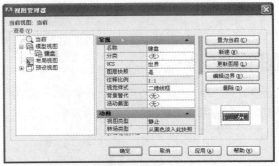

图4-53 显示"键盘"视图

在命令行中输入 VIEW 命令，按【Enter】键确认，也可以弹出"视图管理器"对话框。

4.4.2 删除命名视图

在 AutoCAD 2013 中，用户可以删除命名视图。

实践素材	光盘 \ 素材 \ 第 4 章 \ 键盘 .dwg

【实践操作 85】删除命名视图的具体操作步骤如下。

01 单击"功能区"选项板中的"视图"选项卡，在"视图"面板中单击"视图管理器"按钮，弹出"视图管理器"对话框，在"查看"列表框中选择"键盘"选项，如图4-54所示。

02 单击对话框右侧的"删除"按钮，即可删除命名视图，如图6-55所示。

图4-54 选择"键盘"选项

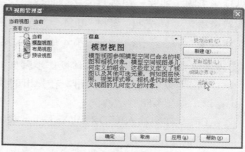

图6-55 删除命名视图

4.4.3 恢复命名视图

在 AutoCAD 2013 中，可以一次性命名多个视图，当需要重新使用一个已命名的视图时，只需将该视图恢复到当前视口即可。如果绘图窗口中包含多个视口，也可以将视图恢复到活动视口中，或将不同的视图恢复到不同的视口中，以同时显示模型的多个视图。下面介绍恢复命名视图的方法。

实践素材	光盘 \ 素材 \ 第 4 章 \ 键盘 .dwg
实践效果	光盘 \ 效果 \ 第 4 章 \ 键盘 .dwg

【实践操作 86】恢复命名视图的具体操作步骤如下。

01 单击"功能区"选项板中的"视图"选项卡，在"视图"面板中单击"命名视图"按钮，弹出"视图管理器"对话框，单击"预设视图"选项前的加号，在展开的列表中选择"西南等轴测"选项，如图4-56所示。

02 单击"置为当前"按钮，将"西南等轴测"选项置为当前，单击"确定"按钮，即可恢复命名视图，如图4-57所示。

图4-56 选择"西南等轴测"选项

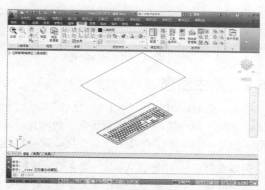

图4-57 恢复命名视图

恢复视图时可以恢复视口中点、查看方向、缩放比例因子和透视图"镜头长度"等多种设置，如果在命名视图时将当前的 UCS 随视图一起保存起来，当恢复视图时也可以恢复 UCS。

4.5 重画与重生成图形

在 AutoCAD 2013 中，重画和重生成功能可以更新屏幕和重生成屏幕显示，使屏幕清晰明了，方便绘图。本节主要介绍重画与重生成图形的方法。

4.5.1 重画图形

执行"重画"命令，系统将更新屏幕显示，不仅可以清除临时标记，还可以更新用户当前的视口。

实践素材	光盘 \ 素材 \ 第 4 章 \ 办公桌 .dwg
实践效果	光盘 \ 效果 \ 第 4 章 \ 办公桌 .dwg

【实践操作 87】重画图形的具体操作步骤如下。

01 单击"菜单浏览器"按钮，在弹出的菜单列表中单击"打开"|"图形"命令，打开一幅素材图形，如图4-58所示。

02 在命令行中输入REDRAWALL（重画）命令，如图4-59所示，按【Enter】键确认，即可更新当前视口，重画图形。

使用"重画"命令，可以删除某些编辑操作时留在显示区域中的加号形状的标记。

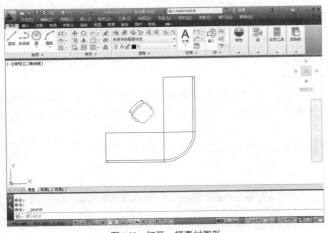

图4-58　打开一幅素材图形

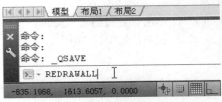

图4-59　输入REDRAWALL命令

4.5.2 重生图形

在 AutoCAD 2013 中，使用"重生成"命令，可以重生成屏幕，系统将自动从磁盘调用当前图形的数据。它比"重画"命令慢，因为更新屏幕的时间比"重画"命令用的时间长。如果一直使用某个命令修改编辑图形，但是该图形还没有发生什么变化，就可以使用"重生成"命令更新屏幕显示。

实践素材	光盘 \ 素材 \ 第 4 章 \ 双人床 .dwg
实践效果	光盘 \ 效果 \ 第 4 章 \ 双人床 .dwg

【实践操作 88】重生图形的具体操作步骤如下。

01　单击"菜单浏览器"按钮，在弹出的菜单列表中单击"打开"|"图形"命令，打开一幅素材图形，如图4-60所示。

02　单击"功能区"选项板中的"视图"选项卡，在"用户界面"面板上单击"选项，显示选项卡"按钮，如图4-61所示。

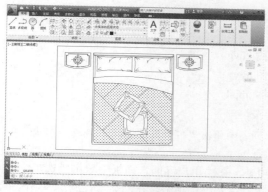

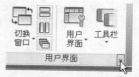

图4-60　打开一幅素材图形

图4-61　单击按钮

03　弹出"选项"对话框，切换至"显示"选项卡，在"显示性能"选项区中，取消选中"应用实体填充"复选框，如图4-62所示。

04　单击"确定"按钮，返回绘图窗口，在命令行中输入REGEN（重生成）命令，如图4-63所示，按【Enter】键确认。

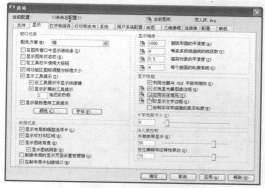

图4-62　取消选中相应复选框

图4-63　输入REGEN（重生成）命令

05　执行操作后，即可重生图形，如图4-64所示。

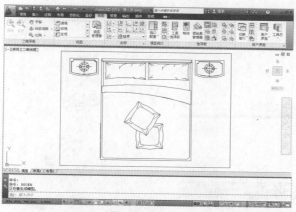

图4-64　重生图形

4.6 控制图形可见元素显示

本节主要向用户介绍控制图形可见元素的显示操作，如控制图形填充显示和控制文字快速显示等。

4.6.1 控制填充显示

在 AutoCAD 2013 中，用户可以根据需要控制图形的填充显示。

实践素材	光盘 \ 素材 \ 第 4 章 \ 户型平面图 .dwg
实践效果	光盘 \ 效果 \ 第 4 章 \ 户型平面图 .dwg
视频演示	光盘 \ 视频 \ 第 4 章 \ 户型平面图 .mp4

【实践操作 89】控制填充显示的具体操作步骤如下。

01 单击"菜单浏览器"按钮，在弹出的菜单列表中单击"打开"|"图形"命令，打开一幅素材图形，如图4-65所示。

02 单击"功能区"选项板中的"视图"选项卡，在"用户界面"面板上单击"选项，显示选项卡"按钮，弹出"选项"对话框，切换至"显示"选项卡，在"显示性能"选项区中，选中"应用实体填充"复选框，如图4-66所示。

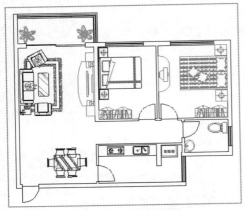

图4-65 打开一幅素材图形

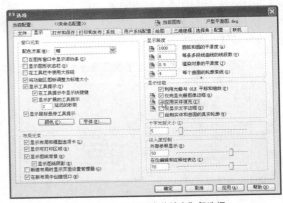

图4-66 选中"应用实体填充"复选框

03 单击"确定"按钮，在命令行中输入REGEN（重生成）命令，如图4-67所示，并按【Enter】键确认。

04 执行操作后，即可控制填充显示，效果如图4-68所示。

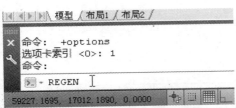

图4-67 输入REGEN（重生成）命令

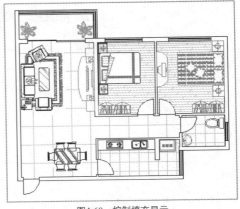

图4-68 控制填充显示

4.6.2 控制文字快速显示

在 AutoCAD 2013 中，用户可以控制文字快速显示。

实践素材	光盘 \ 素材 \ 第 4 章 \ 室内装潢图 .dwg
实践效果	光盘 \ 效果 \ 第 4 章 \ 室内装潢图 .dwg
视频演示	光盘 \ 视频 \ 第 4 章 \ 室内装潢图 .mp4

【实践操作 90】控制文字快速显示的具体操作步骤如下。

01 单击"菜单浏览器"按钮，在弹出的菜单列表中单击"打开"|"图形"命令，打开一幅素材图形，如图4-69所示。

02 单击"功能区"选项板中的"视图"选项卡，在"用户界面"面板上单击"选项，显示选项卡"按钮，弹出"选项"对话框，切换至"显示"选项卡，在"显示性能"选项区中，取消选中"仅显示文字边框"复选框，如图4-70所示。

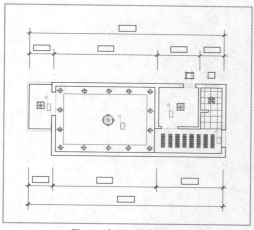

图4-69　打开一幅素材图形

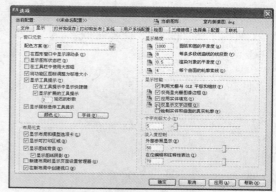

图4-70　取消选中相应复选框

03 单击"确定"按钮，返回绘图窗口，在命令行中输入REGEN（重生成）命令，并按【Enter】键确认，即可控制文字快速显示，效果如图4-71所示。

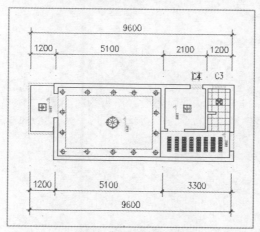

图4-71　控制文字快速显示

进阶提高篇

第5章
创建二维图形

　　绘图是 AutoCAD 的主要功能，也是最基本的功能。二维平面图形的形状都很简单，创建起来也很容易，创建二维平面图形是 AutoCAD 的绘图基础。因此，只有熟练地掌握二维平面图形的绘制方法和技巧，才能更好地绘制出复杂的图形。本节主要介绍创建二维图形的各种操作方法。

AutoCAD

5.1 创建点对象

在 AutoCAD 2013 中，点对象可用作捕捉和偏移对象的节点和参考点，可以通过"单击"、"多点"、"定数等分"和"定距等分" 4 种方法创建点对象。

5.1.1 创建单点

在 AutoCAD 2013 中，作为节点或参照几何图形的点对象，对于对象捕捉和相对偏移是非常有用的。

实践素材	光盘 \ 素材 \ 第 5 章 \ 零件 .dwg
实践效果	光盘 \ 效果 \ 第 5 章 \ 创建单点 .dwg
视频演示	光盘 \ 视频 \ 第 5 章 \ 创建单点 .mp4

【实践操作 91】创建单点的具体操作步骤如下。

01 单击"菜单浏览器"按钮，在弹出的菜单列表中单击"打开"|"图形"命令，打开一幅素材图形，如图5-1所示。

02 在"功能区"选项板中的"常用"选项卡中，单击"实用工具"面板按钮，如图5-2所示。

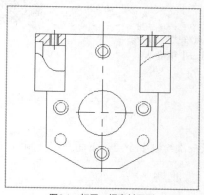

图5-1 打开一幅素材图形

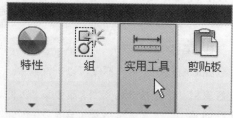

图5-2 单击"实用工具"按钮

03 在展开的面板上，单击"点样式"按钮，如图5-3所示。

04 弹出"点样式"对话框，选择点样式第2行的第4个，如图5-4所示。

图5-3 单击"点样式"按钮

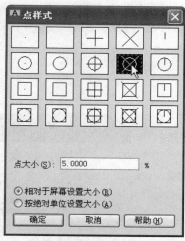

图5-4 选择点样式

05
06
单击"确定"按钮，即可设置点样式，在命令行中输入POINT（单点）命令，按【Enter】键确认，如图5-5所示。

根据命令行提示进行操作，在绘图区中的圆心点上单击鼠标，即可绘制单点，效果如图5-6所示。

图5-5　在命令行中输入POINT命令

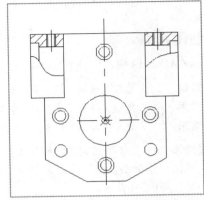

图5-6　绘制单点

A u t o C A D 　**技巧点拨**

在 AutoCAD 2013 中，用户还可以通过以下两种方法，调用"点样式"命令。
- 方法1：在命令行中输入DDPTYPE（点样式）命令，按【Enter】键确认。
- 方法2：显示菜单栏，单击"格式"|"点样式"命令。
执行以上任意一种操作，均可调用"点样式"命令。

5.1.2　创建多点

在 AutoCAD 2013 中，不仅可以一次绘制一个点，还可以一次绘制多个点，下面介绍绘制多点的方法。

实践素材	光盘 \ 素材 \ 第 5 章 \ 零件 .dwg
实践效果	光盘 \ 效果 \ 第 5 章 \ 创建多点 .dwg
视频演示	光盘 \ 视频 \ 第 5 章 \ 创建多点 .mp4

【实践操作 92】创建多点的具体操作步骤如下。

01 以5.1.1小节素材为例，在"功能区"选项板中的"常用"选项卡中，单击"绘图"面板中间的下拉按钮，在展开的面板上单击"多点"按钮，如图5-7所示。

02 根据命令行提示进行操作，依次在绘图区中的合适位置单击鼠标，绘制多点，按【Esc】键可退出命令，完成多点的绘制操作，效果如图5-8所示。

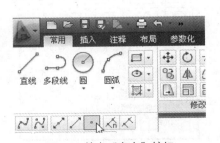

图5-7　单击"多点"按钮

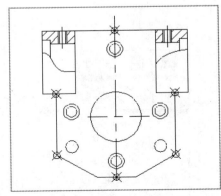

图5-8　完成多点的绘制操作

用户还可以通过以下两种方法，调用"多点"命令。
- 方法1：在命令行中输入MULTIPLE命令，并按【Enter】键确认，然后输入POINT命令，并按【Enter】键确认。
- 方法2：显示菜单栏，单击"绘图"|"点"|"多点"命令。

执行以上任意一种方法，均可调用"多点"命令。

5.1.3 创建定数等分点

定数等分点就是将点或块沿图形对象的长度间隔排列。在绘制定数等分点之前，注意在命令行中输入的是等分数，而不是点的个数，如果要将所选对象分成 N 等份，将生成 N-1 个点。下面介绍创建定数等分点的方法。

实践素材	光盘 \ 素材 \ 第 5 章 \ 圆 .dwg
实践效果	光盘 \ 效果 \ 第 5 章 \ 圆 .dwg
视频演示	光盘 \ 视频 \ 第 5 章 \ 圆 .mp4

【实践操作 93】创建定数等分点的具体操作步骤如下。

01 单击"菜单浏览器"按钮，在弹出的菜单列表中单击"打开"|"图形"命令，打开一幅素材图形，如图5-9所示。

02 在"功能区"选项板中的"常用"选项卡中，单击"绘图"面板中间的下拉按钮，在展开的面板上单击"定数等分"按钮，如图5-10所示。

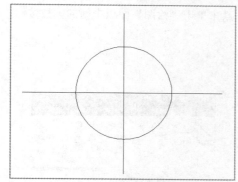

图5-9 打开一幅素材图形

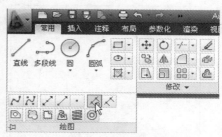

图5-10 单击"定数等分"按钮

03 在绘图区中拾取水平直线为定数等分对象，如图5-11所示。

04 在命令行中输入6，按【Enter】键确认，如图5-12所示。

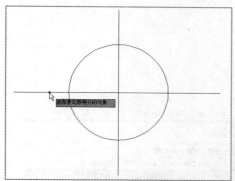

图5-11 拾取圆为定数等分对象

图5-12 在命令行中输入6

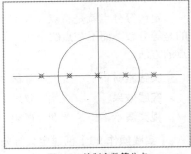
用户还可以通过以下 3 种方法，调用"定数等分点"命令。
- 命令1：在命令行中输入DIVIDE（定数等分）命令，并按【Enter】键确认。
- 命令2：在命令行中输入DIV（定数等分）命令，并按【Enter】键确认。
- 命令3：显示菜单栏，单击"绘图"|"点"|"定数等分"命令。
执行以上任意一种方法，均可调用"定数等分点"命令。

05　执行操作后，即可绘制定数等分点，效果如图5-13所示。

5.1.4　创建定距等分点

定距等分点就是在指定的对象上按确定的长度进行等分，即该操作是先指定所要创建的点与点之间的距离，再根据该间距值分隔所选对象。

实践素材	光盘 \ 素材 \ 第 5 章 \ 圆环 .dwg
实践效果	光盘 \ 效果 \ 第 5 章 \ 圆环 .dwg
视频演示	光盘 \ 视频 \ 第 5 章 \ 圆环 .mp4

图5-13　绘制定数等分点

【实践操作 94】创建定距等分点的具体操作步骤如下。

01　单击"菜单浏览器"按钮，在弹出的菜单列表中单击"打开"|"图形"命令，打开一幅素材图形，如图5-14所示。

02　在"功能区"选项板中单击"常用"选项卡，在其中单击"绘图"面板中间的下拉按钮，在展开的面板上单击"测量"按钮，如图5-15所示。

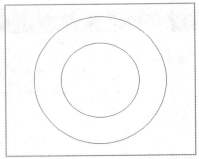

图5-14　打开一幅素材图形

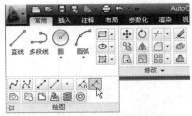

图5-15　单击"测量"按钮

03　根据命令行提示进行操作，在绘图区中拾取外圆为定距等分的对象，如图5-16所示。

04　输入长度值为250，按【Enter】键确认，如图5-17所示。

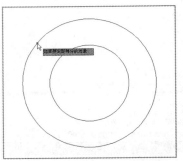

图5-16　拾取外圆为定距等分对象

图5-17　输入长度值为250

05

执行操作后，即可绘制定距等分点，效果如图5-18所示。

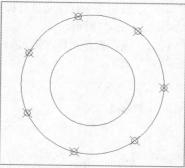

图5-18 绘制定距等分点

5.2 创建线型对象

直线型对象是所有图形的基础，在 AutoCAD 2013 中，直线型包括"直线"、"射线"和"构造线"等。各线型具有不同的特征，用户应根据实际绘制需要选择线型。

5.2.1 创建直线

直线是各种绘图中最常用、最简单的一类图形对象，只要指定了起点和终点即可绘制一条直线。在AutoCAD 2013 中，可以用二维坐标（x, y）或三维坐标（x, y, z），也可以混合使用二维坐标和三维坐标来指定端点，以绘制直线。

实践素材	光盘 \ 素材 \ 第 5 章 \ 锥头螺丝 .dwg
实践效果	光盘 \ 效果 \ 第 5 章 \ 锥头螺丝 .dwg
视频演示	光盘 \ 视频 \ 第 5 章 \ 锥头螺丝 .mp4

【实践操作 95】创建直线的具体操作步骤如下。

01
单击"菜单浏览器"按钮，在弹出的菜单列表中单击"打开"|"图形"命令，打开一幅素材图形，如图5-19所示。

02
单击"功能区"选项板中的"常用"选项卡，在"绘图"面板上单击"直线"按钮，如图5-20所示。

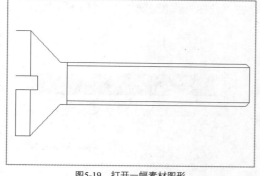

图5-19 打开一幅素材图形

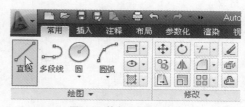

图5-20 单击"直线"按钮

$\underset{\bigcirc}{\bigcirc}3$ 根据命令行提示进行操作，在绘图区左上端合适的位置上，单击鼠标，确定线段的起始点，如图5-21所示。

$\underset{\bigcirc}{\bigcirc}4$ 向下引导光标，输入6.5，并按【Enter】键确认，即可绘制一条长度为6.5的直线，效果如图5-22所示。

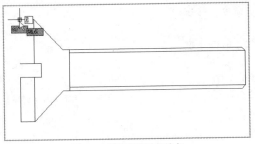

图5-21 确定线段的起始点

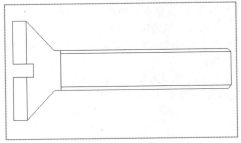

图5-22 绘制一条长度为6.5的直线

A u t o C A D 技巧点拨

用户还可以通过以下 3 种方法，调用"直线"命令。
- 在命令行中输入LINE（直线）命令，并按【Enter】键确认。
- 在命令行中输入L（直线）命令，并按【Enter】键确认。
- 显示菜单栏，单击"绘图"|"直线"命令。

执行以上任意一种方法，均可调用"直线"命令。

5.2.2 创建射线

射线是只有起点和方向但没有终点的直线，即射线为一端固定而另一端无限延伸的直线。射线一般作为辅助线，绘制完射线后，按【Esc】键，即可退出绘制状态。

实践素材	光盘 \ 素材 \ 第 5 章 \ 箭头 .dwg
实践效果	光盘 \ 效果 \ 第 5 章 \ 箭头 .dwg
视频演示	光盘 \ 视频 \ 第 5 章 \ 箭头 .mp4

【实践操作 96】创建射线的具体操作步骤如下。

$\underset{\bigcirc}{\bigcirc}1$ 单击"菜单浏览器"按钮，在弹出的菜单列表中单击"打开"|"图形"命令，打开一幅素材图形，如图5-23所示。

$\underset{\bigcirc}{\bigcirc}2$ 单击"功能区"选项板中的"常用"选项卡，在"绘图"面板上单击中间的下拉按钮，在展开的面板上单击"射线"按钮 ，如图5-24所示。

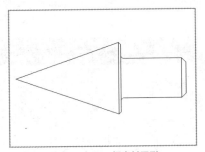

图5-23 打开一幅素材图形

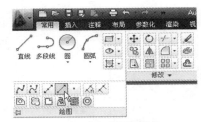

图5-24 单击"射线"按钮

$\underset{\bigcirc}{\bigcirc}3$ 根据命令行提示进行操作，在绘图区中合适的端点上单击鼠标，确定射线的起始点，如图5-25所示。

$\underset{\bigcirc}{\bigcirc}4$ 向右引导光标，在绘图区中的合适位置上再次单击鼠标，按【Enter】键确认，即可绘制一条射线，效果如图5-26所示。

指定起点
1102.6636
666.9104

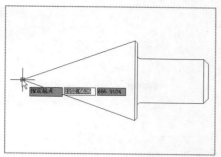

图5-25　确定线段的起始点

图5-26　绘制一条射线

AutoCAD 技巧点拨

用户还可以通过以下两种方法，调用“射线”命令。

- 方法1：在命令行中输入RAY（射线）命令，并按【Enter】键确认。
- 方法2：显示菜单栏，单击“绘图”|“射线”命令。

执行以上任意一种方法，均可调用“射线”命令。

5.2.3　创建构造线

构造线是一条没有起点和终点的无限延伸的直线，它通常会被用作辅助绘图线。构造线具有普通AutoCAD图形对象的各项属性，如图层、颜色、线型等，还可以通过修改变成射线和直线。

实践素材	光盘 \ 素材 \ 第 5 章 \ 螺丝 .dwg
实践效果	光盘 \ 效果 \ 第 5 章 \ 螺丝 .dwg
视频演示	光盘 \ 视频 \ 第 5 章 \ 螺丝 .mp4

【实践操作 97】创建构造线的具体操作步骤如下。

01 单击“菜单浏览器”按钮，在弹出的菜单列表中单击“打开”|“图形”命令，打开一幅素材图形，如图5-27所示。

02 单击“功能区”选项板中的“常用”选项卡，在“绘图”面板中单击中间的下拉按钮，在展开的面板上单击“构造线”按钮，如图5-28所示。

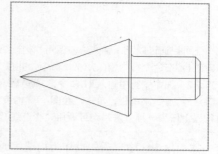

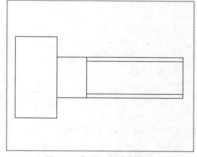

图5-27　打开一幅素材图形

常用
插入
注释
布局
参数化
渲染
直线
多段线
圆
圆弧
修改
绘图

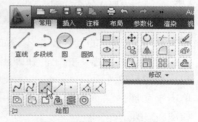

图5-28　单击“构造线”按钮

03 根据命令行提示进行操作，在命令行中输入H，如图5-29所示，按【Enter】键确认。

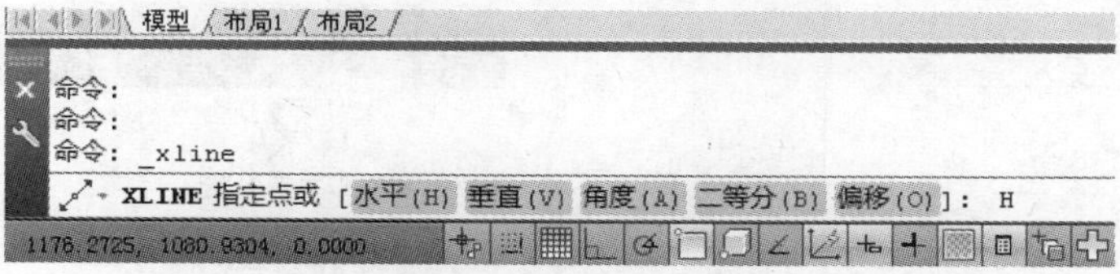

模型 / 布局1 / 布局2
命令:
命令:
命令: _xline
XLINE 指定点或 [水平(H) 垂直(V) 角度(A) 二等分(B) 偏移(O)]: H
1176.2725, 1080.9304, 0.0000

图5-29　在命令行中输入H

04 捕捉绘图区中合适的点作为构造线通过点，如图5-30所示。

05 单击鼠标左键，按【Enter】键确认，即可绘制构造线，效果如图5-31所示。

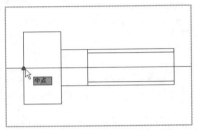

图5-30　捕捉合适点

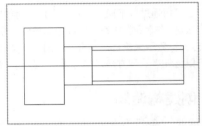

图5-31　绘制构造线

5.3 创建弧形对象

　　圆弧类对象主要包括圆、圆弧和椭圆，它的绘制方法相对线型对象的绘制方法要复杂些，但方法也比较多。本节主要介绍创建弧型对象的方法。

5.3.1　创建圆

　　圆是简单的二维图形，圆的绘制在 AutoCAD 中使用非常频繁，可以用来表示柱、轴、孔等特征。在绘图过程中，圆是使用最多的基本图形元素之一。

实践素材	光盘 \ 素材 \ 第 5 章 \ 六角螺母 .dwg
实践效果	光盘 \ 效果 \ 第 5 章 \ 六角螺母 .dwg
视频演示	光盘 \ 视频 \ 第 5 章 \ 六角螺母 .mp4

【实践操作 98】创建圆的具体操作步骤如下。

01 单击"菜单浏览器"按钮，在弹出的菜单列表中单击"打开"|"图形"命令，打开一幅素材图形，如图5-32所示。

02 单击"功能区"选项板中的"常用"选项卡，在"绘图"面板上单击"圆心，半径"按钮◎，如图5-33所示。

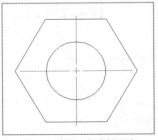

图5-32　打开一幅素材图形

图5-33　单击"圆心，半径"按钮

03 根据命令行提示进行操作，在绘图区中合适的圆心点上单击鼠标左键，确定圆心点，如图5-34所示。

04 输入半径值50，并按【Enter】键确认，即可绘制一个半径为50的圆，效果如图5-35所示。

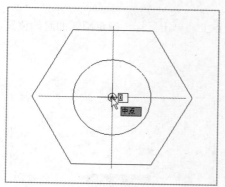

图5-34　确定圆心点

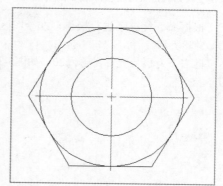

图5-35　绘制一个半径为50的圆

用户还可以通过以下 3 种方法，调用"圆"命令。
- 方法1：在命令行中输入CIRCLE命令，并按【Enter】键确认。
- 方法2：在命令行中输入C命令，并按【Enter】键确认。
- 方法3：显示菜单栏，单击"绘图"|"圆"|"圆心，半径"命令。

执行以上任意一种方法，均可调用"圆"命令。

5.3.2　创建圆弧

圆弧是圆的一部分，它也是一种简单图形。绘制圆弧与绘制圆相比，相对要复杂一些，除了圆心和半径外，圆弧还需要指定起始角和终止角。

实践素材	光盘 \ 素材 \ 第 5 章 \ 曲柄 .dwg
实践效果	光盘 \ 效果 \ 第 5 章 \ 曲柄 .dwg
视频演示	光盘 \ 视频 \ 第 5 章 \ 曲柄 .mp4

【实践操作 99】创建圆弧的具体操作步骤如下。

01 单击"菜单浏览器"按钮，在弹出的菜单列表中单击"打开"|"图形"命令，打开一幅素材图形，如图5-36所示。

02 单击"功能区"选项板中的"常用"选项卡，在"绘图"面板上单击"三点"按钮，如图5-37所示。

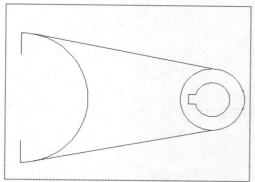

图5-36　打开一幅素材图形

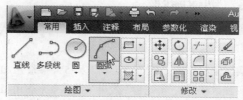

图5-37　单击"三点"按钮

AutoCAD 技巧点拨

在“绘图”面板上，单击“三点”右侧的下拉按钮，在弹出的列表框中单击“起点，圆心，端点”按钮，即可通过指定圆弧的起点、圆心和端点绘制圆弧。

03 根据命令行提示进行操作，在绘图区中合适的端点上，单击鼠标，确定圆弧的起始位置，如图5-38所示。

04 向右下方引导光标，输入20，如图5-39所示。

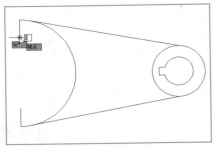

图5-38 确定圆弧的起始位置

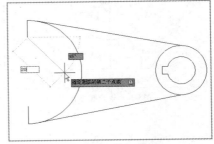

图5-39 输入20

AutoCAD 技巧点拨

用户还可以通过以下两种方法，调用“圆弧”命令。

- 方法1：在命令行中输入ARC命令，并按【Enter】键确认。
- 方法2：显示菜单栏，单击“绘图”|“圆弧”|“三点”命令。

执行以上任意一种方法，均可调用“圆弧”命令。

05 按【Enter】键确认，即可确定圆弧第二点，如图5-40所示。

06 将鼠标指针移至绘图区中另一个合适的端点上，确定圆弧的终点位置，如图5-41所示。

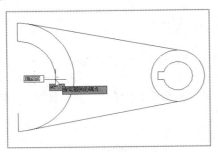

图5-40 确定圆弧第二点

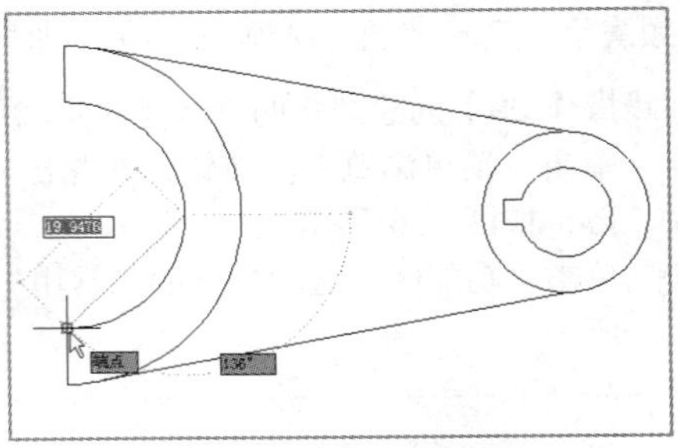

图5-41 确定圆弧的终点位置

07 单击鼠标，即可绘制圆弧，效果如图5-42所示。

图5-42 绘制圆弧

5.3.3 创建椭圆

在 AutoCAD 2013 中，椭圆由定义其长度和宽度的两条轴决定，较长的轴称长轴，较短的轴称短轴。

实践素材	光盘 \ 素材 \ 第 5 章 \ 茶几 .dwg
实践效果	光盘 \ 效果 \ 第 5 章 \ 茶几 .dwg
视频演示	光盘 \ 视频 \ 第 5 章 \ 茶几 .mp4

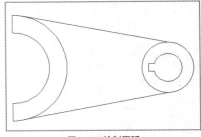

【实践操作 100】创建椭圆的具体操作步骤如下。

01 单击"菜单浏览器"按钮，在弹出的菜单列表中单击"打开"|"图形"命令，打开一幅素材图形，如图5-43所示。

02 单击"功能区"选项板中的"常用"选项卡，在"绘图"面板上单击"圆心"按钮 ⊙，如图5-44所示。

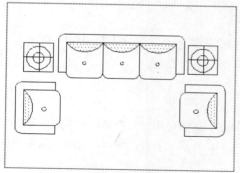

图5-43 打开一幅素材图形

图5-44 单击"圆心"按钮

03 根据命令行提示进行操作，在绘图区中的合适位置单击鼠标，确定圆心，如图5-45所示。

04 向下引导光标，输入300，如图5-46所示，按【Enter】键确认。

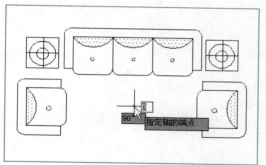

图5-45 确定圆心

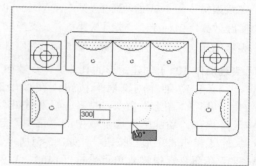

图5-46 输入300

05 向右引导光标，输入700，如图5-47所示，按【Enter】键确认。

06 执行操作后，即可绘制一个椭圆，效果如图5-48所示。

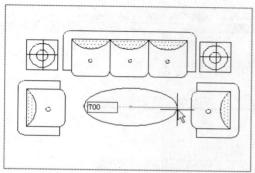

图5-47 输入700

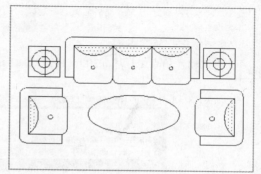

图5-48 绘制一个椭圆

07 参照上面的操作方法，在绘图区中的合适位置再绘制一个椭圆，效果如图5-49所示。

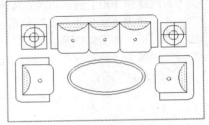

用户还可以通过以下 3 种方法，调用"椭圆"命令。
- 方法1：在命令行中输入ELLIPSE命令，并按【Enter】键确认。
- 方法2：在命令行中输入EL命令，并按【Enter】键确认。
- 方法3：显示菜单栏，单击"绘图"|"椭圆"|"圆心"命令。

执行以上任意一种方法，均可调用"椭圆"命令。

图5-49 绘制第二个椭圆

5.4 创建多边形对象

在绘图过程中，多边形的使用频率较高，主要包括矩形、正多边形等。矩形和正多边形是绘图中常用的一种简单图形，它们都具有共同的特点，即不论它们从外观上看有几条边，实质上都是一条多段线。本节主要介绍创建矩形和正多边形的方法。

5.4.1 创建矩形

矩形是绘制平面图形时常用的简单图形，也是构成复杂图形的基本图形元素，在各种图形中都可作为组成元素。

实践素材	光盘\素材\第 5 章\支座 .dwg
实践效果	光盘\效果\第 5 章\支座 .dwg
视频演示	光盘\视频\第 5 章\支座 .mp4

【实践操作 101】创建矩形的具体操作步骤如下。

01 单击"菜单浏览器"按钮，在弹出的菜单列表中单击"打开"|"图形"命令，打开一幅素材图形，如图5-50所示。

02 单击"功能区"选项板中的"常用"选项卡，在"绘图"面板上单击"矩形"按钮，如图5-51所示。

03 在命令行中输入角点坐标（1461，1298），如图5-52所示，按【Enter】键确认。

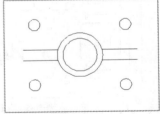

图5-50 打开一幅素材图形

图5-51 单击"矩形"按钮

图5-52 在命令行中输入角点坐标

04 再次输入角点坐标（@200，145），如图5-53所示，按【Enter】键确认。

图5-53 再次输入角点坐标

05 执行操作后，即可绘制矩形，效果如图5-54所示。

用户还可以通过以下 3 种方法，调用"矩形"命令。

- 方法1：在命令行中输入RECTANGLE命令，并按【Enter】键确认。
- 方法2：在命令行中输入REC命令，并按【Enter】键确认。
- 方法3：显示菜单栏，单击"绘图"|"矩形"命令。

执行以上任意一种方法，均可调用"矩形"命令。

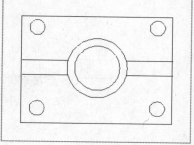

图5-54　绘制矩形

5.4.2　创建正多边形

正多边形是绘图中常用的一种简单图形，可以使用其外接圆与内切圆来进行绘制，并规定可以绘制的边数为 3 ～ 1024 的正多边形，默认情况下，正多边形的边数为 4。

实践素材	光盘 \ 素材 \ 第 5 章 \ 开槽螺母 .dwg
实践效果	光盘 \ 效果 \ 第 5 章 \ 开槽螺母 .dwg
视频演示	光盘 \ 视频 \ 第 5 章 \ 开槽螺母 .mp4

【实践操作 102】创建正多边形的具体操作步骤如下。

01 单击"菜单浏览器"按钮，在弹出的菜单列表中单击"打开"|"图形"命令，打开一幅素材图形，如图5-55所示。

02 在"功能区"选项板中的"常用"选项卡中，单击"绘图"面板中"矩形"右侧的下拉按钮，在弹出的下拉列表中单击"多边形"按钮，如图5-56所示。

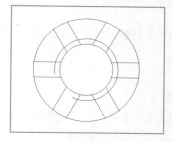

图5-55　打开一幅素材图形

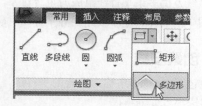

图5-56　单击"多边形"按钮

03 根据命令行提示，在命令行中输入6，如图5-57所示，按【Enter】键确认。

04 在绘图区中的圆心点上，单击鼠标，确定正多边形的中心点位置，如图5-58所示。

图5-57　输入多边形边数6

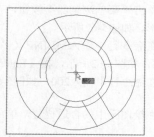

图5-58　确定正多边形的中心点

05 根据命令行提示进行操作，输入C（外切于圆），如图5-59所示，按【Enter】键确认。

06 在命令行中输入10，指定正多边形的半径大小，如图5-60所示。

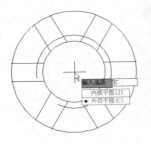

图5-59 输入C（外切于圆）

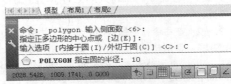

图5-60 指定正多边形的半径大小

07 按【Enter】键确认，即可绘制正多边形，效果如图5-61所示。

AutoCAD **技巧点拨**

用户还可以通过以下 3 种方法，调用"正多边形"命令。
- 方法1：在命令行中输入POLYGON命令，并按【Enter】键确认。
- 方法2：在命令行中输入POL命令，并按【Enter】键确认。
- 方法3：显示菜单栏，单击"绘图"|"正多边形"命令。
执行以上任意一种方法，均可调用"正多边形"命令。

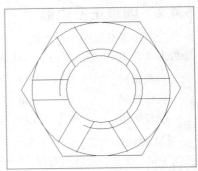

图5-61 绘制正多边形

5.5 创建多线对象

多线是由多条平行线组成的组合对象，平行线之间的间距和数目是可以设置的。多线常用于绘制建筑图中的墙体、电子线路图等平行线对象。

5.5.1 创建多线

多线包含 1 ～ 16 条称为元素的平行线，多线中的平行线可以具有不同的颜色和线型，多线可作为一个单一的实体进行编辑。

实践素材	光盘 \ 素材 \ 第 5 章 \ 室内墙体 .dwg
实践效果	光盘 \ 效果 \ 第 5 章 \ 室内墙体 .dwg
视频演示	光盘 \ 视频 \ 第 5 章 \ 室内墙体 .mp4

【实践操作 103】创建多线的具体操作步骤如下。

01 单击"菜单浏览器"按钮，在弹出的菜单列表中单击"打开"|"图形"命令，打开一幅素材图形，如图5-62所示。

02 在命令行中输入MLINE（多线）命令，按【Enter】键确认，根据命令行提示进行操作，输入S，如图5-63所示，按【Enter】键确认。

03 在命令行中输入200，如图5-64所示，指定多线比例，按【Enter】键确认。

04 在绘图区中的合适位置，单击鼠标，确认起始点，如图5-65所示。

AutoCAD **技巧点拨**

除了运用 MLINE（多线）命令创建多线外，用户还可以输入快捷命令 ML（多线），或单击"绘图"|"多线"命令，调用"多线"命令。

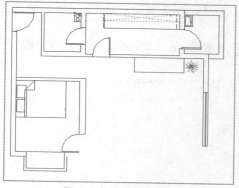

图5-62 打开一幅素材图形

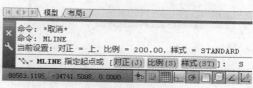

图5-63 输入S

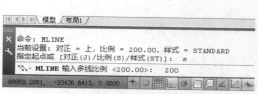

图5-64 在命令行中输入200

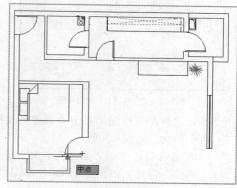

图5-65 确认起始点

05 向右引导光标，输入数值5600，如图5-66所示，按【Enter】键确认。

06 向上引导光标，输入数值360，按【Enter】键确认，即可绘制多线，效果如图5-67所示。

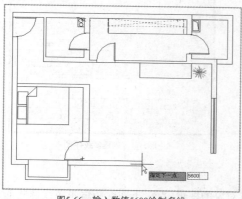

图5-66 输入数值5600绘制多线

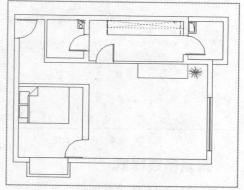

图5-67 绘制多线后的效果

5.5.2 创建多线样式

用户可以将创建的多线样式保存在当前图形中，也可以将多线样式保存到独立的多线样式库文件中，以便在其他图形文件中加载并使用这些多线样式。多线样式包括多线元素的特性、背景颜色和多线段的封口。

实践素材	光盘 \ 素材 \ 第 5 章 \ 墙体 .dwg

【实践操作104】创建多线样式的具体操作步骤如下。

01 单击"菜单浏览器"按钮，在弹出的菜单列表中单击"新建"|"图形"命令，新建一幅空白图形。

02 在命令行中输入MLSTYLE（多线样式）命令，按【Enter】键确认，弹出"多线样式"对话框，如图5-68所示。

03 单击"新建"按钮，弹出"创建新的多线样式"对话框，在"新样式名"文本框中输入样式名为"墙体"，如图5-69所示。

图5-68 "多线样式"对话框图

图5-69 输入样式名为"墙体"

04 单击"继续"按钮，弹出"新建多线样式：墙体"对话框，设置起点"角度"为80、端点"角度"为80，如图5-70所示。

05 设置完成后，单击"确定"按钮，返回到"多线样式"对话框，在"样式"列表框中将显示"墙体"样式，如图5-71所示，单击"确定"按钮，即可创建多线样式。

图5-70 设置"角度"数值

图5-71 创建多线样式

5.5.3 编辑多线样式

在AutoCAD 2013中，多线编辑命令是一个专用于多线对象的编辑命令。下面介绍编辑多线样式的方法。

实践素材	光盘 \ 素材 \ 第 5 章 \ 灶台 .dwg
实践效果	光盘 \ 效果 \ 第 5 章 \ 灶台 .dwg
视频演示	光盘 \ 视频 \ 第 5 章 \ 灶台 .mp4

【实践操作 105】编辑多线样式的具体操作步骤如下。

01 单击"菜单浏览器"按钮，在弹出的菜单列表中单击"打开" | "图形"命令，打开一幅素材图形，如图5-72所示。

02 在命令行中输入MLEDIT（编辑多线）命令，按【Enter】键确认，弹出"多线编辑工具"对话框，选择"角点结合"选项，如图5-73所示。

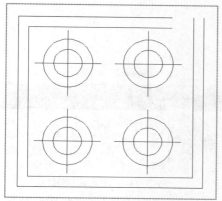

图5-72 打开一幅素材图形

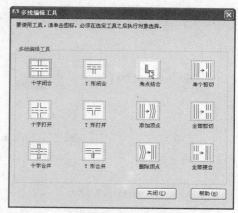

图5-73 选择"角点结合"选项

03 在绘图区中拾取多线为编辑对象，如图5-74所示。

04 执行操作后，按【Enter】键确认，即可编辑多线，效果如图5-75所示。

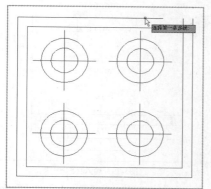

图5-74 选择需要编辑的多线对象

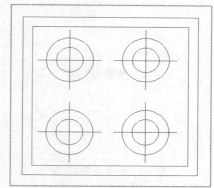

图5-75 编辑多线后的效果

5.6 创建其他图形对象

在 AutoCAD 2013 中，用户还可以根据需要创建其他图形对象，如多段线、样条曲线以及修订云线等。

5.6.1 创建多段线

多段线是由等宽或不等宽的直线或圆弧等多条线段构成的特殊线段，这些线段所构成的图形是一个整体，并可对其进行编辑。

实践素材	光盘 \ 素材 \ 第 5 章 \ 洗衣机 .dwg
实践效果	光盘 \ 效果 \ 第 5 章 \ 洗衣机 .dwg
视频演示	光盘 \ 视频 \ 第 5 章 \ 洗衣机 .mp4

【实践操作 106】创建多段线的具体操作步骤如下。

01 单击"菜单浏览器"按钮，在弹出的菜单列表中单击"打开"|"图形"命令，打开一幅素材图形，如图5-76所示。

02 单击"功能区"选项板中的"常用"选项卡，在"绘图"面板上单击"多段线"按钮，如图5-77所示。

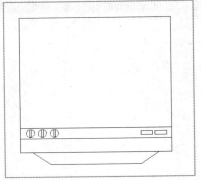

图5-76 打开一幅素材图形

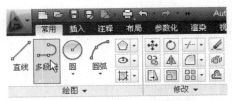

图5-77 单击"多段线"按钮

03 根据命令行提示进行操作，在命令行中输入点坐标（2124，2761），如图5-78所示，按【Enter】键确认，确定多段线起始点。

04 向右引导光标，在命令行中输入L，并按【Enter】键确认，输入165，如图5-79所示，并按【Enter】确认，绘制直线。

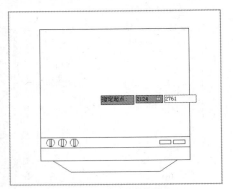

图5-78 确定多段线起始点

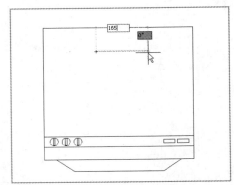

图5-79 输入165

A ᵘ ᵗ ᵒ C A D 技巧点拨

用户还可以通过以下 3 种方法，调用"多段线"命令。
- 方法1：在命令行中输入PLINE（多段线）命令，并按【Enter】键确认。
- 方法2：在命令行中输入PL（多段线）命令，并按【Enter】键确认。
- 方法3：显示菜单栏，单击"绘图"|"多段线"命令。
执行以上任意一种方法，均可调用"多段线"命令。

05 向下引导光标，在命令行中输入A，并按【Enter】键确认，输入255并确认，绘制圆弧，如图5-80所示。

06 向左引导光标，在命令行中输入L，并按【Enter】键确认，输入165并确认，绘制直线，如图5-81所示。

07 向上引导光标，在命令行中输入A，并按【Enter】键确认，输入255并确认，完成多段线的绘制操作，效果如图5-82所示。

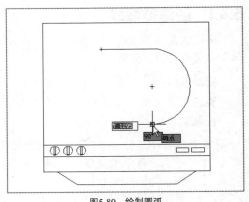

图5-80 绘制圆弧

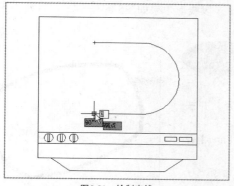

图5-81 绘制直线

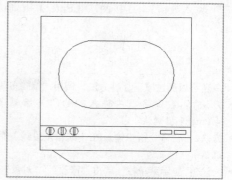

图5-82 完成多段线的绘制操作

5.6.2 编辑多段线

在 AutoCAD 2013 中，使用 PEDIT 命令可以编辑多段线。二维多段线、三维多段线、矩形、正多边形和三维多边形网格都是多段线的变形，均可使用该命令进行编辑。

实践素材	光盘 \ 素材 \ 第 5 章 \ 鼠标 .dwg
实践效果	光盘 \ 效果 \ 第 5 章 \ 鼠标 .dwg
视频演示	光盘 \ 视频 \ 第 5 章 \ 鼠标 .mp4

【实践操作 107】编辑多段线的具体操作步骤如下。

01 单击"菜单浏览器"按钮，在弹出的菜单列表中单击"打开" | "图形"命令，打开一幅素材图形，如图5-83所示。

02 在"功能区"选项板中的"常用"选项卡中，单击"修改"面板中间的下拉按钮，在展开的面板上单击"编辑多段线"按钮 ⌒，如图5-84所示。

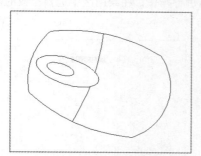

图5-83 打开一幅素材图形

图5-84 单击"编辑多段线"按钮

03 根据命令行提示进行操作，在绘图区选择多段线为编辑对象，如图5-85所示。

04 弹出快捷菜单，在绘图区中输入W，如图5-86所示，按【Enter】键确认。

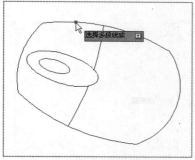

图5-85 选择多段线为编辑对象

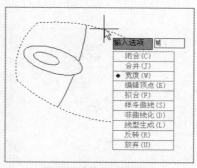

图5-86 在绘图区中输入W

05 输入数值3，连按两次【Enter】键确认，即可编辑多段线，效果如图5-87所示。

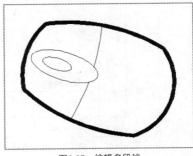

图5-87　编辑多段线

5.6.3　合并为多段线

在 AutoCAD 2013 中，用户可根据需要将直线、圆弧或多段线连接到指定的非闭合多面线上，将其进行合并操作。

实践素材	光盘 \ 素材 \ 第 5 章 \ 偏心轮 .dwg
实践效果	光盘 \ 效果 \ 第 5 章 \ 偏心轮 .dwg
视频演示	光盘 \ 视频 \ 第 5 章 \ 偏心轮 .mp4

【实践操作 108】合并为多段线的具体操作步骤如下。

01 单击"菜单浏览器"按钮，在弹出的菜单列表中单击"打开"|"图形"命令，打开一幅素材图形，如图5-88所示。

02 在"功能区"选项板中的"常用"选项卡中，单击"修改"面板中间的下拉按钮，在展开的面板上单击"编辑多段线"按钮，根据命令行提示进行操作，在绘图区中选择相应的多段线为合并对象，如图5-89所示。

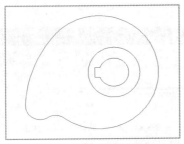

图5-88　打开一幅素材图形

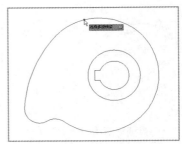

图5-89　选择相应线段为合并对象

03 在弹出快捷菜单中选择"合并（J）"选项，如图5-90所示，并单击鼠标。

04 在绘图区中依次选择需要合并的多段线，如图5-91所示。

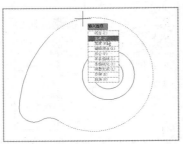

图5-90　选择"合并"选项

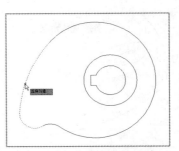

图5-91　选择需要合并的多段线

05 执行操作后，连按两次【Enter】键确认，即可合并为多
段线，效果如图5-92所示。

5.6.4 创建样条曲线

样条曲线是通过拟合数据点绘制而成的光滑曲线。它可以是
二维曲线，也可以是三维曲线。样条曲线的形状主要由数据点、
拟合点与控制点组合，其中数据点在绘制样条时由用户指定，拟
合点和控制点由系统自动产生，它们主要用于编辑样条曲线。

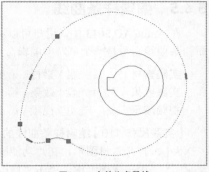
图5-92 合并为多段线

实践素材	光盘\素材\第5章\钢琴1.dwg
实践效果	光盘\效果\第5章\钢琴1.dwg
视频演示	光盘\视频\第5章\钢琴1.mp4

【实践操作109】创建样条曲线的具体操作步骤如下。

01 单击"菜单浏览器"按钮，在弹出的菜单列表中单击"打开"|"图形"命令，打开一幅素材图
形，如图5-93所示。

02 在"功能区"选项板中的"常用"选项卡中，单击"绘图"面板中间的下拉按钮，在弹出的面
板上单击"样条曲线拟合"按钮 ～，如图5-94所示。

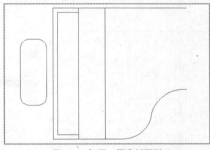
图5-93 打开一幅素材图形

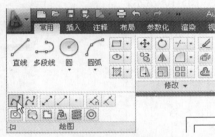
图5-94 单击"样条曲线拟合"按钮

03 根据命令行提示进行操作，在绘图区中右上角的端点位置单击鼠标，确定起点，如图5-95所示。

04 依次在绘图区合适的位置确定其他点，并按【Enter】键确认，即可绘制一条样条曲线，如图
5-96所示。

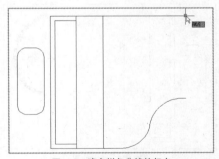
图5-95 确定样条曲线的起点

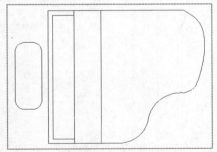
图5-96 绘制一条样条曲线

A u t o C A D **技巧点拨**

用户还可以通过以下3种方法，调用"样条曲线"命令。
- 方法1：在命令行中输入SPLINE（样条曲线）命令，并按【Enter】键确认。
- 方法2：在命令行中输入SPL（样条曲线）命令，并按【Enter】键确认。
- 方法3：显示菜单栏，单击"绘图"|"样条曲线"命令。
执行以上任意一种方法，均可调用"样条曲线"命令。

5.6.5 编辑样条曲线

在 AutoCAD 2013 中，用户可以通过 SPLINEDIT 命令对由 SPLINE 命令绘制的样条曲线进行编辑。编辑样条曲线命令是一个单对象编辑命令，一次只能编辑一个样条曲线对象。

实践素材	光盘\素材\第 5 章\钢琴 2.dwg
实践效果	光盘\效果\第 5 章\钢琴 2.dwg
视频演示	光盘\视频\第 5 章\钢琴 2.mp4

【实践操作 110】编辑样条曲线的具体操作步骤如下。

01 打开素材图形，在"功能区"选项板中的"常用"选项卡中，单击"修改"面板中间的下拉按钮，在展开的面板上单击"编辑样条曲线"按钮，如图5-97所示。

02 在绘图区中选择需要编辑的样条曲线，如图5-98所示。

03 弹出快捷菜单，选择"转换为多段线"选项，如图5-99所示。

04 根据命令行提示，输入"指定精度"为10，如图5-100所示。

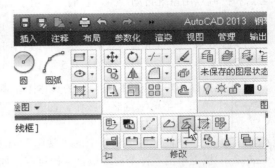

图5-97 单击"编辑样条曲线"按钮

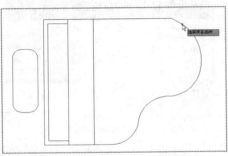

图5-98 选择需要编辑的样条曲线

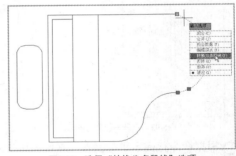

图5-99 选择"转换为多段线"选项

05 按【Enter】键确认，即可将样条曲线转换为多段线，在多段线上单击鼠标即可查看效果，如图5-101所示。

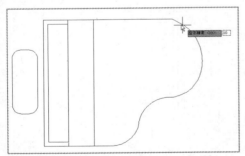

图5-100 输入"指定精度"为10

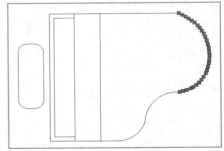

图5-101 查看效果

技巧点拨

用户还可以通过以下 3 种方法，调用"编辑样条曲线"命令。
- 方法1：在命令行中输入SPLINEDIT（编辑样条曲线）命令，按【Enter】键确认。
- 方法2：在命令行中输入SPL（编辑样条曲线）命令，并按【Enter】键确认。
- 方法3：显示菜单栏，单击"修改"|"对象"|"样条曲线"命令。
执行以上任意一种方法，均可调用"编辑样条曲线"命令。

5.6.6 创建修订云线

修订云线的形状类似云朵，主要用于突出显示图纸中已修改的部分，它包括多个控制点和最大弧长、最小弧长等。

实践素材	光盘 \ 素材 \ 第 5 章 \ 盆栽 .dwg
实践效果	光盘 \ 效果 \ 第 5 章 \ 盆栽 .mp4
视频演示	光盘 \ 视频 \ 第 5 章 \ 盆栽 .mp4

【实践操作 111】创建修订云线的具体操作步骤如下。

01 单击"菜单浏览器"按钮，在弹出的菜单列表中单击"打开"|"图形"命令，打开一幅素材图形，如图5-102所示。

02 在"功能区"选项板中的"常用"选项卡中，单击"绘图"面板中间的下拉按钮，在展开的面板上单击"修订云线"按钮，如图5-103所示。

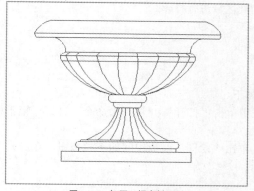

图5-102　打开一幅素材图形

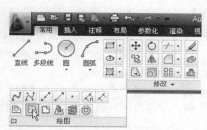

图5-103　单击"修订云线"按钮

AᵘᵗᵒCᴬD 技巧点拨

用户还可以通过以下两种方法，调用"修订云线"命令。
- 方法1：在命令行中输入REVCLOUD（修订云线）命令，并按【Enter】键确认。
- 方法2：显示菜单栏，单击"绘图"|"修订云线"命令。

执行以上任意一种方法，均可调用"修订云线"命令。

03 根据命令行提示进行操作，在命令行中输入A，如图5-104所示，并按【Enter】键确认。

04 输入50，指定最小弧长，如图5-105所示，并按【Enter】键确认。

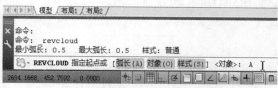

图5-104　在命令行中输入A　　　　　　图5-105　指定最小弧长

05 输入100，指定最大弧长，如图5-106所示，并按【Enter】键确认。

06 将鼠标移至绘图区中的合适位置，单击鼠标，确定起点，向右上方引导鼠标并拖曳，即可绘制修订云线，效果如图5-107所示。

图5-106 指定最大弧长

图5-107 绘制修订云线

5.6.7 创建区域覆盖对象

区域覆盖可以在现有的对象上生成一个空白区域，用于添加注释或详细的屏蔽信息。该区域与区域覆盖边框进行绑定，可以打开此区域进行编辑，也可以关闭此区域进行打印。

实践素材	光盘 \ 素材 \ 第 5 章 \ 道路 .dwg
实践效果	光盘 \ 效果 \ 第 5 章 \ 道路 .dwg
视频演示	光盘 \ 视频 \ 第 5 章 \ 道路 .mp4

【实践操作 112】创建区域覆盖对象的具体操作步骤如下。

01 单击"菜单浏览器"按钮，在弹出的菜单列表中单击"打开"|"图形"命令，打开一幅素材图形，如图5-108所示。

02 在"功能区"选项板中的"常用"选项卡中，单击"绘图"面板中间的下拉按钮，在展开的面板上单击"区域覆盖"按钮，如图5-109所示。

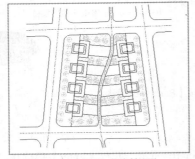

图5-108 打开一幅素材图形

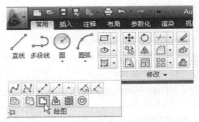

图5-109 单击"区域覆盖"按钮

03 根据命令行提示进行操作，在绘图区中指定需要覆盖区域的边界点，依次单击鼠标，如图5-110所示。

04 按【Enter】键确认，即可绘制区域覆盖对象，如图5-111所示。

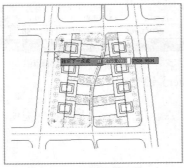

图5-110 绘制覆盖区域

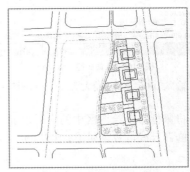

图5-111 绘制区域覆盖对象

第6章

编辑二维图形

　　在 AutoCAD 2013 中，单纯地使用绘图命令或绘图工具只能绘制一些基本的图形对象，为了绘制复杂图形，很多情况下都必须借助图形编辑命令。AutoCAD 2013 提供了丰富的图形编辑命令，如复制、移动、旋转、镜像、偏移、阵列、拉伸及修剪等，使用这些命令，可以修改已有图形或通过已有图形构造新的更为复杂的图形。本章主要介绍编辑二维图形等内容。

A　　u　　t　　o　　C　　A　　D

6.1 选择对象

在 AutoCAD 2013 中编辑图形之前,首先需要选择编辑的对象。AutoCAD 用虚线亮显所选的对象,这些对象就构成了选择集。选择集可以包含单个对象,也可以包含复杂的对象编组。本节主要介绍选择对象的各种操作方法。

6.1.1 点选对象

在 AutoCAD 2013 中,选择对象的方法很多,下面介绍点选对象的操作方法。

实践素材	光盘 \ 素材 \ 第 6 章 \ 单人床平面图 .dwg

【实践操作 113】点选对象的具体操作步骤如下。

01 单击"菜单浏览器"按钮,在弹出的菜单列表中单击"打开"|"图形"命令,打开一幅素材图形,如图6-1所示。

02 在命令行中输入SELECT(选择对象)命令,并按【Enter】键确认,根据命令行提示进行操作,如图6-2所示。

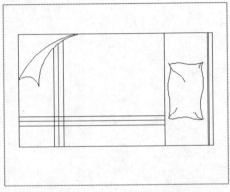

图6-1 打开一幅素材图形

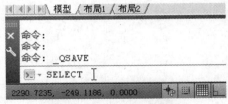

图6-2 根据命令行提示进行操作

03 在绘图区中相应的图形上,单击鼠标,即可点选图形,使其呈虚线状显示,如图6-3所示。

6.1.2 框选对象

在 AutoCAD 2013 中,用户可以框选对象。

实践素材	光盘 \ 素材 \ 第 6 章 \ 人体模特 .dwg

【实践操作 114】框选对象的具体操作步骤如下。

01 单击"菜单浏览器"按钮,在弹出的菜单列表中单击"打开"|"图形"命令,打开一幅素材图形,如图6-4所示。

02 在命令行中输入SELECT(选择对象)命令,按【Enter】键确认,根据命令行提示进行操作,输入"?"(加载应用程序),如图6-5所示,并按【Enter】键确认。

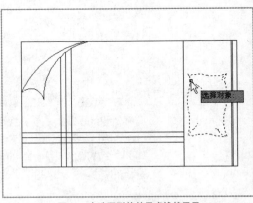

图6-3 点选图形使其呈虚线状显示

03 此时在命令窗口中显示多种可执行的操作,输入BOX(框选),如图6-6所示,并按【Enter】键确认。

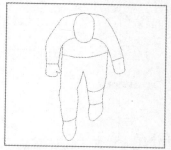

图6-4 打开一幅素材图形

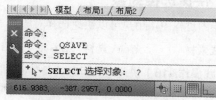

图6-5 输入"？"（加载应用程序）

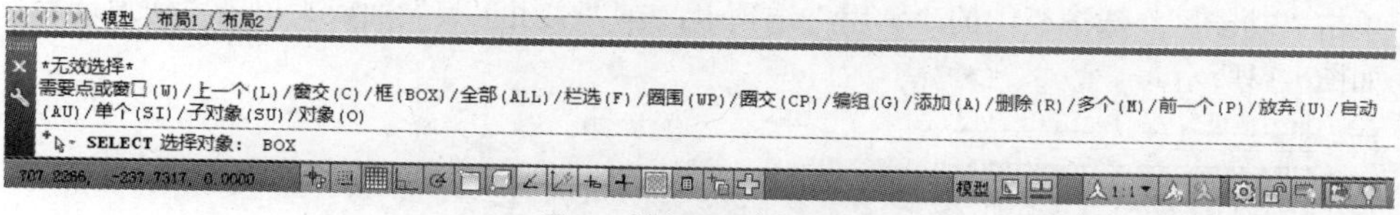

图6-6 输入BOX（框选）

04 在绘图区中合适位置按下鼠标左键，指定第一角点，拖曳鼠标，如图6-7所示。

05 在目标位置松开鼠标左键，即可框选图形，效果如图6-8所示。

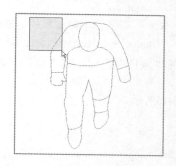

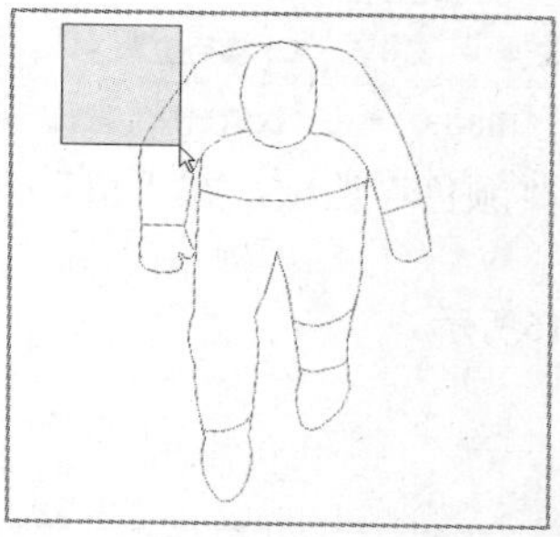

图6-7 指定第一角点

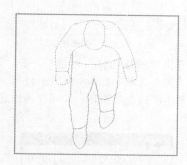

图6-8 框选图形

6.1.3 全选对象

全部选择方式是指同时选择绘图区中的所有对象，但是并不代表无条件的全部选择，如绘图区中的某些对象被锁定或者位于冻结图层中，则不能选中。

| 实践素材 | 光盘 \ 素材 \ 第 6 章 \ 四脚桌椅 .dwg |

【实践操作 115】全选对象的具体操作步骤如下。

01 单击"菜单浏览器"按钮，在弹出的菜单列表中单击"打开"|"图形"命令，打开一幅素材图形，如图6-9所示。

02 在命令行中输入SELECT（选择对象）命令，并按【Enter】键确认，根据命令行提示进行操作，输入"？"命令并确认，继续输入ALL（全部）命令，如图6-10所示，并按【Enter】键确认。

图6-9 打开一幅素材图形

图6-10 继续输入ALL（全部）

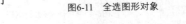

03　执行操作后，即可全选图形对象，效果如图6-11所示。

6.1.4　快速选择对象

在绘图过程中，用户可以快速选择对象。

实践素材	光盘＼素材＼第6章＼窗帘.dwg

【实践操作116】快速选择对象的具体操作步骤如下。

01　单击"菜单浏览器"按钮，在弹出的菜单列表中单击"打开"｜"图形"命令，打开一幅素材图形，如图6-12所示。

02　单击"功能区"选项板中的"常用"选项卡，在"实用工具"面板上单击"快速选择"按钮，如图6-13所示。

图6-12　打开一幅素材图形

图6-11　全选图形对象

图6-13　单击"快速选择"按钮

03　弹出"快速选择"对话框，在"特性"列表框中选择"颜色"选项，在"值"列表框中选择"黑"选项，如图6-14所示。

04　单击"确定"按钮，即可快速地选择图形，效果如图6-15所示。

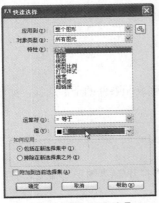

图6-14　选择"黑"选项

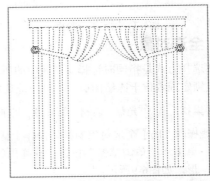

图6-15　快速地选择图形

技巧点拨

AutoCAD

在"快速选择"对话框中，各主要选项的含义如下。

- 应用到：表示对象的选择范围，在AutoCAD 2013中，有"整个图形"或"当前选择"两个子条件。
- 对象类型：指以对象为过滤条件，有"所有图元"、"多段线"、"直线"和"图案填充"4种类别可供选择。
- 特性：指图形的特性参数，如"颜色"、"图层"等参数。
- 运算符：在某些特性中，控制过滤范围的运算符，特性不同，运算符也不同。
- 值：过滤范围的特性值，AutoCAD中的"值"有10个。
- "如何应用"选项区：选中"包括在新选择集中"单选按钮，则由满足过滤条件的对象构成选择集；选中"排除在新选择集之外"单选按钮，则由不满足过滤条件的对象构成选择集。

6.1.5 过滤选择对象

在 AutoCAD 2013 中，如果需要在复杂的图形中选择某个指定对象，可以采用过滤选择集进行选择。

实践素材	光盘 \ 素材 \ 第 6 章 \ 机械图纸 .dwg

【**实践操作 117**】过滤选择对象的具体操作步骤如下。

01 单击"菜单浏览器"按钮，在弹出的菜单列表中单击"打开"|"图形"命令，打开一幅素材图形，如图6-16所示。

02 在命令行中输入FILTER（过滤选择对象）命令，如图6-17所示，并按【Enter】键确认。

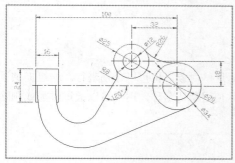

图6-16 打开一幅素材图形

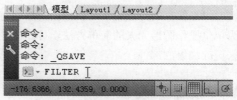

图6-17 在命令行中输入FILTER

03 弹出"对象选择过滤器"对话框，如图6-18所示。

04 在"选择过滤器"选项区中的下拉列表框中依次选择"标注"选项，并单击"添加到列表"按钮，将其添加到过滤器的列表中，如图6-19所示。

图6-18 "对象选择过滤器"对话框

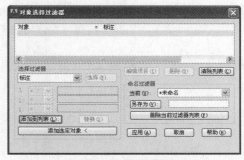

图6-19 设置相应的选项

05 设置完成后，单击"应用"按钮，在绘图区选择所有图形为编辑对象，这时系统过滤满足条件的对象并将其选中，如图6-20所示。

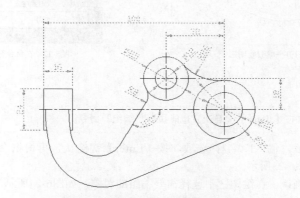

图6-20 系统过滤满足条件的对象并将其选中

在"对象选择过滤器"对话框中，各主要选项的含义如下。

- "选择过滤器"选项区：用于设置选择过滤器的类型。该选项区主要包括"选择过滤器"下拉列表框，X、Y、Z下拉列表框，"添加到列表"按钮，"替换"按钮和"添加选定对象"按钮。
- "编辑项目"按钮：单击该按钮，可以编辑过滤器列表框中选择的选项。
- "删除"按钮：单击该按钮，可以删除过滤器列表框中选择的选项。
- "命名过滤器"选项区：选择已命名的过滤器。该选项区主要包括"当前"下拉列表框、"另存为"按钮和"删除当前过滤器列表"按钮。

6.2 编组对象

编组是保存的对象集，可以根据需要同时选择和编辑这些对象，也可以分别进行。编组提供了以组为单位操作图形元素的简单方法，可以快速创建编组并使用默认名称。用户可以通过添加或删除对象来更改编组的部件。

6.2.1 创建编组对象

在 AutoCAD 2013 中，将多个对象创建编组，更加易于管理。

实践素材	光盘 \ 素材 \ 第 6 章 \ 沙发平面图 .dwg
实践效果	光盘 \ 效果 \ 第 6 章 \ 沙发平面图 .dwg
视频演示	光盘 \ 视频 \ 第 6 章 \ 沙发平面图 .mp4

【实践操作 118】创建编组对象的具体操作步骤如下。

01　单击"菜单浏览器"按钮，在弹出的菜单列表中单击"打开"|"图形"命令，打开一幅素材图形，如图6-21所示。

02　在命令行中输入GROUP（编组）命令，如图6-22所示，并按【Enter】键确认。

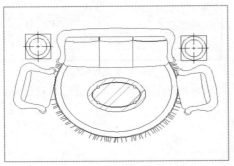

图6-21　打开一幅素材图形

图6-22　在命令行中输入GROUP

在命令行中输入 G，并按【Enter】键确认，也能执行"编组"命令。

03　根据命令行提示，输入N(名称)选项，按【Enter】键确认，再根据命令行提示，输入编组名为"沙发"，如图6-23所示。

04　按【Enter】键确认，在绘图区中选择需要编组的对象，如图6-24所示。

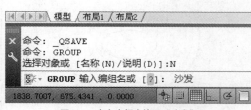

图6-23 在文本框中输入"沙发"

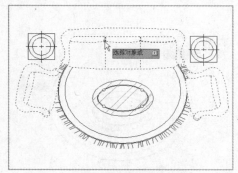

图6-24 选择需要编组的对象

05 按【Enter】键确认，即可编组图形，在已编组的图形上，单击鼠标左键，此时已编组的图形将为一个整体对象，效果如图6-25所示。

6.2.2 编辑编组对象

用户可以使用多种方式修改编组，包括更改其成员资格、修改其特性、修改编组的名称和说明以及从图形中将其删除。

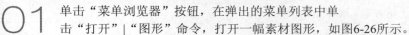

实践素材	光盘\素材\第6章\沙发平面图编组.dwg
实践效果	光盘\效果\第6章\沙发平面图编组.dwg
视频演示	光盘\视频\第6章\沙发平面图编组.mp4

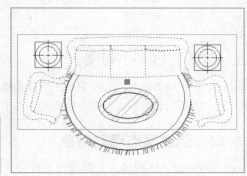

图6-25 创建编辑对象

【实践操作 119】编辑编组对象的具体操作步骤如下。

01 单击"菜单浏览器"按钮，在弹出的菜单列表中单击"打开"|"图形"命令，打开一幅素材图形，如图6-26所示。

02 在命令行中输入GROUPEDIT（编辑编组）命令，并按【Enter】键确认，根据命令行提示进行操作，在绘图区中选择需要编辑的组对象，如图6-27所示。

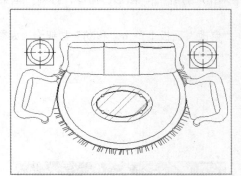

图6-26 打开一幅素材图形

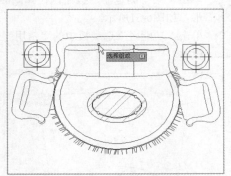

图6-27 选择组对象

03 选择组对象后，在弹出的快捷菜单中选择"添加对象"选项，如图6-28所示，并单击鼠标确认。

04 根据命令行提示，在绘图区中选择需要添加的对象，如图6-29所示。

05 按【Enter】键确认，即可将图形添加到"沙发"编组对象中，在已编组的图形上，单击鼠标，此时已编组的图形将为一个整体对象，效果如图6-30所示。

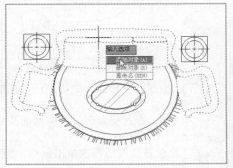

图6-28 选择"添加对象"选项

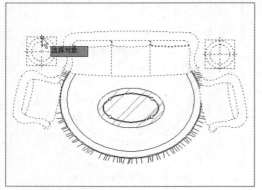

图6-29　选择需要添加的对象

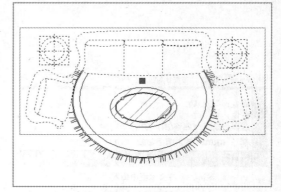

图6-30　查看效果

6.3　移动对象

在绘制图形时，若绘制的图形位置错误，可以对图形进行移动操作。移动图形仅仅是位置上的平移，图形的方向和大小并不会改变。本节主要介绍移动对象的各种操作方法。

6.3.1　通过两点移动对象

在 AutoCAD 2013 中，通过两点移动对象是最简单的操作方法。

实践素材	光盘 \ 素材 \ 第 6 章 \ 水杯 .dwg
实践效果	光盘 \ 效果 \ 第 6 章 \ 水杯 .dwg
视频演示	光盘 \ 视频 \ 第 6 章 \ 水杯 .mp4

【实践操作 120】通过两点移动对象的具体操作步骤如下。

01　单击"菜单浏览器"按钮，在弹出的菜单列表中单击"打开"|"图形"命令，打开一幅素材图形，如图6-31所示。

02　单击"功能区"选项板中的"常用"选项卡，在"修改"面板上单击"移动"按钮，如图6-32所示。

图6-31　打开一幅素材图形

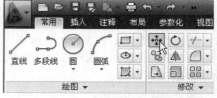

图6-32　单击"移动"按钮

03　根据命令行提示进行操作，在绘图区选择椭圆为移动对象，按【Enter】键确认。

04　在命令行提示下，在椭圆的圆心点上单击鼠标，确定基点，向下移动光标，如图6-33所示。

05　至合适位置后再次单击鼠标，即可移动对象，效果如图6-34所示。

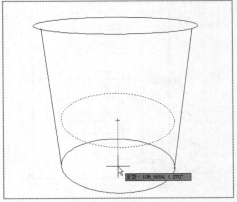

图6-33 向下移动光标

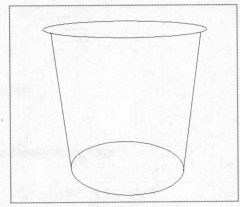

图6-34 移动对象

6.3.2 通过位移移动对象

在 AutoCAD 2013 中，用户可以通过位移移动对象。

实践素材	光盘 \ 素材 \ 第 6 章 \ 电话机 .dwg
实践效果	光盘 \ 效果 \ 第 6 章 \ 电话机 .dwg
视频演示	光盘 \ 视频 \ 第 6 章 \ 电话机 .mp4

【实践操作 121】通过位移移动对象的具体操作步骤如下。

01 单击"菜单浏览器"按钮，在弹出的菜单列表中单击"打开"|"图形"命令，打开一幅素材图形，如图6-35所示。

02 在命令行中输入MOVE（移动）命令，并按【Enter】键确认，在绘图区中选择右侧的按钮板为移动对象，如图6-36所示。

03 按【Enter】键确认，在图形按钮板的左下角端点上单击鼠标，如图6-37所示，确定移动基点。

04 根据命令行提示进行操作，向左移动光标，在命令行中输入（-150，0），如图6-38所示。

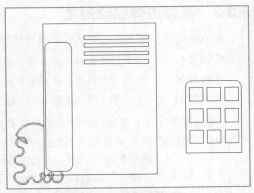

图6-35 打开一幅素材图形

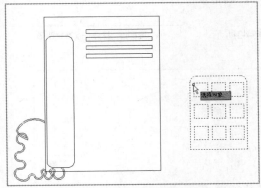

图6-36 选择按钮板为移动对象

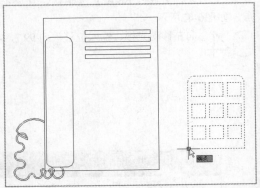

图6-37 在圆心点上单击鼠标左键

05 按【Enter】键确认，即可通过位移移动图形对象，如图6-39所示。

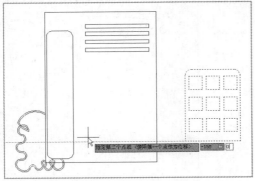

图6-38 在命令行中输入（-150，0）

图6-39 移动图形对象

A u t o C A D 技巧点拨

通过以下 3 种方法，也可以调用"移动"命令。
- 方法1：在命令行中输入MOVE（移动）命令，并按【Enter】键确认。
- 方法2：在命令行中输入M（移动）命令，并按【Enter】键确认。
- 方法3：显示菜单栏，单击"修改"|"移动"命令。

执行以上任意一种方法，均可调用"移动"命令。

6.3.3 通过拉伸移动对象

在 AutoCAD 2013 中，用户可以通过拉伸来移动对象。

实践素材	光盘 \ 素材 \ 第 6 章 \ 法兰盘 .dwg
实践效果	光盘 \ 效果 \ 第 6 章 \ 法兰盘 .dwg
视频演示	光盘 \ 视频 \ 第 6 章 \ 法兰盘 .mp4

【实践操作 122】通过拉伸移动对象的具体操作步骤如下。

01 单击"菜单浏览器"按钮，在弹出的菜单列表中单击"打开"|"图形"命令，打开一幅素材图形，如图6-40所示。

02 单击"功能区"选项板中的"常用"选项卡，在"修改"面板上单击"拉伸"按钮，如图6-41所示。

03 根据命令行提示进行操作，选择绘图区右侧圆形为移动对象，并按【Enter】键确认，在圆心点上单击鼠标，确定基点，如图6-42所示。

04 向左移动光标，输入位移（@-99.7，-0.43），如图6-43所示。

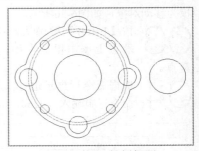

图6-40 打开一幅素材图形

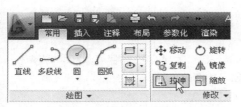

图6-41 单击"拉伸"按钮

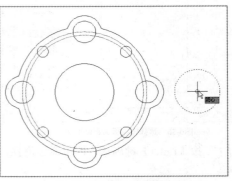

图6-42 在圆心点上确定基点

05 按【Enter】键确认，即可通过拉伸来移动对象，效果如图6-44所示。

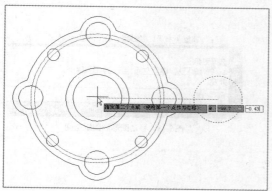

图6-43 输入位移值

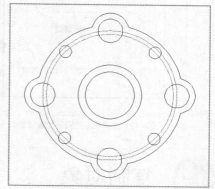

图6-44 通过拉伸来移动对象

技巧点拨

通过以下两种方法，也可以调用"拉伸"命令。
- 方法1：在命令行中输入STRETCH（拉伸）命令，并按【Enter】键确认。
- 方法2：显示菜单栏，单击"修改"|"拉伸"命令。

执行以上任意一种方法，均可调用"拉伸"命令。

6.3.4 将图形从模型空间移动到图纸空间

在 AutoCAD 2013 中，用户可以将图形从模型空间移动到图纸空间。

实践素材	光盘 \ 素材 \ 第 6 章 \ 浴缸 .dwg
实践效果	光盘 \ 效果 \ 第 6 章 \ 浴缸 .dwg
视频演示	光盘 \ 视频 \ 第 6 章 \ 浴缸 .mp4

【实践操作 123】将图形从模型空间移动到图纸空间的具体操作步骤如下。

01 单击"菜单浏览器"按钮，在弹出的菜单列表中单击"打开"|"图形"命令，打开一幅素材图形，如图6-45所示。

02 在"功能区"选项板的"常用"选项卡中，单击"修改"面板中间的下拉按钮，在展开的面板上单击"更改空间"按钮，如图6-46所示。

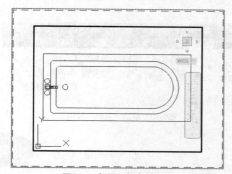

图6-45 打开一幅素材图形

图6-46 单击"更改空间"按钮

03 根据命令行提示进行操作，在绘图区中选择相应的图形为编辑对象，如图6-47所示。

04 按【Enter】键确认，即可移动图形到图纸空间，命令窗口中会进行相应的提示，如图6-48所示。

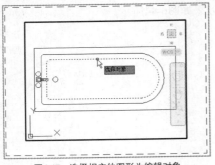

图6-47 选择相应的图形为编辑对象

图6-48 移动图形到图纸空间

6.4 复制对象

在 AutoCAD 2013 中，提供了复制图形对象的命令，可以让用户轻松地对图形对象进行不同方式的复制操作。如果只需简单地复制一个图形对象时，可以使用"复制"命令；如果还有特殊的要求，则可以使用"镜像"、"阵列"和"偏移"等命令来实现复制。

6.4.1 复制对象

在 AutoCAD 2013 中，使用复制命令可以一次复制出一个或多个相同的对象，使复制更加方便、快捷。下面介绍复制对象的操作方法。

实践素材	光盘 \ 素材 \ 第 6 章 \ 基准代号 .dwg
实践效果	光盘 \ 效果 \ 第 6 章 \ 基准代号 .dwg
视频演示	光盘 \ 视频 \ 第 6 章 \ 基准代号 .mp4

【实践操作 124】复制对象的具体操作步骤如下。

01 单击"菜单浏览器"按钮，在弹出的菜单列表中单击"打开" | "图形"命令，打开一幅素材图形，如图6-49所示。

02 单击"功能区"选项板中的"常用"选项卡，在"修改"面板上单击"复制"按钮 ，如图6-50所示。

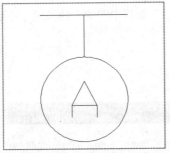

图6-49 打开一幅素材图形

图6-50 单击"复制"按钮

技巧点拨

通过以下 3 种方法，也可以调用"复制"命令。

- 方法1：在命令行中输入COPY（复制）命令，并按【Enter】键确认。
- 方法2：在命令行中输入CO（复制）命令，并按【Enter】键确认。
- 方法3：显示菜单栏，单击"修改" | "复制"命令。

执行以上任意一种方法，均可调用"复制"命令。

03 根据命令行提示进行操作，在绘图区选择相应的图形为复制对象，如图6-51所示，并按
【Enter】键确认。

04 任意指定一点为基点，向右移动光标，如图6-52所示。

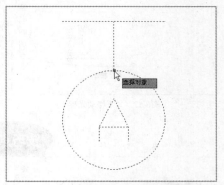

图6-51 选择相应的图形为复制对象

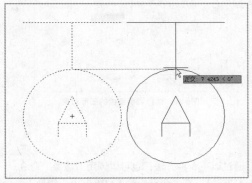

图6-52 向右移动光标

05 至合适位置后单击鼠标，并按【Enter】键确认，即可复制图形对象，效果如图6-53所示。

6.4.2 镜像对象

"镜像"命令可以生成与所选对象相对称的图形，在镜像图形时需要指出对称轴线，轴线是任意方向的，所选对象将根据该轴线进行对称，并且可选择删除或保留源对象。

实践素材	光盘 \ 素材 \ 第 6 章 \ 电脑显示器 .dwg
实践效果	光盘 \ 效果 \ 第 6 章 \ 电脑显示器 .dwg
视频演示	光盘 \ 视频 \ 第 6 章 \ 电脑显示器 .mp4

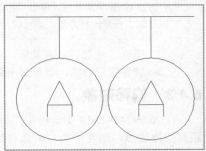

图6-53 复制图形对象

【实践操作 125】镜像对象的具体操作步骤如下。

01 单击"菜单浏览器"按钮，在弹出的菜单列表中单击"打开"|"图形"命令，打开一幅素材图形，如图6-54所示。

02 单击"功能区"选项板中的"常用"选项卡，在"修改"面板上单击"镜像"按钮，如图6-55所示。

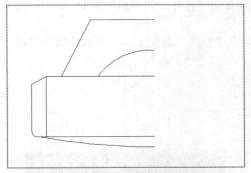

图6-54 打开一幅素材图形

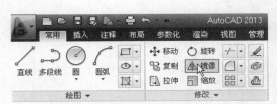

图6-55 单击"镜像"按钮

03 根据命令行提示进行操作，在绘图区中选择需要镜像的图形对象，如图6-56所示，并按【Enter】键确认。

04 捕捉图形上方直线右侧的端点为镜像线起点，单击鼠标，向下引导光标，如图6-57所示。

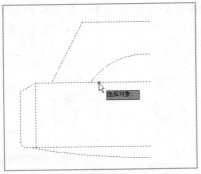

图6-56　选择需要镜像的图形对象

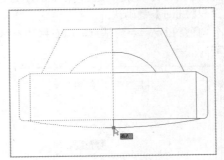

图6-57　向下移动光标

05 至合适位置后单击鼠标，并按【Enter】键确认，即可镜像图形对象，效果如图6-58所示。

6.4.3　偏移对象

在 AutoCAD 2013 中，使用"偏移"命令可以根据指定的距离或通过点，创建一个与所选对象平行的图形；被偏移的对象可以是直线、圆、圆弧和样条曲线等对象。下面介绍偏移对象的操作方法。

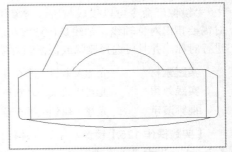

图6-58　镜像图形对象

实践素材	光盘 \ 素材 \ 第 6 章 \ 洗脸盆 .dwg
实践效果	光盘 \ 效果 \ 第 6 章 \ 洗脸盆 .dwg
视频演示	光盘 \ 视频 \ 第 6 章 \ 洗脸盆 .mp4

【实践操作 126】偏移对象的具体操作步骤如下。

01 单击"菜单浏览器"按钮，在弹出的菜单列表中单击"打开"|"图形"命令，打开一幅素材图形，如图6-59所示。

02 单击"功能区"选项板中的"常用"选项卡，在"修改"面板上单击"偏移"按钮，如图6-60所示。

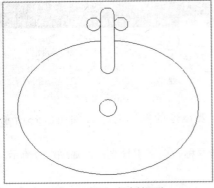

图6-59　打开一幅素材图形

图6-60　单击"偏移"按钮

$\underset{03}{\bigcirc}$ 根据命令行提示进行操作，在命令行中输入
250，如图6-61所示，并按【Enter】键确认。

$\underset{04}{\bigcirc}$ 在绘图区中选择需要偏移的对象，如图6-62
所示。

$\underset{05}{\bigcirc}$ 向内引导光标，单击鼠标，并按【Enter】键确
认，即可偏移图形对象，效果如图6-63所示。

图6-61　在命令行中输入250

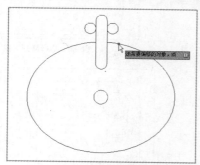

图6-62　选择偏移对象

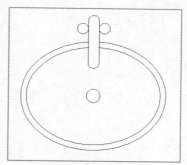

图6-63　偏移图形对象

通过以下3种方法，也可以调用"偏移"命令。
- 方法1：在命令行中输入OFFSET（偏移）命令，并按【Enter】键确认。
- 方法2：在命令行中输入O（偏移）命令，并按【Enter】键确认。
- 方法3：显示菜单栏，单击"修改" | "偏移"命令。

执行以上任意一种方法，均可调用"偏移"命令。

6.4.4　矩形阵列对象

在 AutoCAD 2013 中，阵列图形是指以指定的点为阵列中心，在周围或在指定的方向上复制指定数量
的图形对象。下面介绍矩形阵列对象的操作方法。

实践素材	光盘 \ 素材 \ 第 6 章 \ 阀盖模型 .dwg
实践效果	光盘 \ 效果 \ 第 6 章 \ 阀盖模型 .dwg
视频演示	光盘 \ 视频 \ 第 6 章 \ 阀盖模型 .mp4

【实践操作 127】矩形阵列对象的具体操作步骤如下。

$\underset{01}{\bigcirc}$ 单击"菜单浏览器"按钮，在弹出的菜单列表中单击"打开" | "图形"命令，打开一幅素材图
形，如图6-64所示。

$\underset{02}{\bigcirc}$ 单击"功能区"选项板中的"常用"选项卡，在"修改"面板上单击"矩形阵列"按钮，如
图6-65所示。

图6-64　打开一幅素材图形

图6-65　单击"矩形阵列"按钮

03 拾取图形左上角的圆为阵列对象，按【Enter】键确认，如图6-66所示。

04 在弹出的"阵列创建"选项卡中，设置"列数"为2、其对应的介于为49.5，"行数"为2、其对应的介于为-49.5，如图6-67所示。

05 按【Enter】键确认，即可阵列图形，效果如图6-68所示。

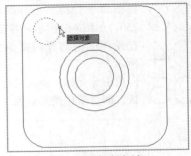

图6-66 选择阵列对象

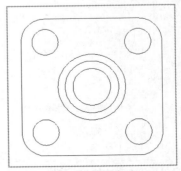

图6-68 矩形阵列图形

图6-67 设置阵列参数

在"阵列"对话框中，包括"矩形阵列"、"环形阵列"和"路径阵列"3种阵列类型。

- 矩形阵列：用于指定在水平方向和垂直方向上阵列图形对象。选中"矩形阵列"单选按钮，将以矩形阵列方式复制对象。其中，在"行"和"列"数值框中可以设置矩形阵列的行数和列数；在"偏移距离和方向"选项区中，可以对矩形阵列行距、列距和阵距角度进行设置；单击"选择对象"按钮，可以返回到绘图区中选择矩形阵列对象。
- 环形阵列：是指以指定的点为圆心，以图形对象到指定点的距离为半径，在圆环上阵列图形对象。在"阵列"对话框中选中"环形阵列"单选按钮，将以环形阵列方式复制对象。其中，在"中心点"选项区中可以设置环形阵列的环形中心点，在"方法和值"选项区中，可以指定环形阵列的方法，以及设置"项目总数"、"填充角度"和"项目间角度"等选项。
- 路径阵列：用以指定路径对图形对象进行阵列处理，使图形对象沿整个或部分路径平均分布。路径可以是直线、多段线、三维多段线、样条曲线、螺旋、圆弧、圆等。

6.4.5 环形阵列对象

环形阵列是指对图形对象进行阵列复制后，图形呈环形分布。下面介绍环形阵列对象的操作方法。

实践素材	光盘\素材\第6章\环形阵列.dwg
实践效果	光盘\效果\第6章\环形阵列.dwg
视频演示	光盘\视频\第6章\环形阵列.mp4

【实践操作 128】环形阵列对象的具体操作步骤如下。

01 单击"菜单浏览器"按钮，在弹出的菜单列表中单击"打开"|"图形"命令，打开一幅素材图形，如图6-69所示。

02 单击"功能区"选项板中的"常用"选项卡，在"修改"面板上单击"环形阵列"按钮，如图6-70所示。

03 在绘图区中拾取合适的圆为阵列对象，如图6-71所示，并按【Enter】键确认。

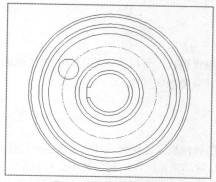

图6-69 打开一幅素材图形

图6-70 单击"环形阵列"按钮

04 根据命令行提示，在大圆圆心上单击鼠标，确定其为阵列中心点，如图6-72所示。

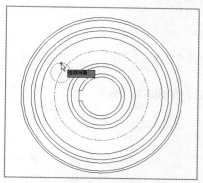

图6-71 选择阵列对象

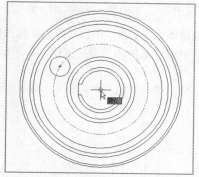

图6-72 确定阵列中心点

05 在弹出的"阵列创建"选项卡中，设置"项目数"为6、"填充角度"为360°，如图6-73所示。

06 按【Enter】键确认，即可阵列图形，效果如图6-74所示。

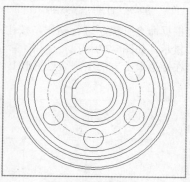

图6-73 确定阵列中心点

图6-74 环形阵列图形

A u t o C A D 技巧点拨

通过以下3种方法，也可以调用"阵列"命令。
- 方法1：在命令行中输入ARRAY（阵列）命令，并按【Enter】键确认。
- 方法2：在命令行中输入AR（阵列）命令，并按【Enter】键确认。
- 方法3：显示菜单栏，单击"修改"|"阵列"命令。

执行以上任意一种方法，均可调用"阵列"命令。

6.5 使用夹点编辑对象

在 AutoCAD 2013 中，利用夹点功能也是一种集成的编辑模式，使用该功能可方便快捷地进行编辑操作，使用夹点可以对对象进行移动、缩放、拉伸、旋转及镜像等操作。

6.5.1 拉伸图形对象

编辑图形的过程中，当用户激活夹点后，默认情况下夹点的操作模式为拉伸。因此通过移动选择的夹点，可将图形对象拉伸到新的位置。不过，对于某些特殊的夹点，移动夹点时图形对象并不会被拉伸，如文字、图块、直线中点、圆心、椭圆中心和点等对象上的夹点。下面介绍使用夹点拉伸图形对象的操作方法。

实践素材	光盘 \ 素材 \ 第 6 章 \ 手柄模型 .dwg
实践效果	光盘 \ 效果 \ 第 6 章 \ 手柄模型 .dwg
视频演示	光盘 \ 视频 \ 第 6 章 \ 手柄模型 .mp4

【实践操作 129】拉伸图形对象的具体操作步骤如下。

01 单击"菜单浏览器"按钮，在弹出的菜单列表中单击"打开"|"图形"命令，打开一幅素材图形，如图6-75所示。

02 选择最右侧的矩形为拉伸对象，使其呈夹点选择状态，如图6-76所示。

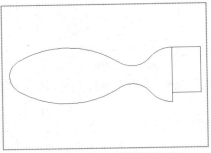

图6-75　打开一幅素材图形

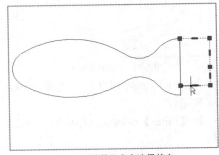

图6-76　使其呈夹点选择状态

03 根据命令行提示进行操作，按住【Shift】键的同时，选择矩形最上方的三个夹点，使其呈红色显示，如图6-77所示。

04 在矩形最上方的左侧端点图形上，单击鼠标，然后向下引导光标，如图6-78所示。

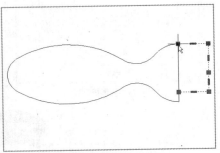

图6-77　使夹点呈红色显示

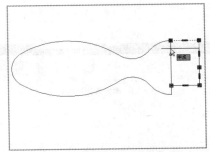

图6-78　向下引导光标

AutoCAD 技巧点拨

通过夹点拉伸图形时，用户可以打开极轴追踪功能，使拉伸的图形更加精确。

05 至合适位置后，再次单击鼠标，按【Esc】键退出，即可拉伸图形，效果如图6-79所示。

6.5.2 移动图形对象

移动图形对象仅仅是位置上的平移，对象的方向和大小并不会改变。要精确地移动图形，可以使用捕捉模式、坐标、夹点和对象捕捉模式。

实践素材	光盘 \ 素材 \ 第 6 章 \ 单头板手 .dwg
实践效果	光盘 \ 效果 \ 第 6 章 \ 单头板手 .dwg
视频演示	光盘 \ 视频 \ 第 6 章 \ 单头板手 .mp4

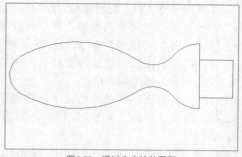

图6-79　通过夹点拉伸图形

【实践操作 130】移动图形对象的具体操作步骤如下。

01 单击"菜单浏览器"按钮，在弹出的菜单列表中单击"打开"|"图形"命令，打开一幅素材图形，如图6-80所示。

02 选择左侧的圆为移动对象，使其呈夹点选择状态，如图6-81所示。

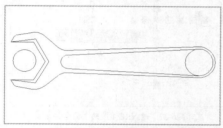

图6-80　打开一幅素材图形

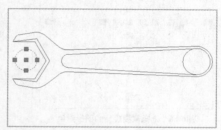

图6-81　使其呈夹点选择状态

03 在绘图区中左侧圆形的某一夹点上，单击鼠标，根据命令行提示进行操作，输入MO（移动）命令，如图6-82所示，按【Enter】键确认。

04 输入B，按【Enter】键确认，在左侧图形圆心上单击鼠标，确定基点，如图6-83所示。

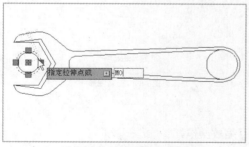

图6-82　输入MO（移动）命令

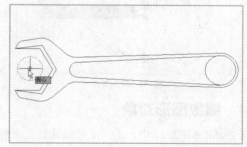

图6-83　确定移动基点

05 向右引导光标，在图形右侧圆心上单击鼠标，确定第二个点，执行操作后，即可移动图形，效果如图6-84所示。

6.5.3 旋转图形对象

旋转图形对象可以把图形对象绕基点进行旋转，还可以进行多次旋转复制。下面介绍通过夹点旋转图形对象的方法。

实践素材	光盘 \ 素材 \ 第 6 章 \ 挡圈 .dwg
实践效果	光盘 \ 效果 \ 第 6 章 \ 挡圈 .dwg
视频演示	光盘 \ 视频 \ 第 6 章 \ 挡圈 .mp4

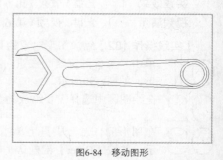

图6-84　移动图形

【**实践操作 131**】旋转图形对象的具体操作步骤如下。

01 单击"菜单浏览器"按钮，在弹出的菜单列表中单击"打开"|"图形"命令，打开一幅素材图形，如图6-85所示。

02 在绘图区中选择需要旋转的图形对象，使其呈夹点选择状态，如图6-86所示。

03 在绘图区中的圆心点上，单击鼠标，根据命令行提示进行操作，输入RO（旋转），如图6-87所示，按【Enter】键确认。

04 继续输入角度90，如图6-88所示，按【Enter】键确认。

05 按【Esc】键退出，即可旋转图形，效果如图6-89所示。

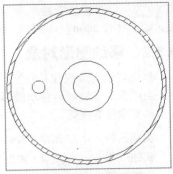
图6-85 打开一幅素材图形

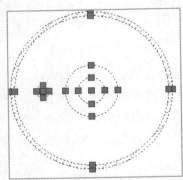
图6-86 选择需要旋转的图形对象

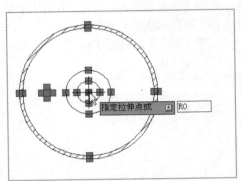
图6-87 输入RO（旋转）命令

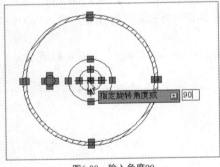
图6-88 输入角度90

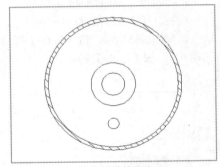
图6-89 旋转图形

6.5.4 缩放图形对象

在 AutoCAD 2013 中，用户还可以通过夹点对图形进行缩放操作。

实践素材	光盘 \ 素材 \ 第 6 章 \ 水壶 .dwg
实践效果	光盘 \ 效果 \ 第 6 章 \ 水壶 .dwg
视频演示	光盘 \ 视频 \ 第 6 章 \ 水壶 .mp4

【**实践操作 132**】缩放图形对象的具体操作步骤如下。

01 单击"菜单浏览器"按钮，在弹出的菜单列表中单击"打开"|"图形"命令，打开一幅素材图形，如图6-90所示。

02 在绘图区中选择需要缩放的图形对象，使其呈夹点选择状态，如图6-91所示。

03 在图形的任意一夹点上单击鼠标，根据命令行提示进行操作，输入SC（缩放），如图6-92所示，并按【Enter】键确认。

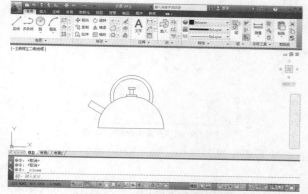

图6-90 打开一幅素材图形

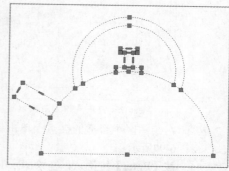

图6-91 选择需要缩放的图形对象

04 继续输入1.5，如图6-93所示，按【Enter】键确认。

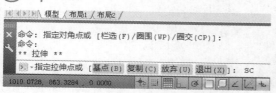

图6-92 在命令行中输入SC（缩放）命令

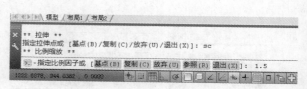

图6-93 在命令行中继续输入1.5

05 按【Esc】键退出，即可缩放图形对象，效果如图6-94所示。

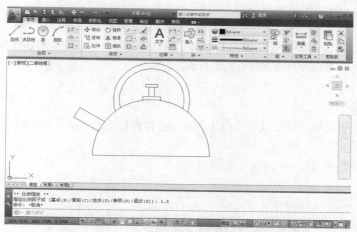

图6-94 缩放图形对象

6.5.5 镜像图形对象

在 AutoCAD 2013 中，用户可以通过夹点对图形对象进行镜像操作。

实践素材	光盘 \ 素材 \ 第 6 章 \ 支架 .dwg
实践效果	光盘 \ 效果 \ 第 6 章 \ 支架 .dwg
视频演示	光盘 \ 视频 \ 第 6 章 \ 支架 .mp4

【实践操作 133】镜像图形对象的具体操作步骤如下。

01 单击"菜单浏览器"按钮，在弹出的菜单列表中单击"打开"|"图形"命令，打开一幅素材图形，如图6-95所示。

02 在绘图区中选择需要镜像的图形对象，使其呈夹点选择状态，如图6-96所示。

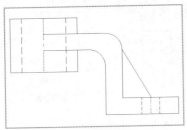

图6-95　打开一幅素材图形

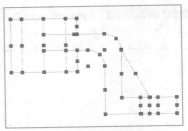

图6-96　选择需要镜像的图形对象

$\underset{3}{\bigcirc}$ 在绘图区中合适的夹点上单击鼠标，根据命令行提示进行操作，输入MI（镜像）命令，如图6-97所示。

$\underset{4}{\bigcirc}$ 按【Enter】键确认，在绘图区中合适位置单击鼠标，按【Esc】键退出，即可镜像图形对象，效果如图6-98所示。

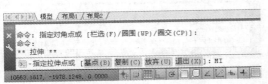

图6-97　在命令行中输入MI（镜像）

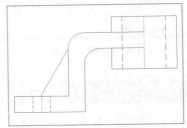

图6-98　镜像图形对象

6.6 修改图形对象

在绘图过程中，常常需要对图形对象进行修改。在 AutoCAD 2013 中，可以使用"延伸"、"拉长"、"拉伸"以及"修剪"等命令对图形进行修改操作。

6.6.1 延伸对象

"延伸"命令用于将直线、圆弧或多线段等的端点延伸到指定的边界，这些边界可以是直线、圆弧或多线段。

实践素材	光盘 \ 素材 \ 第 6 章 \ 窗户 .dwg
实践效果	光盘 \ 效果 \ 第 6 章 \ 窗户 .dwg
视频演示	光盘 \ 视频 \ 第 6 章 \ 窗户 .mp4

【实践操作 134】延伸对象的具体操作步骤如下。

$\underset{1}{\bigcirc}$ 单击"菜单浏览器"按钮，在弹出的菜单列表中单击"打开"|"图形"命令，打开一幅素材图形，如图6-99所示。

$\underset{2}{\bigcirc}$ 单击"功能区"选项板中的"常用"选项卡，在"修改"面板上单击"修剪"右侧的下拉按钮，在弹出的列表框中单击"延伸"按钮，如图6-100所示。

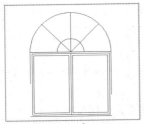

图6-99　打开一幅素材图形

图6-100　单击"延伸"按钮

03 根据命令行提示进行操作，在绘图区中选择图形最下方的直线为延伸对象，如图6-101所示，并按【Enter】键确认。

04 在命令行下，选择图形左右两侧的直线为要延伸的对象，如图6-102所示。

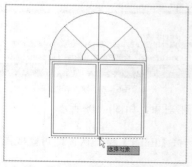

图6-101 选择延伸对象

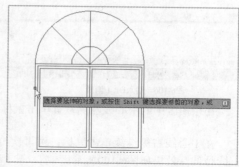

图6-102 选择要延伸的对象

05 按【Enter】键确认，即可完成图形对象的延伸，如图6-103所示。

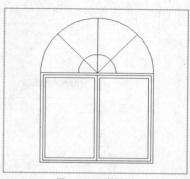

图6-103 延伸图形

AutoCAD 技巧点拨

通过以下 3 种方法，也可以调用"延伸"命令。
- 方法1：在命令行中输入EXTEND（延伸）命令，并按【Enter】键确认。
- 方法2：在命令行中输入EX（延伸）命令，并按【Enter】键确认。
- 方法3：显示菜单栏，单击"修改"|"延伸"命令。

执行以上任意一种方法，均可调用"延伸"命令。

6.6.2　拉长对象

"拉长"命令用于改变圆弧的角度，或改变非封闭图形的长度，包括直线、圆弧、非闭合多段线、椭圆弧和非封闭样条曲线。下面介绍拉长对象的操作方法。

实践素材	光盘 \ 素材 \ 第 6 章 \ 机械 .dwg
实践效果	光盘 \ 效果 \ 第 6 章 \ 机械 .dwg
视频演示	光盘 \ 视频 \ 第 6 章 \ 机械 .mp4

【实践操作 135】拉长对象的具体操作步骤如下。

01 单击"菜单浏览器"按钮，在弹出的菜单列表中单击"打开"|"图形"命令，打开一幅素材图形，如图6-104所示。

02 在"功能区"选项板中的"常用"选项卡中，单击"修改"面板中间的下拉按钮，在展开的面板上单击"拉长"按钮，如图6-105所示。

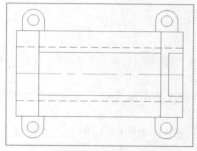

图6-104 打开一幅素材图形

图6-105 单击"拉长"按钮

03 根据命令行提示进行操作，输入DE（增量），如图6-106所示，并按【Enter】键确认。

04 继续输入长度20，如图6-107所示，并按【Enter】键确认。

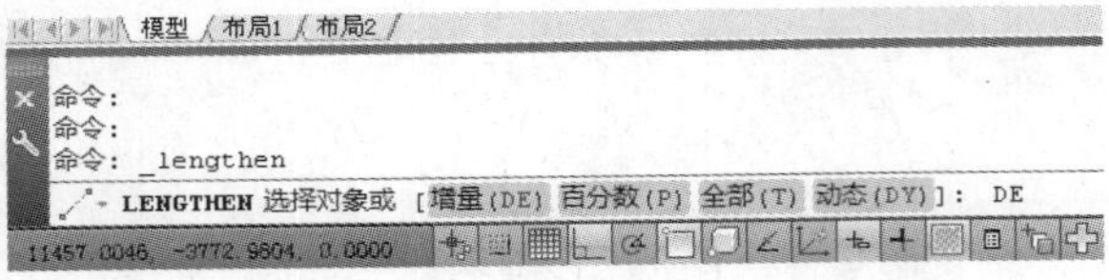

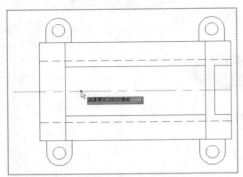

图6-106 输入DE（增量）

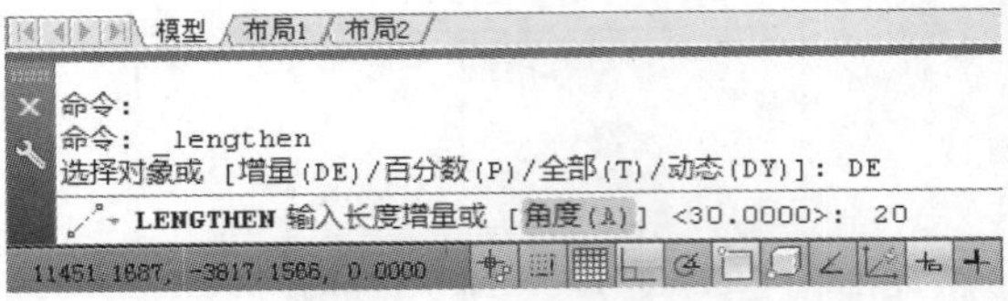

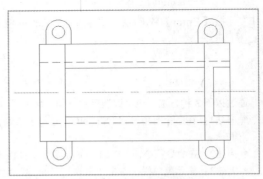

图6-107 输入长度20

05 在绘图区中的中心线左侧位置单击鼠标，即可拉长图形对象，如图6-108所示。

06 在中心线右侧继续单击鼠标，可再次拉长图形对象，按【Enter】键确认，即可完成图形对象的拉伸，效果如图6-109所示。

图6-108 拉长图形对象

图6-109 完成图形对象的拉伸

A u t o C A D　技巧点拨

通过以下3种方法，也可以调用"拉长"命令。
- 方法1：在命令行中输入LENGTHEN（拉长）命令，并按【Enter】键确认。
- 方法2：在命令行中输入LEN（拉长）命令，并按【Enter】键确认。
- 方法3：显示菜单栏，单击"修改"|"拉长"命令。
执行以上任意一种方法，均可调用"拉长"命令。

6.6.3 拉伸对象

使用"拉伸"命令可以对选择的图形按规定的方向和角度拉伸或缩短，以改变图形的形状。下面介绍拉伸图形对象的操作方法。

实践素材	光盘 \ 素材 \ 第 6 章 \ 悬臂支座 .dwg
实践效果	光盘 \ 效果 \ 第 6 章 \ 悬臂支座 .dwg
视频演示	光盘 \ 视频 \ 第 6 章 \ 悬臂支座 .mp4

【实践操作136】拉伸对象的具体操作步骤如下。

01 单击"菜单浏览器"按钮，在弹出的菜单列表中单击"打开"|"图形"命令，打开一幅素材图形，如图6-110所示。

02 单击"功能区"选项板中的"常用"选项卡，在"修改"面板上单击"拉伸"按钮，如图6-111所示。

03 根据命令行提示进行操作，在绘图区中选择相应的图形，如图6-112所示，并按【Enter】键确认。

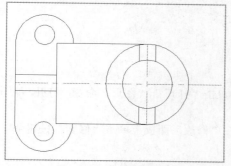

图6-110　打开一幅素材图形

AutoCAD
常用
插入
注释
布局
参数化
渲染
视图
直线
多段线
圆
圆弧
移动
旋转
复制
镜像
拉伸
缩放
绘图
修改

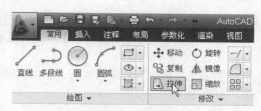

图6-111　单击“拉伸”按钮

04 在绘图区中最右侧圆形的边界上单击鼠标，确定基点，如图6-113所示。

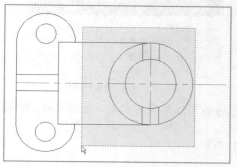

图6-112　选择相应的图形

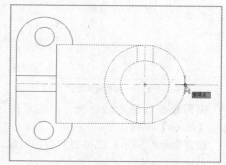

图6-113　确定基点

05 向右引导光标，在命令行中输入20，如图6-114所示，并按【Enter】键确认。

06 执行操作后，即可拉伸图形对象，效果如图6-115所示。

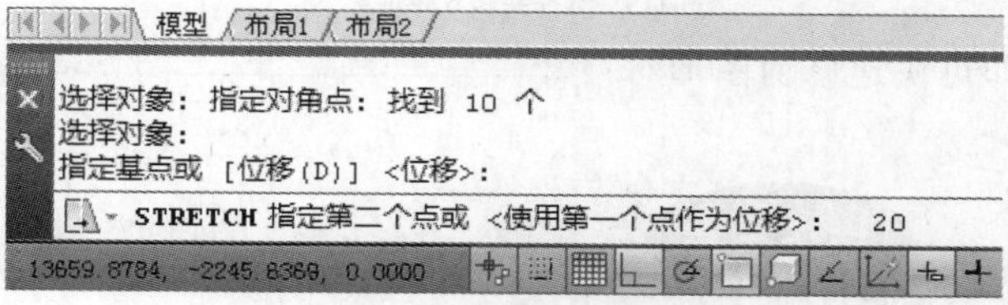

模型
布局1
布局2
选择对象：指定对角点：找到 10 个
选择对象：
指定基点或 [位移(D)] <位移>:
STRETCH 指定第二个点或 <使用第一个点作为位移>: 20
13659.8784, -2245.8369, 0.0000

图6-114　在命令行中输入20

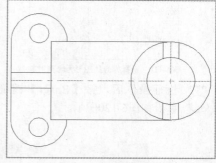

图6-115　拉伸图形对象

AutoCAD 技巧点拨

通过以下 3 种方法，也可以调用“拉伸”命令。

- 方法1：在命令行中输入STRETCH（拉伸）命令，并按【Enter】键确认。
- 方法2：在命令行中输入S（拉伸）命令，并按【Enter】键确认。
- 方法3：显示菜单栏，单击“修改”|“拉伸”命令。

执行以上任意一种方法，均可调用“拉伸”命令。

6.6.4 修剪对象

“修剪”命令主要用于修剪直线、圆、圆弧以及多段线等图形对象穿过修剪边的部分。

实践素材	光盘 \ 素材 \ 第 6 章 \ 台灯 .dwg
实践效果	光盘 \ 效果 \ 第 6 章 \ 台灯 .dwg
视频演示	光盘 \ 视频 \ 第 6 章 \ 台灯 .mp4

【实践操作 137】修剪对象的具体操作步骤如下。

01 单击"菜单浏览器"按钮，在弹出的菜单列表中单击"打开"|"图形"命令，打开一幅素材图形，如图6-116所示。

02 单击"功能区"选项板中的"常用"选项卡，在"修改"面板上单击"修剪"按钮 —，如图6-117所示。

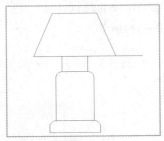

图6-116 打开一幅素材图形

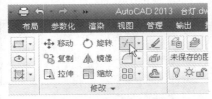

图6-117 单击"修剪"按钮

03 根据命令行提示进行操作，在绘图区中选择相应的图形为修剪对象，如图6-118所示，并按【Enter】键确认。

04 根据命令行提示，选择要修剪的对象，如图6-119所示。

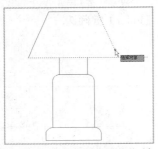

图6-118 选择相应的图形为修剪对象

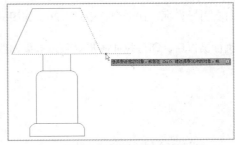

图6-119 选择要修剪的对象

05 执行操作后，按【Enter】键确认，即可快速修剪图形对象，如图6-120所示。

图6-120 快速修剪图形对象

AutoCAD **技巧点拨**

通过以下 3 种方法，也可以调用"修剪"命令。
- 方法1：在命令行中输入TRIM（修剪）命令，并按【Enter】键确认。
- 方法2：在命令行中输入TR（修剪）命令，并按【Enter】键确认。
- 方法3：显示菜单栏，单击"修改"|"修剪"命令。
执行以上任意一种方法，均可调用"修剪"命令。

6.6.5 按照比例因子缩放对象

在 AutoCAD 2013 中，用户可以按照比例因子缩放图形对象。

实践素材	光盘 \ 素材 \ 第 6 章 \ 双人沙发 .dwg
实践效果	光盘 \ 效果 \ 第 6 章 \ 双人沙发 .dwg
视频演示	光盘 \ 视频 \ 第 6 章 \ 双人沙发 .mp4

【实践操作 138】按照比例因子缩放对象的具体操作步骤如下。

01 单击"菜单浏览器"按钮，在弹出的菜单列表中单击"打开"|"图形"命令，打开一幅素材图形，如图6-121所示。

02 单击"功能区"选项板中的"常用"选项卡，在"修改"面板上单击"缩放"按钮，如图6-122所示。

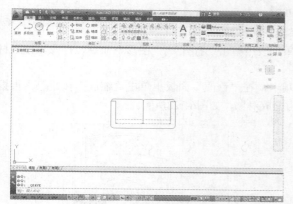

图6-121 打开一幅素材图形

图6-122 单击"缩放"按钮

03 根据命令行提示进行操作，在绘图区中选择需要缩放的对象，如图6-123所示。

04 按【Enter】键确认，在图形合适的位置上单击鼠标，确定基点，如图6-124所示。

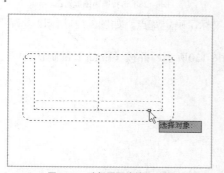

图6-123 选择需要缩放的对象

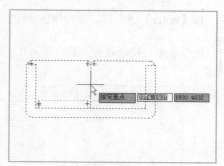

图6-124 确定基点

05 在命令行中输入2，如图6-125所示，并按【Enter】键确认。

06 执行操作后，即可按比例缩放图形对象，效果如图6-126所示。

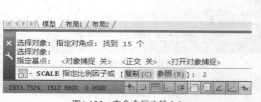

图6-125 在命令行中输入2

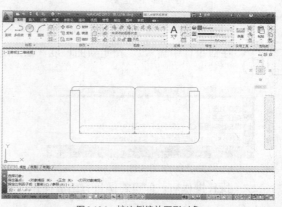

图6-126 按比例缩放图形对象

6.6.6　按照参照距离缩放对象

在 AutoCAD 2013 中，用户可以参照距离缩放图形对象。

实践素材	光盘 \ 素材 \ 第 6 章 \ 饮水机 .dwg
实践效果	光盘 \ 效果 \ 第 6 章 \ 饮水机 .dwg
视频演示	光盘 \ 视频 \ 第 6 章 \ 饮水机 .mp4

【实践操作 139】按照参照距离缩放对象的具体操作步骤如下。

01 单击"菜单浏览器"按钮，在弹出的菜单列表中单击"打开"|"图形"命令，打开一幅素材图形，如图6-127所示。

02 单击"功能区"选项板中的"常用"选项卡，在"修改"面板上单击"缩放"按钮，根据命令行提示进行操作，在绘图区中选择圆为缩放对象，如图6-128所示。

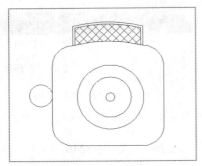

图6-127　打开一幅素材图形

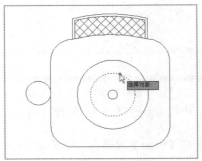

图6-128　选择圆为缩放对象

03 按【Enter】键确认，在绘图区中的圆心点上单击鼠标，确定基点，如图6-129所示。

04 根据命令行提示进行操作，输入R（参照），如图6-130所示，并按【Enter】键确认。

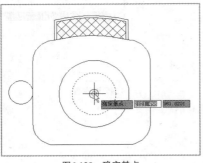

图6-129　确定基点

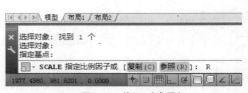

图6-130　输入R（参照）

05 在命令行中输入1，指定参照长度，如图6-131所示，并按【Enter】键确认。

06 在命令行中输入2，指定新的长度，如图6-132所示，并按【Enter】键确认。

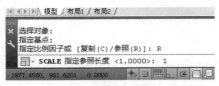

图6-131　在命令行中输入1

图6-132　在命令行中输入2

07 执行操作后，即可对圆进行缩放操作，效果如图6-133所示。

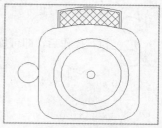

 技巧点拨

通过以下 3 种方法，也可以调用"缩放"命令。

- 方法1：在命令行中输入SCALE（缩放）命令，并按【Enter】键确认。
- 方法2：在命令行中输入SC（缩放）命令，并按【Enter】键确认。
- 方法3：显示菜单栏，单击"修改"|"缩放"命令。

执行以上任意一种方法，均可调用"缩放"命令。

图6-133　对圆进行缩放操作

6.7　编辑图形对象

图形的修改和编辑在 AutoCAD 绘图中占有非常重要的地位，运用 AutoCAD 可以对二维对象进行各种编辑操作。AutoCAD 2013 提供了强大的图形编辑工具，使用户可以更加快捷地修改和编辑图形。

6.7.1　旋转对象

在 AutoCAD 2013 中，旋转图形对象是指将图形对象围绕某个基点，按照指定的角度进行旋转操作。

实践素材	光盘 \ 素材 \ 第 6 章 \ 射灯 .dwg
实践效果	光盘 \ 效果 \ 第 6 章 \ 射灯 .dwg
视频演示	光盘 \ 视频 \ 第 6 章 \ 射灯 .mp4

【实践操作 140】旋转对象的具体操作步骤如下。

01 单击"菜单浏览器"按钮，在弹出的菜单列表中单击"打开"|"图形"命令，打开一幅素材图形，如图6-134所示。

02 单击"功能区"选项板中的"常用"选项卡，在"修改"面板上单击"旋转"按钮，如图6-135所示。

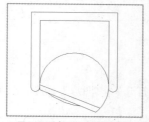

图6-134　打开一幅素材图形

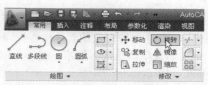

图6-135　单击"旋转"按钮

03 根据命令行提示进行操作，在绘图区中选择需要旋转的图形对象，如图6-136所示，并按【Enter】键确认。

04 在绘图区中合适的端点上单击鼠标，确定基点，如图6-137所示。

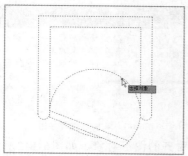

图6-136　选择需要旋转的图形对象

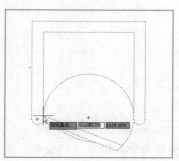

图6-137　确定基点

05 根据命令行提示进行操作，输入90，如图6-138所示，并按【Enter】键确认。

06 执行操作后，即可旋转图形对象，效果如图6-139所示。

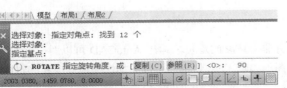

图6-138　在命令行中输入90

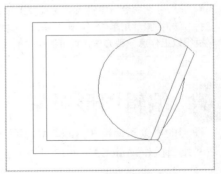

图6-139　旋转图形对象

通过以下 3 种方法，也可以调用"旋转"命令。
- 方法1：在命令行中输入ROTATE（旋转）命令，并按【Enter】键确认。
- 方法2：在命令行中输入RO（旋转）命令，并按【Enter】键确认。
- 方法3：显示菜单栏，单击"修改"|"旋转"命令。

执行以上任意一种方法，均可调用"旋转"命令。

6.7.2　对齐对象

在 AutoCAD 2013 中，用户可根据需要对齐图形对象。

实践素材	光盘 \ 素材 \ 第 6 章 \ 管类零件 .dwg
实践效果	光盘 \ 效果 \ 第 6 章 \ 管类零件 .dwg
视频演示	光盘 \ 视频 \ 第 6 章 \ 管类零件 .mp4

【实践操作 141】对齐对象的具体操作步骤如下。

01 单击"菜单浏览器"按钮，在弹出的菜单列表中单击"打开"|"图形"命令，打开一幅素材图形，如图6-140所示。

02 单击"功能区"选项板中的"常用"选项卡，在"修改"面板上单击中间的下拉按钮，在展开的面板上单击"对齐"按钮 ，如图6-141所示。

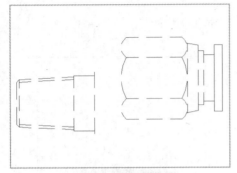

图6-140　打开一幅素材图形

图6-141　单击"对齐"按钮

03 根据命令行提示进行操作，在绘图区中选择需要对齐的图形对象，如图6-142所示，并按【Enter】键确认。

04

在左侧图形中合适的点上，单击鼠标，如图6-143所示，确定第一源点。

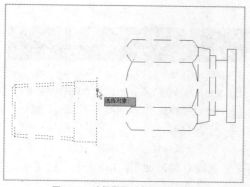

图6-142　选择需要对齐的图形对象

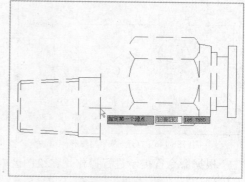

图6-143　确定第一源点

05
06

在右侧图形中合适的点上，单击鼠标，如图6-144所示，确定目标点。

执行操作后，按【Enter】键确认，即可对齐图形对象，效果如图6-145所示。

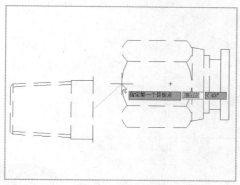

图6-144　确定目标点

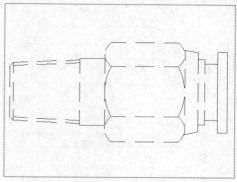

图6-145　对齐图形对象

AutoCAD 技巧点拨

通过以下两种方法，也可以调用"对齐"命令。
- 方法1：在命令行中输入ALIGN（对齐）命令，并按【Enter】键确认。
- 方法2：显示菜单栏，单击"修改"|"对齐"命令。
执行以上任意一种方法，均可调用"对齐"命令。

6.7.3　删除对象

在 AutoCAD 2013 中，删除图形是一个常用的操作，当不需要使用某个图形时，可将其删除。

实践素材	光盘＼素材＼第 6 章＼柱塞 .dwg
实践效果	光盘＼效果＼第 6 章＼柱塞 .dwg
视频演示	光盘＼视频＼第 6 章＼柱塞 .mp4

【实践操作 142】删除对象的具体操作步骤如下。

01

单击"菜单浏览器"按钮，在弹出的菜单列表中单击"打开"|"图形"命令，打开一幅素材图形，如图6-146所示。

02

单击"功能区"选项板中的"常用"选项卡，在"修改"面板上单击"删除"按钮，如图6-147所示。

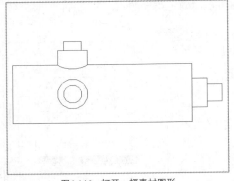

图6-146 打开一幅素材图形

图6-147 单击"删除"按钮

03 根据命令行提示进行操作，在绘图区中选择圆形为删除对象，如图6-148所示，按【Enter】键确认。

04 执行操作后，即可删除图形对象，效果如图6-149所示。

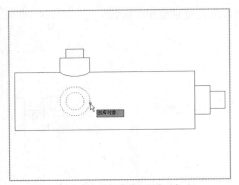

图6-148 选择圆形为删除对象

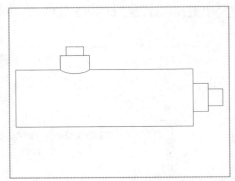

图6-149 删除图形对象

6.7.4 分解对象

分解图形是指将多线段分解成一系列组成该多线段的直线与圆弧，将图块分解成组成该图块的各对象，将一个尺寸标注分解成线段、箭头和尺寸文字，将填充图案分解成组成该图案的各对象等。

实践素材	光盘 \ 素材 \ 第 6 章 \ 衣柜 .dwg
实践效果	光盘 \ 效果 \ 第 6 章 \ 衣柜 .dwg
视频演示	光盘 \ 视频 \ 第 6 章 \ 衣柜 .mp4

【实践操作 143】分解对象的具体操作步骤如下。

01 单击"菜单浏览器"按钮，在弹出的菜单列表中单击"打开"|"图形"命令，打开一幅素材图形，如图6-150所示。

02 单击"功能区"选项板中的"常用"选项卡，在"修改"面板上单击"分解"按钮，如图6-151所示。

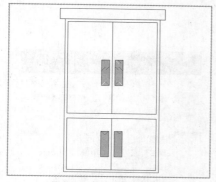

图6-150　打开一幅素材图形

图6-151　单击"分解"按钮

03　根据命令行提示进行操作，在绘图区中选择需要分解的图形对象，如图6-152所示，按【Enter】键确认。

04　执行操作后，即可分解图形对象，效果如图6-153所示。

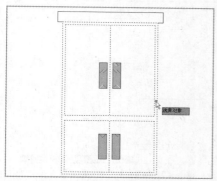

图6-152　选择需要分解的图形对象

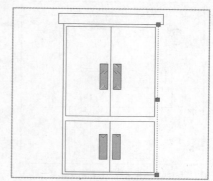

图6-153　分解图形对象

技巧点拨

通过以下 3 种方法，也可以调用"分解"命令。

- 方法1：在命令行中输入EXPLODE（分解）命令，并按【Enter】键确认。
- 方法2：在命令行中输入EX（分解）命令，并按【Enter】键确认。
- 方法3：显示菜单栏，单击"修改"|"分解"命令。

执行以上任意一种方法，均可调用"分解"命令。

6.7.5　打断对象

在 AutoCAD 2013 中，打断图形对象是指删除图形对象上的某一部分或将图形对象分成两部分。下面介绍打断图形对象的操作方法。

实践素材	光盘 \ 素材 \ 第 6 章 \ 油杯模型 .dwg
实践效果	光盘 \ 效果 \ 第 6 章 \ 油杯模型 .dwg
视频演示	光盘 \ 视频 \ 第 6 章 \ 油杯模型 .mp4

【实践操作 144】打断对象的具体操作步骤如下。

01　单击"菜单浏览器"按钮，在弹出的菜单列表中单击"打开"|"图形"命令，打开一幅素材图形，如图6-154所示。

02　单击"功能区"选项板中的"常用"选项卡，在"修改"面板上单击中间的下拉按钮，在展开的面板上单击"打断"按钮⊡，如图6-155所示。

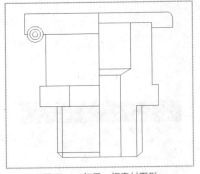

图6-154 打开一幅素材图形

图6-155 单击"打断"按钮

03
04
根据命令行提示进行操作，在绘图区选择中间直线上端合适的点为打断对象的第一点，如图6-156所示，按【Enter】键确认。

移动鼠标至直线另一端点上，如图6-157所示，再次单击鼠标。

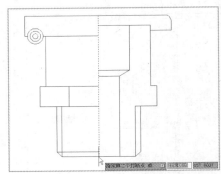

图6-156 选择直线为打断对象的第一点　　　　　图6-157 拖曳鼠标至另一端点上

05　执行操作后，即可打断图形对象，效果如图6-158所示。

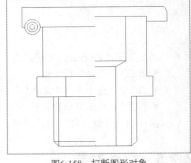

图6-158 打断图形对象

AutoCAD 技巧点拨

通过以下3种方法，也可以调用"打断"命令。
- 方法1：在命令行中输入BREAK（打断）命令，并按【Enter】键确认。
- 方法2：在命令行中输入BR（打断）命令，并按【Enter】键确认。
- 方法3：显示菜单栏，单击"修改"|"打断"命令。

执行以上任意一种方法，均可调用"打断"命令。

6.7.6　合并对象

在 AutoCAD 2013 中，合并图形是将某一连续图形上的两个部分进行连接，如将某段圆弧闭合为一个整圆。

实践素材	光盘\素材\第6章\卡座.dwg
实践效果	光盘\效果\第6章\卡座.dwg
视频演示	光盘\视频\第6章\卡座.mp4

【实践操作145】合并对象的具体操作步骤如下。

01　单击"菜单浏览器"按钮，在弹出的菜单列表中单击"打开"|"图形"命令，打开一幅素材图形，如图6-159所示。

02 单击"功能区"选项板中的"常用"选项卡，在"修改"面板上单击中间的下拉按钮，在展开的面板上单击"合并"按钮，如图6-160所示。

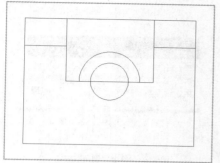

图6-159 打开一幅素材图形

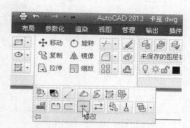

图6-160 单击"合并"按钮

03 根据命令行提示进行操作，在绘图区中选择被打断的圆弧为合并对象，并按【Enter】键确认，如图6-161所示。

04 在命令行中输入L（闭合）命令，如图6-162所示，并按【Enter】键确认。

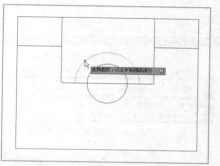

图6-161 选择被打断的圆弧为合并对象

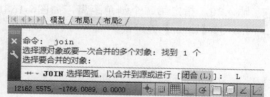

图6-162 在命令行中输入L（闭合）

05 执行操作后，即可合并图形对象，效果如图6-163所示。

AutoCAD 技巧点拨

通过以下两种方法，也可以调用"合并"命令。
- 方法1：在命令行中输入JOIN（合并）命令，并按【Enter】键确认。
- 方法2：显示菜单栏，单击"修改"|"合并"命令。

执行以上任意一种方法，均可调用"合并"命令。

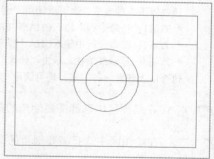

图6-163 合并图形对象

6.7.7 倒角对象

在 AutoCAD 2013 中，倒角是指在两段非平行的线状图形间绘制一个斜角，斜角大小由"倒角"命令所指定的倒角距离确定。

实践素材	光盘 \ 素材 \ 第 6 章 \ 电饭煲 .dwg
实践效果	光盘 \ 效果 \ 第 6 章 \ 电饭煲 .dwg
视频演示	光盘 \ 视频 \ 第 6 章 \ 电饭煲 .mp4

【实践操作 146】倒角对象的具体操作步骤如下。

01 单击"菜单浏览器"按钮，在弹出的菜单列表中单击"打开"|"图形"命令，打开一幅素材图形，如图6-164所示。

02 单击"功能区"选项板中的"常用"选项卡，在"修改"面板上单击"倒角"按钮⬚，如图6-165所示。

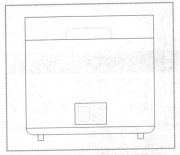

图6-164 打开一幅素材图形

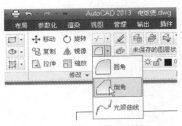

图6-165 单击"倒角"按钮

03 根据命令行提示进行操作，在命令行中输入D（距离），如图6-166所示，按【Enter】键确认。

04 输入20，指定第一个倒角距离，如图6-167所示。

图6-166 在命令行中输入D（距离）

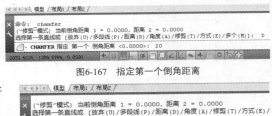

图6-167 指定第一个倒角距离

05 输入20，指定第二个倒角距离，如图6-168所示，按【Enter】键确认。

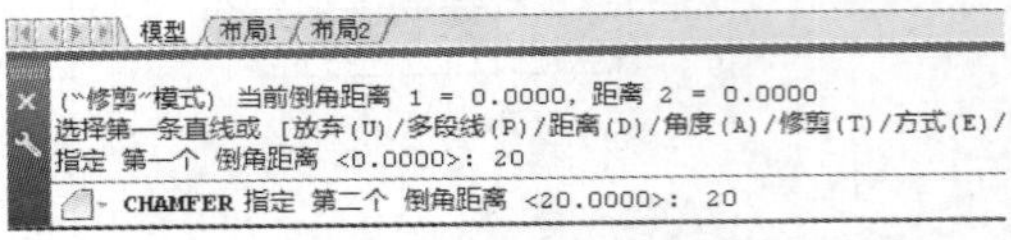

图6-168 指定第二个倒角距离

AutoCAD **技巧点拨**

通过以下3种方法，也可以调用"倒角"命令。
- 方法1：在命令行中输入CHAMFER（倒角）命令，并按【Enter】键确认。
- 方法2：在命令行中输入CHA（倒角）命令，并按【Enter】键确认。
- 方法3：显示菜单栏，单击"修改"|"倒角"命令。

执行以上任意一种方法，均可调用"倒角"命令。

06 在绘图区中选择需要倒角的第一条直线，如图6-169所示，按【Enter】键确认。

07 在绘图区中选择需要倒角的第二条直线，如图6-170所示。

图6-169 选择需要倒角的第一条直线

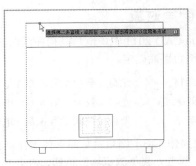

图6-170 选择需要倒角的第二条直线

08 执行操作后，即可对图形对象进行倒角操作，用同样的方法，对图形中其他需要倒角处理的对象进行倒角处理，如图6-171所示。

6.7.8 圆角对象

在 AutoCAD 2013 中，"圆角"命令用于在两个对象或多段线之间形成圆角，圆角处理的图形对象可以相交，也可以不相交，还可以平行，圆角处理的图形对象可以是圆弧、圆、椭圆、直线、多段线、射线、样条曲线和构造线等。

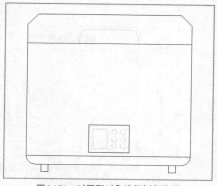

图6-171　对图形对象进行倒角处理

实践素材	光盘 \ 素材 \ 第 6 章 \ 垫片 .dwg
实践效果	光盘 \ 效果 \ 第 6 章 \ 垫片 .dwg
视频演示	光盘 \ 视频 \ 第 6 章 \ 垫片 .mp4

【实践操作 147】圆角对象的具体操作步骤如下。

01 单击"菜单浏览器"按钮，在弹出的菜单列表中单击"打开"|"图形"命令，打开一幅素材图形，如图6-172所示。

02 单击"功能区"选项板中的"常用"选项卡，在"修改"面板上单击"倒角"按钮右侧的下拉按钮，在弹出的列表框中单击"圆角"按钮，如图6-173所示。

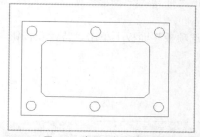

图6-172　打开一幅素材图形

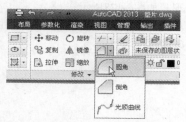

图6-173　单击"圆角"按钮

03 根据命令行提示进行操作，在命令行中输入R（半径），如图6-174所示，并按【Enter】键确认。

04 在命令行中指定圆角半径为10，如图6-175所示，并按【Enter】键确认。

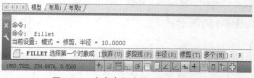

图6-174　在命令行中输入R（半径）

图6-175　指定圆角半径为10

05 继续输入P（多段线），按【Enter】键确认，在绘图区中选择需要倒圆角的多段线，如图6-176所示。

06 执行操作后，即可对多段线进行倒圆角操作，效果如图6-177所示。

A u t o C A D **技巧点拨**

通过以下 3 种方法，也可以调用"圆角"命令。
- 方法1：在命令行中输入FILLET（圆角）命令，并按【Enter】键确认。
- 方法2：在命令行中输入F（圆角）命令，并按【Enter】键确认。
- 方法3：显示菜单栏，单击"修改"|"圆角"命令。
执行以上任意一种方法，均可调用"圆角"命令。

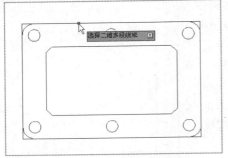

图6-176 选择需要倒圆角的多段线

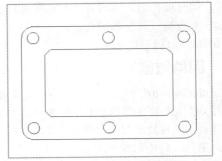

图6-177 对多段线进行倒圆角操作

6.7.9 使用"特性"面板修改对象

在 AutoCAD 2013 中，用户可以使用"特性"面板修改图形对象。

实践素材	光盘\素材\第 6 章\扇形门 .dwg
实践效果	光盘\效果\第 6 章\扇形门 .dwg
视频演示	光盘\视频\第 6 章\扇形门 .mp4

【实践操作 148】使用"特性"面板修改对象的具体操作步骤如下。

01 单击"菜单浏览器"按钮，在弹出的菜单列表中单击"打开"|"图形"命令，打开一幅素材图形，如图6-178所示。

02 单击"功能区"选项板中的"视图"选项卡，在"选项板"面板上单击"特性"按钮，如图6-179所示。

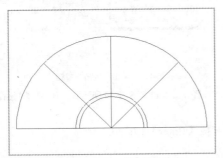

图6-178 打开一幅素材图形

图6-179 单击"特性"按钮

03 弹出"特性"面板，单击"选择对象"按钮，如图6-180所示。

04 在绘图区中选择需要修改的图形对象，如图6-181所示。

图6-180 单击"选择对象"按钮

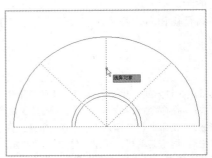

图6-181 选择需要修改的图形对象

05 按【Enter】键确认，单击"常规"列表框中的"图层"下拉按钮，在弹出的列表框中选择"中心线"选项，如图6-182所示。

06 执行操作后，即可修改图形对象，效果如图6-183所示。

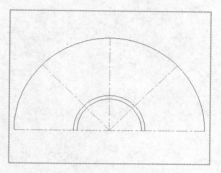

图6-182 选择"中心线"选项 　　　　图6-183 修改图形对象

6.7.10 使用"特性匹配"复制对象

在 AutoCAD 2013 中，用户可以使用"特性匹配"复制图形对象。

实践素材	光盘 \ 素材 \ 第 6 章 \ 推力球轴承 .dwg
实践效果	光盘 \ 效果 \ 第 6 章 \ 推力球轴承 .dwg
视频演示	光盘 \ 视频 \ 第 6 章 \ 推力球轴承 .mp4

【实践操作 149】使用"特性匹配"复制对象的具体操作步骤如下。

01 单击"菜单浏览器"按钮，在弹出的菜单列表中单击"打开"|"图形"命令，打开一幅素材图形，如图6-184所示。

02 在命令行中输入MATCHPROP（特性匹配）命令，并按【Enter】键确认，根据命令行提示进行操作，在绘图区中选择右侧的圆对象，单击鼠标，如图6-185所示。

03 此时鼠标指针呈刷子形状 ，选择绘图区左侧的圆对象，再次单击鼠标，即可将圆的特性复制给另外一个圆，执行操作后，按【Esc】键退出，效果如图6-186所示。

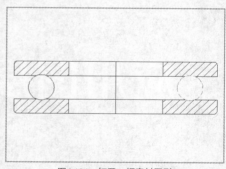

图6-184 打开一幅素材图形

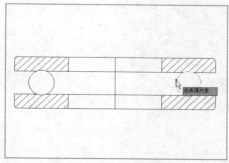

图6-185 选择右侧的圆对象

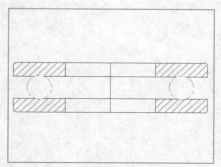

图6-186 将右侧圆的特性复制到左侧圆上

第7章

应用图层

　　图层是用户组织和管理图形的强有力的工具，在 AutoCAD 2013 中，所有图形对象都有图层、颜色、线型和线宽这 4 个基本属性。用户可以使用不同的图层、不同的颜色、不同的线型和线宽绘制不同的对象和元素。这样，用户可以方便地控制对象的显示和编辑，从而提高绘制图形的效率和准确性。

A　u　t　o　C　A　D

7.1 创建与设置图层

在机械及建筑等工程制图中，图形中主要包括基准线、轮廓线、虚线、剖面线、尺寸标注以及文字说明等元素。如果使用图层来管理这些元素，不仅能使图形的各种信息清晰、有序，便于观察，而且也会给图形的编辑、修改和输出带来很大的方便。本节主要介绍创建与设置图层的操作方法。

7.1.1 创建图层

图层是 AutoCAD 2013 提供的一个管理图形对象的工具，用户可以通过图层来对图形对象、文字和标注等元素进行归类处理。下面介绍创建图层的操作方法。

实践素材	光盘 \ 素材 \ 第 7 章 \ 液晶显示器 .dwg
实践效果	光盘 \ 效果 \ 第 7 章 \ 液晶显示器 .dwg
视频演示	光盘 \ 视频 \ 第 7 章 \ 液晶显示器 .mp4

【实践操作 150】创建图层的具体操作步骤如下。

01 单击"菜单浏览器"按钮，在弹出的菜单列表中单击"打开" | "图形"命令，打开一幅素材图形，如图7-1所示。

02 单击"功能区"选项板中的"常用"选项卡，在"图层"面板上单击"图层特性"按钮 ，如图7-2所示。

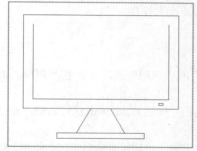

图7-1　打开一幅素材图形

图7-2　单击"图层特性"按钮

03 弹出"图层特性管理器"面板，单击"新建图层"按钮 ，如图7-3所示。

04 在面板右侧的列表框中，将自动新建一个图层，其默认名为"图层1"，如图7-4所示。

图7-3　单击"新建图层"按钮

图7-4　默认名为"图层1"

05 单击"关闭"按钮，关闭该面板，单击"功能区"选项板中的"常用"选项卡，在"图层"面板上单击"图层"右侧的下拉按钮，在弹出的列表框中选择"图层1"选项，如图7-5所示。

06 在命令行中输入LINE（直线）命令，并按【Enter】键确认，根据命令行提示进行操作，在绘图区中合适的端点上，单击鼠标，确定第一点，向右引导光标，输入70并确认，即可绘制一条长为70的直线，效果如图7-6所示。

图7-5 选择"图层1"选项

图7-6 绘制一条长为70的直线

通过以下4种方法，也可以调用"图层"命令。
- 方法1：单击"功能区"选项板中的"视图"选项卡，在"选项板"面板上单击"图层特性"按钮 。
- 方法2：在命令行中输入LAYER（图层）命令，并按【Enter】键确认。
- 方法3：在命令行中输入LA（图层）命令，并按【Enter】键确认。
- 方法4：显示菜单栏，单击"格式"|"图层"命令。

执行以上任意一种方法，均可调用"图层"命令。

7.1.2 重命名图层

在 AutoCAD 2013 中，新建图层后，用户可随时对图层进行重命名操作。

实践效果	光盘 \ 效果 \ 第 7 章 \ 重命名图层 .dwg

【实践操作 151】重命名图层的具体操作步骤如下。

01 以7.1.1小节效果文件为例，单击"功能区"选项板中的"常用"选项卡，在"图层"面板上单击"图层特性"按钮。

02 弹出"图层特性管理器"面板，在"名称"列表框中的"图层1"上单击鼠标右键，在弹出的快捷菜单中选择"重命名图层"选项，如图7-7所示。

03 在其中将"图层1"重命名为"直线"，并按【Enter】键确认，即可重命名图层，如图7-8所示。

图7-7 选择"重命名图层"选项

图7-8 重命名图层

打开"图层特性管理器"面板，在"名称"列表框中需重命名的图层名称上单击鼠标，使其呈可编辑状态，也可以对图层进行重命名操作。

7.1.3 设置图层颜色

在绘图过程中，为了区分不同的对象，通常将图层设置为不同的颜色；在 AutoCAD 2013 中，提供了 7 种标准颜色，即红色、黄色、绿色、青色、蓝色、紫色和白色，用户可根据需要选择相应的颜色。

实践素材	光盘 \ 素材 \ 第 7 章 \ 针阀 .dwg
实践效果	光盘 \ 效果 \ 第 7 章 \ 针阀 .dwg
视频演示	光盘 \ 视频 \ 第 7 章 \ 针阀 .mp4

【实践操作 152】设置图层颜色的具体操作步骤如下。

01 单击"菜单浏览器"按钮，在弹出的菜单列表中单击"打开"|"图形"命令，打开一幅素材图形，如图7-9所示。

02 单击"功能区"选项板中的"常用"选项卡，在"图层"面板上单击"图层特性"按钮，弹出"图层特性管理器"面板，如图7-10所示。

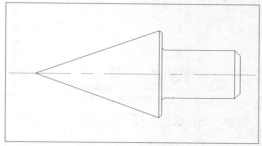

图7-9　打开一幅素材图形

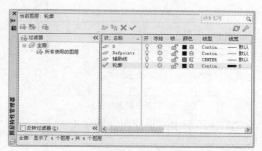

图7-10　"图层特性管理器"面板

03 在"辅助线"图层上，单击"颜色"列，弹出"选择颜色"对话框，在其中选择紫色，如图7-11所示。

04 单击"确定"按钮，返回"图层特性管理器"面板，即可查看设置的图层颜色，如图7-12所示。

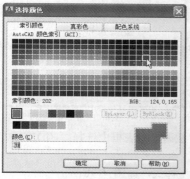

图7-11　选择紫色

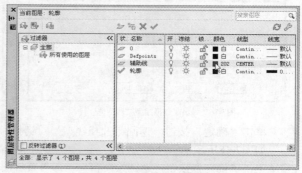

图7-12　查看设置的图层颜色

05 关闭"图层特性管理器"面板，返回绘图窗口，在其中可以查看已更改的线条颜色效果，如图7-13所示。

7.1.4 设置图层线型样式

图层线型是指在图层中绘图时所使用的线型，每一个图层都有相应的线型。例如，线中的"全局比例因子"参数需要与图形比例匹配，以便在图纸上正确地反映该线型。

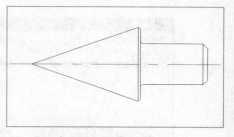

图7-13　查看已更改的线条颜色效果

实践素材	光盘 \ 素材 \ 第 7 章 \ 地面拼花 .dwg
实践效果	光盘 \ 效果 \ 第 7 章 \ 地面拼花 .dwg
视频演示	光盘 \ 视频 \ 第 7 章 \ 地面拼花 .mp4

【实践操作 153】设置图层线型样式的具体操作步骤如下。

01 单击"菜单浏览器"按钮，在弹出的菜单列表中单击"打开"|"图形"命令，打开一幅素材图形，如图7-14所示。

02 单击"功能区"选项板中的"常用"选项卡，在"图层"面板上单击"图层特性"按钮，弹出"图层特性管理器"面板，如图7-15所示。

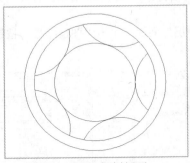

图7-14 打开一幅素材图形

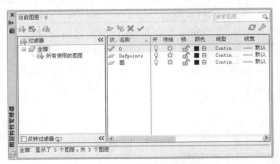

图7-15 "图层特性管理器"面板

03 在图形中三个圆所在图层上单击"线型"列，弹出"选择线型"对话框，如图7-16所示。

04 单击"加载"按钮，弹出"加载或重载线型"对话框，在"可用线型"下拉列表框中选择"HIDDEN2"选项，如图7-17所示。

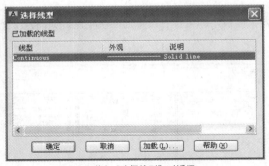

图7-16 弹出"选择线型"对话框

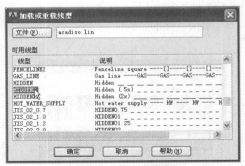

图7-17 选择"HIDDEN2"选项

05 单击"确定"按钮，返回"选择线型"对话框，在"线型"列表框中选择"HIDDEN2"选项，如图7-18所示。

06 单击"确定"按钮，返回绘图窗口，即可查看图层线型样式，如图7-19所示。

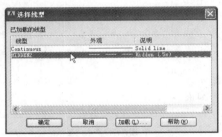

图7-18 选择HIDDEN2选项

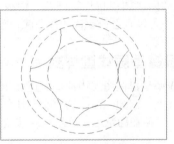

图7-19 查看图层线型样式

7.1.5 设置图层线型比例

在 AutoCAD 2013 中，可以设置图层中的线型比例，从而改变非连续线型的外观。下面介绍设置图层线型比例的操作方法。

实践素材	光盘 \ 素材 \ 第 7 章 \ 玻璃酒柜 .dwg
实践效果	光盘 \ 效果 \ 第 7 章 \ 玻璃酒柜 .dwg
视频演示	光盘 \ 视频 \ 第 7 章 \ 玻璃酒柜 .mp4

【实践操作 154】设置图层线型比例的具体操作步骤如下。

01 单击"菜单浏览器"按钮，在弹出的菜单列表中单击"打开"|"图形"命令，打开一幅素材图形，如图7-20所示。

02 显示菜单栏，单击"格式"|"线型"命令，如图7-21所示。

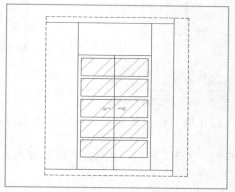

图7-20　打开一幅素材图形

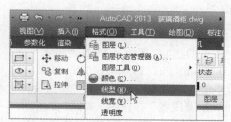

图7-21　单击"线型"命令

技巧点拨

在命令行中输入 LINETYPE（线型）命令，按【Enter】键确认，也可以弹出"线型管理器"对话框。

03 弹出"线型管理器"对话框，在对话框下方设置"全局比例因子"为3，如图7-22所示。

04 设置完成后，单击"确定"按钮，即可设置图层的线型比例，如图7-23所示。

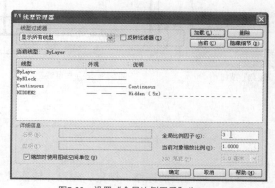

图7-22　设置"全局比例因子"为3

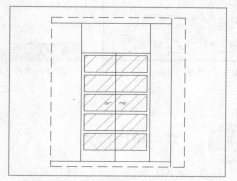

图7-23　设置图层的线型比例

7.1.6 设置图层线宽

在 AutoCAD 2013 中，通常在对图层进行颜色和线型设置后，还需对图层的线宽进行设置，这样可以在打印时不再设置线宽。

实践素材	光盘＼素材＼第 7 章＼洗衣机 .dwg
实践效果	光盘＼效果＼第 7 章＼洗衣机 .dwg
视频演示	光盘＼视频＼第 7 章＼洗衣机 .mp4

【实践操作 155】设置图层线宽的具体操作步骤如下。

01 单击"菜单浏览器"按钮，在弹出的菜单列表中单击"打开"|"图形"命令，打开一幅素材图形，如图7-24所示。

02 单击"功能区"选项板中的"常用"选项卡，在"图层"面板上单击"图层特性"按钮，弹出"图层特性管理器"面板，如图7-25所示。

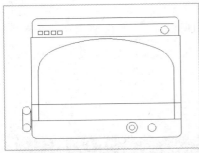

图7-24　打开一幅素材图形

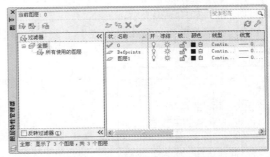

图7-25　"图层特性管理器"面板

03 在"图层1"图层上单击"线宽"列，弹出"线宽"对话框，在"线宽"下拉列表中选择0.30mm选项，如图7-26所示。

04 单击"确定"按钮，返回"图层特性管理器"面板，单击"关闭"按钮，在状态栏上单击"显示/隐藏线宽"按钮 ╋，如图7-27所示。

05 执行操作后，即可在绘图区中显示图层线宽，效果如图7-28所示。

图7-26　选择0.30mm选项

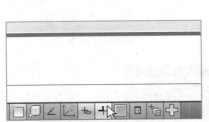

图7-27　单击"显示/隐藏线宽"按钮

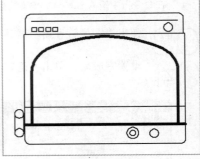

图7-28　显示图层线宽

7.2　管理图层

在 AutoCAD 2013 中，新建图层后，需要对其进行管理，如图层的冻结、锁定、删除、转换以及合并等。本节主要介绍管理图层的各种操作技巧。

7.2.1　冻结图层

冻结图层有利用减少系统重生成图形的时间，冻结的图层不参与重生成计算且不显示在绘图区中，用户不能对其进行编辑。下面介绍冻结图层的操作方法。

实践素材	光盘 \ 素材 \ 第 7 章 \ 回转器 .dwg
实践效果	光盘 \ 效果 \ 第 7 章 \ 回转器 .dwg
视频演示	光盘 \ 视频 \ 第 7 章 \ 回转器 .mp4

【实践操作 156】冻结图层的具体操作步骤如下。

01 单击"菜单浏览器"按钮，在弹出的菜单列表中单击"打开"|"图形"命令，打开一幅素材图形，如图7-29所示。

02 单击"功能区"选项板中的"常用"选项卡，在"图层"面板上单击"图层特性"按钮，弹出"图层特性管理器"面板，如图7-30所示。

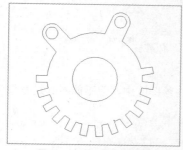

图7-29 打开一幅素材图形

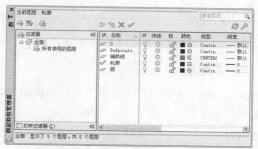

图7-30 弹出"图层特性管理器"面板

03 单击"圆"图层上的"冻结"图标☼，使其呈冻结状态❄，如图7-31所示。

04 执行操作后，即可冻结图层，如图7-32所示。

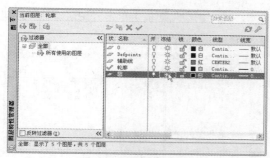

图7-31 使其呈锁定状态

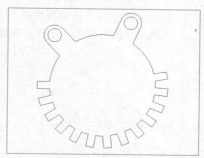

图7-32 冻结图层

AutoCAD 技巧点拨

在 AutoCAD 2013 中，如果用户绘制的图形较大且需要重生成图形时，即可使用图层的冻结功能，将不需要重生成的图层进行冻结；完成重生成后，可使用解冻功能将其解冻，恢复为原来的状态。注意，当前图层不能被冻结。

7.2.2 解冻图层

在 AutoCAD 2013 中，用户可根据需要将图层进行解冻操作。

实践素材	光盘 \ 素材 \ 第 7 章 \ 解冻图层 .dwg
实践效果	光盘 \ 效果 \ 第 7 章 \ 解冻图层 .dwg
视频演示	光盘 \ 视频 \ 第 7 章 \ 解冻图层 .mp4

【实践操作 157】解冻图层的具体操作步骤如下。

01 以7.2.1小节效果文件为例，单击"功能区"选项板中的"常用"选项卡，在"图层"面板上单击"图层特性"按钮，弹出"图层特性管理器"面板，单击"圆"图层上的"冻结"图标，如图7-33所示。

图7-33 单击"冻结"图标

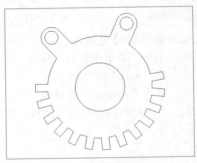
图7-34 解冻图层

02 执行操作，即可解冻图层，如图7-34所示。

7.2.3 锁定图层

在 AutoCAD 2013 中，图层被锁定后，该图层的图形仍显示在绘图区中，但不能对其进行编辑操作，锁定图层有利于对较复杂的图形进行编辑。

实践素材	光盘\素材\第 7 章\图标 .dwg
实践效果	光盘\效果\第 7 章\图标 .dwg
视频演示	光盘\视频\第 7 章\图标 .mp4

【实践操作 158】锁定图层的具体操作步骤如下。

01 单击"菜单浏览器"按钮，在弹出的菜单列表中单击"打开"|"图形"命令，打开一幅素材图形，如图7-35所示。

02 单击"功能区"选项板中的"常用"选项卡，在"图层"面板上单击"图层特性"按钮，弹出"图层特性管理器"面板，如图7-36所示。

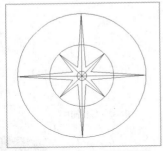
图7-35 打开一幅素材图形

图7-36 弹出"图层特性管理器"面板

03 单击"圆"图层对应的"锁定"图标🔓，使其呈锁定状态🔒，如图7-37所示。

04 执行操作后，即可锁定图层，锁定后的图层颜色将以灰色显示，如图7-38所示。

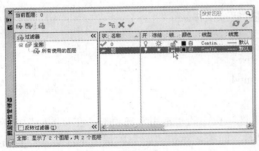
图7-37 锁定图层

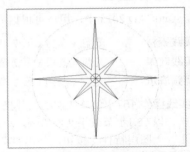
图7-38 被锁定的图层颜色以灰色显示

7.2.4 解锁图层

在 AutoCAD 2013 中，用户可根据需要对图层进行解锁操作。

实践素材	光盘 \ 素材 \ 第 7 章 \ 解锁图层 .dwg
实践效果	光盘 \ 效果 \ 第 7 章 \ 解锁图层 .dwg
视频演示	光盘 \ 视频 \ 第 7 章 \ 解锁图层 .mp4

【实践操作 159】解锁图层的具体操作步骤如下。

01 打开素材文件，切换至"功能区"选项板中的"常用"选项卡，在"图层"面板上单击"图层特性"按钮，弹出"图层特性管理器"面板，单击"圆"图层上的"解锁"图标，如图7-39所示。

02 执行操作，即可解锁图层，如图7-40所示。

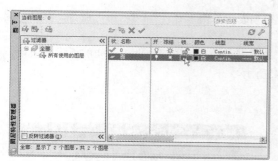

图7-39　单击"解锁"图标

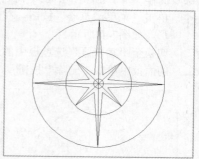

图7-40　解锁图层

7.2.5 设置为当前图层

在 AutoCAD 2013 的某个图层上，绘制具有该图层特性的对象，应将该图层设置为当前图层。

实践素材	光盘 \ 素材 \ 第 7 章 \ 上衣设计 .dwg
实践效果	光盘 \ 效果 \ 第 7 章 \ 上衣设计 .dwg
视频演示	光盘 \ 视频 \ 第 7 章 \ 上衣设计 .mp4

【实践操作 160】设置为当前图层的具体操作步骤如下。

01 单击"菜单浏览器"按钮，在弹出的菜单列表中单击"打开" | "图形"命令，打开一幅素材图形，如图7-41所示。

02 单击"功能区"选项板中的"常用"选项卡，在"图层"面板上单击"图层特性"按钮，弹出"图层特性管理器"面板，在"名称"列表框中选择"图层1"图层，单击"置为当前"按钮，如图7-42所示。

03 执行操作后，即可将其置为当前图层，图层前将显示符号，如图7-43所示。

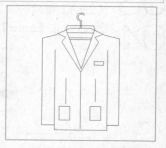

图7-41　打开一幅素材图形

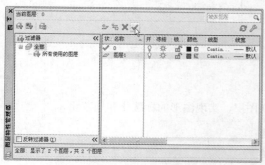

图7-42　单击"置为当前"按钮

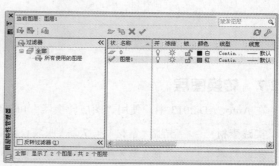

图7-43　置为当前图层

在"图层 1"图层上，单击鼠标右键，在弹出的快捷菜单中选择"置为当前"选项，也可以将该图层置为当前图层。

7.2.6 删除图层

在 AutoCAD 2013 中，用户可将不需要使用的图层进行删除。

实践素材	光盘 \ 素材 \ 第 7 章 \ 圆形拼花 .dwg
实践效果	光盘 \ 效果 \ 第 7 章 \ 圆形拼花 .dwg
视频演示	光盘 \ 视频 \ 第 7 章 \ 圆形拼花 .mp4

【实践操作 161】删除图层的具体操作步骤如下。

01 单击"菜单浏览器"按钮，在弹出的菜单列表中单击"打开" | "图形"命令，打开一幅素材图形，如图7-44所示。

02 切换至"功能区"选项板中的"常用"选项卡，单击"图层"面板中间的下三角按钮，在展开的面板中单击"删除"按钮，如图7-45所示。

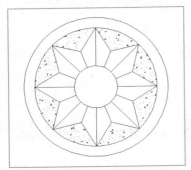

图7-44　打开一幅素材图形

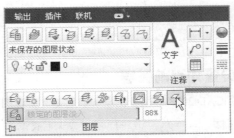

图7-45　单击"删除"按钮

03 根据命令行提示进行操作，选择图形中的填充块作为编辑对象，如图7-46所示，单击鼠标，按【Enter】键确认。

04 输入Y，按【Enter】键确认，执行操作后，即可删除图层，如图7-47所示。

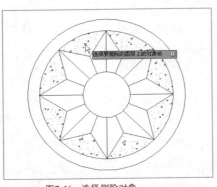

图7-46　选择删除对象

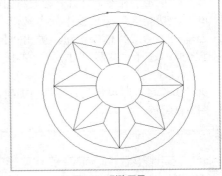

图7-47　删除图层

7.2.7 转换图层

在 AutoCAD 2013 中，使用"图层转换器"可以转换图层，实现图形的标准化和规范化。

实践素材	光盘 \ 素材 \ 第 7 章 \ 服装设计 .dwg
实践效果	光盘 \ 效果 \ 第 7 章 \ 服装设计 .dwg
视频演示	光盘 \ 视频 \ 第 7 章 \ 服装设计 .mp4

【实践操作 162】 转换图层的具体操作步骤如下。

01 单击"菜单浏览器"按钮,在弹出的菜单列表中单击"打开" | "图形"命令,打开一幅素材图形,如图7-48所示。

02 单击"功能区"选项板中的"管理"选项卡,在"CAD标准"面板上单击"图层转换器"按钮 ,如图7-49所示。

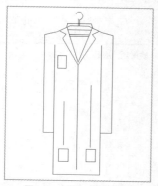

图7-48 打开一幅素材图形

图7-49 单击"图层转换器"按钮

03 弹出"图层转换器"对话框,单击"新建"按钮,如图7-50所示。

04 弹出"新图层"对话框,在其中设置"名称"为"服装设计"、"线型"为Continuous、"颜色"为红色、"线宽"为"默认",如图7-51所示。

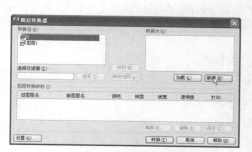

图7-50 单击"新建"按钮

图7-51 设置相应参数

05 单击"确定"按钮,返回"图层转换器"对话框,在"转换为"列表框中显示"服装设计"图层,如图7-52所示。

06 在"转换自"列表框中选择"图层1"选项,在"转换为"列表框中选择"服装设计"选项,单击"映射"按钮,"图层1"图层即可映射到"服装设计"图层中,如图7-53所示。

07 单击"保存"按钮,弹出"保存图层映射"对话框,在"文件名"文本框中输入"服装设计",然后设置文件的保存路径,如图7-54所示。

08 单击"保存"按钮,返回"图层转换器"对话框,单击"转换"按钮,即可转换图层,效果如图7-55所示。

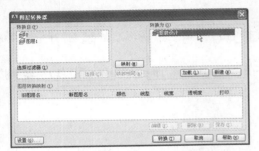

图7-52 显示"服装设计"图层

图7-53 映射到"服装设计"图层中

图7-54 设置文件的保存路径

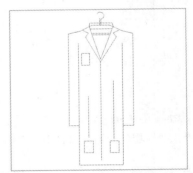

图7-55 转换图层

AutoCAD **技巧点拨**

在"保存图层映射"对话框中，单击"文件类型"右侧的下拉按钮，在弹出的列表框中可选择文件的保存类型。

7.2.8 合并图层

在 AutoCAD 2013 中，用户可根据需要将图层进行合并操作。

实践素材	光盘 \ 素材 \ 第 7 章 \ 餐桌椅立面图 .dwg
实践效果	光盘 \ 效果 \ 第 7 章 \ 餐桌椅立面图 .dwg
视频演示	光盘 \ 视频 \ 第 7 章 \ 餐桌椅立面图 .mp4

【实践操作 163】合并图层的具体操作步骤如下。

01 单击"菜单浏览器"按钮，在弹出的菜单列表中单击"打开"|"图形"命令，打开一幅素材图形，如图7-56所示。

02 在"功能区"选项板中的"常用"选项卡中，单击"图层"面板中间的下拉按钮，在展开的面板上单击"合并"按钮，如图7-57所示。

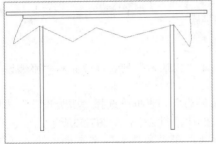

图7-56 打开一幅素材图形

图7-57 单击"合并"按钮

03 根据命令行提示进行操作，任意选择一条线段为编辑对象，如图7-58所示，按【Enter】键确认。

04 然后在绘图区中选择需要合并的图层，如图7-59所示。

05 弹出快捷菜单，选择"是"选项，如图7-60所示，此时，在命令窗口中将提示用户已经合并图层。

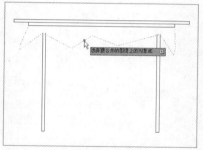

图7-58　任意选择编辑对象

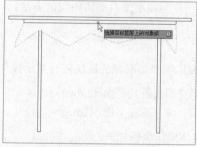

图7-59　选择需要合并的图层

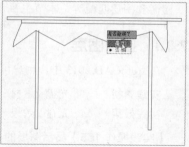

图7-60　选择"是"按钮

7.2.9　改变对象所在图层

在 AutoCAD 2013 中，用户可根据需要改变对象所在的图层。

实践素材	光盘 \ 素材 \ 第 7 章 \ 止动圈 .dwg
实践效果	光盘 \ 效果 \ 第 7 章 \ 止动圈 .dwg

【实践操作 164】改变对象所在图层的具体操作步骤如下。

01 单击"菜单浏览器"按钮，在弹出的菜单列表中单击"打开"|"图形"命令，打开一幅素材图形，如图7-61所示。

02 在绘图区中选择圆为编辑对象，如图7-62所示。

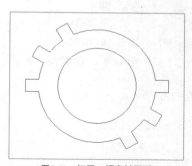

图7-61　打开一幅素材图形

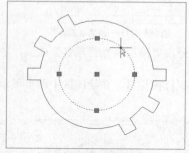

图7-62　选择圆为编辑对象

03 单击"功能区"选项板中的"常用"选项卡，单击"图层"面板上的"图层"右侧的下拉按钮，在弹出的列表框中选择"圆"选项，如图7-63所示。

04 执行操作后，按【Esc】键退出，即可改变对象所在的图层，如图7-64所示。

图7-63　选择"圆"选项

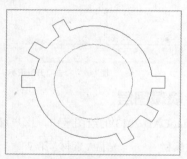

图7-64　改变对象所在的图层

7.3 使用图层工具

在 AutoCAD 2013 中，使用图层工具可以用来编辑图层，如显示图层状态、隐藏图层状态、图层漫游和图层匹配等。本节主要介绍使用图层工具编辑图层的方法。

7.3.1 显示图层

在 AutoCAD 2013 中，用户可根据需要将隐藏的图层进行显示操作。

实践素材	光盘 \ 素材 \ 第 7 章 \ 茶几平面图 .dwg
实践效果	光盘 \ 效果 \ 第 7 章 \ 茶几平面图 .dwg

【实践操作 165】显示图层的具体操作步骤如下。

01 单击"菜单浏览器"按钮，在弹出的菜单列表中单击"打开"|"图形"命令，打开一幅素材图形，如图7-65所示。

02 单击"功能区"选项板中的"常用"选项卡，在"图层"面板上单击"图层特性"按钮圄，如图7-66所示。

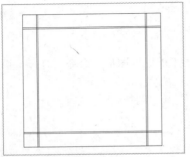

图7-65 打开一幅素材图形

图7-66 单击"图层特性"按钮

03 弹出"图层特性管理器"面板，单击"花儿"图层上的"开"图标 ，如图7-67所示。

04 执行操作后，在绘图区中即可显示"花儿"图层，如图7-68所示。

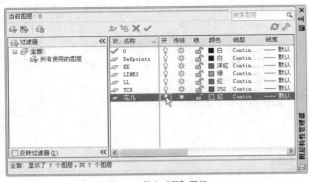

图7-67 单击"开"图标

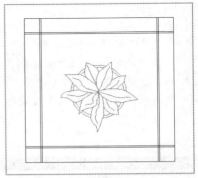

图7-68 显示"花儿"图层

7.3.2 隐藏图层

在 AutoCAD 2013 的绘图区中，用户可将暂时不需要的图层进行隐藏。

实践素材	光盘 \ 素材 \ 第 7 章 \ 隐藏图层 .dwg
实践效果	光盘 \ 效果 \ 第 7 章 \ 隐藏图层 .dwg

【实践操作 166】隐藏图层的具体操作步骤如下。

01 以7.3.1小节效果图形为例，单击"菜单浏览器"按钮，在弹出的菜单列表中单击"打开"|"图形"命令，打开图形，如图7-69所示。

02 单击"功能区"选项板中的"常用"选项卡，在"图层"面板上单击"图层特性"按钮，弹出"图层特性管理器"面板，单击"花儿"图层上的"开"图标，如图7-70所示。

03 执行上述操作后，绘图区即可隐藏该图层，效果如图7-71所示。

图7-69 打开一幅素材图形

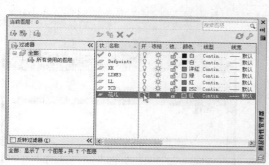

图7-70 单击"关"图标

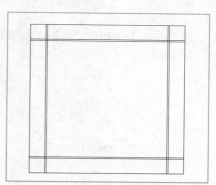

图7-71 隐藏该图层

7.3.3 图层漫游

在 AutoCAD 2013 中，使用图层漫游功能可以更改当前图层状态。

实践素材	光盘 \ 素材 \ 第 7 章 \ 拔叉轮 .dwg

【实践操作 167】图层漫游的具体操作步骤如下。

01 单击"菜单浏览器"按钮，在弹出的菜单列表中单击"打开"|"图形"命令，打开一幅素材图形，如图7-72所示。

02 在命令行中输入LAYWALK（图层漫游）命令，如图7-73所示。

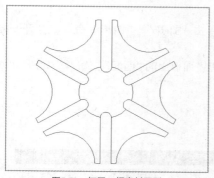

图7-72 打开一幅素材图形

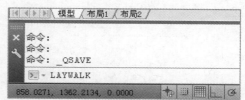

图7-73 输入LAYWALK命令

03 按【Enter】键确认，弹出"图层漫游"对话框，其中显示了图层数量，图层列表框中显示了所有图层名称，并且这些图层名都处于选中状态，如图7-74所示。

04 单击"选择对象及其图层"按钮，如图7-75所示。

图7-74 弹出"图层漫游"对话框

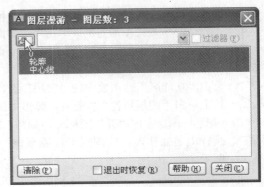
图7-75 单击"选择对象及其图层"按钮

05 执行操作后,返回绘图区,选择相应图层对象,如图7-76所示。

06 按【Enter】键确认,返回"图层漫游"对话框,其中显示了刚选中的图形所在的图层,如图7-77所示。

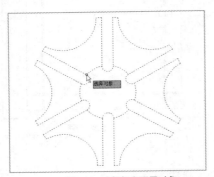
图7-76 选择相应图层对象

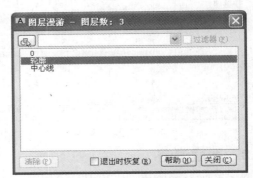
图7-77 显示选择的图层

7.3.4 图层匹配

在 AutoCAD 2013 中,图层匹配是指更改选定对象所在的图层,以使其匹配目标图层。

实践素材	光盘 \ 素材 \ 第 7 章 \ 支座 .dwg
实践效果	光盘 \ 效果 \ 第 7 章 \ 支座 .dwg
视频演示	光盘 \ 视频 \ 第 7 章 \ 支座 .mp4

【实践操作 168】图层匹配的具体操作步骤如下。

01 单击"菜单浏览器"按钮,在弹出的菜单列表中单击"打开"|"图形"命令,打开一幅素材图形,如图7-78所示。

02 在"功能区"选项板中的"常用"选项卡中,单击"图层"面板上的"匹配"按钮,如图7-79所示。

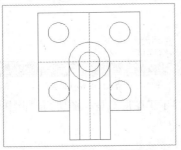
图7-78 打开一幅素材图形

图7-79 单击"匹配"按钮

03 根据命令行提示进行操作，在绘图区中选择需要更改的图形，如图7-80所示。

04 按【Enter】键确认，然后选择目标图层上的对象，如图7-81所示。

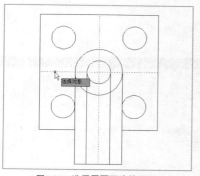

图7-80 选择需要更改的图形

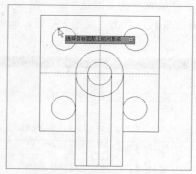

图7-81 选择目标图层上的对象

05 执行操作后，在命令行中将提示图形已匹配到相应图层，如图7-82所示。

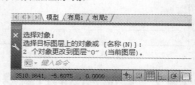

图7-82 提示图形已匹配到相应图层

7.4 设置图层过滤器

在 AutoCAD 2013 中绘制图形时，如果图形中包含大量图层，可在"图层特性管理器"对话框中，对图层进行过滤操作。本节主要介绍设置图层过滤器的操作方法。

7.4.1 设置过滤条件

在 AutoCAD 2013 中，过滤图层之前首先需要设置图层过滤条件。

实践素材	光盘 \ 素材 \ 第 7 章 \ 导套 .dwg
实践效果	光盘 \ 效果 \ 第 7 章 \ 导套 .dwg

【实践操作 169】设置过滤条件的具体操作步骤如下。

01 单击"菜单浏览器"按钮，在弹出的菜单列表中单击"打开"|"图形"命令，打开一幅素材图形，如图7-83所示。

02 单击"功能区"选项板中的"常用"选项卡，在"图层"面板上单击"图层特性"按钮，弹出"图层特性管理器"面板，单击"新建特性过滤器"按钮，如图7-84所示。

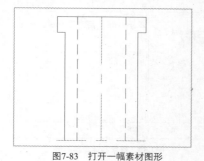

图7-83 打开一幅素材图形

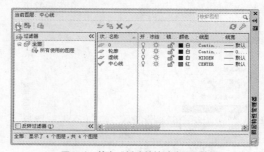

图7-84 单击"新建特性过滤器"按钮

$\underset{\text{O3}}{}$ 弹出"图层过滤器特性"对话框，如图7-85所示。

$\underset{\text{O4}}{}$ 在"过滤器定义"列表框中设置"状态"为第1个选项、"名称"为"中心线"、"开"为第1个选项、"冻结"为第2个选项、"锁定"为第2个选项、"颜色"为"蓝"、"线型"为"CENTER"、"线宽"为"默认"，如图7-86所示。

$\underset{\text{O5}}{}$ 设置完成后，单击"确定"按钮，即可设置过滤条件。

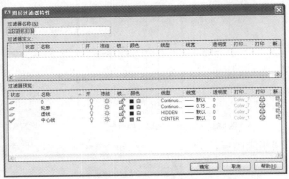

图7-85 "图层过滤器特性"对话框

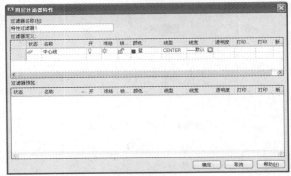

图7-86 设置相应参数

7.4.2 重命名图层过滤器

在 AutoCAD 2013 中，用户还可以根据需要重命名图层过滤器。

实践素材	光盘\素材\第 7 章\浇口套 .dwg
实践效果	光盘\效果\第 7 章\浇口套 .dwg

【实践操作 170】重命名图层过滤器的具体操作步骤如下。

$\underset{\text{O1}}{}$ 单击"菜单浏览器"按钮，在弹出的菜单列表中单击"打开"|"图形"命令，打开一幅素材图形，如图7-87所示。

$\underset{\text{O2}}{}$ 单击"功能区"选项板中的"常用"选项卡，在"图层"面板上单击"图层特性"按钮，弹出"图层特性管理器"面板，在"过滤器"列表框中的"特性过滤器1"选项上单击鼠标右键，在弹出的快捷菜单中选择"重命名"选项，如图7-88所示。

$\underset{\text{O3}}{}$ 此时名称呈可编辑状态，将其重命名为"轮廓过滤器"，并按【Enter】键确认，即可重命名过滤器图层，如图7-89所示。

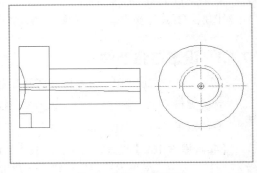

图7-87 打开一幅素材图形

图7-88 选择"重命名"选项

图7-89 重命名过滤器图层

7.5 保存、恢复和输出图层状态

图层设置包括图层状态和图层特性，其中图层状态包括图层是否打开、冻结、锁定、打印和在新视口中自动冻结。图层特性包括颜色、线型、线宽和打印样式。用户可以选择要保存的图层状态和图层特性。例如，可以选择只保存图形中图层的"冻结与解冻"设置，忽略所有其他设置。恢复图层状态时，除了每个图层的冻结或解冻设置以外，其他设置仍保持当前设置。本节主要介绍保存、恢复和输出图层状态的操作方法。

7.5.1 保存图层状态

在 AutoCAD 2013 中，图层状态的保存及调用都可以在"图层状态管理器"对话框中进行操作。

实践素材	光盘 \ 素材 \ 第 7 章 \ 单人沙发 .dwg
实践效果	光盘 \ 效果 \ 第 7 章 \ 单人沙发 .dwg

【实践操作 171】保存图层状态的具体操作步骤如下。

01 单击"菜单浏览器"按钮，在弹出的菜单列表中单击"打开"|"图形"命令，打开一幅素材图形，如图7-90所示。

02 在命令行中输入LAYERSTATE（图层状态管理器）命令，如图7-91所示。

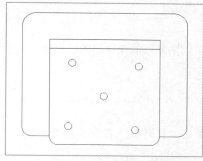

图7-90 打开一幅素材图形

图7-91 输入LAYERSTATE命令

03 按【Enter】键确认，弹出"图层状态管理器"对话框，单击"新建"按钮，如图7-92所示。

04 弹出"要保存的新图层状态"对话框，在"新图层状态名"文本框中输入"轮廓"，如图7-93所示，设置新图层名称。

图7-92 单击"新建"按钮

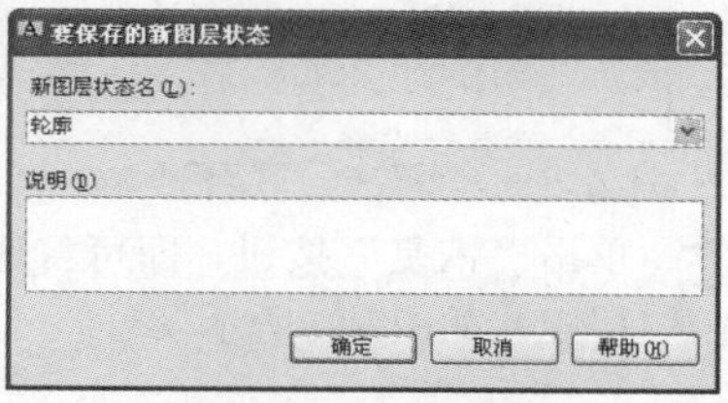

图7-93 设置新图层名称

05 单击"确定"按钮，返回"图层状态管理器"对话框，其中显示了新建的图层状态，如图7-94所示。

06 单击"保存"按钮，弹出"图层"信息提示框，提示用户是否要覆盖相应图层，如图7-95所示。

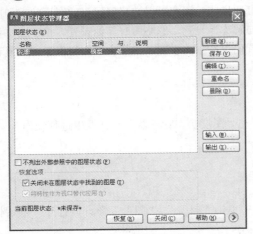

图7-94 显示了新建的图层状态

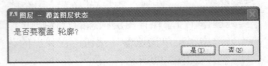

图7-95 提示用户是否要覆盖相应图层

07 单击"是"按钮，关闭信息提示框，单击"关闭"按钮，关闭该对话框，即可保存图层状态。

7.5.2 恢复图层状态

在 AutoCAD 2013 中，如果改变了图层的显示状态，还可以恢复以前保存的图层设置。

实践素材	光盘\素材\第 7 章\恢复图层状态 .dwg
实践效果	光盘\效果\第 7 章\恢复图层状态 .dwg

【实践操作 172】恢复图层状态的具体操作步骤如下。

01 单击"菜单浏览器"按钮，在弹出的菜单列表中单击"打开"|"图形"命令，打开上一例制作的效果文件，如图7-96所示。

02 在命令行中输入LAYERSTATE（图层状态管理器）命令，并按【Enter】键确认，弹出"图层状态管理器"对话框，在"图层状态"列表框中选择"轮廓"选项，如图7-97所示。

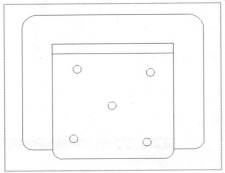

图7-96 打开图形文件

图7-97 选择"轮廓"选项

03 单击"恢复"按钮，即可将选中的图层状态恢复到当前图层中，如图7-98所示。

图7-98 恢复图层状态

7.5.3 输出图层状态

在"图层状态管理器"对话框中，用户还可以对图层状态进行输出操作。

实践素材	光盘\素材\第7章\输出图层状态.dwg

【实践操作 173】输出图层状态的具体操作步骤如下。

01 单击"菜单浏览器"按钮，在弹出的菜单列表中单击"打开"|"图形"命令，打开上一例制作的效果文件，如图7-99所示。

02 在命令行中输入LAYERSTATE（图层状态管理器）命令，并按【Enter】键确认，弹出"图层状态管理器"对话框，在"图层状态"列表框中选择"轮廓"选项，如图7-100所示。

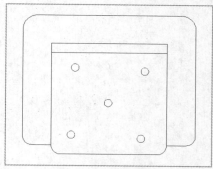

图7-99 打开图形文件

图7-100 选择"轮廓"选项

03 单击"输出"按钮，弹出"输出图层状态"对话框，在其中设置相应的文件名及保存路径，如图7-101所示。

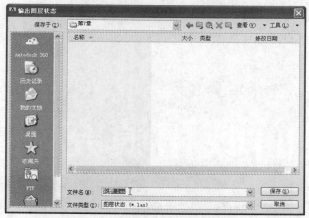

图7-101 设置相应的文件名及保存路径

04 设置完成后，单击"保存"按钮，返回"图层状态管理器"对话框，单击"关闭"按钮，即可输出图层状态。

第8章
创建面域和填充图案

在 AutoCAD 2013 中绘制图形时，如果图形中有大量相同或相似的内容，或者所绘制的图形与已有的图形文件相同，则可以把需要重复绘制的图形创建成面域，并根据需要为面域创建属性，在需要时直接插入这些面域，从而提高绘图效率。图案填充的应用也非常的广泛。例如，在机械工程图中，可以用图案填充表达一个剖切的区域，也可以使用不同的图案填充表达不同的零部件或材料。本章主要介绍创建面域和填充图案的操作方法。

A u t o C A D

8.1 创建面域

面域是由封闭区域形成的二维实体对象，其边界可以由直线、多段线、圆、圆弧、椭圆等图形对象组成。本节主要介绍创建面域的多种操作方法。

8.1.1 使用"面域"命令创建面域

在 AutoCAD 2013 中，用户可以使用"面域"命令创建面域。

实践素材	光盘 \ 素材 \ 第 8 章 \ 酒杯 .dwg
实践效果	光盘 \ 效果 \ 第 8 章 \ 酒杯 .dwg
视频演示	光盘 \ 视频 \ 第 8 章 \ 酒杯 .mp4

【实践操作 174】使用"面域"命令创建面域的具体操作步骤如下。

01 单击"菜单浏览器"按钮，在弹出的菜单列表中单击"打开"|"图形"命令，打开一幅素材图形，如图8-1所示。

02 在"功能区"选项板的"常用"选项卡中，单击"绘图"面板中间的下拉按钮，在展开的面板上单击"面域"按钮，如图8-2所示。

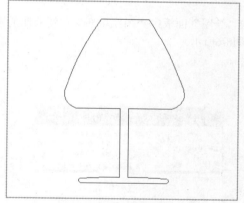

图8-1 打开一幅素材图形

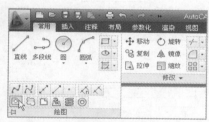

图8-2 单击"面域"按钮

03 根据命令行提示进行操作，在绘图区中选择全部图形为需要进行编辑的图形对象，如图8-3所示。

04 执行操作后，按【Enter】键确认，即可创建面域，如图8-4所示。

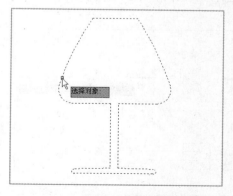

图8-3 选择需要进行编辑的图形对象

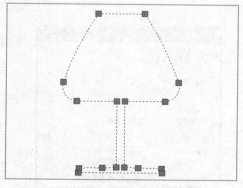

图8-4 创建面域

通过以下 3 种方法，也可以调用"面域"命令。

- 方法1：在命令行中输入REGION（面域）命令，并按【Enter】键确认。
- 方法2：在命令行中输入REG（面域）命令，并按【Enter】键确认。
- 方法3：显示菜单栏，单击"绘图"|"面域"命令。

执行以上任意一种方法，均可调用"面域"命令。

8.1.2　使用"边界"命令创建面域

在 AutoCAD 2013 中，使用"边界"命令既可以由任意一个闭合区域创建一个多段线的边界，也可以创建一个面域。与"面域"命令不同，使用"边界"命令不需要考虑对象是共用一个端点，还是出现了自相交。

实践素材	光盘 \ 素材 \ 第 8 章 \ 墙灯 .dwg
实践效果	光盘 \ 效果 \ 第 8 章 \ 墙灯 .dwg
视频演示	光盘 \ 视频 \ 第 8 章 \ 墙灯 .mp4

【实践操作 175】使用"边界"命令创建面域的具体操作步骤如下。

01 按【Ctrl＋O】组合键，打开一幅素材图形，如图8-5所示。

02 在"功能区"选项板的"常用"选项卡中，单击"绘图"面板中"图案填充"按钮右侧的下拉按钮，在展开的面板上单击"边界"按钮，如图8-6所示。

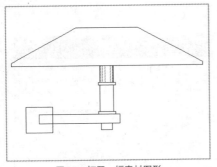

图8-5　打开一幅素材图形

图8-6　单击"边界"按钮

03 弹出"边界创建"对话框，在"对象类型"列表框中选择"面域"选项，单击"拾取点"按钮，如图8-7所示。

04 根据命令行提示进行操作，在绘图区中选择需要进行编辑的图形对象，如图8-8所示。

图8-7　单击"拾取点"按钮

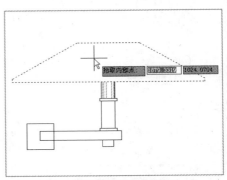

图8-8　选择需要编辑的图形对象

05 按【Enter】键确认，即可运用"边界"命令创建面域，如图8-9所示。

06 命令窗口中，将提示用户已经创建一个面域，如图8-10所示。

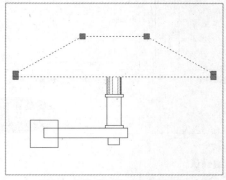

图8-9 运用"边界"命令创建面域

图8-10 命令窗口提示信息

通过以下 3 种方法，也可以调用"边界"命令。
- 方法1：在命令行中输入BOUNDARY（边界）命令，并按【Enter】键确认。
- 方法2：在命令行中输入BO（边界）命令，并按【Enter】键确认。
- 方法3：显示菜单栏，单击"绘图"|"边界"命令。

执行以上任意一种方法，均可调用"边界"命令。

8.2 布尔运算面域

　　布尔运算是数学上的一种逻辑运算，在 AutoCAD 2013 中绘制图形时，使用布尔运算可以提高绘图效率，尤其是在绘制比较复杂的图形时。布尔运算包括"并集"、"差集"及"交集"3 种。本节主要介绍布尔运算面域的操作方法。

8.2.1 并集运算面域

　　创建面域的并集，连续选择需要进行并集操作的面域对象，直到按【Enter】键确认，方可将选择的面域合并为一个图形并结束命令。

实践素材	光盘\素材\第 8 章\盖形螺母 .dwg
实践效果	光盘\效果\第 8 章\盖形螺母 .dwg
视频演示	光盘\视频\第 8 章\盖形螺母 .mp4

【实践操作 176】并集运算面域的具体操作步骤如下。

01 单击"菜单浏览器"按钮，在弹出的菜单列表中单击"打开"|"图形"命令，打开一幅素材图形，如图8-11所示。

02 在命令行中输入UNION（并集）命令，如图8-12所示，按【Enter】键确认。

03 根据命令行提示进行操作，在绘图区中选择圆形和矩形为编辑对象，如图8-13所示。

04 按【Enter】键确认，即可并集运算面域，效果如图8-14所示。

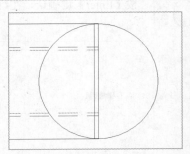

图8-11 打开一幅素材图形

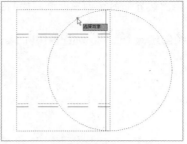

图8-13 选择圆形和矩形为编辑对象

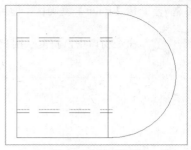

图8-14 并集运算面域

图8-12 在命令行中输入UNION

AutoCAD 技巧点拨

通过以下两种方法，也可以调用"并集"命令。
- 方法1：在命令行中输入UNI（并集）命令，并按【Enter】键确认。
- 方法2：显示菜单栏，单击"修改"|"实体编辑"|"并集"命令。
执行以上任意一种方法，均可调用"并集"命令。

8.2.2 差集运算面域

在 AutoCAD 2013 中，创建面域的差集是指使一个面域减去另一个面域。

实践素材	光盘 \ 素材 \ 第 8 章 \ 双头扳手 .dwg
实践效果	光盘 \ 效果 \ 第 8 章 \ 双头扳手 .dwg
视频演示	光盘 \ 视频 \ 第 8 章 \ 双头扳手 .mp4

【实践操作 177】差集运算面域的具体操作步骤如下。

01 单击"菜单浏览器"按钮，在弹出的菜单列表中单击"打开"|"图形"命令，打开一幅素材图形，如图8-15所示。

02 在命令行中输入SUBTRACT（差集）命令，如图8-16所示，按【Enter】键确认。

图8-15 打开一幅素材图形

图8-16 在命令行中输入SUBTRACT

03 根据命令行提示进行操作，在绘图区中选择多段线为编辑对象，如图8-17所示。

04 按【Enter】键确认，在绘图区中选择正多边形为编辑对象，如图8-18所示。

图8-17 选择多段线为编辑对象

图8-18 选择正多边形为编辑对象

05 按【Enter】键确认，即可差集运算面域，效果如图8-19所示。

技巧点拨

A u t o C A D

通过以下两种方法，也可以调用"差集"命令。
- 方法1：在命令行中输入SU（差集）命令，并按【Enter】键确认。
- 方法2：显示菜单栏，单击"修改"|"实体编辑"|"差集"命令。
执行以上任意一种方法，均可调用"差集"命令。

图8-19 差集运算面域

8.2.3 交集运算面域

在 AutoCAD 2013 中，创建多个面域的交集是指各个面域的公共部分，同时选择两个或两个以上面域对象，然后按【Enter】键即可对面域进行交集计算。

实践素材	光盘 \ 素材 \ 第 8 章 \ 螺栓 .dwg
实践效果	光盘 \ 效果 \ 第 8 章 \ 螺栓 .dwg
视频演示	光盘 \ 视频 \ 第 8 章 \ 螺栓 .mp4

【实践操作 178】交集运算面域的具体操作步骤如下。

01 单击"菜单浏览器"按钮，在弹出的菜单列表中单击"打开"|"图形"命令，打开一幅素材图形，如图8-20所示。

02 在命令行中输入INTERSECT（交集）命令，并按【Enter】键确认，如图8-21所示。

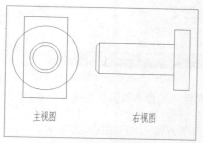

主视图　　　右视图

图8-20　打开一幅素材图形

图8-21　在命令行中输入INTERSECT

03 根据命令行提示进行操作，在绘图区中选择圆形和矩形为编辑对象，如图8-22所示。

04 按【Enter】键确认，即可交集运算面域，效果如图8-23所示。

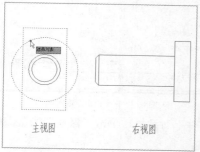

主视图　　　右视图

图8-22　选择圆形和矩形为编辑对象

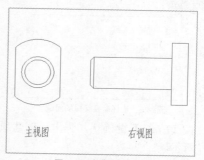

主视图　　　右视图

图8-23　交集运算面域

通过以下 2 种方法，也可以调用"交集"命令。
- 方法1：在命令行中输入IN（交集）命令，并按【Enter】键确认。
- 方法2：显示菜单栏，单击"修改"|"实体编辑"|"交集"命令。

执行以上任意一种方法，均可调用"交集"命令。

8.2.4 提取面域数据

从表面上看，面域和一般的封闭线框没有区别，就像是一张没有厚度的纸。实际上，面域就是二维实体模型，它不但包含边的信息，还包含边界内的信息。可以利用这些信息计算工程属性，如面积、材质、惯性等。

实践素材	光盘 \ 素材 \ 第 8 章 \ 起钉锤 .dwg
实践效果	光盘 \ 效果 \ 第 8 章 \ 起钉锤 .mpr
视频演示	光盘 \ 视频 \ 第 8 章 \ 起钉锤 .mp4

【实践操作 179】提取面域数据的具体操作步骤如下。

01 单击"菜单浏览器"按钮，在弹出的菜单列表中单击"打开"|"图形"命令，打开一幅素材图形，如图8-24所示。

02 在命令行中输入MASSPROP（面域/质量特性）命令，如图8-25所示。

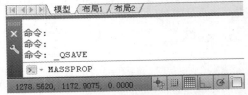

图8-24　打开素材图形　　　　　　　　　　图8-25　在命令行中输入MASSPROP

03 按【Enter】键确认，根据命令行提示进行操作，在绘图区中选择需要编辑的面域，如图8-26所示。

04 按【Enter】键确认，打开AutoCAD文本窗口，在窗口下方输入Y，如图8-27所示。

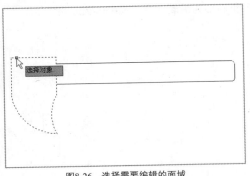

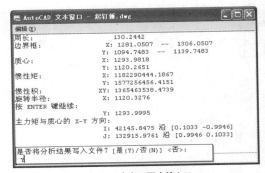

图8-26　选择需要编辑的面域　　　　　　　　图8-27　在窗口下方输入Y

05 按【Enter】键确认，弹出"创建质量与面积特性文件"对话框，单击"保存"按钮，如图8-28所示。

06 执行操作后，即可查看提取的面域数据，如图8-29所示。

图8-28 单击"保存"按钮

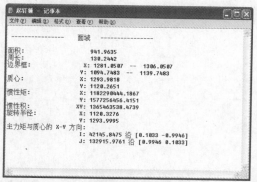

图8-29 查看提取的面域数据

8.3 创建图案填充

在绘图过程中，经常需要将选定的某种图案填充到一个封闭的区域内，这就是图案填充，如机械绘图中的剖切面、建筑绘图中的地板图案等。使用图案填充可以表示不同的零件或者材料。例如建筑绘图中常用不同的图案填充来表现建筑表面的装饰纹理和颜色。本节主要介绍创建图案填充的各种操作方法。

8.3.1 选择图案类型

在 AutoCAD 2013 中，为了满足各行各业的需要设置了许多填充图案，默认情况下填充的图案是ANGLE 图案，用户还可以自定义选取其他填充图案。

实践素材	光盘 \ 素材 \ 第 8 章 \ 支架支墩剖视图 .dwg
视频演示	光盘 \ 视频 \ 第 8 章 \ 支架支墩剖视图 .mp4

【实践操作 180】选择图案类型的具体操作步骤如下。

01 单击"菜单浏览器"按钮，在弹出的菜单列表中单击"打开"|"图形"命令，打开一幅素材图形，如图8-30所示。

02 单击"功能区"选项板中的"常用"选项卡，在"绘图"面板上单击"图案填充"按钮，如图8-31所示。

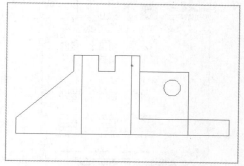

图8-30 打开一幅素材图形

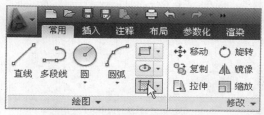

图8-31 单击"图案填充"按钮

03 弹出"图案填充创建"选项卡，如图8-32所示。

04 单击"图案填充图案"下方的下拉按钮，在弹出的列表框中选择"ANSI31"选项，如图8-33所示，即可选择图案类型。

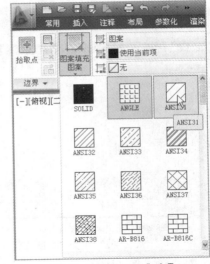

图8-33 选择"ANSI31"选项

图8-32 "图案填充创建"选项卡

8.3.2 创建填充图案

在 AutoCAD 2013 中，填充边界的内部区域即为填充区域。填充区域可以通过拾取封闭区域中的一点或拾取封闭对象两种方法来指定。下面介绍填充图案的操作方法。

实践素材	光盘 \ 素材 \ 第 8 章 \ 创建填充图案 .dwg
实践效果	光盘 \ 效果 \ 第 8 章 \ 创建填充图案 .dwg
视频演示	光盘 \ 视频 \ 第 8 章 \ 创建填充图案 .mp4

【实践操作 181】创建填充图案的具体操作步骤如下。

01 单击"菜单浏览器"按钮，在弹出的菜单列表中单击"打开"|"图形"命令，打开一幅素材图形，如图8-34所示。

02 单击"功能区"选项板中的"常用"选项卡，在"绘图"面板上单击"图案填充"按钮，弹出"图案填充创建"选项卡，单击"图案填充图案"下方的下拉按钮，在弹出的下拉列表框中选择ANSI31选项，如图8-35所示。

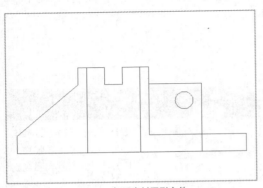

图8-34 打开素材图形文件

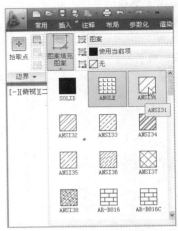

图8-35 选择ANSI32选项

03 选择填充图案后，单击"拾取点"按钮，如图8-36所示。

04 执行操作后，在绘图区拾取需要填充的区域，如图8-37所示。

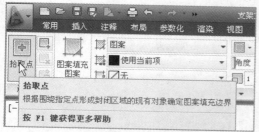

图8-36 单击"拾取点"按钮

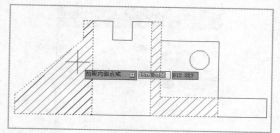

图8-37 拾取填充区域

05 完成对象拾取后，按【Enter】键确认，即可为图形填充图案，效果如图8-38所示。

8.3.3 使用孤岛填充

在 AutoCAD 2013 中进行图案填充时，通常将位于一个已定义好的填充区域内的封闭区域称为孤岛。下面介绍使用孤岛填充图形的操作方法。

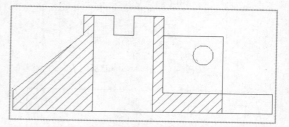

图8-38 为图形填充图案

实践素材	光盘 \ 素材 \ 第 8 章 \ 开槽螺母 .dwg
实践效果	光盘 \ 效果 \ 第 8 章 \ 开槽螺母 .dwg
视频演示	光盘 \ 视频 \ 第 8 章 \ 开槽螺母 .mp4

【实践操作 182】使用孤岛填充的具体操作步骤如下。

01 单击"菜单浏览器"按钮，在弹出的菜单列表中单击"打开"|"图形"命令，打开一幅素材图形，如图8-39所示。

02 单击"功能区"选项板中的"常用"选项卡，在"绘图"面板上单击"图案填充"按钮，弹出"图案填充创建"选项卡，单击"选项"面板的下拉按钮，展开对话框，选择"普通孤岛检测"选项，如图8-40所示。

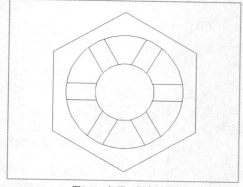

图8-39 打开一幅素材图形

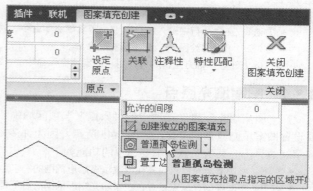

图8-40 选中"普通孤岛检测"

03 单击"图案填充图案"下方的下拉按钮，选择ANSI36选项，如图8-41所示。

04 设置图案填充比例为0.2，如图8-42所示。

05 单击"拾取点"按钮，在绘图区中的合适位置，选择需要填充图案的图形对象，如图8-43所示。

06 按【Enter】键确认，即可使用孤岛填充图案，效果如图8-44所示。

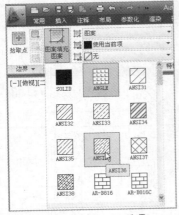

图8-41　选择ANSI36选项

图8-42　设置"比例"为0.2

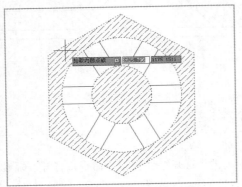

图8-43　选择需要填充图案的图形对象

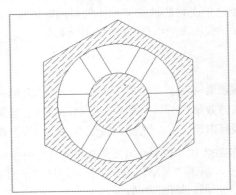

图8-44　使用孤岛填充图案

通过以下两种方法，也可以调用"图案填充"命令。

- 方法1：在命令行中输入BHATCH（图案填充）命令，按【Enter】键确认。
- 方法2：单击"绘图"｜"图案填充"命令。

执行以上任意一种方法，均可调用"图案填充"命令。

8.3.4　图案填充原点

在"图案填充创建"选项卡的"原点"选项区域中，用户可根据需要设置图案填充原点的位置，如图 8-45 所示，因为许多图案填充需要对齐填充边界上的某一个点。主要选项的功能如下。

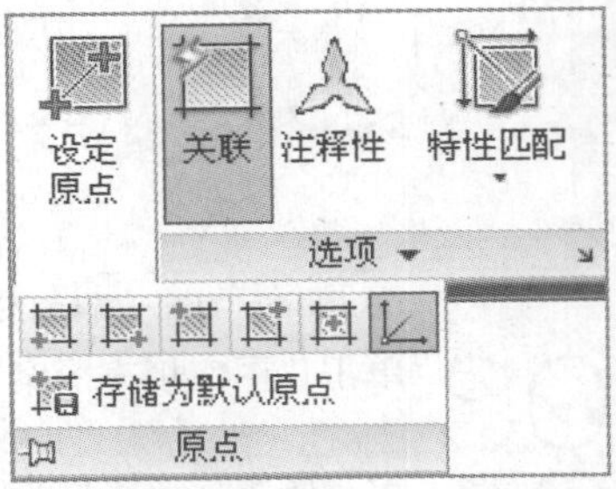

- 左下：将图案填充原点设置在图案填充矩形范围的左下角。
- 右下：将图案填充原点设置在图案填充矩形范围的右下角。
- 左上：将图案填充原点设置在图案填充矩形范围的左上角。
- 右上：将图案填充原点设置在图案填充矩形范围的右上角。
- 中心：将图案填充原点设置在图案填充矩形范围的中心。
- "使用当前原点"单选按钮：可以使用当前UCS的原点（0，0）作为图案填充的原点。
- "存储为默认原点"复选框，可以将指定的点存储为默认的图案填充原点。

图8-45

8.3.5　使用渐变色填充

在"图案填充和渐变色"对话框的"渐变色"选项卡中，用户可以创建单色或双色渐变色，并对图案进行填充。

实践素材	光盘 \ 素材 \ 第 8 章 \ 单头扳手 .dwg
实践效果	光盘 \ 效果 \ 第 8 章 \ 单头扳手 .dwg
视频演示	光盘 \ 视频 \ 第 8 章 \ 单头扳手 .mp4

【实践操作 183】使用渐变色填充的具体操作步骤如下。

01 单击"菜单浏览器"按钮，在弹出的菜单列表中单击"打开"|"图形"命令，打开一幅素材图形，如图8-46所示。

02 单击"功能区"选项板中的"常用"选项卡，在"绘图"面板上单击"图案填充"按钮，弹出"图案填充创建"选项卡，单击"图案"右侧的下拉按钮，选择"渐变色"选项，如图8-47所示。

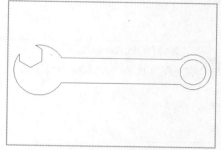

图8-46 打开一幅素材图形

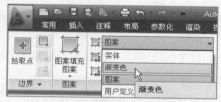

图8-47 选择"渐变色"选项

03 设置"渐变色1"为"洋红"、"渐变色2"为"黄"。

04 单击"拾取点"按钮，在绘图区中选择需要填充渐变色的图形对象，如图8-48所示。

05 按【Enter】键确认，即可使用渐变色填充图案，如图8-49所示。

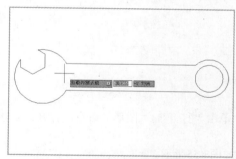

图8-48 选择需要填充渐变色的图形对象

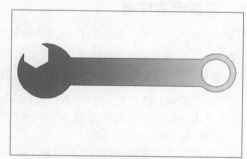

图8-49 使用渐变色填充图案

 8.4 编辑图案特性

在 AutoCAD 2013 中，为图形填充图案后，如果对填充效果不满意，还可以通过图案填充编辑命令对其进行编辑。编辑内容包括图案比例、图案样例、图案角度和分解图案等。

8.4.1 设置图案比例

在 AutoCAD 2013 中，用户可根据需要设置图案的比例大小。

实践素材	光盘 \ 素材 \ 第 8 章 \ 水果刀 .dwg
实践效果	光盘 \ 效果 \ 第 8 章 \ 水果刀 .dwg
视频演示	光盘 \ 视频 \ 第 8 章 \ 水果刀 .mp4

【实践操作184】设置图案比例的具体操作步骤如下。

01 单击"菜单浏览器"按钮，在弹出的菜单列表中单击"打开"|"图形"命令，打开一幅素材图形，如图8-50所示。

02 在绘图区中需要编辑的图形区域上单击鼠标，如图8-51所示。

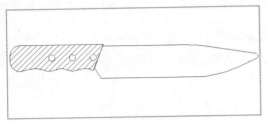

图8-50　打开一幅素材图形　　　　　　　　　图8-51　单击选择图形区域

03 执行操作后，弹出"图案填充编辑器"选项卡，在"填充图案比例"文本框中输入8，如图8-52所示。

04 按【Esc】键退出，即可设置图案的比例，效果如图8-53所示。

图8-52　设置"比例"为8　　　　　　　　　　8-53　设置图案的比例

8.4.2　设置图案样例

在 AutoCAD 2013 中，用户可根据需要设置图案样例。

实践素材	光盘 \ 素材 \ 第 8 章 \ 盘盖剖视图 .dwg
实践效果	光盘 \ 效果 \ 第 8 章 \ 盘盖剖视图 .dwg

【实践操作185】设置图案样例的具体操作步骤如下。

01 单击"菜单浏览器"按钮，在弹出的菜单列表中单击"打开"|"图形"命令，打开一幅素材图形，如图8-54所示。

02 在绘图区中需要编辑的图形区域上，单击鼠标，如图8-55所示。

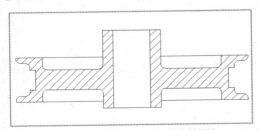
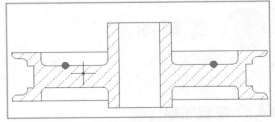

图8-54　打开一幅素材图形　　　　　　　　　图8-55　选择需要编辑的区域

03 弹出"图案填充编辑器"选项卡，单击"图案填充图案"下方的下拉按钮，选择ANSI37选项，如图8-56所示。

04 返回绘图区，按【Esc】键退出，即可设置图案样例，效果如图8-57所示。

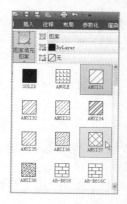

图8-56 选择ANSI37选项

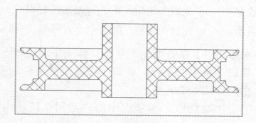

图8-57 设置图案样例

8.4.3 设置图案角度

在 AutoCAD 2013 中，用户可根据需要设置图案角度。

实践素材	光盘 \ 素材 \ 第 8 章 \ 轴套轴测剖视图 .dwg
实践效果	光盘 \ 效果 \ 第 8 章 \ 轴套轴测剖视图 .dwg
视频演示	光盘 \ 视频 \ 第 8 章 \ 轴套轴测剖视图 .mp4

【实践操作 186】设置图案角度的具体操作步骤如下。

01 单击"菜单浏览器"按钮，在弹出的菜单列表中单击"打开"|"图形"命令，打开一幅素材图形，如图8-58所示。

02 在绘图区中需要编辑的图形区域上，单击鼠标，如图8-59所示。

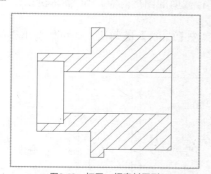

图8-58 打开一幅素材图形

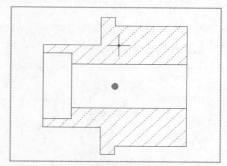

图8-59 单击选择图形区域

03 执行操作后，弹出"图案填充编辑器"选项卡，在"角度"文本框中输入90，如图8-60所示。

04 按【Enter】键确认，即可设置图案的填充角度，效果如图8-61所示。

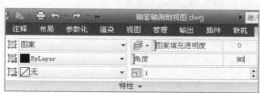

图8-60 设置"角度"为90

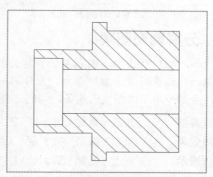

8-61 设置图案的填充角度

8.4.4 修剪填充图案

在 AutoCAD 2013 中，通过"修剪"命令可以像修剪其他对象一样对填充图案进行修剪。

实践素材	光盘 \ 素材 \ 第 8 章 \ 方形餐桌 .dwg
实践效果	光盘 \ 效果 \ 第 8 章 \ 方形餐桌 .dwg
视频演示	光盘 \ 视频 \ 第 8 章 \ 方形餐桌 .mp4

【实践操作 187】修剪填充图案的具体操作步骤如下。

01 单击"菜单浏览器"按钮，在弹出的菜单列表中单击"打开" | "图形"命令，打开一幅素材图形，如图8-62所示。

02 单击"功能区"选项板中的"常用"选项卡，在"修改"面板上单击"修剪"按钮￢，如图8-63所示。

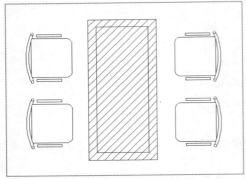

图8-62 打开一幅素材图形

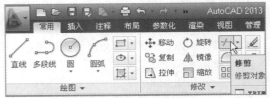

图8-63 单击"修剪"按钮

03 根据命令行提示进行操作，在绘图区中选择需要进行修剪的图形对象，如图8-64所示。

04 按【Enter】键确认，单击矩形内的填充图案，再次按【Enter】键确认，即可修剪填充的图案，效果如图8-65所示。

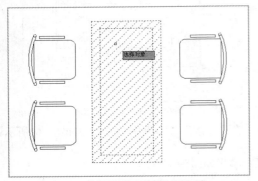

图8-64 选择需要进行修剪的图形对象

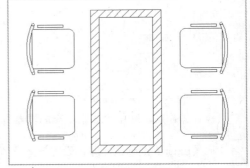

图8-65 修剪填充图案后的效果

8.4.5 分解填充图案

在 AutoCAD 2013 中，图案是一种特殊的块，称为"匿名"块，无论形状多么复杂，它都是一个单独的对象。可以执行"分解"命令，来分解一个已存在的关联图案。图案被分解后，它将不再是一个单一的对象，而是一组组成图案的线条，同时，分解后图案也失去了与图形的关联性。

实践素材	光盘 \ 素材 \ 第 8 章 \ 工字钢 .dwg
实践效果	光盘 \ 效果 \ 第 8 章 \ 工字钢 .dwg
视频演示	光盘 \ 视频 \ 第 8 章 \ 工字钢 .mp4

【实践操作188】分解填充图案的具体操作步骤如下。

01 单击"菜单浏览器"按钮，在弹出的菜单列表中单击"打开"|"图形"命令，打开一幅素材图形，如图8-66所示。

02 单击"功能区"选项板中的"常用"选项卡，在"修改"面板上单击"分解"按钮，如图8-67所示。

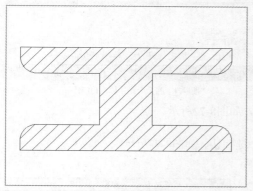

图8-66 打开一幅素材图形

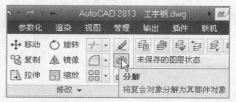

图8-67 单击"分解"按钮

03 根据命令行提示进行操作，选择绘图区中需要分解的填充图案，如图8-68所示。

04 按【Enter】键确认，即可分解图案，效果如图8-69所示。

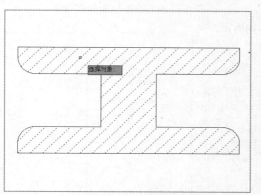

图8-68 选择填充图案为分解对象

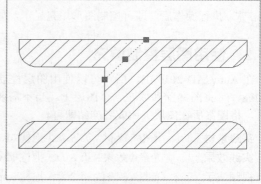

图8-69 分解图案后的效果

8.5 设置填充对象可见性

在 AutoCAD 2013 中，当用户创建图案填充后，还可以根据需要控制图案填充对象的显示状态。

8.5.1 使用FILL命令变量控制填充

在 AutoCAD 2013 中，用户可以使用 FILL 命令控制填充对象。

实践素材	光盘 \ 素材 \ 第 8 章 \ 灯具 .dwg
实践效果	光盘 \ 效果 \ 第 8 章 \ 灯具 .dwg
视频演示	光盘 \ 视频 \ 第 8 章 \ 灯具 .mp4

【实践操作189】使用 FILL 命令控制填充的具体操作步骤如下。

01 单击"菜单浏览器"按钮，在弹出的菜单列表中单击"打开"|"图形"命令，打开一幅素材图形，如图8-70所示。

02 在命令行中输入FILL（填充模式）命令，并按【Enter】键确认操作，如图8-71所示。

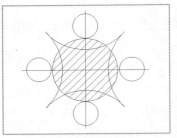

图8-70 打开一幅素材图形

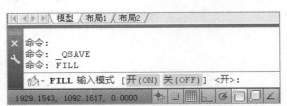

图8-71 在命令行中输入FILL

03 输入OFF（关）命令，并按【Enter】键确认，如图8-72所示。

04 输入REGEN（重生成）命令，并按【Enter】键确认，如图8-73所示。

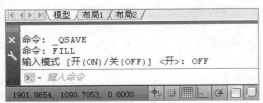

图8-72 输入OFF（关）命令

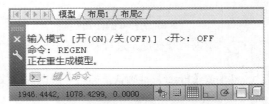

图8-73 输入REGEN（重生成）命令

05 执行操作后，即可控制图形填充显示，如图8-74所示。

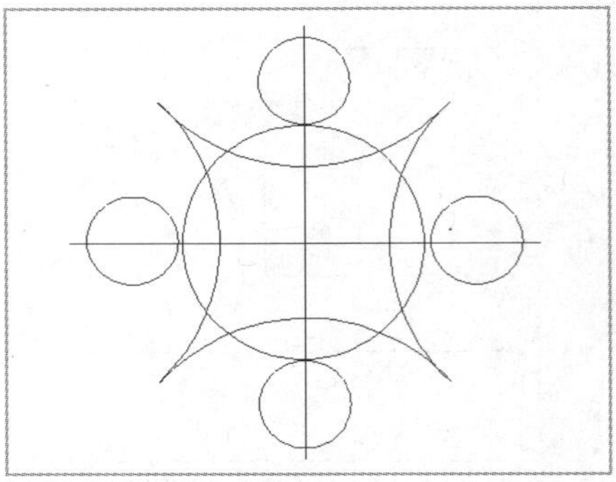

8.5.2 使用图层控制填充

在 AutoCAD 2013 中，用户可以使用图层控制填充。使用图层功能，可将图案单独放在一个图层上。当不需要显示该图案填充时，将图案所在图层关闭或者冻结即可。

实践素材	光盘 \ 素材 \ 第 8 章 \ 抱枕 .dwg
实践效果	光盘 \ 效果 \ 第 8 章 \ 抱枕 .dwg
视频演示	光盘 \ 视频 \ 第 8 章 \ 抱枕 .mp4

【实践操作 190】使用图层控制填充的具体操作步骤如下。

01 单击"菜单浏览器"按钮，在弹出的菜单列表中单击"打开"|"图形"命令，打开一幅素材图形，如图8-75所示。

02 单击"功能区"选项板中的"常用"选项卡，在"图层"面板上单击"图层特性"按钮，如图8-76所示。

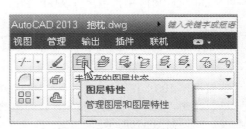

图8-74 控制图形填充显示

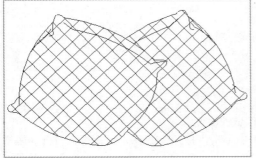

图8-75 打开一幅素材图形

图8-76 单击"图层特性"按钮

03
弹出"图层特性管理器"面板，在"图案填充"图层上，单击"开"图标 🖓，如图8-77所示。

04
执行操作后，即可运用图层控制填充，效果如图8-78所示。

图8-77 单击"开"图标

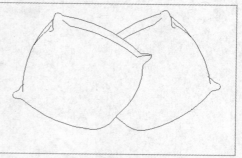

图8-78 运用图层控制填充

核心攻略篇

第9章
查询与管理外部参照

在 AutoCAD 2013 中，查询是一项很重要的功能，它能计算对象之间的距离和角度，还能计算复杂图形的面积，这对于从某个对象或者某组对象获取信息是很有帮助的。

外部参照是将已有的图形文件，以参照的形式插入到当前图形中。在绘制图形时，当需要参照其他图形或者图像来绘制图形时，就可以使用外部参照功能来节省存储空间。本章主要介绍查询与管理外部参照的操作方法。

A u t o C A D

9.1 查询对象的几何信息

在 AutoCAD 2013 中创建图形对象时，系统不仅在屏幕上绘制该图形对象，同时还建立了关于该对象的一组数据，并将它们保存到图形数据库中。这些数据不仅包含图形对象的图层、颜色和线型等信息，而且还包含对象的 X、Y、Z 坐标值等属性。当用户需要从各种图形对象获取各种信息时，通过查询图形对象，可以从这些数据中获取大量有用的信息。

9.1.1 查询时间

在 AutoCAD 2013 中，"查询时间"命令主要用来查询图形的创建日期和时间统计信息、图形的编辑时间、最后一次修改时间和系统当前时间等信息。

实践素材	光盘 \ 素材 \ 第 9 章 \ 植物 .dwg

【实践操作 191】查询时间的具体操作步骤如下。

01 单击"菜单浏览器"按钮，在弹出的菜单列表中单击"打开"|"图形"命令，打开一幅素材图形，如图9-1所示。

02 在命令行中输入TIME（时间）命令，如图9-2所示，按【Enter】键确认。

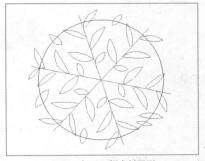

图9-1 打开一幅素材图形

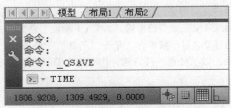

图9-2 在命令行中输入TIME

03 执行操作后，即可打开AutoCAD文本窗口，可在文本窗口中查看到查询的时间信息，如图9-3所示。

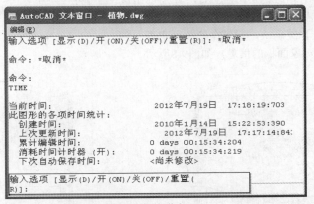

图9-3 查看查询的时间信息

技巧点拨

显示菜单栏，单击"工具"|"查询"|"时间"命令，也可以打开 AutoCAD 文本窗口。

9.1.2 查询面积

在 AutoCAD 2013 中，使用 MEASUREGEOM（测量）命令可以查询面积。

实践素材	光盘 \ 素材 \ 第 9 章 \ 沙发组合 .dwg

【实践操作 192】查询面积的具体操作步骤如下。

01 单击"菜单浏览器"按钮，在弹出的菜单列表中单击"打开"|"图形"命令，打开一幅素材图形，如图9-4所示。

02 在命令行中输入MEASUREGEOM（测量）命令，并按【Enter】键确认，如图9-5所示。

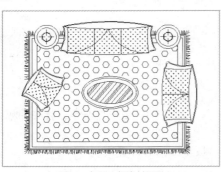

图9-4 打开一幅素材图形

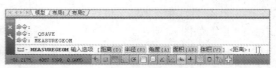

图9-5 输入MEASUREGEOM

用户还可以通过以下两种方法，调用"查询面积"命令。
方法 1：在命令行中输入 MEA（测量）命令，并按【Enter】键确认。
方法 2：显示菜单栏，单击"工具"|"查询"|"面积"命令。
执行以上任意一种方法，均可查询图形对象的面积信息。

03 根据命令行提示进行操作，在命令行中输入 AR（面积），并按【Enter】键确认，如图 9-6所示。

04 在绘图区中相应的4个端点上，分别单击鼠标，确定需要查询的面积，如图9-7所示。

05 按【Enter】键确认，即可在绘图区中查看到查询图形对象面积的信息，如图9-8所示。

图9-6 在命令行中输入AR

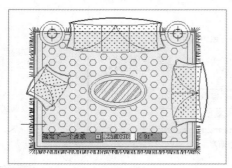

图9-7 确定需要查询的面积

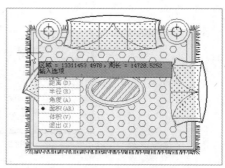

图9-8 查看图形对象面积的信息

9.1.3 查询周长

在 AutoCAD 2013 中，用户还可以根据需要查询图形对象的周长信息。

【实践操作 193】查询周长的具体操作步骤如下。

01 单击"菜单浏览器"按钮，在弹出的菜单列表中单击"打开"|"图形"命令，打开一幅素材图形，如图9-9所示。

02 在命令行中输入MEASUREGEOM（测量）命令，并按【Enter】键确认，输入AR（面积）命令，如图9-10所示，并按【Enter】键确认。

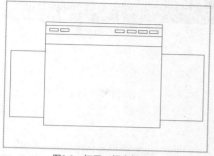

图9-9　打开一幅素材图形

图9-10　输入AR命令

03 在绘图区中相应的4个端点上，分别单击鼠标，确定需要查询的周长，如图9-11所示。

04 按【Enter】键确认，即可在绘图区中查看到查询图形对象周长的信息，如图9-12所示。

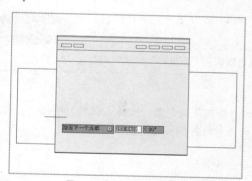

图9-11　确定需要查询的周长

图9-12　查看图形对象周长的信息

9.1.4　查询点坐标

在 AutoCAD 2013 中，"查询点坐标"命令主要用于查询指定点的坐标，这在基于某个对象绘制另一个对象时较为常用。下面介绍查询点坐标的操作方法。

【实践操作 194】查询点坐标的具体操作步骤如下。

01 单击"菜单浏览器"按钮，在弹出的菜单列表中单击"打开"|"图形"命令，打开一幅素材图形，如图9-13所示。

02 在命令行中输入ID（坐标点）命令，并按【Enter】键确认，如图9-14所示。

03 在绘图区中需要查询点坐标的位置上单击鼠标，如图9-15所示。

04 执行操作后，即可在命令行上方的文本窗口中查看到查询点坐标的信息，如图9-16所示。

图9-13　打开一幅素材图形

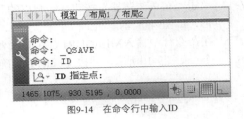

图9-14　在命令行中输入ID

图9-15　单击需要查询的点坐标位置

图9-16　查看点坐标的信息

AutoCAD 技巧点拨

显示菜单栏，单击"工具"|"查询"|"点坐标"命令，也可以调用"点坐标"命令。

9.1.5　查询质量特性

在 AutoCAD 2013 中，通过"查询质量特性"命令，可以查询所选对象（实体或面域）的质量、体积、边界框、惯性矩、惯性积和旋转半径等特征。下面介绍查询质量特性的操作方法。

实践素材	光盘 \ 素材 \ 第 9 章 \ 壁灯 .dwg
实践效果	光盘 \ 效果 \ 第 9 章 \ 壁灯 .mpr
视频演示	光盘 \ 视频 \ 第 9 章 \ 壁灯 .mp4

【实践操作 195】查询质量特性的具体操作步骤如下。

01　单击"菜单浏览器"按钮，在弹出的菜单列表中单击"打开"|"图形"命令，打开一幅素材图形，如图9-17所示。

02　在命令行中输入MASSPROP（质量特性）命令，并按【Enter】键确认，如图9-18所示。

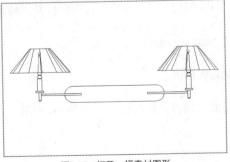

图9-17　打开一幅素材图形

图9-18　在命令行输入MASSPROP

03 根据命令行提示进行操作，在绘图区选择所有图形为查询对象，如图9-19所示。

04 按【Enter】键确认，打开AutoCAD文本窗口，即可在文本窗口中查看到查询质量特性的信息，如图9-20所示。

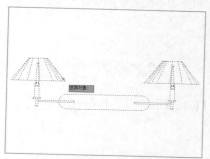

图9-19 选择所有图形为查询对象

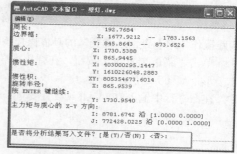

图9-20 查看图形质量特性的信息

AutoCAD 技巧点拨

显示菜单栏，单击"工具"|"查询"|"面域/质量特性"命令，也可以调用"质量特性"命令进行相应操作。

9.1.6 查询对象状态

在 AutoCAD 2013 中，使用"查询状态"命令可以查询到当前图形中对象的数目和当前空间中各种对象的类型等信息。

实践素材	光盘\素材\第9章\办公椅.dwg

【实践操作 196】查询对象状态的具体操作步骤如下。

01 单击"菜单浏览器"按钮，在弹出的菜单列表中单击"打开"|"图形"命令，打开一幅素材图形，如图9-21所示。

02 在命令行中输入STATUS（状态）命令，如图9-22所示，按【Enter】键确认。

图9-21 打开一幅素材图形

图9-22 在命令行中输入STATUS

03 执行操作后，打开AutoCAD文本窗口，即可在文本窗口中查看到查询对象状态的信息，如图9-23所示。

AutoCAD 技巧点拨

显示菜单栏，单击"工具"|"查询"|"状态"命令，也可以调用"状态"命令。

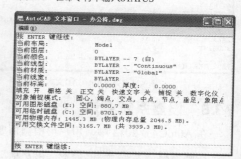

图9-23 查看对象状态的信息

9.1.7 查询系统变量

在 AutoCAD 2013 中，系统变量可以实现许多功能。例如，AREA 记录了最后一次查询的面积，SNAPMODE 用于记录捕捉的状态，DWGNAME 用于保存当前文件的名称。系统变量通常存于配置文件中，其他的变量一部分存于图形文件中，另一部分不储存。下面介绍查询系统变量的操作方法。

实践素材	光盘 \ 素材 \ 第 9 章 \ 组合音响 .dwg

【实践操作 197】查询系统变量的具体操作步骤如下。

01 单击"菜单浏览器"按钮，在弹出的菜单列表中单击"打开"|"图形"命令，打开一幅素材图形，如图9-24所示。

02 在命令行中输入SETVAR（设置变量）命令，并按【Enter】键确认，如图9-25所示。

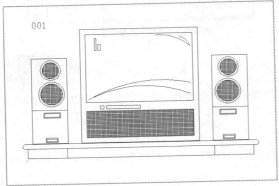

图9-24 打开一幅素材图形

图9-25 输入SETVAR（设置变量）

03 根据命令行提示进行操作，输入"？"，按两次【Enter】键确认，弹出AutoCAD文本窗口，如图9-26所示。

04 每按一次【Enter】键确认，即可查询不同的系统变量，如图9-27所示。

A u t o C A D 技巧点拨

显示菜单栏，单击"工具"|"查询"|"设置变量"命令，也可调用"系统变量"命令。

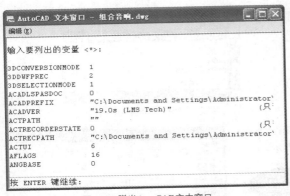

图9-26 弹出AutoCAD文本窗口

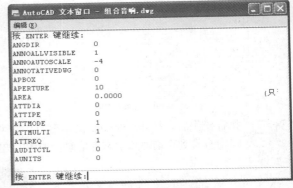

图9-27 查询不同的变量信息

9.1.8 设置系统变量

在 AutoCAD 2013 中，用户可根据需要设置系统变量。

实践素材	光盘 \ 素材 \ 第 9 章 \ 吊扇 .dwg

【实践操作 198】设置系统变量的具体操作步骤如下。

01　单击"菜单浏览器"按钮，在弹出的菜单列表中单击"打开"|"图形"命令，打开一幅素材图形，如图9-28所示。

02　在命令行中输入SETVAR（设置变量）命令，并按【Enter】键确认，根据命令行提示进行操作，输入ZOOMFACTOR（整数）命令，然后按【Enter】键确认，如图9-29所示。

03　输入100，并按【Enter】键确认，绘图区的图形比例的变化程序将变大，命令提示窗口中将显示已修改的系统变量值，如图9-30所示。

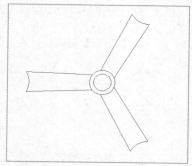

图9-28　打开一幅素材图形

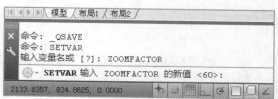

图9-29　输入ZOOMFACTOR命令

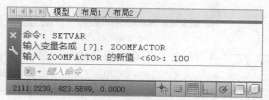

图9-30　显示已修改的系统变量值

9.2　使用CAL命令计算值和点

在 AutoCAD 2013 中，CAL 是一种功能很强的三维计算器，用户可以使用 CAL 完成数学表达式和矢量表达式（包括点、矢量和数值的组合）的计算，这样用户就可以不使用桌面计算器了。CAL 包含了标准的数学函数，还包括了一组专门用于计算点、矢量和 AutoCAD 几何图形的函数。

9.2.1　使用CAL作为点、矢量计算器

点和矢量的使用都可以使用两个或三个实数的组合来表示（平面空间使用两个实数，三维空间使用三个实数）。点用于定义空间中的位置，而矢量用于定义空间的方向和位移。在 CAL 计算过程中，用户也可以在计算表达式时使用点坐标。

实践素材	光盘 \ 素材 \ 第 9 章 \ 飞镖盘 .dwg

【实践操作 199】使用 CAL 作为点、矢量计算器的具体操作步骤如下。

01　单击"菜单浏览器"按钮，在弹出的菜单列表中单击"打开"|"图形"命令，打开一幅素材图形，如图9-31所示。

02　在命令行中输入ID（点坐标）命令，并按【Enter】键确认，根据命令行提示进行操作，在绘图区中左象限点上单击鼠标，如图9-32所示。

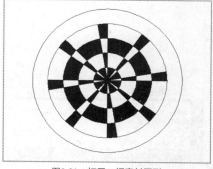

图9-31　打开一幅素材图形

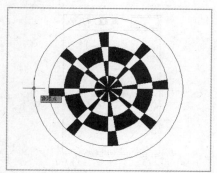

图9-32　在左象限点上单击鼠标

03 执行操作后，命令窗口中即可显示查询到的坐标值（X:789，Y:579，Z:0），如图9-33所示。

04 按【Enter】键确认，在绘图区中右象限点上单击鼠标，如图9-34所示。

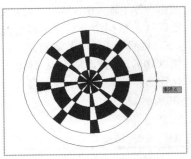

图9-34 在右象限点上单击鼠标

图9-33 显示查询到的坐标值

05 执行操作后，命令窗口中即可显示查询到的坐标值（X:1221，Y:579，Z:0），如图9-35所示。

06 在命令行中输入CAL命令，并按【Enter】键确认，输入（[789，579]＋[1221，579]）/2，如图9-36所示。

07 按【Enter】键确认，即可使用CAL作为点、矢量计算器，如图9-37所示。

图9-35 显示查询到的坐标值

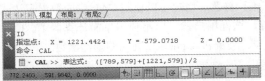

图9-36 在命令行中输入表达式

图9-37 使用CAL作为点、矢量计算器

9.2.2 在CAL命令中使用捕捉模式

在 AutoCAD 2013 中，AutoCAD 捕捉模式可以作为表达式的一部分，并且 AutoCAD 提示用户选择对象并返回相应点的坐标。在计算表达式中，使用捕捉模式可以简化对象坐标的输入。

实践素材	光盘 \ 素材 \ 第 9 章 \ 洗衣机 .dwg

【实践操作 200】在 CAL 命令中使用捕捉模式的具体操作步骤如下。

01 单击"菜单浏览器"按钮，在弹出的菜单列表中单击"打开"|"图形"命令，打开一幅素材图形，如图9-38所示。

02 在命令行中输入CAL命令，并按【Enter】键确认，根据命令行提示进行操作，输入（CUR＋CUR）/2，如图9-39所示。

图9-38 打开一幅素材图形

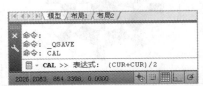

图9-39 输入表达式

$\underset{04}{03}$ 按【Enter】键确认，在绘图区的两个端点上单击鼠标左键，如图9-40所示。

执行操作后，即可在CAL命令中使用捕捉模式，如图9-41所示。

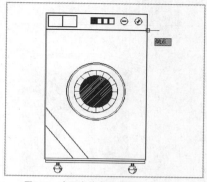

图9-40　在两个端点上单击鼠标

图9-41　在CAL命令中使用捕捉模式

9.3 使用外部参照

外部参照是指一副图形对另一幅图形的引用。在绘制图形时，如果一个图形文件需要参照其他图形或图像来绘制，而又不希望占用太多的存储空间，就可以使用 AutoCAD 的外部参照功能。本节主要介绍使用外部参照的操作方法。

9.3.1　附着外部参照

在 AutoCAD 2013 中，通过"功能区"选项板可以快速地插入外部参照。

实践素材	光盘＼素材＼第 9 章＼个性沙发 .dwg
实践效果	光盘＼效果＼第 9 章＼个性沙发 .dwg
视频演示	光盘＼视频＼第 9 章＼个性沙发 .mp4

【实践操作 201】附着外部参照的具体操作步骤如下。

01 单击"菜单浏览器"按钮，在弹出的菜单列表中单击"新建"|"图形"命令，新建一幅空白图形文件，单击"功能区"选项板中的"插入"选项卡，在"参照"面板上单击"附着"按钮，如图9-42所示。

02 弹出"选择参照文件"对话框，选择需要打开的图形文件，如图9-43所示。

图9-42　单击"附着"按钮

图9-43　选择需要打开的图形文件

03　单击"打开"按钮，弹出"附着外部参照"对话框，在"参照类型"选项区中选中"附着型"单选按钮，选中"在屏幕上指定"复选框，如图9-44所示。

04　单击"确定"按钮，在命令行中输入（100，100），并按【Enter】键确认，将图形插入到新建文件中，即可附着外部参照图形，如图9-45所示。

图9-44　"附着外部参照"对话框

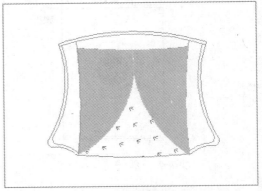

图9-45　附着外部参照图形

9.3.2　附着图像参照

在 AutoCAD 2013 中，用户可以附着图像参照。

实践素材	光盘 \ 素材 \ 第 9 章 \ 床平面图 .bmp
实践效果	光盘 \ 效果 \ 第 9 章 \ 床平面图 .dwg
视频演示	光盘 \ 视频 \ 第 9 章 \ 床平面图 .mp4

【实践操作 202】附着图像参照的具体操作步骤如下。

01　单击"菜单浏览器"按钮，在弹出的菜单列表中单击"新建"|"图形"命令，新建一幅空白图形文件，在命令行中输入IMAGEATTACH（光栅图像参照）命令，如图9-46所示。

02　按【Enter】键确认，弹出"选择参照文件"对话框，在其中选择需要的图形文件，如图9-47所示。

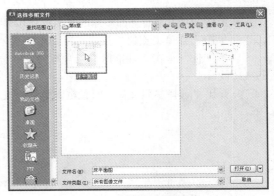

图9-47　选择需要的图形文件

图9-46　输入IMAGEATTACH命令

03　单击"打开"按钮，弹出"附着图像"对话框，如图9-48所示。

04　单击"确定"按钮，根据命令行提示进行操作，输入（2000，500），如图9-49所示，按【Enter】键确认。

05　再输入10，如图9-50所示，按【Enter】键确认。

06　执行操作后，即可附着图像参照图像，效果如图9-51所示。

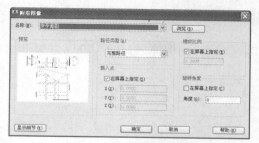

图9-48 "附着图像"对话框

图9-49 输入（2000，500）

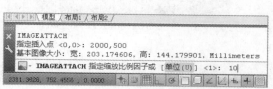

图9-50 再输入10

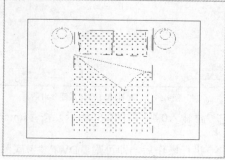

图9-51 附着图像参照图像

AutoCAD 技巧点拨

> 显示菜单栏，单击"插入"|"光栅图像参照"命令，也可调用"光栅图像参照"命令。

9.3.3 附着DWF参考底图

在 AutoCAD 2013 中，附着 DWF 参考底图与附着外部参照功能相似，DWF 格式文件是一种从 DWG 格式文件创建的高度压缩的文件格式。可以将 DWF 文件作为参考图附着到图形文件上，通过附着 DWF 文件，用户可以参照该文件而不增加图形文件的大小。另外，DWG 格式文件支持实时平移和缩放。

实践素材	光盘 \ 素材 \ 第 9 章 \ 床立面图 .dwf
实践效果	光盘 \ 效果 \ 第 9 章 \ 床立面图 .dwg
视频演示	光盘 \ 视频 \ 第 9 章 \ 床立面图 .mp4

【实践操作 203】附着 DWG 参考底图的具体操作步骤如下。

01 单击"菜单浏览器"按钮，在弹出的菜单列表中单击"新建"|"图形"命令，新建一幅空白图形文件，在命令行中输入DWFATTACH（DWF参考底图）命令，如图9-52所示。

02 按【Enter】键确认，弹出"选择参照文件"对话框，在其中选择需要的图形文件，如图9-53所示。

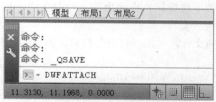

图9-52 输入DWFATTACH命令

图9-53 选择需要的图形文件

03 单击"打开"按钮，弹出"附着DWF参考底图"对话框，如图9-54所示。

04 单击"确定"按钮，根据命令行提示进行操作，在命令行中输入（1500，500），如图9-55所示，按【Enter】键确认。

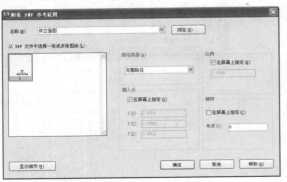

图9-54 "附着DWF参考底图"对话框

图9-55 在命令行中输入（1500，500）

05 再输入0.4，如图9-56所示，按【Enter】键确认。

06 执行操作后，即可附着DWF参考底图，效果如图9-57所示。

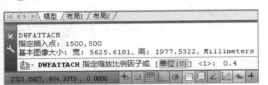

图9-56 在命令行中输入0.4

图9-57 附着DWF参考底图

技巧点拨

显示菜单栏，单击"插入"|"DWF参考底图"命令，也可以调用"DWF参考底图"命令。

9.3.4 附着DGN文件

在 AutoCAD 2013 中，DGN 格式文件是 MicroStation 绘图软件生成的文件，该文件格式对精度、层数以及文件和单元的大小并不限制。下面介绍附着 DGN 文件的操作方法。

实践素材	光盘 \ 素材 \ 第 9 章 \ 豪华双人床 .dgn
实践效果	光盘 \ 效果 \ 第 9 章 \ 豪华双人床 .dwg
视频演示	光盘 \ 视频 \ 第 9 章 \ 豪华双人床 .mp4

【实践操作 204】附着 DGN 文件的具体操作步骤如下。

01 单击"菜单浏览器"按钮，在弹出的菜单列表中单击"新建"|"图形"命令，新建一幅空白图形文件，在"功能区"选项板中，切换至"插入"选项卡，单击"参照"面板中的"外部参照"按钮，如图9-58所示。

02 弹出"外部参照"面板，单击"附着DWG"右侧的下拉按钮，在弹出的下拉列表中，选择"附着DGN"选项，如图9-59所示。

03 弹出"选择参照文件"对话框，选择需要附着的参照文件，单击"打开"按钮，如图9-60所示。

04 弹出"附着DGN参考底图"对话框，保持默认设置选项，如图9-61所示。

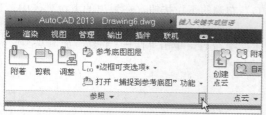

图9-58 单击"外部参照"按钮

图9-59 选择"附着DGN"选项

图9-60 选择需要附着的参照文件

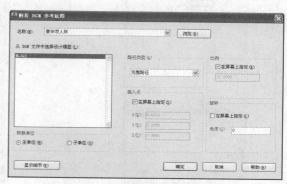

图9-61 "附着DGN参考底图"对话框

05 单击"确定"按钮，根据命令行提示进行操作，在命令行中输入（2000，500），如图9-62所示，按【Enter】键确认。

06 在命令行中继续输入0.01，并按【Enter】键确认，即可附着DGN文件外部参照图形，如图9-63所示。

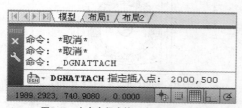

图9-62 在命令行中输入（2000，500）

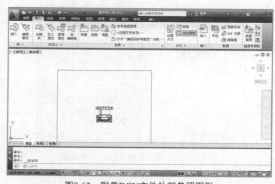

图9-63 附着DGN文件外部参照图形

AutoCAD 技巧点拨

显示菜单栏，单击"插入"|"DGN 参考底图"命令，也可以调用"DGN 参考底图"命令。

9.3.5 附着PDF文件

在 AutoCAD 2013 中，多页的 PDF 文件一次可附着一页，PDF 文件中的超文本链接被转换为纯文字，且不支持数字签名。

实践素材	光盘 \ 素材 \ 第 9 章 \ 音响 .pdf
实践效果	光盘 \ 效果 \ 第 9 章 \ 音响 . dwg

【实践操作 205】附着 PDF 文件的具体操作步骤如下。

01 单击"菜单浏览器"按钮，在弹出的菜单列表中单击"新建"|"图形"命令，新建一幅空白图形文件，在"功能区"选项板中，切换至"插入"选项卡，单击"参照"面板中的"外部参照"按钮，弹出"外部参照"面板，单击"附着DWG"右侧的下拉按钮，在弹出的下拉列表中，选择"附着PDF"选项，如图9-64所示。

02 弹出"选择参照文件"对话框，选择需要附着的参照文件，单击"打开"按钮，如图9-65所示。

图9-64 选择"附着PDF"选项

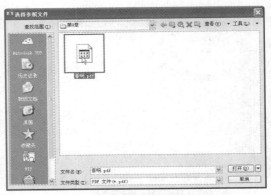

图9-65 选择需要附着的参照文件

03 弹出"附着PDF参考底图"对话框，保持默认设置选项，如图9-66所示。

04 单击"确定"按钮，根据命令行提示进行操作，在命令行中输入（0，0），按【Enter】键确认，输入0.05并按【Enter】键确认，即可附着PDF文件外部参照图形，如图9-67所示。

图9-66 "附着PDF参考底图"对话框

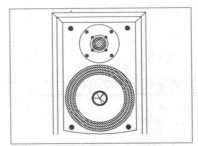

图9-67 附着PDF文件外部参照图形

AutoCAD 技巧点拨

显示菜单栏，单击"插入"|"PDF 参考底图"命令，也可调用"PDF 参考底图"命令。

9.4 管理外部参照

在 AutoCAD 2013 中，用户可以在"外部参照"选项板中对外部参照进行编辑和管理。本节主要介绍管理外部参照的操作方法。

9.4.1 编辑外部参照

在 AutoCAD 2013 中，可以使用"在位编辑参照"命令编辑当前图形中的外部参照，也可以重新定义当前图形中的块定义。

实践素材	光盘 \ 素材 \ 第 9 章 \ 客厅立面图 .dwg
实践效果	光盘 \ 效果 \ 第 9 章 \ 客厅立面图 .dwg
视频演示	光盘 \ 视频 \ 第 9 章 \ 客厅立面图 .mp4

【实践操作 206】编辑外部参照的具体操作步骤如下。

01 单击"菜单浏览器"按钮，在弹出的菜单列表中单击"打开"|"图形"命令，打开一幅素材图形，如图9-68所示。

02 在命令行中输入REFEDIT（在位编辑参照）命令，并按【Enter】键确认，如图9-69所示。

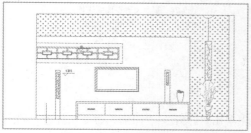

图9-68 打开一幅素材图形

图9-69 输入REFEDIT命令

03 根据命令行提示进行操作，在绘图区的图形上单击鼠标，弹出"参照编辑"对话框，如图9-70所示。

04 选中"自动选择所有嵌套的对象"单选按钮，单击"确定"按钮，如图9-71所示。

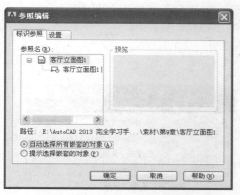

图9-70 弹出"参照编辑"对话框

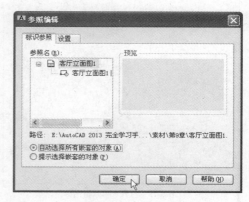

图9-71 单击"确定"按钮

05 此时被选中的部分将高亮显示，如图9-72所示。

06 在"功能区"选项板中将弹出"编辑参照"面板，在"编辑参照"面板上单击"保存修改"按钮，如图9-73所示。

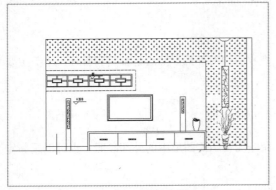

图9-72 被选中的部分高亮显示

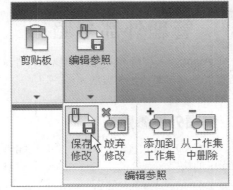

图9-73 单击"保存修改"按钮

07 弹出信息提示框，提示所有参照编辑都将被保存，如图9-74所示，单击"确定"按钮，即可保存编辑外部参照。

9.4.2 剪裁外部参照

在 AutoCAD 2013 中，剪裁命令用于定义外部参照的剪裁边界、设置前后剪裁面，这样就可以只显示剪裁范围以内的外部参照对象（即将剪裁范围以外的外部参照从当前显示图形中裁掉）。

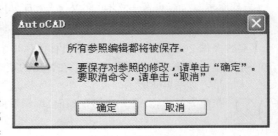

图9-74 提示所有参照编辑都将被保存

实践素材	光盘 \ 素材 \ 第 9 章 \ 盆景 .dwg
实践效果	光盘 \ 效果 \ 第 9 章 \ 盆景 .dwg
视频演示	光盘 \ 视频 \ 第 9 章 \ 盆景 .mp4

【实践操作 207】剪裁外部参照的具体操作步骤如下。

01 单击"菜单浏览器"按钮，在弹出的菜单列表中单击"打开"|"图形"命令，打开一幅素材图形，如图9-75所示。

02 单击"功能区"选项板中的"插入"选项卡，在"参照"面板上单击"剪裁"按钮，如图9-76所示。

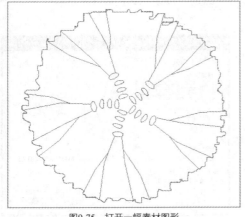

图9-75 打开一幅素材图形

图9-76 单击"剪裁"按钮

03 根据命令行提示进行操作，在绘图区中选择图形为编辑对象，连续按3次【Enter】键确认，在图形左上方的合适位置按下鼠标左键，拖曳鼠标至右下方合适的端点上，如图9-77所示。

04 释放鼠标，即可剪裁外部参照，效果如图9-78所示。

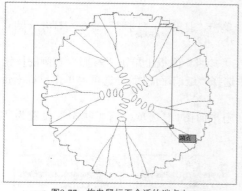

图9-77 拖曳鼠标至合适的端点上

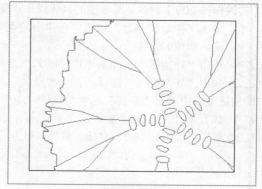

图9-78 剪裁外部参照后的效果

9.4.3 拆离外部参照

在 AutoCAD 2013 中，当插入一个外部参照后，如果需要删除该外部参照，可以将其进行拆离操作。

实践素材	光盘 \ 素材 \ 第 9 章 \ 盆景 .dwg
实践效果	光盘 \ 效果 \ 第 9 章 \ 拆离外部参照 .dwg
视频演示	光盘 \ 视频 \ 第 9 章 \ 拆离外部参照 .mp4

【实践操作 208】拆离外部参照的具体操作步骤如下。

01 以9.4.2小节素材为例，单击"菜单浏览器"按钮，在弹出的菜单列表中单击"打开"|"图形"命令，打开素材图形，如图9-79所示。

02 单击"功能区"选项板中的"插入"选项卡，在"参照"面板上单击"参照"右侧的按钮 ⬎，如图9-80所示。

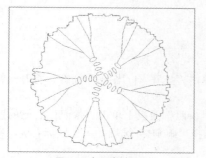

图9-79 打开素材图形

图9-80 单击"参照"右侧的按钮

03 弹出"外部参照"面板，在"参照名"列表框中选择"盆景1"选项，单击鼠标右键，在弹出的快捷菜单中选择"拆离"选项，如图9-81所示。

04 执行操作后，在"参照名"列表框中将不显示"盆景1"选项，此时已拆离外部参照，如图9-82所示。

9.4.4 卸载外部参照

在 AutoCAD 2013 中，用户可根据需要对外部参照进行卸载操作。卸载与拆离不同，卸载并不删除外部参照的定义，而仅仅取消外部参照的图形显示（包括其所有副本）。

实践素材	光盘 \ 素材 \ 第 9 章 \ 纸扇平面图 .dwg
实践效果	光盘 \ 效果 \ 第 9 章 \ 纸扇平面图 .dwg
视频演示	光盘 \ 视频 \ 第 9 章 \ 纸扇平面图 .mp4

图9-81 选择"拆离"选项

图9-82 拆离外部参照

01 单击"菜单浏览器"按钮，在弹出的菜单列表中单击"打开"|"图形"命令，打开一幅素材图形，如图9-83所示。

02 单击"功能区"选项板中的"插入"选项卡，在"参照"面板上单击"参照"右侧的按钮 ，弹出"外部参照"面板，在"参照名"列表框中选择"纸扇平面图1"选项，单击鼠标右键，在弹出的快捷菜单中选择"卸载"选项，如图9-84所示。

03 执行操作后，在"参照名"列表框中选择"纸扇平面图1"选项，将"状态"设置为"已卸载"，即可卸载外部参照，如图9-85所示。

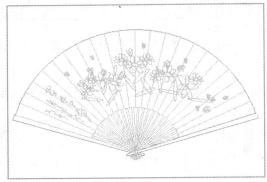

图9-83 打开一幅素材图形

图9-84 选择"卸载"选项

图9-85 卸载外部参照

9.4.5 重载外部参照

在 AutoCAD 2013 中，运用"重载"命令可以一次对多个外部参照进行卸载。

实践素材	光盘 \ 素材 \ 第 9 章 \ 雨伞 .dwg
实践效果	光盘 \ 效果 \ 第 9 章 \ 雨伞 .dwg
视频演示	光盘 \ 视频 \ 第 9 章 \ 雨伞 .mp4

【实践操作 210】重载外部参照的具体操作步骤如下。

01 单击"菜单浏览器"按钮，在弹出的菜单列表中单击"打开"|"图形"命令，打开一幅素材图形，如图9-86所示。

02 单击"功能区"选项板中的"插入"选项卡，在"参照"面板上单击"参照"右侧的按钮 ，弹出"外部参照"面板，在"参照名"列表框中选择"雨伞1"选项，单击鼠标右键，在弹出的快捷菜单中选择"重载"选项，如图9-87所示。

图9-86 打开一幅素材图形

图9-87 选择"重载"选项

03 执行操作后，即可重载外部参照。

9.4.6 绑定外部参照

在 AutoCAD 2013 中，使用绑定可以断开指定的外部参照与原图形文件的链接，并转换为块对象，成为当前图形的永久组成部分。下面介绍绑定外部参照的操作方法。

实践素材	光盘 \ 素材 \ 第 9 章 \ 运动服 .dwg
实践效果	光盘 \ 效果 \ 第 9 章 \ 运动服 .dwg
视频演示	光盘 \ 视频 \ 第 9 章 \ 运动服 .mp4

【实践操作 211】绑定外部参照的具体操作步骤如下。

01 单击"菜单浏览器"按钮，在弹出的菜单列表中单击"打开"|"图形"命令，打开一幅素材图形，如图9-88所示。

02 单击"功能区"选项板中的"插入"选项卡，在"参照"面板上单击"参照"右侧的按钮 ⇘ ，弹出"外部参照"面板，在"参照名"列表框中选择"运动服1"选项，单击鼠标右键，在弹出的快捷菜单中选择"绑定"选项，如图9-89所示。

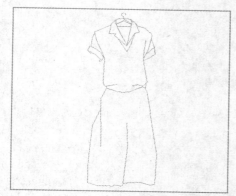

图9-88 打开一幅素材图形

图9-89 选择"绑定"选项

03 弹出"绑定外部参照"对话框，选中"绑定"单选按钮，如图9-90所示。

04 单击"确定"按钮，返回"外部参照"面板，即可绑定外部参照为块参照，此时在"外部参照"面板中将不显示外部参照文件，"外部参照"面板如图9-91所示。

05 执行操作后，图形效果如图9-92所示。

图9-90 选中"绑定"单选按钮

图9-91 "外部参照"面板

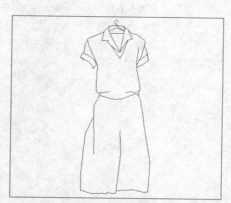

图9-92 图形效果

第10章

管理图块与AutoCAD
设计中心

    在 AutoCAD 2013 中，图块具有节省空间、便于修改和有利于后期的数据统计等特点，因此在绘图中得到广泛的应用。图块是由一个或多个对象组成的对象集合，常用于绘制复杂、重复的图形。设计中心是 AutoCAD 为了在多个用户或不同的图形之间实现图形信息的共享、重复利用图形中已创建的各种命名对象而提供的工具。本章主要介绍管理图块与 AutoCAD 设计中心的操作方法。

AutoCAD

10.1 创建图块

创建图块就是将已有的图形对象定义为图块的过程，可将一个或多个图形对象定义为一个图块。本节主要介绍创建图块的操作方法。

10.1.1 图块的特点

在 AutoCAD 2013 中，使用块可以提高绘图速度、节省存储空间、便于修改图形并能够为其添加属性。下面向用户介绍 AutoCAD 中图块的特点。

1. 提高绘图效率

在 AutoCAD 中绘图时，常常要绘制一些重复出现的图形。如果把这些图形做成块保存起来，绘制它们时就可以用插入块的方法实现，即把绘图变成了拼图，从而避免了大量的重复性工作，提高了绘图效率。

2. 节省存储空间

AutoCAD 要保存图中每一个对象的相关信息，如对象的类型、位置、图层、线型及颜色等，这些信息要占用存储空间。如果一幅图中包含有大量相同的图形，就会占据较大的磁盘空间。但如果把相同的图形事先定义成一个块，绘制它们时就可以直接把块插入到图中的各个相应位置。这样既满足了绘图要求，又可以节省磁盘空间。因为虽然在块的定义中包含了图形的全部对象，但系统只需要一次这样的定义。对块的每次插入，AutoCAD 仅需要记住这个块对象的有关信息（如块名、插入点坐标及插入比例等）。对于复杂但需多次绘制的图形，这一优点显示更为明显。

3. 便于修改图形

一张工程图纸往往需要多次修改。如在建筑设计中，旧的国家标准用虚线表示建筑剖面，新标准则用细实线表示。如果对旧图纸上的每一处都按国家新标准修改，既费时又不方便。但如果原来剖面图是通过块的方法绘制的，那么只要简单地对块进行再定义，就可对图中的所有剖面进行修改。

4. 添加属性

许多块还要求有文字信息以进一步解释其用途。AutoCAD 允许用户为块创建这些文字属性，并可在插入的块中指定是否显示这些属性。此外，还可以从图中提取信息并将它们传送到数据库中。

10.1.2 创建内部图块

在 AutoCAD 2013 中，内部图块跟随定义它的图形文件一起保存，存储在图形文件的内部，因此只能在当前图形文件中调用，而不能在其他图形文件中调用。

实践素材	光盘\素材\第 10 章\家庭影院 .dwg
实践效果	光盘\效果\第 10 章\家庭影院 .dwg
视频演示	光盘\视频\第 10 章\家庭影院 .mp4

【实践操作 212】创建内部图块的具体操作步骤如下。

01 单击"菜单浏览器"按钮，在弹出的菜单列表中单击"打开"|"图形"命令，打开一幅素材图形，如图10-1所示。

02 单击"功能区"选项板中的"插入"选项卡，在"块定义"面板上单击"创建块"按钮，如图10-2所示。

03 弹出"块定义"对话框，在其中设置"名称"为"家庭影院"，如图10-3所示。

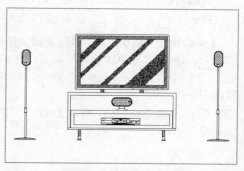

图10-1　打开一幅素材图形

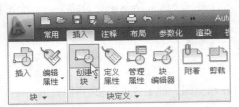

图10-2 单击"创建"按钮

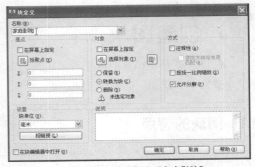

图10-3 设置"名称"为"家庭影院"

04 在"对象"选项区中单击"选择对象"按钮，在绘图区中选择需要创建为图块的图形对象，如图10-4所示。

05 按【Enter】键确认，弹出"块定义"对话框，单击"确定"按钮，即可创建内部图块，如图10-5所示。

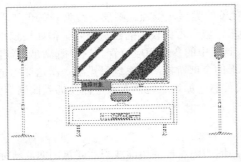

图10-4 选择需要创建为图块的图形对象

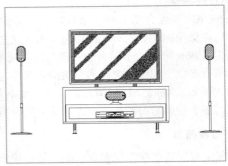

图10-5 创建内部图块效果

A u t o C A D **技巧点拨**

在 AutoCAD 2013 中，用户还可以通过以下 3 种方法，调用"创建"命令。
- 方法1：在命令行中输入BLOCK（创建）命令，按【Enter】键确认。
- 方法2：在命令行中输入B（创建）命令，按【Enter】键确认。
- 方法3：显示菜单栏，单击"绘图"|"块"|"创建"命令。
执行以上任意一种操作，均可调用"创建"命令。

10.1.3 创建外部图块

在 AutoCAD 2013 中，外部图块也称为外部图块文件，它以文件的形式保存在本地磁盘中，用户可根据需要随时将外部图块调用到其他图形文件中。

实践素材	光盘\素材\第 10 章\镜子 .dwg
视频演示	光盘\视频\第 10 章\镜子 .mp4

【实践操作 213】创建外部图块的具体操作步骤如下。

01 单击"菜单浏览器"按钮，在弹出的菜单列表中单击"打开"|"图形"命令，打开一幅素材图形，如图10-6所示。

02 在命令行中输入WBLOCK（写块）命令，如图10-7所示。

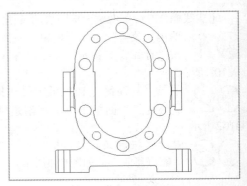

图10-6 打开一幅素材图形

03 按【Enter】键确认，弹出"写块"对话框，在"对象"选项区中单击"选择对象"按钮，如图10-8所示。

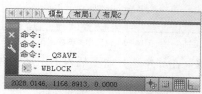
图10-7 输入WBLOCK（写块）命令

图10-8 单击"选择对象"按钮

04 在绘图区中选择需要编辑的图形对象，如图10-9所示。

05 按【Enter】键确认，弹出"写块"对话框，在"目标"选项区中设置文件名和路径，如图10-10所示，单击"确定"按钮，即可完成外部图块的创建。

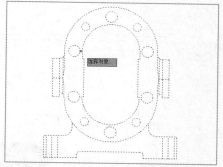
图10-9 选择需要编辑的图形对象

图10-10 完成外部图块的创建

10.2 编辑图块

在 AutoCAD 2013 中，用户可根据需要对图块进行编辑，如插入单个图块、插入阵列图块、修改图块插入基点、分解图块以及重新定义图块等。

10.2.1 插入单个图块

在 AutoCAD 2013 中，插入块是指将已定义的图块插入到当前的文件中。下面介绍插入单个图块的操作方法。

实践素材	光盘＼素材＼第 10 章＼开口销钉 .dwg
实践效果	光盘＼效果＼第 10 章＼开口销钉 .dwg
视频演示	光盘＼视频＼第 10 章＼开口销钉 .mp4

【实践操作 214】插入单个图块的具体操作步骤如下。

01 单击"菜单浏览器"按钮，在弹出的菜单列表中单击"新建"|"图形"命令，新建一幅图形文件，单击"功能区"选项板中的"插入"选项卡，在"块"面板上单击"插入"按钮，如图10-11所示。

02 弹出"插入"对话框，在"插入点"选项区中，取消选中"在屏幕上指定"复选框，设置X为
10、Y为10，如图10-12所示。

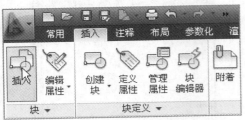

图10-11　单击"插入"按钮

图10-12　设置相关参数

03 单击"浏览"按钮，弹出"选择图形文件"对话框，在其中选择需要插入的图形文件，如图
10-13所示。

04 单击"打开"按钮，返回"插入"对话框，单击"确定"按钮，即可插入单个图块，如图10-14
所示。

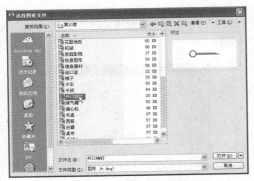

图10-13　选择需要插入的图形文件

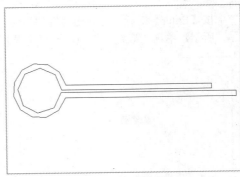

图10-14　插入单个图块

技巧点拨

在 AutoCAD 2013 中，用户还可以通过以下 3 种方法，调用"块"命令。
- 方法1：在命令行中输入INSERT（块）命令，按【Enter】键确认。
- 方法2：在命令行中输入I（块）命令，按【Enter】键确认。
- 方法3：显示菜单栏，单击"插入"|"块"命令。
执行以上任意一种操作，均可调用"块"命令。

10.2.2　插入阵列图块

在 AutoCAD 2013 中，用户可根据需要插入阵列图块。

实践素材	光盘 \ 素材 \ 第 10 章 \ 煤气罐 .dwg
实践效果	光盘 \ 效果 \ 第 10 章 \ 煤气罐 .dwg
视频演示	光盘 \ 视频 \ 第 10 章 \ 煤气罐 .mp4

【实践操作 215】插入阵列图块的具体操作步骤如下。

01 单击"菜单浏览器"按钮，在弹出的菜单列表中单击"打开"|"图形"命令，打开一幅素材图
形，如图10-15所示。

02 在命令行中输入MINSERT（阵列插入块）命令，如图10-16所示，并按【Enter】键确认。

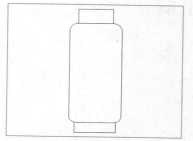

图10-15 打开一幅素材图

图10-16 输入MINSERT命令

03 根据命令行提示进行操作，输入文字"矩形"，如图10-17所示，按【Enter】键确认。

04 输入坐标值（0，0），指定插入点，如图10-18所示，按【Enter】键确认。

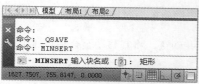

图10-17 输入文字"矩形"

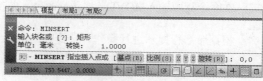

图10-18 输入坐标值（0，0）

05 再次输入坐标值（0，0），指定插入点，如图10-19所示，按【Enter】键确认。

06 输入1，指定X比例因子，指定对角点，如图10-20所示，按【Enter】键确认。

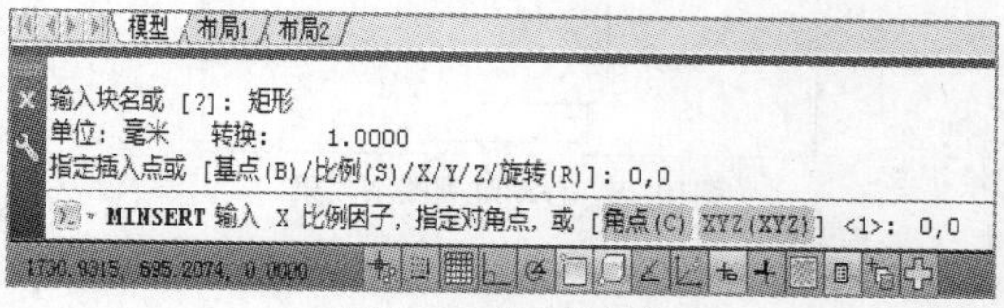

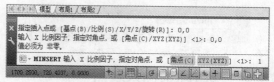

图10-19 指定插入点

图10-20 指定X比例因子为1

07 继续输入1，指定Y比例因子，如图10-21所示，按【Enter】键确认。

08 输入0，指定旋转角度，如图10-22所示，按【Enter】键确认。

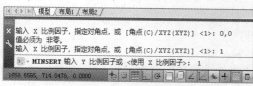

图10-21 指定Y比例因子为1

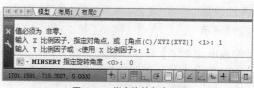

图10-22 指定旋转角度为0

09 输入2，指定图块阵列行数，如图10-23所示，按【Enter】键确认。

10 输入1，指定图块阵列列数，如图10-24所示，按【Enter】键确认。

图10-23 指定图块阵列行数为2

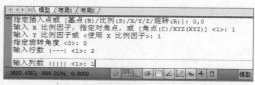

图10-24 指定图块阵列列数为1

11 输入3，指定阵列行间距，如图10-25所示，按【Enter】键确认。

12 执行操作后，即可阵列图块，如图10-26所示。

图10-25　指定阵列行间距为3

图10-26　阵列图块效果

13 在命令行中输入MOVE（移动）命令，并按【Enter】键确认，如图10-27所示。

14 根据命令行提示进行操作，选择阵列图块为移动对象并确认，将其移动至合适位置后单击鼠标，即可移动图形，效果如图10-28所示。

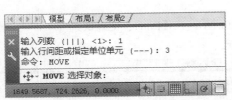

图10-27　输入MOVE（移动）命令

图10-28　移动阵列图块效果

10.2.3　修改图块插入基点

图块上的任意一点都可以作为该图块的基点，但为了绘图方便，需要根据图形的结构选择基点，一般选择在图块的对称中心、左下角或其他有特征的位置，该基点是图形插入过程中进行旋转或调整比例的基准点。

实践素材	光盘 \ 素材 \ 第 10 章 \ 零件二视图 .dwg
实践效果	光盘 \ 效果 \ 第 10 章 \ 零件二视图 .dwg
视频演示	光盘 \ 视频 \ 第 10 章 \ 零件二视图 .mp4

【实践操作 216】修改图块插入基点的具体操作步骤如下。

01 单击"菜单浏览器"按钮，在弹出的菜单列表中单击"打开"|"图形"命令，打开一幅素材图形，如图10-29所示。

02 在"功能区"选项板中的"插入"选项卡中单击"块定义"面板中间的下拉按钮，在展开的面板上单击"设置基点"按钮，如图10-30所示。

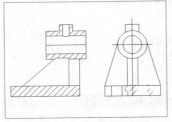

图10-29　打开一幅素材图形

图10-30　单击"设置基点"按钮

○3 根据命令行提示进行操作，在命令行中输入新的基点坐标值（100，100，0），如图10-31所示。

○4 按【Enter】键确认，即可修改图块插入基点。

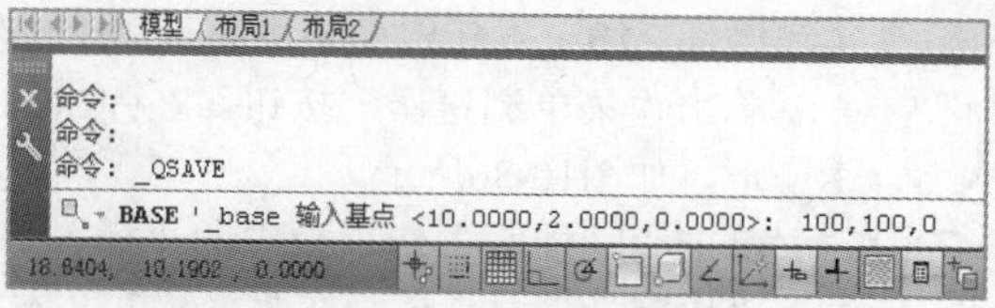

图10-31　输入新的基点坐标值

10.2.4　分解图块

在 AutoCAD 2013 中，由于插入的图块是一个整体，在需要对图块进行编辑时，必须先将其分解。下面介绍分解图块的操作方法。

实践素材	光盘＼素材＼第 10 章＼浴霸 .dwg
实践效果	光盘＼效果＼第 10 章＼浴霸 .dwg
视频演示	光盘＼视频＼第 10 章＼浴霸 .mp4

【实践操作 217】分解图块的具体操作步骤如下。

○1 单击"菜单浏览器"按钮，在弹出的菜单列表中单击"打开"|"图形"命令，打开一幅素材图形，如图10-32所示。

○2 单击"功能区"选项板中的"常用"选项卡，在"修改"面板上单击"分解"按钮，如图10-33所示。

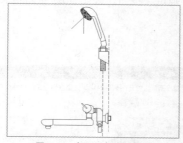

图10-32　打开一幅素材图形

图10-33　单击"分解"按钮

○3 根据命令行提示，在绘图区中选择需要分解的图块对象，如图10-34所示。

○4 按【Enter】键确认，即可分解图块，效果如图10-35所示。

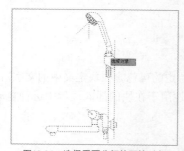

图10-34　选择需要分解的图块对象

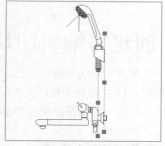

图10-35　分解图块对象

10.2.5　重新定义图块

在 AutoCAD 2013 中，如果在一个图形文件中多次重复插入一个图块，又需将所有相同的图块统一修改或改变成另一个标准，就可以运用图块的重新定义功能来实现。

实践素材	光盘＼素材＼第 10 章＼台灯 .dwg
实践效果	光盘＼效果＼第 10 章＼台灯 .dwg
视频演示	光盘＼视频＼第 10 章＼台灯 .mp4

【实践操作 218】重新定义图块的具体操作步骤如下。

01 单击"菜单浏览器"按钮，在弹出的菜单列表中单击"打开"|"图形"命令，打开一幅素材图形，如图10-36所示。

02 单击"功能区"选项板中的"插入"选项卡，在"块定义"面板上单击"创建块"按钮，弹出"块定义"对话框，在"名称"文本框中输入"圆"，如图10-37所示。

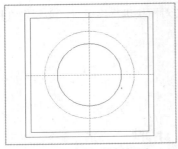

图10-36 打开一幅素材图形

图10-37 在文本框中输入"圆"

03 单击"选择对象"按钮，根据命令行提示进行操作，在绘图区中选择圆为编辑对象，如图10-38所示。

04 按【Enter】键确认，弹出"块定义"对话框，单击"确定"按钮，弹出"块-重新定义块"对话框，如图10-39所示。

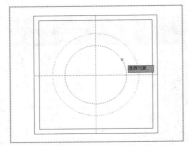

图10-38 选择圆为编辑对象

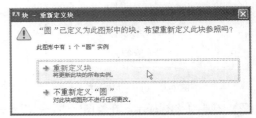

图10-39 "块-重新定义块"对话框

05 选择"重新定义块"选项，即可重新定义图块。

10.3 创建与编辑图块属性

块属性是附属于块的非图形信息，是块的组成部分，是特定的可包含在块定义中的文字对象。在定义一个块时，属性必须预先定义然后才能被选定，通常属性用于在块的插入过程中进行自动注释。本节主要介绍创建与编辑图块属性的操作方法。

10.3.1 创建带有属性的块

在 AutoCAD 2013 中，用户可根据需要创建带有属性的块。

实践素材	光盘 \ 素材 \ 第 10 章 \ 卡车 .dwg
实践效果	光盘 \ 效果 \ 第 10 章 \ 卡车 .dwg
视频演示	光盘 \ 视频 \ 第 10 章 \ 卡车 .mp4

【实践操作 219】创建带有属性块的具体操作步骤如下。

01 单击"菜单浏览器"按钮，在弹出的菜单列表中单击"打开"|"图形"命令，打开一幅素材图形，如图10-40所示。

$O2$ 单击"功能区"选项板中的"插入"选项卡，在"块定义"面板上单击"定义属性"按钮，如图10-41所示。

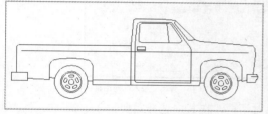

图10-40 打开一幅素材图形

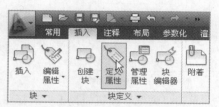

图10-41 单击"定义属性"按钮

$O3$ 弹出"属性定义"对话框，在"标记"文本框中输入"卡车"，在"文字设置"选项区中单击"对正"右侧的下拉按钮，在弹出的列表框中选择"居中"选项，在"文字高度"数值框中输入10，如图10-42所示。

$O4$ 单击"确定"按钮，根据命令行提示进行操作，输入坐标值（2321，1029），如图10-43所示。

$O5$ 按【Enter】键确认，即可创建带有属性的块，效果如图10-44所示。

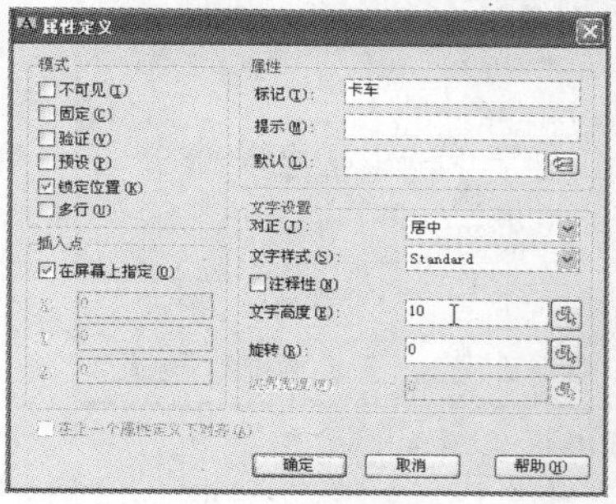

图10-42 设置各参数值

图10-43 输入坐标值

图10-44 创建带有属性的块

技巧点拨

在 AutoCAD 2013 中，用户还可以通过以下 3 种方法，调用"定义属性"命令。
- 方法1：在命令行中输入ATTDEF（定义属性）命令，按【Enter】键确认。
- 方法2：在命令行中输入ATT（定义属性）命令，按【Enter】键确认。
- 方法3：显示菜单栏，单击"绘图"|"块"|"定义属性"命令。
执行以上任意一种操作，均可调用"定义属性"命令。

10.3.2 插入带有属性的块

插入一个带有属性的块时，其插入方法与插入一个不带属性的块基本相同，只是在后面增加了属性输入提示。

实践素材	光盘 \ 素材 \ 第 10 章 \ 偏心轮 .dwg、标注 .dwg
实践效果	光盘 \ 效果 \ 第 10 章 \ 偏心轮 .dwg
视频演示	光盘 \ 视频 \ 第 10 章 \ 偏心轮 .mp4

【实践操作 220】插入带有属性块的具体操作步骤如下。

$O1$ 单击"菜单浏览器"按钮，在弹出的菜单列表中单击"打开"|"图形"命令，打开一幅素材图形，如图10-45所示。

$O2$ 单击"功能区"选项板中的"插入"选项卡，在"块"面板上单击"插入"按钮，弹出"插入"对话框，如图10-46所示。

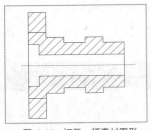

图10-45　打开一幅素材图形

图10-46　弹出"插入"对话框

03 单击"浏览"按钮，弹出"选择图形文件"对话框，在其中选择需要插入的素材文件，如图10-47所示。

04 单击"打开"按钮，返回"插入"对话框，再单击"确定"按钮，如图10-48所示。

05 弹出"编辑属性"对话框，在文本框中输入"偏心轮"，如图10-49所示。

06 单击"确定"按钮，即可插入带有属性的块，将其移至合适的位置，效果如图10-50所示。

图10-47　选择需要插入的素材文件

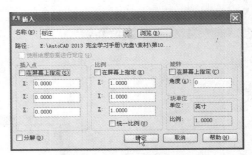

图10-48　设置插入点数值

图10-49　在文本框中输入偏心轮

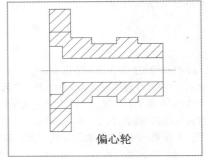

图10-50　插入带有属性的块

10.3.3　编辑块的属性

在 AutoCAD 2013 中，块属性就像其他对象一样，用户可以对其进行编辑。

实践素材	光盘 \ 素材 \ 第 10 章 \ 编辑块的属性 .dwg
实践效果	光盘 \ 效果 \ 第 10 章 \ 编辑块的属性 .dwg
视频演示	光盘 \ 视频 \ 第 10 章 \ 编辑块的属性 .mp4

【实践操作 221】编辑块的属性的具体操作步骤如下。

01 单击"菜单浏览器"按钮，在弹出的菜单列表中单击"打开"|"图形"命令，打开一幅素材图形，如图10-51所示。

02 在绘图区中的属性定义块上双击鼠标，如图10-52所示。

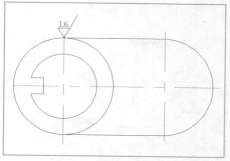

图10-51 打开一幅素材图形

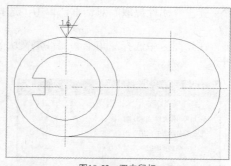

图10-52 双击鼠标

03 弹出"增强属性编辑器"对话框，切换至"属性"选项卡，将值修改为"0.8"，如图10-53所示。

04 设置完成后，单击"确定"按钮，即可编辑块的属性，如图10-54所示。

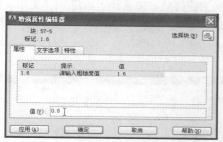

图10-53 修改值

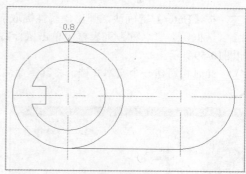

图10-54 编辑块的属性

10.3.4 提取属性数据

在 AutoCAD 2013 中，通过提取数据信息，用户可以轻松地直接使用图形数据来生成清单或明细表。如果每个块都具有标识设备型号和制造商的数据，就可以生成用于估算设备价格的报告。

实践素材	光盘 \ 素材 \ 第 10 章 \ 卡抓 .dwg
实践效果	光盘 \ 效果 \ 第 10 章 \ 卡抓 .dwg
视频演示	光盘 \ 视频 \ 第 10 章 \ 卡抓 .mp4

【实践操作 222】提取属性数据的具体操作步骤如下。

01 单击"菜单浏览器"按钮，在弹出的菜单列表中单击"打开"|"图形"命令，打开一幅素材图形，如图10-55所示。

02 在命令行中输入ATTEXT（提取属性）命令，如图10-56所示，按【Enter】键确认。

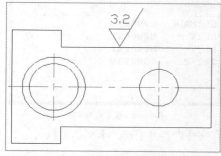

图10-55 打开一幅素材图形

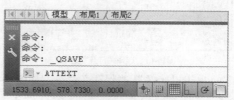

图10-56 输入ATTEXT命令

03 弹出"属性提取"对话框,单击"选择对象"按钮,如图10-57所示。

04 在绘图区中选择三角形和属性定义块为提取对象,如图10-58所示。

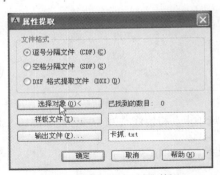

图10-57　单击"选择对象"按钮

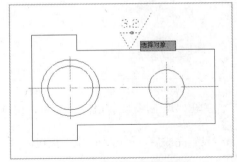

图10-58　选择需要提取的对象

05 按【Enter】键确认,弹出"属性提取"对话框,单击"样板文件"按钮,弹出"样板文件"对话框,在"名称"列表框中单击鼠标右键,在弹出的快捷菜单中选择"新建"|"文本文档"选项,如图10-59所示。

06 此时将新建一个文本文档,将其重命名为"卡抓",如图10-60所示。

图10-59　选择"文本文档"选项

图10-60　新建文档"卡抓"

07 选择"卡抓"文件,单击鼠标右键,在弹出的快捷菜单中选择"打开"选项,如图10-61所示。

08 在文本文档中输入相关内容,如图10-62所示。

图10-61　选择"打开"选项

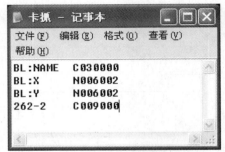

图10-62　输入相关内容

09 单击"文件"|"保存"命令,如图10-63所示,保存文件内容并退出"卡抓"文档。

10
在"样板文件"对话框中单击"打开"按钮，返回"属性提取"对话框，单击"输出文件"按钮，如图10-64所示。

11
弹出"输出文件"对话框，在"文件名"文本框中输入"属性提取"，如图10-65所示，单击"保存"按钮，返回"属性提取"对话框，单击"确定"按钮，即可保存属性数据。

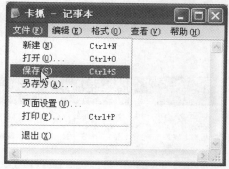

图10-63 单击"保存"命令

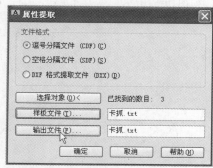

图10-64 单击"输出文件"按钮

图10-65 保存属性数据

10.4 创建与编辑动态图块

在 AutoCAD 2013 中创建了图块之后，还可以向图块添加参数和动作使其成为动态块。动态块具有灵活性和智能性，用户可以在操作过程中轻松地更改图形中的动态块参照，可以通过自定义夹点或自定义特性来操作动态块参照中的图形。用户还可以根据需要调整块，而不用搜索另一个块来插入或重定义现有的块，这样就大大提高了工作效率。

10.4.1 动态块的概念

动态块是指使用块编辑器添加参数（长度、角度等）和动作（移动、拉伸等），向新的或现有的块定义中添加动态的行为。

10.4.2 创建动态图块

在 AutoCAD 2013 中，如果用户需要使块成为动态块，至少得添加一个参数，然后添加一个动作并将该动作与参数相关联。添加到块定义中的参数和动作类型定义了动态块参照在图形中的作用方式。

实践素材	光盘 \ 素材 \ 第 10 章 \ 时间纹路 .dwg
实践效果	光盘 \ 效果 \ 第 10 章 \ 时间纹路 .dwg
视频演示	光盘 \ 视频 \ 第 10 章 \ 时间纹路 .mp4

【实践操作 223】 创建动态图块的具体操作步骤如下。

01 单击"菜单浏览器"按钮，在弹出的菜单列表中单击"打开"|"图形"命令，打开一幅素材图形，如图10-66所示。

02 单击"功能区"选项板中的"插入"选项卡，在"块定义"面板上单击"块编辑器"按钮，如图10-67所示。

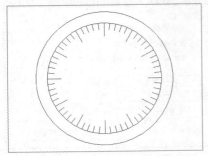

图10-66 打开一幅素材图形

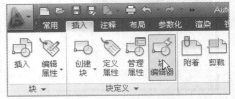

图10-67 单击"块编辑器"按钮

03 弹出"编辑块定义"对话框，在"要创建和编辑的块"列表框中选择"<当前图形>"选项，如图10-68所示。

04 单击"确定"按钮，弹出"块编写选项板"面板，单击"点"按钮，如图10-69所示。

图10-68 选择"<当前图形>"选项

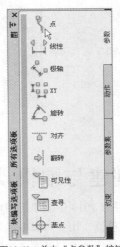

图10-69 单击"点参数"按钮

05 在绘图区中合适的象限点上单击鼠标左键并拖曳，至合适位置后释放鼠标左键，如图10-70所示。

06 执行操作后，即可创建动态图块，如图10-71所示。

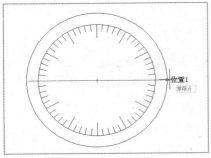

图10-70 创建动态图块

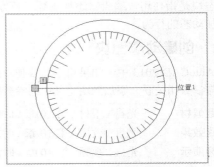

图10-71 创建动态图块

在 AutoCAD 2013 中，用户还可以通过以下两种方法，调用"块编辑器"命令。

- 方法1：在命令行中输入BEDIT（块编辑器）命令，按【Enter】键确认。
- 方法2：在命令行中输入BE（块编辑器）命令，按【Enter】键确认。
- 方法3：显示菜单栏，单击"工具"|"块编辑器"命令。

执行以上任意一种操作，均可调用"块编辑器"命令。

10.4.3 使用动态图块

在 AutoCAD 2013 中，用户可根据需要使用动态图块。

实践素材	光盘 \ 素材 \ 第 10 章 \ 垫圈 .dwg
实践效果	光盘 \ 效果 \ 第 10 章 \ 垫圈 .dwg
视频演示	光盘 \ 视频 \ 第 10 章 \ 垫圈 .mp4

【实践操作 224】使用动态图块的具体操作步骤如下。

01 单击"菜单浏览器"按钮，在弹出的菜单列表中单击"打开"|"图形"命令，打开一幅素材图形，如图10-72所示。

02 单击"功能区"选项板中的"插入"选项卡，在"块定义"面板上单击"块编辑器"按钮🔲，弹出"编辑块定义"对话框，在"要创建和编辑的块"列表框中选择"<当前图形>"选项，单击"确定"按钮，在弹出的"块编写选项板"面板上，切换至"参数集"选项卡，单击"点移动"按钮👆，如图10-73所示。

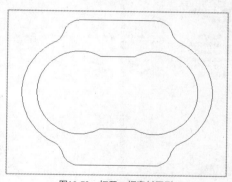

图10-72　打开一幅素材图形

图10-73　单击"点移动"按钮

03 在绘图区中合适的端点上，单击鼠标左键并拖曳，至合适位置后释放鼠标，如图10-74所示。

04 执行操作后，即可使用动态图块，效果如图10-75所示。

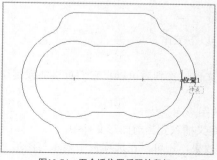

图10-74　至合适位置后释放鼠标

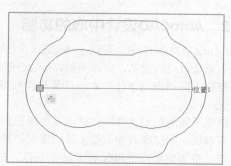

图10-75　使用动态图块的效果

10.5 使用AutoCAD设计中心

在 AutoCAD 2013 中，AutoCAD 设计中心为用户提供了一个直观且高效的工具来管理图形设计资源。利用它可以访问图形、块、图案填充和其他图形内容，可以将原图形中的任何内容拖曳到当前图形中，还可以将图形、块和填充拖曳至工具面板上。原图可以位于用户的计算机、网络位置或网站上。另外，如果打开了多个图形，则可以通过设计中心，在图形之间复制和粘贴其他内容，如图层定义、布局和文字样式来简化绘图过程。

10.5.1 打开设计中心面板

在 AutoCAD 2013 中，打开"设计中心"面板的方法有很多种，下面向用户进行介绍。

实践素材	光盘 \ 素材 \ 第 10 章 \ 办公桌 .dwg

【实践操作 225】打开设计中心面板的具体操作步骤如下。

01 单击"菜单浏览器"按钮，在弹出的菜单列表中单击"打开"|"图形"命令，打开一幅素材图形，如图10-76所示。

02 单击"功能区"选项板中的"视图"选项卡，在"选项板"面板上单击"设计中心"按钮，如图10-77所示。

03 执行操作后，即可打开"设计中心"面板，如图10-78所示。

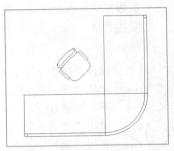

图10-76 打开一幅素材图形

图10-77 单击"设计中心"按钮

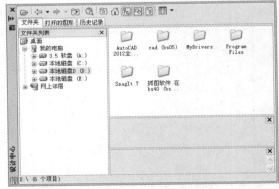

图10-78 打开"设计中心"面板

技巧点拨

在命令行中输入 ADCENTER（设计中心）命令，按【Enter】键确认，也可以打开"设计中心"面板。

10.5.2 AutoCAD设计中心的功能

在 AutoCAD 2013 中，使用 AutoCAD 设计中心可以进行以下工作。

● 为频繁访问的图形、文件夹和Web站点创建快捷方式。

● 根据不同的查询条件在本地计算机和网络上查找图形文件，找到后可以将它们直接加载到绘图区或设计中心。

● 浏览不同的图形文件，包括当前的图形和Web站点上的图形库。

● 查看块、图层和其他图形文件的定义，并将这些图形定义插入到当前图形文件中。

● 通过控制显示方式来控制"设计中心"选项板的显示效果，还可以在选项板中显示与图形文件相关的描述信息和预览图像。

10.5.3 插入设计中心内容

通过 AutoCAD 设计中心，用户可以方便地在当前图形中插入图块、引用图像和外部参照，以及在图形之间复制图层、图块、线型、文字样式、标注样式和用户定义的内容等。下面介绍通过"AutoCAD 设计中心"插入图块的方法。

实践素材	光盘 \ 素材 \ 第 10 章 \ 桌布 .dwg
实践效果	光盘 \ 效果 \ 第 10 章 \ 桌布 .dwg

【实践操作 226】插入设计中心内容的具体操作步骤如下。

01 单击"菜单浏览器"按钮，在弹出的菜单列表中单击"新建"|"图形"命令，新建一幅图形文件，单击"功能区"选项板中的"视图"选项卡，在"选项板"面板上单击"设计中心"按钮，打开"设计中心"面板，如图10-79所示。

02 在"文件夹列表"模型树中展开相应的选项，单击"桌布.dwg"选项前的"+"号，展开该选项，如图10-80所示。

03 在面板右侧的列表中，选择"块"选项，单击鼠标右键，在弹出的快捷菜单中选择"浏览"选项，如图10-81所示。

04 打开"块"选项，在其中选择"桌布"选项，单击鼠标右键，在弹出的快捷菜单中选择"插入块"选项，如图10-82所示。

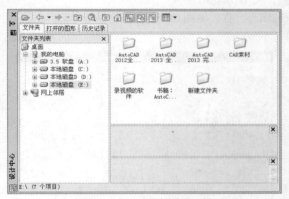

图10-79　打开"设计中心"面板

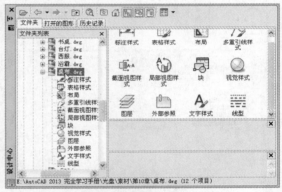

图10-80　展开"桌布.dwg"选项

图10-81　选择"浏览"选项

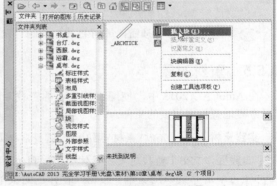

图10-82　选择"插入块"选项

05 弹出"插入"对话框，在"插入点"选项区中取消选中"在屏幕上指定"复选框，设置X为0、Y为0，如图10-83所示。

06 单击"确定"按钮，即可插入图块，效果如图10-84所示。

图10-83 设置各参数

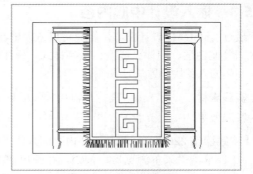

图10-84 插入图块的效果

10.5.4 将图形加载到设计中心

在 AutoCAD 2013 中，用户还可以根据需要将图形加载到设计中心。

实践素材	光盘 \ 素材 \ 第 10 章 \ 圆形沙发 .dwg

【实践操作 227】将图形加载到设计中心的具体操作步骤如下。

01 单击"功能区"选项板中的"视图"选项卡，在"选项板"面板上单击"设计中心"按钮，打开"设计中心"面板，单击"加载"按钮 🖿，如图10-85所示。

02 弹出"加载"对话框，在其中选择需要加载的图形文件，如图10-86所示。

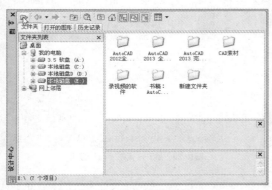

图10-85 单击"加载"按钮

图10-86 选择需要加载的图形文件

03 单击"打开"按钮，即可将其加载到"设计中心"面板中，如图10-87所示。

10.5.5 查找对象

在 AutoCAD 2013 中，使用设计中心的查找功能，可以方便地查找出需要的文件。

实践素材	光盘\素材\第10章\健身器材.dwg

【实践操作 228】查找对象的具体操作步骤如下。

01 单击"菜单浏览器"按钮，在弹出的菜单列表中单击"新建"|"图形"命令，新建一幅图形文件，单击"功能区"选项板中的"视图"选项卡，在"选项板"面板上单击"设计中心"按钮，打开"设计中心"面板，单击"搜索"按钮 🔍，如图10-88所示。

图10-87 将图形加载到"设计中心"面板中

02 弹出"搜索"对话框,在"搜索文字"文本框中输入文件的名称,在"于"右侧的下拉列表中选择包含要查找文件的驱动器,如图10-89所示。

图10-88 单击"搜索"按钮

图10-89 选择包含要查找文件的驱动器

03 单击"立即搜索"按钮,在下侧的列表框中即可显示搜索到的图形文件,如图10-90所示。

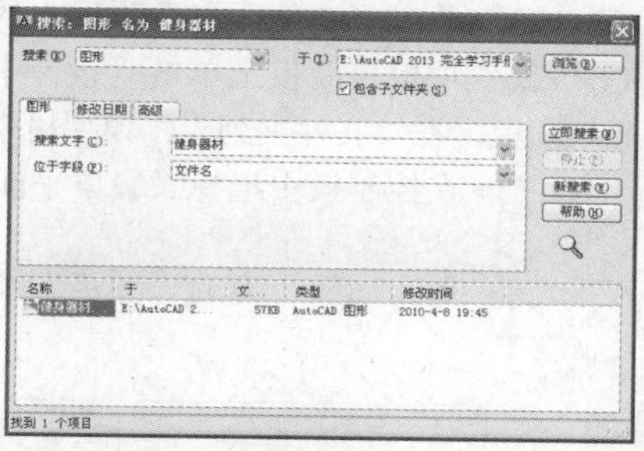

10.5.6 收藏对象

在 AutoCAD 2013 中,利用 AutoCAD 设计中心的收藏功能,可以将常用的文件收集在一起,以便以后使用。

实践素材	光盘 \ 素材 \ 第 10 章 \ 双扇门 .dwg

【实践操作 229】收藏对象的具体操作步骤如下。

01 单击"菜单浏览器"按钮,在弹出的菜单列表中单击"打开"|"图形"命令,打开一幅素材图形,如图10-91所示。

02 单击"功能区"选项板中的"视图"选项卡,在"选项板"面板上单击"设计中心"按钮,打开"设计中心"面板,单击"收藏夹"按钮,如图10-92所示。

图10-90 显示搜索到的图形文件

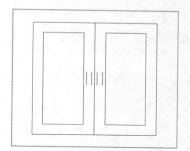

图10-91 打开一幅素材图形

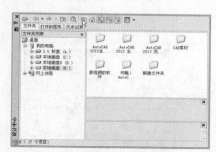

图10-92 单击"收藏夹"按钮

03 在"文件夹列表"模型树中,选择需要添加到收藏夹的素材图形,如图10-93所示。

04 单击鼠标右键,在弹出的快捷菜单中选择"添加到收藏夹"选项,如图10-94所示。

图10-93 选择素材图形

图10-94 选择"添加到收藏夹"选项

05 执行操作后，即可收藏图形对象，单击面板上方的"收藏夹"按钮，即可显示已收藏的素材图形，如图10-95所示。

10.5.7 预览对象

在 AutoCAD 2013 中，使用 AutoCAD 设计中心的预览功能，可以显示图形的预览效果。

实践素材	光盘 \ 素材 \ 第 10 章 \ 餐桌平面 .dwg

【实践操作 230】预览对象的具体操作步骤如下。

01 单击"菜单浏览器"按钮，在弹出的菜单列表中单击"打开"|"图形"命令，打开一幅素材图形，如图10-96所示。

02 单击"功能区"选项板中的"视图"选项卡，在"选项板"面板上单击"设计中心"按钮，打开"设计中心"面板，在"文件夹列表"模型树中选择素材文件夹中的第10章，如图10-97所示。

03 在控制板中选择"餐桌平面.dwg"选项，如图10-98所示。

04 单击面板上方的"预览"按钮，即可预览图形对象，如图10-99所示。

图10-95 显示已收藏的素材图形

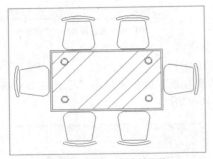

图10-96 打开一幅素材图形

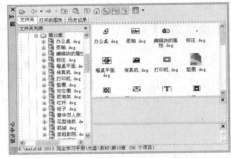

图10-97 选择预览图形所在文件夹

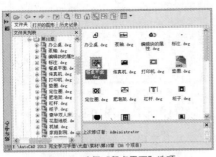

图10-98 选择"餐桌平面"选项

图10-99 预览图形对象

10.6 使用工具选项板和CAD标准

在 AutoCAD 2013 中，使用"工具选项板"选项板，可以存储、管理和查找常用的工具。使用设计中心，可以把存储在本地驱动器、网络或 Web 上的内容添加到工具选项板中。此外，也可以移动工具选项板到任意位置，使其不妨碍对绘图窗口的几何图形进行快速访问。绘制一个复杂图形时，如果所有绘图人员都遵循一个共同的标准，那么绘图时的协调工作将变得非常容易。本节主要介绍使用工具选项板和 CAD 标准的操作方法。

10.6.1 使用"工具选项板"填充图案

在 AutoCAD 2013 中，使用"工具选项板"可以存储、管理和查找常用的工具。下面向用户介绍使用"工具选项板"填充图案的操作方法。

实践素材	光盘 \ 素材 \ 第 10 章 \ 沙发平面 .dwg
实践效果	光盘 \ 效果 \ 第 10 章 \ 沙发平面 .dwg
视频演示	光盘 \ 视频 \ 第 10 章 \ 沙发平面 .mp4

【实践操作 231】使用"工具选项板"填充图案的具体操作步骤如下。

01 单击"菜单浏览器"按钮，在弹出的菜单列表中单击"打开"|"图形"命令，打开一幅素材图形，如图10-100所示。

02 单击"功能区"选项板中的"视图"选项卡，在"选项板"面板上单击"工具选项板"按钮 ，如图10-101所示。

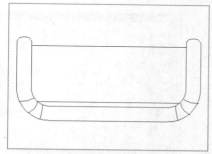

图10-100 打开一幅素材图形

图10-101 单击"工具选项板"按钮

03 弹出"工具选项板"面板，切换至"图案填充"选项卡，在"ISO图案填充"选项区中选择合适的选项，如图10-102所示。

04 根据命令行提示进行操作，在绘图区指定合适的插入点，如图10-103所示。

05 单击鼠标确认，即可使用工具选项板填充图案，效果如图10-104所示。

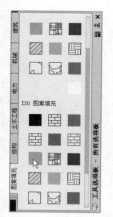

图10-102 选择合适的选项

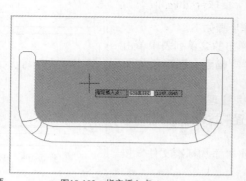

图10-103 指定插入点

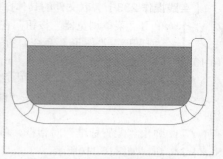

图10-104 使用工具选项板填充图案

10.6.2 创建CAD标准

在 AutoCAD 2013 中，CAD 标准是指为命名对象定义一个公共特性集。用户可以根据图形中使用的命名对象创建 CAD 标准，如图层、文本样式、线型和标注样式等。定义一个标准之后，可以使用样板文件的形式来存储这个标准，并且能够将一个标准文件和多个图形文件相关联，从而检查 CAD 图形文件是否与标准文件一致。

实践素材	光盘 \ 素材 \ 第 10 章 \ 豪华双人床 .dwg
实践效果	光盘 \ 效果 \ 第 10 章 \ 豪华双人床 .dws

【实践操作 232】创建 CAD 标准的具体操作步骤如下。

01 单击"菜单浏览器"按钮,在弹出的菜单列表中单击"打开"|"图形"命令,打开一幅素材图形,如图10-105所示。

02 单击"菜单浏览器"按钮,在弹出的菜单列表中单击"另存为"|"图形"命令,如图10-106所示。

03 弹出"图形另存为"对话框,在其中设置文件的保存位置及文件名称,单击"文件类型"下拉按钮,在弹出的列表框中选择"AutoCAD图形标准(*.dws)"选项,如图10-107所示。

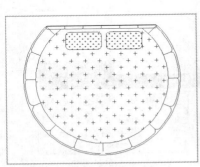

图10-105 打开一幅素材图形

图10-106 单击"AutoCAD图形"命令

图10-107 设置相应文件参数

04 设置完成后,单击"保存"按钮,即可创建一个扩展名为dws的标准文件。

10.6.3 关联文件

在 AutoCAD 2013 中,在使用 CAD 标准文件检查图形文件之前,首先将要检查的图形文件设置为当前图形文件,下面介绍关联文件的操作方法。

实践素材	光盘 \ 素材 \ 第 10 章 \ 桌球台 .dwg、豪华双人床 .dws
实践效果	光盘 \ 效果 \ 第 10 章 \ 桌球台 .dwg

【实践操作 233】关联文件的具体操作步骤如下。

01 单击"菜单浏览器"按钮,在弹出的菜单列表中单击"打开"|"图形"命令,打开一幅素材图形,如图10-108所示。

02 单击"功能区"选项板中的"管理"选项卡,在"CAD标准"面板上单击"配置"按钮,如图10-109所示。

03 弹出"配置标准"对话框,单击"添加标准文件"按钮,如图10-110所示。

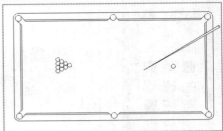

图10-108 打开一幅素材图形

图10-109 单击"配置"按钮

图10-110 单击"添加标准文件"按钮

04 弹出"选择标准文件"对话框，在其中用户可根据需要选择标准的图形文件，如图10-111所示。

05 单击"打开"按钮，返回"配置标准"对话框，在"与当前图形关联的标准文件"列表框中将显示关联文件，如图10-112所示。

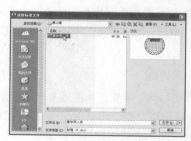

图10-111　选择标准的图形文件

图10-112　显示关联文件

06 单击"确定"按钮，即可保存关联文件。

检查图形

在 AutoCAD 2013 中，使用 CAD 标准文件可以检查图形文件是否与 CAD 标准文件有冲突，然后解决冲突。

实践素材	光盘 \ 素材 \ 第 10 章 \ 炉盘平面图 .dwg

【**实践操作 234**】检查图形的具体操作步骤如下。

01 单击"菜单浏览器"按钮，在弹出的菜单列表中单击"打开"|"图形"命令，打开上一例效果文件，如图10-113所示。

02 单击"功能区"选项板中的"管理"选项卡，在"CAD标准"面板上单击"检查"按钮，如图10-114所示。

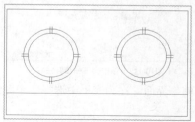

图10-113　打开素材图形

图10-114　单击"检查"按钮

03 弹出"检查标准"对话框，单击"下一个"按钮，检查不同的图形问题，如图10-115所示。

04 检查完成后，弹出"检查标准-检查完成"对话框，即可查看检查图形结果，如图10-116所示。

图10-115　检查不同的图形问题

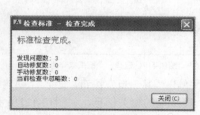

图10-116　查看检查图形结果

10.7 使用"图纸集管理器"面板

　　用户在绘制和编辑图形时,通过控制图形的显示或快速移动到图形的不同区域,可以灵活地观察图形的整个效果或局部细节。但在大型的工程绘图中,单个的图纸不利于团体之间的交流和保存,这时可以使用"图纸集管理器"面板将多个图形文件组成一个图纸集,从而更加方便地管理图纸。

10.7.1 创建图纸集

　　在 AutoCAD 2013 中,图纸集是指将几个图形文件中的图纸有序集合,图纸是从图形文件中选定的布局。用户可以将图纸集作为一个单元进行管理、传递和归档。用户可以使用"创建图纸集"向导来创建图纸集。在向导中,既可以基于现有图形从头开始创建图纸集,也可以使用图纸集样例作为样板进行创建。

　　【实践操作 235】创建图纸集的具体操作步骤如下。

01　单击"菜单浏览器"按钮,在弹出的菜单列表中单击"新建"|"图形"命令,新建一幅图形文件,单击"菜单浏览器"按钮,在弹出的菜单列表中单击"新建"|"图纸集"命令,如图10-117所示。

02　弹出"创建图纸集-开始"对话框,在其中选中"样例图纸集"单选按钮,如图10-118所示。

图10-117　单击"图纸集"命令

图10-118　单击"下一步"按钮

03　单击"下一步"按钮,进入"创建图纸集-图纸集样例"界面,在列表框中选择一个图纸集作为样例,如图10-119所示。

04　单击"下一步"按钮,进入"创建图纸集-图纸集详细信息"界面,在"新图纸集的名称"文本框中输入"工程设计图纸",如图10-120所示。

图10-119　选择一个图纸集作为样例

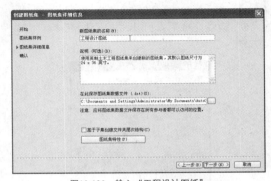

图10-120　输入"工程设计图纸"

05　单击"下一步"按钮,进入"创建图纸集-确认"界面,在"图纸集预览"列表框中显示了创建图纸集的相关信息,如图10-121所示。

06 单击"完成"按钮，弹出"图纸管理器"面板，在"图纸"列表框中显示了新建的图纸集，如图10-122所示。

图10-121 显示了创建图纸集的相关信息

图10-122 "图纸管理器"面板

AutoCAD 技巧点拨

在命令行中输入NEWSHEETSET（图纸集）命令，并按【Enter】键确认，也可以调用"图纸集"命令。

10.7.2 编辑图纸集

在AutoCAD 2013中，完成图纸集的创建后，就可以创建和修改图纸了。"图纸集管理器"面板中有多个用于创建图纸和添加视图的选项，这些选项可以通过在选择的某个项目上单击鼠标右键，在弹出的快捷菜单中选择一个选项进行访问。下面介绍编辑图纸集的操作方法。

【实践操作236】编辑图纸集的具体操作步骤如下。

01 单击"功能区"选项板中的"视图"选项卡，在"选项板"面板上单击"图纸集管理器"按钮，如图10-123所示。

02 弹出"图纸集管理器"面板，在"图纸"列表框中选择"工程设计图纸"选项，单击鼠标右键，在弹出的快捷菜单中选择"特性"选项，如图10-124所示。

图10-123 单击"图纸集管理器"按钮

图10-124 选择"特性"选项

03 弹出"图纸集特性-工程设计图纸"对话框，在"名称"文本框中输入"工程图纸集"，如图10-125所示。

04 单击"确定"按钮，返回"图纸集管理器"面板，在"图纸"列表框中即可显示已更改名称的图纸集，如图10-126所示。

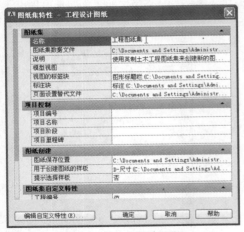

图10-125 输入"工程图纸集"

图10-126 显示已更改名称的图纸集

10.7.3 归档图纸集

在 AutoCAD 2013 中，用户还可以根据需要归档图纸集。

【实践操作 237】归档图纸集的具体操作步骤如下。

01 在命令行中输入ARCHIVE（归档图纸集）命令，如图10-127所示。

02 按【Enter】键确认，弹出"归档图纸集"对话框，单击"修改归档设置"按钮，如图10-128所示。

图10-127 输入ARCHIVE命令

图10-128 单击"修改归档设置"按钮

03 弹出"修改归档设置"对话框，取消选中"包含字体"复选框，单击"归档文件夹"按钮 ，如图10-129所示。

04 弹出"指定文件夹位置"对话框，在其中设置保存路径，如图10-130所示。

图10-129 单击"归档文件夹"按钮

图10-130 设置保存路径

$\underset{\bigcirc}{\bigcirc}5$ 单击"打开"按钮，返回"修改归档设置"对话框，在"归档文件夹"下方将显示已更改的保存路径，如图10-131所示。

$\underset{\bigcirc}{\bigcirc}6$ 单击"确定"按钮，返回"归档图纸集"对话框，单击"确定"按钮，弹出"指定Zip文件"对话框，设置保存路径，单击"保存"按钮，如图10-132所示。

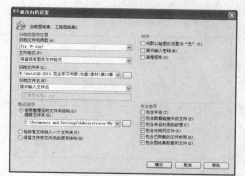

图10-131　显示已更改的保存路径

图10-132　单击"保存"按钮

$\underset{\bigcirc}{\bigcirc}7$ 弹出"正在创建归档文件包"对话框，即可归档图纸集，打开归档图纸集，即可查看图纸集，如图10-133所示。

图10-133　查看图纸集

第11章

创建与设置文字

　　在 AutoCAD 2013 中绘图时，除了要有图形外，还要有必要的图纸说明文字。文字常用于标注一些非图形信息，其中包括标题栏、明细栏和技术要求等。本章主要介绍创建与设置文字的各种操作方法。

11.1 创建文字样式

在 AutoCAD 2013 中输入文字时，通常使用当前的文字样式，用户可以根据具体要求重新创建新的文字样式。文字样式包括字体、字型、高度、宽度因子、倾斜角度、方向等文字特征。本节主要介绍创建文字样式的操作方法。

11.1.1 创建文字样式

在进行文字标注前，应该先对文字样式进行设置，从而方便、快捷地对图形对象进行标注，得到统一、标准、美观的标注文字。下面介绍创建文字样式的操作方法。

实践素材	光盘 \ 素材 \ 第 11 章 \ 机械平面图 .dwg
实践效果	光盘 \ 效果 \ 第 11 章 \ 机械平面图 .dwg
视频演示	光盘 \ 视频 \ 第 11 章 \ 机械平面图 .mp4

【实践操作 238】创建文字样式的具体操作步骤如下。

01 单击"菜单浏览器"按钮，在弹出的菜单列表中单击"打开" |"图形"命令，打开一幅素材图形，如图11-1所示。

02 在"功能区"选项板中的"常用"选项卡中，单击"注释"面板中间的下拉按钮，在展开的面板上单击"文字样式"按钮 A，如图11-2所示。

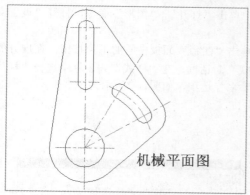

图11-1 打开一幅素材图形

图11-2 单击"文字样式"按钮

03 弹出"文字样式"对话框，单击"新建"按钮，如图11-3所示。

04 弹出"新建文字样式"对话框，在其中设置"样式名"为"标注样式"，如图11-4所示。

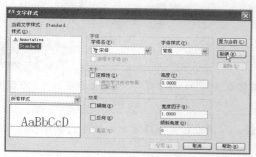

图11-3 单击"新建"按钮

图11-4 设置样式名

用户还可以通过以下 3 种方法，调用"文字样式"命令。
- 方法1：在命令行中输入STYLE（文字样式）命令，并按【Enter】键确认。
- 方法2：在命令行中输入ST（文字样式）命令，并按【Enter】键确认。
- 方法3：显示菜单栏，单击"格式"|"文字样式"命令。

执行以上任意一种方法，均可调用"文字样式"命令。

05 单击"确定"按钮，返回"文字样式"对话框，即可创建文字样式，在"样式"列表框中，将显示新建的文字样式，如图11-5所示。

11.1.2 设置文字样式名

在 AutoCAD 2013 中，用户可根据需要在"文字样式"对话框中，设置文字的样式名称。

图11-5 显示新建的文字样式

实践素材	光盘\素材\第11章\设置文字样式名.dwg
实践效果	光盘\效果\第11章\设置文字样式名.dwg
视频演示	光盘\视频\第11章\设置文字样式名.mp4

【实践操作 239】设置文字样式名的具体操作步骤如下。

01 单击"菜单浏览器"按钮，在弹出的菜单列表中单击"打开"|"图形"命令，打开"设置文字样式名.dwg"文件，如图11-6所示。

02 在"功能区"选项板中的"常用"选项卡中，单击"注释"面板中间的下拉按钮，在展开的面板上单击"文字样式"按钮 **A**，弹出"文件样式"对话框，在"样式"列表框中选择"标注样式"选项，单击鼠标右键，在弹出的快捷菜单中选择"重命名"选项，如图11-7所示。

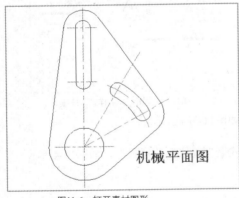

图11-6 打开素材图形

图11-7 选择"重命名"选项

在"文字样式"对话框中，使用"重命名"命令不能重命名默认的 Standard 样式，也不能删除当前正在使用的文字样式和默认的 Standard 样式。

03 将其重命名为"宋体样式"，按【Enter】键确认，即可设置文字样式名，如图11-8所示。

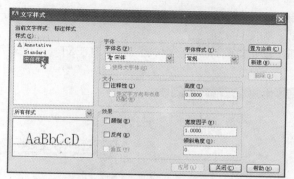
图11-8 设置文字样式名

11.1.3 设置文字字体

在 AutoCAD 2013 中，用户可根据需要在"文字样式"对话框的"字体"选项区中，设置文字的字体类型。

实践素材	光盘 \ 素材 \ 第 11 章 \ 指示路牌立面 .dwg
实践效果	光盘 \ 效果 \ 第 11 章 \ 指示路牌立面 .dwg
视频演示	光盘 \ 视频 \ 第 11 章 \ 指示路牌立面 .mp4

【实践操作 240】设置文字字体的具体操作步骤如下。

01 单击"菜单浏览器"按钮，在弹出的菜单列表中单击"打开"|"图形"命令，打开一幅素材图形，如图11-9所示。

02 在命令行中输入STYLE（文字样式）命令，如图11-10所示，按【Enter】键确认。

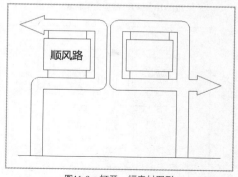
图11-9 打开一幅素材图形

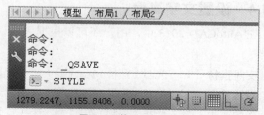
图11-10 输入STYLE命令

03 弹出"文字样式"对话框，在"样式"列表框中选择"文字样式"选项，如图11-11所示。

04 在"字体"选项区中，单击"字体名"右侧的下拉按钮，在弹出的列表框中选择"微软雅黑"选项，如图11-12所示。

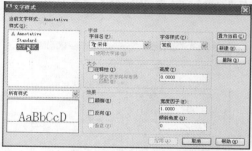
图11-11 选择"文字样式"选项

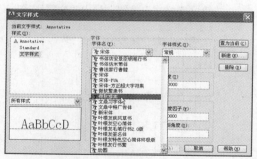
图11-12 选择"微软雅黑"选项

05 单击"应用"按钮，然后单击"置为当前"按钮，此时在"当前文字样式"右侧将显示"文字样式"为当前样式，如图11-13所示。

06 单击"关闭"按钮，设置文字字体，在命令行中输入DTEXT（单行文字）命令，如图11-14所示。

图11-13　设置文字字体

图11-14　输入DTEXT命令

07 按【Enter】键确认，根据命令行提示进行操作，输入坐标（1373，1215），如图11-15所示，按【Enter】键确认。

08 输入5，指定文字高度，如图11-16所示，并连续按两次【Enter】键确认。

图11-15　输入（1373，1215）

图11-16　输入5指定文字高度

09 在绘图区中输入"安居路"，按【Enter】键确认，再按【Esc】键退出，效果如图11-17所示。

11.1.4　设置文字高度

在 AutoCAD 2013 中，用户还可以根据需要设置文字的高度。

实践素材	光盘 \ 素材 \ 第 11 章 \ 床头背景 .dwg
实践效果	光盘 \ 效果 \ 第 11 章 \ 床头背景 .dwg
视频演示	光盘 \ 视频 \ 第 11 章 \ 床头背景 .mp4

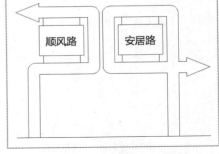

图11-17　输入"安居路"并确认

【实践操作 241】设置文字高度的具体操作步骤如下。

01 单击"菜单浏览器"按钮，在弹出的菜单列表中单击"打开"|"图形"命令，打开一幅素材图形，如图11-18所示。

02 在"功能区"选项板中的"常用"选项卡中，单击"注释"面板中间的下拉按钮，在展开的面板上单击"文字样式"按钮，弹出"文字样式"对话框，在"高度"文本框中输入150，如图11-19所示。

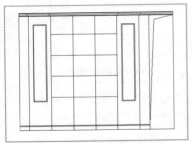

图11-18　打开一幅素材图形

图11-19　在"高度"文本框中输入150

03 依次单击"应用"和"关闭"按钮，设置文字高度，在命令行中输入DTEXT（单行文字）命令，如图11-20所示。

04 按【Enter】键确认，在命令行中输入坐标（2300，1400），如图11-21所示。

图11-20　输入DTEXT命令

图11-21　输入（2300，1400）

05 连按两次【Enter】键确认，输入"床头背景"，并按【Enter】键确认，按【Esc】键退出，效果如图11-22所示。

11.1.5　设置文字效果

在"文字样式"对话框中的"效果"选项区中，用户可以设置文字的显示效果。

实践素材	光盘 \ 素材 \ 第 11 章 \ 灯箱广告 .dwg
实践效果	光盘 \ 效果 \ 第 11 章 \ 灯箱广告 .dwg
视频演示	光盘 \ 视频 \ 第 11 章 \ 灯箱广告 .mp4

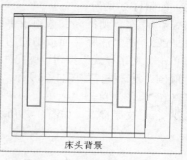

床头背景

图11-22　输入文字"床头背景"

【实践操作 242】设置文字效果的具体操作步骤如下。

01 单击"菜单浏览器"按钮，在弹出的菜单列表中单击"打开"|"图形"命令，打开一幅素材图形，如图11-23所示。

02 在"功能区"选项板中的"常用"选项卡中，单击"注释"面板中间的下拉按钮，在展开的面板上单击"文字样式"按钮，弹出"文字样式"对话框，在"倾斜角度"文本框中输入30，如图11-24所示。

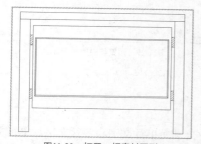

图11-23　打开一幅素材图形

图11-24　设置"倾斜角度"为30

03 依次单击"应用"和"关闭"按钮，设置文字效果。在命令行中输入DTEXT（单行文字）命令，并按【Enter】键确认，根据命令行提示进行操作，输入坐标（1055，1726），如图11-25所示。

04 按【Enter】键确认，输入10，按两次【Enter】键确认，在绘图区中输入文字"灯箱广告"并确认，按【Esc】键退出，效果如图11-26所示。

图11-25　输入（1055，1726）

图11-26　输入文字"灯箱广告"

11.1.6 预览与应用文字样式

在"文字样式"对话框的"预览"区域中，可以预览所选择或所设置的文字样式效果。

实践素材	光盘\素材\第 11 章\预览与应用文字样式 .dwg
实践效果	光盘\效果\第 11 章\预览与应用文字样式 .dwg
视频演示	光盘\视频\第 11 章\预览与应用文字样式 .mp4

【实践操作 243】预览与应用文字样式的具体操作步骤如下。

01 单击"菜单浏览器"按钮，在弹出的菜单列表中单击"打开"|"图形"命令，打开一幅素材图形，如图11-27所示。

02 在"功能区"选项板中的"常用"选项卡中，单击"注释"面板中间的下拉按钮，在展开的面板上单击"文字样式"按钮，弹出"文字样式"对话框，选中"颠倒"复选框，如图11-28所示。

03 依次单击"应用"和"关闭"按钮，预览与应用文字样式，如图11-29所示。

图11-27 打开一幅素材图形

图11-28 选中"颠倒"复选框

图11-29 预览与应用文字样式

11.2 创建文字

在 AutoCAD 2013 中，用户可以创建两种性质的文字，分别是单行文字和多行文字。单行文字常用于不需要使用多种字体的简短内容中；多行文字主要用于一些复杂的说明性文字中，用户可以为其中的不同文字设置不同的字体和大小，也可以方便地在文本中添加特殊符号等。

11.2.1 创建单行文字

对于单行文字来说，它的每一行是一个文字对象。因此，可以用于文字内容比较少的文字对象中，并可以对其进行单独编辑。

实践素材	光盘\素材\第 11 章\窗帘 .dwg
实践效果	光盘\效果\第 11 章\窗帘 .dwg
视频演示	光盘\视频\第 11 章\窗帘 .mp4

【实践操作 244】创建单行文字的具体操作步骤如下。

01 单击"菜单浏览器"按钮，在弹出的菜单列表中单击"打开"|"图形"命令，打开一幅素材图形，如图11-30所示。

02 单击"功能区"选项板中的"常用"选项卡,在"注释"面板上单击"多行文字"中间的下拉按钮,在弹出的列表框中单击"单行文字"按钮 A_I,如图11-31所示。

图11-30 打开一幅素材图形

图11-31 单击"单行文字"按钮

03 根据命令行提示,在命令行中输入起点坐标(2100,1350),如图11-32所示。

04 按【Enter】键确认,输入100,如图11-33所示,并按两次【Enter】键确认。

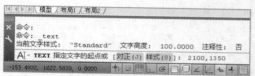

图11-32 输入起点坐标(2100,1350)

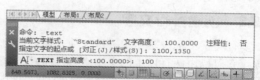

图11-33 指定文字高度为100

AUTOCAD **技巧点拨**

用户还可以通过以下两种方法,调用"单行文字"命令。
- 方法1:在命令行中输入DTEXT(单行文字)命令,并按【Enter】键确认。
- 方法2:显示菜单栏,单击"绘图"|"文字"|"单行文字"命令。
执行以上任意一种方法,均可调用"单行文字"命令。

05 在绘图区中输入文字"窗帘",并按【Enter】键确认,按【Esc】键退出,创建单行文字,效果如图11-34所示。

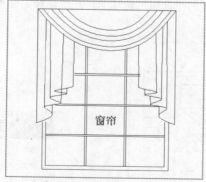

图11-34 创建单行文字

11.2.2 查看单行文字样式

在 AutoCAD 2013 中,用户可以查看单行文字的样式。

实践素材	光盘 \ 素材 \ 第 11 章 \ 查看单行文字样式 .dwg

【实践操作 245】查看单行文字样式的具体操作步骤如下。

01 单击"菜单浏览器"按钮,在弹出的菜单列表中单击"打开"|"图形"命令,打开素材文件,单击"功能区"选项板中的"常用"选项卡,在"注释"面板上单击"多行文字"中间的下拉按钮,在弹出的列表框中单击"单行文字"按钮 A,如图11-35所示。

02 根据命令行提示进行操作,输入S(样式),如图11-36所示。

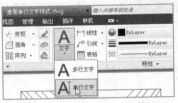

图11-35 单击"单行文字"按钮

图11-36 在命令行中输入S(样式)

03 按【Enter】键确认,输入"?",并按两次【Enter】键确认,执行操作后,即弹出AutoCAD文本窗口,在其中可以查看单行文字样式,如图11-37所示。

11.2.3 创建多行文字

多行文字又称段落文本,是一种方便管理的文字对象,它可以由两行以上的文字组成,而且所有行的文字都是作为一个整体来处理,在机械设计中,使用"多行文字"命令创建较为复杂的文字说明,如图样的技术要求等。

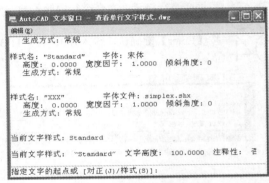

图11-37 查看单行文字样式

实践素材	光盘\素材\第 11 章\技术要求 .dwg
实践效果	光盘\效果\第 11 章\技术要求 .dwg
视频演示	光盘\视频\第 11 章\技术要求 .mp4

【实践操作 246】创建多行文字的具体操作步骤如下。

01 单击"菜单浏览器"按钮,在弹出的菜单列表中单击"打开"|"图形"命令,打开一幅素材图形,如图11-38所示。

02 单击"功能区"选项板中的"常用"选项卡,在"注释"面板上单击"多行文字"按钮 A,如图11-39所示。

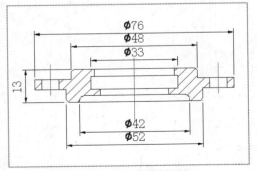

图11-38 打开一幅素材图形

图11-39 单击"多行文字"按钮

03 根据命令行提示进行操作,在绘图区下方的合适位置上单击鼠标,指定第一点,再在命令行中输入H(高度),按【Enter】键确认,根据命令行提示,设置文字高度为2.5,如图11-40所示,按【Enter】键确认,如图11-40所示。

04 　根据命令行提示，在绘图区中单击鼠标指定对角点，弹出文本框，输入 "技术要求"等文字，在绘图区的任意位置上单击鼠标，即可创建多行文字，效果如图11-41所示。

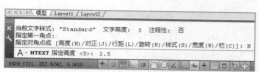

图11-40 指定文字高度为2.5

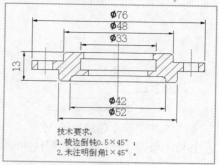

技术要求：
1. 棱边倒钝0.5×45°；
2. 未注明倒角1×45°。

图11-41 创建多行文字效果

A u t o C A D   技巧点拨

用户还可以通过以下 3 种方法，调用"多行文字"命令。
- 方法1：在命令行中输入MTEXT（多行文字）命令，并按【Enter】键确认。
- 方法2：在命令行中输入MT（多行文字）命令，按【Enter】键确认。
- 方法3：显示菜单栏，单击"绘图"|"文字"|"多行文字"命令。
执行以上任意一种方法，均可调用"多行文字"命令。

11.2.4　输入特殊字符

在 AutoCAD 2013 中，输入文字的过程中，用户还可以输入特殊字符。

实践素材	光盘 \ 素材 \ 第 11 章 \ 土建结构图 .dwg
实践效果	光盘 \ 效果 \ 第 11 章 \ 土建结构图 .dwg
视频演示	光盘 \ 视频 \ 第 11 章 \ 土建结构图 .mp4

【实践操作 247】输入特殊字符的具体操作步骤如下。

01 　单击"菜单浏览器"按钮，在弹出的菜单列表中单击"打开"|"图形"命令，打开一幅素材图形，如图11-42所示。

02 　单击"功能区"选项板中的"常用"选项卡，在"注释"面板上单击"多行文字"按钮，如图11-43所示。

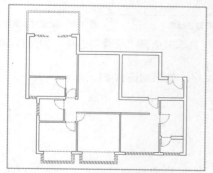

图11-42 打开一幅素材图形

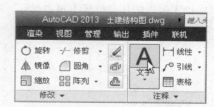

图11-43 单击"多行文字"按钮

03 　根据命令行提示进行操作，在绘图区中的合适位置上按下鼠标左键并拖曳，如图11-44所示。

04 　拖曳至合适位置后释放鼠标左键，弹出文本框，如图11-45所示。

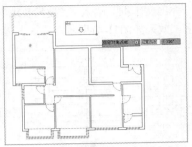

图11-44　按下鼠标左键并拖曳

图11-45　弹出文本框

05 输入文字"@土建结构图……"，设置文字高度为5.0，在绘图区中的任意位置上单击鼠标，即可输入特殊字符，效果如图11-46所示。

11.2.5　创建堆叠文字

在 AutoCAD 2013 中，使用堆叠文字可以创建一些特殊的字符，如分数。

实践素材	光盘 \ 素材 \ 第 11 章 \ 半圆键 .dwg
实践效果	光盘 \ 效果 \ 第 11 章 \ 半圆键 .dwg
视频演示	光盘 \ 视频 \ 第 11 章 \ 半圆键 .mp4

【实践操作 248】创建堆叠文字的具体操作步骤如下。

01 单击"菜单浏览器"按钮，在弹出的菜单列表中单击"打开"|"图形"命令，打开一幅素材图形，如图11-47所示。

图11-46　输入特殊字符的效果

02 单击"功能区"选项板中的"常用"选项卡，在"注释"面板上单击"多行文字"按钮，根据命令行提示进行操作，在绘图区中的合适位置上按下鼠标左键并拖曳，如图11-48所示。

03 拖曳至合适位置后释放鼠标左键，弹出文本框，输入2-%%C5＋0.2/0，设置文字高度为1，如图11-49所示。

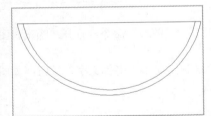

图11-47　打开一幅素材图形

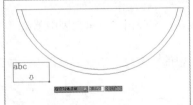

图11-48　单击鼠标左键并拖曳

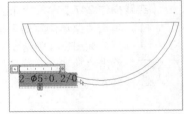

图11-49　设置文字高度为1

04 选择输入的多行文字，单击鼠标右键，在弹出的快捷菜单中选择"堆叠"选项，如图11-50所示。

05 在绘图区中的任意位置上单击鼠标，即可创建堆叠文字，效果如图11-51所示。

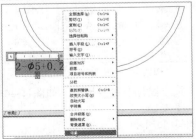

图11-50　选择"堆叠"选项

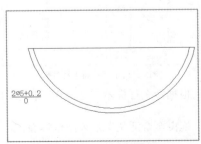

图11-51　创建堆叠文字的效果

11.3 编辑单行文字

在 AutoCAD 2013 中，编辑单行文字包括编辑文本的内容、对正方式及缩放比例等。本节主要介绍编辑单行文字的操作方法。

11.3.1 编辑单行文字的缩放比例

在 AutoCAD 2013 中，用户可根据需要编辑单行文字的缩放比例。

实践素材	光盘 \ 素材 \ 第 11 章 \ 茶几平面图 .dwg
实践效果	光盘 \ 效果 \ 第 11 章 \ 茶几平面图 .dwg
视频演示	光盘 \ 视频 \ 第 11 章 \ 茶几平面图 .mp4

【实践操作 249】编辑单行文字缩放比例的具体操作步骤如下。

01 单击"菜单浏览器"按钮，在弹出的菜单列表中单击"打开"|"图形"命令，打开一幅素材图形，如图11-52所示。

02 单击"功能区"选项板中的"注释"选项卡，在"文字"面板中单击中间的下拉按钮，在展开的面板上单击"缩放"按钮，如图11-53所示。

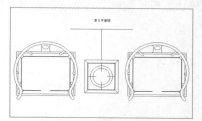

图11-52 打开一幅素材图形

图11-53 单击"缩放"按钮

03 根据命令行提示进行操作，在绘图区中选择单行文字对象，如图11-54所示。

04 按【Enter】键确认，输入TC（中上），如图11-55所示，按【Enter】键确认。

05 输入S（比例因子），如图11-56所示，按【Enter】键确认。

06 输入3，指定缩放比例，如图11-57所示，按【Enter】键确认。

07 执行操作后，即可编辑单行文字的缩放比例，效果如图11-58所示。

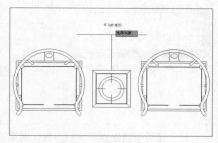

图11-54 选择单行文字对象

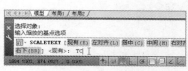

图11-55 输入TC（中上）

图11-56 输入S（比例因子）

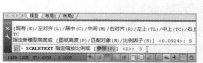

图11-57 指定缩放比例

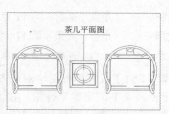

图11-58 编辑单行文字缩放比例的效果

用户还可以通过以下两种方法，调用"缩放比例"命令。
- 方法1：在命令行中输入SCALETEXT（缩放比例）命令，并按【Enter】键确认。
- 方法2：显示菜单栏，单击"修改"|"对象"|"文字"|"比例"命令。

执行以上任意一种方法，均可调用"缩放比例"命令。

11.3.2　编辑单行文字内容

在 AutoCAD 2013 中，使用 DDEDIT 命令，可以编辑单行文本的内容。

实践素材	光盘 \ 素材 \ 第 11 章 \ 编辑单行文字内容 .dwg
实践效果	光盘 \ 效果 \ 第 11 章 \ 编辑单行文字内容 .dwg

【实践操作 250】编辑单行文字内容的具体操作步骤如下。

01 单击"菜单浏览器"按钮，在弹出的菜单列表中单击"打开"|"图形"命令，打开上一例效果文件，在命令行中输入DDEDIT（编辑）命令，如图11-59所示。

02 按【Enter】键确认，根据命令行提示进行操作，在绘图区中选择需要编辑的文字对象，如图11-60所示。

03 将单行文字更改为"方形茶几"，并按【Enter】键确认，即可编辑单行文字的内容，效果如图11-61所示。

图11-59　输入DDEDIT命令

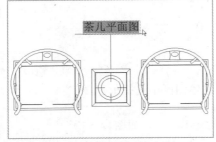

图11-60　选择需要编辑的文字对象

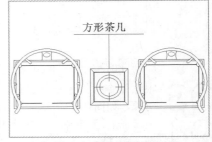

图11-61　编辑单行文字的内容

用户还可以通过以下 3 种方法，调用"编辑"命令。
- 双击：在需要编辑的单行文字上，双击鼠标左键。
- 选项：在需要编辑的单行文字上，单击鼠标右键，在弹出的快捷菜单中选择"编辑"选项。
- 命令：显示菜单栏，单击"修改"|"对象"|"文字"|"编辑"命令。

执行以上任意一种方法，均可调用"编辑"命令。

11.3.3　设置单行文字对正方式

在 AutoCAD 2013 中，用户可以通过命令行操作的方法，设置单行文字的对正方式。

实践素材	光盘 \ 素材 \ 第 11 章 \ 设置单行文字对正方式 .dwg
实践效果	光盘 \ 效果 \ 第 11 章 \ 设置单行文字对正方式 .dwg
视频演示	光盘 \ 视频 \ 第 11 章 \ 设置单行文字对正方式 .mp4

【实践操作 251】设置单行文字对正方式的具体操作步骤如下。

01 单击"菜单浏览器"按钮，在弹出的菜单列表中单击"打开"|"图形"命令，打开一幅素材文件，在"功能区"选项板中的"注释"选项卡中，单击"文字"面板中间的下拉按钮，在展开

的面板上单击"对正"按钮 ，如图11-62所示。

02 根据命令行提示进行操作，在绘图区中选择需要编辑的单行文字对象，如图11-63所示。

图11-62　单击"对正"按钮

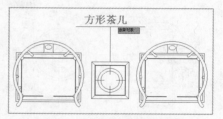

图11-63　选择需要编辑的单行文字

03 按【Enter】键确认，在弹出的快捷菜单中选择"布满（F）"选项，如图11-64所示。

04 执行操作后，即可编辑单行文字的对正方式，效果如图11-65所示。

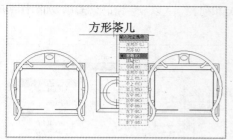

图11-64　选择"布满（F）"选项

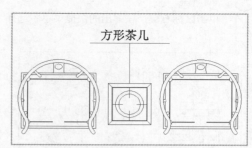

图11-65　编辑单行文字的对正方式

A u t o C A D　技巧点拨

用户还可以通过以下 3 种方法，调用"对正"命令。
- 方法1：在命令行中输入JUSTIFYTEXT（对正）命令，并按【Enter】键确认。
- 方法2：显示菜单栏，单击"修改"|"对象"|"文字"|"对正"命令。

执行以上任意一种方法，均可调用"对正"命令。

11.4　编辑多行文字

在 AutoCAD 2013 中，创建多行文本后，常常需要对其进行编辑，如查找指定文字、替换文字、修改多行文字对象宽度等。本节主要介绍编辑多行文字的操作方法。

11.4.1　使用数字标记

在 AutoCAD 2013 中，用户可以使用数字标记多行文字。

实践素材	光盘 \ 素材 \ 第 11 章 \ 阀盖剖视图 .dwg
实践效果	光盘 \ 效果 \ 第 11 章 \ 阀盖剖视图 .dwg
视频演示	光盘 \ 视频 \ 第 11 章 \ 阀盖剖视图 .mp4

【实践操作 252】使用数字标记的具体操作步骤如下。

01 单击"菜单浏览器"按钮，在弹出的菜单列表中单击"打开"|"图形"命令，打开一幅素材文件，如图11-66所示。

02 在绘图区中选择需要编辑的多行文字，单击鼠标右键，在弹出的快捷菜单中选择"编辑多行文字"选项，如图11-67所示。

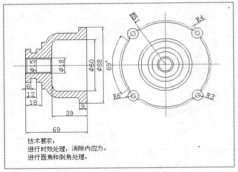

图11-66 打开一幅素材文件

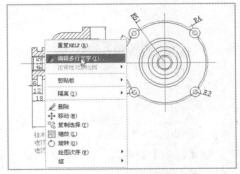

图11-67 选择"编辑多行文字"选项

03 弹出文本框，选择需要编辑的部分文本内容，如图11-68所示。

04 单击鼠标右键，在弹出的快捷菜单中选择"项目符号和列表"|"以数字标记"选项，如图11-69所示。

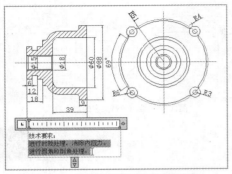

图11-68 选择需要编辑的部分文本内容

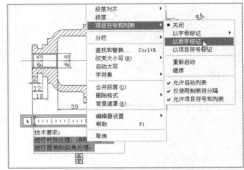

图11-69 选择"以数字标记"选项

05 执行操作后，即可使用数字标记多行文字，效果如图11-70所示。

技巧点拨

用户还可以通过以下两种方法，调用"编辑多行文字"命令。

● 方法1：在命令行中输入MTEDIT（编辑多行文字）命令，并按【Enter】键确认。

● 方法2：在绘图区中选择多行文字，单击"文字"工具栏中的"编辑文字"按钮 Ａ。

执行以上任意一种方法，均可调用"编辑多行文字"命令。

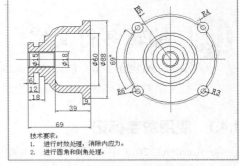

图11-70 使用数字标记多行文字

11.4.2 控制文字显示

在编辑多行文字的过程中，用户可以控制文字的显示状态。

实践素材	光盘 \ 素材 \ 第11章 \ 控制文字显示状态 .dwg
实践效果	光盘 \ 效果 \ 第11章 \ 控制文字显示状态 .dwg
视频演示	光盘 \ 视频 \ 第11章 \ 控制文字显示状态 .mp4

【实践操作 253】控制文字显示的具体操作步骤如下。

01 单击"菜单浏览器"按钮,在弹出的菜单列表中单击"打开"|"图形"命令,打开一幅素材图形,在命令行中输入QTEXT(文本显示)命令,如图11-71所示。

02 按【Enter】键确认,根据命令行提示进行操作,输入ON(开),并按【Enter】键确认,如图11-72所示。

图11-71 输入QTEXT命令

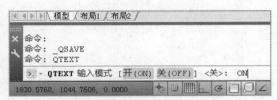

图11-72 在命令行中输入NO(开)

03 在命令行中输入REGEN(重生成)命令,如图11-73所示,按【Enter】键确认。

04 执行操作后,即可控制文字显示状态,效果如图11-74所示。

图11-73 输入REGEN命令

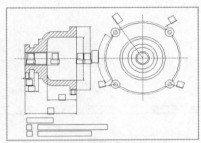

图11-74 控制文字显示状态

11.4.3 缩放多行文字

在 AutoCAD 2013 中,用户可以对多行文字进行缩放操作。

实践素材	光盘 \ 素材 \ 第 11 章 \ 缩放多行文字 .dwg
实践效果	光盘 \ 效果 \ 第 11 章 \ 缩放多行文字 .dwg
视频演示	光盘 \ 视频 \ 第 11 章 \ 缩放多行文字 .mp4

【实践操作 254】缩放多行文字的具体操作步骤如下。

01 单击"菜单浏览器"按钮,在弹出的菜单列表中单击"打开"|"图形"命令,打开素材图形,如图11-75所示。

02 单击"功能区"选项板中的"注释"选项卡,在"文字"面板中单击中间的下拉按钮,在展开的面板上单击"缩放"按钮[A],如图11-76所示。

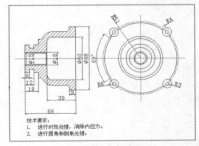

图11-75 打开素材图形

图11-76 单击"缩放"按钮

03 根据命令行提示进行操作,在绘图区中选择需要编辑的多行文字对象,如图11-77所示。

04 按【Enter】键确认，在弹出的快捷菜单中选择"现有"选项，如图11-78所示。

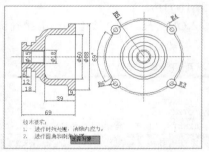

图11-77 选择需要编辑的多行文字对象

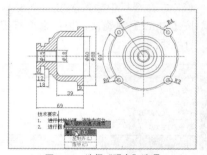

图11-78 选择"现有"选项

05 在命令行中输入6，指定新模型高度，如图11-79所示，按【Enter】键确认。

06 执行操作后，即可对多行文字进行缩放操作，效果如图11-80所示。

图11-79 指定新模型高度

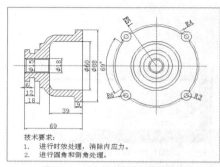

图11-80 对多行文字进行缩放操作

11.4.4 对正多行文字

在编辑多行文字时，常常需要设置其对正方式，多行文字对象的对正同时控制文字对齐和文字走向。

实践素材	光盘＼素材＼第 11 章＼对正多行文字 .dwg
实践效果	光盘＼效果＼第 11 章＼对正多行文字 .dwg
视频演示	光盘＼视频＼第 11 章＼对正多行文字 .mp4

【实践操作 255】对正多行文字的具体操作步骤如下。

01 单击"菜单浏览器"按钮，在弹出的菜单列表中单击"打开"|"图形"命令，打开"对正多行文字.dwg"素材图形文件，在命令行中输入JUSTIFYTEXT（对正）命令，如图11-81所示。

02 按【Enter】键确认，根据命令行提示进行操作，在绘图区中选择需要编辑的多行文字对象，如图11-82所示。

图11-81 输入JUSTIFYTEXT命令

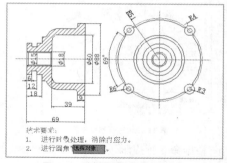

图11-82 选择需要编辑的多行文字

03
按【Enter】键确认，弹出快捷菜单，选择"右对齐"选项，如图11-83所示。

04
执行操作后，即可对正多行文字，效果如图11-84所示。

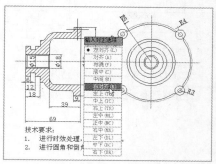

图11-83　选择"右对齐"选项

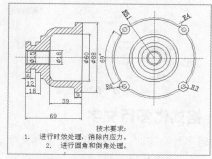

图11-84　对正多行文字的效果

AutoCAD　技巧点拨

在命令行中输入 R（右对齐），也可以执行"右对齐"操作，其作用与选择"右对齐"选择完全一样。

11.4.5　修改多行文字

在 AutoCAD 2013 中，用户可根据需要修改多行文字的内容。

实践素材	光盘 \ 素材 \ 第 11 章 \ 泵轴 .dwg
实践效果	光盘 \ 效果 \ 第 11 章 \ 泵轴 .dwg
视频演示	光盘 \ 视频 \ 第 11 章 \ 泵轴 .mp4

【实践操作 256】修改多行文字的具体操作步骤如下。

01
单击"菜单浏览器"按钮，在弹出的菜单列表中单击"打开"|"图形"命令，打开一幅素材图形，如图11-85所示。

02
在绘图区中选择需要修改内容的多行文字，单击鼠标右键，在弹出的快捷菜单中选择"编辑多行文字"选项，如图11-86所示。

03
弹出文本框，在其中选择需要剪切的多行文字，如图11-87所示。

04
单击鼠标右键，在弹出的快捷菜单中选择"剪切"选项，如图11-88所示。

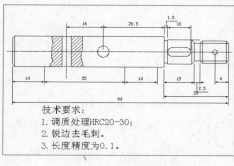

图11-85　打开一幅素材图形

05
执行操作后，在绘图区中的任意位置单击鼠标，即可修改多行文字内容，效果如图11-89所示。

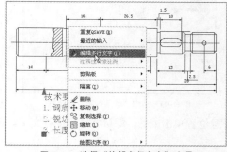

图11-86　选择"编辑多行文字"选项

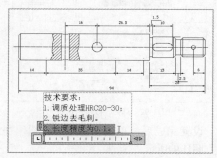

图11-87　选择需要剪切的多行文字

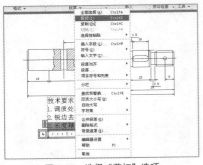

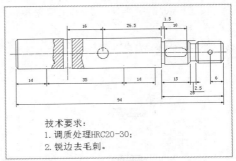

图11-88　选择"剪切"选项　　　　　　　　图11-89　修改多行文字内容后的效果

11.4.6　格式化多行文字

在编辑多行文字时，用户可以对多行文字进行格式化操作。

实践素材	光盘 \ 素材 \ 第 11 章 \ 格式化多行文字 .dwg
实践效果	光盘 \ 效果 \ 第 11 章 \ 格式化多行文字 .dwg
视频演示	光盘 \ 视频 \ 第 11 章 \ 格式化多行文字 .mp4

【实践操作 257】格式化多行文字的具体操作步骤如下。

01 单击"菜单浏览器"按钮，在弹出的菜单列表中单击"打开"|"图形"命令，打开素材图形，在绘图区中选择需要格式化的多行文字，如图11-90所示。

02 双击鼠标，弹出文本框，在其中选择需要编辑的文字，如图11-91所示。

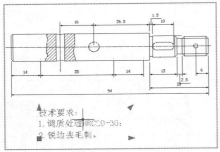

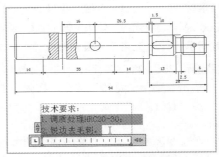

图11-90　选择需要格式化的多行文字　　　　　图11-91　选择需要编辑的文字

03 单击鼠标右键，在弹出的快捷菜单中选择"段落"选项，如图11-92所示。

04 弹出"段落"对话框，在"第一行"文本框中输入10，选中"段落行距"复选框，如图11-93所示。

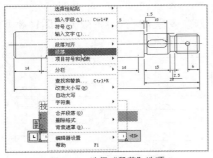

图11-92　选择"段落"选项　　　　　　　图11-93　选中"段落行距"复选框

05 设置完成后，单击"确定"按钮，在绘图区中的任意位置单击鼠标，即可格式化多行文字，效果如图11-94所示。

11.4.7　修改堆叠特性

在 AutoCAD 2013 中，创建堆叠文字后，可以修改其堆叠特性。

实践素材	光盘 \ 素材 \ 第 11 章 \ 转阀剖视图 .dwg
实践效果	光盘 \ 效果 \ 第 11 章 \ 转阀剖视图 .dwg
视频演示	光盘 \ 视频 \ 第 11 章 \ 转阀剖视图 .mp4

【实践操作 258】修改堆叠特性的具体操作步骤如下。

01 单击"菜单浏览器"按钮，在弹出的菜单列表中单击"打开"|"图形"命令，打开一幅素材图形，如图 11-95所示。

02 在绘图区中选择需要修改堆叠特性的多行文字，如图 11-96所示。

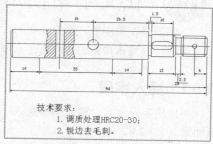
图11-94　格式化多行文字后的效果

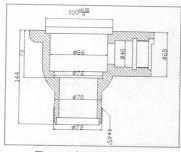
图11-95　打开一幅素材图形

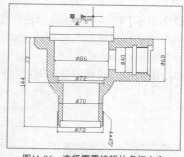
图11-96　选择需要编辑的多行文字

03 在该多行文字上，双击鼠标，弹出文本框，选择堆叠文字为编辑对象，如图11-97所示。

04 单击鼠标右键，在弹出的快捷菜单中选择"堆叠特性"选项，如图11-98所示。

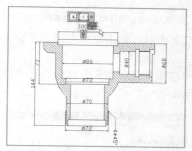
图11-97　选择堆叠文字为编辑对象

图11-98　选择"堆叠特性"选项

05 弹出"堆叠特性"对话框，在"上"文本框中输入"＋0.02"，单击"样式"下拉按钮，在弹出的列表框中选择"1/2分数（斜）"选项，如图11-99所示。

06 设置完成后，单击"确定"按钮，即可修改堆叠特性，效果如图11-100所示。

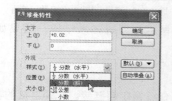
图11-99　选择"1/2分数（斜）"选项

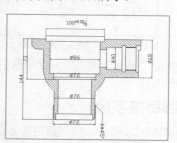
图11-100　修改堆叠特性后的效果

11.5 在文字中使用字段

字段是在图形中，用于说明的可更新文字。它常用于在图形生命周期中可变化的文本中，修字段更新时，将显示最新的字段值。本节主要介绍在文字中使用字段的操作方法。

11.5.1 插入字段

在使用字段之前，首先需要插入一个字段，并根据字段的属性，设置相应格式。常用的字段有时间、页面设置名称等。

实践素材	光盘＼素材＼第 11 章＼酒柜立面图 .dwg
实践效果	光盘＼效果＼第 11 章＼酒柜立面图 .dwg
视频演示	光盘＼视频＼第 11 章＼酒柜立面图 .mp4

【实践操作 259】插入字段的具体操作步骤如下。

01 单击"菜单浏览器"按钮，在弹出的菜单列表中单击"打开"｜"图形"命令，打开一幅素材图形，如图11-101所示。

02 在绘图区中，选择需要编辑的多行文字，如图11-102所示。

图11-101 打开一幅素材图形

图11-102 选择需要编辑的多行文字

03 在该多行文字上双击鼠标，弹出文本框，选择多行文字内容，单击鼠标右键，在弹出的快捷菜单中选择"插入字段"选项，如图11-103所示。

04 弹出"字段"对话框，在"字段名称"下拉列表框中选择"打印比例"选项，在"格式"下拉列表框中选择"使用比例名称"选项，如图11-104所示。

图11-103 选择"插入字段"选项

图11-104 选择"使用比例名称"选项

05 单击"确定"按钮，在绘图区中的任意位置上单击鼠标，即可插入字段，效果如图11-105所示。

11.5.2 超链接字段

在 AutoCAD 2013 中，使用超链接字段，可以将字段链接至任意指定超链接。此超链接的作用方式与附着到对象的超链接相同。将光标停留在文字上，即会显示超链接光标和说明该超链接的工具提示。

实践素材	光盘 \ 素材 \ 第 11 章 \ 超链接字段 .dwg
实践效果	光盘 \ 效果 \ 第 11 章 \ 超链接字段 .dwg
视频演示	光盘 \ 视频 \ 第 11 章 \ 超链接字段 .mp4

图11-105　插入字段后的效果

【实践操作 260】超链接字段的具体操作步骤如下。

01 单击"菜单浏览器"按钮，在弹出的菜单列表中单击"打开"|"图形"命令，打开素材图形，在绘图区中的字段上双击鼠标，弹出文本框，如图11-106所示。

02 选择需要编辑的字段，双击鼠标，弹出"字段"对话框，在"字段类别"列表框中选择"已链接"选项，在"显示文字"文本框中输入"酒柜立面布局图"，如图11-107所示。

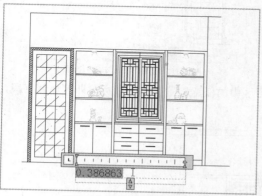

图11-106　选择需要编辑的字段

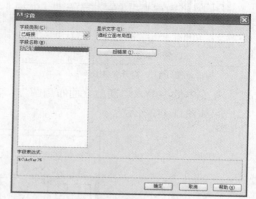

图11-107　输入"酒柜立面布局图"

03 单击"超链接"按钮，弹出"编辑超链接"对话框，在"键入文件或Web页名称"文本框中输入"家具"，如图11-108所示。

04 单击"确定"按钮，返回"字段"对话框，再次单击"确定"按钮，在绘图区中的任意位置上单击鼠标，即可超链接字段，如图11-109所示。

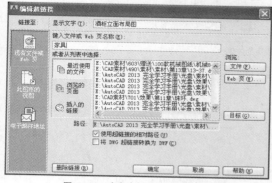

图11-108　在文本框中输入"家具"

图11-109　超链接字段效果

11.5.3　更新字段

字段更新时，将显示最新的值。在 AutoCAD 2013 中，可以单独更新字段，也可以在一个或多个选定文字对象中更新所有字段。

实践素材	光盘 \ 素材 \ 第 11 章 \ 更新字段 .dwg
实践效果	光盘 \ 效果 \ 第 11 章 \ 更新字段 .dwg
视频演示	光盘 \ 视频 \ 第 11 章 \ 更新字段 .mp4

【实践操作 261】 更新字段的具体操作步骤如下。

○1 单击"菜单浏览器"按钮，在弹出的菜单列表中单击"打开"|"图形"命令，打开一幅素材图形，如图11-110所示。

○2 在绘图区的字段上双击鼠标，弹出文本框，在其中选择需要更新的字段，单击鼠标右键，在弹出的快捷菜单中选择"更新字段"选项，如图11-111所示。

图11-110 打开素材图形

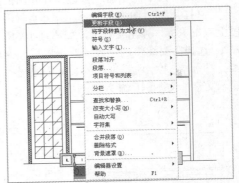

图11-111 选择"更新字段"选项

○3 在文本框中输入"酒柜立面布局图"，在绘图区中的任意位置上单击鼠标，即可更新字段，效果如图11-112所示。

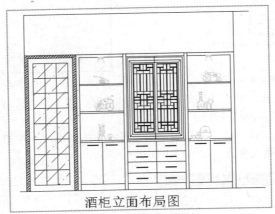

图11-112 更新字段后的效果

第12章
创建与设置表格

在 AutoCAD 2013 中，用户可以使用"表格"命令创建表格，还可以从 Microsoft Excel 中直接复制表格，并将其作为 AutoCAD 表格对象粘贴到图形中，也可以从外部直接导入表格对象。此外，还可以输出来自 AutoCAD 的表格数据，以供 Microsoft Excel 或其他应用程序使用。本章主要介绍创建与设置表格的各种操作方法。

A u t o C A D

12.1 创建和设置表格样式

在 AutoCAD 2013 中创建表格前，应先创建表格样式，并通过管理表格样式使样式更符合行业的需要。本节主要介绍创建和设置表格样式的操作方法。

12.1.1 创建表格样式

表格样式可以控制表格的外观，用于保证标准的字体、颜色、文本、高度和行距。用户可以使用默认的表格样式，也可以根据需要自定义表格样式。

实践素材	光盘 \ 素材 \ 第 12 章 \ 技术要求表格 .dwg
实践效果	光盘 \ 效果 \ 第 12 章 \ 技术要求表格 .dwg
视频演示	光盘 \ 视频 \ 第 12 章 \ 技术要求表格 .mp4

【实践操作 262】创建表格样式的具体操作步骤如下。

01 单击"菜单浏览器"按钮，在弹出的菜单列表中单击"打开"|"图形"命令，打开一幅素材图形，如图12-1所示。

02 在"功能区"选项板中的"常用"选项卡中，单击"注释"面板中间的下拉按钮，在展开的面板上单击"表格样式"按钮，如图12-2所示。

图12-1　打开一幅素材图形

图12-2　单击"表格样式"按钮

03 弹出"表格样式"对话框，单击"新建"按钮，如图12-3所示。

04 弹出"创建新的表格样式"对话框，在"新样式名"文本框中输入"技术要求"，如图12-4所示。

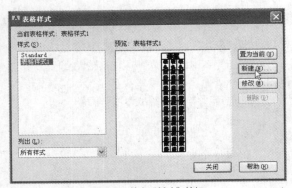

图12-3　单击"新建"按钮

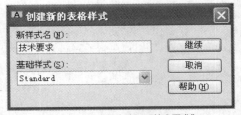

图12-4　在文本框中输入"技术要求"

05 单击"继续"按钮，弹出"新建表格样式：技术要求"对话框，单击"确定"按钮，如图12-5所示。

06 返回"表格样式"对话框，在"样式"列表框中将显示新建的表格样式，如图12-6所示。

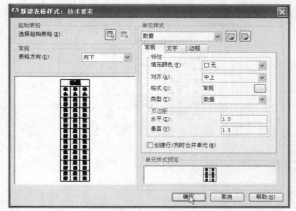

图12-5 单击"确定"按钮

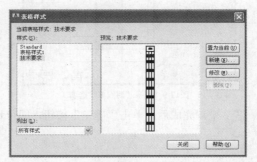

图12-6 显示新建的表格样式

AutoCAD 技巧点拨

在 AutoCAD 2013 中，用户还可以通过以下两种方法，调用"表格样式"命令。
- 方法1：在命令行中输入TABLESTYLE（表格样式）命令，按【Enter】键确认。
- 方法2：显示菜单栏，单击"格式"|"表格样式"命令。

执行以上任意一种操作，均可调用"表格样式"命令。

12.1.2 设置表格样式

在 AutoCAD 2013 中，用户可以通过"表格样式"对话框来管理图形中的表格样式。

实践素材	光盘 \ 素材 \ 第 12 章 \ 明细单 .dwg
实践效果	光盘 \ 效果 \ 第 12 章 \ 明细单 .dwg
视频演示	光盘 \ 视频 \ 第 12 章 \ 明细单 .mp4

【实践操作 263】设置表格样式的具体操作步骤如下。

01 单击"菜单浏览器"按钮，在弹出的菜单列表中单击"打开"|"图形"命令，打开一幅素材图形文件，如图12-7所示。

02 在命令行中输入TABLESTYLE（表格样式）命令，如图12-8所示。

明细单		
序号	图号	名称
1	241	底座
2	242	螺套
3	243	螺钉
4	244	螺母

图12-7 打开素材图形

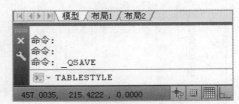

图12-8 输入TABLESTYLE命令

03 按【Enter】键确认，弹出"表格样式"对话框，在"样式"列表框中选择"明细单"选项，如图12-9所示。

04 单击"修改"按钮，弹出"修改表格样式：明细单"对话框，单击"填充颜色"右侧的下拉按钮，在弹出的列表框中选择"青"选项，如图12-10所示。

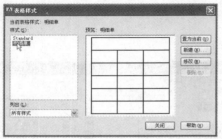

图12-9　选择"明细单"选项

图12-10　选择"青"选项

05　设置完成后，单击"确定"按钮，即可设置表格样式。

12.2　创建表格

在 AutoCAD 2013 中，可以直接插入表格对象，而不需要用单独的直线绘制组成表格，并且还可以对已经创建好的表格进行编辑。本节主要介绍创建表格的操作方法。

12.2.1　创建表格

在 AutoCAD 2013 中创建表格时，首先须创建一个空表格，然后在表格单元中添加内容。下面介绍创建表格的操作方法。

实践素材	光盘 \ 素材 \ 第 12 章 \ 排水系统 .dwg
实践效果	光盘 \ 效果 \ 第 12 章 \ 排水系统 .dwg
视频演示	光盘 \ 视频 \ 第 12 章 \ 排水系统 .mp4

【实践操作 264】创建表格的具体操作步骤如下。

01　单击"菜单浏览器"按钮，在弹出的菜单列表中单击"打开"|"图形"命令，打开一幅素材图形，如图12-11所示。

02　在"功能区"选项板的"常用"选项卡中，单击"注释"面板上的"表格"按钮，如图12-12所示。

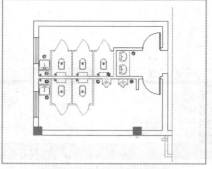

图12-11　打开一幅素材图形

图12-12　单击"表格"按钮

03　弹出"插入表格"对话框，在"列和行设置"选项区中，设置"列数"为2、"列宽"为1.5、"数据行数"为5、"行高"为2，如图12-13所示。

04　单击"确定"按钮，在绘图区中的合适位置单击鼠标，如图12-14所示。

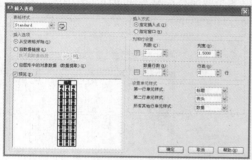

图12-13 设置表格相应参数

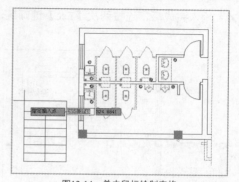

图12-14 单击鼠标绘制表格

A u t o C A D 技巧点拨

在 AutoCAD 2013 中，用户还可以通过以下两种方法，调用"表格"命令。
- 方法1：在命令行中输入TABLE（表格）命令，按【Enter】键确认。
- 方法2：显示菜单栏，单击"绘图"|"表格"命令。
执行以上任意一种操作，均可调用"表格"命令。

05 执行操作后，按两次【Esc】键退出，即可创建表格，效果如图12-15所示。

12.2.2 输入文本

在 AutoCAD 2013 中，创建表格后，用户可根据需要在表格中输入相应的文本。

实践素材	光盘 \ 素材 \ 第 12 章 \ 输入文本 .dwg
实践效果	光盘 \ 效果 \ 第 12 章 \ 输入文本 .dwg
视频演示	光盘 \ 视频 \ 第 12 章 \ 输入文本 .mp4

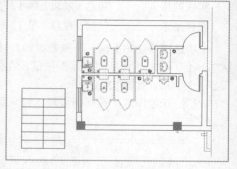

图12-15 创建表格后的效果

【实践操作 265】输入文本的具体操作步骤如下。

01 单击"菜单浏览器"按钮，在弹出的菜单列表中单击"打开"|"图形"命令，打开素材图形，在绘图区中选择需要输入文本的表格，如图12-16所示。

02 在该表格上单击鼠标右键，在弹出的快捷菜单中选择"编辑文字"选项，如图12-17所示。

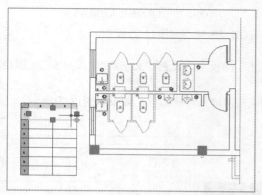

图12-16 选择需要输入文本的表格

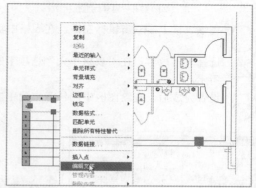

图12-17 选择"编辑文字"选项

03 在文本框中输入文字"图例表"，如图12-18所示。

04 输入完成后，连按两次【Esc】键确认，即可完成文本的输入，效果如图12-19所示。

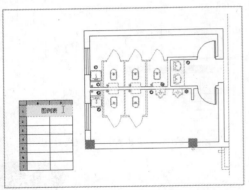

图12-18 输入文字“图例表”

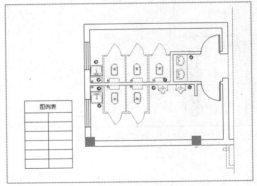

图12-19 输入相应文字内容

12.2.3 输入特殊数据

在 AutoCAD 2013 的表格中，用户可以在表格中输入特殊数据，如时间和日期等。

实践素材	光盘 \ 素材 \ 第 12 章 \ 螺帽 .dwg
实践效果	光盘 \ 效果 \ 第 12 章 \ 螺帽 .dwg
视频演示	光盘 \ 视频 \ 第 12 章 \ 螺帽 .mp4

【实践操作 266】输入特殊数据的具体操作步骤如下。

01 单击“菜单浏览器”按钮，在弹出的菜单列表中单击“打开”|“图形”命令，打开一幅素材图形，如图12-20所示。

02 在绘图区中选择需要输入特殊数据的表格，如图12-21所示。

螺帽				
序号	名称	数量	材料	备注
1	底座	1	HT157	
2	钻模板	2	40	
3	钻套	5	45	
4	轴	3	40	
5	开口垫片	4	35	

图12-20 打开一幅素材图形

	A	B	C	D	E
1	螺帽				
2	序号	名称	数量	材料	备注
3	1	底座	1	HT157	
4	2	钻模板	2	40	
5	3	钻套	5	45	
6	4	轴	3	40	
7	5	开口垫片	4	35	

图12-21 选择需要输入数据的表格

03 在该表格上，双击鼠标左键，在表格中输入字符GB170-56，如图12-22所示。

04 选择表格内容，在“表格单元”选项卡的“样式”面板上，设置“文字高度”为4.5，如图12-23所示。

05 设置完成后，在绘图区中的任意位置单击鼠标，即可输入特殊数据，效果如图12-24所示。

	A	B	C	D	E
1	螺帽				
2	序号	名称	数量	材料	备注
3	1	底座	1	HT157	
4	2	钻模板	2	40	
5	3	钻套	5	45	
6	4	轴	3	40	
7	5	开口垫片	4	35	GB170-56

图12-22 输入字符

图12-23 设置“文字高度”为4.5

螺帽				
序号	名称	数量	材料	备注
1	底座	1	HT157	
2	钻模板	2	40	
3	钻套	5	45	
4	轴	3	40	
5	开口垫片	4	35	GB170-56

图12-24 输入特殊数据

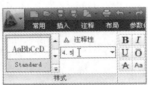

12.2.4　调用外部表格

在 AutoCAD 2013 中，用户可根据需要调用外部表格。

实践素材	光盘 \ 素材 \ 第 12 章 \ 家居装饰 .xls
视频演示	光盘 \ 视频 \ 第 12 章 \ 家居装饰 .mp4

【实践操作 267】调用外部表格的具体操作步骤如下。

01 单击"菜单浏览器"按钮，在弹出的菜单列表中单击"新建"|"图形"命令，新建一幅图形文件，单击"功能区"选项板中的"注释"选项卡，在"表格"面板上单击"数据链接"按钮，如图12-25所示。

02 弹出"数据链接管理器"对话框，在"链接"列表框中选择"创建新的Excel数据链接"选项，如图12-26所示。

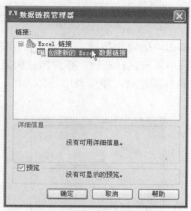

图12-26　选择相应选项

图12-25　单击"数据链接"按钮

03 弹出"输入数据链接名称"对话框，在"名称"文本框中输入"家居装饰"，如图12-27所示。

04 单击"确定"按钮，弹出"新建Excel数据链接：家居装饰"对话框，在"文件"选项区中单击"浏览"按钮，如图12-28所示。

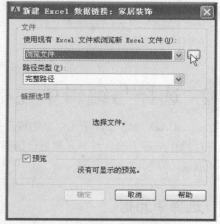

图12-28　单击"浏览"按钮

图12-27　在文本框中输入"家居装饰"

05 弹出"另存为"对话框，用户可根据需要在其中选择相应的Excel链接文件，如图12-29所示。

06 单击"打开"按钮，返回"新建Excel数据链接：家居装饰"对话框，在对话框下方的"预览"窗口中，可以预览链接的Excel文件，如图12-30所示。

图12-29 选择相应的Excel链接文件

图12-30 预览链接的Excel文件

07
08

单击"确定"按钮，返回"数据链接管理器"对话框，在"链接"列表框中的"家居装饰"选项中单击鼠标右键，在弹出的快捷菜单中选择"打开Excel文件"选项，如图12-31所示。

执行操作后，即可调用外部表格，效果如图12-32所示。

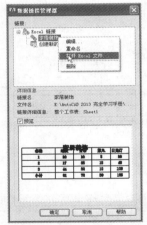

图12-31 选择"打开Excel文件"选项

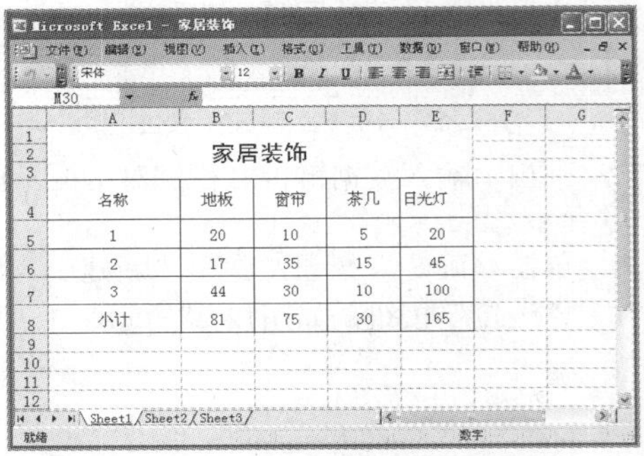

图12-32 调用外部表格的效果

12.3 选择与编辑单元格

在 AutoCAD 2013 中，单元格是构成表格的基本单位，对表格的操作都是建立在对单元格或单元区域进行操作基础上的。对单元格进行编辑之前，首先要掌握单元格的基本操作，如单元格的选择、合并、取消、匹配以及锁定等。

12.3.1 选择单元格

在 AutoCAD 2013 中，要对单元格进行编辑，首先需要选中单元格。下面介绍选择单元格的操作方法。

实践素材	光盘 \ 素材 \ 第 12 章 \ 材料明细表 .dwg

【实践操作 268】选择单元格的具体操作步骤如下。

01

单击"菜单浏览器"按钮，在弹出的菜单列表中单击"打开"|"图形"命令，打开一幅素材图形，如图12-33所示。

02 在绘图区上方的表格上单击鼠标，即可选择单元格，如图12-34所示。

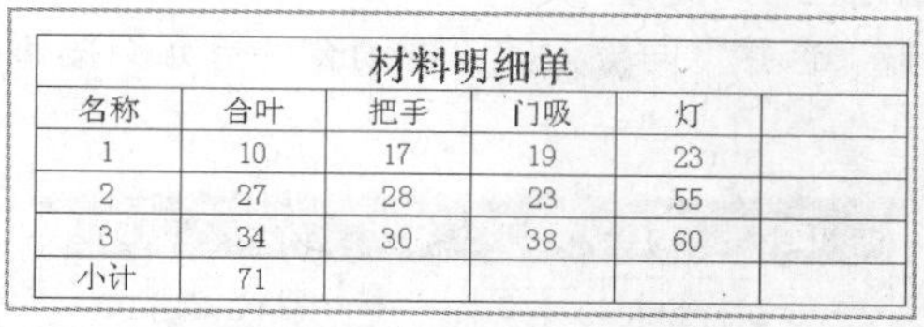

材料明细单					
名称	合叶	把手	门吸	灯	
1	10	17	19	23	
2	27	28	23	55	
3	34	30	38	60	
小计	71				

图12-33　打开一幅素材图形

	A	B	C	D	E	F
1	材料明细单					
2	名称	合叶	把手	门吸	灯	
3	1	10	17	19	23	
4	2	27	28	23	55	
5	3	34	30	38	60	
6	小计	71				

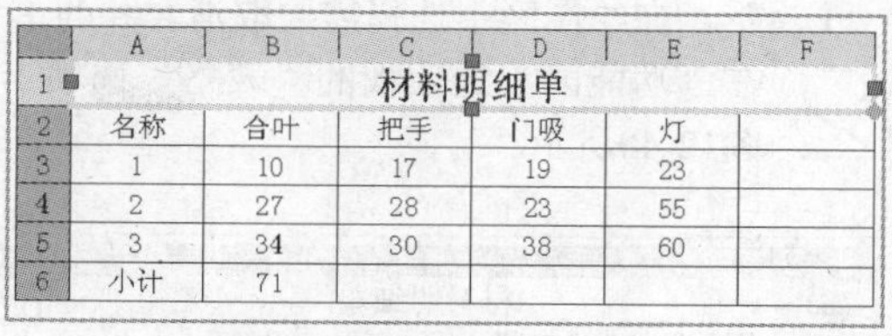

图12-34　选择单元格后的效果

12.3.2　合并单元格

在 AutoCAD 2013 中，合并单元格是指将多个单元格合并成一个单元格。下面介绍合并单元格的操作方法。

实践素材	光盘 \ 素材 \ 第 12 章 \ 材料明细表 .dwg
实践效果	光盘 \ 效果 \ 第 12 章 \ 材料明细表 .dwg
视频演示	光盘 \ 视频 \ 第 12 章 \ 材料明细表 .mp4

【实践操作 269】合并单元格的具体操作步骤如下。

01 单击“菜单浏览器”按钮，在弹出的菜单列表中单击“打开”|“图形”命令，打开一幅素材图形，如图12-35所示。

02 在表格中选择需要合并的单元格，如图12-36所示。

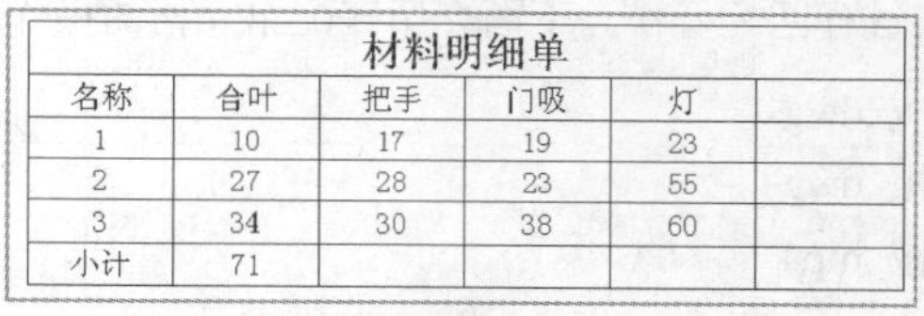

材料明细单					
名称	合叶	把手	门吸	灯	
1	10	17	19	23	
2	27	28	23	55	
3	34	30	38	60	
小计	71				

图12-35　打开素材图形

	A	B	C	D	E	F
1	材料明细单					
2	名称	合叶	把手	门吸	灯	
3	1	10	17	19	23	
4	2	27	28	23	55	
5	3	34	30	38	60	
6	小计	71				

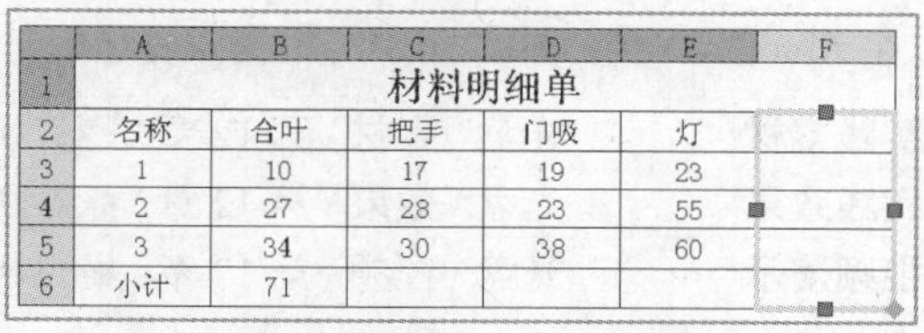

图12-36　选择需要合并的单元格

03 在“功能区”选项板中的“表格单元”选项卡中，单击“合并”面板上的“合并单元”下拉按钮，在弹出的列表框中选择“合并全部”选项，如图12-37所示。

04 执行操作后，即可合并单元格，效果如图12-38所示。

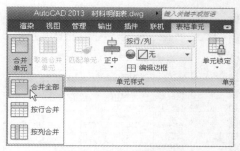

图12-37　选择“全部合并”选项

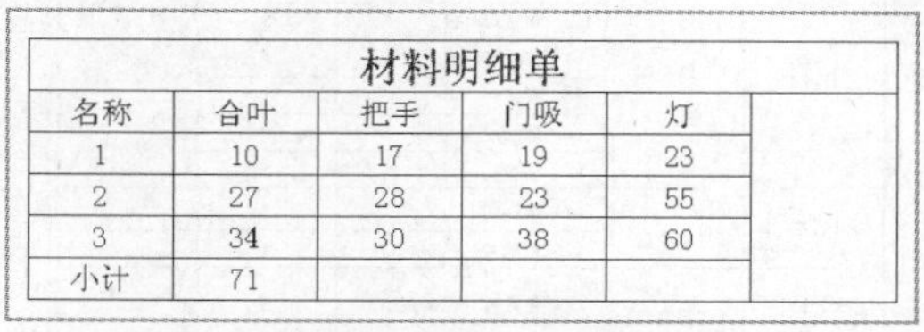

材料明细单					
名称	合叶	把手	门吸	灯	
1	10	17	19	23	
2	27	28	23	55	
3	34	30	38	60	
小计	71				

图12-38　合并单元格后的效果

12.3.3　取消合并单元格

在 AutoCAD 2013 中，取消合并单元格是指将一个单元格拆分为多个单元格。下面介绍取消合并单元格的操作方法。

实践素材	光盘 \ 素材 \ 第 12 章 \ 取消合并单元格 .dwg
实践效果	光盘 \ 效果 \ 第 12 章 \ 取消合并单元格 .dwg
视频演示	光盘 \ 视频 \ 第 12 章 \ 取消合并单元格 .mp4

【实践操作 270】取消合并单元格的具体操作步骤如下。

01 单击“菜单浏览器”按钮，在弹出的菜单列表中单击“打开”|“图形”命令，打开一幅素材图形，在绘图区中选择需要取消合并的单元格，如图12-39所示。

02 在“功能区”选项板的“表格”选项卡中，单击“合并”面板上的“取消合并单元”按钮，如图12-40所示。

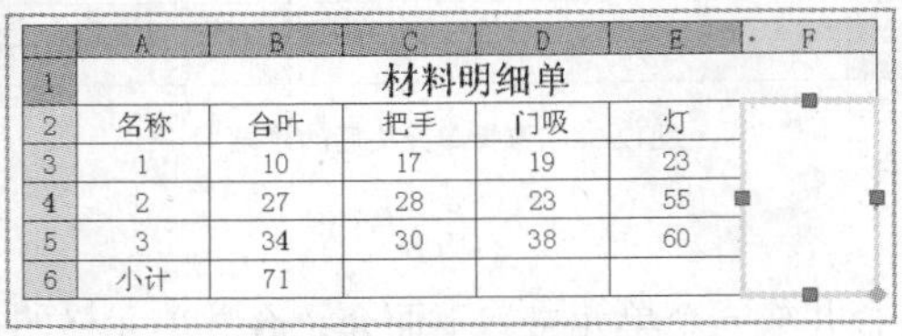

	A	B	C	D	E	F
1	材料明细单					
2	名称	合叶	把手	门吸	灯	
3	1	10	17	19	23	
4	2	27	28	23	55	
5	3	34	30	38	60	
6	小计	71				

图12-39 选择需要取消合并的单元格

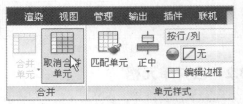

图12-40 单击“取消合并单元”按钮

AutoCAD 技巧点拨

在绘图区中选择需要取消合并的单元格，单击鼠标右键，在弹出的快捷菜单中选择“取消合并”选项，也可以取消合并单元格。

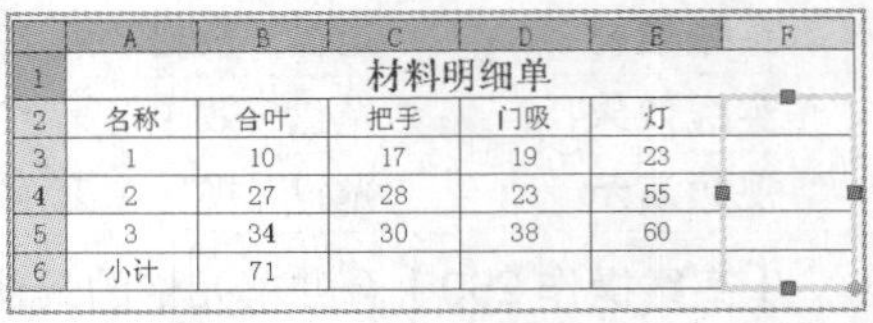

	A	B	C	D	E	F
1	材料明细单					
2	名称	合叶	把手	门吸	灯	
3	1	10	17	19	23	
4	2	27	28	23	55	
5	3	34	30	38	60	
6	小计	71				

图12-41 取消合并单元后的效果

03 执行操作后，即可取消合并单元格，效果如图12-41所示。

12.3.4 匹配单元格

在 AutoCAD 2013 中，用户可根据需要对单元格进行匹配操作。下面介绍匹配单元格的操作方法。

实践素材	光盘 \ 素材 \ 第 12 章 \ 螺钉机械 .dwg
实践效果	光盘 \ 效果 \ 第 12 章 \ 螺钉机械 .dwg
视频演示	光盘 \ 视频 \ 第 12 章 \ 螺钉机械 .mp4

【实践操作 271】匹配单元格的具体操作步骤如下。

01 单击“菜单浏览器”按钮，在弹出的菜单列表中单击“打开”|“图形”命令，打开一幅素材图形，如图12-42所示。

02 在绘图区中选择相应的表格为编辑对象，如图12-43所示。

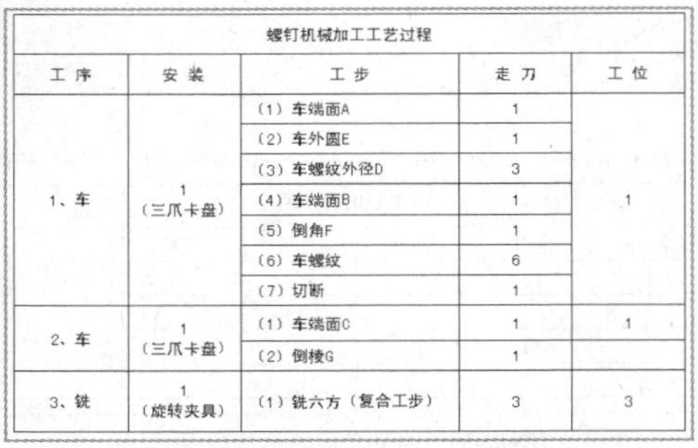

螺钉机械加工工艺过程				
工序	安装	工步	走刀	工位
1、车	1（三爪卡盘）	（1）车端面A	1	1
		（2）车外圆E	1	
		（3）车螺纹外径D	3	
		（4）车端面B	1	
		（5）倒角F	1	
		（6）车螺纹	6	
		（7）切断	1	
2、车	1（三爪卡盘）	（1）车端面C	1	1
		（2）倒棱G	1	
3、铣	1（旋转夹具）	（1）铣六方（复合工步）	3	3

图12-42 打开一幅素材图形

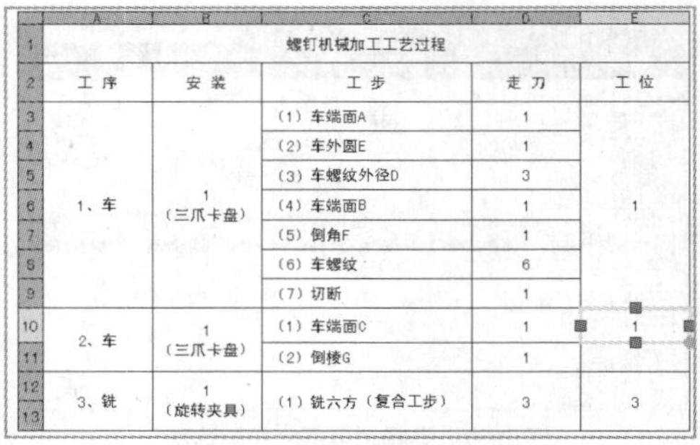

	A	B	C	D	E
1	螺钉机械加工工艺过程				
2	工序	安装	工步	走刀	工位
3	1、车	1（三爪卡盘）	（1）车端面A	1	1
4			（2）车外圆E	1	
5			（3）车螺纹外径D	3	
6			（4）车端面B	1	
7			（5）倒角F	1	
8			（6）车螺纹	6	
9			（7）切断	1	
10	2、车	1（三爪卡盘）	（1）车端面C	1	1
11			（2）倒棱G	1	
12	3、铣	1（旋转夹具）	（1）铣六方（复合工步）	3	3
13					

图12-43 选择相应的表格

03 在“功能区”选项板中的“表格单元”选项卡中，单击“单元样式”面板上的“匹配单元”按钮，如图12-44所示。

AutoCAD 技巧点拨

在绘图区中选择需要编辑的单元格，单击鼠标右键，在弹出的快捷菜单中选择“匹配单元”选项，也可以匹配单元格。

04 根据命令行提示进行操作，此时鼠标指针呈刷子形状，选择右上方的单元格为目标对象，如图12-45所示。

05 执行操作后，即可对单元格进行匹配操作，效果如图12-46所示。

图12-44 单击"匹配单元"按钮

图12-45 选择目标对象

图12-46 匹配单元格后的效果

12.3.5 锁定单元格

在 AutoCAD 2013 中，用户可以对表格中的单元格进行锁定操作。

实践素材	光盘 \ 素材 \ 第 12 章 \ 蜗轮 .dwg
实践效果	光盘 \ 效果 \ 第 12 章 \ 蜗轮 .dwg
视频演示	光盘 \ 视频 \ 第 12 章 \ 蜗轮 .mp4

【实践操作 272】锁定单元格的具体操作步骤如下。

01 单击"菜单浏览器"按钮，在弹出的菜单列表中单击"打开"|"图形"命令，打开一幅素材图形，在绘图区中选择需要锁定的单元格对象，如图12-47所示。

02 在单元格上单击鼠标右键，在弹出的快捷菜单中选择"锁定"|"内容和格式已锁定"选项，如图12-48所示。

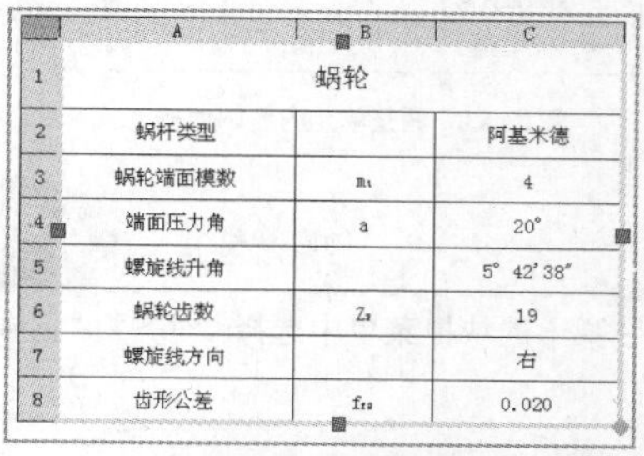

图12-47 选择需要锁定的单元格对象

图12-48 选择"内容和格式已锁定"选项

03 执行操作后，即可锁定单元格，鼠标指针呈锁定状态，效果如图12-49所示。

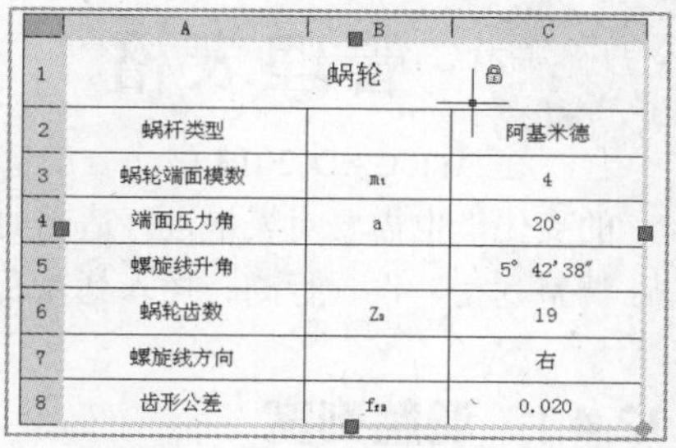

技巧点拨

在绘图区中选择需要锁定的单元格，在"功能区"选项板中的"表格单元"选项卡中，单击"单元锁定"中间的下拉按钮，在弹出的列表框中选择"内容和格式已锁定"选项，也可以锁定单元格。

图12-49 锁定单元格后的效果

12.3.6 调整单元内容对齐方式

在 AutoCAD 2013 中，用户可根据需要调整单元内容的对齐方式。

实践素材	光盘 \ 素材 \ 第 12 章 \ 调整单元内容对齐方式 .dwg
实践效果	光盘 \ 效果 \ 第 12 章 \ 调整单元内容对齐方式 .dwg
视频演示	光盘 \ 视频 \ 第 12 章 \ 调整单元内容对齐方式 .mp4

【实践操作 273】 调整单元内容对齐方式的具体操作步骤如下。

01 单击"菜单浏览器"按钮,在弹出的菜单列表中单击"打开" | "图形"命令,打开一幅素材图形,如图12-50所示。

02 在绘图区中选择需要调整对齐方式的单元内容,如图12-51所示。

蜗轮		
蜗杆类型		阿基米德
蜗轮端面模数	m_t	4
端面压力角	a	20°
螺旋线升角		5° 42′ 38″
蜗轮齿数	Z_2	19
螺旋线方向		右
齿形公差	f_{r2}	0.020

图12-50　打开一幅素材图形

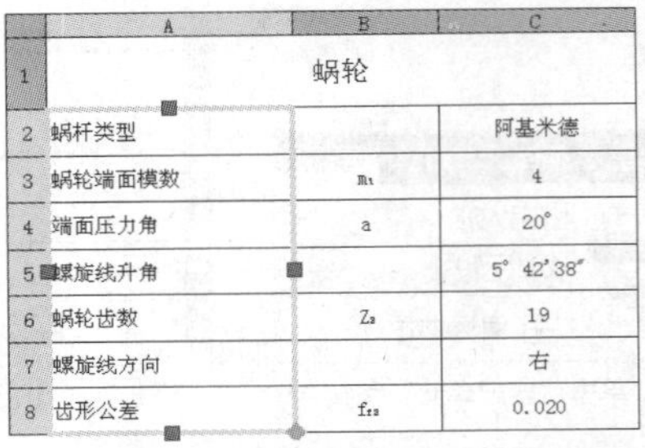

图12-51　选择需要调整的单元内容

03 在"功能区"选项板中的"表格单元"选项卡中,单击"左中"中间的下拉按钮,在弹出的列表框中选择"正中"选项,如图12-52所示。

04 执行操作后,即可调整单元内容的对齐方式,效果如图12-53所示。

图12-52　选择"正中"选项

蜗轮		
蜗杆类型		阿基米德
蜗轮端面模数	m_t	4
端面压力角	a	20°
螺旋线升角		5° 42′ 38″
蜗轮齿数	Z_2	19
螺旋线方向		右
齿形公差	f_{r2}	0.020

图12-53　调整单元内容的对齐方式

A u t o C A D 技巧点拨

在绘图区中选择需要调整对齐方式的单元内容,单击鼠标右键,在弹出的快捷菜单中选择"对齐" | "正中"选项,也可以调整单元内容的对齐方式。

12.4 管理表格

在 AutoCAD 2013 中,一般情况下,不可能一次就创建出完全符合要求的表格,此外,由于情形的变化,也需要对表格进行适当的修改,使其满足需求。本节主要介绍管理表格的各种操作方法,如调整列宽、设置行高、插入列以及插入行等。

12.4.1 调整列宽

一般情况下,AutoCAD 2013 会根据表格插入的数量自动调整列宽,用户也可以自定义表格的列宽,以满足不同的需求。

实践素材	光盘 \ 素材 \ 第 12 章 \ 图纸目录 .dwg
实践效果	光盘 \ 效果 \ 第 12 章 \ 图纸目录 .dwg
视频演示	光盘 \ 视频 \ 第 12 章 \ 图纸目录 .mp4

【实践操作 274】调整列宽的具体操作步骤如下。

01 单击"菜单浏览器"按钮，在弹出的菜单列表中单击"打开"|"图形"命令，打开一幅素材图形，如图12-54所示。

02 在绘图区中选择需要调整列宽的表格，如图12-55所示。

图纸目录

图别	图号	图纸名称	张数	图纸规格
建施	1	建筑设计说明	1	A1
建施	2	一层平面图	1	A1
建施	3	二层平面图	1	A1
建施	4	三层平面图	1	A1
建施	5	四层平面图	1	A1

图12-54　打开一幅素材图形

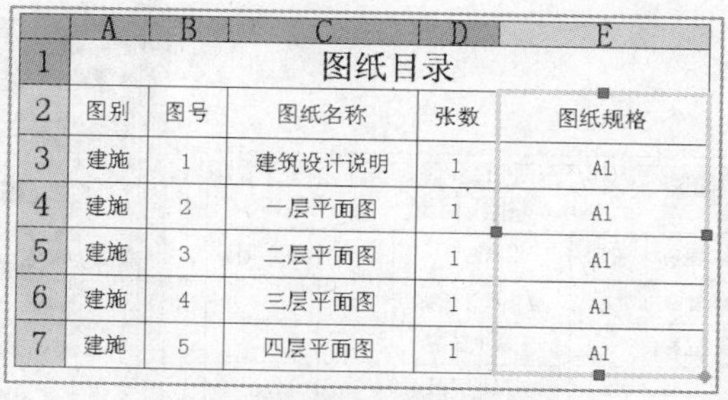

	A	B	C	D	E
1			图纸目录		
2	图别	图号	图纸名称	张数	图纸规格
3	建施	1	建筑设计说明	1	A1
4	建施	2	一层平面图	1	A1
5	建施	3	二层平面图	1	A1
6	建施	4	三层平面图	1	A1
7	建施	5	四层平面图	1	A1

图12-55　选择需要调整列宽的表格

03 在"功能区"选项板的"视图"选项卡中，单击"选项板"面板上的"特性"按钮，如图12-56所示。

04 弹出"特性"面板，在"单元宽度"文本框中输入150，如图12-57所示。

05 按【Enter】键确认，即可调整表格的列宽，效果如图12-58所示。

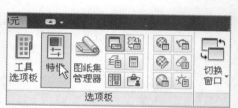

图12-56　单击"特性"按钮

图12-57　设置"单元宽度"

图纸目录

图别	图号	图纸名称	张数	图纸规格
建施	1	建筑设计说明	1	A1
建施	2	一层平面图	1	A1
建施	3	二层平面图	1	A1
建施	4	三层平面图	1	A1
建施	5	四层平面图	1	A1

图12-58　调整表格列宽后的效果

AutoCAD　**技巧点拨**

在绘图区中选择需要调整列宽的表格，将鼠标移至表格右侧的控制点上，按下鼠标左键并向右拖曳，至合适位置后释放鼠标，也可以调整表格的列宽效果。

12.4.2　设置行高

在绘制表格的过程中，AutoCAD 2013 会自动调整表格的行高效果，用户也可以根据需要自定义表格的行高，以满足实际需求。

实践素材	光盘 \ 素材 \ 第 12 章 \ 设置行高 .dwg
实践效果	光盘 \ 效果 \ 第 12 章 \ 设置行高 .dwg
视频演示	光盘 \ 视频 \ 第 12 章 \ 设置行高 .mp4

【实践操作 275】调整行高的具体操作步骤如下。

01 单击"菜单浏览器"按钮，在弹出的菜单列表中单击"打开"|"图形"命令，打开素材图形，在绘图区中选择需要调整行高的表格，如图12-59所示。

单击"功能区"选项板中的"视图"选项卡,在"选项板"面板上单击"特性"按钮,弹出"特性"面板,在"单元高度"文本框中输入80,如图12-60所示。

03 设置完成后,按【Enter】键确认,即可设置表格的行高,效果如图12-61所示。

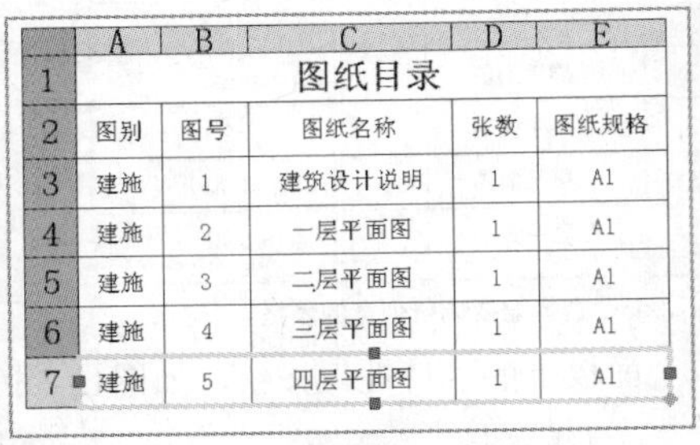

图12-59 选择需要调整行高的表格

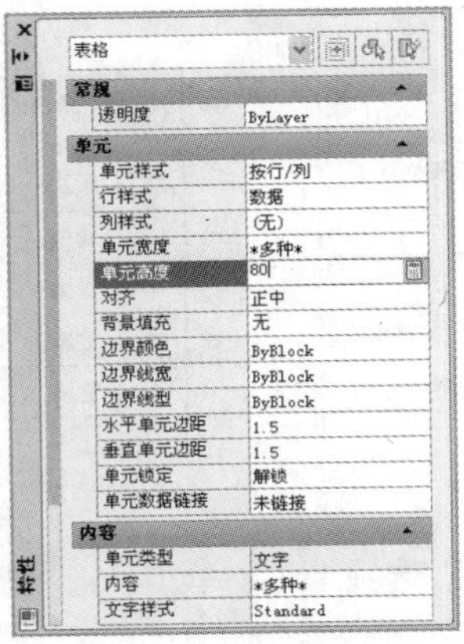

图12-60 在文本框中输入80

图12-61 设置表格行高后的效果

12.4.3 插入列

使用表格时经常会出现列数不够用的情况,此时使用 AutoCAD 2013 提供的"插入列"命令,可以很方便地完成列的添加操作。下面介绍插入列的操作方法。

实践素材	光盘 \ 素材 \ 第 12 章 \ 房间分区 .dwg
实践效果	光盘 \ 效果 \ 第 12 章 \ 房间分区 .dwg
视频演示	光盘 \ 视频 \ 第 12 章 \ 房间分区 .mp4

【实践操作 276】插入列的具体操作步骤如下。

01 单击"菜单浏览器"按钮,在弹出的菜单列表中单击"打开"|"图形"命令,打开一幅素材图形,如图12-62所示。

02 在表格中选择最右侧的单元格,如图12-63所示。

图12-62 打开一幅素材图形

图12-63 选择最右侧的单元格

03 在"功能区"选项板的"表格单元"选项卡中,单击"列"面板上的"从右侧插入"按钮,如图12-64所示。

技巧点拨

在表格中选择最右侧的单元格,单击鼠标右键,在弹出的快捷菜单中选择"列"|"从右侧插入"选项,执行操作后,也可以在表格的右侧插入一列。

04 执行操作后，即可在表格的右侧插入一列，效果如图12-65所示。

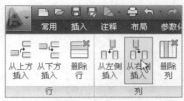

图12-64 单击“从右侧插入”按钮

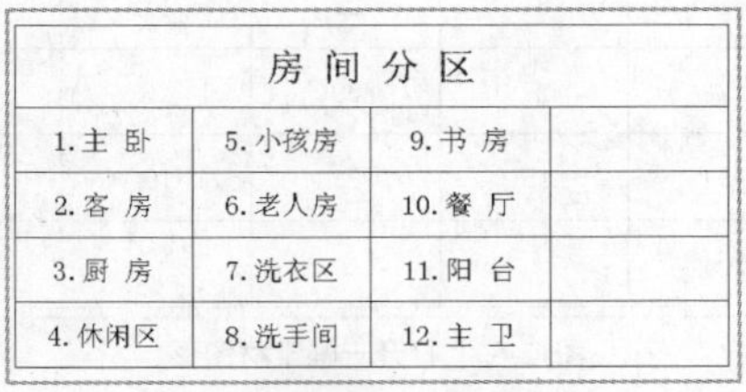

房间分区			
1.主 卧	5.小孩房	9.书 房	
2.客 房	6.老人房	10.餐 厅	
3.厨 房	7.洗衣区	11.阳 台	
4.休闲区	8.洗手间	12.主 卫	

图12-65 在表格的右侧插入一列

12.4.4 插入行

插入列的方法与插入行的方法类似，只要掌握了插入列的方法，插入行也非常简单。下面向用户介绍插入行的操作方法。

实践素材	光盘 \ 素材 \ 第 12 章 \ 插入行 .dwg
实践效果	光盘 \ 效果 \ 第 12 章 \ 插入行 .dwg
视频演示	光盘 \ 视频 \ 第 12 章 \ 插入行 .mp4

【实践操作 277】插入行的具体操作步骤如下。

01 单击“菜单浏览器”按钮，在弹出的菜单列表中单击“打开”|“图形”命令，打开一幅素材图形，在表格中选择最下方的单元格，如图12-66所示。

02 在“功能区”选项板的“表格单元”选项卡中，单击“行”面板上的“从下方插入”按钮，如图12-67所示。

	A	B	C	D
1	房间分区			
2	1.主 卧	5.小孩房	9.书 房	
3	2.客 房	6.老人房	10.餐 厅	
4	3.厨 房	7.洗衣区	11.阳 台	
5	4.休闲区	8.洗手间	12.主 卫	

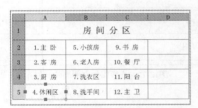

图12-66 选择最下方的单元格

图12-67 单击“从下方插入”按钮

AutoCAD 技巧点拨

在表格中选择最下方的单元格，单击鼠标右键，在弹出的快捷菜单中选择“行”|“从下方插入”选项，执行操作后，也可以在表格的下方插入一行。

03 执行操作后，即可在表格的下方插入一行，效果如图12-68所示。

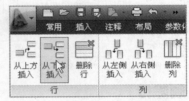

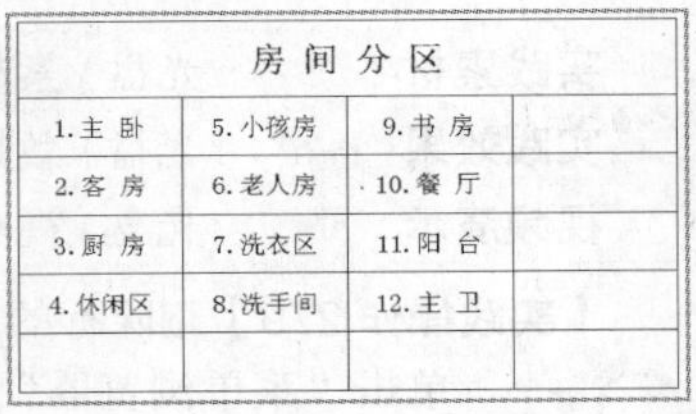

房间分区		
1.主 卧	5.小孩房	9.书 房
2.客 房	6.老人房	10.餐 厅
3.厨 房	7.洗衣区	11.阳 台
4.休闲区	8.洗手间	12.主 卫

图12-68 在表格的下方插入一行

12.4.5 删除列

在工作表中的某些数据及其位置不再需要时，可以将其删除。下面向用户介绍删除列的操作方法。

实践素材	光盘 \ 素材 \ 第 12 章 \ 删除列 .dwg
实践效果	光盘 \ 效果 \ 第 12 章 \ 删除列 .dwg
视频演示	光盘 \ 视频 \ 第 12 章 \ 删除列 .mp4

【实践操作 278】删除列的具体操作步骤如下。

01 单击“菜单浏览器”按钮，在弹出的菜单列表中单击“打开”|“图形”命令，打开一幅素材图形，如图12-69所示。

02 在表格中选择最右侧的单元格，如图12-70所示。

名称	大理石	实木	玻璃	日光灯
1	34	22	11	
2	27	39	20	
3	15	21	19	
小计				

图12-69　打开一幅素材图形

	A	B	C	D	E
1	名称	大理石	实木	玻璃	日光灯
2	1	34	22	11	
3	2	27	39	20	
4	3	15	21	19	
5	小计				

图12-70　选择最右侧的单元格

03 在"功能区"选项板的"表格单元"选项卡中，单击"列"面板上的"删除列"按钮，如图12-71所示。

　技巧点拨

在表格中选择最右侧的单元格，单击鼠标右键，在弹出的快捷菜单中选择"列"|"删除"选项，执行操作后，也可以在表格的右侧删除一列。

04 执行操作后，即可在表格的右侧删除一列，效果如图12-72所示。

图12-71　单击"删除列"按钮

名称	大理石	实木	玻璃
1	34	22	11
2	27	39	20
3	15	21	19
小计			

图12-72　在表格的右侧删除一列

12.4.6　删除行

在 AutoCAD 2013 中，用户可根据需要删除表格中的行。

实践素材	光盘 \ 素材 \ 第 12 章 \ 删除行 .dwg
实践效果	光盘 \ 效果 \ 第 12 章 \ 删除行 .dwg
视频演示	光盘 \ 视频 \ 第 12 章 \ 删除行 .mp4

【实践操作 279】删除行的具体操作步骤如下。

01 单击"菜单浏览器"按钮，在弹出的菜单列表中单击"打开"|"图形"命令，打开素材图形，在表格中选择最下方的单元格，如图12-73所示。

02 在"功能区"选项板的"表格单元"选项卡中，单击"行"面板上的"删除行"按钮，如图12-74所示。

	A	B	C	D
1	名称	大理石	实木	玻璃
2	1	34	22	11
3	2	27	39	20
4	3	15	21	19
5	小计			

图12-73　选择最下方的单元格

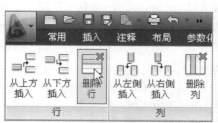

图12-74　单击"删除行"按钮

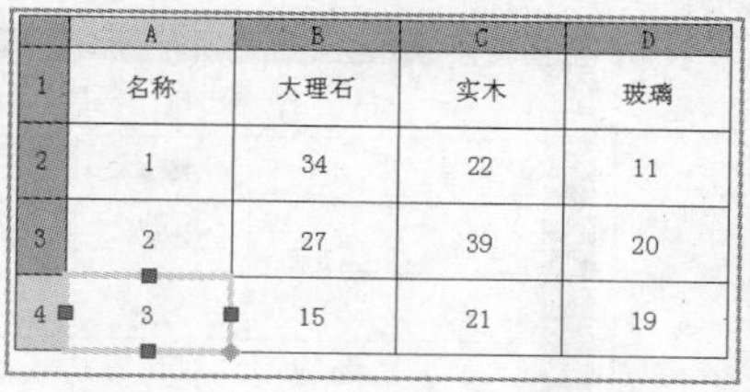

	A	B	C	D
1	名称	大理石	实木	玻璃
2	1	34	22	11
3	2	27	39	20
4	3	15	21	19

图12-75 在表格的最下方删除一行

03 执行操作后，即可在表格的最下方删除一行，效果如图12-75所示。

12.4.7 在表格中使用公式

在 AutoCAD 2013 的表格中，用户可以使用公式进行复杂的计算。

实践素材	光盘\素材\第 12 章\种植材料表 .dwg
实践效果	光盘\效果\第 12 章\种植材料表 .dwg
视频演示	光盘\视频\第 12 章\种植材料表 .mp4

【实践操作 280】在表格中使用公式的具体操作步骤如下。

01 单击"菜单浏览器"按钮，在弹出的菜单列表中单击"打开"|"图形"命令，打开一幅素材图形，如图12-76所示。

02 在表格中选择右下方的单元格，如图12-77所示。

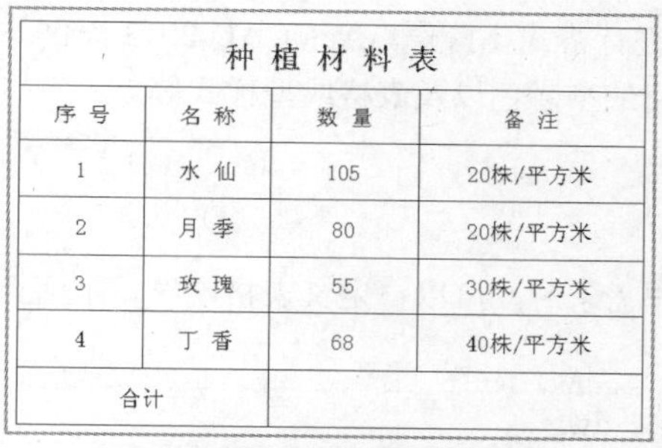

图12-76 打开一幅素材图形

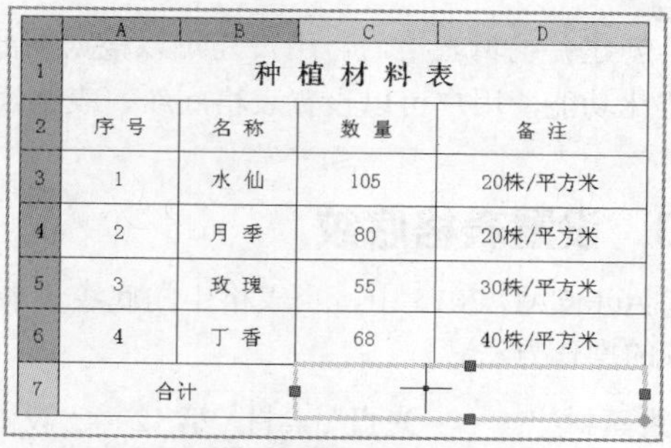

图12-77 选择右下方的单元格

03 在"功能区"选项板的"表格单元"选项卡中，单击"插入"面板上的"公式"按钮 fx，在弹出的列表框中选择"求和"选项，如图12-78所示。

04 根据命令行提示进行操作，在表格中的合适位置上按下鼠标左键并拖曳，选择"数量"列中需要求和的数值，如图12-79所示。

图12-78 选择"求和"选项

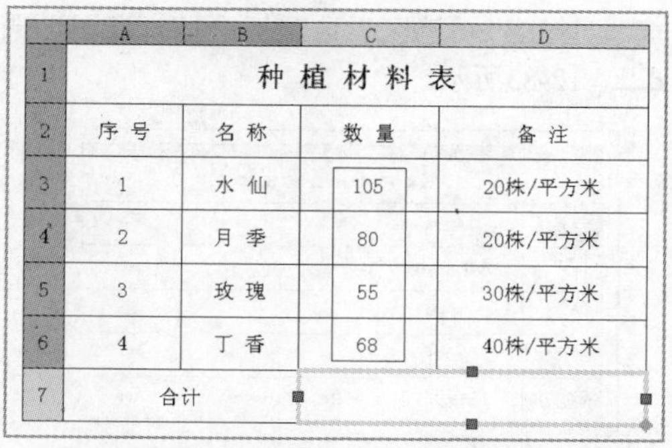

图12-79 选择需要求和的数值

05 执行操作后，在表格中将显示需要求和的表格区域，如图12-80所示。

06 按【Enter】键确认，即可得出计算结果，效果如图12-81所示。

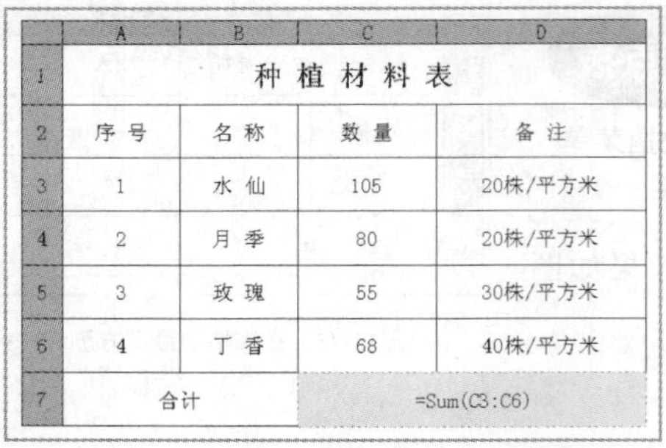

	A	B	C	D
1	种 植 材 料 表			
2	序 号	名 称	数 量	备 注
3	1	水 仙	105	20株/平方米
4	2	月 季	80	20株/平方米
5	3	玫 瑰	55	30株/平方米
6	4	丁 香	68	40株/平方米
7	合 计		=Sum(C3:C6)	

图12-80 显示需要求和的表格区域

种 植 材 料 表			
序 号	名 称	数 量	备 注
1	水 仙	105	20株/平方米
2	月 季	80	20株/平方米
3	玫 瑰	55	30株/平方米
4	丁 香	68	40株/平方米
合 计		308	

图12-81 得出计算结果

A u t o C A D **技巧点拨**

在表格中选择右下方的单元格,单击鼠标右键,在弹出的快捷菜单中选择"插入点"|"公式"|"方程式"选项,执行操作后,根据命令行提示进行操作,也可以在表格中使用公式进行计算。

12.5 设置表格

创建并编辑表格后,用户还可以根据需要对表格进行格式化操作。AutoCAD 2013 提供了丰富的格式化功能,用户可以设置表格底纹、表格线宽、表格线型颜色以及表格线型样式等。

12.5.1 设置表格底纹

在 AutoCAD 2013 中,当表格中的底纹不能满足用户需求时,可以自定义表格底纹。下面介绍设置表格底纹的操作方法。

实践素材	光盘\素材\第 12 章\设置表格底纹 .dwg
实践效果	光盘\效果\第 12 章\设置表格底纹 .dwg
视频演示	光盘\视频\第 12 章\设置表格底纹 .mp4

【实践操作 281】设置表格底纹的具体操作步骤如下。

01 单击"菜单浏览器"按钮,在弹出的菜单列表中单击"打开"|"图形"命令,打开素材图形,在其中选择需要设置底纹的表格,如图12-82所示。

02 单击"功能区"选项板中的"视图"选项卡,在"选项板"面板上单击"特性"按钮,如图12-83所示。

	A	B	C	D	E
1	套 房 部 分 工 程 预 算				
2	序 号	项目名称	数 量	单 价	合 价
3	1	地圆铺仿古砖	200	15	3000
4	2	天花涂料	450	5	2250
5	3	走廊地板	350	25	8750
6	4	日光灯	20	20	400
7	5	空调插座	5	15	75

图12-82 选择需要设置底纹的表格

图12-83 单击"特性"按钮

03 弹出"特性"面板,在"单元"选项区中单击"背景填充"右侧的下拉按钮,在弹出的下拉列表中选择"选择颜色"选项,如图12-84所示。

04 弹出"选择颜色"对话框,在"索引颜色"选项卡中选择淡蓝色为表格底纹,如图12-85所示。

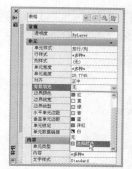

图12-84 选择“选择颜色”选项

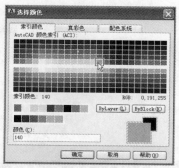

图12-85 选择淡蓝色

AutoCAD 技巧点拨

在 AutoCAD 2013 中，选择需要设置底纹的表格，在“功能区”选项板的“表格单元”选项卡中，单击“单元样式”面板上的“表格单元背景色”按钮，在弹出的列表框中，用户可根据需要选择相应的底纹颜色即可。

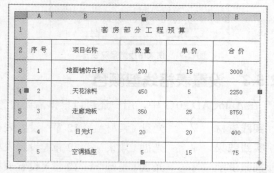

05 设置完成后，单击“确定”按钮，即可设置表格底纹，效果如图12-86所示。

套房部分工程预算				
序号	项目名称	数量	单价	合价
1	地面铺仿古砖	200	15	3000
2	天花涂料	450	5	2250
3	走廊地板	350	25	8750
4	日光灯	20	20	400
5	空调插座	5	15	75

图12-86 设置表格底纹后的效果

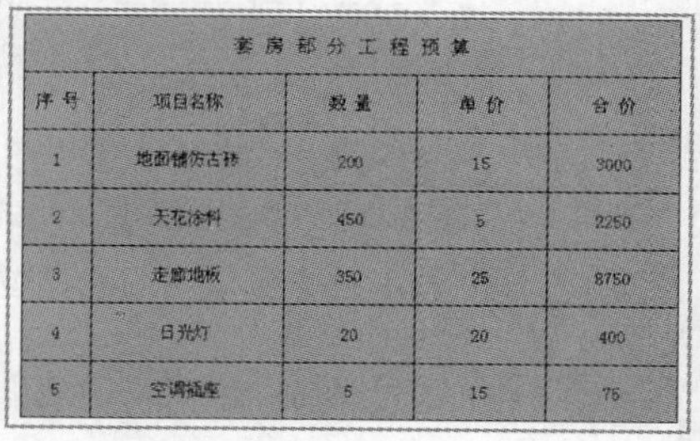

12.5.2 设置表格线宽

在 AutoCAD 2013 中，用户可以设置表格线宽效果。

实践素材	光盘 \ 素材 \ 第 12 章 \ 设置表格线宽 .dwg
实践效果	光盘 \ 效果 \ 第 12 章 \ 设置表格线宽 .dwg
视频演示	光盘 \ 视频 \ 第 12 章 \ 设置表格线宽 .mp4

【实践操作 282】设置表格线宽的具体操作步骤如下。

01 单击“菜单浏览器”按钮，在弹出的菜单列表中单击“打开”|“图形”命令，打开一幅素材图形，如图12-87所示。

02 在绘图区中选择需要设置线宽的表格，如图12-88所示。

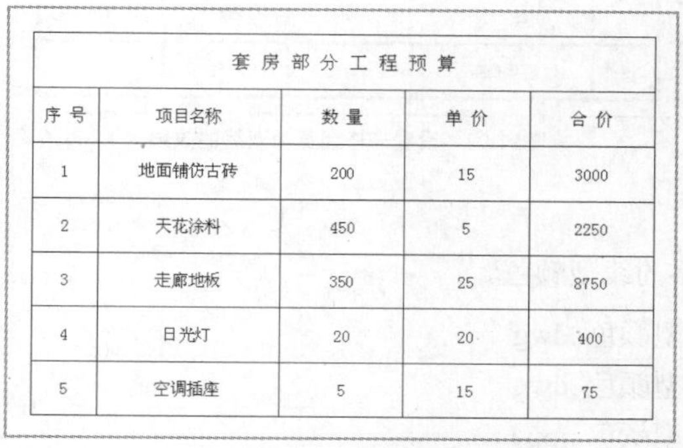

套房部分工程预算				
序号	项目名称	数量	单价	合价
1	地面铺仿古砖	200	15	3000
2	天花涂料	450	5	2250
3	走廊地板	350	25	8750
4	日光灯	20	20	400
5	空调插座	5	15	75

图12-87 打开一幅素材图形

	A	B	C	D	E
1	套房部分工程预算				
2	序号	项目名称	数量	单价	合价
3	1	地面铺仿古砖	200	15	3000
4	2	天花涂料	450	5	2250
5	3	走廊地板	350	25	8750
6	4	日光灯	20	20	400
7	5	空调插座	5	15	75

图12-88 选择需要设置线宽的表格

03 在“功能区”选项板的“表格单元”选项卡中，单击“单元样式”面板上的“编辑边框”按钮田，如图12-89所示。

04 弹出“单元边框特性”对话框，在“边框特性”选项区中选中“双线”复选框，如图12-90所示。

图12-90 选中"双线"复选框

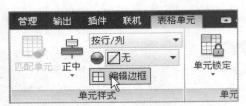

图12-89 单击"编辑边框"按钮

05 在下方预览窗口中的线型位置上，单击鼠标，使其呈双线显示状态，如图12-91所示。

06 设置完成后，单击"确定"按钮，即可设置表格线宽为双线，效果如图12-92所示。

图12-91 使表格线宽呈双线显示

套 房 部 分 工 程 预 算				
序 号	项目名称	数 量	单 价	合 价
1	地面铺仿古砖	200	15	3000
2	天花涂料	450	5	2250
3	走廊地板	350	25	8750
4	日光灯	20	20	400
5	空调插座	5	15	75

图12-92 设置表格线宽为双线的效果.

12.5.3 设置表格线型颜色

在 AutoCAD 2013 中，用户还可以根据需要设置表格的线型颜色。

实践素材	光盘\素材\第 12 章\设置表格线型颜色 .dwg
实践效果	光盘\效果\第 12 章\设置表格线型颜色 .dwg
视频演示	光盘\视频\第 12 章\设置表格线型颜色 .mp4

【实践操作 283】设置表格线型颜色的具体操作步骤如下。

01 单击"菜单浏览器"按钮，在弹出的菜单列表中单击"打开"|"图形"命令，打开素材图形，在绘图区中选择需要设置线型颜色的表格，如图12-93所示。

02 在"功能区"选项板的"表格单元"选项卡中，单击"单元样式"面板上的"编辑边框"按钮回，如图12-94所示。

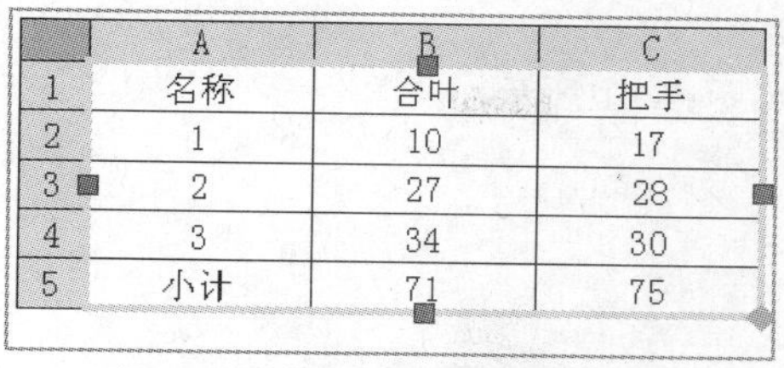

	A	B	C
1	名称	合叶	把手
2	1	10	17
3	2	27	28
4	3	34	30
5	小计	71	75

图12-93　选择需要设置线型颜色的表格

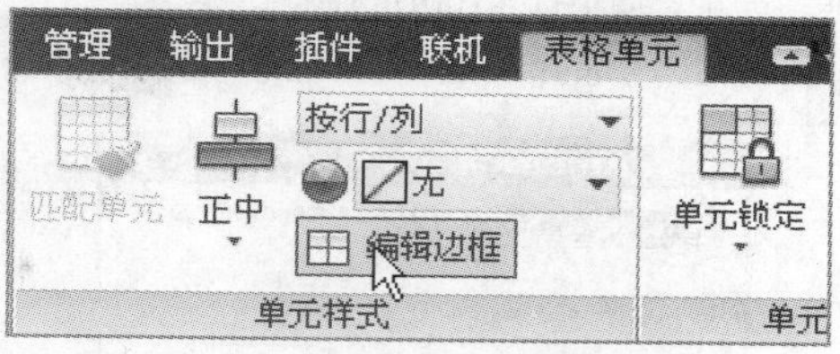

图12-94　单击"编辑边框"按钮

03 弹出"单元边框特性"对话框，单击"颜色"右侧的下拉按钮，在弹出的列表框中选择"蓝"选项，如图12-95所示。

04 在预览窗口周围，单击相应的边框按钮，使预览窗口中的线条呈蓝色显示，如图12-96所示。

05 设置完成后，单击"确定"按钮，即可设置表格线型的颜色，效果如图12-97所示。

图12-95　选择"蓝"选项

图12-96　使线条呈蓝色显示

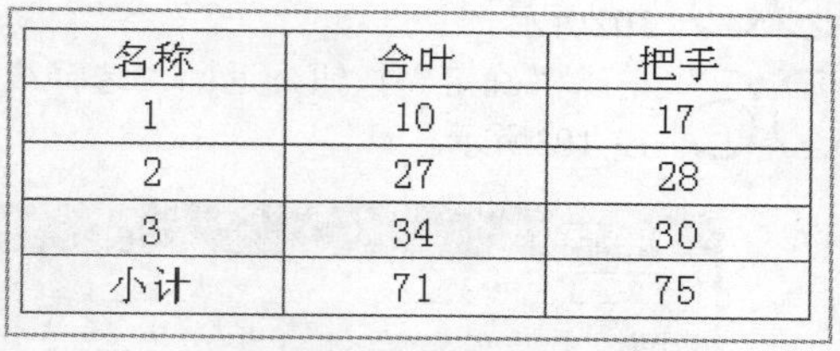

名称	合叶	把手
1	10	17
2	27	28
3	34	30
小计	71	75

图12-97　设置表格线型的颜色

12.5.4　设置表格线型样式

在编辑表格的过程中，用户还可以设置表格的线型样式。

实践素材	光盘 \ 素材 \ 第 12 章 \ 设置表格线型样式 .dwg
实践效果	光盘 \ 效果 \ 第 12 章 \ 设置表格线型样式 .dwg
视频演示	光盘 \ 视频 \ 第 12 章 \ 设置表格线型样式 .mp4

【实践操作 284】设置表格线型样式的具体操作步骤如下。

01 单击"菜单浏览器"按钮，在弹出的菜单列表中单击"打开"|"图形"命令，打开一幅素材图形，如图12-98所示。

02 在绘图区中选择需要设置线型样式的表格，如图12-99所示。

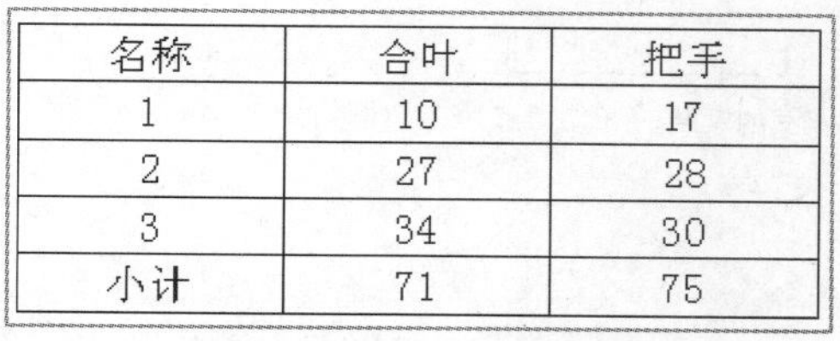

名称	合叶	把手
1	10	17
2	27	28
3	34	30
小计	71	75

图12-98　打开一幅素材图形

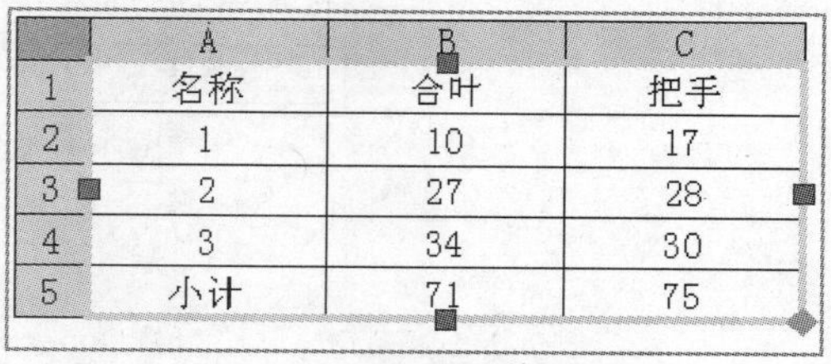

	A	B	C
1	名称	合叶	把手
2	1	10	17
3	2	27	28
4	3	34	30
5	小计	71	75

图12-99　设置线型样式的表格

03 在"功能区"选项板的"表格单元"选项卡中，单击"单元样式"面板上的"编辑边框"按钮，弹出"单元边框特性"对话框，单击"线型"右侧的下拉按钮，在弹出的列表框中选择

"其他"选项，如图12-100所示。

04 弹出"选择线型"对话框，单击"加载"按钮，如图12-101所示。

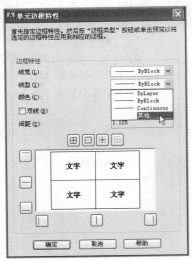

图12-100　选择"其他"选项

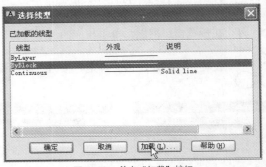

图12-101　单击"加载"按钮

05 弹出"加载或重载线型"对话框，在下拉列表框中选择"ACAD_IS002W100"选项，如图12-102所示。

06 单击"确定"按钮，返回"选择线型"对话框，在其中选择"ACAD_IS002W100"线型，如图12-103所示。

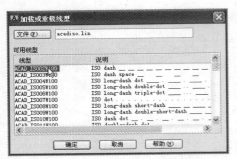

图12-102　选择"ACAD_IS002W100"选项

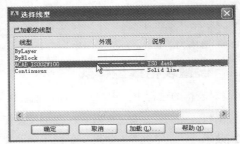

图12-103　选择ACAD_IS002W100线型

07 单击"确定"按钮，返回"单元边框特性"对话框，单击"所有边框"按钮，然后单击"确定"按钮，即可设置表格的线型样式，效果如图12-104所示。

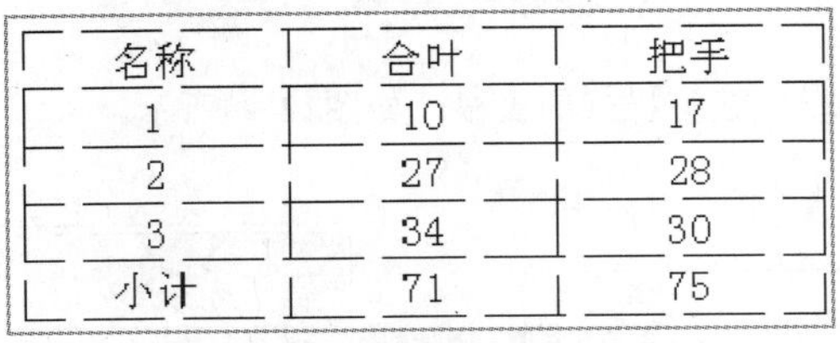

名称	合叶	把手
1	10	17
2	27	28
3	34	30
小计	71	75

图12-104　设置表格线型样式的效果

第13章
创建与设置尺寸标注

在 AutoCAD 2013 中，尺寸标注主要用于描述对象各组成部分的大小及相对位置关系，是实际生产中的重要依据，而尺寸标注在工程绘图中也是不可缺少的一个重要环节。图形主要用于反映各对象的形状，尺寸标注则反映了图形对象的真实大小和相互关系。使用尺寸标注，可以清晰地查看图形的真实尺寸。本章主要介绍创建与设置尺寸标注的操作方法。

A u t o C A D

13.1 创建与设置标注样式

标注样式是决定尺寸标注形式的尺寸变量设置集合，使用标注样式可以控制标注的格式和外观，建立严格的绘图标准，并且有利于对标注格式及用途进行修改。本节主要介绍创建与设置标注样式的操作方法。

13.1.1 创建标注样式

为了便于用户管理标注样式，AutoCAD 2013 提供了"标注样式管理器"对话框，在其中用户可以创建和修改标注样式。

【实践操作 285】创建标注样式的具体操作步骤如下。

01 单击"菜单浏览器"按钮，在弹出的菜单列表中单击"新建"|"图形"命令，新建一幅图形文件，单击"功能区"选项板中的"注释"选项卡，在"标注"面板上单击"标注、标注样式"按钮 ，如图13-1所示。

02 弹出"标注样式管理器"对话框，单击"新建"按钮，如图13-2所示。

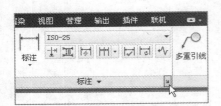

图13-1 单击"标注、标注样式"按钮

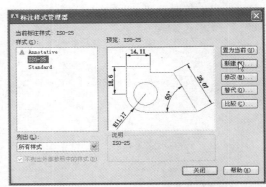

图13-2 单击"新建"按钮

03 弹出"创建新标注样式"对话框，在"新样式名"文本框中输入"机械标注"，如图13-3所示。

04 单击"继续"按钮，弹出"新建标注样式：机械标注"对话框，单击"确定"按钮，如图13-4所示。

图13-3 输入"机械标注"

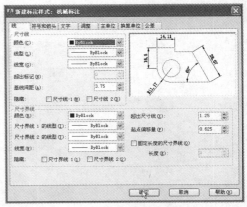

图13-4 单击"确定"按钮

05 返回"标注样式管理器"对话框，单击"置为当前"按钮，即可创建标注样式。

在 AutoCAD 2013 中，用户还可以通过以下 3 种方法，调用"标注样式"命令。

- 方法1：在命令行中输入DIMSTYLE（标注样式）命令，按【Enter】键确认。
- 方法2：在命令行中输入D（标注样式）命令，按【Enter】键确认。
- 方法3：显示菜单栏，单击"格式"|"标注样式"命令。

执行以上任意一种操作，均可调用"标注样式"命令。

13.1.2 设置标注尺寸线

在 AutoCAD 2013 中，用户可根据需要设置标注尺寸线和尺寸界线的格式和单位。

实践素材	光盘 \ 素材 \ 第 13 章 \ 凸轮 .dwg
实践效果	光盘 \ 效果 \ 第 13 章 \ 凸轮 .dwg
视频演示	光盘 \ 视频 \ 第 13 章 \ 凸轮 .mp4

【实践操作 286】设置标注尺寸线的具体操作步骤如下。

01 单击"菜单浏览器"按钮，在弹出的菜单列表中单击"打开"|"图形"命令，打开一幅素材图形，如图13-5所示。

02 在命令行中输入DIMSTYLE（标注样式）命令，如图13-6所示。

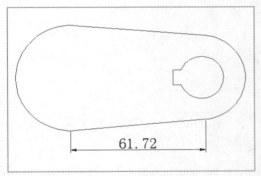

图13-5 打开一幅素材图形

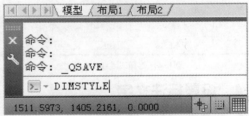

图13-6 输入DIMSTYLE命令

03 按【Enter】键确认，弹出"标注样式管理器"对话框，单击"修改"按钮，弹出"修改标注样式：ISO-25"对话框，切换至"线"选项卡，单击"尺寸线"选项区中"颜色"右侧的下拉按钮，在弹出的列表框中选择"洋红"选项，如图13-7所示。

04 依次单击"确定"和"关闭"按钮，即可设置标注尺寸线，效果如图13-8所示。

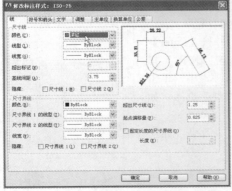

图13-7 选择"洋红"选项

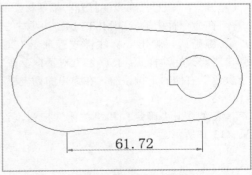

图13-8 设置标注尺寸线

13.1.3 设置标注延伸线

在 AutoCAD 2013 中，用户可以设置标注延伸线的相应属性。

实践素材	光盘 \ 素材 \ 第 13 章 \ 设置标注延伸线 .dwg
实践效果	光盘 \ 效果 \ 第 13 章 \ 设置标注延伸线 .dwg
视频演示	光盘 \ 视频 \ 第 13 章 \ 设置标注延伸线 .mp4

【实践操作 287】设置标注延伸线的具体操作步骤如下。

01 单击"菜单浏览器"按钮，在弹出的菜单列表中单击"打开"|"图形"命令，打开一幅素材图形，输入DIMSTYLE（标注样式）命令并确认，打开"标注样式管理器"对话框，单击"修改"按钮，弹出"修改标注样式：ISO-25"对话框，在"尺寸界线"选项区中，单击"颜色"右侧的下拉按钮，弹出列表框，选择"洋红"选项，如图13-9所示。

02 依次单击"确定"和"关闭"按钮，即可设置标注延伸线，如图13-10所示。

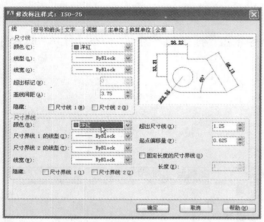

图13-9　选择"洋红"选项

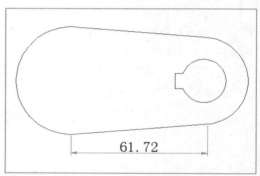

图13-10　设置标注延伸线

13.1.4 设置标注文字

在"修改标注样式"对话框中，单击"文字"选项卡，可以设置文字外观、文字位置和文字的对齐方式等属性。

实践素材	光盘 \ 素材 \ 第 13 章 \ 设置标注文字 .dwg
实践效果	光盘 \ 效果 \ 第 13 章 \ 设置标注文字 .dwg
视频演示	光盘 \ 视频 \ 第 13 章 \ 设置标注文字 .mp4

【实践操作 288】设置标注文字的具体操作步骤如下。

01 单击"菜单浏览器"按钮，在弹出的菜单列表中单击"打开"|"图形"命令，打开一幅素材图形，如图13-11所示。

02 在命令行中输入DIMSTYLE（标注样式）命令，并按【Enter】键确认，弹出"标注样式管理器"对话框，单击"修改"按钮，弹出"修改标注样式：ISO-25"对话框，在"文字"选项卡中，单击"文字颜色"右侧的下拉按钮，在弹出的列表框中选择"洋红"选项，如图13-12所示。

03 依次单击"确定"和"关闭"按钮，设置标注文字效果，如图13-13所示。

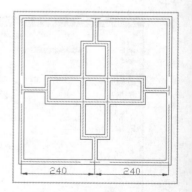

图13-11　打开一幅素材图形

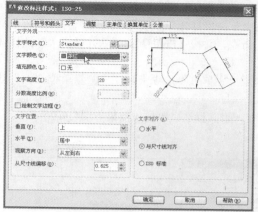

图13-12 选择"洋红"选项

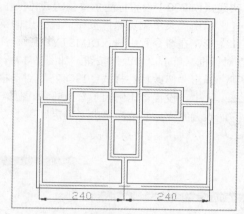

图13-13 设置标注文字效果

13.1.5 设置标注调整比例

在"修改标注样式"对话框中，单击"调整"选项卡，在其中可以设置标注文字、箭头、引线和尺寸线的放置位置以及标注调整比例等。

实践素材	光盘 \ 素材 \ 第 13 章 \ 楔键 .dwg
实践效果	光盘 \ 效果 \ 第 13 章 \ 楔键 .dwg
视频演示	光盘 \ 视频 \ 第 13 章 \ 楔键 .mp3

【实践操作 289】设置标注调整比例的具体操作步骤如下。

01 单击"菜单浏览器"按钮，在弹出的菜单列表中单击"打开"|"图形"命令，打开一幅素材图形，如图13-14所示。

02 在命令行中输入DIMSTYLE（标注样式）命令，并按【Enter】键确认，弹出"标注样式管理器"对话框，单击"修改"按钮，弹出"修改标注样式：ISO-25"对话框，在"调整"选项卡的"标注特征比例"选项区中，选中"使用全局比例"单选按钮，在右侧设置为2，如图13-15所示。

03 依次单击"确定"和"关闭"按钮，设置标注调整比例，效果如图13-16所示。

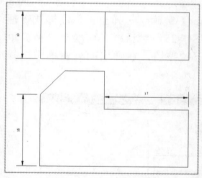

图13-14 打开一幅素材图形

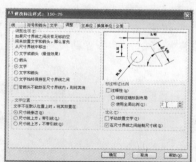

图13-15 选中"使用全局比例"单选按钮

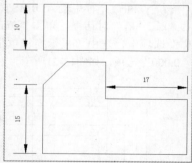

图13-16 设置标注调整比例

13.1.6 设置标注主单位

在 AutoCAD 2013 中，用户可以设置主单位的格式与精度等属性。

实践素材	光盘 \ 素材 \ 第 13 章 \ 设置标注主单位 .dwg
实践效果	光盘 \ 效果 \ 第 13 章 \ 设置标注主单位 .dwg
视频演示	光盘 \ 视频 \ 第 13 章 \ 设置标注主单位 .mp4

【实践操作290】设置标注主单位的具体操作步骤如下。

01 单击"菜单浏览器"按钮，在弹出的菜单列表中单击"打开"|"图形"命令，打开一幅素材图形，在命令行中输入DIMSTYLE（标注样式）命令，并按【Enter】键确认，弹出"标注样式管理器"对话框，单击"修改"按钮，如图13-17所示。

02 弹出"修改标注样式：ISO-25"对话框，切换至"主单位"选项卡，在"测量单位比例"选项区中，设置"比例因子"为5，如图13-18所示。

03 设置完成后，依次单击"确定"和"关闭"按钮，设置标注主单位，效果如图13-19所示。

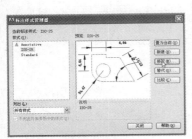
图13-17 单击"修改"按钮

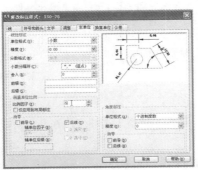
图13-18 设置"比例因子"为5

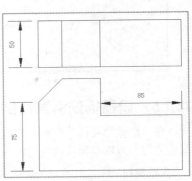
图13-19 设置标注主单位

13.1.7 设置标注换算单位

在"修改标注样式"对话框中，单击"换算单位"选项卡，可以设置换算单位的格式与精度等属性。在AutoCAD 2013中，通过换算标注单位，可以转换不同测量单位制的标注，通过常显示英制标注的等效公制标注或公制标注的等效英制标注。在标注文字中，换算标注单位显示在主单位旁边的方括号中。

实践素材	光盘 \ 素材 \ 第 13 章 \ 设置标注换算单位 .dwg
实践效果	光盘 \ 效果 \ 第 13 章 \ 设置标注换算单位 .dwg
视频演示	光盘 \ 视频 \ 第 13 章 \ 设置标注换算单位 .mp4

【实践操作291】设置标注换算单位的具体操作步骤如下。

01 单击"菜单浏览器"按钮，在弹出的菜单列表中单击"打开"|"图形"命令，打开一幅素材图形，如图13-20所示。

02 在命令行中输入DIMSTYLE（标注样式）命令，并按【Enter】键确认，弹出"标注样式管理器"对话框，单击"修改"按钮，弹出"修改标注样式：ISO-25"对话框，切换至"换算单位"选项卡，选中"显示换算单位"复选框，单击"精度"右侧的下拉按钮，在弹出的列表框中选择"0.000"选项，如图13-21所示。

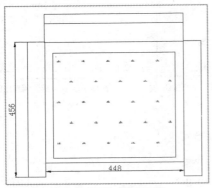
图13-20 打开一幅素材图形

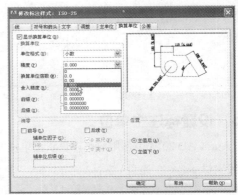
图13-21 在列表框中选择"0.000"选项

03 依次单击"确定"和"关闭"按钮，设置标注换算单位，效果如图13-22所示。

13.1.8 设置标注公差

在"修改标注样式"对话框中，单击"公差"选项卡，在其中可以设置是否标注公差，以及以何种方式进行标注等。

实践素材	光盘 \ 素材 \ 第 13 章 \ 标注详图 .dwg
实践效果	光盘 \ 效果 \ 第 13 章 \ 标注详图 .dwg
视频演示	光盘 \ 视频 \ 第 13 章 \ 标注详图 .mp4

【实践操作 292】设置标注公差的具体操作步骤如下。

01 单击"菜单浏览器"按钮，在弹出的菜单列表中单击"打开"|"图形"命令，打开一幅素材图形，如图13-23所示。

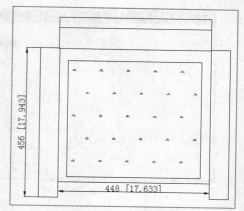
图13-22 设置标注换算单位

02 在命令行中输入DIMSTYLE（标注样式）命令，并按【Enter】键确认，弹出"标注样式管理器"对话框，单击"修改"按钮，弹出"修改标注样式：dim"对话框，切换至"公差"选项卡，在"公差格式"选项区中设置"方式"为"极限偏差"、"精度"为0.0000，如图13-24所示。

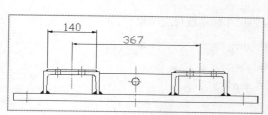
图13-23 打开一幅素材图形

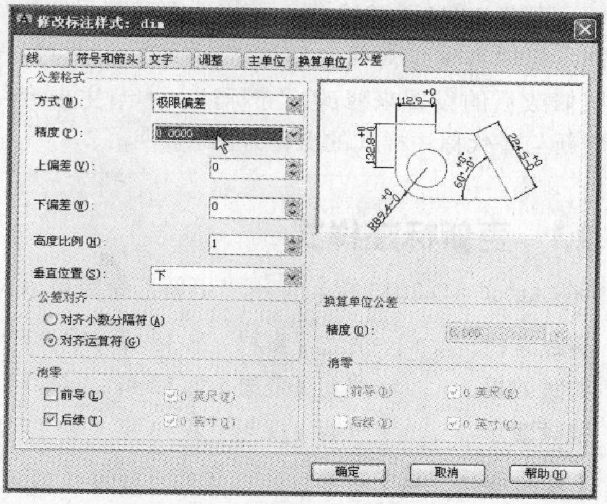

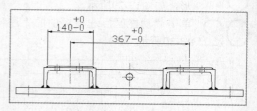
图13-24 设置相应公差格式

03 依次单击"确定"和"关闭"按钮，设置标注公差，效果如图13-25所示。

13.1.9 设置标注符号和箭头

在 AutoCAD 2013 中，用户可以设置标注的符号和箭头。

实践素材	光盘\素材\第13章\设置标注符号和箭头.dwg
实践效果	光盘\效果\第13章\设置标注符号和箭头.dwg
视频演示	光盘\视频\第13章\设置标注符号和箭头.mp4

图13-25 设置标注公差效果

【实践操作 293】设置标注符号和箭头的具体操作步骤如下。

01 单击"菜单浏览器"按钮，在弹出的菜单列表中单击"打开"|"图形"命令，打开一幅素材图形，在命令行中输入DIMSTYLE（标注样式）命令，并按【Enter】键确认，弹出"标注样式管理器"对话框，单击"修改"按钮，如图13-26所示。

02 弹出"修改标注样式：dim"对话框，切换至"符号和箭头"选项卡，在"箭头大小"数值框中输入5，如图13-27所示。

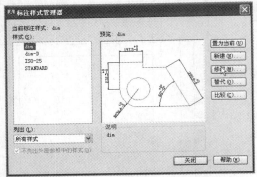

图13-26 单击"修改"按钮

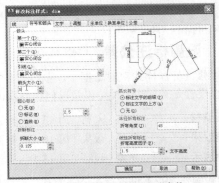

图13-27 设置符号和箭头相应参数

03 依次单击"确定"和"关闭"按钮，设置标注符号和箭头，如图13-28所示。

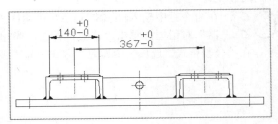

图13-28 设置标注符号和箭头

13.2 更新与替代标注样式

在 AutoCAD 2013 中，使用更新和替代标注功能，可以方便地对尺寸标注进行修改，并可以按照修改后的设置来修改尺寸标注。本节主要介绍更新与替代标注样式的操作方法。

13.2.1 更新标注样式

在 AutoCAD 2013 中，使用"更新"命令可以对已有的尺寸标注进行更新操作。

实践素材	光盘 \ 素材 \ 第 13 章 \ 零件尺寸详图 .dwg
实践效果	光盘 \ 效果 \ 第 13 章 \ 零件尺寸详图 .dwg
视频演示	光盘 \ 视频 \ 第 13 章 \ 零件尺寸详图 .mp4

【实践操作 294】更新标注样式的具体操作步骤如下。

01 单击"菜单浏览器"按钮，在弹出的菜单列表中单击"打开" | "图形"命令，打开一幅素材图形，如图13-29所示。

02 单击"功能区"选项板中的"注释"选项卡，在"标注"面板上单击"更新"按钮，如图13-30所示。

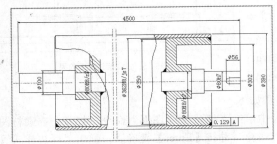

图13-29 打开一幅素材图形

图13-30 单击"更新"按钮

03 根据命令行提示进行操作，在绘图区中选择需要更新的尺寸标注，如图13-31所示。

04 按【Enter】键确认，即可更新尺寸标注，效果如图13-32所示。

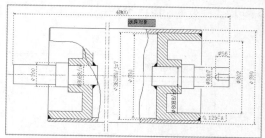

图13-31　选择需要更新的尺寸标注

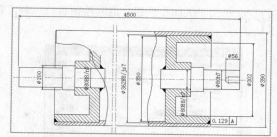

图13-32　更新尺寸标注后的效果

13.2.2　替代标注样式

在 AutoCAD 2013 中，用户可根据需要替代标注样式。

实践素材	光盘 \ 素材 \ 第 13 章 \ 替代标注样式 .dwg
实践效果	光盘 \ 效果 \ 第 13 章 \ 替代标注样式 .dwg
视频演示	光盘 \ 视频 \ 第 13 章 \ 替代标注样式 .mp4

【实践操作 295】替代标注样式的具体操作步骤如下。

01 单击"菜单浏览器"按钮，在弹出的菜单列表中单击"打开"|"图形"命令，打开一幅素材图形，如图13-33所示。

02 在命令行中输入DIMSTYLE（标注样式）命令，并按【Enter】键确认，弹出"标注样式管理器"对话框，在"样式"列表框中选择"ISO-25"选项，单击"置为当前"按钮，然后单击"替代"按钮，如图13-34所示。

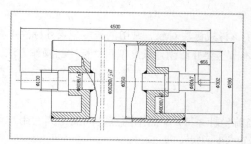

图13-33　打开素材图形

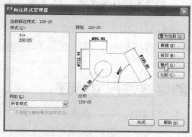

图13-34　单击"替代"按钮

03 弹出"替代当前样式：ISO-25"对话框，切换至"线"选项卡，在"尺寸线"和"尺寸界线"选项区中，分别设置"颜色"为"洋红"，如图13-35所示。

04 切换至"文字"选项卡，在其中设置"文字颜色"为"洋红"，如图13-36所示。

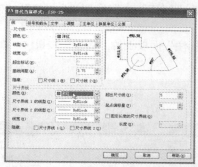

图13-35　设置"颜色"为"洋红"

图13-36　设置"文字颜色"为"洋红"

05 设置完成后，单击"确定"按钮，返回"标注样式管理器"对话框，在"样式"列表框中选择"样式替代"选项，在该选项上单击鼠标右键，在弹出的快捷菜单中选择"保存到当前样式"选项，如图13-37所示。

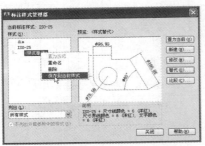

06 单击"关闭"按钮，返回绘图窗口，即可替代标注样式，效果如图13-38所示。

图13-37 选择"保存到当前样式"选项

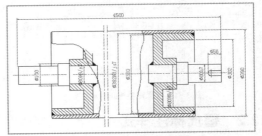

图13-38 替代标注样式后的效果

AutoCAD **技巧点拨**

在 AutoCAD 2013 中，用户还可以通过以下两种方法，调用"替代"命令。
- 命令：在命令行中输入DIMOVERRIDE（替代）命令，按【Enter】键确认。
- 按钮：在"功能区"选项板的"注释"选项卡中，单击"标注"面板中间的下拉按钮，在展开的面板上，单击"替代"按钮。

执行以上任意一种操作，均可调用"替代"命令。

13.3 创建长度型尺寸标注

在 AutoCAD 2013 中，设置好标注样式后，即可使用该样式标注对象。常用的长度型尺寸标注主要有线性标注、对齐标注、基线标注和连续标注等类型。本节主要介绍创建长度型尺寸标注的操作方法。

13.3.1 创建线性尺寸标注

在 AutoCAD 2013 中，线性尺寸标注主要用来标注当前坐标系 XY 平面中两点之间的距离。用户可以直接指定标注定义点，也可以通过指定标注对象的方法来定义标注点。

实践素材	光盘 \ 素材 \ 第 13 章 \ 电梯立面图 .dwg
实践效果	光盘 \ 效果 \ 第 13 章 \ 电梯立面图 .dwg
视频演示	光盘 \ 视频 \ 第 13 章 \ 电梯立面图 .mp4

【实践操作 296】创建线性尺寸标注的具体操作步骤如下。

01 单击"菜单浏览器"按钮，在弹出的菜单列表中单击"打开"|"图形"命令，打开一幅素材图形，如图13-39所示。

02 在"功能区"选项板的"注释"选项卡中，单击"标注"面板上的"线性"按钮，如图13-40所示。

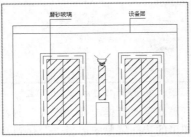

图13-39 打开一幅素材图形

图13-40 单击"线性"按钮

03 根据命令行提示进行操作，在绘图区中最下方的直线左侧单击鼠标并向右拖曳，至合适端点上再次单击鼠标，确定两点之间的标注线段，如图13-41所示。

04 向下拖曳鼠标，至合适位置后单击鼠标，即可创建线性尺寸标注，效果如图13-42所示。

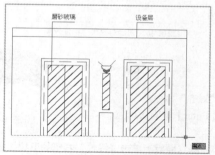

图13-41 确定两点之间的标注线段

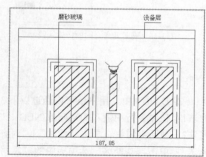

图13-42 创建线性尺寸标注效果

在 AutoCAD 2013 中，用户还可以通过以下 4 种方法，调用"线性"命令。
- 方法1：在命令行中输入DIMLINEAR（线性）命令，按【Enter】键确认。
- 方法2：在命令行中输入DLI（线性）命令，按【Enter】键确认。
- 方法3：显示菜单栏，单击"标注"|"线性"命令。
- 方法4：单击"功能区"选项板中的"常用"选项卡，在"注释"面板上单击"线性"按钮。
执行以上任意一种操作，均可调用"线性"命令。

13.3.2 创建对齐尺寸标注

在机械制图过程中，经常需要标注倾斜线段的实际长度，当用户需要得到线段的实际长度，而线段的倾斜角度未知时，就需要使用 AutoCAD 2013 提供的对齐标注功能。

实践素材	光盘 \ 素材 \ 第 13 章 \ 支撑块 .dwg
实践效果	光盘 \ 效果 \ 第 13 章 \ 支撑块 .dwg
视频演示	光盘 \ 视频 \ 第 13 章 \ 支撑块 .mp4

【实践操作 297】创建对齐尺寸标注的具体操作步骤如下。

01 单击"菜单浏览器"按钮，在弹出的菜单列表中单击"打开"|"图形"命令，打开一幅素材图形，如图13-43所示。

02 在"功能区"选项板的"注释"选项卡中，单击"标注"面板上的"标注"按钮，在弹出的列表框中单击"对齐"按钮，如图13-44所示。

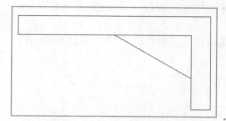

图13-43 打开一幅素材图形

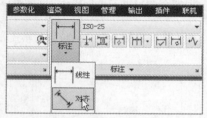

图13-44 单击"对齐"按钮

03 根据命令行提示进行操作，在绘图区中合适的端点上单击鼠标，向右下方拖曳鼠标，至合适端点上再次单击鼠标，确定两点之间的标注线段，如图13-45所示。

04 向左下方拖曳鼠标，至合适位置后单击鼠标，即可创建对齐尺寸标注，效果如图13-46所示。

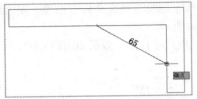

图13-45 确定两点之间的标注线段

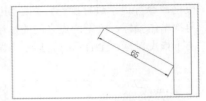

图13-46 创建对齐尺寸标注效果

A u t o C A D

技巧点拨

在 AutoCAD 2013 中，用户还可以通过以下 3 种方法，调用"对齐"命令。

- 方法1：在命令行中输入DIMALIGNED（对齐）命令，按【Enter】键确认。
- 方法2：显示菜单栏，单击"标注"|"对齐"命令。
- 方法3：单击"功能区"选项板中的"常用"选项卡，在"注释"面板上单击"线性"右侧的下拉按钮，在弹出的列表框中单击"对齐" ↖ 按钮。

执行以上任意一种操作，均可调用"对齐"命令。

13.3.3 创建弧长尺寸标注

在 AutoCAD 2013 中，弧长尺寸标注主要用于测量和显示圆弧的长度。

实践素材	光盘 \ 素材 \ 第 13 章 \ 偏心轮 .dwg
实践效果	光盘 \ 效果 \ 第 13 章 \ 偏心轮 .dwg
视频演示	光盘 \ 视频 \ 第 13 章 \ 偏心轮 .mp4

【实践操作 298】创建弧长尺寸标注的具体操作步骤如下。

01 单击"菜单浏览器"按钮，在弹出的菜单列表中单击"打开"|"图形"命令，打开一幅素材图形，如图13-47所示。

02 在"功能区"选项板的"注释"选项卡中，单击"标注"面板上的"标注"按钮，在弹出的列表框中单击"弧长"按钮 ╱，如图13-48所示。

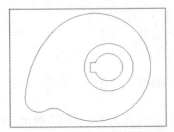

图13-47 打开一幅素材图形

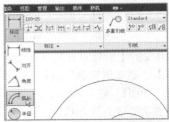

图13-48 单击"弧长"按钮

03 根据命令行提示进行操作，在绘图区中选择需要标注尺寸的圆弧，如图13-49所示。

04 向上拖曳鼠标，至合适位置后单击鼠标，即可创建弧长尺寸标注，效果如图13-50所示。

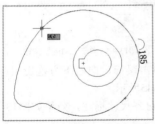

图13-49 选择需要标注尺寸的圆弧

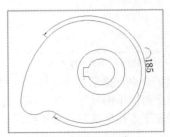

图13-50 创建弧长尺寸标注

13.3.4 创建基线尺寸标注

在 AutoCAD 2013 中,基线尺寸标注是指当以同一个面（线）为工作基准,标注多个图形的位置尺寸时,使用"线性"或"角度"命令标注完第一个尺寸标注后,以此标注为基准,调用"基线"标注命令继续标注其他图形的位置尺寸。

实践素材	光盘 \ 素材 \ 第 13 章 \ 书桌 .dwg
实践效果	光盘 \ 效果 \ 第 13 章 \ 书桌 .dwg
视频演示	光盘 \ 视频 \ 第 13 章 \ 书桌 .mp4

【实践操作 299】创建基准尺寸标注的具体操作步骤如下。

01 单击"菜单浏览器"按钮,在弹出的菜单列表中单击"打开"|"图形"命令,打开一幅素材图形,如图13-51所示。

02 单击"功能区"选项板中的"注释"选项卡,在"标注"面板上单击"连续"右侧的下拉按钮,在弹出的列表框中单击"基线"按钮，如图13-52所示。

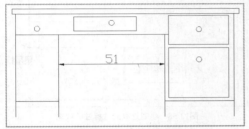

图13-51 打开一幅素材图形

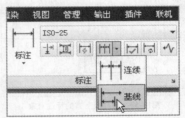

图13-52 单击"基线"按钮

03 根据命令行提示进行操作,选择中间的尺寸标注为基准标注,如图13-53所示。

04 执行操作后,向左引导光标,在绘图区中合适的端点上单击鼠标,再按【Esc】键退出,即可创建基准尺寸标注,效果如图13-54所示。

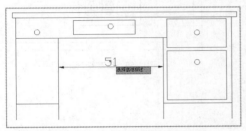

图13-53 选择中间的尺寸标注为基准标注

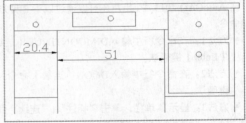

图13-54 创建基准尺寸标注效果

13.3.5 创建连续尺寸标注

在 AutoCAD 2013 中,连续标注是首尾相连的多个标注。在创建连续标注之前,必须已有线性、对齐或角度标注。下面介绍连续尺寸标注的操作方法。

实践素材	光盘 \ 素材 \ 第 13 章 \ 厨房平面图 .dwg
实践效果	光盘 \ 效果 \ 第 13 章 \ 厨房平面图 .dwg
视频演示	光盘 \ 视频 \ 第 13 章 \ 厨房平面图 .mp4

【实践操作 300】创建连续尺寸标注的具体操作步骤如下。

01 单击"菜单浏览器"按钮,在弹出的菜单列表中单击"打开"|"图形"命令,打开一幅素材图形,如图13-55所示。

02 单击"功能区"选项板中的"注释"选项卡,在"标注"面板上单击"连续"按钮，如图13-56所示。

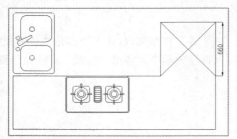

图13-55　打开一幅素材图形

图13-56　单击"连续"按钮

03 在绘图区中选择最右方的标注对象，如图13-57所示。

04 向下拖曳鼠标，至合适位置后单击鼠标，即可创建连续尺寸标注，如图13-58所示。

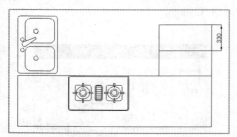

图13-57　选择最上方的标注对象

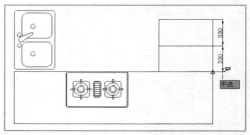

图13-58　创建连续尺寸标注的效果

05 再次向下拖曳鼠标，至合适位置后单击鼠标，创建多个连续尺寸标注，创建完成后，按【Esc】键退出即可，效果如图13-59所示。

A u t o C A D　技巧点拨

在 AutoCAD 2013 中，用户还可以通过以下 3 种方法，调用"连续"命令。
- 方法1：在命令行中输入DIMCONTINUE（连续）命令，按【Enter】键确认。
- 方法2：在命令行中输入DCON（连续）命令，按【Enter】键确认。
- 方法3：显示菜单栏，单击"标注"|"连续"命令。

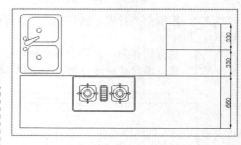

图13-59　创建多个连续尺寸标注

13.4　创建圆弧型尺寸标注

在 AutoCAD 2013 中，创建圆弧型尺寸标注的命令一般有"半径"、"直径"、"拆弯"、"角度"及"圆心标记"等。本节主要介绍创建圆弧型尺寸标注的操作方法。

13.4.1　创建半径尺寸标注

在 AutoCAD 2013 中，标注半径就是标注圆或圆弧的半径尺寸。

实践素材	光盘 \ 素材 \ 第 13 章 \ 手轮 .dwg
实践效果	光盘 \ 效果 \ 第 13 章 \ 手轮 .dwg
视频演示	光盘 \ 视频 \ 第 13 章 \ 手轮 .mp4

【实践操作 301】创建半径尺寸标注的具体操作步骤如下。

01 单击"菜单浏览器"按钮，在弹出的菜单列表中单击"打开"|"图形"命令，打开一幅素材图形，如图13-60所示。

02 在"功能区"选项板的"注释"选项卡中，单击"标注"面板上的"标注"按钮，在弹出的列表框中单击"半径"按钮◎，如图13-61所示。

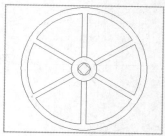

图13-60　打开一幅素材图形

图13-61　单击"半径"按钮

03 在绘图区中选择外侧圆形为标注对象，如图13-62所示，向右拖曳鼠标。

04 至合适位置后单击鼠标左键，即可创建半径尺寸标注，效果如图13-63所示。

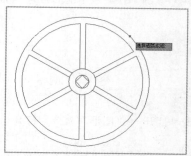

图13-62　选择外侧圆形为标注对象

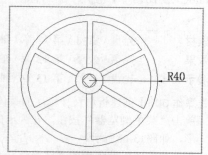

图13-63　创建半径尺寸标注

13.4.2　创建直径尺寸标注

在 AutoCAD 2013 中，标注直径是指标注圆或圆弧的直径尺寸。

实践素材	光盘 \ 素材 \ 第 13 章 \ 手轮 .dwg
实践效果	光盘 \ 效果 \ 第 13 章 \ 创建直径尺寸标注 .dwg
视频演示	光盘 \ 视频 \ 第 13 章 \ 创建直径尺寸标注 .mp4

【实践操作 302】创建直径尺寸标注的具体操作步骤如下。

01 单击"菜单浏览器"按钮，在弹出的菜单列表中单击"打开"|"图形"命令，打开素材图形，如图13-64所示。

02 在"功能区"选项板的"注释"选项卡中，单击"标注"面板上的"标注"按钮，在弹出的列表框中单击"直径"按钮◎，如图13-65所示。

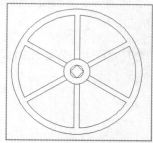

图13-64　打开素材图形

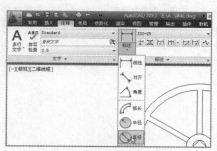

图13-65　单击"直径"按钮

03
根据命令行提示进行操作，在绘图区中选择外侧圆形为标注对象，如图13-66所示。

04
向右拖曳鼠标，至合适位置后单击鼠标，即可创建直径尺寸标注，效果如图13-67所示。

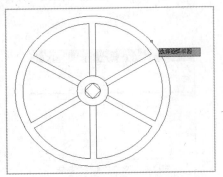

图13-66　选择外侧圆形为标注对象

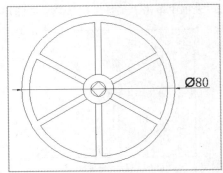

图13-67　创建直径尺寸标注的效果

13.4.3　创建折弯尺寸标注

在 AutoCAD 2013 中，使用"折弯标注"命令可以测量选定对象的半径，显示前面带有一个半径符号的标注文字。

实践素材	光盘 \ 素材 \ 第 13 章 \ 轴承盖 .dwg
实践效果	光盘 \ 效果 \ 第 13 章 \ 轴承盖 .dwg
视频演示	光盘 \ 视频 \ 第 13 章 \ 轴承盖 .mp4

【实践操作 303】创建折弯尺寸标注的具体操作步骤如下。

01
单击"菜单浏览器"按钮，在弹出的菜单列表中单击"打开"|"图形"命令，打开一幅素材图形，如图13-68所示。

02
在"功能区"选项板的"注释"选项卡中，单击"标注"面板上的"标注"按钮，在弹出的列表框中单击"折弯"按钮，如图13-69所示。

03
在绘图区中选择需要创建折弯尺寸标注的对象，如图13-70所示。

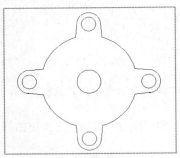

图13-68　打开一幅素材图形

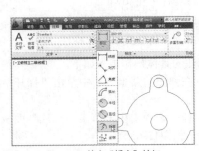

图13-69　单击"折弯"按钮

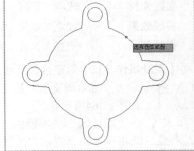

图13-70　选择需要创建折弯尺寸的对象

04
执行操作后，在该弧线的端点位置单击鼠标，如图13-71所示。

05
向下拖曳鼠标，至合适位置后双击鼠标左键，即可创建折弯尺寸标注，效果如图13-72所示。

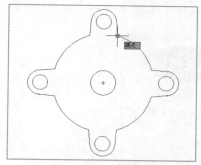

图13-71　在端点位置单击鼠标

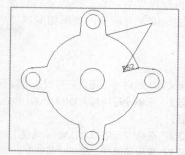

图13-72　创建折弯尺寸标注

13.4.4　创建角度尺寸标注

在工程图中，常常需要标注两条直线或 3 个点之间的夹角，可以使用"角度"命令进行角度尺寸标注。

实践素材	光盘＼素材＼第 13 章＼基米螺丝 .dwg
实践效果	光盘＼效果＼第 13 章＼基米螺丝 .dwg
视频演示	光盘＼视频＼第 13 章＼基米螺丝 .mp4

【实践操作 304】创建角度尺寸标记的具体操作步骤如下。

01 单击"菜单浏览器"按钮，在弹出的菜单列表中单击"打开"｜"图形"命令，打开一幅素材图形，如图13-73所示。

02 在"功能区"选项板的"注释"选项卡中，单击"标注"面板上的"标注"按钮，在弹出的列表框中单击"角度"按钮△，如图13-74所示。

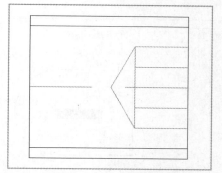

图13-73　打开一幅素材图形

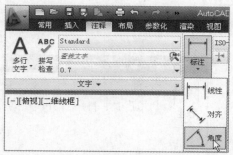

图13-74　单击"角度"按钮

03 根据命令行提示进行操作，在绘图区中选择需要创建角度尺寸标注的第一条直线，如图13-75所示。

04 根据命令行提示进行操作，选择需要创建角度尺寸标注的第二条直线，如图13-76所示。

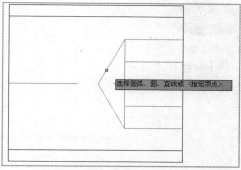

图13-75　选择第一条直线

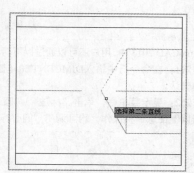

图13-76　选择第二条直线

05 执行操作后，向右拖曳鼠标，至合适位置后单击鼠标，即可创建角度尺寸标注，效果如图13-77所示。

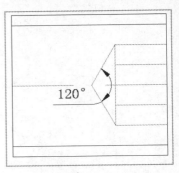
图13-77　创建角度尺寸标注的效果

A^u^t^o^C^A^D **技巧点拨**

在 AutoCAD 2013 中，用户还可以通过以下 3 种方法，调用"角度"命令。
- 方法1：在命令行中输入DIMANGULAR（角度）命令，按【Enter】键确认。
- 方法2：在命令行中输入DAN（角度）命令，按【Enter】键确认。
- 方法3：显示菜单栏，单击"标注"|"角度"命令。

执行以上任意一种操作，均可调用"角度"命令。

13.4.5　创建圆心标记标注

在 AutoCAD 2013 中，圆心标记用于在圆或圆弧的圆心处作一个"十"标记。

实践素材	光盘 \ 素材 \ 第 13 章 \ 创建圆心标记标注 .dwg
实践效果	光盘 \ 效果 \ 第 13 章 \ 创建圆心标记标注 .dwg
视频演示	光盘 \ 视频 \ 第 13 章 \ 创建圆心标记标注 .mp4

【实践操作 305】创建圆心标记标注的具体操作步骤如下。

01 单击"菜单浏览器"按钮，在弹出的菜单列表中单击"打开"|"图形"命令，打开素材图形，单击"功能区"选项板中的"注释"选项卡，在"标注"面板上单击中间的下拉按钮，在展开的面板上单击"圆心标记"按钮⊙，如图13-78所示。

02 在绘图区中选择需要标记的圆，如图13-79所示。

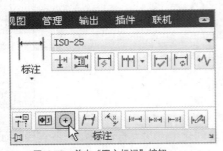
图13-78　单击"圆心标记"按钮

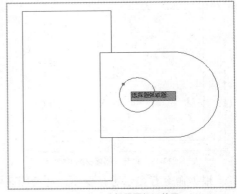
图13-79　选择需要标记的圆

03 执行操作后，即可创建圆心标记标注，效果如图13-80所示。

A^u^t^o^C^A^D **技巧点拨**

在 AutoCAD 2013 中，用户还可以通过以下两种方法，调用"圆心标记"命令。
- 方法1：在命令行中输入DIMCENTER（圆心标记）命令，按【Enter】键确认。
- 方法2：显示菜单栏，单击"标注"|"圆心标记"命令。

执行以上任意一种操作，均可调用"圆心标记"命令。

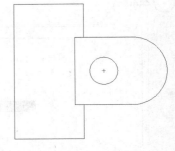
图13-80　创建圆心标记标注的效果

13.5 创建其他类型尺寸标注

在 AutoCAD 2013 中，除了前面所介绍的几种常用的尺寸标注方法外，用户还可以进行快速标注、引线标注以及坐标标注等。本节主要介绍创建其他类型尺寸标注的操作方法。

13.5.1 创建快速尺寸标注

使用快速尺寸标注可以快速创建尺寸标注，以及对尺寸标注进行注释和说明。

实践素材	光盘 \ 素材 \ 第 13 章 \ 衣柜 .dwg
实践效果	光盘 \ 效果 \ 第 13 章 \ 衣柜 .dwg
视频演示	光盘 \ 视频 \ 第 13 章 \ 衣柜 .mp4

【实践操作 306】创建快速尺寸标注的具体操作步骤如下。

01 单击"菜单浏览器"按钮，在弹出的菜单列表中单击"打开"|"图形"命令，打开一幅素材图形，如图13-81所示。

02 在"功能区"选项板的"注释"选项卡中，单击"标注"面板上的"快速标注"按钮，如图13-82所示。

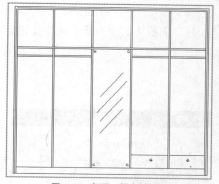

图13-81　打开一幅素材图形

图13-82　单击"快速标注"按钮

03 根据命令行提示进行操作，在绘图区中选择最右侧的直线为标注对象，如图13-83所示。

04 按【Enter】键确认，并向右引导光标，如图13-84所示。

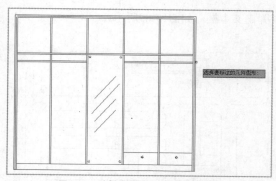

图13-83　选择最右侧的直线为标注对象

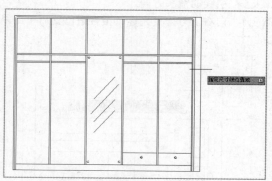

图13-84　向右引导光标

05 在合适位置处单击鼠标，即可在图形中创建快速尺寸标注，效果如图13-85所示。

在 AutoCAD 2013 中，用户还可以通过以下两种方法，调用"快速标注"命令。

- 方法1：在命令行中输入QDIM（快速标注）命令，按【Enter】键确认。
- 方法2：显示菜单栏，单击"标注"|"快速标注"命令。

执行以上任意一种操作，均可调用"快速标注"命令。

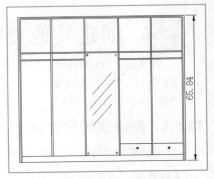

图13-85　创建快速尺寸标注的效果

13.5.2　创建引线尺寸标注

在 AutoCAD 2013 中，引线对象通常包含箭头、引线或曲线和文字。引线标注中的引线是一条带箭头的直线，箭头指向被标注的对象，直线的尾部带有文字注释或图形。

实践素材	光盘 \ 素材 \ 第 13 章 \ 道路规划图 .dwg
实践效果	光盘 \ 效果 \ 第 13 章 \ 道路规划图 .dwg
视频演示	光盘 \ 视频 \ 第 13 章 \ 道路规划图 .mp4

【实践操作 307】创建引线尺寸标注的具体操作步骤如下。

01 单击"菜单浏览器"按钮，在弹出的菜单列表中单击"打开"|"图形"命令，打开一幅素材图形，如图13-86所示。

02 在"功能区"选项板的"注释"选项卡中，单击"引线"面板上的"多重引线"按钮，如图13-87所示。

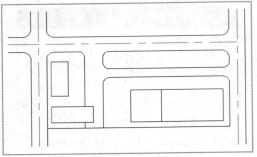

图13-86　打开一幅素材图形

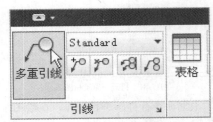

图13-87　单击"多重引线"按钮

03 在命令行提示下，输入H，如图13-88所示，按【Enter】键确认，在合适的位置单击鼠标，确定引线的箭头方向。

04 向右上方拖曳光标，至合适位置后单击鼠标，弹出文本框，如图13-89所示。

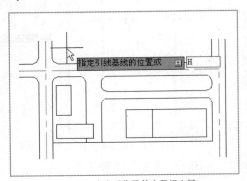

图13-88　在合适位置单击鼠标左键

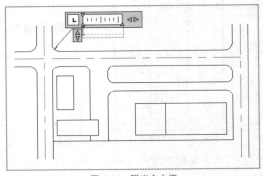

图13-89　弹出文本框

05 设置文字高度为6，并按【Enter】键确认，输入文字 "十字路口"，在绘图区中的任意位置上单击鼠标，即可创建引线尺寸标注，效果如图13-90所示。

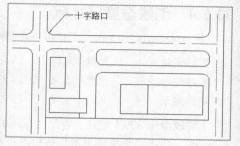

图13-90　创建引线尺寸标注的效果

在 AutoCAD 2013 中，用户还可以通过以下 3 种方法，调用"多重引线"命令。

- 方法1：在命令行中输入MLEADER（多重引线）命令，按【Enter】键确认。
- 方法2：显示菜单栏，单击"标注"|"标注引线"命令。
- 方法3：在"功能区"选项板的"常用"选项卡中，单击"注释"面板上的"多重引线"按钮。

执行以上任意一种操作，均可调用"多重引线"命令。

13.5.3　创建坐标尺寸标注

坐标尺寸标注可以标注测量原点到标注特性点的垂直距离，这种标注保持特征点与基准点的精确偏移量，从而可以避免误差的产生。

实践素材	光盘 \ 素材 \ 第 13 章 \ 地面拼花 .dwg
实践效果	光盘 \ 效果 \ 第 13 章 \ 地面拼花 .dwg
视频演示	光盘 \ 视频 \ 第 13 章 \ 地面拼花 .mp4

【实践操作 308】创建坐标尺寸标注的具体操作步骤如下。

01 单击"菜单浏览器"按钮，在弹出的菜单列表中单击"打开"|"图形"命令，打开一幅素材图形，单击"功能区"选项板中的"注释"选项卡，单击"标注"面板上的"标注"按钮，在弹出的列表框中单击"坐标"按钮，如图13-91所示。

02 根据命令行提示进行操作，在绘图区中圆心上单击鼠标，如图13-92所示。

图13-91　单击"坐标"按钮

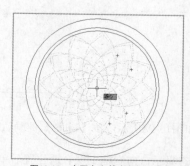

图13-92　在圆心上单击鼠标左键

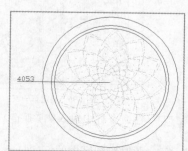

图13-93　创建坐标尺寸标注的效果

03 向左拖曳鼠标，至合适位置后再次单击鼠标，即可创建坐标尺寸标注，效果如图13-93所示。

在 AutoCAD 2013 中，用户还可以通过以下两种方法，调用"坐标"命令。

- 方法1：在命令行中输入DIMORDINATE（坐标）命令，按【Enter】键确认。
- 方法2：显示菜单栏，单击"标注"|"坐标"命令。

执行以上任意一种操作，均可调用"坐标"命令。

13.5.4　创建垂直尺寸标注

在 AutoCAD 2013 中，用户可以在图形中创建垂直尺寸标注。

实践素材	光盘 \ 素材 \ 第 13 章 \ 楼梯剖面图 .dwg
实践效果	光盘 \ 效果 \ 第 13 章 \ 楼梯剖面图 .dwg
视频演示	光盘 \ 视频 \ 第 13 章 \ 楼梯剖面图 .mp4

【实践操作 309】创建垂直尺寸标注的具体操作步骤如下。

01　单击"菜单浏览器"按钮，在弹出的菜单列表中单击"打开" | "图形"命令，打开一幅素材图形，如图13-94所示。

02　在"功能区"选项板的"注释"选项卡中，单击"标注"面板上的"线性"按钮，如图13-95所示。

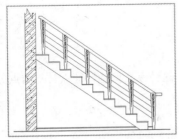

图13-94　打开一幅素材图形

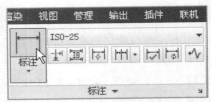

图13-95　单击"线性"按钮

03　根据命令行提示进行操作，在绘图区中合适的端点上单击鼠标，确定第一点，如图13-96所示。

04　向下拖曳鼠标，在图形右下角端点上再次单击鼠标，确定第二点，如图13-97所示。

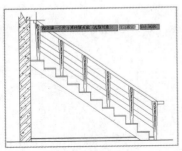

图13-96　确定第一点

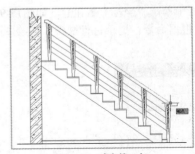

图13-97　确定第二点

05　在命令行中输入V（垂直），如图13-98所示，按【Enter】键确认。

06　此时绘图区中的标注呈垂直状态显示，向右拖曳至合适位置后单击鼠标，即可创建垂直尺寸标注，效果如图13-99所示。

图13-98　在命令行中输入V（垂直）

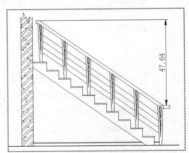

图13-99　创建垂直尺寸标注的效果

13.5.5 创建转角尺寸标注

在 AutoCAD 2013 中，用户可根据需要创建转角尺寸标注效果。

实践素材	光盘 \ 素材 \ 第 13 章 \ 楼梯剖面图 .dwg
实践效果	光盘 \ 效果 \ 第 13 章 \ 创建转角尺寸标注 .dwg
视频演示	光盘 \ 视频 \ 第 13 章 \ 创建转角尺寸标注 .mp4

【实践操作 310】创建转角尺寸标注的具体操作步骤如下。

01 单击"菜单浏览器"按钮，在弹出的菜单列表中单击"打开"|"图形"命令，打开素材图形，在命令行中输入DIMLINEAR（线性）命令，如图13-100所示。

02 按【Enter】键确认，在绘图区中合适的端点上，单击鼠标，确定第一点，如图13-101所示。

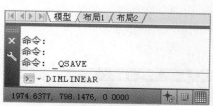

图13-100 输入DIMLINEAR命令

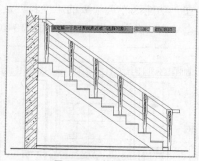

图13-101 确定第一点

03 在命令行提示下，向下拖曳鼠标，在图形右下角端点上再次单击鼠标，确定第二点，如图13-102所示。

04 在命令行中输入R（转角），如图13-103所示，按【Enter】键确认。

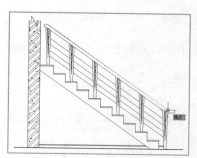

图13-102 确定第二点

图13-103 在命令行中输入R

05 继续输入-35，指定尺寸线的角度，如图13-104所示，按【Enter】键确认。

06 向右拖曳鼠标，至合适位置后单击鼠标，即可创建转角尺寸标注，效果如图13-105所示。

图13-104 指定尺寸线的角度

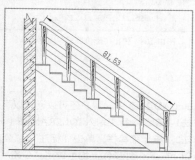

图13-105 创建转角尺寸标注

13.5.6　创建形位公差尺寸标注

在 AutoCAD 2013 中，形位公差主要用来定义机械图样中形状或轮廓、方向、位置和跳动等相对精确的几何图形的最大允许误差，以指定实现正确功能所要求的精确度。形位公差标注包括尺寸基准和特征控制框两部分，尺寸基准用于定义属性图块，当需要时可以快速插入该图块。

实践素材	光盘 \ 素材 \ 第 13 章 \ 卧室 .dwg
实践效果	光盘 \ 效果 \ 第 13 章 \ 卧室 .dwg
视频演示	光盘 \ 视频 \ 第 13 章 \ 卧室 .mp4

【实践操作 311】创建形位公差尺寸标注的具体操作步骤如下。

01　单击"菜单浏览器"按钮，在弹出的菜单列表中单击"打开"|"图形"命令，打开一幅素材图形，如图13-106所示。

02　在"功能区"选项板的"注释"选项卡中，单击"标注"面板中间的下拉按钮，在展开的面板上单击"公差"按钮，如图13-107所示。

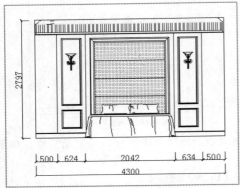

图13-106　打开一幅素材图形

图13-107　单击"公差"按钮

03　弹出"形位公差"对话框，设置"公差1"为0.219、"基准1"为S，如图13-108所示。

04　单击"确定"按钮，在绘图区中的合适位置上单击鼠标，即可创建形位公差尺寸标注，效果如图13-109所示。

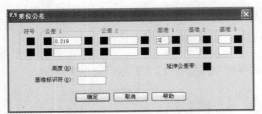

图13-108　弹出"形位公差"对话框

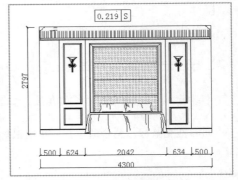

图13-109　创建形位公差尺寸标注

AutoCAD　技巧点拨

在 AutoCAD 2013 中，用户还可以通过以下两种方法，调用"公差"命令。
- 方法1：在命令行中输入TOLERANCE（公差）命令，按【Enter】键确认。
- 方法2：显示菜单栏，单击"标注"|"公差"命令。
执行以上任意一种操作，均可调用"公差"命令。

13.5.7　创建折弯线性尺寸标注

在 AutoCAD 2013 中，用户可根据需要创建折弯线性尺寸标注。

实践素材	光盘 \ 素材 \ 第 13 章 \ 门框架 .dwg
实践效果	光盘 \ 效果 \ 第 13 章 \ 门框架 .dwg
视频演示	光盘 \ 视频 \ 第 13 章 \ 门框架 .mp4

【实践操作 312】创建形位公差尺寸标注的具体操作步骤如下。

01　单击"菜单浏览器"按钮，在弹出的菜单列表中单击"打开"|"图形"命令，打开一幅素材图形，如图13-110所示。

02　单击"功能区"选项板中的"注释"选项卡，在"标注"面板上单击"标注，折弯标注"按钮
，如图13-111所示。

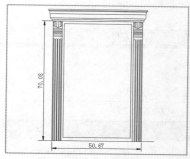

图13-110　打开一幅素材图形

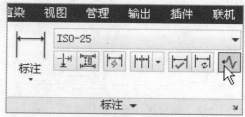

图13-111　单击"标注，折弯标注"按钮

03　根据命令提示进行操作，在绘图区线性标注上单击鼠标，如图13-112所示。

04　根据命令行提示，指定折弯位置，执行操作后，即可创建折弯线性尺寸标注，效果如图13-113所示。

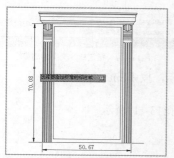

图13-112　在线性标注上单击鼠标

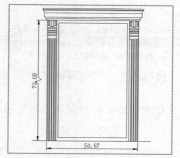

图13-113　创建折弯线性尺寸标注的效果

13.6　编辑尺寸标注

在 AutoCAD 2013 中，对于已经存在的尺寸标注，系统提供了多种编辑方法，各种方法的便捷程度不同，适用的范围也不相同，用户应根据实际需要选择适当的编辑方法。本节主要介绍编辑尺寸标注的操作方法。

13.6.1　编辑尺寸标注

在 AutoCAD 2013 中，使用 DIMEDIT 或 DED 命令可以编辑标注尺寸，使用该命令可以将尺寸标注中的数值按一定的角度进行旋转、倾斜等操作。

实践素材	光盘 \ 素材 \ 第 13 章 \ 卫生间 .dwg
实践效果	光盘 \ 效果 \ 第 13 章 \ 卫生间 .dwg
视频演示	光盘 \ 视频 \ 第 13 章 \ 卫生间 .mp4

【实践操作 313】编辑尺寸标注的具体操作步骤如下。

01 单击"菜单浏览器"按钮，在弹出的菜单列表中单击"打开"|"图形"命令，打开一幅素材图形，如图13-114所示。

02 在命令行中输入DIMEDIT（编辑尺寸）命令，如图13-115所示，按【Enter】键确认。

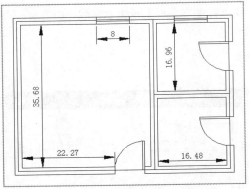

图13-114　打开一幅素材图形

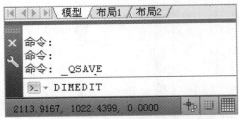

图13-115　输入DIMEDIT命令

03 继续输入R（旋转），如图13-116所示，按【Enter】键确认。

04 输入45，指定标注文字的角度，如图13-117所示，按【Enter】键确认。

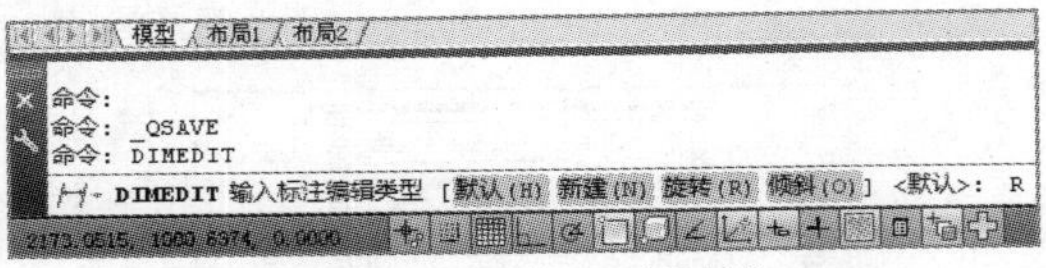

图13-116　继续输入R（旋转）

图13-117　指定标注文字的高度

05 在绘图区中选择需要旋转的尺寸标注，如图13-118所示，按【Enter】键确认。

06 执行操作后，即可对尺寸标注进行旋转操作，效果如图13-119所示。

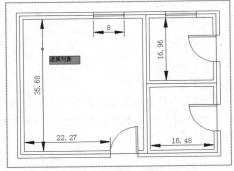

图13-118　选择需要旋转的尺寸标注

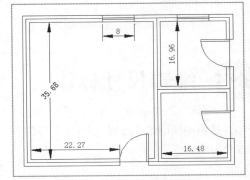

图13-119　对尺寸标注进行旋转操作

13.6.2　编辑标注文字位置

在 AutoCAD 2013 中，用户可根据需要移动标注文字的位置。

实践素材	光盘 \ 素材 \ 第 13 章 \ 钉子 .dwg
实践效果	光盘 \ 效果 \ 第 13 章 \ 钉子 .dwg
视频演示	光盘 \ 视频 \ 第 13 章 \ 钉子 .mp4

【实践操作 314】编辑标注文字位置的具体操作步骤如下。

01 单击"菜单浏览器"按钮，在弹出的菜单列表中单击"打开"|"图形"命令，打开一幅素材图形，如图13-120所示。

02 在"功能区"选项板中的"注释"选项卡中，单击"标注"面板中间的下拉按钮，在展开的面板上单击"右对正"按钮，如图13-121所示。

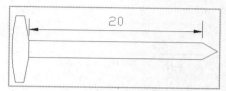

图13-120 打开一幅素材图形

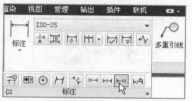

图13-121 单击"右对正"按钮

03 根据命令行提示进行操作，在绘图区中的尺寸标注上单击鼠标，如图13-122所示。

04 执行操作后，即可编辑标注文字的位置，效果如图13-123所示。

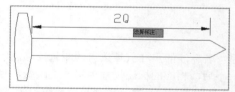

图13-122 在尺寸标注上单击鼠标左键

图13-123 编辑标注文字的位置

13.6.3 编辑标注文字内容

在 AutoCAD 2013 中，用户可以编辑标注文字的内容。

实践素材	光盘 \ 素材 \ 第 13 章 \ 钉子 .dwg
实践效果	光盘 \ 效果 \ 第 13 章 \ 编辑标注文字内容 .dwg
视频演示	光盘 \ 视频 \ 第 13 章 \ 编辑标注文字内容 .mp4

【实践操作 315】编辑标注文字内容的具体操作步骤如下。

01 单击"菜单浏览器"按钮，在弹出的菜单列表中单击"打开"|"图形"命令，打开素材图形，在"功能区"选项板的"视图"选项卡中，单击"选项板"面板上的"特性"按钮，如图13-124所示。

02 弹出"特性"面板，在绘图区的线性尺寸上单击鼠标，选择需要编辑标注文字的对象，如图13-125所示。

图13-124 单击"特性"按钮

图13-125 选择需要编辑标注文字的对象

03 在"特性"面板上的"文字替代"文本框中，输入25，如图13-126所示。

04 执行操作后，按【Enter】键确认，即可编辑标注文字的内容，效果如图13-127所示。

图13-126　在文本框中输入25

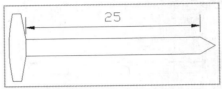

图13-127　编辑标注文字的内容

13.7 管理尺寸标注

为了使图纸能够表达得更加清晰，在创建尺寸标注时，会经常调整标注间距、打断尺寸标注。AutoCAD 2013 提供了多种管理尺寸标注的方法，本节将对这些编辑命令进行详细讲解。

13.7.1　修改关联标注

关联尺寸标注是指所标注尺寸与被标注对象有关联关系。若标注的尺寸值是按自动测量值标注，则尺寸标注是按尺寸关联模式标注的，如果改变被标注对象的大小后，相应的标注尺寸也将发生改变，尺寸界线和尺寸线的位置都将改变到相应的新位置，尺寸值也改变成新测量值；反之，改变尺寸界线起始点位置，尺寸值也会发生相应的变化。

实践素材	光盘 \ 素材 \ 第 13 章 \ 轴套轴测剖视图 .dwg
实践效果	光盘 \ 效果 \ 第 13 章 \ 轴套轴测剖视图 .dwg
视频演示	光盘 \ 视频 \ 第 13 章 \ 轴套轴测剖视图 .mp4

【实践操作 316】修改关联标注的具体操作步骤如下。

01 单击"菜单浏览器"按钮，在弹出的菜单列表中单击"打开"|"图形"命令，打开一幅素材图形，如图13-128所示。

02 在"功能区"选项板的"注释"选项卡中，单击"标注"面板中间的下拉按钮，在展开的面板上单击"重新关联"按钮，如图13-129所示。

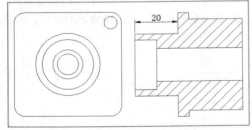

图13-128　打开一幅素材图形

图13-129　单击"重新关联"按钮

03 根据命令行提示进行操作，在绘图区中选择尺寸标注为修改对象，如图13-130所示。

04 按【Enter】键确认，在下方直线的两个端点上分别单击鼠标，如图13-131所示。

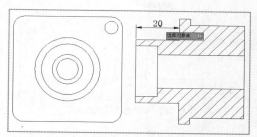

图13-130　选择尺寸标注为修改对象

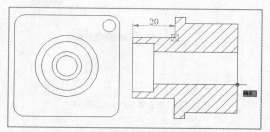

图13-131　在两个端点上分别单击鼠标

05 执行操作后，即可修改关联标注，效果如图13-132所示。

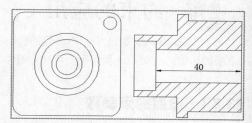

图13-132　修改关联标注的效果

13.7.2　调整标注间距

在 AutoCAD 2013 中，可以自动调整平行的线性标注和角度标注之间的间距，或根据指定的间距值进行调整，调整标注之间距离的命令为 DIMSPACE。

实践素材	光盘 \ 素材 \ 第 13 章 \ 调整标注间距 .dwg
实践效果	光盘 \ 效果 \ 第 13 章 \ 调整标注间距 .dwg
视频演示	光盘 \ 视频 \ 第 13 章 \ 调整标注间距 .mp4

【实践操作 317】调整标注间距的具体操作步骤如下。

01 单击"菜单浏览器"按钮，在弹出的菜单列表中单击"打开"|"图形"命令，打开一幅素材图形，如图13-133所示。

02 在"功能区"选项板的"注释"选项卡中，单击"标注"面板上的"调整间距"按钮▨，如图13-134所示。

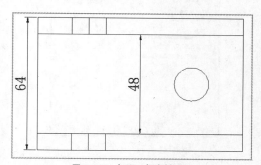

图13-133　打开一幅素材图形

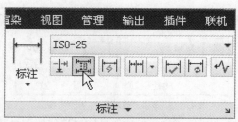

图13-134　单击"调整间距"按钮

03 根据命令行提示进行操作，在绘图区的最左侧尺寸标注上单击鼠标，确认基准标注，如图13-135所示。

04 在右侧尺寸标注上单击鼠标，指定需要产生间距的标注，如图13-136所示。

05 按【Enter】键确认，输入110，并按【Enter】键确认，即可调整标注的间距，效果如图13-137所示。

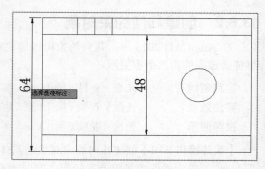

图13-135　在尺寸标注上单击鼠标左键

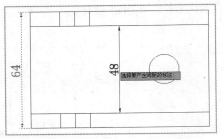
图13-136　指定需要产生间距的标注

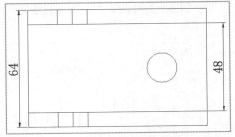
图13-137　调整标注间距的效果

13.8　约束的应用

在 AutoCAD 2013 中，约束包括标注约束和几何约束。通过参数化图形，用户可以为二维几何图形添加约束。约束是一种规则，可决定对象彼此间的放置位置及其标注。

13.8.1　设置约束参数

在 AutoCAD 2013 中约束对象之前，用户可以根据需要设置约束参数。

【实践操作 318】设置约束参数的具体操作步骤如下。

01　单击"菜单浏览器"按钮，在弹出的菜单列表中单击"新建"|"图形"命令，新建一幅图形文件，在"功能区"选项板中，切换至"参数化"选项卡，单击"标注"面板中的"约束设置，标注"按钮，如图13-138所示。

02　弹出"约束设置"对话框，切换至"标注"选项卡，单击"标注名称格式"的下三角按钮，在弹出的下拉列表中，选择"名称"选项，如图13-139所示。

图13-138　单击"约束设置，标注"按钮

图13-139　选择"名称"选项

03　单击"确定"按钮，即可设置约束参数。

13.8.2　创建几何约束对象

在 AutoCAD 2013 中，几何约束可以确定对象之间或对象上的点之间的关系。创建后，它们可以限制可能会违反约束的所有更改。

实践素材	光盘＼素材＼第 13 章＼客厅立面图 .dwg
实践效果	光盘＼效果＼第 13 章＼客厅立面图 .dwg
视频演示	光盘＼视频＼第 13 章＼客厅立面图 .mp4

【实践操作 319】创建几何约束对象的具体操作步骤如下。

01　单击"菜单浏览器"按钮，在弹出的菜单列表中单击"打开"|"图形"命令，打开一幅素材图形，如图13-140所示。

02 在"功能区"选项板中，切换至"参数化"选项卡，单击"几何"面板中的"重合"按钮，如图13-141所示。

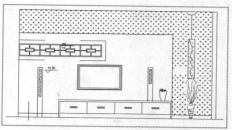

图13-140 打开一幅素材图形

图13-141 单击"重合"按钮

03 根据命令行提示进行操作，在绘图区中选择最右侧的直线，确定重合第一点，如图13-142所示。

04 在右侧第2条直线上单击鼠标，确定重合第二点，如图13-143所示。

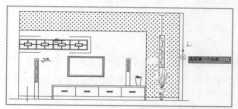

图13-142 确定重合第一点

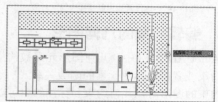

图13-143 确定重合第二点

05 执行操作后，即可重合约束对象，效果如图13-144所示。

13.8.3 创建标注约束对象

在 AutoCAD 2013 中，标注约束可以确定对象、对象上的点之间的距离或角度，也可以确定对象的大小。下面介绍创建标注约束对象的操作方法。

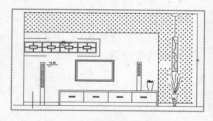

图13-144 重合约束对象的效果

实践素材	光盘\素材\第13章\室内装潢平面图.dwg
实践效果	光盘\效果\第13章\室内装潢平面图.dwg
视频演示	光盘\视频\第13章\室内装潢平面图.mp4

【实践操作320】创建标注约束对象的具体操作步骤如下。

01 单击"菜单浏览器"按钮，在弹出的菜单列表中单击"打开"|"图形"命令，打开一幅素材图形，如图13-145所示。

02 在"功能区"选项板中，切换至"参数化"选项卡，单击"标注"面板中的"半径"按钮，如图13-146所示。

图13-145 打开一幅素材图形

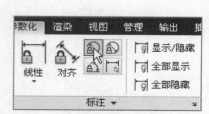

图13-146 单击"半径"按钮

03 根据命令行提示进行操作，在绘图区中，选择相应圆弧为创建标注约束对象，如图13-147所示。

04 在绘图区中的任意位置单击鼠标，即可创建标注约束对象，如图13-148所示。

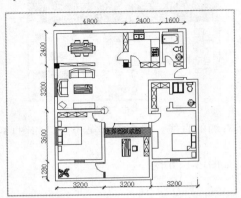

图13-147　选择圆弧为创建标注约束对象

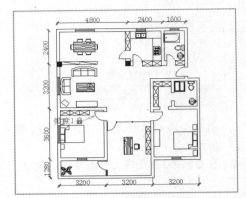

图13-148　创建标注约束对象的效果

13.8.4　编辑约束的几何图形

在 AutoCAD 2013 中，几何图形元素被约束之后，用户需要修改被约束的几何图形元素。首先需要删除几何约束或者修改标注元素的函数关系式，然后才能对元素进行修改，或者重新添加新的几何约束。更改完全约束的图形时，几何约束和标注约束可以控制结果。

使用以下方法可以轻松对受约束的几何图形进行设计更改。

- 标准编辑命令。
- 夹点模式。
- "特性"选项板。
- 参数管理器。

高手终极篇

第14章
控制三维视图

　　在工程设计和绘图过程中，三维图形应用越来越广泛，AutoCAD 2013
的三维空间提供了强大的三维视图环境，用户通过本章的学习，可以更加直
观地绘制、编辑和观察三维图形对象，以及掌握一些基本的三维视图设置的
方法。

14.1 使用三维坐标系

AutoCAD 2013 不仅能绘制二维图形，还可以绘制具有真实效果的三维模型。而在绘制三维模型之前，必须创建相应的三维坐标系。

14.1.1 创建用户坐标系

用户坐标系表示了当前坐标系的坐标轴和坐标原点位置，也表示了相对于当前的 UCS 的 X、Y 平面的视图方向。下面介绍创建用户坐标系的操作方法。

实践素材	光盘 \ 素材 \ 第 14 章 \ 地面拼花 .dwg
实践效果	光盘 \ 效果 \ 第 14 章 \ 地面拼花 .dwg
视频演示	光盘 \ 视频 \ 第 14 章 \ 地面拼花 mp4

【实践操作 321】创建用户坐标系的具体操作步骤如下。

01 单击"菜单浏览器"按钮，在弹出的菜单列表中单击"打开"|"图形"命令，打开一幅素材图形，如图14-1所示。

02 单击"状态栏"上的"切换工作空间"按钮，在弹出的列表框中，选择"三维建模"选项，如图14-2所示。

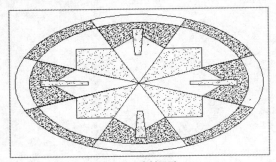

图14-1 素材图形

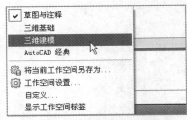

图14-2 选择"三维建模"选项

03 切换至"三维建模"工作界面，如图14-3所示。

04 在"功能区"选项板中，切换至"视图"选项卡，单击"坐标"面板中的"原点"按钮，如图14-4所示。

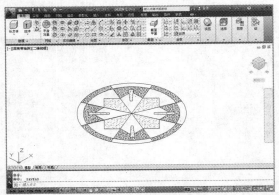

图14-3 切换至"三维建模"工作界面

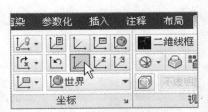

图14-4 单击"原点"按钮

05 根据命令行提示进行操作，在绘图区任意指定一点，单击鼠标左键，即可创建用户坐标系，如图14-5所示。

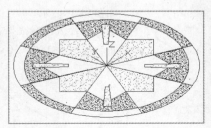

图14-5 创建用户坐标系

14.1.2 创建圆柱坐标系

圆柱坐标系主要在对模型进行贴图、定位贴纸在模型中的位置时使用。下面介绍创建圆柱坐标系的操作方法。

实践素材	光盘 \ 素材 \ 第 14 章 \ 衣服 .dwg
实践效果	光盘 \ 效果 \ 第 14 章 \ 衣服 .dwg
视频演示	光盘 \ 视频 \ 第 14 章 \ 衣服 .mp4

【实践操作 322】创建圆柱坐标系的具体操作步骤如下。

01 单击"菜单浏览器"按钮，在弹出的菜单列表中单击"打开"|"图形"命令，打开一幅素材图形，如图14-6所示。

02 在命令行中输入UCS（新建坐标系）命令，如图14-7所示。

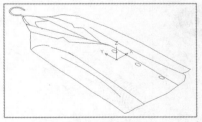

图14-6 素材图形

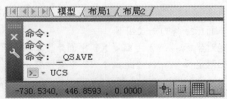

图14-7 输入命令

03 按【Enter】键确认，根据命令行提示进行操作，输入圆柱坐标值（220＜180，50），如图14-8所示。

图14-8 输入参数

04 连续按两次【Enter】键确认，即可创建圆柱坐标系，如图14-9所示。

14.1.3 创建球面坐标系

球面坐标系与圆柱坐标系的功能一样，都是用于对模型进行定

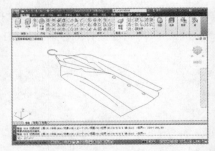

图14-9 创建圆柱坐标系

位贴图。下面介绍创建球面坐标系的操作方法。

实践素材	光盘 \ 素材 \ 第 14 章 \ 泵轴 .dwg
实践效果	光盘 \ 效果 \ 第 14 章 \ 泵轴 .dwg
视频演示	光盘 \ 视频 \ 第 14 章 \ 泵轴 .mp4

【实践操作 323】创建球面坐标系的具体操作步骤如下。

01 单击"菜单浏览器"按钮，在弹出的菜单列表中单击"打开"|"图形"命令，打开一幅素材图形，如图14-10所示。

02 在命令行中输入UCS（新建坐标系）命令，按【Enter】键确认，根据命令行提示进行操作，输入球面坐标值（-180＜50＜80），如图14-11所示。

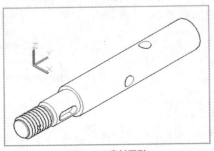

图14-10　素材图形

图14-11　输入命令

03 连续按两次【Enter】键确认，即可创建球面坐标系，效果如图14-12所示。

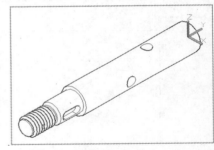

图14-12　创建球面坐标系

AutoCAD 技巧点拨

球面坐标系的格式如下。
绝对坐标：XYZ 距离＜ XY 平面角度＜ XY 平面的夹角。
相对坐标：@XYZ 距离＜ XY 平面角度＜ XY 平面的夹角。

14.1.4　切换世界坐标系

世界坐标系也称为通用或绝对坐标系，它的原点和方向始终保持不变。下面介绍切换世界坐标系的操作方法。

实践素材	光盘 \ 素材 \ 第 14 章 \ 机械图纸 .dwg
实践效果	光盘 \ 效果 \ 第 14 章 \ 机械图纸 .dwg
视频演示	光盘 \ 视频 \ 第 14 章 \ 机械图纸 .mp4

【实践操作 324】切换世界坐标系的具体操作步骤如下。

01 单击"菜单浏览器"按钮，在弹出的菜单列表中单击"打开"|"图形"命令，打开一幅素材图形，如图14-13所示。

02 在"功能区"选项板中，切换至"视图"选项卡，单击"坐标"面板中的"世界"按钮，即可切换世界坐标系，如图14-14所示。

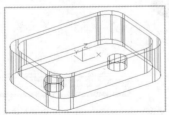

图14-13　打开素材图形

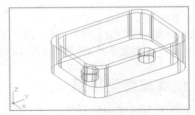

图14-14　切换世界坐标系

14.2 设置视点

在 AutoCAD 2013 中，用户在三维绘图时，由于要从各个方向查看图形，因此需要不断变化视点。

14.2.1 使用对话框设置视点

用户可以在"视点预置"对话框中，设置当前视口的视点。下面介绍使用对话框设置视点的操作方法。

实践素材	光盘\素材\第 14 章\顶尖.dwg
实践效果	光盘\效果\第 14 章\顶尖.dwg
视频演示	光盘\视频\第 14 章\顶尖.mp4

【实践操作 325】使用对话框设置视点的具体操作步骤如下。

01 单击"菜单浏览器"按钮，在弹出的菜单列表中单击"打开"|"图形"命令，打开一幅素材图形，如图14-15所示。

02 在命令行中输入**DDVPOINT**（视点预设）命令，如图14-16所示。

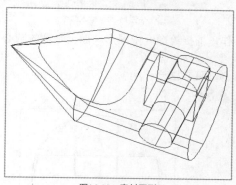

图14-15 素材图形

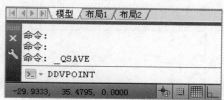

图14-16 输入命令

03 按【Enter】键确认，弹出"视点预设"对话框，选中"相对于UCS（U）"单选按钮；设置"X轴"为270，"XY平面"为90，单击"设置为平面视图"按钮，如图14-17所示。

04 单击"确定"按钮，即可使用对话框设置视点，如图14-18所示。

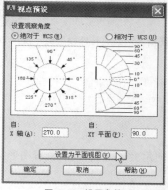

图14-17 设置参数

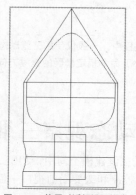

图14-18 使用对话框设置视点

14.2.2 使用"视点"命令设置视点

在 AutoCAD 2013 中，使用"视点"命令也可以为当前视口设置视点，该视点均是相对于 WCS 坐标系。下面介绍使用"视点"命令设置视点的操作方法。

实践素材	光盘 \ 素材 \ 第 14 章 \ 顶尖 .dwg
实践效果	光盘 \ 效果 \ 第 14 章 \ 使用"视点"命令设置视点 .dwg
视频演示	光盘 \ 视频 \ 第 14 章 \ 使用"视点"命令设置视点 .mp4

【实践操作 326】使用"视点"命令设置视点的具体操作步骤如下。

01 单击"菜单浏览器"按钮，在弹出的菜单列表中单击"打开"|"图形"命令，打开一幅素材图形，如图14-19所示。

02 在命令行中输入VPOINT（视点）命令，如图14-20所示。

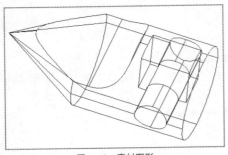

图14-19　素材图形

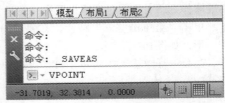

图14-20　输入命令

03 按【Enter】键确认，根据命令行提示进行操作，捕捉绘图区中图形底面上合适的圆心点，如图14-21所示。

04 单击鼠标，即可使用"视点"命令设置视点，如图14-22所示。

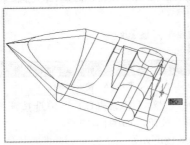

图14-21　捕捉圆心点

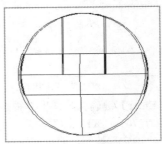

图14-22　设置视点

AutoCAD　技巧点拨

在建模过程中，一般仅使用三维动态观察器来观察方向，而在最终输入渲染或着色模型时，使用 DDVPOINT 命令或 VOPINT 命令指定精确的查看方向。

14.3　动态观察三维图形

在三维建模空间中，使用三维动态观察器可以从不同的角度、距离和高度查看图形中的对象，从而实时地控制和改变当前视口中创建的三维视图。

14.3.1　受约束的动态观察

受约束的动态观察器用于在当前视口中通过拖曳鼠标动态观察模型。在观察时目标位置保持不动，相机位置（或观察点）围绕目标移动。下面将介绍使用受约束的动态观察器的操作方法。

实践素材	光盘 \ 素材 \ 第 14 章 \ 办公桌 .dwg
实践效果	光盘 \ 效果 \ 第 14 章 \ 办公桌 .dwg
视频演示	光盘 \ 视频 \ 第 14 章 \ 办公桌 .mp4

【实践操作 327】使用受约束的动态观察器的具体操作步骤如下。

01 单击"菜单浏览器"按钮，在弹出的菜单列表中单击"打开"|"图形"命令，打开一幅素材图形，如图14-23所示。

02 在"功能区"选项板中，切换至"视图"选项卡，在"导航"面板中，单击"动态观察"右侧的下拉按钮，在弹出的列表框中单击"动态观察"按钮，如图14-24所示。

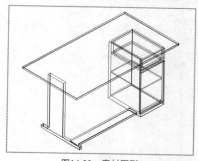

图14-23　素材图形

图14-24　单击"动态观察"按钮

03 根据命令行提示进行操作，在绘图区中出现受约束的动态观察光标，如图14-25所示。

04 按下鼠标左键并向右拖曳至合适位置，释放鼠标，即可使用受约束动态观察三维模型，如图14-26所示。

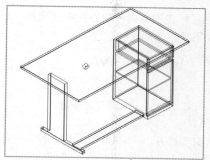

图14-25　出现受约束的动态观察光标

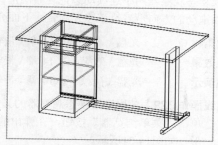

图14-26　观察三维模型

14.3.2　自由动态观察

自由动态观察视图显示一个导航球，它被更小的圆分成 4 个区域。导航球的中心称为目标点，使用三维动态观察器后，被观察的目标保持静止不动，而视点可以绕目标点在三维空间转动。下面介绍使用自由动态观察器的操作方法。

实践素材	光盘 \ 素材 \ 第 14 章 \ 挂锁 .dwg
实践效果	光盘 \ 效果 \ 第 14 章 \ 挂锁 .dwg
视频演示	光盘 \ 视频 \ 第 14 章 \ 挂锁 .mp4

【实践操作 328】使用自由动态观察器的具体操作步骤如下。

01 单击"菜单浏览器"按钮，在弹出的菜单列表中单击"打开"|"图形"命令，打开一幅素材图形，如图14-27所示。

02 在"功能区"选项板中，切换至"视图"选项卡，在"导航"面板中，单击"动态观察"右侧的下拉按钮，在弹出的下拉列表中，单击"自由动态观察"按钮，如图14-28所示。

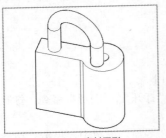

图14-27 素材图形

图14-28 单击"自由动态观察"按钮

根据命令行提示进行操作，在绘图区出现一个自由动态观察光标，如图14-29所示。

03

04

按下鼠标左键拖曳至合适位置，释放鼠标，即可使用自由动态观察三维模型，如图14-30所示。

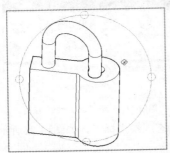

图14-29 出现自由动态观察光标

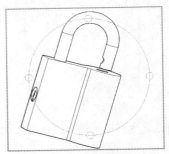

图14-30 观察三维模型

14.3.3 连续动态观察

连续动态观察器用于连续动态地观察图形。在绘图区按住鼠标左键并向任何方向拖动鼠标，可以使目标对象以拖动的方向沿着轨道连续旋转。下面介绍使用连续动态观察器的操作方法。

实践素材	光盘 \ 素材 \ 第 14 章 \ 带轮 .dwg
实践效果	光盘 \ 效果 \ 第 14 章 \ 带轮 .dwg
视频演示	光盘 \ 视频 \ 第 14 章 \ 带轮 .mp4

【实践操作 329】使用连续动态观察器的具体操作步骤如下。

01

单击"菜单浏览器"按钮，在弹出的菜单列表中单击"打开"|"图形"命令，打开一幅素材图形，如图14-31所示。

02

在命令行中输入3DCORBIT（连续动态观察）命令，如图14-32所示。

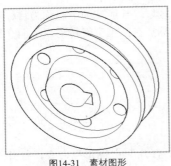

图14-31 素材图形

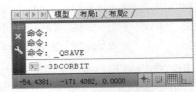

图14-32 输入命令

03

按【Enter】键确认，根据命令行提示进行操作，在绘图区出现连续动态观察光标⊗，如图14-33所示。

04 在绘图区中的中心位置处，单击鼠标左键，即可使用连续动态观察三维模型，效果如图14-34所示。

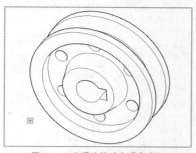

图14-33　出现连续动态观察光标

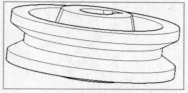

图14-34　观察三维模型

14.4　使用相机

在AutoCAD 2013中，用户可以在三维模型空间中设置相机和目标的位置，以创建并保存对象的三维透视图。

14.4.1　认识相机

在 AutoCAD 2013 中，用户可以在图形中打开或关闭相机并使用夹点来编辑相机的位置、目标或焦距。相机有以下 4 个属性。

- 目标：通过指定视图中心的坐标来定义要观察的点。
- 焦距：定义相机镜头的比例特性。焦距越大，视野越窄。
- 位置：定义要观察三维模型的起点。
- 前向和后向剪裁平面：指定剪裁平面的位置。剪裁平面是定义（或剪裁）视图的边界。在相机视图中，将隐藏相机与前向剪裁平面之间的所有对象。同样隐藏后向剪裁平面与目标之间的所有对象。

14.4.2　创建相机

在 AutoCAD 2013 中，用户可以通过定义相机的位置和目标，然后进一步定义其名称、高度、焦距和剪裁平面来创建新相机，还可以使用工具选项板上的若干预定义相机类型。下面介绍创建相机的操作方法。

实践素材	光盘 \ 素材 \ 第 14 章 \ 连接盘 .dwg
实践效果	光盘 \ 效果 \ 第 14 章 \ 连接盘 .dwg
视频演示	光盘 \ 视频 \ 第 14 章 \ 连接盘 .mp4

【实践操作 330】创建相机的具体操作步骤如下。

01 单击"菜单浏览器"按钮，在弹出的菜单列表中单击"打开"|"图形"命令，打开一幅素材图形，如图14-35所示。

02 在命令行中输入CAMERA（创建相机）命令，如图14-36所示。

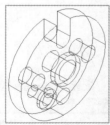

图14-35　素材图形

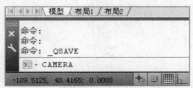

图14-36　输入命令

03
04
按【Enter】键确认，根据命令行提示进行操作，在绘图区出现一个相机光标，在绘图区中最下方的圆象限点上，单击鼠标左键并拖曳，确定相机位置，如图14-37所示。

在图形上方合适的端点上，单击鼠标左键，确定目标位置，如图14-38所示。

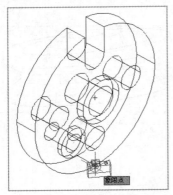

图14-37　确定相机位置

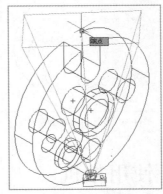

图14-38　确定目标位置

05
在命令行提示下，输入LO（位置），如图14-39所示。

06
按【Enter】键确认，输入（30,-15,-50），如图14-40所示。

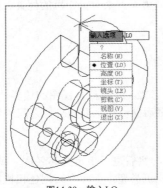

图14-39　输入LO

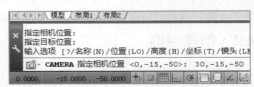

图14-40　输入参数

07
08
连续按两次【Enter】键确认，即可创建相机，在绘图区中出现一个相机光标，如图14-41所示。

在光标图形上，单击鼠标，弹出"相机预览"对话框，在对话框中观察三维模型，如图14-42所示。

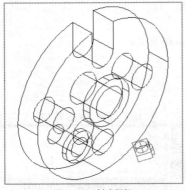

图14-41　创建相机

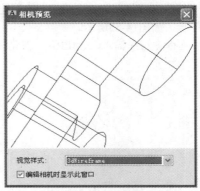

图14-42　使用相机观察三维模型

14.4.3　修改相机特性

在 AutoCAD 2013 中，用户可以更改相机焦距、更改其前向和后向剪裁平面、命名相机以及打开或关闭图形中所有相机的显示。下面介绍修改相机特性的操作方法。

实践素材	光盘 \ 素材 \ 第 14 章 \ 写字桌 .dwg
实践效果	光盘 \ 效果 \ 第 14 章 \ 写字桌 .dwg
视频演示	光盘 \ 视频 \ 第 14 章 \ 写字桌 .mp4

【实践操作 331】修改相机特性的具体操作步骤如下。

01　单击"菜单浏览器"按钮，在弹出的菜单列表中单击"打开"|"图形"命令，打开一幅素材图形，如图14-43所示。

02　在相机图形上，单击鼠标，弹出"相机预览"对话框，单击"视图"选项卡中"选项板"面板中的"特性"按钮，弹出"特性"面板，如图14-44所示。

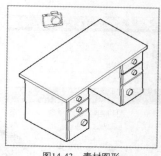

图14-43　素材图形

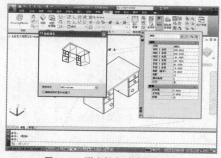

图14-44　弹出相应对话框和面板

03　在"特性"面板的"相机"选项区中，设置"相机X坐标"为200、"相机Y坐标"为200、"相机Z坐标"为-50，如图14-45所示。

04　按【Enter】键确认，即可修改相机的位置，效果如图14-46所示。

图14-45　设置参数

图14-46　修改相机特性的位置

14.5　漫游与飞行

AutoCAD 2013增强了漫游和飞行工具，使用漫游和飞行工具可以在三维空间中模拟漫游和飞行效果。

14.5.1　漫游

漫游工具可以动态地改变观察点相对于观察对象之间的视距和回旋角度。下面介绍使用漫游工具的操作方法。

实践素材	光盘\素材\第 14 章\支架轴测图 .dwg
实践效果	光盘\效果\第 14 章\支架轴测图 .dwg
视频演示	光盘\视频\第 14 章\支架轴测图 .mp4

【实践操作 332】使用漫游工具的具体操作步骤如下。

01 单击"菜单浏览器"按钮，在弹出的菜单列表中单击"打开"|"图形"命令，打开一幅素材图形，如图14-47所示。

02 在命令行中输入3DWALK（漫游）命令，如图14-48所示。

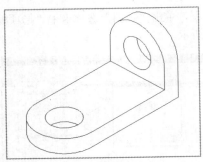

图14-47 素材图形

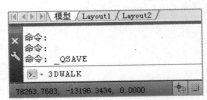

图14-48 输入命令

除了上述方法可以调用"漫游"命令外，还有以下两种常用的方法。

- 按钮：在"功能区"选项板中，切换至"渲染"选项卡，单击"动画"面板中间的下拉按钮，在展开的面板中，单击"漫游"按钮 。
- 命令：单击"视图"|"漫游和飞行"|"漫游"命令。

执行以上任意一种操作，均可调用"漫游"命令。

03 按【Enter】键确认，弹出"漫游和飞行-更改为透视视图"对话框，单击"修改"按钮，如图14-49所示。

04 弹出"定位器"面板，该面板上显示漫游的路径图形，如图14-50所示。

图14-49 单击"修改"按钮

图14-50 "定位器"面板

05 在"定位器"面板中的指示器上，按下鼠标左键并向下拖曳，如图14-51所示。

06 在合适位置上释放鼠标，绘图区中的三维图形跟随鼠标移动，即可运用漫游观察三维模型，如图14-52所示。

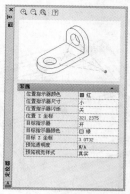

图14-51 拖曳鼠标

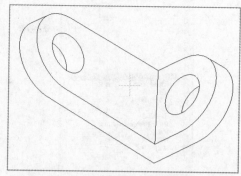

图14-52 使用漫游观察三维模型

14.5.2 飞行

使用飞行工具可以指定任意距离和观察角度观察模型。下面介绍使用飞行工具的操作方法。

实践素材	光盘 \ 素材 \ 第 14 章 \ 手表 .dwg
实践效果	光盘 \ 效果 \ 第 14 章 \ 手表 .dwg
视频演示	光盘 \ 视频 \ 第 14 章 \ 手表 .mp4

【实践操作 333】使用飞行工具的具体操作步骤如下。

01 单击"菜单浏览器"按钮，在弹出的菜单列表中单击"打开"|"图形"命令，打开一幅素材图形，如图14-53所示。

02 在命令行中输入3DFLY（飞行）命令，如图14-54所示。

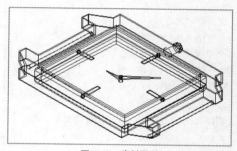

图14-53 素材图形

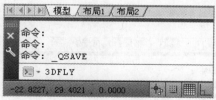

图14-54 输入命令

AutoCAD 技巧点拨

除了上述方法可以调用"飞行"命令外，还有以下两种常用的方法。

- 按钮：在"功能区"选项板中，切换至"渲染"选项卡，单击"动画"面板中间的下拉按钮，在展开的面板中，单击"飞行"按钮 。
- 命令：单击"视图"|"漫游和飞行"|"飞行"命令。

执行以上任意一种操作，均可调用"飞行"命令。

03 按【Enter】键确认，弹出"漫游和飞行—更改为透视视图"对话框，单击"修改"按钮，弹出"定位器"面板，该面板上显示飞行的路径图形，在"定位器"面板中的指示器上，按下鼠标左键并向右拖曳，在合适位置上释放鼠标，如图14-55所示。

04 绘图区中的三维图形将跟随"定位器"面板中的指示器移动，即可使用飞行观察三维模型，如图14-56所示。

图14-55　"定位器"面板

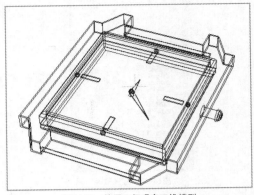

图14-56　使用飞行观察三维模型

14.5.3　漫游和飞行设置

在 AutoCAD 2013 中，用户可以使用"漫游和飞行设置"对话框来设定步长和步长数，下面介绍漫游和飞行设置的操作方法。

【实践操作 334】漫游和飞行设置的具体操作步骤如下。

01　在命令行中输入WALKFLYSETTINGS（漫游和飞行设置）命令，如图14-57所示。

02　按【Enter】键确认，弹出"漫游和飞行设置"对话框，在"设置"选项区中，选中"每个任务显示一次"单选按钮，设置"每秒步数"为5，如图14-58所示。

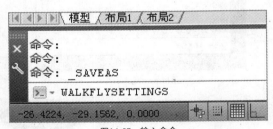

图14-57　输入命令

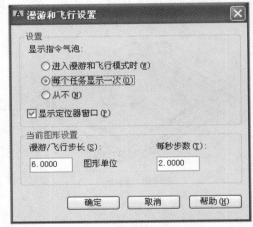

图14-58　设置参数

03　单击"确定"按钮，即可设置漫游和飞行的每秒步数。

A U T O C A D　技巧点拨

　　除了上述方法可以调用"漫游和飞行设置"命令外，用户还可以在"功能区"选项板中，切换至"渲染"选项卡，单击"动画"面板中间的下拉按钮，在展开的面板中，单击"漫游"右侧的下拉按钮，在弹出的下拉列表中，单击"漫游和飞行设置"按钮。

14.6 运动路径动画

使用运动路径动画可以录制和回放导航过程，以动态传达设计意图。

14.6.1 控制相机运动路径的方法

控制相机运动路径可以通过将相机及其目标链接到点或路径来控制相机运动，从而控制动画。要使用运动路径创建动画，可以将相机及其目标链接到某个点或某条路径。

如果要相机保持原样，则将其链接到某个点；如果要相机沿路径运动，则将其链接到路径上；如果要目标保持原样，则将其链接到某个点；如果要目标移动，则将其链接到某条路径。无法将相机和目标链接到一个点，如果要使动画视图与相机路径一致，则使用同一路径。在"运动路径动画"对话框中，将目标路径设置为"无"可以实现该目的。

14.6.2 设置运动路径动画参数

在"功能区"选项板中，切换至"渲染"选项卡，单击"动画"面板中间的下拉按钮，在展开的面板中，单击"动画运动路径"按钮，弹出"运动路径动画"对话框，如图14-59所示。

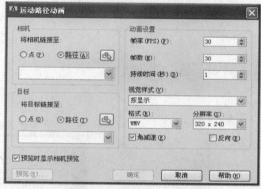

图14-59 "运动路径动画"对话框

1. 设置相机

在"相机"选项区中，可以设置将相机链接至图形中的静态点或运动路径。当选择"点"或"路径"按钮时，可以单击拾取按钮，选择相机所在位置的点或沿相机运动的路径，这时在列表框中将显示可以链接相机的命名点或路径列表。

A^u^t^o^C^A^D 技巧点拨

创建运动路径时，将自动创建相机，如果删除指定为运动路径的对象，也将同时删除命名的运动路径。

2. 设置目标

在"目标"选项区中，可以设置将相机目标链接至点或路径。如果将相机链接至点，则必须将目标链接至路径。如果将相机链接至路径，可以将目标链接至点或路径。

3. 设置动画

在"动画设置"选项区中，可以控制动画文件的输出。选项区中各选项的含义如下。

• "帧率"文本框：用于设置动画运行的速度，以每秒帧数为单位计算，指定范围为1～60，默认值为30。

• "帧数"文本框：用于指定动画中的总帧数，该值与帧率共同确定动画的长度，更改该数值时，将自动重新计算"持续时间"值。

- "持续时间"文本框：用于指定动画（片段中）的持续时间。
- "视觉样式"列表框：用于显示可应用于动画文件的视觉样式和渲染预设的列表。
- "格式"列表框：用于指定动画的文件格式，可以将动画保存为AVI、MPG或WMV文件格式以便日后回放。
- "分辨率"列表框：用于以屏幕显示单位定义生成的动画的宽度和高度。
- "角减速"复选框：用于设置相机转弯时，以较低的速率移动相机。
- "反向"复选框：用于设置反转动画的方向。

14.6.3 创建运动路径动画

用户通过在"运动路径动画"对话框中指定设置来确定运动路径动画的动画文件格式。下面介绍创建运动路径动画的操作方法。

实践素材	光盘 \ 素材 \ 第 14 章 \ 弹片 .dwg
实践效果	光盘 \ 效果 \ 第 14 章 \ 弹片 .dwg

【实践操作 335】创建运动路径动画的具体操作步骤如下。

01 单击"菜单浏览器"按钮，在弹出的菜单列表中单击"打开"|"图形"命令，打开一幅素材图形，如图14-60所示。

02 在命令行中输入ANIPATH（运动路径动画）命令，如图14-61所示。

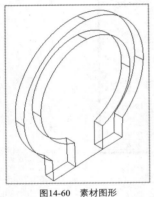

图14-60　素材图形

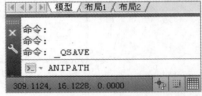

图14-61　输入命令

03 按【Enter】键确认，弹出"运动路径动画"对话框，在"相机"选项区中，选中"点"单选按钮，单击"选择相机所在位置的点或沿相机运动的路径"按钮，如图14-62所示。

04 根据命令行提示进行操作，在绘图区中，捕捉合适的端点，如图14-63所示。

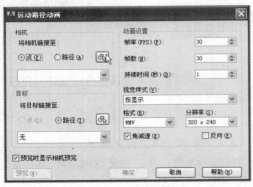

图14-62　单击相应的按钮

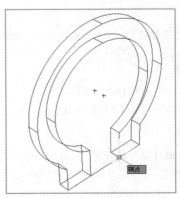

图14-63　捕捉合适的端点

05　单击鼠标，弹出"点名称"对话框，在"名称"右侧的文本框中输入"点"，如图14-64所示。

06　单击"确定"按钮，返回到"运动路径动画"对话框，在"目标"选项区中，选中"路径"单选按钮，单击"选择目标的点或路径"按钮，如图14-65所示。

图14-64　"点名称"对话框

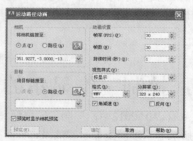

图14-65　单击相应按钮

技巧点拨

除了上述方法可以调用"运动路径动画"命令外，还有以下两种常用的方法。
- 方法1：在"功能区"选项板中，切换至"渲染"选项卡，单击"动画"面板中间的下拉按钮，在展开的面板中，单击"动画运动路径"按钮。
- 方法2：单击"视图"|"运动路径动画"命令。

执行以上任意一种操作，均可调用"运动路径动画"命令。

07　切换至绘图窗口，选择最下方的直线，弹出"路径名称"对话框，在"名称"右侧的文本框中输入"路径"，如图14-66所示。

08　单击"确定"按钮，返回到"运动路径动画"对话框，单击"预览"按钮，如图14-67所示。

图14-66　"路径名称"对话框

图14-67　单击"预览"按钮

09　弹出"动画预览"对话框，在"动画预览"窗口中自动播放动画，如图14-68所示。

10　单击"关闭"按钮，返回到"运动路径动画"对话框，单击"确定"按钮，弹出"另存为"对话框，设置保存路径，单击"保存"按钮，弹出"正在创建视频"对话框，即可保存运动动画。

图14-68　预览动画播放效果

在"运动路径动画"对话框中，选中"预览时显示相机预览"复选框，将显示"动画预览"窗口，从而可以在保存动画之前进行预览。单击"预览"按钮，将弹出"动画预览"窗口。在"动画预览"窗口中，可以预览使用运动路径或三维导航创建的运动路径动画，其中，通过"视觉样式"列表框，可以指定"预览"区中显示的视觉样式。

14.7 控制三维显示的系统变量

在AutoCAD 2013中，控制三维模型显示的系统变量有FACETRES、ISOLINES和DISPSILH，这3个系统变量影响着三维模型显示的效果。

14.7.1 控制渲染对象的平滑度

使用 FACETRES 系统变量，可以控制着色和渲染曲面实体的平滑度，下面介绍控制渲染对象的平滑度的操作方法。

实践素材	光盘\素材\第 14 章\深沟球轴承 .dwg
实践效果	光盘\效果\第 14 章\深沟球轴承 .dwg
视频演示	光盘\视频\第 14 章\深沟球轴承 .mp4

【实践操作 336】控制渲染对象的平滑度的具体操作步骤如下。

01 单击"菜单浏览器"按钮，在弹出的菜单列表中单击"打开"|"图形"命令，打开一幅素材图形，如图14-69所示。

02 在命令行中输入FACETRES（平滑度）命令，如图14-70所示。

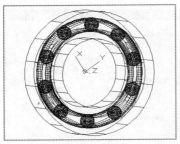

图14-69　素材图形

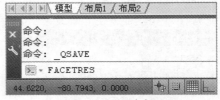

图14-70　输入命令

03 按【Enter】键确认，根据命令行提示，在命令行中输入10，如图14-71所示。

04 按【Enter】键确认，输入HIDE（消隐）命令，如图14-72所示。

05 按【Enter】键确认，即可控制渲染对象的平滑度，效果如图14-73所示。

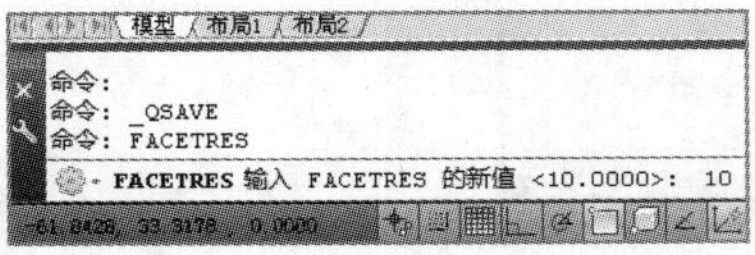

图14-71　输入参数

图14-72　输入命令

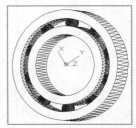

图14-73　控制渲染对象的平滑度

数目越多，显示性能越差，渲染时间也越长，有效取值范围为 0.01 ～ 10。

14.7.2 控制曲面轮廓线

使用 ISOLINES 系统变量可以控制对象上每个曲面的轮廓线数目，下面介绍控制曲面轮廓线的操作方法。

实践素材	光盘 \ 素材 \ 第 14 章 \ 支座 .dwg
实践效果	光盘 \ 效果 \ 第 14 章 \ 支座 .dwg
视频演示	光盘 \ 视频 \ 第 14 章 \ 支座 .mp4

【实践操作 337】控制曲面轮廓线的具体操作步骤如下。

01 单击"菜单浏览器"按钮，在弹出的菜单列表中单击"打开"|"图形"命令，打开一幅素材图形，如图14-74所示。

02 在命令行中输入ISOLINES（曲面轮廓线）命令，如图14-75所示。

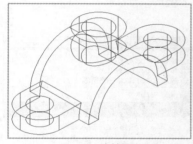

图14-74 素材图形

图14-75 输入命令

03 按【Enter】键确认，根据命令行提示，在命令行中输入100，如图14-76所示。

04 按【Enter】键确认，输入HIDE（消隐）命令，如图14-77所示。

图14-76 输入参数　　　　　　　　图14-77 输入命令

05 按【Enter】键确认，即可控制曲面轮廓线，效果如图14-78所示。

14.7.3 控制以线框形式显示轮廓

使用 DISPSILH 系统变量，可以控制是否将三维实体对象的轮廓曲线显示为线框，下面介绍控制以线框形式显示轮廓的操作方法。

实践素材	光盘 \ 素材 \ 第 14 章 \ 连接件 .dwg
实践效果	光盘 \ 效果 \ 第 14 章 \ 连接件 .dwg
视频演示	光盘 \ 视频 \ 第 14 章 \ 连接件 .mp4

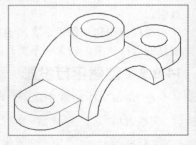

图14-78 控制曲面轮廓线

【实践操作 338】控制以线框形式显示轮廓的具体操作步骤如下。

01 单击"菜单浏览器"按钮，在弹出的菜单列表中单击"打开"|"图形"命令，打开一幅素材图形，如图14-79所示。

02 在命令行中输入DISPSILH（线框形式）命令，如图14-80所示。

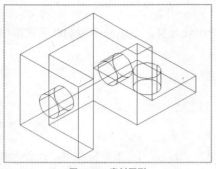

图14-79 素材图形

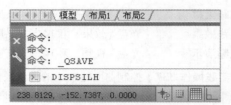

图14-80 输入命令

03 按【Enter】键确认，根据命令行提示，在命令行中输入1，如图14-81所示。

04 按【Enter】键确认，输入HIDE（消隐）命令，如图14-82所示。

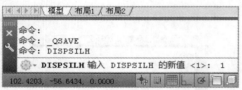

图14-81 输入参数

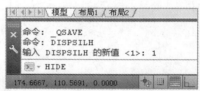

图14-82 输入命令

05 按【Enter】键确认，即可控制以线框形式显示轮廓，效果如图14-83所示。

14.8 控制三维投影样式

在AutoCAD 2013中，可以在三维空间中查看三维模型的平行投影和透视投影。

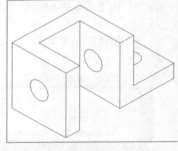

图14-83 控制以线框形式显示轮廓

14.8.1 平行投影和透视投影概述

通过定义模型的平行投影或透视投影可以在图形中创建真实的视觉效果。

透视视图和平行投影之间的差别是：透视视图取决于理论相机和目标点之间的距离。较小的距离产生明显的透视效果，较大的距离产生轻微的效果。

14.8.2 创建平行投影

在 AutoCAD 2013 中，用户可以根据需要创建平行投影，下面介绍创建平行投影的操作方法。

实践素材	光盘 \ 素材 \ 第 14 章 \ 水桶 .dwg
实践效果	光盘 \ 效果 \ 第 14 章 \ 水桶 .dwg
视频演示	光盘 \ 视频 \ 第 14 章 \ 水桶 .mp4

01 单击"菜单浏览器"按钮，在弹出的菜单列表中单击"打开"|"图形"命令，打开一幅素材图形，如图14-84所示。

02 在命令行中输入DVIEW（投影）命令，如图14-85所示。

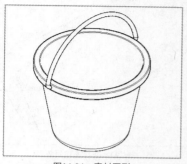

图14-84　素材图形

图14-85　输入命令

03 按【Enter】键确认，选择所有图形为平行的对象，如图14-86所示。

04 按【Enter】键确认，输入CA（相机）选项，如图14-87所示。

图14-86　选择平行投影对象

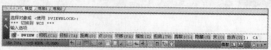

图14-87　输入命令

05 按【Enter】键确认，输入50，如图14-88所示。

06 按【Enter】键确认，输入20，如图14-89所示。

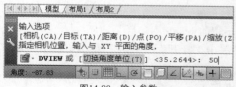

图14-88　输入参数

图14-89　输入参数

07 按【Enter】键确认，即可创建平行投影，效果如图14-90所示。

14.8.3　创建透视投影

在透视效果关闭或在其位置定义新视图之前，透视图将一直保持其效果。下面介绍创建透视投影的操作方法。

实践素材	光盘 \ 素材 \ 第 14 章 \ 接头 .dwg
实践效果	光盘 \ 效果 \ 第 14 章 \ 接头 .dwg
视频演示	光盘 \ 视频 \ 第 14 章 \ 接头 .mp4

【实践操作 340】创建透视投影的具体操作步骤如下。

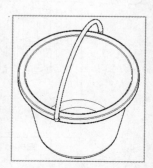

图14-90　创建平行投影

01 单击"菜单浏览器"按钮，在弹出的菜单列表中单击"打开"|"图形"命令，打开一幅素材图形，如图14-91所示。

02 在命令行中输入DVIEW（投影）命令，按【Enter】键确认，根据命令行提示进行操作，选择所有图形为透视的对象，如图14-92所示。

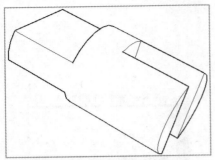

图14-91　素材图形

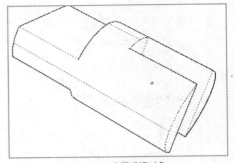

图14-92　选择透视对象

03 按【Enter】键确认，输入D（距离）并确认，根据命令行提示，在命令行中输入700，如图14-93所示。

04 连续按两次【Enter】键确认，即可创建透视投影，如图14-94所示。

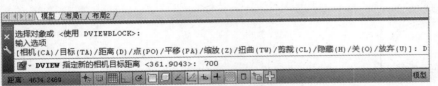

图14-93　输入参数

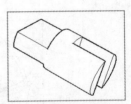

图14-94　透视投影效果

14.8.4　使用坐标值定义三维视图

在 AutoCAD 2013 中，视点坐标值是相对于世界坐标系而言的。下面介绍使用坐标值定义三维视图的操作方法。

实践素材	光盘 \ 素材 \ 第 14 章 \ 拨叉 .dwg
实践效果	光盘 \ 效果 \ 第 14 章 \ 拨叉 .dwg
视频演示	光盘 \ 视频 \ 第 14 章 \ 拨叉 .mp4

【实践操作 341】使用坐标值定义三维视图的具体操作步骤如下。

01 单击"菜单浏览器"按钮，在弹出的菜单列表中单击"打开"|"图形"命令，打开一幅素材图形，如图14-95所示。

02 在命令行中输入VPOINT（视点）命令，如图14-96所示。

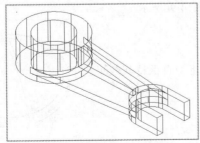

图14-95　素材图形

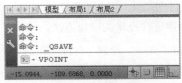

图14-96　输入命令

03 按【Enter】键确认，根据命令行提示进行操作，输入（80，200），如图14-97所示。

04 按【Enter】键确认，即可使用坐标值定义三维视图，如图14-98所示。

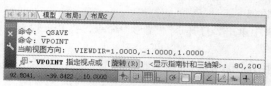

图14-97 输入参数

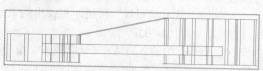

图14-98 使用坐标值定义三维视图

14.8.5 使用角度定义三维视图

在 AutoCAD 2013 中，视点角度是相对于两个旋转角度而言的。下面介绍使用角度定义三维视图的操作方法。

实践素材	光盘 \ 素材 \ 第 14 章 \ 凸形传动轮 .dwg
实践效果	光盘 \ 效果 \ 第 14 章 \ 凸形传动轮 .dwg
视频演示	光盘 \ 视频 \ 第 14 章 \ 凸形传动轮 .mp4

【实践操作 342】使用角度定义三维视图的具体操作步骤如下。

01 单击"菜单浏览器"按钮，在弹出的菜单列表中单击"打开"|"图形"命令，打开一幅素材图形，如图14-99所示。

02 在命令行中输入VPOINT（视点）命令，按【Enter】键确认，根据命令行提示进行操作，输入R，如图14-100所示。

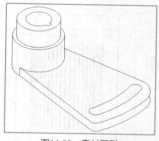

图14-99 素材图形

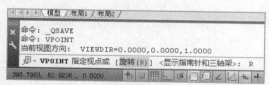

图14-100 输入参数

03 按【Enter】键确认，根据命令行提示，在命令行中输入60，按【Enter】键确认，再在命令行中输入100，如图14-101所示。

04 按【Enter】键确认，即可使用角度定义三维视图，效果如图14-102所示。

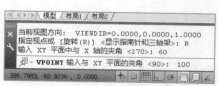

图14-101 输入参数

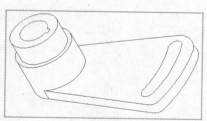

图14-102 使用角度定义三维视图

14.8.6 切换至XY平面视图

平面视图是从正 Z 轴上的一点指向原点（0，0，0）的视图。下面介绍切换至 XY 平面视图的操作方法。

实践素材	光盘 \ 素材 \ 第 14 章 \ 电动机 .dwg
实践效果	光盘 \ 效果 \ 第 14 章 \ 电动机 .dwg
视频演示	光盘 \ 视频 \ 第 14 章 \ 电动机 .mp4

【实践操作 343】切换至 XY 平面视图的具体操作步骤如下。

01 单击"菜单浏览器"按钮，在弹出的菜单列表中单击"打开"|"图形"命令，打开一幅素材图形，如图14-103所示。

02 在命令行中输入PLAN（平面视图）命令，如图14-104所示。

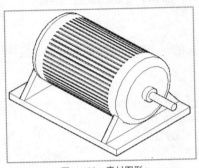

图14-103 素材图形

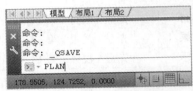

图14-104 输入命令

03 按【Enter】键确认，根据命令行提示进行操作，输入C，如图14-105所示。

04 按【Enter】键确认，即可更改到XY平面的视图，如图14-106所示。

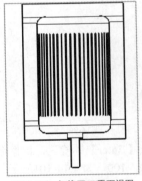

图14-106 切换至XY平面视图

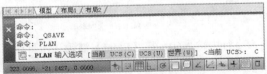

图14-105 输入参数

第15章
创建三维模型

　　三维模型具有线框和表面模型所没有的特征，其内部是实心的。在AutoCAD 2013 中，除了绘制基本三维面和实体模型的方法之外，还提供了绘制旋转、平移、直纹和边界表面的方法，可以将满足一定条件的两个或多个二维对象转换为三维对象。

15.1 创建三维线

三维空间中的线是构成三维实体模型的最小几何单元，它同创建二维对象的点和直线类似，主要用来辅助创建三维模型。

15.1.1 绘制三维直线

三维空间中的直线是创建三维实体或曲线模型的基础。下面介绍绘制三维直线的操作方法。

实践素材	光盘 \ 素材 \ 第 15 章 \ 阀体接口 .dwg
实践效果	光盘 \ 效果 \ 第 15 章 \ 阀体接口 .dwg
视频演示	光盘 \ 视频 \ 第 15 章 \ 阀体接口 .mp4

【实践操作 344】绘制三维直线的具体操作步骤如下。

01　单击快速访问工具栏上的"打开"按钮，打开一幅素材图形，如图15-1所示。

02　在命令行中输入LINE（直线）命令，如图15-2所示。

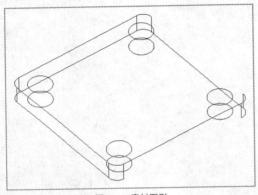

图15-1　素材图形

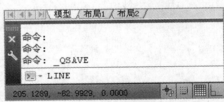

图15-2　输入命令

03　按【Enter】键确认，根据命令行提示进行操作，在绘图区中的右边合适的端点上，单击鼠标，确定直线起点，如图15-3所示。

04　向左下方引导光标，捕捉合适的端点，如图15-4所示。

05　按【Enter】键确认，即可绘制三维直线，效果如图15-5所示。

06　用与上同样的方法，在绘图区中，绘制另一条直线，效果如图15-6所示。

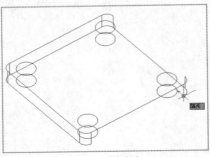

图15-3　确定起点

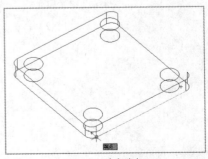

图15-4　确定端点

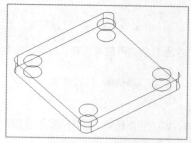

图15-5　绘制三维直线

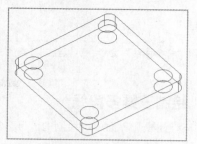

图15-6　绘制其他三维直线

AutoCAD　技巧点拨

三维空间中的基本直线包括直线、线段、射线、构造线等类型，它是点沿一个或两个方向无限延伸的结果。

15.1.2　绘制样条曲线

样条曲线就是通过一系列给定控制点的一条光滑曲线，它在控制处的形状取决于曲线在控制点处的矢量方向和曲率半径。下面介绍绘制样条曲线的操作方法。

实践素材	光盘 \ 素材 \ 第 15 章 \ 通盖轴测图 .dwg
实践效果	光盘 \ 效果 \ 第 15 章 \ 通盖轴测图 .dwg
视频演示	光盘 \ 视频 \ 第 15 章 \ 通盖轴测图 .mp4

【实践操作 345】绘制样条曲线的具体操作步骤如下。

01　单击快速访问工具栏上的"打开"按钮，打开一幅素材图形，如图15-7所示。

02　在命令行中输入SPLINE（样条曲线）命令，如图15-8所示。

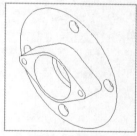

图15-7　素材图形

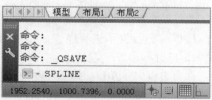

图15-8　输入命令

03　按【Enter】键确认，根据命令行提示进行操作，在绘图区中捕捉圆的最上方的象限点为样条曲线起点，如图15-9所示。

04　在绘图区中任意捕捉其他的点，并在最下方的象限点上单击鼠标左键，按【Enter】键确认，即可创建样条曲线，如图15-10所示。

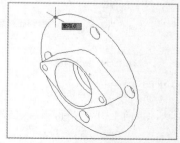

图15-9　确定样条曲线起点

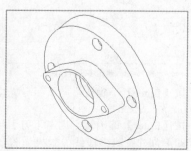

图15-10　创建样条曲线

使用"样条曲线"命令，可以绘制复杂的 3D 样条曲线。这时定义曲线的点不是共面点，就可以绘制出 3D 样条曲线。

15.1.3 绘制三维多段线

在"三维建模"界面中，绘制的三维多段线是包括线段和线段的组合轮廓线。下面介绍绘制三维多段线的操作方法。

实践素材	光盘 \ 素材 \ 第 15 章 \ 轴支架 .dwg
实践效果	光盘 \ 效果 \ 第 15 章 \ 轴支架 .dwg
视频演示	光盘 \ 视频 \ 第 15 章 \ 轴支架 .mp4

【实践操作 346】绘制三维多段线的具体操作步骤如下。

01 单击快速访问工具栏上的"打开"按钮，打开一幅素材图形，如图15-11所示。

02 在"三维建模"界面的"功能区"选项板的"常用"选项卡中，单击"绘图"面板中的"三维多段线"按钮 ，如图15-12所示。

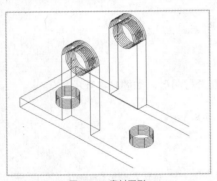

图15-11　素材图形

图15-12　单击"三维多段线"按钮

03 根据命令行提示进行操作，在绘图区中合适的端点上，单击鼠标，确定多段线起始点，如图15-13所示。

04 向右上方引导光标，输入100，如图15-14所示。

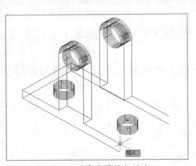

图15-13　确定多段线起始点

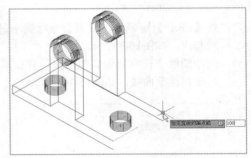

图15-14　输入参数

05 按【Enter】键确认，向下引导光标，输入15，如图15-15所示。

06 按【Enter】键确认，向左下方引导光标，输入100并确认，再向上引导光标，输入15，并确认，即可创建三维多段线，效果如图15-16所示。

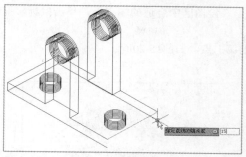

图15-15 输入参数

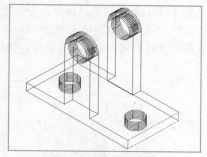

图15-16 创建三维多段线

^Au^to^CA^D 技巧点拨

除了运用上述方法可以调用"三维多段线"命令外，用户还可以单击"绘图"|"三维多段线"命令。

15.2 创建网格曲面

在 AutoCAD 2013 中，可以创建多种类型的网格，包括三维面、直纹网格、平移网格、旋转网格、边界网格等，下面分别对这些网格曲面类型进行具体介绍。

15.2.1 创建二维填充实体

使用 SOLID 命令可以创建实体填充的三角形和四边形。下面介绍创建二维填充实体的操作方法。

实践素材	光盘 \ 素材 \ 第 15 章 \ 地面拼花 .dwg
实践效果	光盘 \ 效果 \ 第 15 章 \ 地面拼花 .dwg
视频演示	光盘 \ 视频 \ 第 15 章 \ 地面拼花 .mp4

【实践操作 347】创建二维填充实体的具体操作步骤如下。

01 单击快速访问工具栏上的"打开"按钮，打开一幅素材图形，如图15-17所示。

02 在命令行中输入SOLID（二维填充）命令，如图15-18所示。

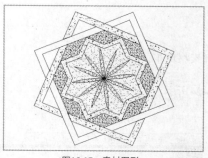

图15-17 素材图形

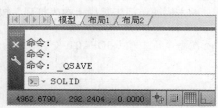

图15-18 输入命令

^Au^to^CA^D 技巧点拨

仅当 FILLMODE 系统变量设置为"开"，并且查看方向与二维实体正交时，才能填充二维实体。

03 按【Enter】键确认，根据命令行提示进行操作，在绘图区中合适的端点上，单击鼠标，捕捉二维填充起点，如图15-19所示。

04 在下方的右端点上，单击鼠标，确定二维填充的第二点，如图15-20所示。

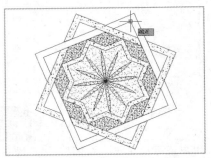

图15-19　捕捉起点

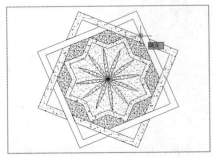

图15-20　确定第二点

05 在下方的左端点上，单击鼠标，确定二维填充的第三点，按【Enter】键确认，创建二维填充实体，如图15-21所示。

06 用与上同样的方法，创建其他的二维填充实体，效果如图15-22所示。

图15-21　创建二维填充实体

图15-22　创建其他的二维填充实体

15.2.2　创建三维面

在 AutoCAD 2013 中，三维面是三维空间的表面，它没有厚度也没有质量属性。使用"三维面"命令可以在三维空间中的任意位置创建三侧面或四侧面网格。下面介绍创建三维面的操作方法。

实践素材	光盘＼素材＼第 15 章＼方凳 .dwg
实践效果	光盘＼效果＼第 15 章＼方凳 .dwg
视频演示	光盘＼视频＼第 15 章＼方凳 .mp4

【实践操作 348】创建三维面的具体操作步骤如下。

01 单击快速访问工具栏上的"打开"按钮，打开一幅素材图形，如图15-23所示。

02 在命令行中输入3DFACE（三维面）命令，如图15-24所示。

图15-23　素材图形

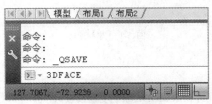

图15-24　输入命令

03 按【Enter】键确认，根据命令行提示，输入第一点坐标值（140，-60），如图15-25所示。

04 按【Enter】键确认，向右引导光标，输入66，如图15-26所示。

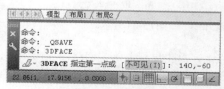

图15-25　输入参数

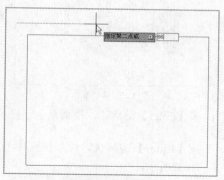

图15-26　输入参数

05 按【Enter】键确认，向下引导光标，如图15-27所示，输入51。

06 按【Enter】键确认，向左引导光标，输入66，并按【Enter】键确认，即可创建三维面，效果如图15-28所示。

Ａｕｔ°ＣＡＤ　**技巧点拨**

除了运用上述方法可以调用"三维面"命令外，用户还可以单击"绘图"|"建模"|"网格"|"三维面"命令。

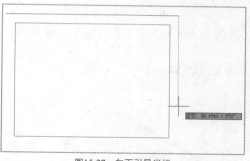

图15-27　向下引导光标

图15-28　创建三维面

15.2.3　创建三维网格图元

在三维空间中，使用"三维网格"命令，可以创建自由格式的多边形网格。下面介绍创建三维网格的操作方法。

实践素材	光盘 \ 素材 \ 第 15 章 \ 茶几 .dwg
实践效果	光盘 \ 效果 \ 第 15 章 \ 茶几 .dwg
视频演示	光盘 \ 视频 \ 第 15 章 \ 茶几 .mp4

【实践操作 349】创建三维网格图元的具体操作步骤如下。

01 单击快速访问工具栏上的"打开"按钮，打开一幅素材图形，如图15-29所示。

02 在命令行中输入MESH（三维网格图元）命令，如图15-30所示。

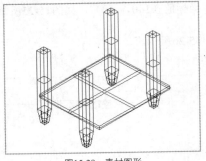

图15-29　素材图形

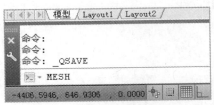

图15-30　输入命令

03 按【Enter】键确认，根据命令行提示进行操作，输入B，如图15-31所示。

04 按【Enter】键确认，在绘图区中的最上方的端点上，单击鼠标，确定网格图元起始点，如图15-32所示。

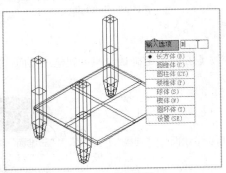

图15-31　输入选项

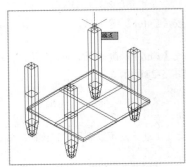

图15-32　确定起始点

05 向下拖曳鼠标至合适位置，捕捉合适的端点，再次单击鼠标，向上引导鼠标，输入30，如图15-33所示。

06 按【Enter】键确认，即可创建三维网格图元，效果如图15-34所示。

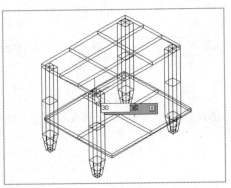

图15-33　输入参数

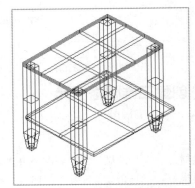

图15-34　创建三维网格图元

15.2.4　创建旋转网格

　　使用"旋转网格"命令可以在两条直线或曲线之间，创建一个曲面的多边形网格。下面介绍创建旋转网格的操作方法。

实践素材	光盘 \ 素材 \ 第 15 章 \ 墨水瓶 .dwg
实践效果	光盘 \ 效果 \ 第 15 章 \ 墨水瓶 .dwg
视频演示	光盘 \ 视频 \ 第 15 章 \ 墨水瓶 .mp4

【实践操作 350】 创建旋转网格的具体操作步骤如下。

01 单击快速访问工具栏上的"打开"按钮，打开一幅素材图形，如图15-35所示。

02 在命令行中输入REVSURF（旋转网格）命令，如图15-36所示。

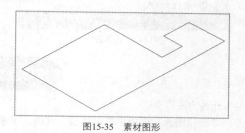

图15-35　素材图形

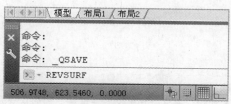

图15-36　输入命令

> **技巧点拨** AutoCAD
>
> 除了上述方法可以调用"旋转网格"命令外，还有以下两种常用的方法。
> - 按钮：在"功能区"选项板中，切换至"网格"选项卡，单击"图元"面板中的"建模，网格，旋转曲面"按钮⊛。
> - 命令：单击"绘图"|"建模"|"网格"|"旋转网格"命令。
>
> 执行以上任意一种方法，均可调用"旋转网格"命令。

03 按【Enter】键确认，根据命令行提示进行操作，在绘图区中，选择多段线为旋转对象，选择直线为旋转轴，输入360，如图15-37所示。

04 连续按两次【Enter】键确认，即可创建旋转网格，如图15-38所示。

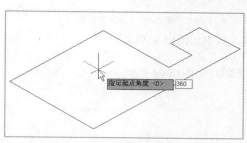

图15-37　输入参数

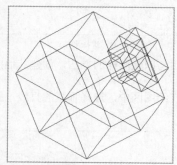

图15-38　创建旋转网格

15.2.5　创建平移网格

在 AutoCAD 2013 中，使用"平移网格"命令可以创建多边形网格。下面介绍创建平移网格的操作方法。

实践素材	光盘 \ 素材 \ 第 15 章 \ 扳手 .dwg
实践效果	光盘 \ 效果 \ 第 15 章 \ 扳手 .dwg
视频演示	光盘 \ 视频 \ 第 15 章 \ 扳手 .mp4

【实践操作 351】 创建平移网格的具体操作步骤如下。

01 单击快速访问工具栏上的"打开"按钮，打开一幅素材图形，如图15-39所示。

02 在命令行中输入TABSURF（平移网格）命令，如图15-40所示。

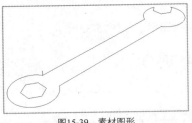

图15-39 素材图形

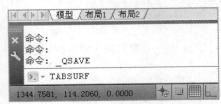

图15-40 输入命令

除了上述方法可以调用"平移网格"命令外，还有以下两种常用的方法。

- 按钮：选择"功能区"选项板，切换至"网格"选项卡，单击"图元"面板中的"建模，网格，平移曲面"按钮。
- 命令：单击"绘图"|"建模"|"网格"|"平移网格"命令。

执行以上任意一种方法，均可调用"平移网格"命令。

O3 按【Enter】键确认，根据命令行提示进行操作，在绘图区中，选择最外侧的多段线为平移对象，如图15-41所示。

O4 选择直线为方向矢量对象，即可创建平移网格，如图15-42所示。

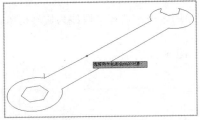

图15-41 选择平移对象

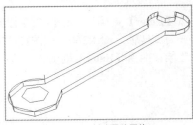

图15-42 创建平移网格

O5 用与以上同样的方法，创建其他的平移网格对象，效果如图15-43所示。

O6 在绘图区中，选择垂直的直线，按【Delete】键删除，如图15-44所示。

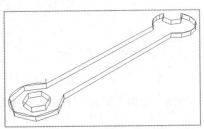

图15-43 创建其他平移网格对象

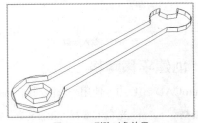

图15-44 删除对象效果

15.2.6 创建直纹网格

使用"直纹"命令可以在两条直线或曲线之间创建一个曲面的多边形网格。下面介绍创建直纹网格的操作方法。

实践素材	光盘\素材\第15章\创建直纹网格.dwg
实践效果	光盘\效果\第15章\创建直纹网格.dwg
视频演示	光盘\视频\第15章\创建直纹网格.mp4

【实践操作 352】创建直纹网格的具体操作步骤如下。

01 单击快速访问工具栏上的"打开"按钮，打开一幅素材图形，如图15-45所示。

02 在命令行中输入RULESURF（直纹网格）命令，如图15-46所示。

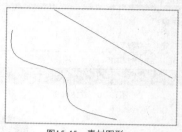

图15-45　素材图形

图15-46　输入命令

A u t o C A D　技巧点拨

除了上述方法可以调用"直纹网格"命令外，还有以下两种常用的方法。

- 按钮：在"功能区"选项板中切换至"网格"选项卡，单击"图元"面板中的"建模，网格，直纹曲面"
按钮。
- 命令：单击"绘图"|"建模"|"网格"|"直纹网格"命令。

执行以上任意一种方法，均可调用"直纹网格"命令。

03 按【Enter】键确认，根据命令行提示进行操作，在绘图区中，选择曲线对象为第一条定义曲
线，如图15-47所示。

04 在绘图区中，选择直线对象为第二条定义曲线，即可创建直纹网格，如图15-48所示。

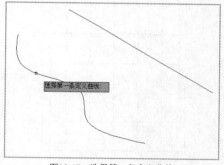

图15-47　选择第一条定义曲线

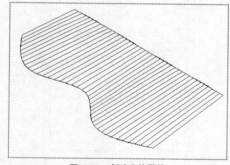

图15-48　创建直纹网格

15.2.7　创建边界网格

边界网格是一个三维多边形网格，该曲面网格由4条邻边作为边界创建。下面介绍创建边界网格的操
作方法。

实践素材	光盘 \ 素材 \ 第 15 章 \ 室内平面图 .dwg
实践效果	光盘 \ 效果 \ 第 15 章 \ 室内平面图 .dwg
视频演示	光盘 \ 视频 \ 第 15 章 \ 室内平面图 .mp4

【实践操作 353】创建边界网格的具体操作步骤如下。

01 单击快速访问工具栏上的"打开"按钮，打开一幅素材图形，如图15-49所示。

02 在命令行中输入EDGESURF（边界网格）命令，如图15-50所示。

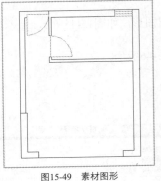

图15-49 素材图形

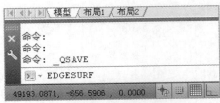

图15-50 输入命令

除了上述方法可以调用"边界网格"命令外，还有以下两种常用的方法。

- 按钮：在"功能区"选项板中切换至"网格"选项卡，单击"图元"面板中的"建模，网格，边界曲面"按钮 ⃝。
- 命令：单击"绘图"|"建模"|"网格"|"边界网格"命令。

执行以上任意一种方法，均可调用"边界网格"命令。

03 按【Enter】键确认，根据命令行提示进行操作，在绘图区中最上方的直线上，单击鼠标，如图 15-51所示。

04 在绘图区中的其他3条直线上，依次单击鼠标，即可创建边界网格，如图15-52所示。

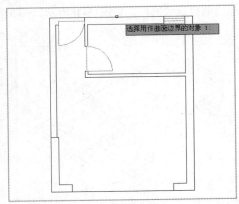

图15-51 单击鼠标

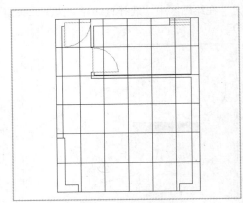

图15-52 创建边界网格

15.3 创建实体模型

在 AutoCAD 2013 中，用户可以在"三维建模"界面中的"建模"面板中，单击相应的按钮，以创建出基本三维实体，主要包括长方体、楔体、球体、圆柱体、圆锥体、圆环体和多段体等。

15.3.1 绘制多段体

多段体的绘制方法与多段线的绘制方法基本相同。在默认情况下，多段体始终带有一个矩形轮廓，可以指定轮廓的高度和宽度。下面介绍绘制多段体的操作方法。

实践素材	光盘 \ 素材 \ 第 15 章 \ 石凳 .dwg
实践效果	光盘 \ 效果 \ 第 15 章 \ 石凳 .dwg
视频演示	光盘 \ 视频 \ 第 15 章 \ 石凳 .mp4

【实践操作 354】绘制多段体的具体操作步骤如下。

01 单击快速访问工具栏上的"打开"按钮,打开一幅素材图形,如图15-53所示。

02 在命令行中输入POLYSOLID(多段体)命令,如图15-54所示。

03 按【Enter】键确认,根据命令行提示进行操作,输入H,如图15-55所示。

04 按【Enter】键确认,输入80,如图15-56所示。

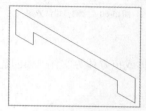

图15-53　素材图形

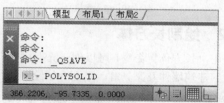

图15-54　输入命令

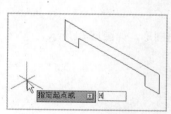

图15-55　输入参数

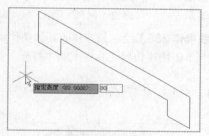

图15-56　输入参数

AutoCAD 技巧点拨

除了上述方法可以调用"多段体"命令外,还有以下两种常用的方法。
- 按钮:在"功能区"选项板的"常用"选项卡中单击"建模"面板中的"多段体"按钮 。
- 命令:单击"绘图"|"建模"|"多段体"命令。
执行以上任意一种方法,均可调用"多段体"命令。

05 按【Enter】键确认,输入W,如图15-57所示。

06 按【Enter】键确认,输入5,如图15-58所示。

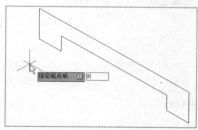

图15-57　输入参数

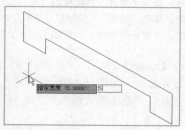

图15-58　输入参数

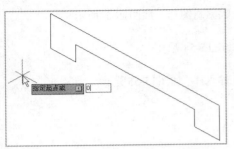
07 按【Enter】键确认，输入O，如图15-59所示。

08 按【Enter】键确认，在绘图区中的多段线上，单击鼠标，即可绘制多段体，效果如图15-60所示。

图15-59 输入参数

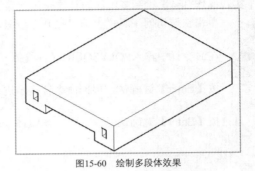

图15-60 绘制多段体效果

15.3.2 绘制长方体

使用"长方体"命令，可以创建具有规则实体模型形状的长方体或正方体等实体，如创建零件的底座、支撑板、建筑墙体及家具等。下面介绍绘制长方体的操作方法。

实践素材	光盘\素材\第15章\桌子.dwg
实践效果	光盘\效果\第15章\桌子.dwg
视频演示	光盘\视频\第15章\桌子.mp4

【实践操作355】绘制长方体的具体操作步骤如下。

01 单击快速访问工具栏上的"打开"按钮，打开一幅素材图形，如图15-61所示。

02 在命令行中输入BOX（长方体）命令，如图15-62所示。

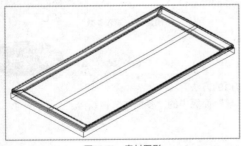

图15-61 素材图形

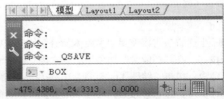

图15-62 输入命令

A^u^t^o^C^A^D 技巧点拨

除了上述方法可以调用"长方体"命令外，还有以下两种常用的方法。
- 按钮：在"功能区"选项板的"常用"选项卡中单击"建模"面板中的"长方体"按钮□。
- 命令：单击"绘图"|"建模"|"长方体"命令。
执行以上任意一种方法，均可调用"长方体"命令。

03 按【Enter】键确认，根据命令行提示进行操作，在绘图区中合适的端点上，单击鼠标，确定长方体起点，如图15-63所示。

04 在开启"动态模式输入"的情况下，输入L，如图15-64所示。

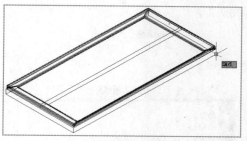

图15-63 确定长方体起点

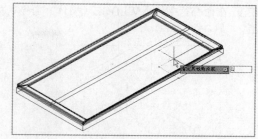

图15-64 输入参数

05 按【Enter】键确认，向左上方引导光标，输入20，如图15-65所示。

06 按【Enter】键确认，向左下方引导光标，输入20，如图15-66所示。

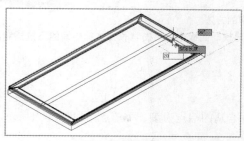

图15-65 输入参数

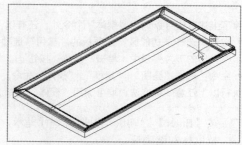

图15-66 输入参数

07 按【Enter】键确认，向下引导光标，输入350并确认，即可绘制长方体，如图15-67所示。

08 用与上同样的方法，绘制其他的长方体，效果如图15-68所示。

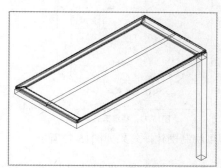

图15-67 绘制长方体

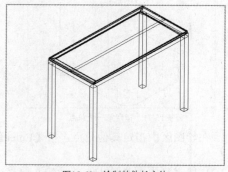

图15-68 绘制其他长方体

15.3.3 绘制楔体

使用"楔体"命令可以创建五面三维实体，并使其倾斜面与 X 轴成夹角。下面介绍绘制楔体的操作方法。

实践素材	光盘 \ 素材 \ 第 15 章 \ 三维零件 .dwg
实践效果	光盘 \ 效果 \ 第 15 章 \ 三维零件 .dwg
视频演示	光盘 \ 视频 \ 第 15 章 \ 三维零件 .mp4

【实践操作 356】绘制楔体的具体操作步骤如下。

01 单击快速访问工具栏上的"打开"按钮，打开一幅素材图形，如图15-69所示。

02 在命令行中输入WEDGE（楔体）命令，如图15-70所示。

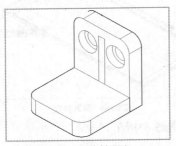

图15-69 素材图形

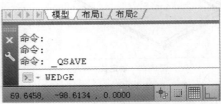

图15-70 输入命令

AutoCAD 技巧点拨

除了上述方法可以调用"楔体"命令外，还有以下两种常用的方法。

- 按钮：选择"功能区"选项板的"常用"选项卡，在"建模"面板中，单击"长方体"中间的下拉按钮，在弹出的下拉列表中，单击"楔体"按钮 。
- 命令：单击"绘图"|"建模"|"楔体"命令。

执行以上任意一种方法，均可调用"楔体"命令。

03 按【Enter】键确认，根据命令行提示，捕捉图形合适的端点为第一个角点，如图15-71所示，并按鼠标左键确认。

04 根据命令行提示，捕捉图形合适的端点为第二个角点，按鼠标左键确认，如图15-72所示。

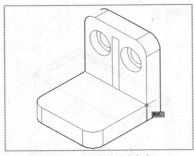

图15-71 指定第一个角点

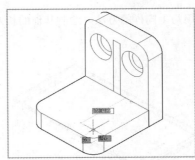

图15-72 指定第二个角点

05 在绘图区中指定其他角点，按【Enter】键确认，即可绘制楔体，效果如图15-73所示。

06 在命令行中输入MOVE（移动）命令，按【Enter】键确认，选择新创建的楔体对象，将其移动至合适的位置，如图15-74所示。

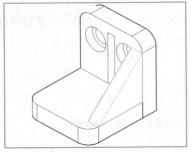

图15-73 绘制楔体

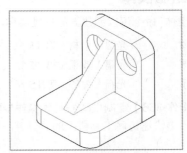

图15-74 移动楔体效果

15.3.4　绘制圆柱体

使用"圆柱体"命令可以绘制以圆或椭圆为底面的实体圆柱体。下面介绍绘制圆柱体的操作方法。

实践素材	光盘\素材\第15章\底座模型.dwg
实践效果	光盘\效果\第15章\底座模型.dwg
视频演示	光盘\视频\第15章\底座模型.mp4

【实践操作 357】绘制圆柱体的具体操作步骤如下。

01　单击快速访问工具栏上的"打开"按钮，打开一幅素材图形，如图15-75所示。

02　在命令行中输入CYLINDER（圆柱体）命令，如图15-76所示。

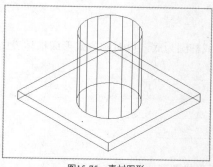

图15-75　素材图形

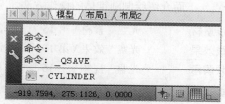

图15-76　输入命令

03　按【Enter】键确认，根据命令行提示进行操作，在绘图区最上方的圆心点上单击鼠标，确定底面中心点，如图15-77所示。

04　向右引导光标，输入20，确定底面半径，如图15-78所示。

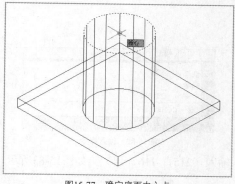

图15-77　确定底面中心点

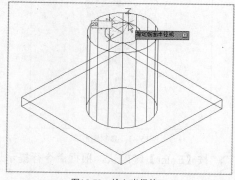

图15-78　输入半径值20

A^ut^oC^AD　**技巧点拨**

除了上述方法可以调用"圆柱体"命令外，还有以下两种常用的方法。

- 按钮：选择"功能区"选项板的"常用"选项卡，在"建模"面板中，单击"长方体"中间的下拉按钮，在弹出的下拉列表中，单击"圆柱体"按钮。
- 命令：单击"绘图"|"建模"|"圆柱体"命令。

执行以上任意一种方法，均可调用"圆柱体"命令。

05　按【Enter】键确认，向下引导光标，输入80，如图15-79所示。

06 按【Enter】键确认，即可创建圆柱体，效果如图15-80所示。

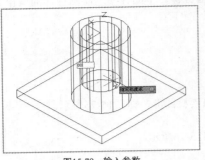

图15-79　输入参数

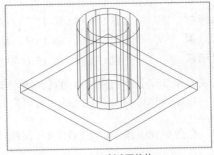

图15-80　创建圆柱体

15.3.5　绘制圆锥体

使用"圆锥体"命令可以创建圆锥实体，该实体是以圆或椭圆为底，以对称方式形成椎体表面，最后交于一点。下面介绍绘制圆锥体的操作方法。

实践素材	光盘 \ 素材 \ 第 15 章 \ 沙漏 .dwg
实践效果	光盘 \ 效果 \ 第 15 章 \ 沙漏 .dwg
视频演示	光盘 \ 视频 \ 第 15 章 \ 沙漏 .mp4

【实践操作 358】绘制圆锥体的具体操作步骤如下。

01 单击快速访问工具栏上的"打开"按钮，打开一幅素材图形，如图15-81所示。

02 在命令行中输入CONE（圆锥体）命令，如图15-82所示。

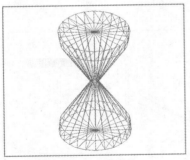

图15-81　素材图形

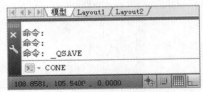

图15-82　输入命令

03 按【Enter】键确认，根据命令行提示进行操作，输入（215，-116，14），如图15-83所示。

04 按【Enter】键确认，确定底面圆心点，输入50，如图15-84所示。

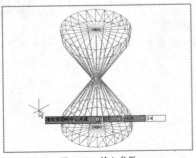

图15-83　输入参数

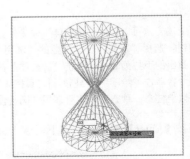

图15-84　输入参数

05
06
按【Enter】键确认，确定底面半径，输入T，如图15-85所示。

按【Enter】键确认，输入15，确定顶面半径，效果如图15-86所示。

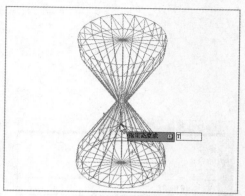

图15-85 输入参数

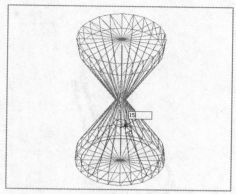

图15-86 输入参数

07
08
按【Enter】键确认，输入60，指定圆锥体的高度值，如图15-87所示。

按【Enter】键确认，即可绘制圆锥体，如图15-88所示。

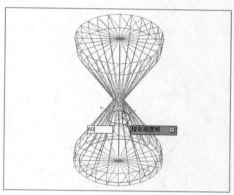

图15-87 输入参数

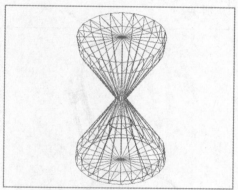

图15-88 绘制圆锥体

Auto C A D　技巧点拨

除了上述方法可以调用"圆锥体"命令外，还有以下两种常用的方法。

- 按钮：进入"功能区"选项板的"常用"选项卡，在"建模"面板中，单击"长方体"中间的下拉按钮，在弹出的下拉列表中，单击"圆锥体"按钮 。
- 命令：单击"绘图"|"建模"|"圆锥体"命令。

执行以上任意一种方法，均可调用"圆锥体"命令。

15.3.6 绘制球体

球体是在三维空间中，到一个点（即球心）距离相等的所有点的集合形成的实体。下面介绍绘制球体的操作方法。

实践素材	光盘 \ 素材 \ 第 15 章 \ 地球仪 .dwg
实践效果	光盘 \ 效果 \ 第 15 章 \ 地球仪 .dwg
视频演示	光盘 \ 视频 \ 第 15 章 \ 地球仪 .mp4

【实践操作 359】绘制球体的具体操作步骤如下。

01 单击快速访问工具栏上的"打开"按钮,打开一幅素材图形,如图15-89所示。

02 在命令行中输入SPHERE(球体)命令,如图15-90所示,按【Enter】键确认。

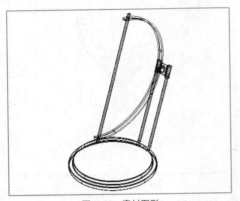

图15-89 素材图形

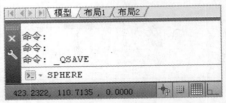

图15-90 输入命令

03 在绘图区中捕捉图形中合适的中点为圆心,如图15-91所示。

04 输入半径值为70,并按【Enter】键确认,即可绘制球体,以隐藏样式显示模型,如图15-92所示。

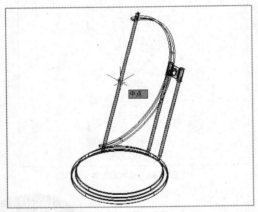

图15-91 输入参数

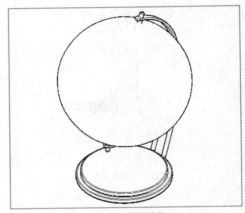

图15-92 绘制球体

15.3.7 绘制圆环体

使用"圆环体"命令可以绘制出与轮胎相类似的环形实体。下面介绍绘制圆环体的操作方法。

实践素材	光盘 \ 素材 \ 第 15 章 \ 摩天轮 .dwg
实践效果	光盘 \ 效果 \ 第 15 章 \ 摩天轮 .dwg
视频演示	光盘 \ 视频 \ 第 15 章 \ 摩天轮 .mp4

【实践操作 360】绘制圆环体的具体操作步骤如下。

01 单击快速访问工具栏上的"打开"按钮,打开一幅素材图形,如图15-93所示。

02 在命令行中输入TORUS(圆环体)命令,如图15-94所示。

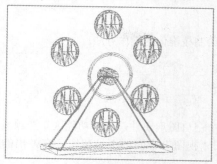

图15-93　素材图形

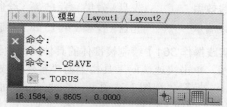

图15-94　输入命令

$\bigcirc\bigcirc$
03
按【Enter】键确认，根据命令行提示进行操作，在绘图区中的中心点上，单击鼠标，确定圆环中心点，如图15-95所示。

04
在开启"动态模式输入"的情况下，输入6.5，如图15-96所示。

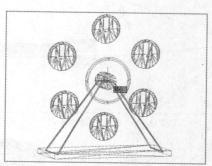

图15-95　确定圆环中心点

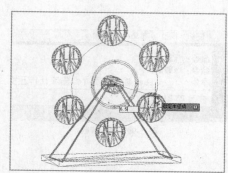

图15-96　输入参数

05
按【Enter】键确认，输入0.2，如图15-97所示。

06
按【Enter】键确认，即可绘制圆环体，效果如图15-98所示。

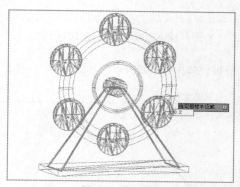

图15-97　输入参数

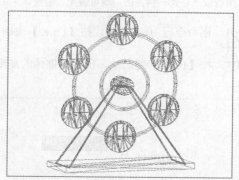

图15-98　绘制圆环体

AutoCAD　技巧点拨

除了上述方法可以调用"圆环体"命令外，还有以下两种常用的方法。
● 按钮：选择"功能区"选项板的"常用"选项卡，在"建模"面板中，单击"长方体"中间的下拉按钮，在弹出的下拉列表中，单击"圆环体"按钮○。
● 命令：单击"绘图"|"建模"|"圆环体"命令。
执行以上任意一种方法，均可调用"圆环体"命令。

15.3.8 绘制棱锥体

使用"棱锥体"命令可以绘制出实体棱锥面。下面介绍绘制棱锥体的操作方法。

实践效果	光盘 \ 效果 \ 第 15 章 \ 绘制棱锥体 .dwg
视频演示	光盘 \ 视频 \ 第 15 章 \ 绘制棱锥体 .mp4

【实践操作 361】绘制棱锥体的具体操作步骤如下。

01 单击快速访问工具栏上的"新建"按钮，新建一个空白图形文件，在"功能区"选项板中，切换至"视图"选项卡，在"视图"面板中，单击"视图"中间的下拉按钮，在弹出的列表框中，单击"西南等轴测"按钮，切换到西南等轴测视图。

02 在命令行中输入PYRAMID（棱锥体）命令，如图15-99所示。

03 按【Enter】键确认，根据命令行提示进行操作，在绘图区中的任意位置上单击鼠标，确定底面的中心点，如图15-100所示。

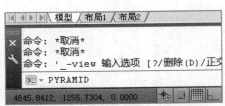

图15-99 输入参数

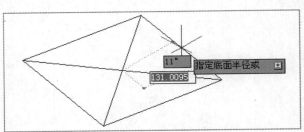

图15-100 确定底面的中心点

除了上述方法可以调用"棱锥体"命令外，还有以下两种常用的方法。
- 按钮：进入"功能区"选项板的"常用"选项卡，在"建模"面板中，单击"长方体"中间的下拉按钮，在弹出的下拉列表中，单击"棱锥体"按钮◇。
- 命令：单击"绘图"|"建模"|"棱锥体"命令。
执行以上任意一种方法，均可调用"棱锥体"命令。

04 在命令行中输入100，按【Enter】键确认，确定底面半径。输入200，如图15-101所示。

05 按【Enter】键确认，确定棱锥体的高度。绘制的棱锥体如图15-102所示。

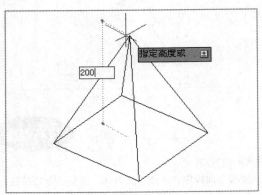

图15-101 输入参数

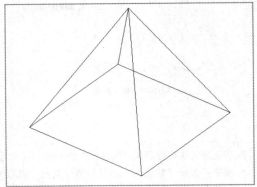

图15-102 绘制棱锥体

15.4 由二维图形创建三维实体

在 AutoCAD 2013 中，用户可以通过绘制二维图形来创建三维实体，包括拉伸实体、旋转实体、放样实体以及扫掠实体。

15.4.1 创建拉伸实体

在 AutoCAD 2013 中，使用"拉伸"命令，可以将二维图形拉伸为三维实体。下面介绍创建拉伸实体的操作方法。

实践素材	光盘 \ 素材 \ 第 15 章 \ 传动轴套 .dwg
实践效果	光盘 \ 效果 \ 第 15 章 \ 传动轴套 .dwg
视频演示	光盘 \ 视频 \ 第 15 章 \ 传动轴套 .mp4

【实践操作 362】创建拉伸实体的具体操作步骤如下。

01 单击快速访问工具栏上的"打开"按钮，打开一幅素材图形，如图15-103所示。

02 在命令行中输入EXTRUDE（拉伸）命令，如图15-104所示。

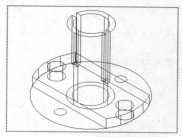

图15-103 素材图形

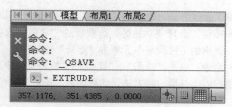

图15-104 输入命令

技巧点拨

除了上述方法可以调用"拉伸"命令外，还有以下两种常用的方法。
- 按钮：选择"功能区"选项板的"常用"选项卡，单击"建模"面板中的"拉伸"按钮。
- 命令：单击"绘图"|"建模"|"拉伸"命令。
执行以上任意一种方法，均可调用"拉伸"命令。

03 按【Enter】键确认，根据命令行提示进行操作，在绘图区中，选择最下方的3个圆为拉伸对象，如图15-105所示。

04 按【Enter】键确认，向下引导光标，设置拉伸高度为20，按【Enter】键确认，即可拉伸实体对象，效果如图15-106所示。

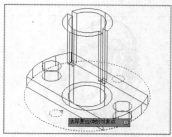

图15-105 选择拉伸对象

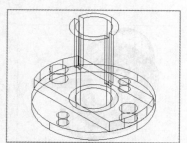

图15-106 拉伸实体对象

15.4.2 创建旋转实体

使用"旋转"命令可以通过绕轴旋转开放或闭合对象来创建实体或曲面，以旋转对象定义实体或曲面轮廓。下面介绍创建旋转实体的操作方法。

实践素材	光盘 \ 素材 \ 第 15 章 \ 端盖 .dwg
实践效果	光盘 \ 效果 \ 第 15 章 \ 端盖 .dwg
视频演示	光盘 \ 视频 \ 第 15 章 \ 端盖 .mp4

【实践操作 363】创建旋转实体的具体操作步骤如下。

01 单击快速访问工具栏上的"打开"按钮，打开一幅素材图形，如图15-107所示。

02 在命令行中输入REVOLVE（旋转）命令，如图15-108所示。

图15-107　素材图形

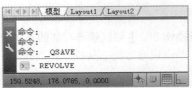

图15-108　输入命令

技巧点拨

除了上述方法可以调用"旋转"命令外，还有以下两种常用的方法。
- 按钮：选择"功能区"选项板的"常用"选项卡，在"建模"面板中，单击"拉伸"中间的下拉按钮，在弹出的下拉列表中，单击"旋转"按钮。
- 命令：单击"绘图"|"建模"|"旋转"命令。

执行以上任意一种方法，均可调用"旋转"命令。

03 按【Enter】键确认，根据命令行提示进行操作，在绘图区中，选择面域对象为旋转对象，如图15-109所示。

04 按【Enter】键确认，在左侧垂直直线下方的端点上，单击鼠标，确定轴起点，如图15-110所示。

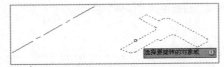

图15-109　选择旋转对象

图15-110　确定轴起点

05 在左侧垂直直线上方的端点上，单击鼠标，输入360，如图15-111所示。

06 按【Enter】键确认，即可创建旋转实体，效果如图15-112所示。

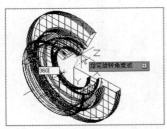

图15-111　输入参数

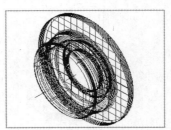

图15-112　创建旋转实体

15.4.3 创建放样实体

使用"放样"命令可以通过对两条或两条以上横截面曲线进行放样来创建三维实体。下面介绍创建放样实体的操作方法。

实践素材	光盘 \ 素材 \ 第 15 章 \ 花瓶 .dwg
实践效果	光盘 \ 效果 \ 第 15 章 \ 花瓶 .dwg
视频演示	光盘 \ 视频 \ 第 15 章 \ 花瓶 .mp4

【实践操作 364】创建放样实体的具体操作步骤如下。

01　单击快速访问工具栏上的"打开"按钮，打开一幅素材图形，如图15-113所示。

02　在命令行中输入LOFT（放样）命令，如图15-114所示。

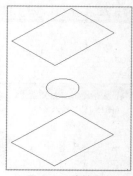

图15-113　素材图形

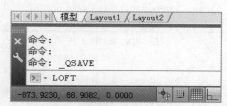

图15-114　输入命令

除了上述方法可以调用"放样"命令外，还有以下两种常用的方法。
- 按钮：选择"功能区"选项板的"常用"选项卡，在"建模"面板中，单击"旋转"中间的下拉按钮，在弹出的下拉列表中，单击"放样"按钮。
- 命令：单击"绘图"|"建模"|"放样"命令。

执行以上任意一种方法，均可调用"放样"命令。

03　按【Enter】键确认，根据命令行提示进行操作，在绘图区中，按放样次序，从下到上依次选择绘图区中的图形对象，如图15-115所示。

04　按【Enter】键确认，输入C（仅横截面），如图15-116所示。

05　按【Enter】键确认，即可创建放样实体，效果如图15-117所示。

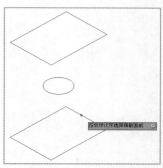

图15-115　选择放样对象

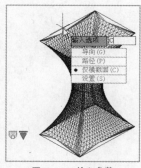

图15-116　输入参数

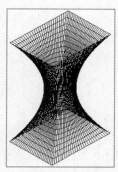

图15-117　放样实体

15.4.4 创建扫掠实体

使用"扫掠"命令可以沿开放或闭合的二维或三维路径扫掠开放或闭合的平面曲线（轮廓），以创建新实体或曲面。下面介绍创建扫掠实体的操作方法。

实践素材	光盘 \ 素材 \ 第 15 章 \ 水槽 .dwg
实践效果	光盘 \ 效果 \ 第 15 章 \ 水槽 .dwg
视频演示	光盘 \ 视频 \ 第 15 章 \ 水槽 .mp4

【实践操作 365】创建扫掠实体的具体操作步骤如下。

01 单击快速访问工具栏上的"打开"按钮，打开一幅素材图形，如图15-118所示。

02 在命令行中输入SWEEP（扫掠）命令，如图15-119所示。

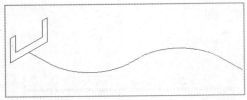

图15-118 素材图形

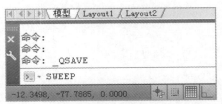

图15-119 输入命令

除了上述方法可以调用"扫掠"命令外，还有以下两种常用的方法。

- 按钮：选择"功能区"选项板的"常用"选项卡，在"建模"面板中，单击"拉伸"中间的下拉按钮，在弹出的下拉列表中，单击"扫掠"按钮。
- 命令：单击"绘图"|"建模"|"扫掠"命令。

执行以上任意一种方法，均可调用"扫掠"命令。

03 按【Enter】键确认，根据命令行提示进行操作，在绘图区中，选择合适的图形为扫掠对象，如图15-120所示。

04 按【Enter】键确认，拾取曲线为扫掠路径，即可创建扫掠实体，如图15-121所示。

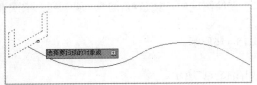

图15-120 选择扫掠对象

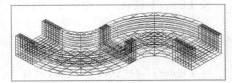

图15-121 创建扫掠实体

第16章
编辑三维模型

　　与编辑二维图形一样，用户也可以编辑三维对象，而且二维图形对象编辑中的大多数命令（如移动、复制等）都适用于三维图形。本章主要介绍在三维空间中拉伸、旋转、复制、镜像、对齐、倒角、阵列、剖切实体等内容，使读者掌握编辑三维图形的方法和技巧。

A　u　t　o　C　A　D

16.1 编辑三维实体

在 AutoCAD 2013 中，用户创建好实体模型后，可以对其进行三维移动、三维旋转、三维对齐、三维镜像以及三维阵列等基本编辑。本节将向读者介绍三维模型基本编辑的相关知识。

16.1.1 移动三维实体

使用"三维建模"界面中的"移动"命令，可以调整模型在三维空间中的位置。下面介绍移动三维实体的操作方法。

实践素材	光盘\素材\第 16 章\墨水瓶 .dwg
实践效果	光盘\效果\第 16 章\墨水瓶 .dwg
视频演示	光盘\视频\第 16 章\墨水瓶 .mp4

【实践操作 366】移动三维实体的具体操作步骤如下。

01 单击快速访问工具栏上的"打开"按钮，打开一幅素材图形，如图16-1所示。

02 在命令行中输入3DMOVE（三维移动）命令，如图16-2所示。

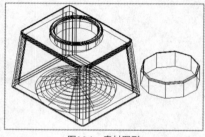

图16-1 素材图形

图16-2 输入命令

AutoCAD 技巧点拨

除了运用上述方法可以调用"三维移动"命令外，还有以下两种常用的方法。
- 按钮：在"功能区"选项板的"常用"选项卡中，单击"修改"面板中的"三维移动"按钮⊕。
- 命令：单击"修改"|"三维操作"|"三维移动"命令。
执行以上任意一种方法，均可调用"三维移动"命令。

03 按【Enter】键确认，根据命令行提示进行操作，在绘图区中，选择圆柱体为移动对象，如图16-3所示。

04 按【Enter】键确认，在瓶盖对象合适的端点上，单击鼠标左键，确定基点，如图16-4所示。

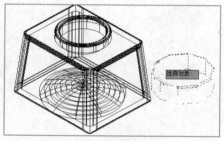

图16-3 选择移动对象

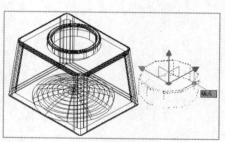

图16-4 确定基点

05 向左上方引导光标，输入400，如图16-5所示。

06 按【Enter】键确认，即可移动三维实体，效果如图16-6所示。

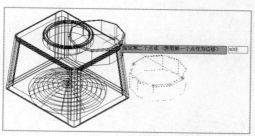

图16-5　输入参数

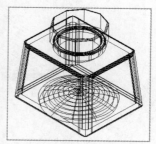

图16-6　移动三维实体

16.1.2　旋转三维实体

在创建或编辑三维模型时，使用"三维旋转"命令可以自由地旋转三维对象或将旋转约束到轴。下面介绍旋转三维实体的操作方法。

实践素材	光盘 \ 素材 \ 第 16 章 \ 台阶螺钉 .dwg
实践效果	光盘 \ 效果 \ 第 16 章 \ 台阶螺钉 .dwg
视频演示	光盘 \ 视频 \ 第 16 章 \ 台阶螺钉 .mp4

【实践操作 367】旋转三维实体的具体操作步骤如下。

01 单击快速访问工具栏上的"打开"按钮，打开一幅素材图形，如图16-7所示。

02 在命令行中输入3DROTATE（三维旋转）命令，如图16-8所示。

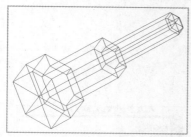

图16-7　素材图形

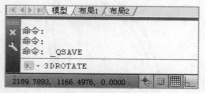

图16-8　输入命令

03 按【Enter】键确认，根据命令行提示进行操作，在绘图区中，选择所有图形为旋转对象，如图16-9所示。

04 按【Enter】键确认，移动鼠标至旋转夹点工具上蓝色圆圈上，使其变成黄色，如图16-10所示。

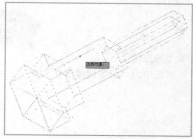

图16-9　选择旋转对象

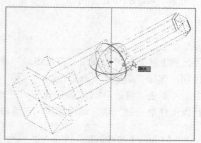

图16-10　移动鼠标指针

05 单击鼠标，指定Z轴为旋转轴，输入200，如图16-11所示。

06 按【Enter】键确认，即可旋转三维实体，效果如图16-12所示。

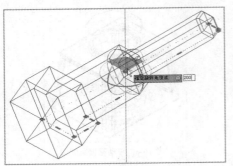

图16-11 输入参数

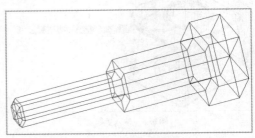

图16-12 旋转三维实体

16.1.3 镜像三维实体

镜像三维模型的方法与镜像二维平面图形的方法类似，通过指定的平面即可对选择的三维模型进行镜像处理。下面介绍镜像三维实体的操作方法。

实践素材	光盘 \ 素材 \ 第 16 章 \ 耳机 .dwg
实践效果	光盘 \ 效果 \ 第 16 章 \ 耳机 .dwg
视频演示	光盘 \ 视频 \ 第 16 章 \ 耳机 .mp4

【实践操作 368】镜像三维实体的具体操作步骤如下。

01 单击快速访问工具栏上的"打开"按钮，打开一幅素材图形，如图16-13所示。

02 在命令行中输入MIRROR3D（三维镜像）命令，如图16-14所示。

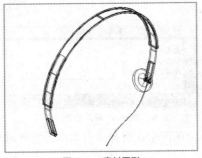

图16-13 素材图形

图16-14 输入命令

03 按【Enter】键确认，根据命令行提示进行操作，在绘图区中，选择右侧所有的耳机对象为镜像对象，如图16-15所示。

A u t o C A D 　**技巧点拨**

除了运用上述方法可以调用"三维镜像"命令外，还有以下两种常用的方法。
- 按钮：选择"功能区"选项板的"常用"选项卡，单击"修改"面板中的"三维镜像"按钮 。
- 命令：单击"修改"|"三维操作"|"三维镜像"命令。
执行以上任意一种方法，均可调用"三维镜像"命令。

04 按【Enter】键确认，输入YZ，如图16-16所示。

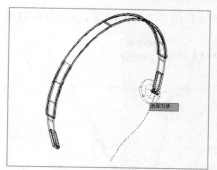

图16-15 选择镜像对象

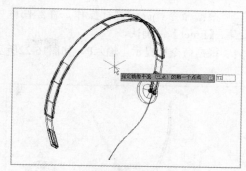

图16-16 输入参数

05 按【Enter】键确认，输入原点坐标值（0，0，0），如图16-17所示。

06 连续按两次【Enter】键确认，即可镜像三维实体，效果如图16-18所示。

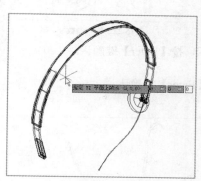

图16-17 输入参数

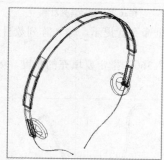

图16-18 镜像三维实体

16.1.4 阵列三维实体

使用"三维阵列"命令可以在三维空间中快速创建指定对象的多个模型副本，并按指定的形式排列，通常用于大量通用模型的复制。下面介绍阵列三维实体的操作方法。

实践素材	光盘＼素材＼第 16 章＼吊灯 .dwg
实践效果	光盘＼效果＼第 16 章＼吊灯 .dwg
视频演示	光盘＼视频＼第 16 章＼吊灯 .mp4

【实践操作 369】阵列三维实体的具体操作步骤如下。

01 单击快速访问工具栏上的"打开"按钮，打开一幅素材图形，如图16-19所示。

02 在命令行中输入3DARRAY（三维阵列）命令，如图16-20所示，按【Enter】键确认。

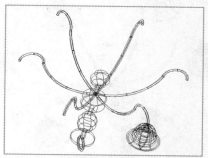

图16-19 素材图形

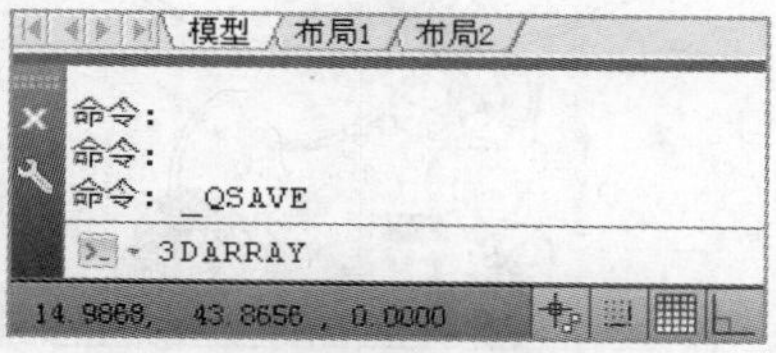

图16-20 输入命令

03 根据命令行提示进行操作，在绘图区中，选择合适的图形为阵列对象，如图16-21所示，按
【Enter】键确认。

04 根据命令行提示，输入P，如图16-22所示，按【Enter】键确认。

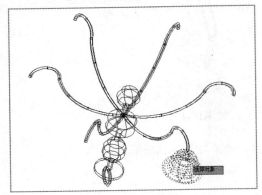

图16-21　选择阵列对象

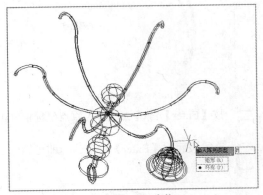

图16-22　输入参数

05 根据命令行提示，输入阵列数目为6，如图16-23所示，按【Enter】键确认。

06 输入360，指定要填充的角度，如图16-24所示，按【Enter】键确认。

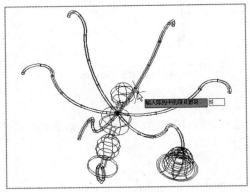

图16-23　输入参数

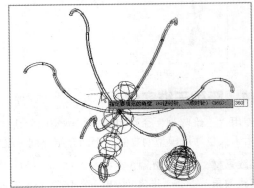

图16-24　输入参数

07 输入N（否）并按【Enter】键确认，在绘图区中，依次捕捉上下球体的圆心点，如图16-25
所示。

08 执行操作后，即可阵列三维实体，效果如图16-26所示。

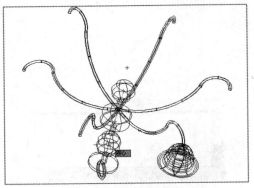

图16-25　确定阵列中心轴

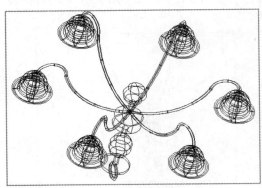

图16-26　阵列三维实体

> 除了运用上述方法可以调用"三维阵列"命令外,用户还可以在"功能区"选项板的"常用"选项卡中,单击"修改"面板中的"三维阵列"按钮圐。

16.1.5 对齐三维实体

使用"三维对齐"命令,可以通过移动、旋转或倾斜对象来使该对象与另一个对象对齐。下面介绍对齐三维实体的操作方法。

实践素材	光盘 \ 素材 \ 第 16 章 \ 茶杯 .dwg
实践效果	光盘 \ 效果 \ 第 16 章 \ 茶杯 .dwg
视频演示	光盘 \ 视频 \ 第 16 章 \ 茶杯 .mp4

【实践操作 370】对齐三维实体的具体操作步骤如下。

01　单击快速访问工具栏上的"打开"按钮,打开一幅素材图形,如图16-27所示。

02　在命令行中输入3DALIGN（三维对齐）命令,如图16-28所示。

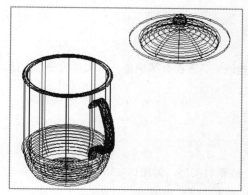

图16-27 素材图形

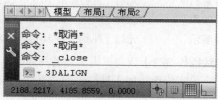

图16-28 输入命令

03　按【Enter】键确认,根据命令行提示进行操作,在绘图区中,选择右侧的茶杯盖为对齐对象,如图16-29所示。

04　按【Enter】键确认,捕捉茶杯盖底部的圆心点,如图16-30所示。

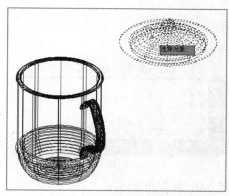

图16-29 选择对齐对象

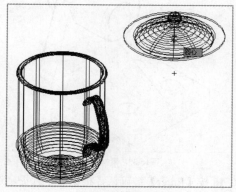

图16-30 捕捉圆心点

05　按【Enter】键确认,在茶杯口的圆心点上,单击鼠标,如图16-31所示。

06 按【Enter】键确认，即可对齐三维实体，效果如图16-32所示。

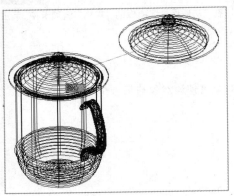

图16-31 单击鼠标左键

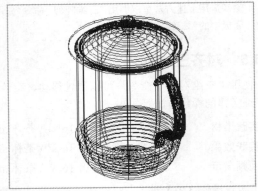

图16-32 对齐三维实体

AutoCAD **技巧点拨**

除了运用上述方法可以调用"三维对齐"命令外，用户还可以在"功能区"选项板的"常用"选项卡中，单击"修改"面板中的"三维对齐"按钮 📇。

16.1.6 倒角三维实体

使用"倒角"命令，可以在三维空间中为三维实体创建倒角。下面介绍倒角三维实体的操作方法。

实践素材	光盘 \ 素材 \ 第 16 章 \ 支撑板 .dwg
实践效果	光盘 \ 效果 \ 第 16 章 \ 支撑板 .dwg
视频演示	光盘 \ 视频 \ 第 16 章 \ 支撑板 .mp4

【实践操作 371】倒角三维实体的具体操作步骤如下。

01 单击快速访问工具栏上的"打开"按钮，打开一幅素材图形，如图16-33所示。

02 在命令行中输入CHAMFER（倒角）命令，如图16-34所示。

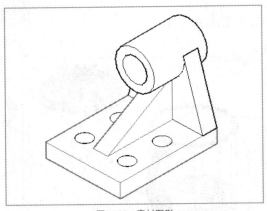

图16-33 素材图形

图16-34 输入命令

03 按【Enter】键确认，根据命令行提示进行操作，输入D，如图16-35所示。

04 按【Enter】键确认，设置第一倒角距离为5，如图16-36所示。

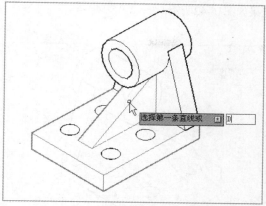

图16-35　输入参数

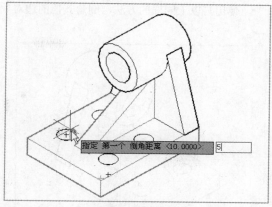

图16-36　输入参数

05 按【Enter】键确认，设置第二倒角距离为5并确认，在长方体左下方合适的直线上单击鼠标，保持默认选项，如图16-37所示。

06 按【Enter】键确认，设置基面的倒角距离为5，如图16-38所示。

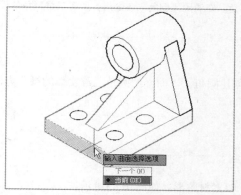

图16-37　保持默认选项

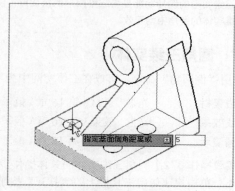

图16-38　输入参数

07 按【Enter】键确认，设置其他曲面的倒角距离为5，如图16-39所示。

08 按【Enter】键确认，在绘图区中选择合适的边对象，如图16-40所示。

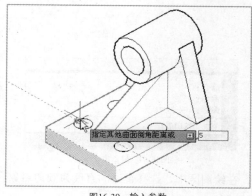

图16-39　输入参数

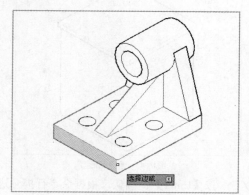

图16-40　选择倒角对象

09 按【Enter】键确认，即可倒角三维实体对象，如图16-41所示。

10 使用与以上同样的方法，倒角其他的边对象，效果如图16-42所示。

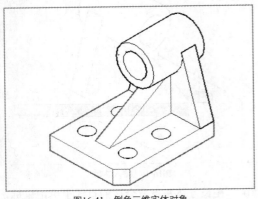

图16-41　倒角三维实体对象

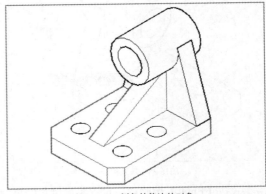

图16-42　倒角其他边的对象

A u t o C A D **技巧点拨**

　　三维图形的倒角功能是将三维图形的角切掉，使之变成斜角。在调用"倒角"命令后，所有二维倒角的设置在三维实体的倒角中均无效。

16.1.7　圆角三维实体

　　使用"倒圆角"命令，可以在三维空间中为三维实体创建圆角。下面介绍圆角三维实体的操作方法。

实践素材	光盘 \ 素材 \ 第 16 章 \ 柜子 .dwg
实践效果	光盘 \ 效果 \ 第 16 章 \ 柜子 .dwg
视频演示	光盘 \ 视频 \ 第 16 章 \ 柜子 .mp4

　　【实践操作372】圆角三维实体的具体操作步骤如下。

01 单击快速访问工具栏上的"打开"按钮，打开一幅素材图形，如图16-43所示。

02 在命令行中输入FILLET（圆角）命令，如图16-44所示。

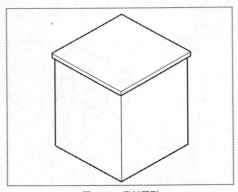

图16-43　素材图形

图16-44　输入命令

03 按【Enter】键确认，根据命令行提示进行操作，在绘图区中，选择合适的直线为圆角对象，如图16-45所示。

04 单击鼠标左键确认，输入15，如图16-46所示。

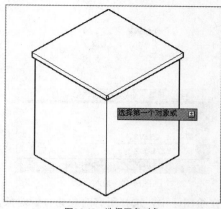

图16-45 选择圆角对象

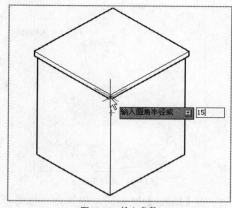

图16-46 输入参数

05 连续按两次【Enter】键确认，即可圆角处理对象，如图16-47所示。

06 使用与以上同样的方法，圆角处理其他边，如图16-48所示。

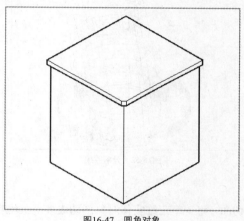

图16-47 圆角对象

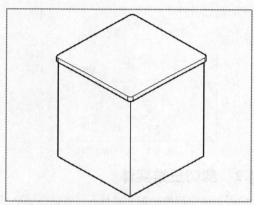

图16-48 圆角其他边

A u t o C A D **技巧点拨**

三维图形的圆角功能是对实体的棱边倒圆角，在两个相邻面之间产生一个圆滑过渡的曲面。用户在创建圆角时，需要先选定三维实体的一条边，并设置半径，然后再选取其他需要倒圆角的边，或通过选项选择来进行倒圆角。

16.1.8 分解三维实体

创建的每一个实体都是一个整体，若要对创建的实体中的某一部分进行编辑操作，可以将实体先进行分解后再进行编辑。下面介绍分解三维实体的操作方法。

实践素材	光盘 \ 素材 \ 第 16 章 \ 接头弯管 .dwg
实践效果	光盘 \ 效果 \ 第 16 章 \ 接头弯管 .dwg
视频演示	光盘 \ 视频 \ 第 16 章 \ 接头弯管 .mp4

【实践操作 373】分解三维实体的具体操作步骤如下。

01 单击快速访问工具栏上的"打开"按钮，打开一幅素材图形，如图16-49所示。

02 在命令行中输入EXPLODE（分解）命令，如图16-50所示。

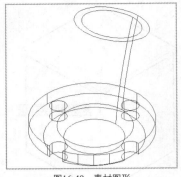

图16-49 素材图形

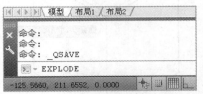

图16-50 输入命令

03 按【Enter】键确认，根据命令行提示进行操作，在绘图区中，选择所有对象为分解对象，如图
16-51所示。

04 按【Enter】键确认，即可分解对象，查看分解效果，如图16-52所示。

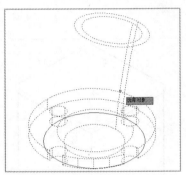

图16-51 选择分解对象

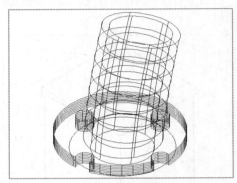

图16-52 分解效果

16.1.9 剖切三维实体

使用三维空间中的剖切功能，可以以某一个平面为剖切面，将一个三维实体对象剖切成多个三维实体，
剖切面可以是对象、Z轴、视图、XY/YZ/ZX平面或3点定义的面。下面介绍剖切三维实体的操作方法。

实践素材	光盘 \ 素材 \ 第 16 章 \ 端盖 .dwg
实践效果	光盘 \ 效果 \ 第 16 章 \ 端盖 .dwg
视频演示	光盘 \ 视频 \ 第 16 章 \ 端盖 .mp4

【实践操作 374】剖切三维实体的具体操作步骤如下。

01 单击快速访问工具栏上的"打开"按钮，打开一幅素材图形，如图16-53所示。

02 在命令行中输入SLICE（剖切）命令，如图16-54所示。

图16-53 素材图形

图16-54 输入命令

除了运用上述方法可以调用"剖切"命令外，还有以下两种常用的方法。

- 按钮：在"功能区"选项板的"常用"选项卡中，单击"实体编辑"面板中的"剖切"按钮。
- 命令：单击"修改"|"三维操作"|"剖切"命令。

执行以上任意一种方法，均可调用"剖切"命令。

03 按【Enter】键确认，根据命令行提示进行操作，在绘图区中，选择所有图形为剖切对象，如图 16-55 所示。

04 按【Enter】键确认，开启对象捕捉功能，在图形左上方合适的点上单击鼠标，指定切面第一点，向右下方引导光标，如图 16-56 所示。

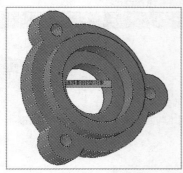

图16-55　选择剖切对象

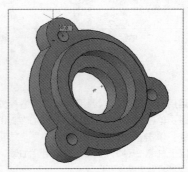

图16-56　确定切面第一点

05 在右下方的圆象限点上单击鼠标，指定剖切面的第二个点，如图 16-57 所示。

06 在绘图区中的右上方的合适位置处单击鼠标，即可剖切实体对象，效果如图 16-58 所示。

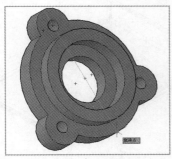

图16-57　指定剖切第二点

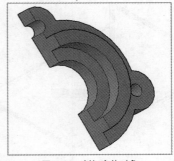

图16-58　剖切实体对象

16.1.10　加厚三维实体

使用"加厚"命令，可以通过加厚曲面将任何曲面类型创建成三维实体。下面介绍加厚三维实体的操作方法。

实践素材	光盘 \ 素材 \ 第 16 章 \ 单人床 .dwg
实践效果	光盘 \ 效果 \ 第 16 章 \ 单人床 .dwg
视频演示	光盘 \ 视频 \ 第 16 章 \ 单人床 .mp4

【实践操作 375】加厚三维实体的具体操作步骤如下。

01 单击快速访问工具栏上的"打开"按钮，打开一幅素材图形，如图 16-59 所示。

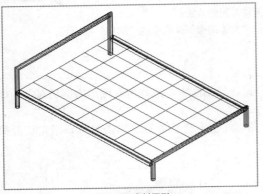

02 在命令行中输入THICKEN（加厚）命令，如图16-60所示。

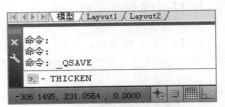

图16-59 素材图形

图16-60 输入命令

AutoCAD **技巧点拨**

除了运用上述方法可以调用"加厚"命令外，还有以下两种常用的方法。
- 按钮：单击"功能区"选项板中的"常用"选项卡，在"实体编辑"面板中，单击"加厚"按钮◎。
- 命令：单击"修改"|"三维操作"|"加厚"命令。

执行以上任意一种方法，均可调用"加厚"命令。

03 按【Enter】键确认，根据命令行提示进行操作，在绘图区中，选择最下方的曲面为加厚对象，如图16-61所示，按【Enter】键确认。

04 根据命令行提示，输入12，并按【Enter】键确认，即可加厚三维实体，效果如图16-62所示。

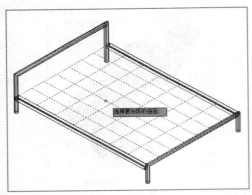

图16-61 输入参数

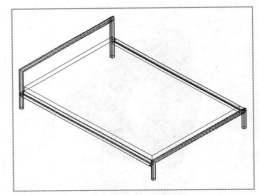

图16-62 加厚三维实体

16.2 清除、分割、抽壳与检查实体

在 AutoCAD 2013 中，用户可以在"功能区"选项板中，单击相应的按钮，对实体进行清除、分割、抽壳和检查操作。

16.2.1 清除三维实体

使用"清除"命令，可以删除共享边以及那些在边或顶点具有相同表面曲线定义的顶点，删除所有多余的边、顶点以及不使用的几何图形。

16.2.2 分割三维实体

使用"分割"命令可以将一个不相连的三维实体对象分割为几个独立的三维实体对象。单击"分割"按钮，可以将组合实体分割为其组成零件，也就是使用不相连的实体将一个三维实体对象分割为几个独立的三维实体对象，组合三维实体对象不能共享公共的面积或体积，当将三维实体分割后，独立的实体将保留原来的图层和颜色，所有嵌套的三维实体对象都将分割成最简单的结构。

16.2.3 抽壳三维实体

抽壳是用指定的厚度创建一个空的薄层。可以为所有面指定一个固定的薄层厚度。通过选择面可以将这些面排除在壳外。下面介绍抽壳三维实体的操作方法。

实践素材	光盘 \ 素材 \ 第 16 章 \ 洗衣机 .dwg
实践效果	光盘 \ 效果 \ 第 16 章 \ 洗衣机 .dwg
视频演示	光盘 \ 视频 \ 第 16 章 \ 洗衣机 .mp4

【实践操作 376】抽壳三维实体的具体操作步骤如下。

01 单击快速访问工具栏上的"打开"按钮，打开一幅素材图形，如图16-63所示。

02 在"功能区"选项板的"常用"选项卡中，在"实体编辑"面板上，单击"分割"右侧的下拉按钮，在弹出的下拉列表中，单击"抽壳"按钮，如图16-64所示。

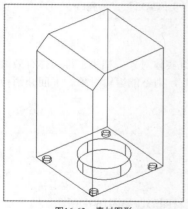

图16-63　素材图形

图16-64　单击"抽壳"按钮

03 根据命令行提示进行操作，在绘图区中，选择所有实体为抽壳对象，如图16-65所示。

04 在实体对象的上表面上单击鼠标，确定抽壳面，如图16-66所示。

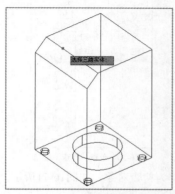

图16-65　选择抽壳对象

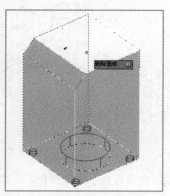

图16-66　确定抽壳面

05 按【Enter】键确认，输入3，如图16-67所示。

06 连按三次按【Enter】键确认，即可抽壳三维实体，效果如图16-68所示。

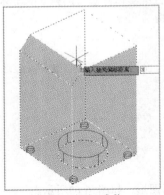

图16-67　输入参数

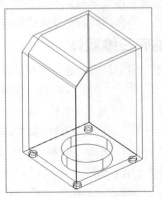

图16-68　抽壳三维实体

A u t o C A D 技巧点拨

除了上述方法可以调用"抽壳"命令外，还可以单击"修改"|"实体编辑"|"抽壳命令。

16.2.4　检查三维实体

使用"检查"命令，可用于检查实体对象是否是有效的三维实体对象。如果三维实体有效可对其进行修改，而不会导致出现 ACIS 失败错误信息；如果三维实体无效，则不能编辑对象。下面介绍检查三维实体的操作方法。

实践素材	光盘 \ 素材 \ 第 16 章 \ 盖 .dwg
实践效果	光盘 \ 效果 \ 第 16 章 \ 盖 .dwg
视频演示	光盘 \ 视频 \ 第 16 章 \ 盖 .mp4

【实践操作 377】检查三维实体的具体操作步骤如下。

01 单击快速访问工具栏上的"打开"按钮，打开一幅素材图形，如图16-69所示。

02 在"功能区"选项板的"常用"选项卡中，在"实体编辑"面板上，单击"分割"右侧的下拉按钮，在弹出的下拉列表中，单击"检查"按钮 ，如图16-70所示。

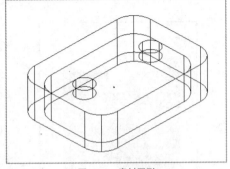

图16-69　素材图形

图16-70　单击"检查"按钮

03 根据命令行提示进行操作，在绘图区中，选择所有实体为检查对象，如图16-71所示。

04 连续按两次【Enter】键确认，即可检查三维实体，命令行提示如图16-72所示。

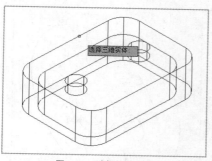

图16-71　选择检查对象

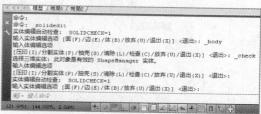

图16-72　检查三维实体

16.3　编辑三维实体边

　　AutoCAD 2013 提供了压印、着色和复制边命令来对实体的边进行编辑操作，本节向用户介绍对三维实体边进行编辑的相关知识。

16.3.1　复制三维边

　　使用"复制边"命令可以复制三维实体的各个边。下面介绍复制三维边的操作方法。

实践素材	光盘\素材\第 16 章\连接盘 .dwg
实践效果	光盘\效果\第 16 章\连接盘 .dwg
视频演示	光盘\视频\第 16 章\连接盘 .mp4

【实践操作 378】复制三维边的具体操作步骤如下。

01 单击快速访问工具栏上的"打开"按钮，打开一幅素材图形，如图16-73所示。

02 在"功能区"选项板的"常用"选项卡中，在"实体编辑"面板上，单击"提取边"右侧的下拉按钮，在弹出的下拉列表中，单击"复制边"按钮，如图16-74所示。

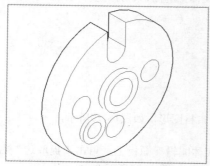

图16-73　素材图形

图16-74　单击"复制边"按钮

03 根据命令行提示进行操作，在绘图区中，选择三维实体对象的左上方最外侧的边为复制边，如图16-75所示。

04　按【Enter】键确认，在中间小圆柱体的最外侧圆心点上单击鼠标，如图16-76所示。

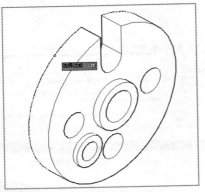

图16-75　选择复制边对象

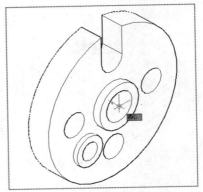

图16-76　单击圆心点

05　在开启"动态模式输入"的情况下，输入（0, -20, 0），如图16-77所示。

06　连续按3次【Enter】键确认，即可复制三维边，效果如图16-78所示。

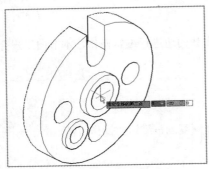

图16-77　输入参数

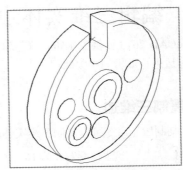

图16-78　复制三维边

技巧点拨

除了运用上述方法可以调用"复制边"命令外，用户还可以单击"修改"|"实体编辑"|"复制边"命令。

16.3.2　压印三维边

使用"压印"命令可以通过与选定面相交的对象压印三维实体上的面，来修改选择的面对象的外观效果。下面介绍压印三维边的操作方法。

实践素材	光盘 \ 素材 \ 第 16 章 \ 压印三维边 .dwg
实践效果	光盘 \ 效果 \ 第 16 章 \ 压印三维边 .dwg
视频演示	光盘 \ 视频 \ 第 16 章 \ 压印三维边 .mp4

【实践操作 379】压印三维边的具体操作步骤如下。

01　单击快速访问工具栏上的"打开"按钮，打开一幅素材图形，如图16-79所示。

02　在"功能区"选项板的"常用"选项卡中，在"实体编辑"面板上，单击"提取边"右侧的下拉按钮，在弹出的下拉列表中，单击"压印"按钮，如图16-80所示。

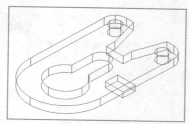

图16-79 素材图形

图16-80 单击"压印"按钮

除了上述方法可以调用"压印"命令外，还有以下两种常用方法。
- 方法1：在命令行中输入IMPRINT（压印）命令，按【Enter】键确认。
- 方法2：单击"修改"|"实体编辑"|"压印"命令。
执行以上任意一种方法，均可调用"压印"命令。

03 根据命令行提示进行操作，在绘图区中，选择外部整体轮廓为三维实体对象，选择长方体为压印对象，输入Y，如图16-81所示。

04 连按两次【Enter】键确认，即可压印三维边，效果如图16-82所示。

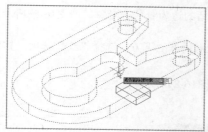

图16-81 输入参数

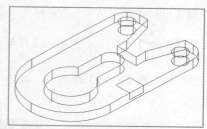

图16-82 压印三维边

16.3.3 着色三维边

使用着色功能可以为三维实体的某个边进行着色处理。下面介绍着色三维边对象的操作方法。

实践素材	光盘 \ 素材 \ 第 16 章 \ 电脑主机箱 .dwg
实践效果	光盘 \ 效果 \ 第 16 章 \ 电脑主机箱 .dwg
视频演示	光盘 \ 视频 \ 第 16 章 \ 电脑主机箱 .mp4

【实践操作 380】着色三维边的具体操作步骤如下。

01 单击快速访问工具栏上的"打开"按钮，打开一幅素材图形，如图16-83所示。

02 在命令行中输入SOLIDEDIT（实体编辑）命令，如图16-84所示。

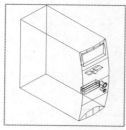

图16-83 素材图形

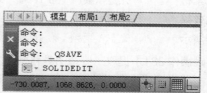

图16-84 输入命令

03 按【Enter】键确认，根据命令行提示进行操作，输入E，如图16-85所示。

04 按【Enter】键确认，输入L，如图16-86所示。

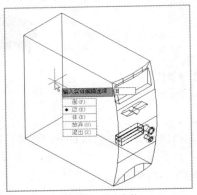

图16-85 输入参数

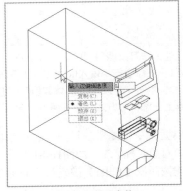

图16-86 输入参数

05 按【Enter】键确认，在绘图区中，选择最外侧的合适的边为着色边对象，如图16-87所示。

06 按【Enter】键确认，弹出"选择颜色"对话框，在对话框的下方，选择"红"选项，如图16-88所示。

07 连续按三次【Enter】键确认，即可着色三维边，如图16-89所示。

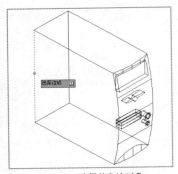

图16-87 选择着色边对象

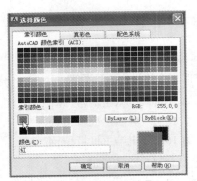

图16-88 选择"红"选项

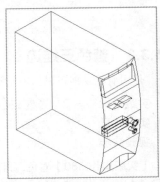

图16-89 着色三维边

16.3.4 提取三维边

使用"提取边"命令，可以通过从三维实体或曲面中提取边来创建线框几何体，也可以提取单个边和面。下面介绍提取三维边对象的操作方法。

实践素材	光盘＼素材＼第16章＼支座.dwg
实践效果	光盘＼效果＼第16章＼支座.dwg
视频演示	光盘＼视频＼第16章＼支座.mp4

【实践操作381】提取三维边的具体操作步骤如下。

01 单击快速访问工具栏上的"打开"按钮，打开一幅素材图形，如图16-90所示。

02 在"功能区"选项板的"常用"选项卡中,在"实体编辑"面板上,单击"提取边"按钮▢,如图16-91所示。

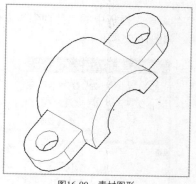

图16-90 素材图形

图16-91 单击"提取边"按钮

技巧点拨

除了运用上述方法可以调用"提取边"命令外,用户还可以单击"修改"|"实体编辑"|"提取边"命令。

03 根据命令行提示进行操作,在绘图区中,选择所有图形为提取对象,如图16-92所示。

04 按【Enter】键确认,即可提取三维边,在绘图区中的任意边上单击鼠标,查看提取边效果,如图16-93所示。

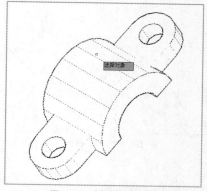

图16-92 选择提取边对象

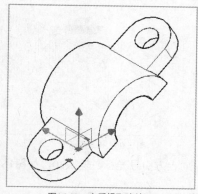

图16-93 查看提取边效果

16.4 编辑三维实体面

在三维实体进行编辑时,不仅可以对实体上单个或多个边执行编辑操作,同时还可以对整个实体任意表面执行编辑操作,即通过改变实体表面,从而达到改变实体的目的。

16.4.1 移动三维面

在 AutoCAD 2013 中,使用"移动面"命令,可以沿指定的高或距离移动选定的三维实体对象的面。下面介绍移动三维面的操作方法。

实践素材	光盘 \ 素材 \ 第 16 章 \ 微波炉 .dwg
实践效果	光盘 \ 效果 \ 第 16 章 \ 微波炉 .dwg
视频演示	光盘 \ 视频 \ 第 16 章 \ 微波炉 .mp4

【实践操作 382】 移动三维面的具体操作步骤如下。

○1 单击快速访问工具栏上的"打开"按钮，打开一幅素材图形，如图16-94所示。

○2 在"功能区"选项板的"常用"选项卡中，单击"实体编辑"面板中的"拉伸面"右侧的下拉
按钮，在弹出的下拉列表中，单击"移动面"按钮，如图16-95所示。

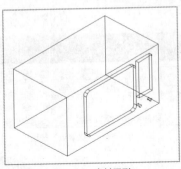

图16-94　素材图形

图16-95　单击"移动面"按钮

○3 根据命令行提示进行操作，在绘图区中图形上方的矩形面上单击鼠标，确定移动面，如图16-96
所示。

○4 按【Enter】键确认，在图形最上方的端点上单击鼠标，确定基点，如图16-97所示。

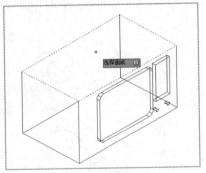

图16-96　确定移动面

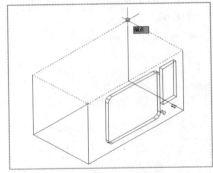

图16-97　确定基点

○5 向上方引导光标，输入30，如图16-98所示。

○6 连续按3次【Enter】键确认，即可移动三维面，效果如图16-99所示。

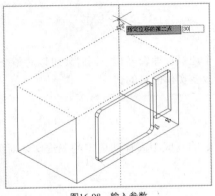

图16-98　输入参数

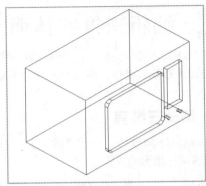

图16-99　移动三维面

除了运用上述方法可以调用"移动面"命令外，用户还可以单击"修改"|"实体编辑"|"移动面"命令。

16.4.2 拉伸三维面

在 AutoCAD 2013 中，每个面都有一个正边，该边在面的法线上，输入一个数值可以沿正方向拉伸面。下面介绍拉伸三维面的操作方法。

实践素材	光盘 \ 素材 \ 第 16 章 \ 曲柄连杆 .dwg
实践效果	光盘 \ 效果 \ 第 16 章 \ 曲柄连杆 .dwg
视频演示	光盘 \ 视频 \ 第 16 章 \ 曲柄连杆 .mp4

【实践操作 383】拉伸三维面的具体操作步骤如下。

01 单击快速访问工具栏上的"打开"按钮，打开一幅素材图形，如图16-100所示。

02 在"功能区"选项板的"常用"选项卡中，单击"实体编辑"面板中的"拉伸面"按钮，如图16-101所示。

图16-100　素材图形

图16-101　单击"拉伸面"按钮

03 根据命令行提示进行操作，在绘图区中的合适的面上单击鼠标，确定拉伸面，如图16-102所示。

04 按【Enter】键确认，输入35，如图16-103所示。

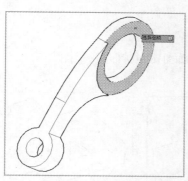

图16-102　确定拉伸面

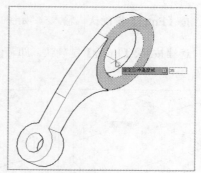

图16-103　输入参数

除了运用上述方法可以调用"拉伸面"命令外，用户还可以单击"修改"|"实体编辑"|"拉伸面"命令。

05 连续按4次【Enter】键确认，即可拉伸三维面，效果如图16-104所示。

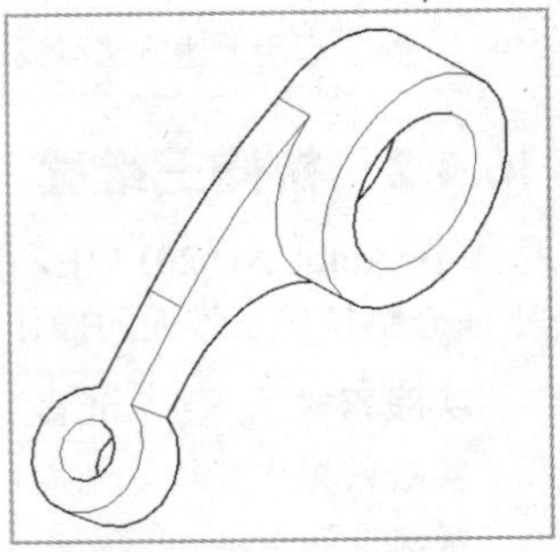

16.4.3 偏移三维面

在 AutoCAD 2013 中，偏移三维面是指通过将现有的面，从原始位置向内或向外偏移指定的距离以创建出的新的三维面。下面介绍偏移三维面的操作方法。

实践素材	光盘 \ 素材 \ 第 16 章 \ 滚轴支墩 .dwg
实践效果	光盘 \ 效果 \ 第 16 章 \ 滚轴支墩 .dwg
视频演示	光盘 \ 视频 \ 第 16 章 \ 滚轴支墩 .mp4

图16-104　拉伸三维面

【实践操作 384】偏移三维面的具体操作步骤如下。

01 单击快速访问工具栏上的"打开"按钮，打开一幅素材图形，如图16-105所示。

02 在"功能区"选项板的"常用"选项卡中，单击"实体编辑"面板中的"拉伸面"右侧的下拉按钮，在弹出的下拉列表中，单击"偏移面"按钮，如图16-106所示。

AUTOCAD **技巧点拨**

> 除了运用上述方法可以调用"偏移面"命令外，用户还可以单击"修改"|"实体编辑"|"偏移面"命令。

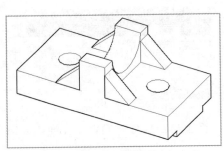
图16-105　素材图形

图16-106　单击"偏移面"按钮

03 根据命令行提示进行操作，在绘图区中的合适的曲面上单击鼠标，确定偏移面，如图16-107所示。

04 按【Enter】键确认，输入5，如图16-108所示。

05 连续按3次【Enter】键确认，即可偏移三维面，效果如图16-109所示。

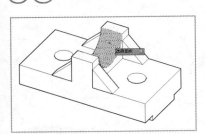
图16-107　确定偏移面

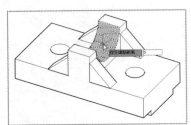
图16-108　输入参数

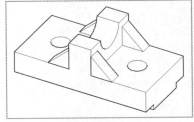
图16-109　偏移三维面

16.4.4 删除三维面

使用"删除面"命令，可以从选择集中删除选择的面。下面介绍删除三维面的操作方法。

实践素材	光盘 \ 素材 \ 第 16 章 \ 圆凳 .dwg
实践效果	光盘 \ 效果 \ 第 16 章 \ 圆凳 .dwg
视频演示	光盘 \ 视频 \ 第 16 章 \ 圆凳 .mp4

【实践操作 385】 删除三维面的具体操作步骤如下。

01 单击快速访问工具栏上的"打开"按钮，打开一幅素材图形，如图16-110所示。

02 在"功能区"选项板的"常用"选项卡中，单击"实体编辑"面板上的"拉伸面"右侧的下拉按钮，在弹出的下拉列表中，单击"删除面"按钮 ，如图16-111所示。

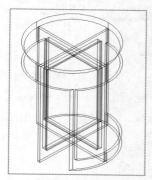

图16-110 素材图形

图16-111 单击"删除面"按钮

03 根据命令行提示进行操作，在绘图区中最上方的第2个圆上单击鼠标，确定删除面，如图16-112所示。

04 连续按3次【Enter】键确认，即可删除三维面，效果如图16-113所示。

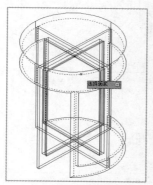

图16-112 确定删除面

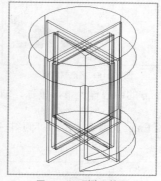

图16-113 删除三维面

A u t o C A D **技巧点拨**

除了运用上述方法可以调用"删除面"命令外，用户还可以单击"修改"|"实体编辑"|"删除面"命令。

16.4.5 倾斜三维面

在 AutoCAD 2013 中，倾斜三维面是指通过将实体对象上的一个或多个表面按指定的角度、方向进行倾斜而得到的三维面。下面介绍倾斜三维面的操作方法。

实践素材	光盘 \ 素材 \ 第 16 章 \ 机械零件 .dwg
实践效果	光盘 \ 效果 \ 第 16 章 \ 机械零件 .dwg
视频演示	光盘 \ 视频 \ 第 16 章 \ 机械零件 .mp4

【实践操作386】倾斜三维面的具体操作步骤如下。

01 单击快速访问工具栏上的"打开"按钮，打开一幅素材图形，如图16-114所示。

02 在"功能区"选项板的"常用"选项卡中，单击"实体编辑"面板上的"拉伸面"右侧的下拉按钮，在弹出的下拉列表中，单击"倾斜面"按钮，如图16-115所示。

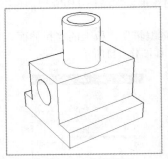

图16-114 素材图形

图16-115 单击"倾斜面"按钮

03 根据命令行提示进行操作，在绘图区中合适的面上单击鼠标，确定倾斜面，如图16-116所示。

04 按【Enter】键确认，单击倾斜面上方的中心点，如图16-117所示。

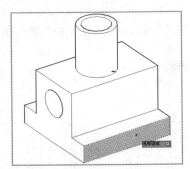

图16-116 确定倾斜面

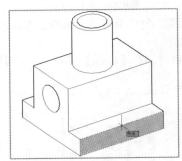

图16-117 单击鼠标

05 在下方的中心点上单击鼠标，输入30，如图16-118所示。

06 按【Enter】键确认，即可倾斜三维面，效果如图16-119所示。

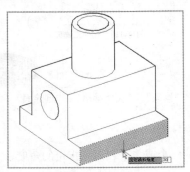

图16-118 输入参数

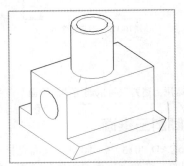

图16-119 倾斜三维面

AutoCAD **技巧点拨**

除了运用上述方法可以调用"倾斜面"命令外，用户还可以单击"修改"|"实体编辑"|"倾斜面"命令。

16.4.6 着色三维面

使用"着色面"命令，用于对选中的实体面进行着色处理。下面介绍着色三维面的操作方法。

实践素材	光盘 \ 素材 \ 第 16 章 \ 茶几 .dwg
实践效果	光盘 \ 效果 \ 第 16 章 \ 茶几 .dwg
视频演示	光盘 \ 视频 \ 第 16 章 \ 茶几 .mp4

【实践操作 387】着色三维面的具体操作步骤如下。

01 单击快速访问工具栏上的"打开"按钮，打开一幅素材图形，如图16-120所示。

02 在"功能区"选项板的"常用"选项卡中，单击"实体编辑"面板上的"拉伸面"右侧的下拉按钮，在弹出的下拉列表中，单击"着色面"按钮 ，如图16-121所示。

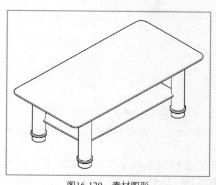

图16-120 素材图形

图16-121 单击"着色面"按钮

03 根据命令行提示进行操作，在绘图区中的上表面上单击鼠标，确定着色面，如图16-122所示。

04 按【Enter】键确认，弹出"选择颜色"对话框，选择"红"选项，如图16-123所示。

05 连续按3次【Enter】键确认，即可着色三维面，效果如图16-124所示。

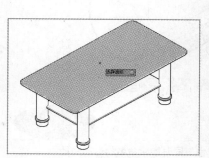

图16-122 确定着色面

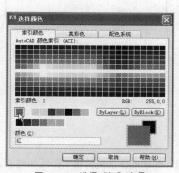

图16-123 选择"红"选项

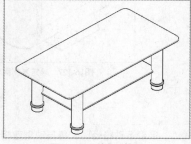

图16-124 着色三维面

> 除了运用上述方法可以调用"着色面"命令外，用户还可以单击"修改"|"实体编辑"|"着色面"命令。

16.4.7 复制三维面

使用"复制面"命令，可以将面复制为面域或体。下面介绍复制三维面的操作方法。

实践素材	光盘 \ 素材 \ 第 16 章 \ 音响 .dwg
实践效果	光盘 \ 效果 \ 第 16 章 \ 音响 .dwg
视频演示	光盘 \ 视频 \ 第 16 章 \ 音响 .mp4

【实践操作 388】复制三维面的具体操作步骤如下。

01 单击快速访问工具栏上的"打开"按钮，打开一幅素材图形，如图16-125所示。

02 在"功能区"选项板的"常用"选项卡中，单击"实体编辑"面板上的"拉伸面"右侧的下拉按钮，在弹出的下拉列表中，单击"复制面"按钮，如图16-126所示。

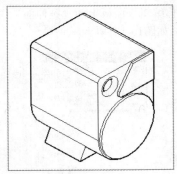

图16-125　素材图形

图16-126　单击"复制面"按钮

03 根据命令行提示进行操作，在绘图区中的上表面上单击鼠标，确定复制面，如图16-127所示。

04 按【Enter】键确认，在绘图区中复制面左下方边的中点和图形最下方底边的中点上，依次单击鼠标，按【Esc】键退出，即可复制三维面，效果如图16-128所示。

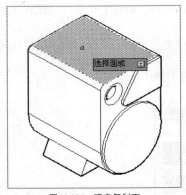

图16-127　确定复制面

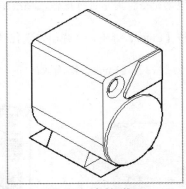

图16-128　复制三维面

A u t o C A D　　**技巧点拨**

创建运动路径时，将自动创建相机，如果删除指定为运动路径的对象，也将同时删除命名的运动路径。

16.4.8　旋转三维面

使用"旋转面"命令，可以从当前位置将对象绕选定的轴旋转指定的角度。下面介绍旋转三维面的操作方法。

实践素材	光盘 \ 素材 \ 第 16 章 \ 连接件 .dwg
实践效果	光盘 \ 效果 \ 第 16 章 \ 连接件 .dwg
视频演示	光盘 \ 视频 \ 第 16 章 \ 连接件 .mp4

【**实践操作 389**】旋转三维面的具体操作步骤如下。

01 单击快速访问工具栏上的"打开"按钮，打开一幅素材图形，如图16-129所示。

02 在"功能区"选项板的"常用"选项卡中，单击"实体编辑"面板中的"拉伸面"右侧的下拉按钮，在弹出的下拉列表中，单击"旋转面"按钮 🔄，如图16-130所示。

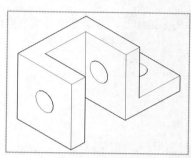

图16-129 素材图形

图16-130 单击"旋转面"按钮

AutoCAD 技巧点拨

除了运用上述方法可以调用"旋转面"命令外，用户还可以单击"修改"|"实体编辑"|"旋转面"命令。

03 根据命令行提示进行操作，在绘图区中的合适的表面上单击鼠标，确定旋转面，如图16-131所示。

04 按【Enter】键确认，在选择的旋转面的左侧直线的上端点上单击鼠标，向下引导光标，如图16-132所示。

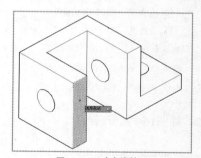

图16-131 确定旋转面

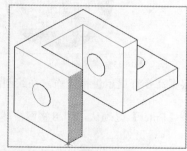

图16-132 向下引导光标

05 在下方的端点上单击鼠标，输入-15，如图16-133所示。

06 连按3次按【Enter】键确认，即可旋转三维面，效果如图16-134所示。

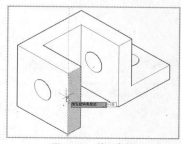

图16-133 输入参数

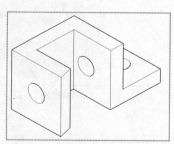

图16-134 旋转三维面

16.5 三维实体的其他编辑

在 AutoCAD 2013 中创建三维实体后，用户可以将创建好的实体转换为曲面，同时也可以将曲面转换为实体。

16.5.1 转换为实体

使用"转换为实体"命令可以将没有厚度的多段线和圆转换为三维实体。下面介绍转换为实体的操作方法。

实践素材	光盘 \ 素材 \ 第 16 章 \ 灯笼 .dwg
实践效果	光盘 \ 效果 \ 第 16 章 \ 灯笼 .dwg
视频演示	光盘 \ 视频 \ 第 16 章 \ 灯笼 .mp4

【实践操作 390】转换为实体的具体操作步骤如下。

01　单击快速访问工具栏上的"打开"按钮，打开一幅素材图形，如图16-135所示。

02　在"功能区"选项板中，切换至"网格"选项卡，单击"转换网格"面板中的"转换为实体"按钮，如图16-136所示。

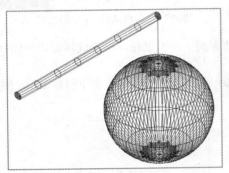

图16-135　素材图形

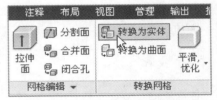

图16-136　单击"转换为实体"按钮

03　根据命令行提示进行操作，在绘图区中，选择网格球体为转换对象，如图16-137所示。

04　按【Enter】键确认，即可将网格球体转换为实体对象，如图16-138所示。

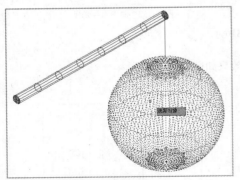

图16-137　选择转换对象

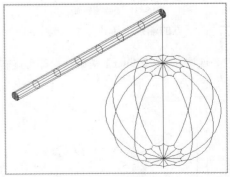

图16-138　转换为实体

除了上述方法可以调用"转换为实体"命令外，还有以下 3 种常用方法。

- 方法1：在命令行中输入CONVTOSOLID（转换为实体）命令，按【Enter】键确认。
- 方法2：单击"修改"|"网格编辑"|"转换为平滑实体"命令。
- 方法3：在"功能区"选项板的"常用"选项卡中，单击"实体编辑"面板中间的下拉按钮，在展开的面板中，单击"转换为实体"按钮🔲。

执行以上任意一种方法，均可调用"转换为实体"命令。

16.5.2　转换为曲面

使用"转换为曲面"命令可以将相应的对象转换为曲面。下面介绍转换为曲面命令的操作方法。

实践素材	光盘 \ 素材 \ 第 16 章 \ 文具盒 .dwg
实践效果	光盘 \ 效果 \ 第 16 章 \ 文具盒 .dwg
视频演示	光盘 \ 视频 \ 第 16 章 \ 文具盒 .mp4

【实践操作 391】转换为曲面的具体操作步骤如下。

01 单击快速访问工具栏上的"打开"按钮，打开一幅素材图形，如图16-139所示。

02 在"功能区"选项板中，切换至"网格"选项卡，单击"转换网格"面板中的"转换为曲面"按钮🔲，如图16-140所示。

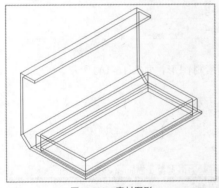

图16-139　素材图形

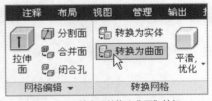

图16-140　单击"转换为曲面"按钮

03 根据命令行提示进行操作，在绘图区中，选择长方体图形为转换对象，如图16-141所示。

04 按【Enter】键确认，即可转换为曲面对象，如图16-142所示。

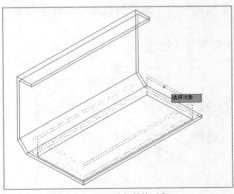

图16-141　选择转换对象

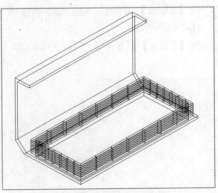

图16-142　转换为曲面效果

除了上述方法可以调用"转换为曲面"命令外，还有以下 3 种常用方法。

- 方法1：在命令行中输入CONVTOSURFACE（转换为曲面）命令，按【Enter】键确认。
- 方法2：在"功能区"选项板的"常用"选项卡中，单击"实体编辑"面板中间的下拉按钮，在展开的面板中，单击"转换为曲面"按钮 。
- 方法3：单击"修改"|"网格编辑"|"转换为平滑曲面"命令。

执行以上任意一种方法，均可调用"转换为曲面"命令。

16.6　布尔运算实体

在 AutoCAD 2013 中对三维实体进行编辑时，除了可以编辑实体边和面外，还可以对三维实体对象进行布尔运算。

16.6.1　并集三维实体

并集运算是通过组合多个实体生成一个新的实体，如果组合一些不相交的实体，显示效果看起来还是多个实体，但实际却是一个对象。下面介绍并集三维实体的操作方法。

实践素材	光盘 \ 素材 \ 第 16 章 \ 并集三维实体 .dwg
实践效果	光盘 \ 效果 \ 第 16 章 \ 并集三维实体 .dwg
视频演示	光盘 \ 视频 \ 第 16 章 \ 并集三维实体 .mp4

【实践操作 392】并集三维实体的具体操作步骤如下。

01 单击快速访问工具栏上的"打开"按钮，打开一幅素材图形，如图16-143所示。

02 在命令行中输入UNION（并集）命令，如图16-144所示。

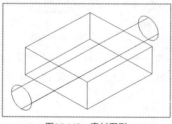

图16-143　素材图形

图16-144　输入命令

03 按【Enter】键确认，根据命令行提示进行操作，在绘图区中，选择所有图形为并集对象，如图16-145所示。

04 按【Enter】键确认，即可并集三维实体对象，效果如图16-146所示。

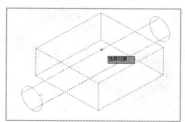

图16-145　选择并集对象

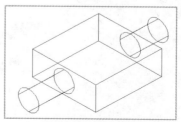

图16-146　并集运算效果

16.6.2 差集三维实体

使用"差集"命令,可以从一组实体中删除与另一组实体的公共区域。下面介绍差集三维实体的操作方法。

实践素材	光盘\素材\第16章\法兰盘.dwg
实践效果	光盘\效果\第16章\法兰盘.dwg
视频演示	光盘\视频\第16章\法兰盘.mp4

【实践操作393】差集三维实体的具体操作步骤如下。

01 单击快速访问工具栏上的"打开"按钮,打开一幅素材图形,如图16-147所示。

02 在命令行中输入SUBTRACT(差集)命令,如图16-148所示。

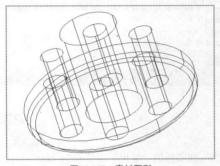

图16-147 素材图形

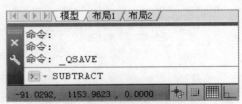

图16-148 输入命令

技巧点拨

除了上述方法可以调用"差集"命令外,用户还可以在"功能区"选项板的"常用"选项卡中,单击"实体编辑"面板中的"差集"按钮◎。

03 按【Enter】键确认,根据命令行提示进行操作,在绘图区中,选择最大的圆柱体为差集对象,如图16-149所示。

04 按【Enter】键确认,根据命令行提示,选择图形中其他圆柱体对象,如图16-150所示。

05 按【Enter】键确认,即可差集三维实体,效果如图16-151所示。

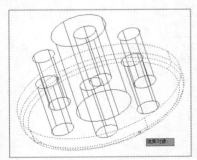

图16-149 选择差集对象

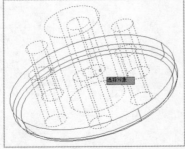

图16-150 选择圆柱体对象

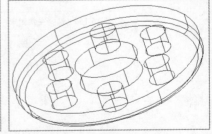

图16-151 差集其他三维实体

16.6.3 交集三维实体

使用"交集"命令,可以从两个实体的公共部分创建复合对象。下面介绍交集三维实体的操作方法。

实践素材	光盘 \ 素材 \ 第 16 章 \ 卫星模型 .dwg
实践效果	光盘 \ 效果 \ 第 16 章 \ 卫星模型 .dwg
视频演示	光盘 \ 视频 \ 第 16 章 \ 卫星模型 .mp4

【实践操作 394】交集三维实体的具体操作步骤如下。

01 单击快速访问工具栏上的"打开"按钮，打开一幅素材图形，如图16-152所示。

02 在命令行中输入INTERSECT（交集）命令，如图16-153所示。

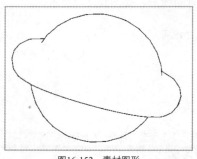

图16-152　素材图形

图16-153　输入命令

技巧点拨

除了上述方法可以调用"差集"命令外，用户还可以"功能区"选项板的"常用"选项卡中，单击"实体编辑"面板上的"交集"按钮◎。

03 按【Enter】键确认，根据命令行提示进行操作，在绘图区中，选择所有图形为交集对象，如图16-154所示。

04 按【Enter】键确认，即可交集三维实体，如图16-155所示。

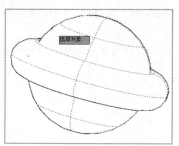

图16-154　选择交集对象

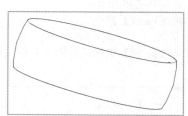

图16-155　交集三维实体

第17章

观察与渲染三维模型

本章主要介绍 AutoCAD 2013 中三维图形的观察与渲染，包括应用视觉样式、设置模型光源、设置模型材质、设置三维贴图以及渲染三维图形等。通过本章的学习，用户可以了解图形的真实化效果处理方法。

AutoCAD

17.1 视觉样式

视觉样式是一组设置，用来控制视口中边的着色显示。一旦应用了视觉样式或更改了设置，就可以在视口中查看效果。

17.1.1 应用视觉样式

视觉样式包括二维线框、三维线框、三维隐藏、真实和概念5种类型，下面分别介绍调用这些视觉样式的具体方法。

1. 使用二维线框样式显示

"二维线框"样式用直线和曲线表示边界的对象。下面介绍使用二维线框样式显示的操作方法。

实践素材	光盘\素材\第 17 章\支撑架肋板 .dwg
实践效果	光盘\效果\第 17 章\支撑架肋板 .dwg
视频演示	光盘\视频\第 17 章\支撑架肋板 .mp4

【实践操作 395】使用二维线框样式显示的具体操作步骤如下。

01 单击快速访问工具栏上的"打开"按钮，打开一幅素材图形，如图17-1所示。

02 单击"功能区"选项板中的"常用"选项卡，在"视图"面板中，单击"二维线框"按钮，如图17-2所示。

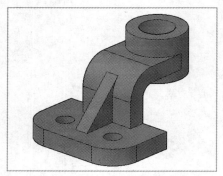

图17-1 素材图形

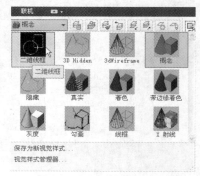

图17-2 单击"二维线框"按钮

A u t o C A D **技巧点拨**

除了运用上述方法可以调用"二维线框"命令外，还有以下两种常用的方法。

- 命令：单击"视图"|"视觉样式"|"二维线框"命令。
- 按钮：单击"功能区"选项板中的"视图"选项卡，在"视觉样式"面板中，单击"二维线框"按钮。

执行以上任意一种方法，均可调用"二维线框"命令。

03 执行操作后，即可用二维线框视觉样式显示模型，效果如图17-3所示。

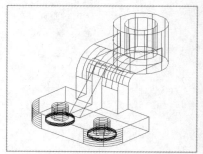

图17-3 以二维线框视觉样式显示模型

2. 使用3D Hidden样式显示

使用"3D Hidden"命令，可以显示用线框表示的对象并隐藏后向面的直线。下面介绍使用三维隐藏样式显示的操作方法。

实践素材	光盘 \ 素材 \ 第 17 章 \ 弯月型支架 .dwg
实践效果	光盘 \ 效果 \ 第 17 章 \ 弯月型支架 .dwg
视频演示	光盘 \ 视频 \ 第 17 章 \ 弯月型支架 .mp4

【实践操作 396】使用三维隐藏样式显示的具体操作步骤如下。

01 单击快速访问工具栏上的"打开"按钮，打开一幅素材图形，如图17-4所示。

02 单击"功能区"选项板中的"常用"选项卡，在"视图"面板中，单击"3D Hidden"按钮，如图17-5所示。

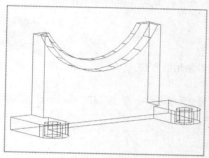

图17-4 素材图形

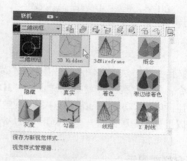

图17-5 单击"3D Hidden"按钮

A ᵁᵗ ᵒ C ᴬ ᴰ 技巧点拨

除了运用上述方法可以调用"三维隐藏"命令外，还有以下两种常用的方法。
- 命令：单击"视图"|"视觉样式"|"三维隐藏"命令。
- 按钮：单击"功能区"选项板中的"视图"选项卡，在"视觉样式"面板中，单击"3D Hidden"按钮。
执行以上任意一种方法，均可调用"3D Hidden"命令。

03 执行操作后，即可用3D Hidden视觉样式显示模型，效果如图17-6所示。

3. 使用3D Wireframe样式显示

使用"3D Wireframe"命令，可以显示用直线和曲线表示边界的对象。下面介绍使用三维线框样式显示的操作方法。

实践素材	光盘 \ 素材 \ 第 17 章 \ 柜子 .dwg
实践效果	光盘 \ 效果 \ 第 17 章 \ 柜子 .dwg
视频演示	光盘 \ 视频 \ 第 17 章 \ 柜子 .mp4

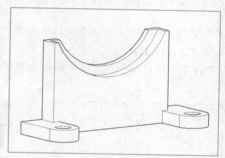

图17-6 以3D Hidden视觉样式显示模型

【实践操作 397】使用三维线框样式显示的具体操作步骤如下。

01 单击快速访问工具栏上的"打开"按钮，打开一幅素材图形，如图17-7所示。

02 单击"功能区"选项板中的"常用"选项卡，在"视图"面板中，单击"3D Wireframe"按钮，如图17-8所示。

03 执行操作后，即可用3D Wireframe视觉样式显示模型，效果如图17-9所示。

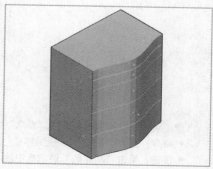

图17-7 素材图形

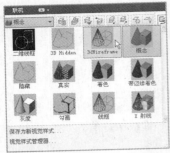

图17-8 单击"3D Wireframe"按钮

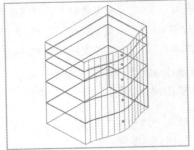

图17-9 以3D Wireframe视觉样式显示模型

除了运用上述方法可以调用"三维线框"命令外，还有以下两种常用的方法。

- 命令：单击"视图"|"视觉样式"|"3D Wireframe"命令。
- 按钮：单击"功能区"选项板中的"视觉"选项卡，在"视觉样式"面板中，单击"3D Wireframe"按钮。

执行以上任意一种方法，均可调用"3D Wireframe"命令。

4. 使用概念样式显示

使用"概念"命令，可以着色多边形平面间的对象，并使对象的边平滑化。下面介绍使用概念样式显示的操作方法。

实践素材	光盘 \ 素材 \ 第 17 章 \ 花盆 .dwg
实践效果	光盘 \ 效果 \ 第 17 章 \ 花盆 .dwg
视频演示	光盘 \ 视频 \ 第 17 章 \ 花盆 .mp4

【实践操作 398】使用概念样式显示的具体操作步骤如下。

01 单击快速访问工具栏上的"打开"按钮，打开一幅素材图形，如图17-10所示。

02 单击"功能区"选项板中的"常用"选项卡，在"视图"面板中，单击"概念"按钮，如图17-11所示。

03 执行操作后，即可用概念视觉样式显示模型，效果如图17-12所示。

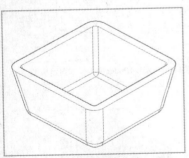

图17-10 素材图形

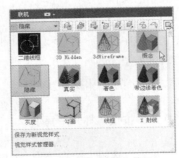

图17-11 单击"概念"按钮

图17-12 以概念视觉样式显示模型

除了运用上述方法可以调用"概念"命令外，还有以下两种常用的方法。

- 命令：单击"视图"|"视觉样式"|"概念"命令。
- 按钮：单击"功能区"选项板中的"视觉"选项卡，在"视觉样式"面板中，单击"概念"按钮。

执行以上任意一种方法，均可调用"概念"命令。

5. 使用真实样式显示

使用"真实"命令，可以真实显示着色多边形平面间的对象，并使对象的边平滑化，还可以显示已附着到对象的材质。下面介绍使用真实样式显示的操作方法。

实践素材	光盘 \ 素材 \ 第 17 章 \ 床 .dwg
实践效果	光盘 \ 效果 \ 第 17 章 \ 床 .dwg
视频演示	光盘 \ 视频 \ 第 17 章 \ 床 .mp4

【实践操作 399】使用真实样式显示的具体操作步骤如下。

01 单击快速访问工具栏上的"打开"按钮，打开一幅素材图形，如图17-13所示。

02 单击"功能区"选项板中的"常用"选项卡，在"视图"面板中，单击"真实"按钮，如图17-14所示。

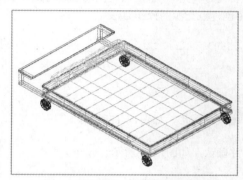

图17-13　素材图形

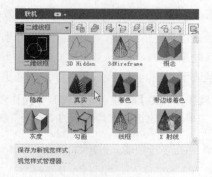

图17-14　单击"真实"按钮

03 执行操作后，即可用真实视觉样式显示模型，效果如图17-15所示。

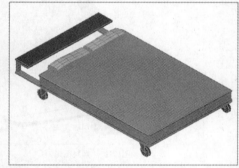

> **技巧点拨**
>
> 除了运用上述方法可以调用"真实"命令外，还有以下两种常用的方法。
> - 命令：单击"视图"|"视觉样式"|"真实"命令。
> - 按钮：单击"功能区"选项板中的"视觉"选项卡，在"视觉样式"面板中，单击"真实"按钮。
>
> 执行以上任意一种方法，均可调用"真实"命令。

图17-15　以真实视觉样式显示模型

17.1.2 管理视觉样式

在"功能区"选项板中，切换至"视图"选项卡，在"视觉样式"面板中单击"视觉样式"右侧的"视觉样式管理器"按钮，弹出"视觉样式管理器"面板，如图 17-16 所示。

在"图形中的可用视觉样式"列表框中显示了图形中的可用视觉样式的样例图像。当选定某一视觉样式时，该视觉样式显示黄色边框，选定的视觉样式的名称显示在选项板的底部。在"视觉样式管理器"选项板的下部，将显示该视觉样式的面设置、环境设置和边设置。

在"视觉样式管理器"选项板中，使用工具条中的工具按钮，可以创建新的视觉样式、将选定的视觉样式应用于当前视口、将选定的视觉样式输出到工具选项板以及删除选定的视觉样式。

在"图形中的可用视觉样式"列表中选择的视觉样式不同，设置区中的参数选项也不同，用户可以根据需要在选项板中进行相关设置。

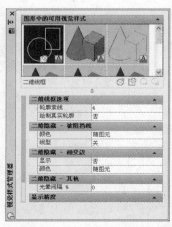

图17-16　"视觉样式管理器"面板

17.2 设置模型光源

在 AutoCAD 2013 中，设置光源可以使渲染的实体模型更具有真实感。用户可以根据需要设置影响实体表面明暗程度的光源和光的强度，以便能产生阴影效果。

17.2.1 创建光源

每种类型的光源都会在图形中产生不同的效果。用户可以使用命令来创建光源，也可以使用相应面板上的按钮。

1. 创建点光源

点光源是从其所在位置向四周发射光线，除非将衰减设置为"无"，否则点光源的强度将随距离的增加而减弱，可以使用点光源来获得基本照明效果。下面介绍创建点光源的操作方法。

实践素材	光盘 \ 素材 \ 第 17 章 \ 小提琴 .dwg
实践效果	光盘 \ 效果 \ 第 17 章 \ 小提琴 .dwg
视频演示	光盘 \ 视频 \ 第 17 章 \ 小提琴 .mp4

【实践操作 400】创建点光源的具体操作步骤如下。

01　单击快速访问工具栏上的"打开"按钮，打开一幅素材图形，如图17-17所示。

02　在命令行中输入POINTLIGHT（点光源）命令，并确认，如图17-18所示。

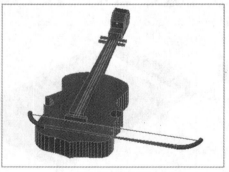

图17-17　素材图形

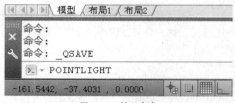

图17-18　输入命令

03　根据命令行提示进行操作，输入（-200，100，0），如图17-19所示。

04　按【Enter】键确认，根据命令行提示，输入I（强度因子），如图17-20所示。

05　按【Enter】键确认，输入强度为0.8，如图17-21所示。

06　连续按两次【Enter】键确认，即可创建点光源，效果如图17-22所示。

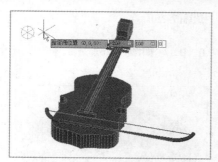

图17-19 输入参数

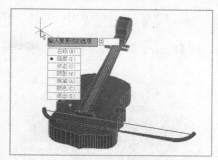

图17-20 输入参数

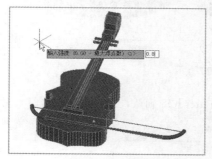

图17-21 输入参数

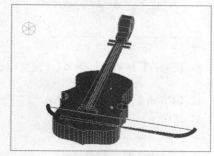

图17-22 创建点光源

2. 创建聚光灯

聚光灯发射定向锥形光，可以控制光源的方向和圆锥体的尺寸。聚光灯的强度随着距离的增加而减弱，可以用聚光灯制作建筑模型中的壁灯、高射灯来显示特定特征和区域。下面介绍创建聚光灯的操作方法。

实践素材	光盘 \ 素材 \ 第 17 章 \ 盘子 .dwg
实践效果	光盘 \ 效果 \ 第 17 章 \ 盘子 .dwg
视频演示	光盘 \ 视频 \ 第 17 章 \ 盘子 .mp4

【实践操作 401】创建聚光灯的具体操作步骤如下。

01 单击快速访问工具栏上的"打开"按钮，打开一幅素材图形，如图17-23所示。

02 在命令行中输入SPOTLIGHT（聚光灯）命令并确认，如图17-24所示。

图17-23 素材图形

图17-24 输入命令

AutoCAD 技巧点拨

除了运用上述方法可以调用"聚光灯"命令外，还有以下两种常用的方法。
- 命令：单击"视图"|"渲染"|"光源"|"新建聚光灯"命令。
- 按钮：在"功能区"选项板中，切换至"渲染"选项卡，在"光源"面板中，单击"创建光源"右侧的下拉按钮，在弹出下拉列表中，单击"聚光灯"按钮。

执行以上任意一种方法，均可调用"聚光灯"命令。

03 根据命令行提示进行操作，输入（-200，0，20），如图17-25所示。

04 按【Enter】键确认，根据命令行提示，输入（200，0，0），如图17-26所示。

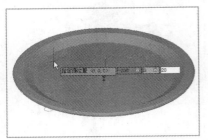

图17-25　输入参数

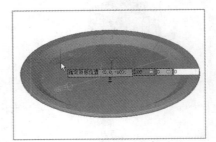

图17-26　输入参数

05 按【Enter】键确认，输入I（强度因子），如图17-27所示。

06 按【Enter】键确认，输入0.8，并连续按两次【Enter】键确认，即可创建聚光灯，效果如图17-28所示。

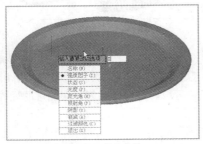

图17-27　输入参数

图17-28　创建聚光灯

3. 创建平行光

平行光可以在一个方向上发射平行的光线，就像太阳光照射在地球表面上一样，平行光主要用于模拟太阳光的照射效果。下面介绍创建平行光的操作方法。

实践素材	光盘 \ 素材 \ 第 17 章 \ 水桶 .dwg
实践效果	光盘 \ 效果 \ 第 17 章 \ 水桶 .dwg
视频演示	光盘 \ 视频 \ 第 17 章 \ 水桶 .mp4

【实践操作 402】创建平行光的具体操作步骤如下。

01 单击快速访问工具栏上的"打开"按钮，打开一幅素材图形，如图17-29所示。

02 在命令行中输入DISTANTLIGHT（平行光）命令，如图17-30所示。

图17-29　素材图形

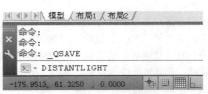

图17-30　输入命令

除了运用上述方法可以调用"平行光"命令外，还有以下两种常用的方法。

- 命令：单击"视图"|"渲染"|"光源"|"新建平行光"命令。
- 按钮：在"功能区"选项板中，切换至"渲染"选项卡，在"光源"面板中，单击"创建光源"右侧的下拉按钮，在弹出下拉列表中，单击"平行光"按钮✖。

执行以上任意一种方法，均可调用"平行光"命令。

03　按【Enter】键确认，根据命令行提示，输入（0，0，0），如图17-31所示。

04　按【Enter】键确认，向上引导光标，捕捉合适的中点，如图17-32所示。

图17-31　输入参数

图17-32　捕捉中点

05　单击鼠标，根据命令行提示，输入I（强度因子），如图17-33所示。

06　按【Enter】键确认，输入0.8，并连续按两次【Enter】键确认，即可创建平行光，效果如图17-34所示。

图17-33　输入参数

图17-34　创建平行光

17.2.2　查看光源列表

创建好光源后，用户可以通过光源列表查看创建的光源类型。下面介绍查看光源列表的操作方法。

实践素材	光盘 \ 素材 \ 第 17 章 \ 台灯 .dwg

【实践操作 403】查看光源列表的具体操作步骤如下。

01　单击快速访问工具栏上的"打开"按钮，打开一幅素材图形，如图17-35所示。

02　在命令行中输入LIGHTLIST（光源列表）命令，如图17-36所示。

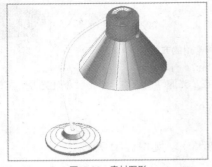

图17-35　素材图形

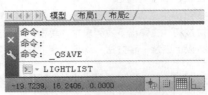

图17-36　输入命令

03 按【Enter】键确认，弹出"模型中的光源"面板，即可在面板中查看到光源列表，如图17-37所示。

17.2.3　控制光源轮廓显示

光线轮廓是光源的图形表示，可以使用光线轮廓将点光源和聚光灯放置在图形中。下面介绍控制光源轮廓显示的操作方法。

实践素材	光盘 \ 素材 \ 第 17 章 \ 床头柜 .dwg

【实践操作 404】控制光源轮廓显示的具体操作步骤如下。

01 单击快速访问工具栏上的"打开"按钮，打开一幅素材图形，如图17-38所示。

02 单击"菜单浏览器"按钮，在弹出的下拉菜单中，单击"选项"按钮，弹出"选项"对话框，切换至"绘图"选项卡，单击"光线轮廓设置"按钮，如图17-39所示。

图17-37　查看光源列表

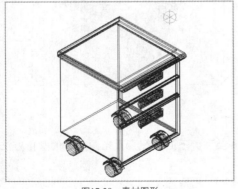

图17-38　素材图形

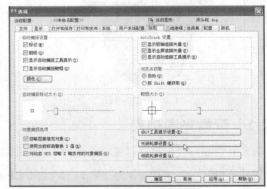

图17-39　单击"光线轮廓设置"按钮

03 弹出"光线轮廓外观"对话框，单击"编辑轮廓颜色"按钮，如图17-40所示。

04 弹出"图形窗口颜色"对话框，单击"颜色"右侧的下拉按钮，在弹出的列表框中，选择"绿"选项，如图17-41所示，单击"应用并关闭"按钮，返回到"光线轮廓外观"对话框。

图17-40 单击相应的按钮

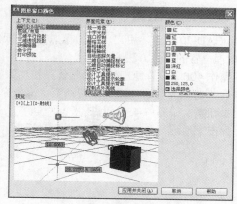

图17-41 选择相应的选项

05 单击"确定"按钮，返回到"选项"对话框，单击"确定"按钮，移动鼠标指针至光源处，即可控制光源轮廓颜色显示，如图17-42所示。

17.2.4 设置阳光特性

使用"阳光特性"面板可以设置并修改阳光的特性。下面介绍设置阳光特性的操作方法。

【实践操作405】设置阳光特性的具体操作步骤如下。

01 在命令行中输入SUNPROPERTIES（阳光特性）命令，如图17-43所示。

02 按【Enter】键确认，弹出"阳光特性"面板，在"太阳圆盘外观"选项区中，设置"圆盘比例"为5、"光晕强度"为2，如图17-44所示。

03 执行操作后，即可设置阳光特性。

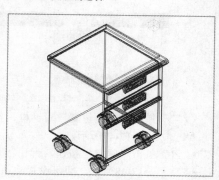

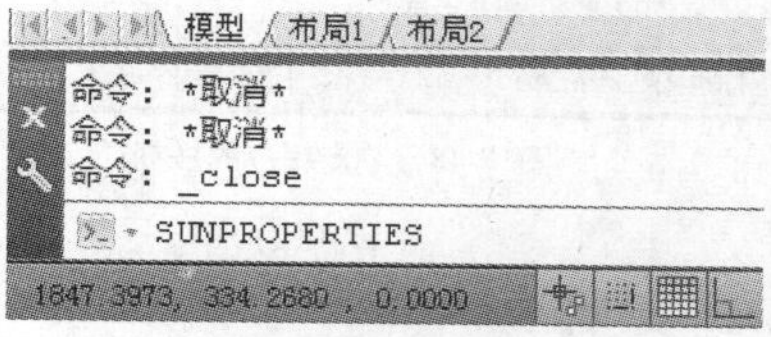

图17-42 控制光源轮廓颜色显示

图17-43 输入命令

图17-44 设置参数

A u t o C A D **技巧点拨**

除了运用上述方法可以调用"阳光特性"命令外，还有以下两种常用的方法。

● 按钮：在"功能区"选项板中，切换至"渲染"选项卡，在"阳光和位置"面板中，单击"阳光特性"按钮。

● 命令：单击"视图"|"渲染"|"光源"|"阳光特性"命令。

执行以上任意一种方法，均可调用"阳光特性"命令。

17.2.5　设置地理位置

在 AutoCAD 2013 中，用户可以为模型指定地理位置和日期，以及当日时间来控制阳光的角度。下面介绍设置地理位置的操作方法。

【实践操作 406】设置地理位置的具体操作步骤如下。

01 在"功能区"选项板中，切换至"渲染"选项卡，单击"阳光和位置"面板中的"设置位置"按钮 ，如图17-45所示。

02 弹出"地理位置-定义地理位置"对话框，单击"输入位置值"按钮，如图17-46所示。

图17-45　单击"设置位置"按钮

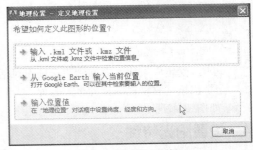

图17-46　单击相应的按钮

03 弹出"地理位置"对话框，在"纬度和经度"选项区中，设置"纬度"为30、"经度"为120，如图17-47所示。

04 单击"确定"按钮，弹出"地理位置-时区已更新"对话框，单击"接受更新的时区"按钮，如图17-48所示，即可设置地理位置。

图17-47　设置参数

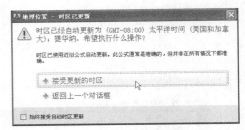

图17-48　单击相应的按钮

17.2.6　启用阳光状态

阳光是模拟太阳光源效果的光源，可以利用于显示结构投影的阴影如何影响周围区域。下面介绍启用阳光状态的操作方法。

实践素材	光盘\素材\第 17 章\方向盘 .dwg
实践效果	光盘\效果\第 17 章\方向盘 .dwg
视频演示	光盘\视频\第 17 章\方向盘 .mp4

【实践操作 407】启用阳光状态的具体操作步骤如下。

01 单击快速访问工具栏上的"打开"按钮，打开一幅素材图形，如图17-49所示。

02　在"功能区"选项板中，切换至"渲染"选项卡，在"阳光和位置"面板中，单击"阳光状态"按钮 ☼，如图17-50所示。

03　执行操作后，即可启用阳光状态，效果如图17-51所示。

图17-49　素材图形

图17-50　单击"阳光状态"按钮

图17-51　启用阳光状态

17.3 设置模型材质和贴图

为了给渲染提供更多的真实效果，可以在模型的表面应用材质，如地板和塑料，也可以在渲染时将材质贴到对象上。

17.3.1 认识"材质编辑器"面板

一个有足够吸引力的物体，不仅需要通过材质赋予模型材质，还需要对这些材质进行更微妙的设置。

可用于图形的材质球显示在"材质编辑器"面板的顶部，如果选择某材质球，则"材质编辑器"选项板各部分中的材质的特性选项区将处于活动状态，"材质编辑器"面板的各区域显示不同的特性设置，如图17-52所示。

下面向用户介绍"材质编辑器"选项板的各特性设置区域。

- 外观：该示例窗中的材质球显示了不同材质的类型，通过单击该示例窗中的材质球，可以实现不同的材质球特性显示效果，单击其右边的下三角按钮，可自由更改材质预览形状。
- 信息：显示材质的基本信息。
- 常规：显示并设置材质各种常规特性，如颜色、图像、图像褪色、光泽度、高光。

图17-52　"材质编辑器"面板

在"材质编辑器"面板中，还可以对材质的反射率、透明度、自发光进行设置，对材质进行剪切、染色、凹凸处理，从而使设置材质后的三维实体达到惟妙惟肖的逼真效果。

17.3.2 认识"材质编辑器"

材质库集中了 AutoCAD 2013 的所有材质，是用来控制材质操作的设置选项板，可执行多个模型的材质指定操作，并包含相关材质操作的所有工具，使用"材质浏览器"面板，用户可以快速访问预设材质，图 17-53 所示为"材质浏览器"面板。

安装产品附带的 400 多种材质和纹理材质后，即可在工具选项板上使用材质，并且材质将显示在附带有交错参考底图的选项板上。

当在"材质浏览器"面板安装的材质过少时，通过安装"材质库"（可选），即可以安装更多材质。通过安装程序中"添加／删除功能"上的"配置"按钮，可以访问该库。用户也可以自己新建需要的材质。

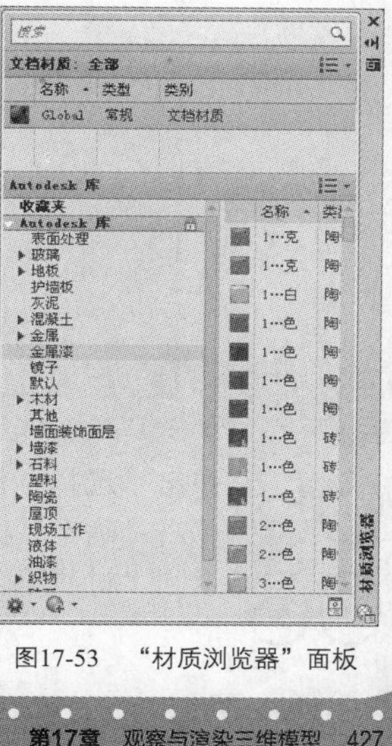

图17-53　"材质浏览器"面板

17.3.3 创建并赋予材质

在 AutoCAD 2013 中，材质由许多特性来定义，可用选项取决于选定的材质类型。下面介绍创建材质的操作方法。

实践素材	光盘 \ 素材 \ 第 17 章 \ 文具盒 .dwg
实践效果	光盘 \ 效果 \ 第 17 章 \ 文具盒 .dwg
视频演示	光盘 \ 视频 \ 第 17 章 \ 文具盒 mp4

【实践操作 408】创建材质的具体操作步骤如下。

01 单击快速访问工具栏上的"打开"按钮，打开一幅素材图形，如图17-54所示。

02 在命令行中输入MATERIALS（材质）命令，如图17-55所示。

图17-54 素材图形

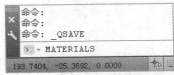

图17-55 输入命令

技巧点拨

除了运用上述方法可以调用"材质浏览器"命令外，还有以下 3 种常用的方法。

- 方法1：单击"视图"|"渲染"|"材质浏览器"命令。
- 方法2：在"功能区"选项板中，切换至"视图"选项卡，在"选项板"面板中，单击"材质浏览器"按钮。
- 方法3：在"渲染"选项卡的"材质"面板中，单击"材质编辑器"按钮。

执行以上任意一种方法，均可调用"材质浏览器"命令。

03 按【Enter】键确认，弹出"材质浏览器"面板，单击"创建新材质"按钮，如图17-56所示。

04 在弹出的快捷选项中，选择"新建常规材质"选项，在"材质浏览器"面板上显示新建的材质球，并弹出"材质编辑器"面板，在"颜色"右侧的文本框中单击鼠标，如图17-57所示。

图17-56 单击"创建新材质"按钮

图17-57 单击鼠标左键

05 弹出"选择颜色"对话框，设置"颜色"为41（RGB为255、223、127），如图17-58所示，并单击"确定"按钮。

06 返回"材质编辑器"面板，设置"光泽度"为80，如图17-59所示。

07 在绘图区选择图形为赋予对象，在"材质浏览器"面板中新建的材质球上单击鼠标右键，在弹出的快捷菜单中选择"指定给当前选择"选项，如图17-60所示。

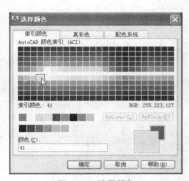

图17-58 设置颜色

图17-59 设置光泽度

图17-60 指定图形材质

08 依次关闭"材质编辑器"和"材质浏览器"面板，即可完成创建并赋予材质，效果如图17-61所示。

17.3.4 复制材质

在 AutoCAD 2013 中，用户可以根据需要复制相应的材质球。下面介绍复制材质的操作方法。

实践素材	光盘 \ 素材 \ 第 17 章 \ 带轮 .dwg
实践效果	光盘 \ 效果 \ 第 17 章 \ 带轮 .dwg
视频演示	光盘 \ 视频 \ 第 17 章 \ 带轮 .mp4

【实践操作 409】复制材质的具体操作步骤如下。

01 单击快速访问工具栏上的"打开"按钮，打开一幅素材图形，如图17-62所示。

02 在命令行中输入MATERIALS（材质）命令，按【Enter】键确认，弹出"材质浏览器"面板，在"文档材质"示例窗的材质球上，单击鼠标右键，在弹出的快捷菜单中，选择"复制"选项，如图17-63所示。

03 执行操作后，即可自动粘贴完成材质的复制，如图17-64所示。

图17-61 创建并赋予材质

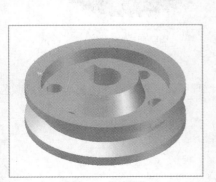

图17-62 素材图形

图17-63 选择"复制"选项

图17-64 复制材质

17.3.5　删除材质

在 AutoCAD 2013 中，编辑材质后，可以根据需要从对象中删除材质。下面介绍删除材质的操作方法。

实践素材	光盘 \ 素材 \ 第 17 章 \ 齿轮 .dwg
实践效果	光盘 \ 效果 \ 第 17 章 \ 齿轮 .dwg
视频演示	光盘 \ 视频 \ 第 17 章 \ 齿轮 .mp4

【实践操作 410】删除材质的具体操作步骤如下。

01 单击快速访问工具栏上的"打开"按钮，打开一幅素材图形，如图17-65所示。

02 在命令行中输入MATERIALS（材质）命令，按【Enter】键确认，弹出"材质浏览器"面板，选择第2个材质球，单击鼠标右键，在弹出的快捷菜单中，选择"删除"选项，如图17-66所示。

图17-65　素材图形

图17-66　选择"删除"选项

03 执行操作后，弹出"材质正在使用中"对话栏，在"是（Y）"按钮上单击鼠标，如图17-67所示。

04 执行操作后，即可删除材质，效果如图17-68所示。

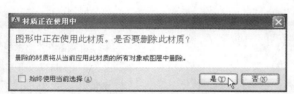

图17-67　弹出对话框

图17-68　删除材质

17.3.6　设置漫射贴图

漫射贴图为材质提供多种图案，用户可以选择将图像文件作为纹理贴图或程序贴图为材质的漫射颜色指定图案或纹理。下面介绍设置漫射贴图的操作方法。

实践素材	光盘 \ 素材 \ 第 17 章 \ 沙发 .dwg
实践效果	光盘 \ 效果 \ 第 17 章 \ 沙发 .dwg
视频演示	光盘 \ 视频 \ 第 17 章 \ 沙发 .mp4

【实践操作 411】设置漫射贴图的具体操作步骤如下。

01 单击快速访问工具栏上的"打开"按钮，打开一幅素材图形，如图17-69所示。

02 在命令行中输入MATERIALS（材质）命令，按【Enter】键确认，弹出"材质浏览器"面板，如图17-70所示。

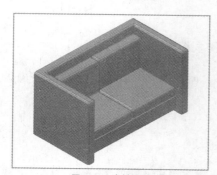

图17-69 素材图形

图17-70 "材质浏览器"面板

03 在材质球上单击鼠标右键，在弹出的快捷菜单中选择"编辑"选项，如图17-71所示。

04 在弹出的"材质编辑器"面板中单击"图像"空白处，弹出"材质编辑器打开文件"对话框，从中选择文件，如图17-72所示。

图17-71 选择"编辑"选项

图17-72 选择文件

05 单击"打开"按钮，返回到"材质编辑器"面板，设置贴图，如图17-73所示。

06 依次关闭"材质编辑器"和"材质浏览器"面板，即可设置漫射效果，如图17-74所示。

图17-73 "材质编辑器"面板

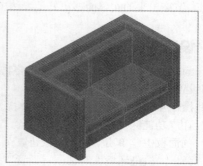

图17-74 设置漫射贴图

17.3.7 调整纹理贴图

在 AutoCAD 2013 中，用户可以调整对象或面上纹理贴图的方向。下面介绍调整纹理贴图的操作方法。

实践素材	光盘 \ 素材 \ 第 17 章 \ 弯管 .dwg
实践效果	光盘 \ 效果 \ 第 17 章 \ 弯管 .dwg
视频演示	光盘 \ 视频 \ 第 17 章 \ 弯管 .mp4

【实践操作 412】调整纹理贴图的具体操作步骤如下。

01 单击快速访问工具栏上的"打开"按钮，打开一幅素材图形，如图17-75所示。

02 在命令行中输入MATERIALMAP（材质贴图）命令，如图17-76所示，按【Enter】键确认。

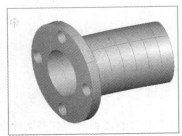

图17-75 素材图形

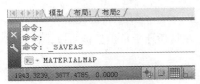

图17-76 输入命令

03 在命令行提示下，输入C（柱面），按【Enter】键确认，选择所有实体对象，如图17-77所示。

04 执行操作后，连续按两次【Enter】键确认，即可调整纹理贴图，效果如图17-78所示。

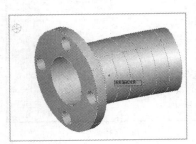

图17-77 选择对象

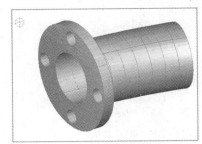

图17-78 调整纹理贴图

17.4 渲染三维图形

渲染是指运用几何图形、光源和材质将模型渲染为具有真实感效果的图形，与线框模型、曲面模型相比，渲染出来的实体能够更好地表达出三维对象的形状和大小，并且更容易传达其设计思想。

17.4.1 设置渲染环境

在 AutoCAD 2013 中，通过渲染可以将物体的光照效果、材质效果以及环境效果等都完美地表现出来。下面介绍设置渲染环境的操作方法。

【实践操作 413】设置渲染环境的具体操作步骤如下。

01 在"功能区"选项板中，切换至"渲染"选项卡，单击"渲染"面板中间的下拉按钮，在展开的面板中，单击"环境"按钮 环境，如图17-79所示。

02 弹出"渲染环境"对话框，设置"启用雾化"为"开"、"颜色"为"绿"、"近距离"为5、"远距离"为80，如图17-80所示。

图17-79　单击"环境"按钮

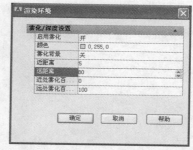

图17-80　设置参数

03 单击"确定"按钮，即可设置渲染环境。

17.4.2　设置高级渲染

在 AutoCAD 2013 中，通过渲染可以将物体的光照效果、材质效果以及环境效果等都完美地表现出来。下面介绍设置高级渲染的操作方法。

【实践操作 414】设置高级渲染的具体操作步骤如下。

01 在命令行中输入RPREF（高级渲染环境）命令，如图17-81所示。

02 按【Enter】键确认，弹出"高级渲染设置"面板，在"渲染描述"选项区中，设置"输出尺寸"为800×600、"物理比例"为500，如图17-82所示。

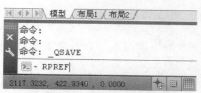

图17-81　输入命令

图17-82　设置参数

03 按【Enter】键确认，即可设置高级渲染。

17.4.3　渲染并保存图形

要保存渲染图形,可以直接渲染到文件,也可以渲染到视口,然后保存图像,还可以渲染到"渲染"窗口,然后保存图像或保存图像的副本。下面介绍渲染并保存图形的操作方法。

实践素材	光盘＼素材＼第 17 章＼三通接头 .dwg
实践效果	光盘＼效果＼第 17 章＼三通接头 .bmp
视频演示	光盘＼视频＼第 17 章＼三通接头 .mp4

【实践操作 415】渲染并保存图形的具体操作步骤如下。

01 单击快速访问工具栏上的"打开"按钮，打开一幅素材图形，如图17-83所示。

02 在"功能区"选项板中，切换至"渲染"选项卡，单击"渲染"面板中的"渲染"按钮🫖，如图17-84所示。

图17-83 素材图形

图17-84 单击"渲染"按钮

03 弹出"渲染"窗口，渲染图形，如图17-85所示。

04 渲染完成后，在"渲染"窗口中，单击"文件"|"保存"命令，弹出"渲染输出文件"对话框，设置文件名和保存路径，如图17-86所示。

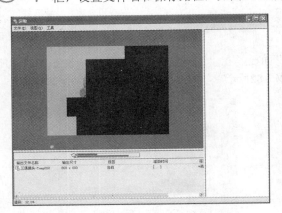

图17-85 渲染图形

图17-86 "渲染输出文件"对话框

05 单击"保存"按钮，弹出"BMP图像选项"对话框，如图17-87所示。

06 单击"确定"按钮，即可保存渲染图像，并在"渲染"窗口中，查看渲染效果，如图17-88所示。

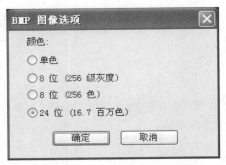

图17-87 "BMP图像选项"对话框

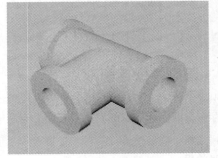

图17-88 渲染效果

技巧点拨

除了运用上述方法可以调用"渲染"命令外，用户还可以单击"视图"|"渲染"|"渲染"命令来调用"渲染"命令。

第18章
图形后期处理

在图纸设计完成后，就需要通过打印机将图形输出到图纸上，在 AutoCAD 2013 中，可以通过图纸空间或布局空间打印输出设计好的图形。图纸空间是绘制与编辑图形的空间，而布局空间则是模拟图纸的页面，是创建图形最终打印输出布局的一种工具。

AutoCAD

18.1 安装、添加与设置打印机

日常工作中，打印机是必不可少的办公设备，同时随着网络的普及和科技的发展，上网冲浪和使用数码相机的用户越来越多，打印机的作用也越来越重要。它能将电脑输出的信息以及彩色或者单色的字符、汉字、表格、图像等形式打印在纸上。

18.1.1 安装打印机

连接好打印机之后，用户可以驱动打印机的安装程序，在使用打印机打印图纸之前，首先要学会安装打印机驱动程序。下面介绍安装打印机的操作方法。

【实践操作 416】安装打印机的具体操作步骤如下。

01 将打印机连接到电脑上之后，连接电源，打开"打印机驱动程序hp1020"窗口，选择"SETUP. EXE"图标 ，如图18-1所示。

02 在选择的图标上，双击鼠标，弹出"欢迎！"对话框，提示用户关闭其他应用程序，如图18-2所示。

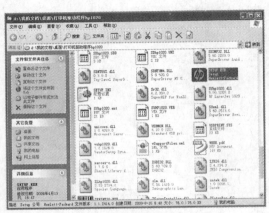

图18-1　选择相应的图标

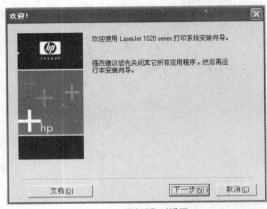

图18-2　"欢迎"对话框

03 单击"下一步"按钮，弹出"最终用户许可协议"对话框，如图18-3所示。

04 单击"是"按钮，弹出"型号"对话框，保持默认设置，如图18-4所示。

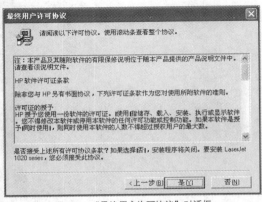

图18-3　"最终用户许可协议"对话框

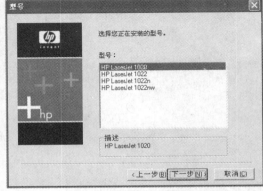

图18-4　"型号"对话框

05 单击"下一步"按钮，弹出"开始复制文件"对话框，如图18-5所示。

06 单击"下一步"按钮，弹出"正在复制系统文件"信息提示框，如图18-6所示。

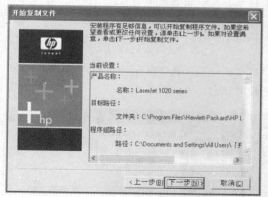

图18-5 "开始复制文件"对话框

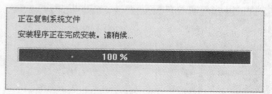

图18-6 信息提示框

07 复制完成后，进入打印系统安装界面，开始安装打印机，如图18-7所示。

08 安装完成后，弹出"安装完成"对话框，如图18-8所示。

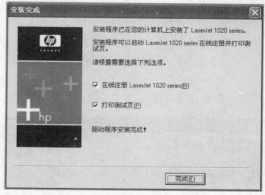

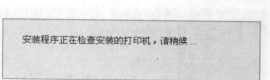

图18-7 开始安装打印机

图18-8 "安装完成"对话框

09 单击"完成"按钮，弹出"安装完成"对话框，如图18-9所示。

10 单击"确定"按钮，完成打印机驱动程序的安装。单击"开始"按钮，弹出"开始"菜单，选择"打印机和传真"选项，在选择的选项上，单击鼠标，弹出"打印机和传真"窗口，在该窗口中，即可显示新安装的打印机驱动程序，如图18-10所示。

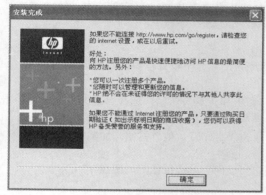

图18-9 "安装完成"对话框

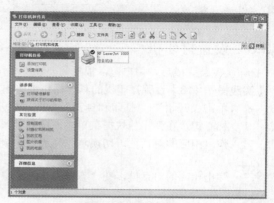

图18-10 显示新安装程序

18.1.2　添加打印机

打印机安装完成后，用户可以根据需要添加其他的打印机程序，下面介绍添加打印机的操作方法。

【实践操作 417】添加打印机的具体操作步骤如下。

01 单击"开始"|"控制面板"命令，弹出"控制面板"窗口，在该窗口中的"打印机和传真"图标 上，双击鼠标，如图18-11所示。

02 打开"打印机和传真"窗口，在窗口左侧的"打印机任务"选项区中，单击"添加打印机"链接，弹出"添加打印机向导"对话框，如图18-12所示。

图18-11　双击鼠标

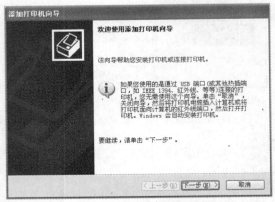

图18-12　"添加打印机向导"对话框

03 分别单击3次"下一步"按钮，弹出"安装打印机软件"界面，在"厂商"下拉列表中，选择HP选项，在"打印机"下拉列表中，选择HP LaserJet 1020选项，如图18-13所示。

04 单击5次"下一步"按钮，弹出"正在完成添加打印机向导"界面，如图18-14所示，根据提示信息，单击"完成"按钮，弹出信息提示框，单击"确定"按钮，即可添加打印机。

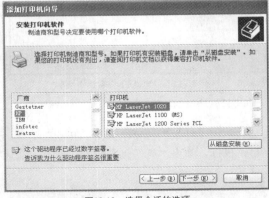

图18-13　选择合适的选项

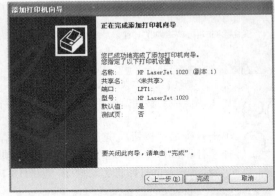

图18-14　相应的界面

18.1.3　设置打印机

打印机安装完成后，用户可以根据需要设置打印机程序。下面介绍设置打印机的操作方法。

【实践操作 418】设置打印机的具体操作步骤如下。

01 单击"开始"|"打印和传真"命令，打开"打印机和传真"窗口，选择合适的打印机，单击鼠标右键，在弹出的快捷菜单中，选择"属性"选项，如图18-15所示。

02 弹出相应的对话框，切换至"高级"选项卡，单击"打印默认值"按钮，如图18-16所示。

03 弹出相应的对话框，在"方向"选项区中，选中"横向"单选按钮，如图18-17所示。

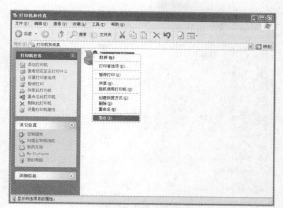

图18-15 选择"属性"选项

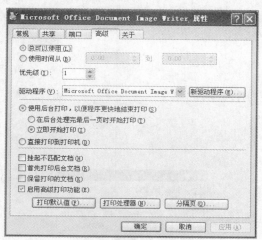

图18-16 单击"打印默认值"按钮

04 切换至"高级"选项卡，在"输出格式"选项区中，单击"精细（200 DPI）"右侧的下三角形按钮，在弹出的下拉列表中，选择"超精细（300 DPI）"选项，如图18-18所示。

05 单击"确定"按钮，返回到相应的对话框，单击"确定"按钮，即可完成打印机属性的设置。

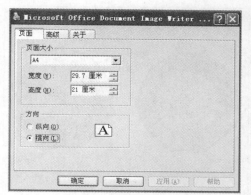

图18-17 选中相应的单选按钮

图18-18 选择相应的选项

18.2 图形的输入输出

AutoCAD 2013 提供了图形的输入输出功能。不仅可以将其他应用程序处理好的数据传送给 AutoCAD，以显示其图形，还可以将在 AutoCAD 中绘制好的图形传送给其他的应用程序。

18.2.1 导入图形

AutoCAD 允许导入"图元文件"、ACIS、V8DGN 及 3D Studio 等。下面介绍导入图形的操作方法。

实践素材	光盘 \ 素材 \ 第 18 章 \ 垃圾桶 .3ds
实践效果	光盘 \ 效果 \ 第 18 章 \ 垃圾桶 .dwg
视频演示	光盘 \ 视频 \ 第 18 章 \ 垃圾桶 .mp4

【实践操作 419】导入图形的具体操作步骤如下。

01 单击快速访问工具栏上的"新建"按钮，新建一个空白图形文件，切换至"插入"选项卡，单击"输入"面板中的"输入"按钮，如图18-19所示。

02　弹出"输入文件"对话框，选择需要输入的图形文件，如图18-20所示。

图18-19　单击"输入"按钮

图18-20　选择图形文件

03　单击"打开"按钮，弹出"3D Studio 文件输入选项"对话框，单击"全部添加"按钮，在"所选对象"列表框中添加对象，如图18-21所示。

04　单击"确定"按钮，即可导入图形对象，效果如图18-22所示。

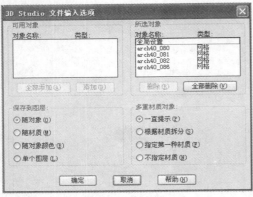

图18-21　添加对象

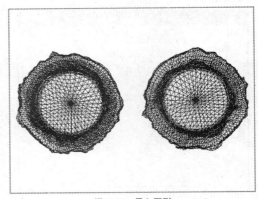

图18-22　导入图形

18.2.2　输出DXF文件

在 AutoCAD 2013 中，可以将图形输出为 DXF 文件。下面介绍输出 DXF 文件的操作方法。

实践素材	光盘 \ 素材 \ 第 18 章 \ 螺母 .dwg
实践效果	光盘 \ 效果 \ 第 18 章 \ 螺母 .dxf
视频演示	光盘 \ 视频 \ 第 18 章 \ 螺母 .mp4

【实践操作 420】输出 DXF 文件的具体操作步骤如下。

01　单击快速访问工具栏上的"打开"按钮，打开一幅素材图形，如图18-23所示。

02　单击"菜单浏览器"按钮，在弹出的下拉菜单中，单击"另存为"|"其他格式"命令，弹出"图形另存为"对话框，单击"文件类型"右侧的下拉按钮，在弹出的下拉列表中，选择 AutoCAD 2013 DXF （*.dxf）选项，并设置好文件名和保存路径，如图18-24所示。

03　单击"保存"按钮，即可输出DXF文件。

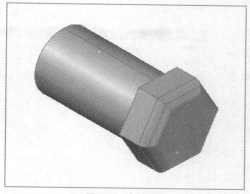

图18-23　素材图形

图18-24　"图形另存为"对话框

18.2.3　输出DWF图形

在 AutoCAD 2013 中，可以将图形输出为 DWF 文件。下面介绍输出 DWF 文件的操作方法。

实践素材	光盘 \ 素材 \ 第 18 章 \ 玻璃酒柜 .dwg
实践效果	光盘 \ 效果 \ 第 18 章 \ 玻璃酒柜 .dwfx
视频演示	光盘 \ 视频 \ 第 18 章 \ 玻璃酒柜 .mp4

【实践操作 421】输出 DWF 文件的具体操作步骤如下。

01　单击快速访问工具栏上的"打开"按钮，打开一幅素材图形，如图18-25所示。

02　在"功能区"选项板中，切换至"输出"选项卡，在"输出为DWF/PDF"面板中，单击"输出"按钮，弹出"另存为DWFx"对话框，设置文件名和保存路径，如图18-26所示。

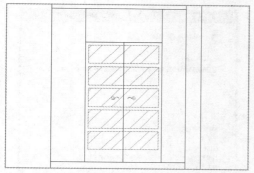

图18-25　素材图形

图18-26　"另存为DWFx"对话框

03　单击"保存"按钮，即可输出DWF图形。

18.3　图纸的打印

创建完图形之后，通常要打印到图纸上，也可以生成一份电子图纸，以便从互联网上进行访问。打印的图形可以包含图形的单一视图，或者更为复杂的视图排列。为了使用户更好地掌握图形输出的方法和技巧，下面将介绍打印图形的一些相关知识、如设置打印设备、设置图纸尺寸、设置打印区域、设置打印比例和预览打印效果等。

18.3.1　设置打印设备

为了获得更好的打印效果，在打印之前，应对打印设备进行设置，在"打印 - 模型"对话框的"打印机/绘图仪"选项区中，可以设置打印设备，用户可以在"名称"列表框中选择需要的打印设备，如图 18-27 所示。

图18-27　选择打印机

技巧点拨

用户可以用以下两种常用的方法调用"打印"命令。
- 方法1：在命令行中输入PLOT（打印）命令，按【Enter】键确认。
- 方法2：单击"菜单浏览器"按钮，在弹出的下拉菜单，单击"打印"|"打印"命令。

执行以上任意一种方法，均可调用"打印"命令。

18.3.2　设置图纸尺寸

在"打印 - 模型"对话框的"图纸尺寸"选项区中的列表框中，用户可以选择标准图纸的大小。下面介绍设置图纸尺寸的操作方法。

【实践操作 422】设置图纸尺寸的具体操作步骤如下。

01 在"功能区"选项板中，切换至"输出"选项卡，单击"打印"面板中的"页面设置管理器"按钮，如图18-28所示。

02 弹出"页面设置管理器"对话框，单击"修改"按钮，如图18-29所示。

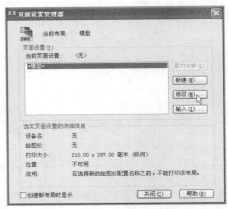

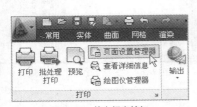

图18-28　单击相应按钮　　　　　　　　图18-29　单击"修改"按钮

03 弹出"页面设置-模型"对话框，在"打印机/绘图仪"选项区中，单击"名称"右侧的下拉按钮，在弹出的列表框中，选择合适的选项，单击"图纸尺寸"右侧的下拉按钮，在弹出的列表框中，选择合适的选项，如图18-30所示。

04 单击"确定"按钮，返回到"页面设置管理器"对话框，单击"关闭"按钮，即可设置图纸尺寸。

18.3.3　设置打印区域

由于 AutoCAD 的绘图界限没有限制，所以在打印图形时，必须设置图形的打印区域，这样可以更准确地打印需要的图形,在"打印 - 模型"对话框中"打印区域"栏的"打印范围"列表框中包括"窗口"、"图形界限"和"显示"3 个选项，各选项的含义如下。

窗口：打印指定窗口内的图形对象。

图形界限：选择该选项，只打印设定的图形界限内的所有对象。

显示：选择该选项，可以打印当前显示的图形对象。

18.3.4　设置打印比例

在"打印 - 模型"对话框的"打印比例"选项区中，可以设置图形的打印比例。用户在绘制图形时一般按 1 ：1 的比例绘制，打印输出图形时则需要根据图纸尺寸确定打印比例。

系统默认的选项是"布满图纸"，即系统自动调整缩放比例，使所绘图形充满图纸。用户还可以直接在"比例"列表框中选择标准缩放比例值。如果需要自己指定打印比例，可选择"自定义"选项，此时可以在自定义对应的两个数值框中设置打印比例。其中，第一个文本框表示图纸尺寸单位，第二个文本框表示图形单位。例如，若设置打印比例为 2 ：1，即可在第一个文本框内输入 2，在第二个文本框内输入 1，则表示图形中 1 个单位在打印输出后变为 2 个单位。

图18-30　选择合适的选项

18.3.5　打印预览效果

完成打印设置后，还可以预览打印效果，如果不满意可以重新设置。

在 AutoCAD 2013 中，用户可以通过以下 4 种方法预览打印效果。

命令：在命令行中输入 PREVIEW 命令并按【Enter】键确认。

菜单：单击"菜单浏览器"按钮，在弹出的下拉菜单中，单击"打印"|"打印预览"命令。

面板：在"功能区"选项板中，切换至"输出"选项卡，在"打印"面板中单击"预览"按钮。

对话框：在"打印 - 模型"对话框中单击"预览"按钮。

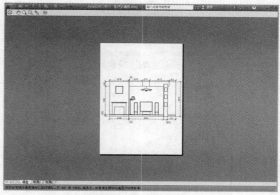

图18-31　打印预览

使用以上任意一种方法，AutoCAD 都将按照当前的页面设置、绘图设备设置及绘图样式表等，在屏幕上绘制出最终要输出的图形，如图 18-31 所示。

如果要退出预览状态，可按【Esc】键或单击鼠标右键，在弹出的快捷菜单中选择"退出"选项，返回"打印 - 模型"对话框；如果用户对预览效果满意，单击"确定"按钮，即可开始打印。

18.4　图形图纸的打印

在 AutoCAD 2013 中，用户可以通过模型空间打印输出绘制好的图形，模型空间用于在草图和设计环境中创建二维图形和三维模型。

18.4.1　在模型空间打印

默认情况下，用户都是从模型空间中打印输出图形的。在模型空间中绘制完图形后，可以在工作空间中直接打印图形。下面介绍在模型空间打印的操作方法。

实践素材	光盘 \ 素材 \ 第 18 章 \ 开关布置图 .dwg

【实践操作 423】在模型空间打印的具体操作步骤如下。

O1 单击快速访问工具栏上的"打开"按钮,打开一幅素材图形,如图18-32所示。

O2 在"功能区"选项板中,切换至"输出"选项卡,在"打印"面板中,单击"页面设置管理器"按钮⌷,弹出"页面设置管理器"对话框,单击"新建"按钮,如图18-33所示。

O3 弹出"新建页面设置"对话框,在"新页面设置名"文本框中输入"开关布置图",如图18-34所示。

O4 单击"确定"按钮,弹出"页面设置-模型"对话框,单击"确定"按钮,返回到"页面设置管理器"对话框,依次单击"置为当前"和"关闭"按钮,关闭对话框,单击"菜单浏览器"按钮,在弹出的下拉菜单中,单击"打印"|"打印"命令,即可在模型空间中打印,如图18-35所示。

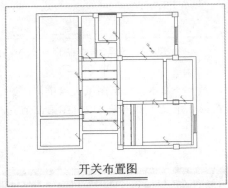

图18-32 素材图形

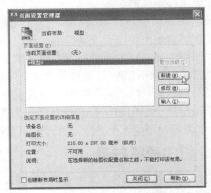

图18-33 单击"新建"按钮

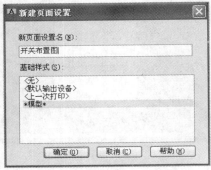

图18-34 "新建页面设置"对话框

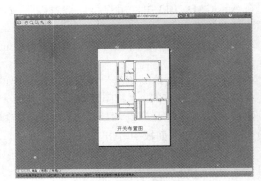

图18-35 在模型空间打印

18.4.2 创建打印布局

用户可以为图形创建多种布局,每个布局代表一张单独的打印输出图纸。创建布局后,就可以在布局中创建浮动视口。视口中的各个视图可以使用不同的打印比例,还可以控制视图中图层的可见性。下面介绍创建打印布局的操作方法。

【实践操作 424】创建打印布局的具体操作步骤如下。

O1 显示菜单栏,单击菜单栏上的"插入"|"布局"|"创建布局向导"命令,弹出"创建布局-开始"对话框,设置"输入新布局的名称"为"建筑布局",如图18-36所示。

O2 单击"下一步"按钮,弹出"创建布局-打印机"对话框,选择合适的打印机,单击"下一步"按钮,如图18-37所示。

O3 弹出"创建布局-图纸尺寸"对话框,保持默认选项,单击"下一步"按钮,如图18-38所示。

O4 弹出"创建布局-方向"对话框,选中"纵向"单选按钮,单击"下一步"按钮,如图18-39所示。

O5 弹出"创建布局-标题栏"对话框,选择合适的选项,单击"下一步"按钮,如图18-40所示。

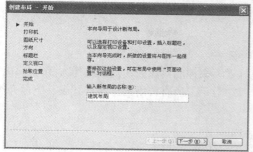

图18-36　输入名称

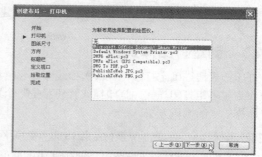

图18-37　单击"下一步"按钮

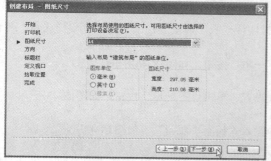

图18-38　单击"下一步"按钮

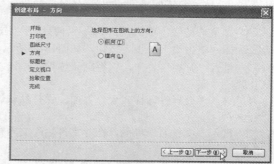

图18-39　单击"下一步"按钮

06 弹出"创建布局-定义视口"对话框，选中"标准三维工程视图"单选按钮，单击"下一步"按钮，如图18-41所示。

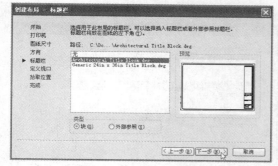

图18-40　单击"下一步"按钮

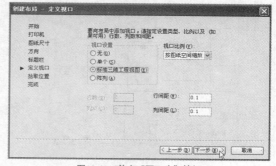

图18-41　单击"下一步"按钮

07 弹出"创建布局-拾取位置"对话框，单击"选择位置"按钮，如图18-42所示。

08 在绘图区中的原点位置上，按下鼠标左键，并向右上方拖曳鼠标至合适位置，释放鼠标，弹出"创建布局-完成"对话框，如图18-43所示。

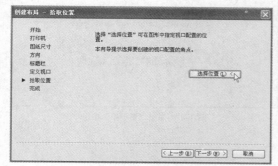

图18-42　单击"选择位置"按钮

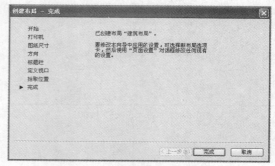

图18-43　"创建布局-完成"对话框

09 单击"完成"按钮，完成向导布局的创建。

18.4.3 创建打印样式表

打印样式通过确定打印特性（例如线宽、颜色和填充样式）来控制对象或布局的打印方式。打印样式表中收集了多组打印样式。打印样式管理器是一个窗口，其中显示了所有可用的打印样式表。下面介绍创建打印样式表的操作方法。

实践素材	光盘 \ 素材 \ 第 18 章 \ 插座平面图 .dwg

【实践操作 425】创建打印样式表的具体操作步骤如下。

01 单击快速访问工具栏上的"打开"按钮，打开一幅素材图形，如图18-44所示。

02 显示菜单栏，单击"工具"|"向导"|"添加打印样式表"命令，弹出"添加打印样式表"对话框，单击"下一步"按钮，如图18-45所示。

03 进入"开始"界面，保持默认选项，单击"下一步"按钮，如图18-46所示。

04 进入"选择打印样式表"界面，保持默认选项设置，单击"下一步"按钮，如图18-47所示。

05 进入"文件名"界面，在"文件名"文本框中输入"插座平面图"，如图18-48所示。

06 单击"下一步"按钮，弹出"完成"界面，如图18-49所示，单击"完成"按钮，即可创建打印样式表。

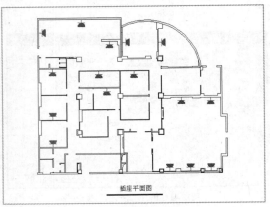

图18-44 素材图形

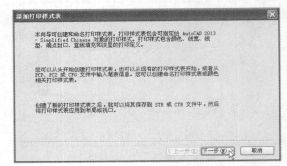

图18-45 单击"下一步"按钮

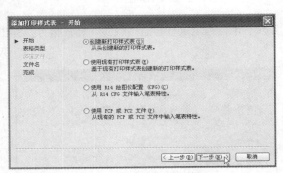

图18-46 单击"下一步"按钮

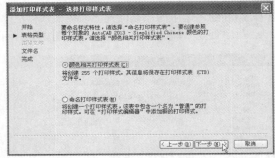

图18-47 单击"下一步"按钮

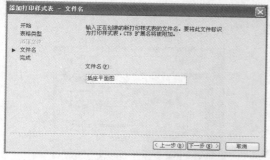

图18-48 输入名称

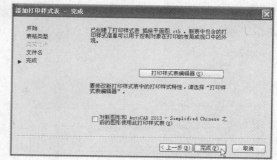

图18-49 "完成"界面

18.4.4 管理打印样式表

在 AutoCAD 2013 中，可以使用打印样式管理器添加、删除、重命名、复制和编辑打印样式表。下面介绍管理打印样式表的操作方法。

【实践操作 426】管理打印样式表的具体操作步骤如下。

01 单击"菜单浏览器"|"打印"|"管理打印样式"命令，在弹出的窗口中，选择合适的选项，如图18-50所示。

02 双击鼠标左键，弹出"打印样式表编辑器-acad.ctb"对话框，切换至"表格视图"选项卡，在"特性"选项区中，设置"颜色"为"红"、"淡显"为80、"线型"为"实心"、"线宽"为"0.3500毫米"，如图18-51所示。

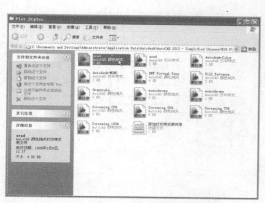

图18-50 选择合适的选项

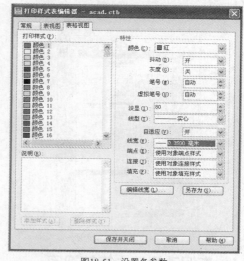

图18-51 设置各参数

03 单击"保存并关闭"按钮，即可编辑打印样式表。

18.4.5 相对图纸空间比例缩放视图

如果布局图中使用了多个浮动视口时，就可以为这些视口中的视图建立相同的缩放比例。下面介绍相对图纸空间比例缩放的操作方法。

实践素材	光盘 \ 素材 \ 第 18 章 \ 豪华双人床 .dwg
实践效果	光盘 \ 效果 \ 第 18 章 \ 豪华双人床 .dwg

【实践操作 427】相对图纸空间比例缩放的具体操作步骤如下。

01 单击快速访问工具栏上的"打开"按钮，打开一幅素材图形，如图18-52所示。

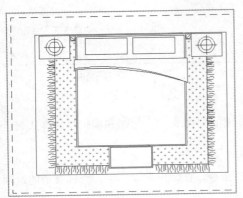
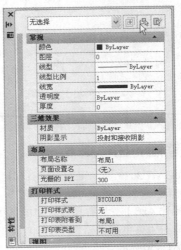

图18-52 素材图形

图18-53 单击"选择对象"按钮

02 在"功能区"选项板中，切换至"视图"选项卡，在"选项板"面板中，单击"特性"按钮，弹出"特性"面板，单击"选择对象"按钮，如图18-53所示。

03 在绘图区中选择所有图形，按【Enter】键确认，在"其他"选项区中，单击"注释比例"右侧的下拉按钮，在弹出的列表框中，选择1：50选项，如图18-54所示。

04 执行操作后，即可相对图纸空间比例缩放视图，效果如图18-55所示。

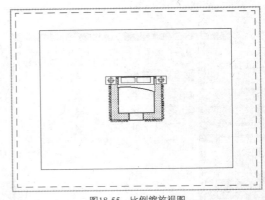

图18-54 选择合适的选项

图18-55 比例缩放视图

18.4.6 在浮动视口中旋转视图

在浮动视口中，使用 MVSETUP 命令可以旋转整个视图。该功能与 ROTATE 命令不同，ROTATE 命令只能旋转单个对象。下面介绍在浮动视口中旋转视图的操作方法。

实践素材	光盘＼素材＼第 18 章＼阀管 .dwg
实践效果	光盘＼效果＼第 18 章＼阀管 .dwg

【实践操作 428】在浮动视口中旋转视图的具体操作步骤如下。

01 单击快速访问工具栏上的"打开"按钮，打开一幅素材图形，如图18-56所示。

02 在命令行中输入MVSETUP（旋转视图）命令，如图18-57所示。

03 按【Enter】键确认，根据命令行提示进行操作，输入A，如图18-58所示。

04 按【Enter】键确认，输入R，如图18-59所示。

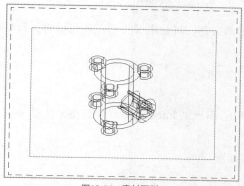

图18-56 素材图形

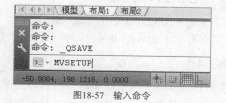

图18-57 输入命令

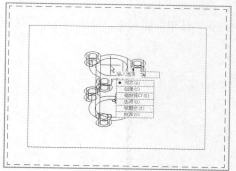

图18-58 输入参数

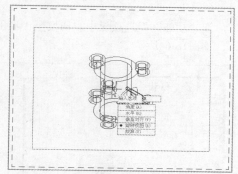

图18-59 输入参数

05 按【Enter】键确认，输入（-8，15），如图18-60所示。

06 按【Enter】键确认，输入30，如图18-61所示。

07 连续按三次【Enter】键，确认操作，即可在浮动视口中旋转视图，效果如图18-62所示。

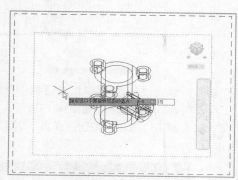

图18-60 输入参数

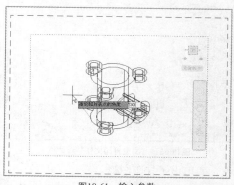

图18-61 输入参数

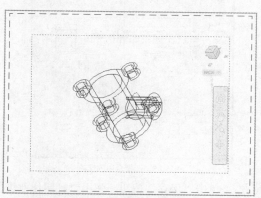

图18-62 在浮动视口中旋转视图

18.5 发布图形图纸

在 AutoCAD 2013 中，用户可以以电子格式输出图形文件、进行电子传递，还可以将设计好的作品发布到 Web 上供用户浏览。

18.5.1 电子打印图形

使用 AutoCAD 2013 中的 ePlot 驱动程序，可以发布电子图形到 Internet 上，所创建文件以 Web 图形格式文件保存。下面介绍电子打印图形的操作方法。

实践素材	光盘 \ 素材 \ 第 18 章 \ 快餐厅平面布局图 .dwg

【实践操作 429】电子打印图形的具体操作步骤如下。

01 单击快速访问工具栏上的"打开"按钮，打开一幅素材图形，如图18-63所示。

02 在"功能区"选项板中，切换至"输出"选项卡，在"打印"面板中，单击"打印"按钮🖶，如图18-64所示。

图18-63　素材图形

图18-64　单击"打印"按钮

03 弹出"打印-模型"对话框，单击"名称"右侧的下拉按钮，在弹出的列表框中，选择DWF6 eplot.pc3选项，如图18-65所示。

04 单击"确定"按钮，弹出"浏览打印文件"对话框，设置文件名和保存路径，如图18-66所示。

图18-65　选择合适的选项

图18-66　"浏览打印文件"对话框

05 单击"保存"按钮，弹出"打印作业进度"对话框，即可电子打印图形。

18.5.2 电子发布

AutoCAD 2013 提供了一种简易的创建图纸图形集或电子图形集的方法。电子图形集是打印图形集的数字形式。下面介绍电子发布的操作方法。

实践素材	光盘 \ 素材 \ 第 18 章 \ 户型平面图 .dwg

【实践操作 430】电子发布的具体操作步骤如下。

01 单击快速访问工具栏上的"打开"按钮,打开一幅素材图形,如图18-67所示。

02 在"功能区"选项板中,切换至"输出"选项卡,在"打印"面板中,单击"批处理打印"按钮,如图18-68所示。

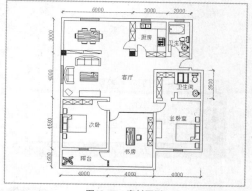

图18-67 素材图形

图18-68 单击"批处理打印"按钮

03 弹出"发布"对话框,单击"发布选项"按钮,如图18-69所示。

04 弹出"列表另存为"对话框,设置文件名和保存路径,如图18-70所示。

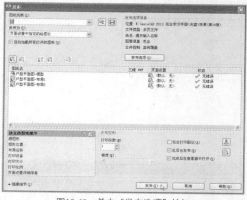

图18-69 单击"发布选项"按钮

图18-70 "列表另存为"对话框

05 单击"保存"按钮,即可电子发布图形,此时,将弹出"打印-正在处理后台作业"对话框,如图18-71所示。

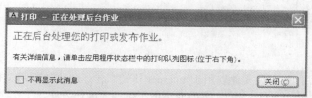

图18-71 "打印-正在处理后台作业"对话框

18.5.3 三维DWF发布

在 AutoCAD 2013 中，用户可以使用三维 DWF 发布来生成三维模型的 Web 图形格式（DWF）文件。下面介绍三维 DWF 发布的操作方法。

实践素材	光盘 \ 素材 \ 第 18 章 \ 别墅侧面图 .dwg

【实践操作 431】三维 DWF 发布的具体操作步骤如下。

01 单击快速访问工具栏上的"打开"按钮，打开一幅素材图形，如图18-72所示。

02 在命令行中输入3DDWF（三维DWF）命令，如图18-73所示。

图18-72　素材图形

图18-73　输入命令

技巧点拨

除了运用上述方法可以调用"三维 DWF"命令外，用户还可以单击"菜单浏览器"|"输出"|"三维 DWF"命令。

03 按【Enter】键确认，弹出"输出三维DWF"对话框，设置文件名和保存路径，如图18-74所示。

04 单击"保存"按钮，弹出"查看三维DWF"对话框，如图18-75所示。

图18-74　设置文件名和保存路径

图18-75　"查看三维 DWF"对话框

05 单击"否"按钮，即可发布三维DWF。

18.5.4 电子传递

通过电子传递，可以打包一组文件以用于 Internet 传递。传递包中的图形文件会自动包含所有相关从属文件（例如外部参照文件和字体文件）。下面介绍电子传递的操作方法。

实践素材	光盘 \ 素材 \ 第 18 章 \ 办公楼立面图 .dwg

【实践操作 432】电子传递的具体操作步骤如下。

01 单击快速访问工具栏上的“打开”按钮，打开一幅素材图形，如图18-76所示。

02 在命令行中输入ETRANSMIT（电子传递）命令，如图18-77所示。

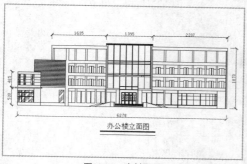

图18-76　素材图形

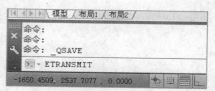

图18-77　输入命令

AutoCAD 技巧点拨

将图形文件发送给其他人时，经常会忽略包含相关从属文件（例如外部参照文件和字体文件）。在某些情况下，收件人会因没有包含这些文件而无法使用图形文件。通过电子传递，从属文件会自动包含在传递包中，从而降低了出错的可能性。

03 按【Enter】键确认，弹出“创建传递”对话框，如图18-78所示。

04 单击“确定”按钮，弹出“指定Zip文件”对话框，设置文件名和保存路径，如图18-79所示。

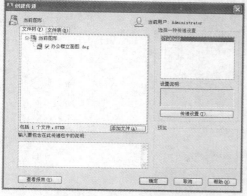

图18-78　“创建传递”对话框

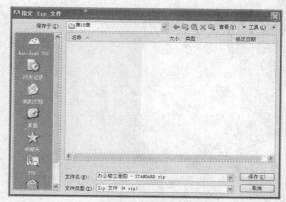

图18-79　“指定Zip文件”对话框

05 单击“保存”按钮，弹出“正在创建归档文件包”对话框，如图18-80所示，创建好的文件包即可用于电子传递。

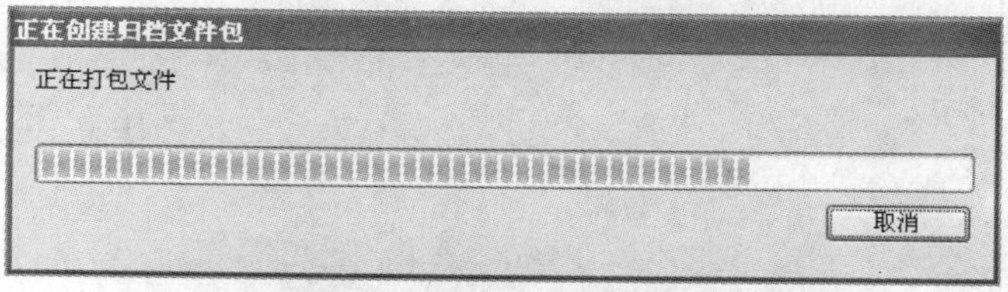

图18-80　“正在创建归档文件包”对话框

综合实战篇

第19章
简易图纸设计

　　AutoCAD 是设计行业中最常用的计算机绘图软件，使用它可以边设计边修改，直到满意，再利用打印设备出图。在设计过程中不再需要绘制很多不必要的草图，大大提高了设计的质量和工作效率。

A　u　t　o　C　A　D

19.1 节能灯泡

本实例制作的是节能灯泡，实例效果如图19-1所示。

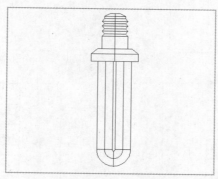

图19-1 节能灯泡平面图

19.1.1 绘制灯泡的接口

实践素材	无
实践效果	光盘 \ 效果 \ 第 19 章 \ 节能灯泡 .dwg
视频演示	光盘 \ 视频 \ 第 19 章 \ 节能灯泡 .mp4

【实践操作 433】绘制灯泡的接口的具体操作步骤如下。

01 新建一个CAD文件，在命令行中输入REC（矩形）命令，按【Enter】键确认，根据命令行提示进行操作，分别以（169，217）和（@10，-14）为矩形角点和对角点绘制矩形，如图19-2所示。

02 在命令行中输入X（分解）命令，按【Enter】键确认，根据命令行提示，选中新绘制的矩形，按【Enter】键确认，分解矩形，如图19-3所示。

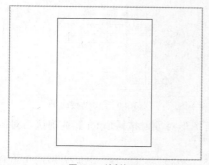

图19-2 绘制矩形

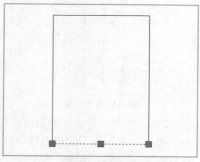

图19-3 分解矩形

03 开启"对象捕捉"功能，在命令行中输入L（直线）命令，按【Enter】键确认，根据命令行提示，以矩形上边中点为起点，下边中点为终点，绘制直线，如图19-4所示。

04 执行O（偏移）命令，根据命令行提示，设置偏移距离为1，选择已分解矩形上边的直线，沿垂直方向向下进行偏移，如图19-5所示。

05 重复执行O（偏移）命令，根据命令行提示，选择上步偏移的水平直线，沿垂直方向向下偏移8次，偏移距离均为1，效果如图19-6所示。

06 重复执行O（偏移）命令，将中间的竖直直线分别向左向右偏移两次，偏移距离均为2，如图19-7所示。

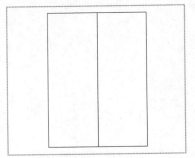

图19-4 绘制直线

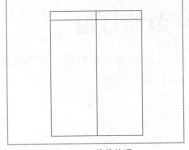

图19-5 偏移处理

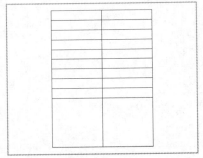

图19-6 偏移处理

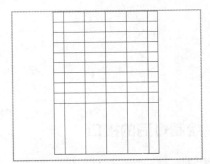

图19-7 偏移处理

07 执行L（直线）命令，根据命令行提示，指定直线相交的点，绘制图形左侧所需的直线，如图19-8所示。

08 重复执行L（直线）命令，根据命令行提示进行操作，绘制图形右侧所需的直线，如图19-9所示。

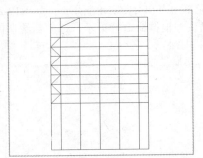

图19-8 绘制直线

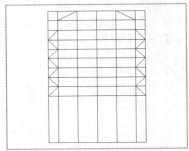

图19-9 绘制直线

09 执行TR（修剪）命令，根据命令行提示，选择所有图形对象，按【Enter】键确认后对图形进行修剪处理，并删除多余的直线，如图19-10所示。

10 执行REC（矩形）命令，根据命令行提示，以（165，203）和（@18，-5）为矩形角点和对角点绘制矩形，如图19-11所示。

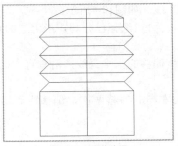

图19-10 修剪处理

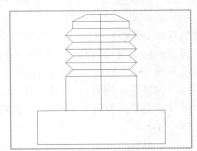

图19-11 绘制矩形

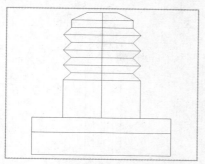

图19-12 偏移处理

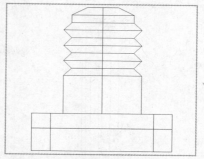

图19-13 偏移处理

11 执行X（分解）命令，分解上一步绘制的矩形，执行O（偏移）命令，选择已分解矩形上边直线，沿垂直方向向下偏移，偏移距离为2，如图19-12所示。

12 重复执行O（偏移）命令，分别选择已分解矩形左侧与右侧的直线，沿水平方向向右和向左偏移，偏移距离均为2.4，如图19-13所示。

13 执行L（直线）命令，连接相应的端点，并修剪和删除多余的线条，如图19-14所示。

14 执行EX（延伸）命令，根据命令行提示，选择最下方的直线，按【Enter】键确认，选择要延伸的中线，延伸直线，如图19-15所示。

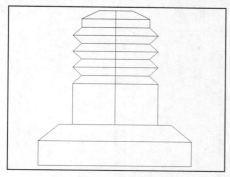

图19-14 修剪图形

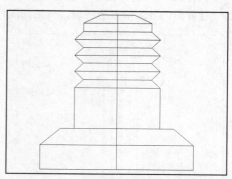

图19-15 延伸直线

19.1.2 绘制灯管

【实践操作 434】制作灯管的具体操作步骤如下。

01 执行REC（矩形）命令，根据命令行提示，以（167.5，198）和（@13，-35）为矩形的角点和对角点绘制矩形，如图19-16所示。

02 执行X（分解）命令，分解上步绘制的矩形，执行O（偏移）命令，根据命令行提示，将已分解矩形左侧与右侧的直线沿水平方向分别向右和向左偏移两次，偏移距离均为3，如图19-17所示。

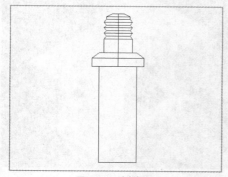

图19-16 绘制矩形

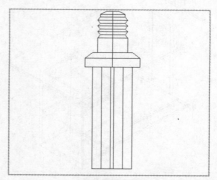

图19-17 偏移直线

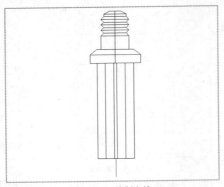

图19-18 绘制直线

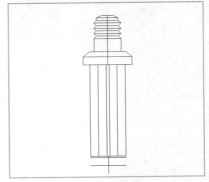

图19-19 偏移处理

03 执行L（直线）命令，根据命令行提示，以矩形下边中点为起点，垂直向下绘制一条长6.5的直线，如图19-18所示。

04 执行O（偏移）命令，根据命令行提示，选择矩形底边宽为13的边线，分别向下偏移，偏移距离为0.6和2.9，如图19-19所示。

05 执行ARC（圆弧）命令，根据图形需要依次绘制圆弧，如图19-20所示。

06 执行TR（修剪）命令，根据命令行提示，选择需要修剪的图形，按【Enter】键确认，对图形进行修剪，并删除多余线段，效果如图19-21所示。

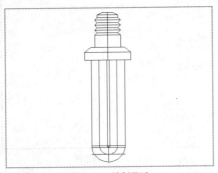

图19-20 绘制圆弧

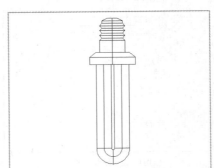

图19-21 最终效果

19.2 办公桌

本实例制作的是办公桌效果，CAD中实例效果如图19-22所示，渲染图效果如图19-23所示。

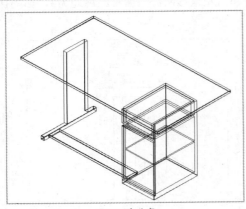

图19-22 办公桌

图19-23 办公桌

技巧点拨

技巧1：绘制长方体	技巧2：移动坐标	技巧3：三维镜像处理
技巧4：并集处理	技巧5：圆角处理	技巧6：设置渲染环境

19.2.1 绘制办公桌

实践素材	光盘\素材\第19章\mw014.tif
实践效果	光盘\效果\第19章\办公桌.dwg、办公桌.bmp
视频演示	光盘\视频\第19章\办公桌.mp4

【实践操作435】绘制办公桌的具体操作步骤如下。

01 新建一个CAD文件，将视图切换到东南等轴测视图。

02 执行BOX（长方体）命令，根据命令提示，分别以（0，0，0）和（30，500，30）以及（30，45，10）和（@740，100，20）为长方体的角点和对角点，绘制两个长方体，如图19-24所示。

03 重复执行BOX命令，根据命令提示，分别以（770，0，0）和（@300，420，30）以及（0，220，30）和（@30，200，610）为长方体的角点和对角点，绘制两个长方体，如图19-25所示。

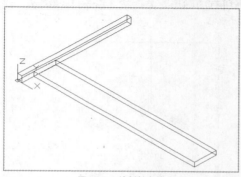

图19-24 绘制长方体

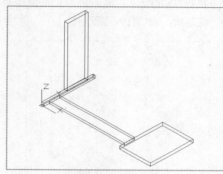

图19-25 绘制长方体

04 在命令行中输入UCS命令并按【Enter】键确认，根据命令提示，指定新原点为（770，0，30），并按【Enter】键确认，对坐标系进行移动，如图19-26所示。

05 在命令行中输入BOX命令并按【Enter】键确认，根据命令提示，分别以（15，405，0）和（@270，15，610）、（0，15，0）和（@15，405，610）为长方体的角点和对角点，绘制两个长方体，如图19-27所示。

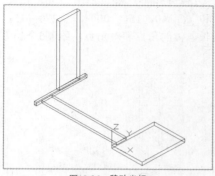

图19-26 移动坐标

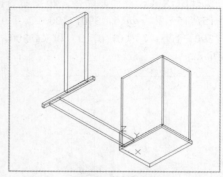

图19-27 绘制长方体

06 执行MIRROR3D（三维镜像）命令，选择上步绘制的第2个长方体为镜像对象，以YZ为镜像面，在点（150，0）处进行镜像处理，如图19-28所示。

07 在命令行中输入BOX命令并按【Enter】键确认，根据命令提示，分别以（15，15，0）和（@270，15，15）、（15，15，260）和（@270，390，10）、（0，15，465）和（@300，15，25）、（15，15，475）和（@15，390，15）、（30，390，475）和（@240，15，15）为长方体的角点和对角点，绘制5个长方体，如图19-29所示。

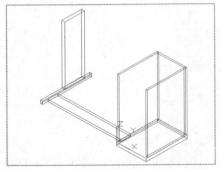

图19-28　三维镜像处理

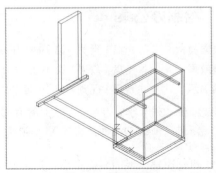

图19-29　绘制长方体

08 执行MIRROR3D（三维镜像）命令，选择上步绘制的第4个长方体作为镜像对象，以YZ为镜像面，在点（150，0）处进行镜像处理，如图19-30所示。

09 执行UNION（并集）命令，根据命令提示，选择所有的图形对象，按【Enter】键确认，进行并集运算，如图19-31所示。

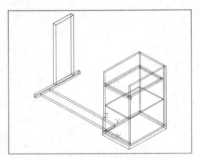

图19-30　三维镜像处理

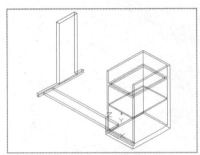

图19-31　并集处理

10 执行BOX（长方体）命令，根据命令提示，分别以（0，0，0）和（@300，15，465）为长方体的角点和对角点，绘制长方体。

11 在命令行中输入UCS命令并按【Enter】键确认，根据命令提示，指定新原点为（0，0，490），并按【Enter】键确认，对坐标系进行移动，如图19-32所示。

12 执行BOX（长方体）命令，根据命令提示，分别以（15，15，0）和（@270，390，15）、（15，15，15）和（@15，390，100）、（30，390，15）和（@240，15，100）、（270，15，15）和（@15，390，100）、（0，0，0）和（@300，15，115）为长方体的角点和对角点，绘制5个长方体，如图19-33所示。

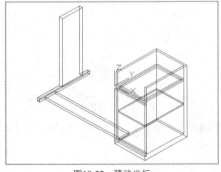

图19-32　移动坐标

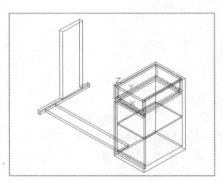

图19-33　绘制长方体

13 执行UNI（并集）命令，根据命令提示，选中上步绘制的长方体，按【Enter】键确认，进行并集运算，制作出抽屉，如图19-34所示。

14 执行BOX（长方体）命令，根据命令提示，分别以（-890，-70，135）和（@1300，700，20）为长方体的角点和对角点绘制长方体，效果如图19-35所示。

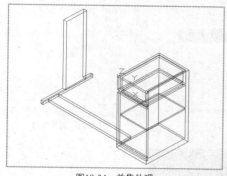

图19-34　并集处理

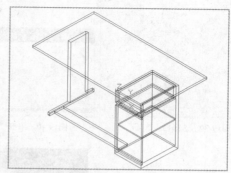

图19-35　绘制长方体

19.2.2　渲染实体

【实践操作 436】渲染实体的操作步骤如下。

01 将图形转换为"真实"视觉样式，执行MATERIALS（材质）命令，弹出"材质浏览器"面板，在材质球上单击鼠标右键，选择"编辑"选项，如图19-36所示。

02 弹出"材质编辑器"面板，在"图像"右侧的空白处单击鼠标，如图19-37所示。

03 弹出"材质编辑器打开文件"对话框，选择相应文件，并单击"打开"按钮，如图19-38所示。

04 在材质球上单击鼠标右键，选择"选择要应用到的对象"选项，如图19-39所示，在绘图区中选择所有图形对象，并按【Enter】键确认。

图19-36　选择"编辑"选项

图19-37　"材质编辑器"面板

图19-38　选择相应文件

05 在功能区切换至"渲染"选项卡，单击"渲染"面板中的"高级渲染设置"按钮，如图19-40所示。

06 弹出"高级渲染设置"面板，将渲染级别设置为"高"，"输出尺寸"为800×600，单击面板右上角的"渲染"按钮，如图19-41所示。

07 稍等片刻，即可完成图形的渲染，效果如图19-42所示。

图19-39 选择相应选项

图19-40 单击"高级渲染设置"按钮

图19-41 设置参数

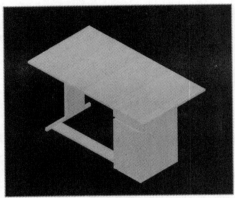

图19-42 最终效果

19.3 电气工程图

本实例制作的是电气工程图效果，实例效果如图 19-43 所示。

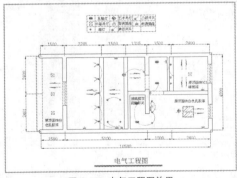

图19-43 电气工程图效果

19.3.1 绘制墙体

实践素材	光盘\素材\第19章\其他灯.dwg、单级开关.dwg、电源插座.dwg、二级开关.dwg、线路.dwg
实践效果	光盘\效果\第19章\电气工程图.dwg
视频演示	光盘\视频\第19章\电气工程图.mp4

【**实践操作 437**】绘制墙体的具体操作步骤如下。

01 新建一个CAD文件；在命令行中输入LAYER（图层）命令，按【Enter】键确认，弹出"图层特性管理器"面板，依次创建"轴线"图层（红色、CENTER）、"墙线"图层、"插座及开关"图层（绿色）、"灯"图层（洋红色）、"线路"图层（蓝色）、"标注"图层（蓝色）和"文字"图层（蓝色），并将"轴线"图层置为当前图层，如图19-44所示，单击"关闭"按钮，完成图层的创建。

02 显示菜单栏，单击"格式"|"线型"命令，弹出"线型管理器"对话框，选择CENTER线型，设置"全局比例因子"为20，如图19-45所示，单击"确定"按钮，设置线型的比例因子。

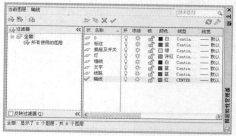

图19-44　创建图层

图19-45　设置参数

03 执行L（直线）命令，根据命令行提示进行操作，在绘图区中任意选择一点作为起点，输入（@11710，0），按【Enter】键确认，绘制直线，如图19-46所示。

04 重复执行L（直线）命令，根据命令行提示进行操作，输入FROM（捕捉自）命令，按【Enter】键确认，捕捉新绘制的直线的左端点，依次输入（@2175，331）和（@0，-5948）并确认，绘制直线，效果如图19-47所示。

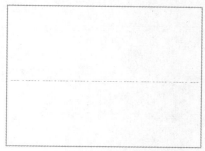

图19-46　绘制直线

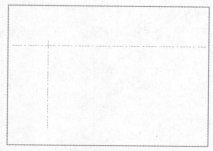

图19-47　绘制直线

05 执行O（偏移）命令，根据命令行提示进行操作，选择水平直线向下偏移，偏移距离依次为2400、2400，偏移效果如图19-48所示。

06 重复执行O（偏移）命令，根据命令行提示进行操作，选择垂直直线向右偏移，偏移距离依次为2285、1500、1315、1500和2400，偏移效果如图19-49所示。

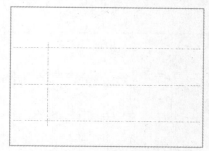

图19-48　偏移效果

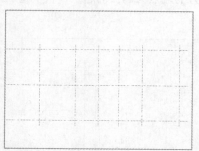

图19-49　偏移效果

07 将"墙线"图层置为当前图层。在命令行中输入ML（多线）命令，按【Enter】键确认，根据命令行提示进行操作，设置"对正类型"为"无"、"比例"为240，输入FROM命令并确认，捕捉最下方水平直线的左端点为基点，输入偏移量为（@675，0），并按【Enter】键确认，依次输入（@10500，0）、（@0，4800）和（@-10500，0）并确认，绘制墙线，如图19-50所示。

08 重复执行MLINE（多线）命令，根据命令行提示进行操作，捕捉左上方的交点为起点，输入（@0，-4560），按【Enter】键确认，绘制墙线，如图19-51所示。

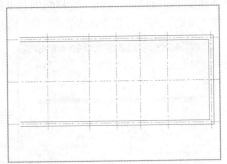

图19-50　绘制墙线

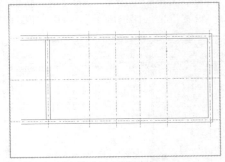

图19-51　绘制墙线

09 在命令行中输入CO（复制）命令，按【Enter】键确认，根据命令行提示进行操作，选择新绘制的多线为复制对象，捕捉新绘制的墙线的上端点为复制的基点，依次输入（@2285，0）、（@3785，0）、（@5100，0）和（@6600，0），进行复制处理，如图19-52所示。

10 执行ML（多线）命令，根据命令行提示进行操作，在绘图区中，捕捉中间右侧的交点为起点，输入（@-4955，0），按【Enter】键确认，绘制墙线，如图19-53所示。

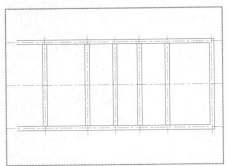

图19-52　复制效果

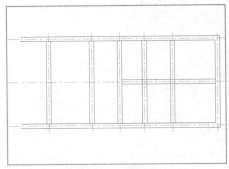

图19-53　绘制墙线

11 执行L（直线）命令，根据命令行提示进行操作，输入FROM命令，按【Enter】键确认，捕捉合适的交点为基点，依次输入（@240，-120）和（@0，-2160）并确认，绘制直线，如图19-54所示。

12 在命令行中输入ARC（圆弧）命令，按【Enter】键确认，根据命令行提示进行操作，捕捉左下方的端点为圆弧的起点，依次输入（@-120，120）和（@120，120）并确认，绘制圆弧，如图19-55所示。

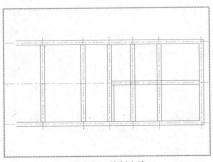

图19-54　绘制直线

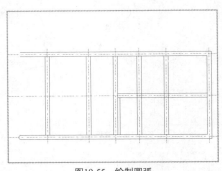

图19-55　绘制圆弧

13 执行CO（复制）命令，根据命令行提示进行操作，选择新绘制的圆弧，按【Enter】键确认，捕捉左下方的端点为复制的基点，输入（@0，4800）并确认，进行复制处理，如图19-56所示。

14 执行L（直线）命令，根据命令行提示进行操作，输入FROM命令，按【Enter】键确认，捕捉合适的交点，依次输入（@-240，0）和（@0，2160）并确认，绘制直线，如图19-57所示。

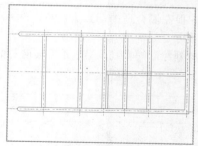

图19-56　复制效果

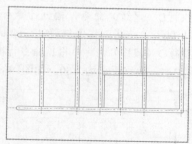

图19-57　绘制直线

15 关闭"轴线"图层。执行X（分解）命令，分解多线对象；执行TRIM命令，修剪多余的对象，如图19-58所示。

19.3.2　绘制窗户

【实践操作438】绘制窗户的具体操作步骤如下。

01 执行L（直线）命令，根据命令行提示进行操作，输入FROM命令，按【Enter】键确认，捕捉合适端点，输入（@0，-1530）和（@240，0），绘制直线，如图19-59所示。

02 执行O（偏移）命令，根据命令行提示进行操作，选择新绘制的直线，沿垂直方向向下偏移，偏移的距离为1500，如图19-60所示。

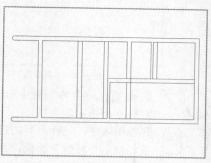

图19-58　修剪效果

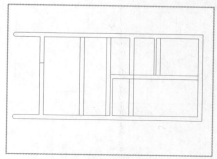

图19-59　绘制直线

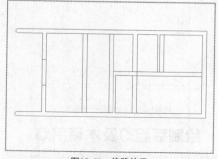

图19-60　偏移效果

03 执行TR（修剪）命令，根据命令行提示进行操作，修剪多余的直线对象，如图19-61所示。

04 重复执行L（直线）、O（偏移）和TR（修剪）命令，并参照相应的尺寸标注，绘制其他的窗口，如图19-62所示。

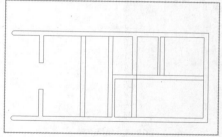

图19-61　修剪效果

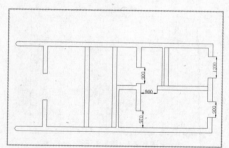

图19-62　绘制其他的窗口

电气工程图一般由首页、电气外线总平面图、电气平面图、电气系统图、设置布置图、电气原理接线图和详图等组成；在简易图纸设计中，电气系统图分为电力系统图、照明系统图和弱电（电话、广播等）系统图。

05 执行L（直线）命令，根据命令行提示进行操作，捕捉左侧合适的端点为起点，输入（@0，-1500），按【Enter】键确认，绘制直线，如图19-63所示。

06 执行O（偏移）命令，根据命令行提示进行操作，选择新绘制的直线，沿水平方向向右偏移，偏移3次，偏移距离均为80，如图19-64所示。

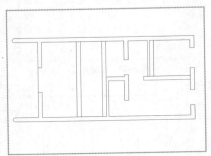

图19-63 绘制直线

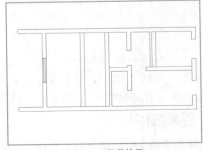

图19-64 偏移效果

07 重复执行L（直线）命令和O（偏移）命令，根据命令行提示进行操作，绘制其他的窗户对象，如图19-65所示。

08 在绘图区中，选择所有的窗户图形，并单击鼠标右键，在弹出的快捷菜单中，选择"特性"选项，弹出"特性"面板，在"常规"选项区中，单击"颜色"右侧的下拉按钮，在弹出的下拉列表中，选择"洋红"选项，转换选中图形的颜色，如图19-66所示。

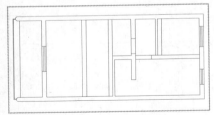

图19-65 绘制其他的窗户

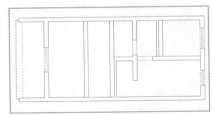

图19-66 转换颜色

19.3.3 绘制豆胆灯及木箱吊灯

【实践操作439】绘制豆胆灯及木箱吊灯的具体操作步骤如下。

01 执行REC（矩形）命令，根据命令行提示进行操作，在绘图区内指定任意一点为矩形的第一个角点，输入（@100，100），按【Enter】键确认，确定对角点，绘制矩形，如图19-67所示。

02 执行O（偏移）命令，根据命令行提示进行操作，选择新绘制的矩形，向内侧偏移，偏移距离为20，如图19-68所示。

图19-67 绘制矩形

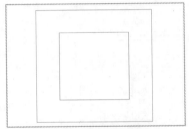

图19-68 偏移效果

03 执行L（直线）命令，根据命令行提示进行操作，输入FROM命令，按【Enter】键确认，捕捉矩形左侧的中点为基点，依次输入（@-31，0）和（@162，0）并确认，绘制直线，如图19-69所示。

04 重复执行L（直线）命令，根据命令行提示进行操作，输入FROM命令，按【Enter】键确认，捕捉矩形上方的中点为基点，依次输入（@0，31）和（@0，-162）并确认，绘制直线，如图19-70所示。

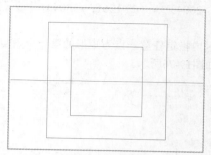

图19-69 绘制直线

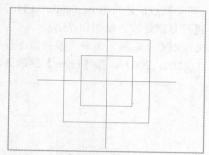

图19-70 绘制直线

05 执行C（圆）命令，根据命令行提示进行操作，捕捉两条直线的交点为圆心，绘制半径为30的圆，如图19-71所示。

06 在命令行中输入H（图案填充）命令，按【Enter】键确认，弹出"图案填充创建"面板，单击"图案填充图案"的下拉按钮，选择"SOLID"选项，单击"拾取点"按钮，在绘图区中，选择左下角四分之一圆为填充区域，进行图案填充，如图19-72所示。

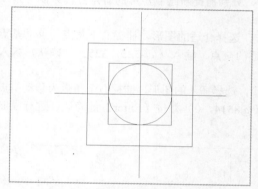

图19-71 绘制圆

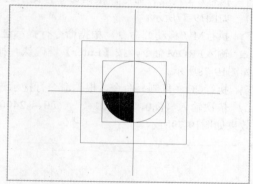

图19-72 填充图案

07 执行MI（镜像）命令，根据命令行提示进行操作，选择新绘制的图形，分别捕捉右侧的上下端点，进行镜像处理，如图19-73所示，

08 执行M（移动）命令，根据命令行提示进行操作，选择合适的图形，捕捉水平直线的左端点为移动基点，输入FROM命令，按【Enter】键确认，捕捉合适的交点，输入（@368，-320）并确认，插入图形，如图19-74所示。

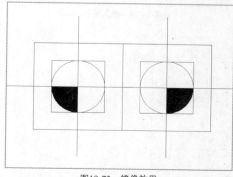

图19-73 镜像效果

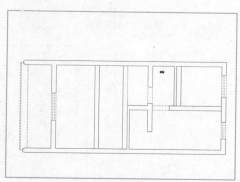

图19-74 插入图形

电气安装工程局部安装大样、配件构造等均要用电气详图表示出来才能施工。

09 执行CO（复制）命令，根据命令行提示进行操作，选择插入的图形，捕捉水平直线的左端点为移动基点，依次输入（@0，-1340）、（@-1261，-2604）、（@-1261，-3804）并按【Enter】键确认，进行复制处理，如图19-75所示。

10 执行REC（矩形）命令，根据命令行提示，在绘图区内指定任意一点为矩形的第一个角点，输入（@200，200），按【Enter】键确认，绘制矩形，如图19-76所示。

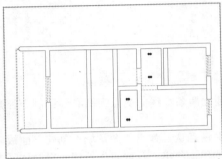

图19-75　复制效果

图19-76　绘制矩形

11 执行L（直线）命令，根据命令行提示进行操作，分别捕捉新绘制矩形的对角点，绘制对角线，如图19-77所示。

12 执行M（移动）命令，根据命令行提示进行操作，选择合适的图形，捕捉右下角点为移动基点，输入FROM命令，按【Enter】键确认，捕捉合适的交点，输入（@-525，325）并确认，插入图形，如图19-78所示。

13 执行CO（复制）命令，根据命令行提示进行操作，选择插入的图形，捕捉右下角点为移动基点，依次输入（@0，-1200）、（@0，-2400）、（@8514，0）并按【Enter】键确认，进行复制处理，效果如图19-79所示。

图19-77　绘制直线

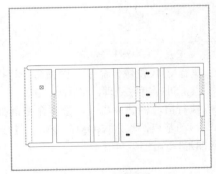

图19-78　插入图形

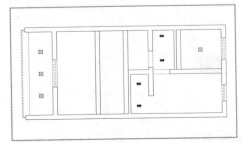

图19-79　复制效果

19.3.4　绘制筒灯

【实践操作440】绘制筒灯的具体操作步骤如下。

01　执行C（圆）命令，根据命令行提示进行操作，在绘图区中指定任意一点为圆心，绘制半径为40的圆，效果如图19-80所示。

02　执行L（直线）命令，根据命令行提示进行操作，输入FROM命令，按【Enter】键确认，捕捉圆的上方象限点为基点，依次输入（@0，20）和（@0，-120）并确认，绘制直线，如图19-81所示。

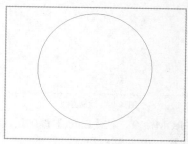

图19-80　绘制圆

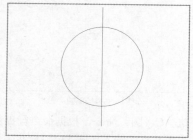

图19-81　绘制直线

03　执行L（直线）命令，根据命令行提示进行操作，输入FROM命令，按【Enter】键确认，捕捉圆的左侧象限点为基点，依次输入（@-20，0）和（@120，0）并确认，绘制直线，如图19-82所示。

04　执行H（图案填充）命令，按【Enter】键确认，弹出"图案填充创建"面板，单击"图案填充图案"的下拉按钮，选择"SOLID"选项，单击"拾取点"按钮，在绘图区中，选择左下角四分之一圆为填充区域，进行图案填充，如图19-83所示。

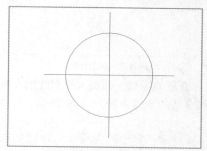

图19-82　绘制直线

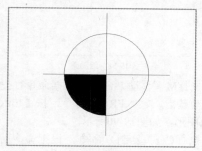

图19-83　填充图案

05　执行M（移动）命令，根据命令行提示进行操作，选择合适的图形，捕捉水平直线的左端点为移动基点，输入FROM命令，按【Enter】键确认，捕捉合适的交点，输入（@185，455）并确认，插入图形，如图19-84所示。

06　执行CO（复制）命令，复制其他的筒灯图形；执行MI（镜像）命令，镜像其他的筒灯图形，并将所有灯图形更改至"灯"图层，如图19-85所示。

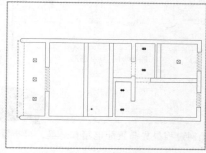

图19-84　插入图形

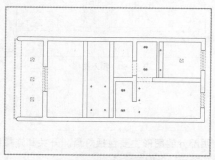

图19-85　复制并镜像处理

07 将"灯"图层置为当前图层。执行CIRCLE命令，根据命令行提示进行操作，在绘图区内指定任意一点为圆心，绘制半径为100的圆，如图19-86所示。

08 执行L（直线）命令，根据命令行提示进行操作，输入FROM命令，按【Enter】键确认，分别捕捉圆的上方和左侧的象限点为基点，输入的偏移量分别为（@0，39）和（@-39，0）并确认，绘制长度为277的直线，如图19-87所示。

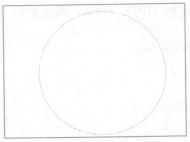

图19-86 绘制圆

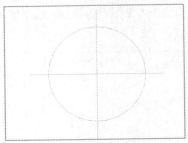

图19-87 绘制直线

09 执行C（圆）命令，根据命令行提示进行操作，输入FROM命令，按【Enter】键确认，捕捉圆心点为基点，输入（@-13，7）并确认，绘制半径为40的圆，如图19-88所示。

10 执行L（直线）命令，根据命令行提示进行操作，分别捕捉大圆和小圆上的点为直线的起点和终点，绘制直线，如图19-89所示。

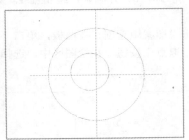

图19-88 绘制圆

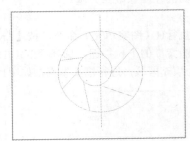

图19-89 绘制直线

11 执行M（移动）命令，根据命令行提示进行操作，选择合适的图形，捕捉水平直线的左端点为移动基点，输入FROM命令，按【Enter】键确认，捕捉合适的交点，输入（@-130，-1118）并确认，插入图形，如图19-90所示。

12 执行CO（复制）命令，根据命令行提示进行操作，捕捉水平直线的左端点为移动基点，输入（@3382，-2320）并确认，进行复制处理，如图19-91所示。

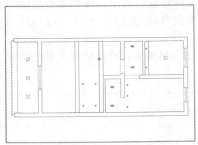

图19-90 插入图形

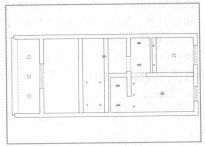

图19-91 复制图形

A u t o C A D 技巧点拨

照明部分的图形主要包括灯具、开关和连接线路等，一般的绘制过程是先布置配电箱和灯具，再布置开关，最后用线路连接各电气设备。

19.3.5 调用素材

【实践操作441】调用素材的具体操作步骤如下。

01 执行I（插入）命令，弹出"插入"对话框，单击"浏览"按钮，如图19-92所示。

02 弹出"选择图形文件"对话框，选择需要插入的图块素材，单击"打开"按钮，如图19-93所示。

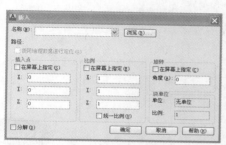

图19-92　单击"浏览"按钮

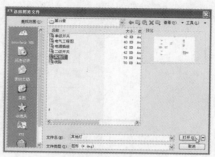

图19-93　单击"打开"按钮

03 返回到"插入"对话框，单击"确定"按钮，在绘图区中的任意位置上，单击鼠标，插入其他灯图块，选择插入的其他灯对象，将其缩放并移至合适的位置，效果如图19-94所示。

04 重复执行I（插入）命令，插入其他的素材，完善室内布置，如图19-95所示。

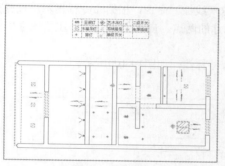

图19-94　插入素材

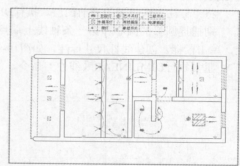

图19-95　插入其他素材

19.3.6 创建文字标注

【实践操作442】创建文字标注的具体操作步骤如下。

01 将"文字"图层置为当前图层。在命令行中输入MTEXT（多行文字）命令，按【Enter】键确认，根据命令行提示进行操作，在绘图区中的合适位置上，按下鼠标左键并向右上方拖曳至合适位置，释放鼠标，弹出文本框，输入"原顶面饰白色乳胶漆"，如图19-96所示。

02 在绘图区中的任意位置上，单击鼠标，创建多行文本，如图19-97所示。

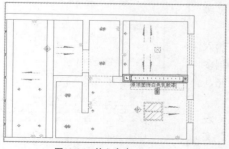

图19-96　输入文本

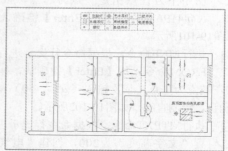

图19-97　创建文本

03 重复MTEXT（多行文字）命令，根据命令行提示进行操作，创建其他文本，效果如图19-98 所示。

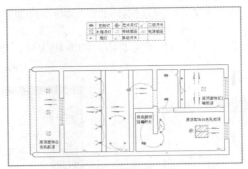

图19-98　创建其他文本

A u t o C A D　**技巧点拨**

弱电系统的终端设备比较少，可以分为3个子系统，即电话系统、有线电视系统和网络系统。

19.3.7　创建尺寸标注

【实践操作443】创建尺寸标注的具体操作步骤如下。

01 将"标注"图层置为当前图层。执行DIMLINEAR（线性）命令，根据命令行提示进行操作，分别捕捉圆弧的圆心和第一条轴线上端点为标注尺寸的两点，向上引导光标，在绘图区中的合适位置上，单击鼠标，创建线性尺寸标注，如图19-99所示。

02 重复执行DIMLINEAR（线性）命令，创建其他尺寸标注，如图19-100所示。

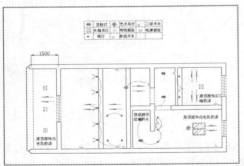

图19-99　创建线性尺寸标注

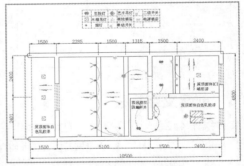

图19-100　创建其他尺寸标注

03 执行PLINE命令，根据命令行提示进行操作，在图中下方任意指定一点为起点，依次输入W、20、20、（@4196，0），按【Enter】键确认，绘制多段线，如图19-101所示。

04 执行LINE命令，根据命令行提示进行操作，输入FROM命令，按【Enter】键确认，捕捉新绘制多段线的左端点为基点，依次输入（@0，-50）和（@4196，0）并确认，绘制直线，如图19-102所示。

05 执行MTEXT命令，根据命令行提示进行操作，设置"文字高度"为200，创建"电气工程图"文字，效果如图19-103所示。

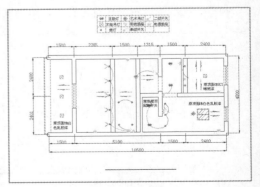

图19-101　绘制多段线

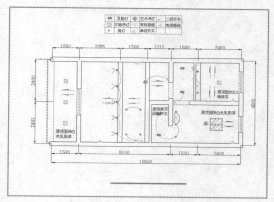

图19-102 绘制直线

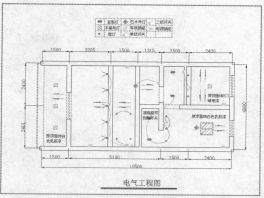

图19-103 创建多行文本

第20章
机械产品设计

AutoCAD 在机械类行业方面的应用非常普遍，但凡从事与机械相关工作的人士，如机械设计师、模具设计师、工业产品设计师等，一般都要求能熟练掌握和运用 AutoCAD 设计相关专业的图纸。

AutoCAD

20.1 轴支架

效果欣赏

本实例制作的是轴支架的渲染效果，如图 20-1 所示。概念视觉效果如图 20-2 所示。

图20-1　轴支架渲染效果

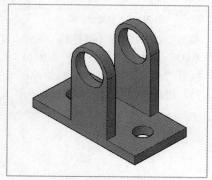

图20-2　概念视觉效果图

本实例制作的是轴支架的概念视觉样式效果，实例效果如图 20-2 所示。

20.1.1　绘制轴支架

实践素材	光盘 \ 素材 \ 第 20 章 \mw014.tif、Meta101.jpeg
实践效果	光盘 \ 效果 \ 第 20 章 \ 轴支架 .dwg、
视频演示	光盘 \ 视频 \ 第 20 章 \ 绘制轴支架 .mp4、渲染轴支架 .mp4

【实践操作 444】绘制轴支架的具体操作步骤如下。

01　按Ctrl+N组合键，新建一个CAD文件，将视图方向切换为西南等轴测视图。

02　执行BOX（长方体）命令，以坐标原点为长方体的第一个角点，绘制长度为100，宽为200，高为15的长方体，如图20-3所示。

03　执行CYL（圆柱体）命令，分别以（50,35）、（50,165）为中心，绘制半径为15、高为15的圆柱体，如图20-4所示。

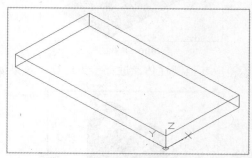

图20-3　绘制长方体

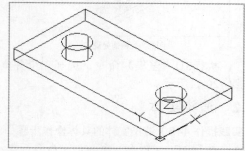

图20-4　绘制圆柱体

04　在命令行中输入UCS，再输入3，捕捉长方体最左侧面上除了右上角以外的3个角点，创建用户坐标系，如图20-5所示。

05　执行BOX（长方体）命令，以坐标原点为长方体的角点，绘制长度为70，宽度为120，高为16的长方体，如图20-6所示。

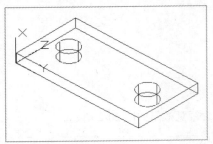

图20-5　创建坐标系

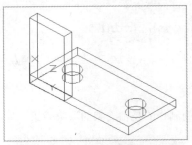

图20-6　绘制长方体

06 执行CYLINDER（圆柱体）命令，以上步绘制的长方体上表面中点为中心，分别绘制半径为28和35，高为16的圆柱体，如图20-7所示。

07 执行"移动"命令，选择绘制的长方体与圆柱体，以原点为基点，沿底座边引导鼠标，输入75，进行移动处理。如图20-8所示。

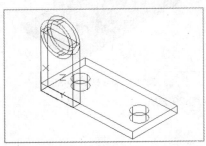

图20-7　绘制圆柱体

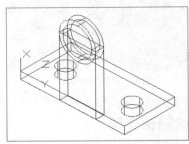

图20-8　移动处理

08 执行MIRROR3D（三维镜像）命令，选择移动的实体，捕捉长方体底座前后两个面在XY平面上的三个中点为镜像平面上的点，进行镜像处理，如图20-9所示。

09 执行UNI（并集）命令，然后拾取3个长方体、两个半径为35的圆柱体进行并集运算，在概念视觉样式中图形显示如图20-10所示。

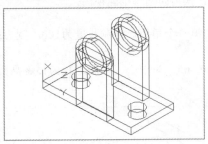

图20-9　镜像处理

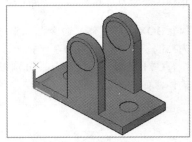

图20-10　并集处理

10 执行SU（差集）命令，选择上步并集的实体，拾取其他圆柱体，进行差集运算，效果如图20-11所示。

20.1.2　渲染实体

【实践操作445】渲染实体的具体操作步骤如下。

01 执行REC（矩形）命令，在命令行提示下，在绘图区中绘制一个矩形，并执行REG（面域）命令，选择所绘矩形创建面域，如图20-12所示。

02 执行MATERIALS命令，弹出"材质浏览器"面板，单击"创建材质"下拉按钮，在弹出的下拉列表框中选择"新建常规材质"选项，如图20-13所示。

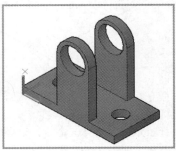

图20-11　差集处理

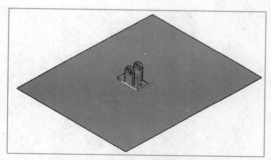

图20-12 创建面域

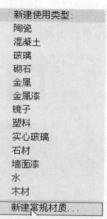

图20-13 选择"新建常规材质"选项

03 弹出"材质编辑器"面板,单击"图像"右侧的空白处,弹出"材质编辑器打开文件"对话框,选择"mw014.TIF"文件,单击"打开"按钮,设置贴图并弹出"纹理编辑器"面板,在"比例"选项组中设置其"样例尺寸"为800×800,在"材质编辑器"面板中单击"颜色"下拉列表框,在弹出的下拉列表中选择"按对象着色",如图20-14所示。

04 将视图转换为真实样式。在绘图区中选择矩形框面域,在"材质浏览器"面板中新建的地面材质球上单击鼠标右键,在弹出的快捷菜单中选择"指定给当前选择"选项,为地面赋予材质,效果如图20-15所示。

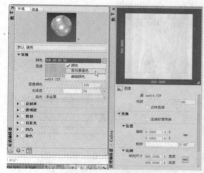

图20-14 材质编辑器

图20-15 为地面赋予材质

05 执行MATERIALS命令,弹出"材质浏览器"面板,单击"创建材质"下拉按钮,在弹出的下拉列表框中选择"新建常规材质"选项。

06 弹出"材质编辑器"面板,单击"图像"右侧的空白处,弹出"材质编辑器打开文件"对话框,选择"Meta101.JPEG"文件,单击"打开"按钮,如图20-16所示。

07 在"材质编辑器"面板中,单击"图像"右侧的下拉按钮,在弹出下拉列表中,选择"平铺"选项,设置"图像褪色"为83、"光泽度"为80、"高光"为"金属",选中"反射率"复选框,设置"直接"和"倾斜"均为90,如图20-17所示。

08 在"纹理编辑器"面板中,设置"瓷砖计数"均为0,在"变换"选项区中,设置"比例"选项区中"样例尺寸"的"宽度"和"高度"均为0.254,其余选项保持系统默认设置。

图20-16 选择贴图文件

09 关闭相应的面板，选择实体对象，选择新建材质球，单击鼠标右键，在弹出的快捷菜单中选择"指定给当前选择"选项，执行操作后，即可为合适的实体对象赋予材质，如图20-18所示。

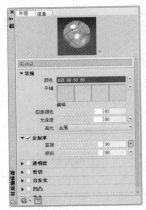

图20-17 设置参数值

图20-18 赋予对象材质

10 执行VIEW（视图）命令，弹出"视图管理器"对话框，单击"新建"按钮，弹出"新建视图/快照特性"对话框，设置"视图名称"为"渲染"，单击"背景"下拉列表框，在弹出的下拉列表中，选择"阳光与天光"选项，如图20-19所示。

11 弹出"调整阳光与天光背景"对话框，单击"确定"按钮，依次返回相应对话框，单击"置为当前"按钮，单击"确定"按钮，启用天光背景。

12 执行RENDERCROP（渲染区域）命令，在命令行提示下，任意捕捉一点，并拖曳至右下方合适点，弹出"渲染区域"窗口，渲染图形，渲染效果如图20-20所示。

图20-19 "新建视图/快照特征"对话框

图20-20 最终效果

AutoCAD **技巧点拨**

对模型赋予合适的材质及贴图并进行渲染是一件细心活，用户要非常有耐心地渲染多次，才能得到满意的渲染效果。

20.2 垫片

效果欣赏

本实例制作的是垫片的渲染效果，实例效果如图 20-21 所示；线框效果如图 20-22 所示。

图20-21　垫片

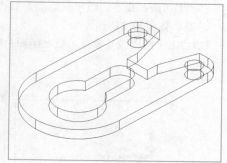

图20-22　垫片

20.2.1　绘制垫片

实践素材	光盘 \ 素材 \ 第 20 章 \mw014.tif、Meta101.jpeg
实践效果	光盘 \ 效果 \ 第 20 章 \ 垫片 .dwg
视频演示	光盘 \ 视频 \ 第 20 章 \ 垫片 .mp4

【实践操作 446】绘制垫片的具体操作步骤如下。

01　按Ctrl+N组合键，新建一个CAD文件，将视图切换至"西南等轴测"视图。

02　执行BOX（长方体）命令，以原点为指定角点，输入L、60、50、5，绘制长方体，如图20-23所示。

03　执行CYL（圆柱体）命令，捕捉长方体左侧底面下方边的中点为中心，绘制半径为25、高为5的圆柱体，如图20-24所示。

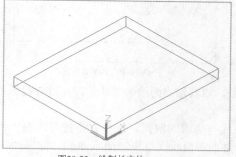

图20-23　绘制长方体

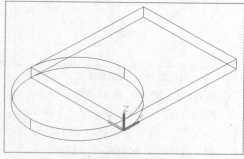

图20-24　绘制圆柱体

04　执行UNI（并集）命令，拾取长方体与圆柱体为对象，进行并集运算，结果如图20-25所示。

05　设置视图为"俯视"，在命令行中输入UCS，移动坐标原点到原来的圆柱体的圆心，如图20-26所示。

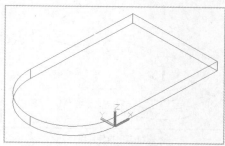

图20-25　并集运算

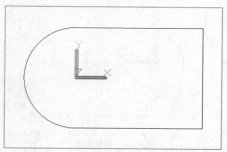

图20-26　移动坐标

06 执行C（圆）命令，以坐标原点为圆心，绘制半径为12的圆，以（25，0）为圆心，绘制半径为6的圆，如图20-27所示。

07 执行XL（构造线）命令，通过半径为6的圆上、下象限点，绘制水平构造线，如图20-28所示。

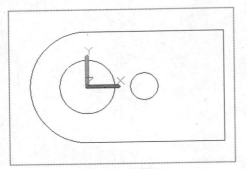

图20-27　绘制圆

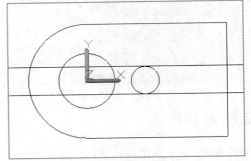

图20-28　绘制构造线

08 执行TR（修剪）命令，修剪绘图区中需要修剪的线段，如图20-29所示。

09 执行PL（多段线）命令，依次输入（35，0）、（@0，6）、（@6，0）、（@19，6）（@0，-12），绘制多段线，如图20-30所示。

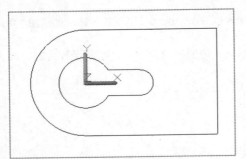

图20-29　修剪处理

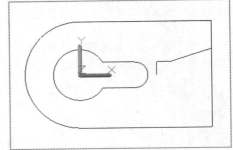

图20-30　绘制多段线

10 执行MI（镜像）命令，拾取上步绘制的多段线，以其端点为镜像轴线的两点进行镜像处理，如图20-31所示。

11 执行PE（编辑多段线）命令，分别拾取多段线与修剪的圆弧，进行并集处理，在"西南等轴测"视图中，执行EXT（拉伸）命令，拾取合并的多段线，拉伸5个单位高度，如图20-32所示。

12 运用SU（差集）命令，选择实体，拾取上步的两个拉伸体，进行差集运算，结果如图20-33所示。

13 执行F（圆角）命令，设置圆角半径为8，对垫片的角进行圆角处理，如图20-34所示。

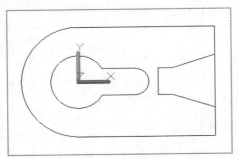

图20-31　镜像处理

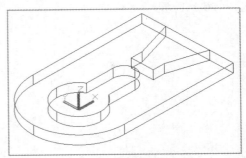

图20-32　拉伸处理

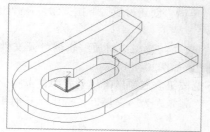

图20-33 差集运算

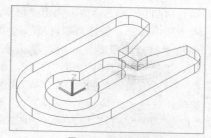

图20-34 圆角处理

14 执行CYL（圆柱体）命令，以圆角的圆心为圆柱体的中心，绘制半径为4、高为5的圆柱体，并执行SU（差集）命令，选择实体，拾取绘制的两个圆柱体，进行差集运算，效果如图20-35所示。

20.2.2 渲染实体

【实践操作 447】渲染实体的具体操作步骤如下。

01 执行REC（矩形）命令，在命令行提示下，在绘图区中绘制一个矩形，并执行REG（面域）命令，选择所绘矩形创建面域，如图20-36所示。

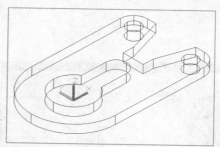

图20-35差集运算

02 执行MATERIALS命令，弹出"材质浏览器"面板，单击"创建材质"下拉按钮，在弹出的下拉列表框中选择"新建常规材质"选项，如图20-37所示。

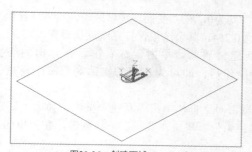

图20-36 创建面域

图20-37 选择"新建常规材质"选项

03 弹出"材质编辑器"面板，单击"图像"右侧的空白处，弹出"材质编辑器打开文件"对话框，选择"mw014.TIF"文件，单击"打开"按钮，设置贴图并弹出"纹理编辑器"面板，在"比例"选项组中设置其"样例尺寸"为800×800，在"材质编辑器"面板中单击"颜色"下拉列表框，在弹出的下拉列表中选择"按对象着色"，如图20-38所示。

04 将视图转换为真实样式。在"材质浏览器"面板中新建的地面材质球上单击鼠标右键，在弹出的快捷菜单中选择"选择要应用到的对象"选项，再在绘图区选择矩形面域，按【Enter】键确认，为地面赋予材质，效果如图20-39所示。

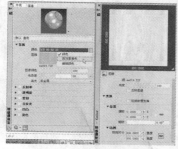

图20-38 材质编辑器

图20-39 为地面赋予材质

05 执行MATERIALS命令，弹出"材质浏览器"面板，单击"创建材质"下拉按钮，在弹出的下拉列表框中选择"新建常规材质"选项。

06 弹出"材质编辑器"面板，单击"图像"右侧的空白处，弹出"材质编辑器打开文件"对话框，选择"Meta101.JPEG"文件，单击"打开"按钮，如图20-40所示。

07 在"材质编辑器"面板中，单击"图像"右侧的下拉按钮，在弹出下拉列表中，选择"平铺"选项，设置"图像褪色"为83、"光泽度"为80、"高光"为"金属"，选中"反射率"复选框，设置"直接"和"倾斜"均为90，如图20-41所示。

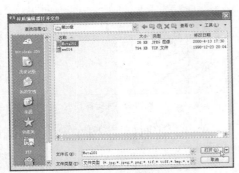

图20-40　选择贴图文件

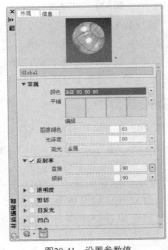

图20-41　设置参数值

08 在"纹理编辑器"面板中，设置"瓷砖计数"均为0，在"变换"选项区中，设置"比例"选项区中"样例尺寸"的"宽度"和"高度"均为0.254，其余选项保持系统默认设置。

09 关闭相应的面板，选择实体对象，选择新建材质球，单击鼠标右键，在弹出的快捷菜单中，选择"指定给当前选择"选项，执行操作后，即可为选择的实体对象赋予材质，如图20-42所示。

10 执行VIEW（视图）命令，弹出"视图管理器"对话框，单击"新建"按钮，弹出"新建视图/快照特性"对话框，设置"视图名称"为"渲染"，单击"背景"下拉列表，在弹出的下拉列表中，选择"阳光与天光"选项，如图20-43所示。

11 弹出"调整阳光与天光背景"对话框，单击"确定"按钮，依次返回相应对话框，单击"置为当前"按钮，单击"确定"按钮，启用天光背景。

12 执行RENDERCROP（渲染区域）命令，在命令行提示下，任意捕捉一点，并拖曳至右下方合适点，弹出"渲染区域"窗口，渲染图形，渲染效果如图20-44所示。

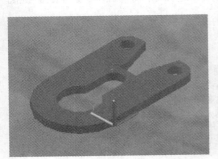

图20-42　赋予对象材质

图20-43　"新建视图/快照特征"对话框

图20-44　最终效果

20.3 插线板

本实例制作的是插线板渲染效果，实例效果如图20-45所示；线框效果如图20-46所示。

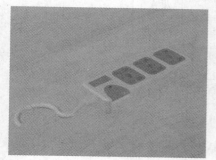

图20-45 插线板渲染效果

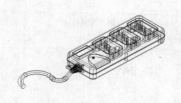

图20-46 插线板线框效果

20.3.1 创建插座孔

实践素材	无
实践效果	光盘 \ 效果 \ 第 20 章 \ 插线板 .dwg
视频演示	光盘 \ 视频 \ 第 20 章 \ 绘制插线板 .mp4、渲染插线板 .mp4

【实践操作 448】创建插座孔的具体操作步骤如下。

01 新建一个CAD文件，将视图切换至东南等轴测视图。执行BOX（长方体）命令，根据命令行提示进行操作，以原点为长方体角点，以（120，315，50）为长方体的对角点，绘制长方体，如图20-47所示。

02 重复执行BOX（长方体）命令，根据命令行提示进行操作，以（-1，-1，23.5）和（122，317，3）为长方体的角点和对角点，再绘制一个长方体，如图20-48所示。

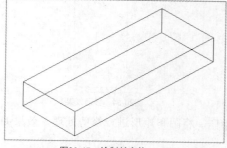

图20-47 绘制长方体

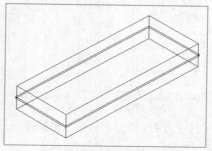

图20-48 绘制长方体

03 执行F（圆角）命令，根据命令行提示进行操作，设置圆角半径为15，将两个长方体的侧面进行圆角处理，如图20-49所示。

04 将视图切换至俯视视图；执行RECTANG（矩形）命令，根据命令行提示，以（105，300）和（@-90，-60）为矩形的角点和对角点，绘制一个矩形，如图20-50所示。

05 执行UCS（坐标系）命令，根据命令行提示进行操作，输入M，按【Enter】键确认，将坐标系移至点（0，315）处；执行CIRCLE（圆）命令，根据命令行提示进行操作，以（30，-30）为圆心，绘制半径为7.5的圆，如图20-51所示。

06 执行REC（矩形）命令，根据命令行提示进行操作，捕捉圆的下象限点为矩形的角点，输入（@18，-7.5），按【Enter】键确认，绘制一个矩形，如图20-52所示。

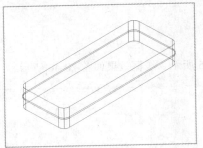

图20-49　圆角效果

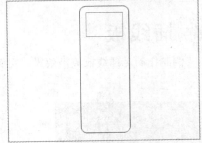

图20-50　绘制矩形

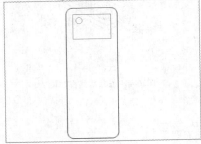

图20-51　绘制圆

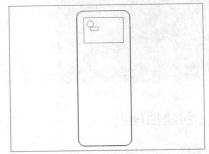

图20-52　绘制矩形

07 执行M（移动）命令，根据命令行提示进行操作，选择矩形为移动对象，并按【Enter】键确认，在矩形的中点上单击鼠标，移动鼠标至圆的下象限点上，再次单击鼠标，既可移动矩形对象，效果如图20-53所示。

08 重复M（移动）命令，根据命令行提示，选择矩形为移动对象，并按【Enter】键确认，以原点为基点，以（0，3.75）为目标点，进行移动处理，效果如图20-54所示。

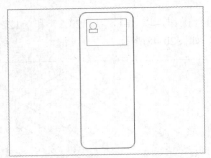

图20-53　移动效果

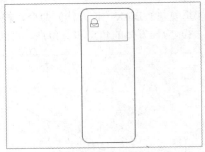

图20-54　移动效果

09 执行TR（修剪）命令，根据命令行提示进行操作，将圆和矩形进行修剪处理，效果如图20-55所示。

10 执行REG（面域）命令，按【Enter】键确认，根据命令行提示进行操作，将修剪后的图形创建为一个面域，如图20-56所示。

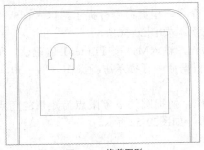

图20-55　修剪图形

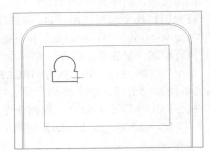

图20-56　创建面域效果

11 执行MIRROR（镜像）命令，按【Enter】键确认，根据命令行提示，选择新创建的面域为镜像对象，以中心水平线为镜像线进行镜像处理，效果如图20-57所示。

12 重复执行MI（镜像）命令，根据命令行提示进行操作，选择镜像后的对象为镜像对象，以垂直线为镜像线，进行镜像处理，效果如图20-58所示。

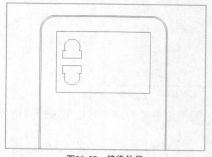
图20-57 镜像效果

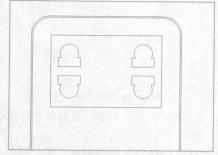
图20-58 镜像效果

13 执行C（圆）命令，根据命令行提示进行操作，以（60，-45）为圆心点，绘制半径为8的圆，如图20-59所示。

14 重复执行C（圆）命令，根据命令行提示进行操作，以（71，-45）为圆心点，绘制半径为4的圆，如图20-60所示。

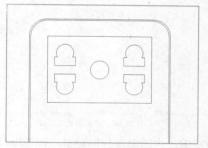
图20-59 绘制圆

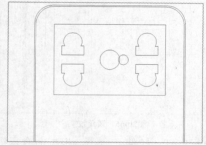
图20-60 绘制圆

15 执行REC（矩形）命令，根据命令行提示进行操作，捕捉半径为8的圆的左象限点为矩形的第一个角点，输入（@-4，-14），按【Enter】键确认矩形对角点，绘制的矩形如图20-61所示。

16 执行M（移动）命令，根据命令行提示进行操作，选择新绘制的矩形对象，按【Enter】键确认，捕捉矩形的右边中点为基点，在半径为8的圆的左象限点上，单击鼠标左键，移动对象，结果如图20-62所示。

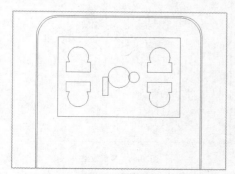
图20-61 绘制矩形

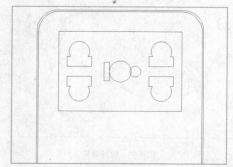
图20-62 移动效果

17 重复执行M（移动）命令，根据命令行提示进行操作，选择矩形对象，按【Enter】键确认，捕捉该矩形左边中点为基点，输入（@1，0）并确认，移动对象，如图20-63所示。

18 执行TR（修剪）命令，根据命令行提示进行操作，将圆和矩形进行修剪处理；执行REG（面域）命令，根据命令行提示进行操作，将修剪后的图形创建为一个面域，如图20-64所示。

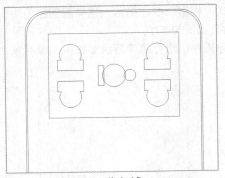

图20-63 移动对象

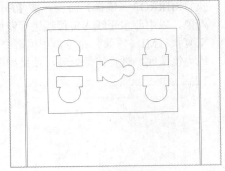

图20-64 修剪效果

19 执行F（圆角）命令，根据命令行提示进行操作，设置圆角半径为15，对矩形进行圆角处理，如图20-65所示。

20 将视图切换至东南等轴测视图；执行MOVE（移动）命令，根据命令行提示进行操作，选择合适的图形，以原点为基点，输入（0，0，50），按【Enter】键确认，进行移动处理，如图20-66所示。

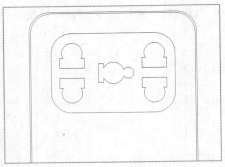

图20-65 圆角效果

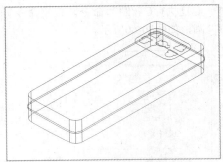

图20-66 移动效果

21 执行EXT（拉伸）命令，根据命令行提示，选择移动后的二维图形为拉伸对象，按【Enter】键确认，设置拉伸高度为-25，进行拉伸处理，如图20-67所示。

22 在命令行中输入COPY（复制）命令，按【Enter】键确认，根据命令行提示进行操作，选择拉伸后的合适的实体对象并确认，以（15，-15，50）为基点，依次输入（@0，0，0）、（@0，-75）、（@0，-150）并确认，进行复制处理，效果如图20-68所示。

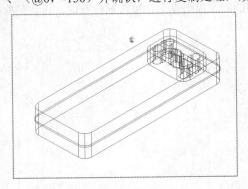

图20-67 拉伸效果

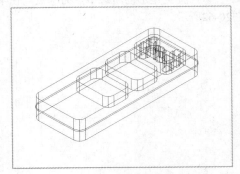

图20-68 复制效果

23 执行SU（差集）命令，根据命令行提示进行操作，将合适的实体从插座中减去，并对其进行消隐处理，如图20-69所示。

24 执行F（圆角）命令，根据命令行提示进行操作，设置圆角半径为1，对差集处理后的孔进行圆角处理，如图20-70所示。

25 执行SU（差集）命令，根据命令行提示进行操作，选择合适的实体对象，进行差集处理，如图20-71所示。

26 执行F（圆角）命令，根据命令行提示进行操作，设置圆角半径为1，对差集处理后的实体边和孔进行圆角处理，如图20-72所示。

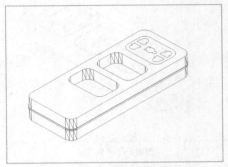

图20-69　差集效果

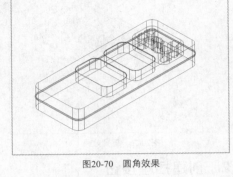

图20-70　圆角效果

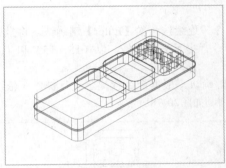

图20-71　差集效果

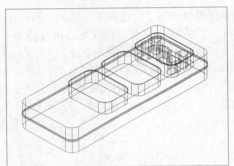

图20-72　圆角效果

AutoCAD **技巧点拨**

最右边差集处理的孔被实体遮盖，不能对其进行圆角处理，所以只能对左边的两个孔对象进行圆角处理。

27 执行CO（复制）命令，根据命令行提示进行操作，选择差集后的对象，按【Enter】键确认，以（15，-15，50）为基点，依次输入（@0，0，0）、（@0，-75）、（@0，-150）并确认，进行复制处理，如图20-73所示。

28 在命令行中输入E（删除）命令，按【Enter】键确认，根据命令行提示进行操作，选择合适的对象并确认，进行删除处理，如图20-74所示。

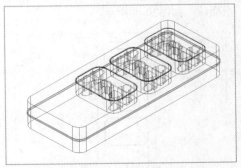

图20-73　复制效果

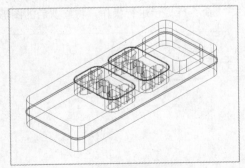

图20-74　删除效果

29 执行F（圆角）命令，根据命令行提示进行操作，设置圆角半径为1，对差集处理后的孔进行圆角处理，如图20-75所示。

30 执行CO（复制）命令，根据命令行提示进行操作，选择合适的实体对象，按【Enter】键确认，以（15，-15，50）为基点，输入（@0，75）并确认，进行复制处理，并进行消隐处理，如图20-76所示。

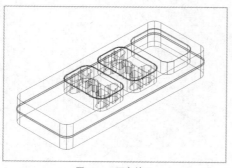

图20-75　圆角效果

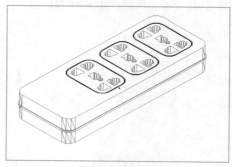

图20-76　消隐效果

20.3.2　创建插座按钮

【实践操作449】创建插座按钮的具体操作步骤如下。

01 将视图切换至俯视视图；执行UCS（坐标系）命令，连续按两次【Enter】键确认，将坐标恢复到世界坐标系；执行REC（矩形）命令，根据命令行提示进行操作，以（15，15）和（@30，60）为矩形的角点和对角点，绘制一个矩形，如图20-77所示。

02 在命令行中输入EL（椭圆）命令，按【Enter】键确认，根据命令行提示进行操作，依次输入（60，45）、（@120，0）和30并确认，绘制椭圆，如图20-78所示。

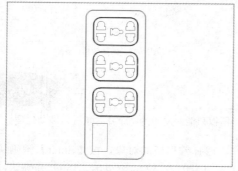

图20-77　绘制矩形

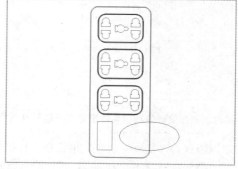

图20-78　绘制椭圆

03 在命令行中输入L（直线）命令，按【Enter】键确认，根据命令行提示进行操作，依次捕捉椭圆的上、下象限点，绘制直线，如图20-79所示。

04 执行TR（修剪）命令，根据命令行提示，将椭圆进行修剪处理，执行REG（面域）命令，根据命令行提示进行操作，将修剪后的图形创建为一个面域，如图20-80所示。

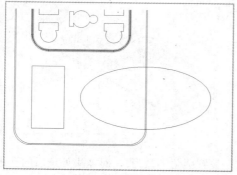

图20-79　绘制直线

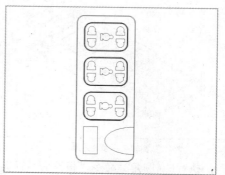

图20-80　修剪效果

05 将视图切换至东南等轴测视图；执行EXTRUDE（拉伸）命令，根据命令行提示，选择矩形和面域对象，按【Enter】键确认，设置拉伸的高度为10，进行拉伸处理，如图20-81所示。

06 执行CO（复制）命令，根据命令行提示进行操作，选择拉伸后的两个实体对象，按【Enter】键确认，以（15，15，0）为基点，输入（@0，0，40）并确认，进行复制处理，如图20-82所示。

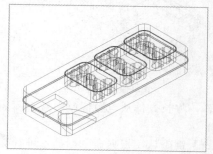

图20-81 拉伸效果

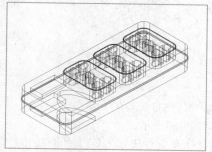

图20-82 复制效果

07 执行F（圆角）命令，设置圆角半径为7，将两个长方体的左右四条边进行圆角处理；执行SU（差集）命令，根据命令行提示进行操作，将复制的实体从电源插座中减去，如图20-83所示。

08 执行F（圆角）命令，根据命令行提示进行操作，设置圆角半径为1，对差集处理后的孔和边进行圆角处理，如图20-84所示。

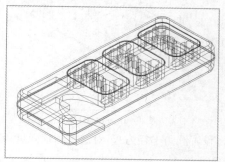

图20-83 差集效果

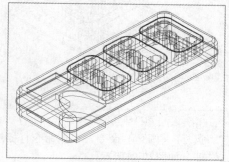

图20-84 圆角效果

09 重复执行F（圆角）命令，根据命令行提示进行操作，设置圆角半径为1，将长方体和半椭圆实体顶边进行圆角处理，如图20-85所示。

10 重复执行F（圆角）命令，根据命令行提示进行操作，设置圆角半径为15，将半椭圆实体右上边进行圆角处理，如图20-86所示。

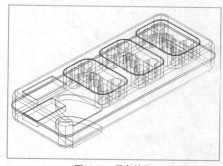

图20-85 圆角效果

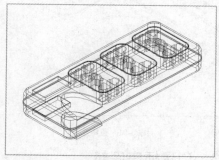

图20-86 圆角效果

11 执行M（移动）命令，根据命令行提示进行操作，选择合适实体对象，按【Enter】键确认，依次输入（15，15，0）、（@0，0，40）并确认，移动效果如图20-87所示。

12 执行BOX（长方体）命令，根据命令行提示进行操作，在绘图区中的合适端点上，单击鼠标，向左下方引导光标，捕捉合适的端点，绘制长方体，如图20-88所示。

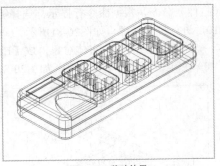

图20-87 移动效果

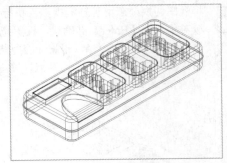

图20-88 绘制长方体

13 执行SU（差集）命令，根据命令行提示进行操作，将长方体从电源插座中减去，效果如图20-89所示。

14 在命令行中输入CYL（圆柱体）命令，按【Enter】键确认，根据命令行提示进行操作，以（75，45，50）为圆柱体底面中心点，绘制半径为4、高为5的圆柱体，并将其移动至合适位置，如图20-90所示。

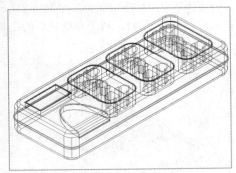

图20-89 差集效果

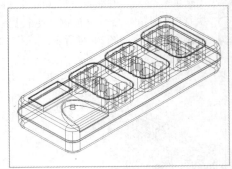

图20-90 创建圆柱体

15 执行F（圆角）命令，根据命令行提示进行操作，设置圆角半径为3，对圆柱体顶面进行圆角处理，如图20-91所示。

16 执行HIDE（消隐）命令，根据命令行提示进行操作，对实体进行消隐处理，如图20-92所示。

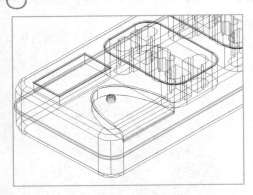

图20-91 圆角效果

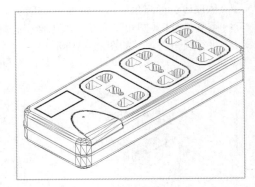

图20-92 消隐效果

20.3.3 创建插座底部

【实践操作450】创建插座底部的具体操作步骤如下。

01 将视图切换至俯视视图；执行UCS（坐标系）命令，连续按两次【Enter】键确认，将坐标恢复到世界坐标系；执行CYL（圆柱体）命令，根据命令行提示，以（15，300，0）为圆柱体底面中心点，绘制半径为4、高为25的圆柱体，如图20-93所示。

02 执行COPY（复制）命令，根据命令行提示进行操作，选择圆柱体对象，按【Enter】键确认，以（15，300，0）为基点，依次输入（@0，-142.5）、（@90，-142.5）和（@45，-285）并确认，进行复制处理，执行MIRROR命令，根据命令行提示进行操作，选择左侧的两个圆柱体为镜像对象，进行镜像处理，如图20-94所示。

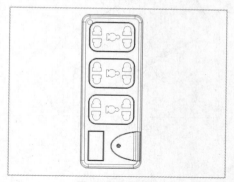

图20-93 绘制圆柱体

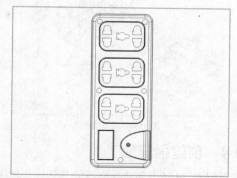

图20-94 复制效果

03 执行C（圆）命令，根据命令行提示进行操作，以（60，230）为圆心，绘制半径为7的圆，如图20-95所示。

04 执行REC（矩形）命令，根据命令行提示进行操作，以（57，230）和（@6，15）为矩形的角点，绘制矩形，如图20-96所示。

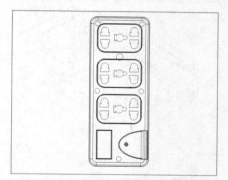

图20-95 绘制圆

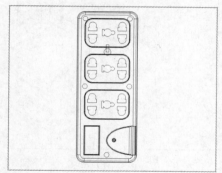

图20-96 绘制矩形

05 执行F（圆角）命令，根据命令行提示进行操作，设置圆角半径为3，将矩形进行圆角处理，并对矩形和圆进行修剪处理，如图20-97所示。

06 执行REG（面域）命令，根据命令行提示，将修剪后的图形定义为面域；执行EXT（拉伸）命令，根据命令行提示，选择面域，设置拉伸高度为25，进行拉伸处理，如图20-98所示。

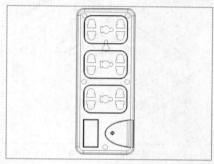

图20-97 修剪效果

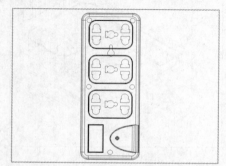

图20-98 拉伸效果

07 执行SU（差集）命令，将5个圆柱体和拉伸的实体从实体中减去，将视图切换至东南等轴测视图，并将视图调整到适当的位置，如图20-99所示。

08 执行HIDE（消隐）命令，根据命令行提示进行操作，对实体进行消隐处理，如图20-100所示。

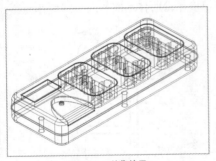

图20-99　差集效果

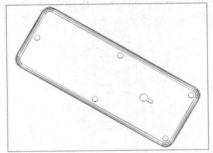

图20-100　消隐效果

20.3.4　创建插座线

【实践操作451】创建插座线的具体操作步骤如下。

01 将视图切换至东南等轴测视图；执行UCS命令，根据命令行提示进行操作，将坐标系绕X轴旋转90度，如图20-101所示。

02 执行C（圆）命令，根据命令行提示进行操作，以（60，25，-5）为圆心，绘制半径为15的圆，如图20-102所示。

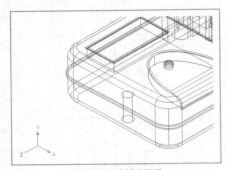

图20-101　旋转坐标系

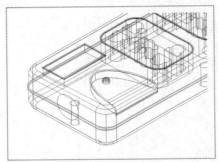

图20-102　绘制圆

03 执行EXT（拉伸）命令，选择圆，输入T，按【Enter】键确认，设置拉伸倾斜角度为10、拉伸高度为40，进行拉伸处理，如图20-103所示。

04 执行"抽壳"命令，根据命令行提示进行操作，选择拉伸的实体，输入抽壳偏移距离为2，进行抽壳处理，如图20-104所示。

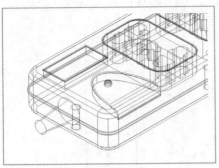

图20-103　拉伸效果

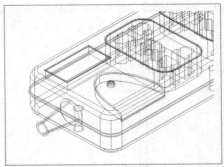

图20-104　抽壳效果

05 在命令行中输入SL（剖切）命令，按【Enter】键确认，根据命令行提示进行操作，选择抽壳后的实体，以XY平面为切面，以（0，0，0）为切面上的点，以（0，0，1）为所需保留的点，进行剖切处理，如图20-105所示。

06 重复SL（剖切）命令，根据命令行提示进行操作，以XY平面为切面，依次输入（0，0，30）、（0，0，1）并确认，进行剖切处理，如图20-106所示。

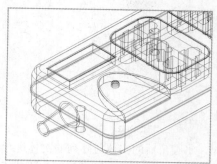

图20-105　剖切效果

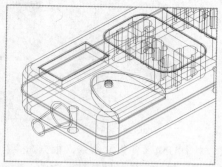

图20-106　剖切效果

07 执行CYL（圆柱体）命令，根据命令行提示进行操作，以（60，25，0）为圆柱体底面的中心点，绘制半径为20、高为2的圆柱体，如图20-107所示。

08 将坐标系恢复到世界坐标系；执行3DARRAY（三维阵列）命令，根据命令行提示进行操作，选择圆柱体并确认，设置行数为6、列数为1、层数为1、行间距为-5，进行阵列处理，如图20-108所示。

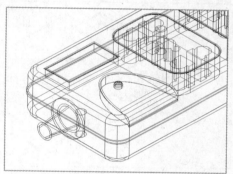

图20-107　绘制圆柱体

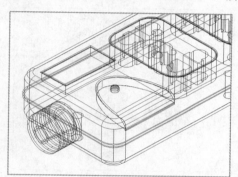

图20-108　三维阵列效果

09 执行SU（差集）命令，根据命令行提示进行操作，将阵列的圆柱体从实体中减去，进行差集运算，效果如图20-109所示。

10 执行CYL（圆柱体）命令，根据命令行提示进行操作，以（37，-20，24）为圆柱体底面的中心点，绘制半径为10、高为2的圆柱体，如图20-110所示。

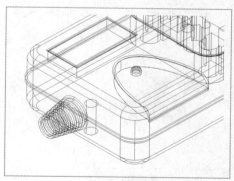

图20-109　差集效果

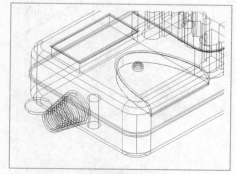

图20-110　绘制圆柱体

11 执行BOX（长方体）命令，根据命令行提示进行操作，以（52，0，24）和（@-15，-30，2）为长方体的角点，绘制长方体，如图20-111所示。

12 执行UNI（并集）命令，将圆柱体和长方体进行并集处理，执行F（圆角）命令，设置圆角半径为3，将并集后实体的棱边进行圆角处理，如图20-112所示。

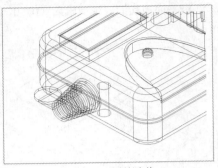

图20-111　绘制长方体

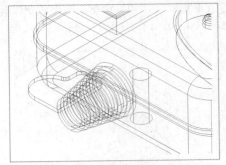

图20-112　圆角效果

13 执行UNI（并集）命令，根据命令行提示进行操作，将圆角后的实体与阵列的实体进行并集处理。执行CYL（圆柱体）命令，根据命令行提示进行操作，以（37，-20，24）为圆柱体底面的中心点，绘制半径为5、高为2的圆柱体，如图20-113所示。

14 执行SU（差集）命令，根据命令行提示进行操作，将半径为5的圆柱体从并集后的实体中减去。执行UCS（坐标系）命令，根据命令行提示进行操作，输入X，将坐标系绕X轴旋转90度，如图20-114所示。

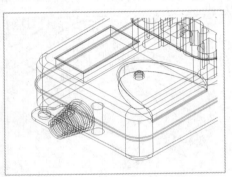

图20-113　绘制圆柱体

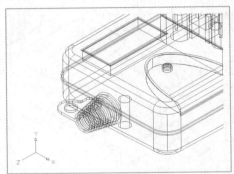

图20-114　旋转坐标系

15 执行CYL（圆柱体）命令，根据命令行提示进行操作，以（60，25，0）为圆柱体底面的中心点，绘制半径为16、高为2的圆柱体，如图20-115所示。

16 执行C（圆）命令，根据命令行提示进行操作，以（60，25）为圆心，绘制半径为8的圆，如图20-116所示。

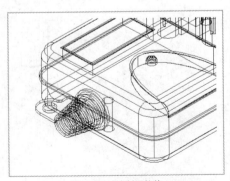

图20-115　绘制圆柱体

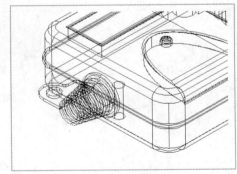

图20-116　绘制圆

17 将坐标系恢复到世界坐标系；执行PL（多段线）命令，根据命令行提示进行操作，依次输入（60，0，25）、（@0，-32）、（@15，-40）、A、（@-30，-30）、（-10，-100），绘制多段线，如图20-117所示。

18 执行EXT（拉伸）命令，根据命令行提示进行操作，选择圆并确认，输入P，选择多段线作为路径，进行拉伸处理，如图20-118所示。

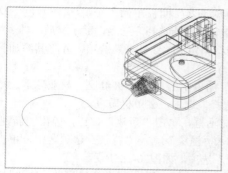

图20-117　绘制多段线

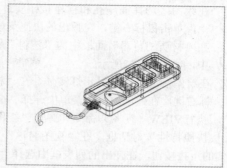

图20-118拉伸效果

20.3.5　渲染实体

【实践操作 452】渲染实体的具体操作步骤如下。

01　在命令行中输入REC（矩形）命令，按【Enter】键确认，根据命令行提示，在绘图区中创建一个矩形框面域，为其赋予地面材质,并将视图转换成真实视觉样式，如图20-119所示。

02　在命令行中输入MATERIALS（材质）命令，按【Enter】键确认，弹出"材质浏览器"面板；在材质库中选择"塑料"材质库，在右侧弹出的材质中选择"平滑-白色"选项，执行操作后，在"材质浏览器"面板上将显示"平滑-白色"材质球，单击鼠标右键，在弹出的快捷菜单中选择"编辑"选项，如图20-120所示。

图20-119　真实视觉样式

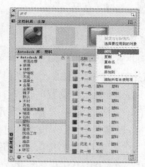

图20-120　"材质浏览器"面板

03　弹出"材质编辑器"面板，设置"饰面"样式为"有光泽"，如图20-121所示；在绘图区选择插座底座和插座线实体，在"材质浏览器"面板中的"平滑-白色"材质球上，单击鼠标右键，在弹出的快捷菜单中选择"指定给当前选择"选项，赋予材质。

04　在"材质浏览器"面板中的"塑料"材质库中，选择"平滑—平滑-深灰蓝色"材质球，并将其添加到文档中，单击鼠标右键，在弹出的快捷菜单中选择"编辑"选项，弹出"材质编辑器"面板，设置"饰面"为"有光泽"。

图20-121　设置"饰面"样式

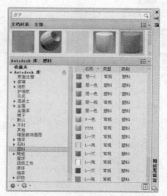

图20-122　"材质浏览器"面板

05 在绘图区选择插座孔和插座按钮实体，在"材质浏览器"面板中的"平滑-深灰蓝色"材质球上，单击鼠标右键，在弹出的快捷菜单中选择"指定给当前选择"选项，赋予材质。

06 在"材质浏览器"面板中的"塑料"材质库中，选择"LED-红灯亮"选项，并将其添加到文档中，如图20-122所示。

07 在绘图区选择插座显示灯实体，在"材质浏览器"面板中的"LED-红灯亮"材质球上，单击鼠标右键，在弹出的快捷菜单中选择"指定给当前选择"选项，赋予材质。

08 执行VIEW（视图）命令，弹出"视图管理器"对话框，单击"新建"按钮，弹出"新建视图/快照特性"对话框，在"视图名称"文本框中输入"渲染"，在"背景"选项区中，单击"默认"右侧的下拉按钮，在弹出的列表框中选择"阳光与天光"选项，如图20-123所示。

09 弹出"调整阳光与天光背景"对话框，单击"确定"按钮，返回到"新建视图/快照特性"对话框，单击"确定"按钮，返回到"视图管理器"对话框，在"查看"列表框中显示创建的视图，如图20-124所示。

图20-123 "新建视图/快照特性"对话框

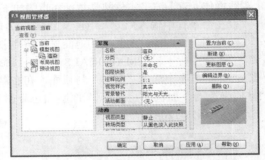

图20-124 "视图管理器"对话框

10 依次单击"置为当前"和"应用"按钮，单击"确定"按钮，即可启用天光背景，在命令行中输入SUNPROPERTIES（阳光特性）命令，按【Enter】键确认，弹出"阳光特性"面板，在"太阳角度计算器"选项区中，设置时间为10:00，如图20-125所示。

11 单击"渲染"选项卡中"渲染"选项板右侧的下拉按钮，执行"高级渲染设置"命令，弹出"高级渲染设置"面板，设置"渲染预设"为"高"，在"渲染描述"选项区中，设置"输出尺寸"为800×600，在"采样"选项区中，设置"最大样例数"为256，如图20-126所示。

12 在命令行中输入RENDER（渲染）命令，按【Enter】键确认，弹出"渲染"窗口，渲染模型，效果如图20-127所示。

图20-125 "阳光特性"面板

图20-126 "高级渲染设置"面板

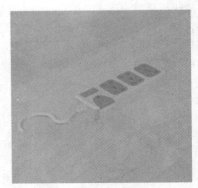

图20-127 模型渲染效果

第21章

室内装潢设计

随着城市化进程的加快和人们生活水平的提高，建筑行业已经成为国民经济的支柱产业之一。本章主要向读者介绍室内装潢图纸的绘制方法与设计技巧，对室内装潢设计中的不同风格进行深刻的剖析，为读者成为专业的室内设计师做好全面的准备。

AutoCAD

21.1 户型结构图

效果欣赏

本实例制作的是户型结构图，实例效果如图 21-1 所示。

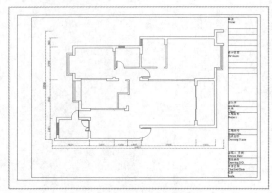

图21-1　户型结构图

21.1.1　设置绘图环境

实践素材	光盘 \ 素材 \ 第 21 章 \ 图框 .dwg
实践效果	光盘 \ 效果 \ 第 21 章 \ 户型结构图 .dwg
视频演示	光盘 \ 视频 \ 第 21 章 \ 户型结构图 .mp4

【**实践操作 453**】设置绘图环境的具体操作步骤如下。

01 新建一个CAD文件；在命令行中输入LIMITS（图形界限）命令，按【Enter】键确认，根据命令行提示进行操作，输入（0，0）并确认，输入（42000，29700）并确认，设置绘图界限；执行ZOOM（实时）命令，输入A并确认，将图形界限所设的区域，居中布满屏幕。

02 在命令行中输入LAYER（图层）命令，如图21-2所示。

03 按【Enter】键确认，弹出"图层特性管理器"面板，单击"新建图层"按钮，如图21-3所示。

图21-2　输入命令

图21-3　单击"新建图层"按钮

AutoCAD 技巧点拨

　　AutoCAD 执行图层来管理和控制复杂的图形。通过图层，用户可以把多个相关的视图进行合成，形成一个完整的图形。对图层的有效管理，可以使图形的编辑和修改简单化、系统化。

04 新建一个图层并将其重命名为"轴线",在"轴线"图层的"线型"列中单击Coutinuous(实线),弹出"选择线型"对话框,单击"加载"按钮,如图21-4所示。

05 弹出"加载或重载线型"对话框,在"可用线型"下拉列表中,选择CENTER选项,如图21-5所示。

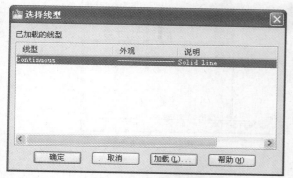

图21-4 单击"加载"按钮

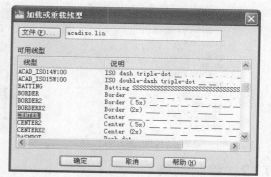

图21-5 选择合适的选项

A u t o C A D 技巧点拨

图层就像一个没有厚度的彩色透明薄膜,在不同的图层上绘制不同的实体,将这些透明的薄膜叠加起来,就得到最终的图形。

06 单击"确定"按钮,返回到"选择线型"对话框,在"已加载的线型"列表框中,选择CENTER选项,单击"确定"按钮,返回到"图层特性管理器"面板,在"轴线"图层中,单击"颜色"列,弹出"选择颜色"对话框,在对话框中,选择"颜色"为"红",如图21-6所示。

07 单击"确定"按钮,返回到"图层特性管理器"面板,用与上同样的方法,依次创建"墙体"图层、"门窗"图层、"标注"图层(蓝色),如图21-7所示。

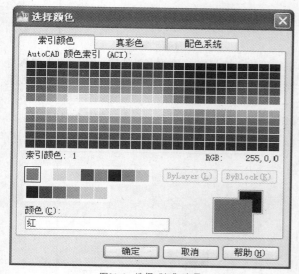

图21-6 选择"红"选项

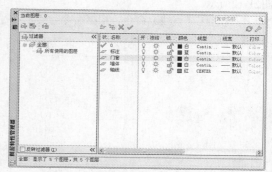

图21-7 创建其他图层

08 在"轴线"图层上,单击鼠标右键,在弹出的快捷菜单中,选择"置为当前"选项,如图21-8所示。

09 执行上步操作后,即可将"轴线"图层置为当前图层,如图21-9所示,单击"关闭"按钮,完成图层的创建。

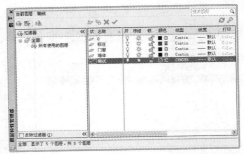

图21-8　选择"置为当前"选项　　　　　　　　　　　　图21-9　置为当前图层

21.1.2　绘制轴线

【实践操作454】绘制轴线的具体操作步骤如下。

01 执行L（直线）命令，根据命令行提示进行操作，输入（0，0），按【Enter】键确认，向右引导光标，输入16620并确认，绘制直线，如图21-10所示。

02 在命令行中输入（偏移）命令，按【Enter】键确认，根据命令行提示进行操作，设置偏移距离为1300，将新绘制的直线，水平向上进行偏移处理，如图21-11所示。

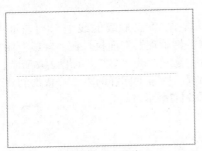

图21-10　绘制直线

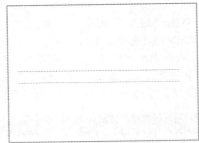

图21-11　偏移处理

03 重复执行O（偏移）命令，根据命令行提示进行操作，选择新偏移的水平线段，依次向上偏移复制水平方向的轴线，偏移距离依次为800、900、3000、1350、1950、220、680、680，偏移效果如图21-12所示。

04 执行L（直线）命令，根据命令行提示进行操作，输入FROM（捕捉自）命令，如图21-13所示。

图21-12　偏移效果

图21-13　输入命令

05 按【Enter】键确认，根据命令行提示进行操作，在左下方的端点上，单击鼠标，输入（@520，0）并确认，在左上方的端点上，再次单击鼠标，即可绘制垂直直线，如图21-14所示。

06 执行O（偏移）命令，根据命令行提示，选择新绘制的直线，依次向右偏移1600、600、900、2400、1300、1300、2400、2900、1900，偏移效果如图21-15所示。

图21-14 绘制直线

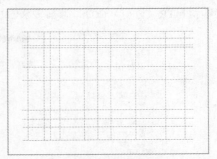

图21-15 偏移效果

绘制平面图需要先绘制结构图，它是施工过程中房屋的定位、放线、砌墙、设置安装、装修以及预算的重要依据。

21.1.3 绘制墙体

【实践操作455】绘制墙体的具体操作步骤如下。

01 将"墙体"图层置为当前图层。在命令行中输入MLINE（多线）命令，按【Enter】键确认，根据命令提示进行操作，输入S并确认，输入240并确认，输入J并确认，输入Z并确认，如图21-16所示。

02 在绘图区中左下方合适的端点上，单击鼠标，确定多线起点，向右引导光标，如图21-17所示。

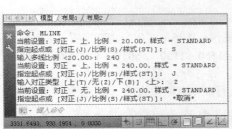

图21-16 输入参数

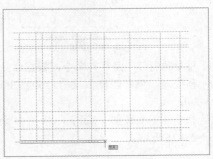

图21-17 确定多线起点

03 依次捕捉合适的端点，完成墙体的绘制，效果如图21-18所示。

04 执行X（分解）命令，根据命令行提示进行操作，选择所有多线为分解对象，按【Enter】键确认，在任意直线上，单击鼠标，查看多线分解效果，如图21-19所示。

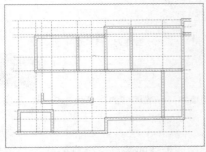

图21-18 绘制多线

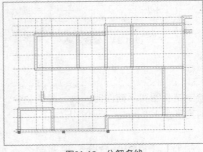

图21-19 分解多线

05 执行L（直线）命令，根据命令行提示进行操作，在绘图区中合适的端点上，单击鼠标，绘制相应的水平、垂直线段，效果如图21-20所示。

06 执行TR（修剪）命令，修剪多余的线段，效果如图21-21所示。

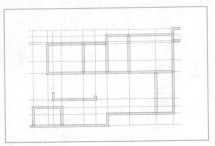

图21-20　绘制直线

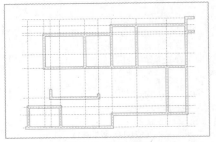

图21-21　修剪效果

07 执行L（直线）命令，根据命令行提示进行操作，在绘图区中的最下方和最左侧的位置处，绘制
两条直线，并关闭"轴线"图层，如图21-22所示。

08 执行O（偏移）命令，根据命令行提示进行操作，选择最下方的水平直线为偏移对象，垂直向
上进行偏移处理，偏移距离依次为145、310、400、290、510、250、3500、840、410、550、
1250、110、259、596、80，进行偏移处理，偏移效果如图21-23所示。

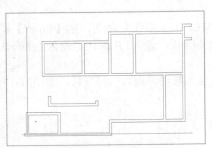

图21-22　绘制直线

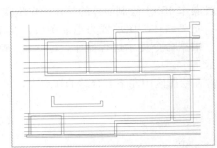

图21-23　偏移效果

09 重复执行O（偏移）命令，根据命令行提示进行操作，选择最左侧的垂直直线，水平向右进行偏
移处理，偏移距离依次为1360、700、240、900、1560、1190、550、1460、840、4480，偏移效
果如图21-24所示。

10 执行TR（修剪）命令，修剪多余的线段；执行E（删除）命令，删除多余的线段，如图
21-25所示。

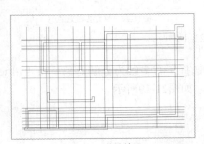

图21-24　偏移效果

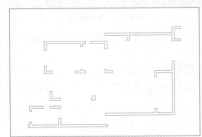

图21-25　修剪效果

技巧点拨

在绘制结构图和平面图时，执行多线命令，设置多线比例绘制墙体。一般墙体的宽度为240mm，厨房、卫生
间墙体的宽度为120mm。

11 执行L（直线）命令，根据命令提示进行操作，捕捉中间墙体的端点，绘制水平直线，效果如图
21-26所示。

12 执行O（偏移）命令，根据命令行提示进行操作，选择新绘制的直线，向下偏移120，偏移效果
如图21-27所示。

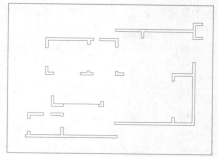

图21-26　绘制直线

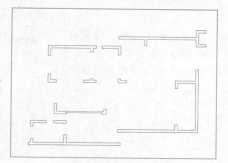

图21-27　偏移直线

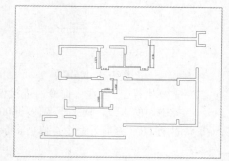

图21-28　绘制其他墙体对象

13 重复执行L（直线）命令和O（偏移）命令，根据命令行提示进行操作，按照给出的尺寸，绘制其他的墙体对象，效果如图21-28所示。

21.1.4　绘制门窗

【实践操作456】绘制门窗的具体操作步骤如下。

01 将"门窗"图层置为当前图层。执行LINE（直线）命令，根据命令行提示进行操作，在绘图区中右侧的合适端点上，单击鼠标，向下引导光标，输入60，按【Enter】键确认，向右引导光标，输入940并确认，向上引导光标，输入60并确认，向左引导光标，输入820并确认，绘制直线，如图21-29所示。

02 执行C（圆）命令，根据命令行提示进行操作，在新绘制的直线的上端点上，单击鼠标，输入940，按【Enter】键确认，绘制圆，效果如图21-30所示。

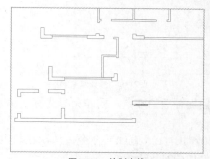

图21-29　绘制直线

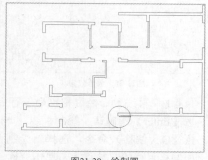

图21-30　绘制圆

03 执行TR（修剪）命令，根据命令行提示进行操作，修剪新绘制的圆图形，效果如图21-31所示。

04 用与上同样的方法，重复执行L（直线）命令、C（圆）命令和TR（修剪）命令，创建其他的门，效果如图21-32所示。

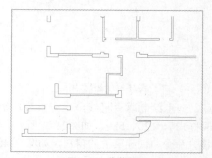

图21-31　修剪图形

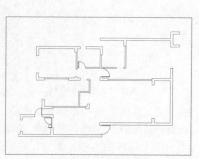

图21-32　绘制其他门

05 执行L（直线）命令，根据命令行提示进行操作，捕捉合适的中点，向下引导光标，在下方的中点上，单击鼠标，绘制直线，效果如图21-33所示。

06 执行O（偏移）命令，根据命令行提示进行操作，设置偏移距离为40，将新绘制的直线左右各偏移一次，效果如图21-34所示。

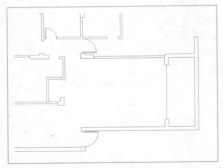
图21-33　绘制直线

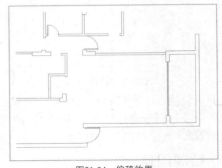
图21-34　偏移效果

07 重复执行L（直线）命令，连接偏移后的直线的中点，创建直线。重复执行O（偏移）命令，选择中间的直线，向上下各偏移600，如图21-35所示。

08 执行TR（修剪）命令，修剪多余的直线，修剪效果如图21-36所示。

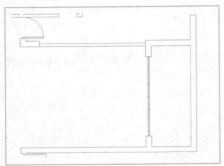
图21-35　偏移效果

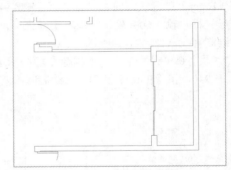
图21-36　修剪效果

09 执行L（直线）命令，根据命令行提示进行操作，捕捉合适的端点，向左引导光标，输入596，按【Enter】键确认，绘制直线，如图21-37所示。

10 执行O（偏移）命令，选择新绘制直线向下偏移120，执行L（直线）命令，依次在新绘制直线和偏移直线的左端点上，单击鼠标，绘制垂直直线，如图21-38所示。

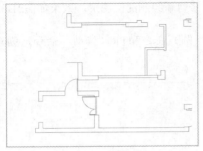
图21-37　绘制直线

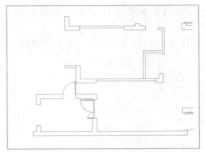
图21-38　偏移效果

11 执行L（直线）命令，捕捉新绘制水平直线的左端点，向上绘制垂直直线至上方直线的端点处。执行O（偏移）命令，选择新绘制直线，依次向右偏移120、120、580，如图21-39所示。

12 用与以上同样的方法，重复L（直线）命令和O（偏移）命令，创建其他的窗户，如图21-40所示。

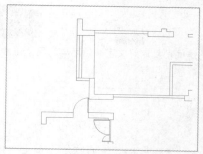

图21-39 偏移效果

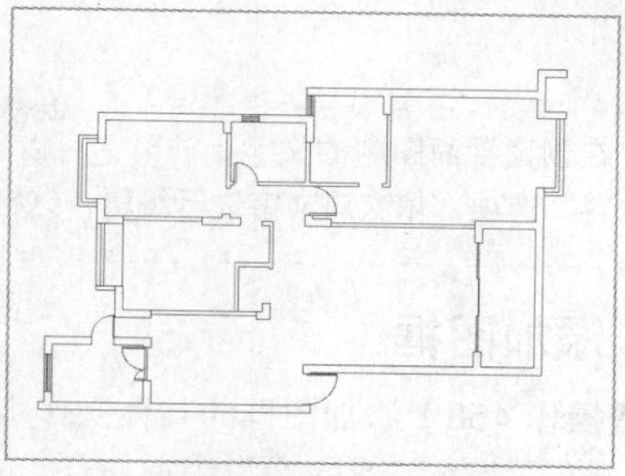

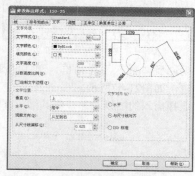

图21-40 创建其他窗户

21.1.5 创建尺寸标注

【实践操作 457】创建尺寸标注的具体操作步骤如下。

01 将"标注"图层设置为当前图层。显示"轴线"图层。在"功能区"选项板中的"常用"选项卡中,单击"注释"面板中间的下拉按钮,在展开的面板中,单击"标注样式"按钮,弹出"标注样式管理器"对话框,单击"修改"按钮,如图21-41所示。

02 弹出"修改标注样式:ISO-25"对话框,设置"箭头大小"为50、"文字高度"为200、"精度"为0,如图21-42所示。

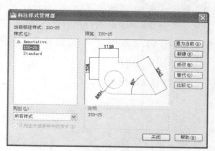

图21-41 单击"修改"按钮

图21-42 设置参数

A u t o C A D **技巧点拨**

将结构图绘制完成后,需要对其进行尺寸标注。在以后的施工过程中,施工人员就按图纸上的标注尺寸进行施工。

03 单击"确定"按钮,即可设置标注样式。执行DLI(线性)命令,根据命令行提示进行操作,捕捉最左侧轴线的上下端点为尺寸标注点,向左引导光标,在绘图区中的合适位置上,单击鼠标,创建线性尺寸标注,效果如图21-43所示。

04 重复DLI(线性)命令,创建其他尺寸标注,运用LAYOFF(关闭)命令,根据命令行提示进行操作,关闭"轴线"图层,效果如图21-44所示。

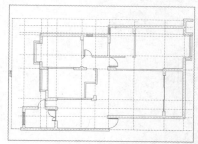

图21-43 创建线性标注

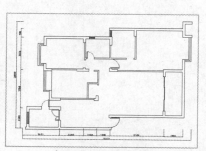

图21-44 创建其他线性标注

　　用户在创建平面图中的文字标注时，可以先为所有需要标注的房间都复制好文字，然后再利用"特性"面板中的"内容"选项，依次对文字进行编辑，这样可以提高绘图效率。

21.1.6　添加图框

【实践操作 458】添加图框的具体操作步骤如下。

01 将"墙体"图层置为当前图层。执行I（插入）命令，弹出"插入"对话框，单击"浏览"按钮，如图21-45所示。

02 弹出"选择图形文件"对话框，选择需要插入的图框素材，单击"打开"按钮，如图21-46所示。

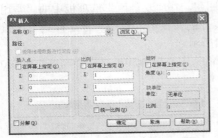

图21-45　单击"浏览"按钮

图21-46　单击"打开"按钮

03 返回到"插入"对话框，单击"确定"按钮，在绘图区中的任意位置上，单击鼠标，插入图框，如图21-47所示。

04 选择插入的图框对象，将其缩放并移至合适的位置，效果如图21-48所示。

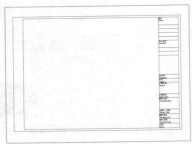

图21-47　插入图框

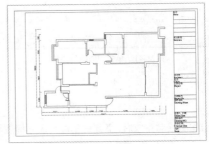

图21-48　移动效果

21.2　户型平面图

　　本实例制作的是户型平面图，实例效果如图 21-49 所示。

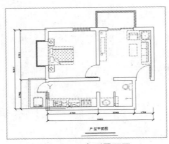

图21-49　户型平面图

21.2.1　设置绘图环境

实践素材	光盘 \ 素材 \ 第 21 章 \ 床 .dwg、家具 .dwg
实践效果	光盘 \ 效果 \ 第 21 章 \ 户型平面图 .dwg
视频演示	光盘 \ 视频 \ 第 21 章 \ 户型平面图 .mp4

【实践操作 459】设置绘图环境的具体操作步骤如下。

01 新建一个CAD文件，执行LA（图层）命令，弹出"图层特性管理器"面板，依次创建"轴线（CENTER、红色）"、"墙线"、"门窗（蓝色）"和"标注"图层，如图21-50所示。

02 在"轴线"图层上双击鼠标，将"轴线"图层置为当前图层。

03 开启正交模式，执行L（直线）命令，在命令行提示下，指定原点为直线的第一点，向右引导光标，输入9983，按【Enter】键确认，绘制一条水平直线；捕捉新绘制直线的左端点，向上引导光标，输入7587并确认，绘制一条垂直直线，如图21-51所示。

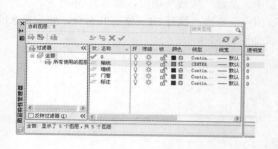

图21-50　新建图层

图21-51　绘制直线

04 执行O（偏移）命令，在命令行提示下，依次输入偏移距离为2796和4791，将水平直线向上偏移，如图21-52所示。

05 重复执行O（偏移）命令，在命令行提示下，依次输入偏移距离为4792、3393、1798，将竖直直线向右偏移，如图21-53所示。

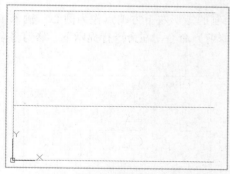

图21-52　偏移直线

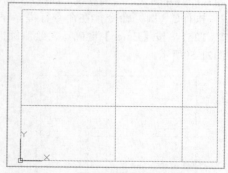

图21-53　偏移直线

21.2.2　绘制墙体

【实践操作 460】绘制墙体的具体操作步骤如下。

01 将"墙线"图层置为当前，执行ML（多线）命令，在命令行提示下，设置比例为319、"对正"为"无"，在绘图区中合适的端点上，依次单击鼠标，绘制多线，如图21-54所示。

02 执行X（分解）命令，在命令行提示下，分解多线对象；执行TR（修剪）命令，在命令行提示下，修剪多余的直线，如图21-55所示。

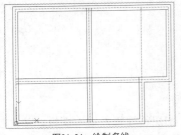

图21-54　绘制多线

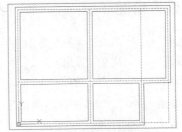

图21-55　分解并修剪图形

21.2.3　绘制门窗

【实践操作461】绘制门窗的具体操作步骤如下。

01 将"门窗"图层置为当前，执行O（偏移）命令，在命令行提示下，依次设置偏移距离为958、613、276、709、400、1198、2306，将最下方水平轴线向上进行偏移处理；继续执行O（偏移）命令依次设置偏移距离为2503、1597、851、839、492、133、1770、233、1331，将最左侧的竖直轴线向右偏移，并将偏移后的所有直线对象，移至"墙线"图层中，隐藏"轴线"图层，如图21-56所示。

02 执行EX（延伸）命令，在命令行提示下，延伸相应的直线；执行TR（修剪）命令，修剪多余的直线；执行E（删除）命令，删除多余的直线，如图21-57所示。

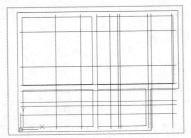

图21-56　偏移直线

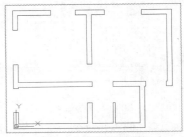

图21-57　修剪并删除直线

03 执行L（直线）命令，在命令行提示下，捕捉右下方合适的中点，向左引导光标，输入60，按【Enter】键确认，向上引导光标，输入1271并确认，向右引导光标，输入60并确认，向下引导光标，输入1271并确认，绘制直线，如图21-58所示。

04 执行C（圆）命令，在命令行提示下，捕捉新绘制的矩形左下方端点作为圆心，输入半径值1251，按【Enter】键确认，绘制圆；执行TR（修剪）命令，在命令行提示下，修剪多余的图形，如图21-59所示。

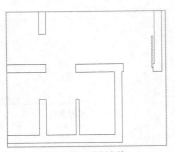

图21-58　绘制直线

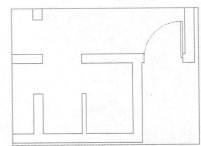

图21-59　绘制圆并修剪

05 重复执行L（直线）命令、C（圆）命令和TR（修剪）命令，绘制其他的门，如图21-60所示。

06 执行L（直线）命令，依次捕捉上方合适的端点，绘制直线，如图21-61所示。

07 执行O（偏移）命令，在命令行提示下，设置偏移距离均为79.75，将新绘制的直线向下偏移4次，如图21-62所示。

08 重复执行L（直线）和O（偏移）命令，绘制其他窗户对象，如图21-63所示。

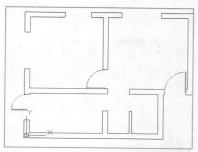

图21-60　绘制其他门

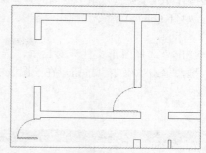

图21-61　绘制直线

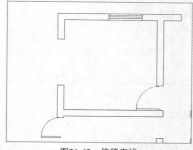

图21-62　偏移直线

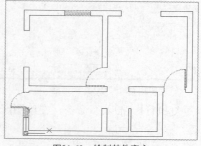

图21-63　绘制其他窗户

09 执行PL（多段线）命令，在命令行提示下，依次输入（-186，0）、（@-1597,0）、（@0,2929）和（@1597,0），绘制多段线，如图21-64所示。

10 执行O（偏移）命令，在命令行提示下，设置偏移距离为133，将新绘制的多段线向内偏移，如图21-65所示。

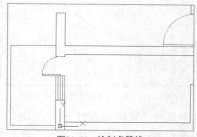

图21-64　绘制多段线

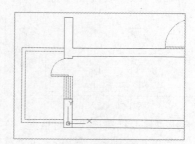

图21-65　偏移直线

11 重复执行PL（多段线）和O（偏移）命令，绘制其他窗台和阳台对象，如图21-66所示。

12 执行L（直线）命令，在命令行提示下，捕捉合适的中点，绘制直线；执行O（偏移）命令，在命令行提示下，将新绘制的直线向上下各偏移70；连接偏移后的直线并修剪多余的直线，绘制的推拉门如图21-67所示。

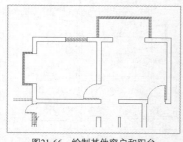

图21-66　绘制其他窗户和阳台

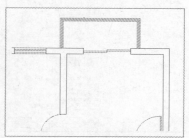

图21-67　绘制的推拉门

21.2.4 完善户型平面图

【实践操作 462】完善户型平面图的具体操作步骤如下。

○1 执行I（插入）命令，弹出"插入"对话框，单击"浏览"按钮，如图21-68所示。

○2 弹出"选择图形文件"对话框，选择床图形文件，单击"打开"按钮，返回到"插入"对话框，单击"确定"按钮，在绘图区中任意指定一点，插入图块，并将其移动至合适的位置，如图21-69所示。

图21-68 "插入"对话框

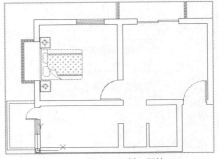

图21-69 插入图块

○3 重复执行I（插入）命令，在绘图区中，插入其他的图块对象，如图21-70所示。

○4 将"标注"图层置为当前，并显示"轴线"图层；执行D（标注样式）命令，弹出"标注样式管理器"对话框，如图21-71所示，选择ISO-25选项，单击"修改"按钮。

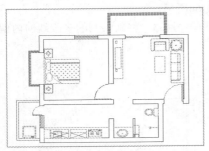

图21-70 插入图块

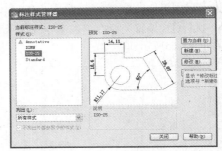

图21-71 "标注样式管理器"对话框

○5 弹出"修改标注样式"对话框，在"主单位"选项卡中设置"精度"为0，在"文字"选项卡中设置"文字高度"为200，在"符号和箭头"选项卡中设置"第一个"箭头为"建筑标记"、"箭头大小"为200，如图21-72所示，单击"确定"按钮，即可设置标注样式。

○6 执行DLI（线性标注）命令，在命令行提示下，捕捉最左侧轴线的上下端点，创建线性尺寸标注，如图21-73所示。

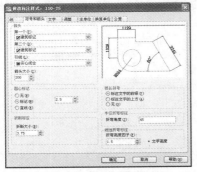

图21-72 设置标注参数

图21-73 创建线性尺寸标注

07 重复执行DLI（线性标注）命令，在命令行提示下，创建其他的尺寸标注，如图21-74所示。

08 执行MT（多行文字）命令，在命令行提示下，设置"文字高度"为250，在绘图区中下方的合适位置处，创建相应的文字，并调整其位置，如图21-75所示。

图21-74 标注其他尺寸

图21-75 创建文字对象

09 执行PL（多段线）命令，在命令行提示下，指定多线宽度为50，依次捕捉合适的端点，绘制多段线；执行L（直线）命令，在命令行提示下，在多段线的下方，绘制直线并隐藏"轴线"图层，效果如图21-76所示。

AutoCAD 技巧点拨

室内平面布置图是反映家用设施安装位置的图纸，在家装设计中，起到关键的作用。在家装设计中，室内平面布置图需要划分出空间和功能，如餐厅、书房、客厅等位置和大小等，还需要依据人体工程学，确定空间的尺寸，如走道的宽度、沙发的空间等，同时是其他设计的基础。

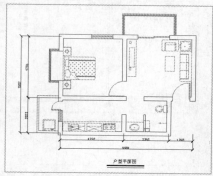

图21-76 最终效果图

21.3 接待室透视图

本实例制作的是 3D 接待室透视图的效果，渲染图效果如图 21-77 所示；线框效果图如图 21-78 所示。

图21-77 接待室透视图3D效果图

图21-78 接待室透视图CAD效果图

21.3.1 绘制墙线

实践素材	光盘 \ 素材 \ 第 21 章 \ 沙发 1.dwg
实践效果	光盘 \ 效果 \ 第 21 章 \ 接待室透视图 .dwg
视频演示	光盘 \ 视频 \ 第 21 章 \ 接待室透视图 .mp4

【实践操作463】绘制墙线的具体操作步骤如下。

01 新建一个CAD文件，执行LA（图层）命令，弹出"图层特性管理器"面板，依次创建"墙线"图层、"家具"图层、"地板"图层（红色）、"门窗"图层（绿色，其颜色值为94），并将"墙线"图层置为当前，如图21-79所示。

02 执行DDPTYPE（点样式）命令，弹出"点样式"对话框，选择第1行第4个点样式，在"点大小"文本框中输入200，选中"按绝对单位设置大小"单选按钮，如图21-80所示，单击"确定"按钮，设置点样式。

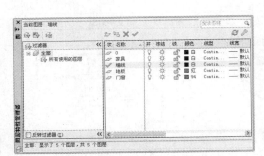

图21-79 创建图层

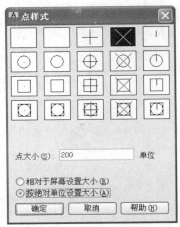

图21-80 "点样式"对话框

03 执行REC（矩形）命令，在命令行的提示下，在绘图区中任意指定一点作为矩形的第一角点，输入第二角点的坐标为（@4550,3000），按【Enter】键确认，绘制矩形，如图21-81所示。

04 执行PO（单点）命令，在命令行提示下，输入FROM（捕捉自）命令，按【Enter】键确认，捕捉矩形的左下方的端点为基点，输入（@2200,1700），绘制透视点，如图21-82所示。

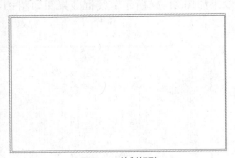

图21-81 绘制矩形

图21-82 确定透视点

05 执行L（直线）命令，在命令行提示下，分别捕捉矩形的四个端点和透视点，绘制4条透视线，效果如图21-83所示。

06 重复执行L（直线）命令，在命令行提示下，依次捕捉绘制直线的中点，绘制其他的直线，效果如图21-84所示。

07 执行SC（缩放）命令，在命令行提示下，选择新绘制的4条直线为缩放对象，捕捉透视点为基点，设置"比例因子"为0.7，缩放图形，效果如图21-85所示。

08 执行TR（修剪）命令，在命令行提示下，修剪多余直线，如图21-86所示。

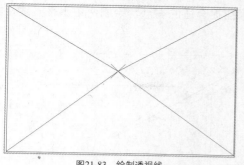

图21-83 绘制透视线

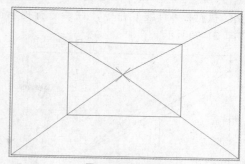

图21-84 绘制直线

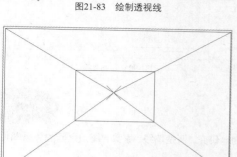

图21-85 缩放图形

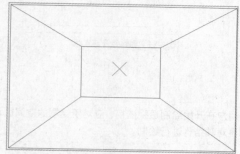

图21-86 修剪处理

　　在画面平行建筑或建筑空间的主要墙面上，即平行建筑的高度方向和长度方向上产生一个透视点（也称灭点），所得投影图就是一点透视。

21.3.2　绘制天棚和正背景墙

【实践操作464】绘制天棚和正背景墙的具体操作步骤如下。

01　执行L（直线）命令，在命令行提示下，输入FROM（捕捉自）命令，按【Enter】键确认，捕捉绘图区中矩形的左上方端点，分别以（@0,-9）、（@0,-240）、（@2,0）、（@73,0）、（@573,0）、（@609,0）和（@983,0）为新直线的起点，并捕捉透视点，绘制出7条透视线，如图21-87所示。

02　执行X（分解）命令，在命令行提示下，对外侧的矩形进行分解；执行O（偏移）命令，在命令行提示下，设置偏移距离为1389，将左侧的竖直直线向右进行偏移处理，如图21-88所示。

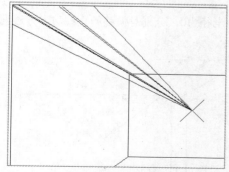

图21-87 绘制7条透视线

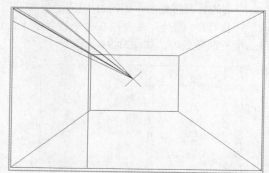

图21-88 偏移处理

03　执行E（删除）命令，在命令行提示下，删除多余的直线；执行TR（修剪）命令，在命令行提示下，修剪多余的直线，如图21-89所示。

04 执行L（直线）命令，在命令行提示下，依次捕捉合适的端点，绘制两条水平直线，如图21-90所示。

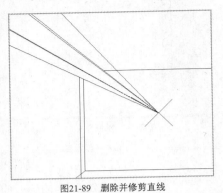

图21-89　删除并修剪直线

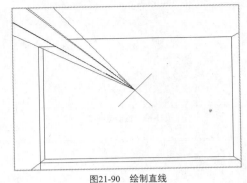

图21-90　绘制直线

A u t o C A D　技巧点拨

用户在开始绘制透视图前，应对所绘制的空间区域进行仔细地研究，清楚墙线、家具、屋顶之间的关系和位置，然后再对其结构进行绘制。

05 重复执行L（直线）命令，在命令行提示下，捕捉新绘制上方水平直线的右端点为起点，向下引导光标，捕捉垂足，绘制直线，如图21-91所示。

06 执行TR（修剪）命令，在命令行提示下，修剪多余的直线；执行E（删除）命令，在命令行提示下，删除多余的直线，如图21-92所示。

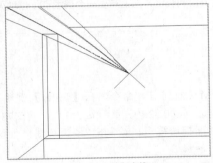

图21-91　绘制直线

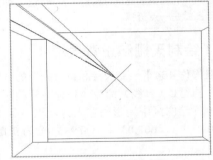

图21-92　修剪并删除直线

07 执行O（偏移）命令，在命令行提示下，设置偏移距离依次为2和5，将从左数第3条竖直直线向右进行偏移处理，如图21-93所示。

08 执行F（圆角）命令，在命令行提示下，设置圆角半径为0，分别对偏移的直线与上方透视线进行圆角处理，如图21-94所示。

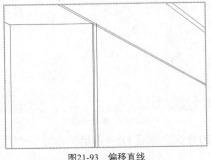

图21-93　偏移直线

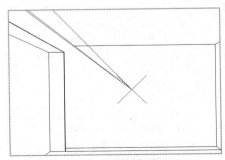

图21-94　直线倒圆角

09 执行L（直线）命令，在命令行提示下，捕捉倒圆角后图形的右上方端点，向右引导光标，在合适位置上单击鼠标，绘制直线，如图21-95所示。

10 重复执行L（直线）命令，在命令行提示下，捕捉新绘制直线的右端点，向下引导光标，绘制垂直直线；执行TR（修剪）命令，在命令行提示下，修剪多余的直线，如图21-96所示。

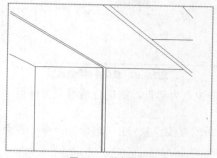

图21-95　绘制直线

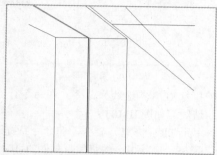

图21-96　绘制并修剪直线

11 执行O（偏移）命令，在命令行提示下，设置偏移距离依次为5和193，将新绘制的竖直直线向右偏移，如图21-97所示。

12 执行F（圆角）命令，在命令行提示下，设置圆角半径为0，对偏移后的第一条竖直直线与透视线进行圆角处理，如图21-98所示。

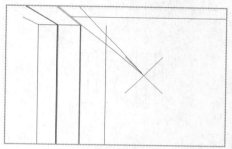

图21-97　偏移直线

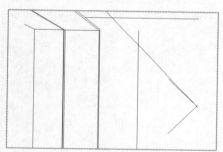

图21-98　缩放效果

13 执行O（偏移）命令，在命令行提示下，设置偏移距离依次为37和30，将从上数第2条水平直线向下进行偏移处理，如图21-99所示。

14 执行EX（延伸）命令，在命令行提示下，对相应的直线进行延伸处理；执行TR（修剪）命令，在命令行提示下，对多余的直线进行修剪处理，如图21-100所示。

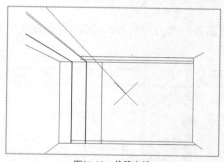

图21-99　偏移直线

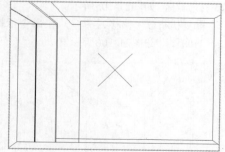

图21-100　延伸并修剪直线

15 执行MI（镜像）命令，选择左侧新绘制的图形为镜像对象，捕捉透视点和该点垂直线上的另一点作为镜像线上的第一点和第二点，进行镜像处理，如图21-101所示。

16 执行EX（延伸）命令，在命令行提示下，对相应的直线进行延伸处理；执行TR（修剪）命令，在命令行提示下，对多余的直线进行修剪处理；执行E（删除）命令，在命令行提示下，删除多余的直线，如图21-102所示。

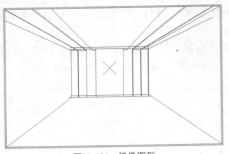

图21-101　镜像图形

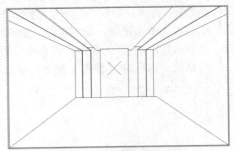

图21-102　修剪并删除直线

17 执行XL（构造线）命令，在命令行提示下，捕捉透视点为起点，捕捉合适端点为终点，绘制构造线，如图21-103所示。

18 执行TR（修剪）命令，在命令行提示下，修剪多余的直线；执行E（删除）命令，在命令行提示下，删除多余的直线，如图21-104所示。

A u t ° C A D 　**技巧点拨**

一点透视是室内设计制图中最基本，也是最常见的透视作图方法；在绘制透视图中，一般依据人的高度设定视平线，一般距基面（地面）1600 ～ 1800mm。

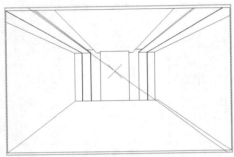

图21-103　绘制构造线

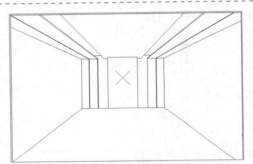

图21-104　修剪并删除直线

21.3.3　绘制灯具

【实践操作465】绘制灯具的具体操作步骤如下。

01 执行O（偏移）命令，在命令行提示下，设置偏移距离依次为745、50、50，将左侧竖直直线向右偏移，如图21-105所示。

02 重复执行O（偏移）命令，在命令行提示下，设置偏移距离为295、20、20，将上方水平直线向下偏移，如图21-106所示。

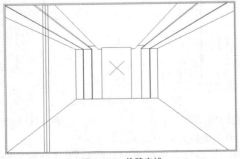

图21-105　偏移直线

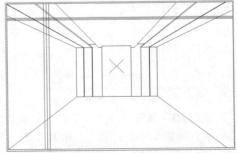

图21-106　偏移直线

03 执行EL（椭圆）命令，在命令行提示下，依次捕捉偏移直线的相应交点，绘制一个椭圆对象，如图21-107所示。

04 执行O（偏移）命令，在命令行提示下，设置偏移距离为5，将新绘制的椭圆向外进行偏移处理；执行E（删除）命令，在命令行提示下，将偏移的直线进行删除处理，如图21-108所示。

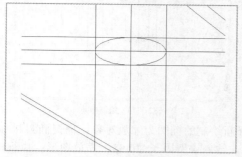

图21-107　绘制椭圆

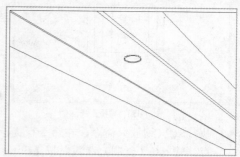

图21-108　偏移并删除直线

05 执行CO（复制）命令，在命令行提示下，选择两个椭圆为复制对象，捕捉椭圆的圆心为基点，依次输入（@275,-205）、（@475,-345）和（@625,-445），复制图形，如图21-109所示。

06 执行SC（缩放）命令，在命令行提示下，分别对复制后的椭圆进行缩放处理，缩放的"比例因子"分别为0.8、0.6和0.4，缩放效果如图21-110所示。

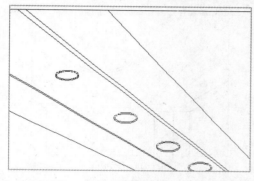

图21-109　复制图形

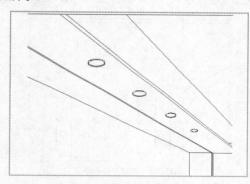

图21-110　缩放椭圆

07 执行MI（镜像）命令，在命令行提示下，选择左侧的椭圆对象，以透视点所在的竖直极轴线为镜像线，镜像图形，如图21-111所示。

08 执行O（偏移）命令，在命令行提示下，设置偏移距离为1920、280、280，将左侧竖直直线向右偏移，如图21-112所示。

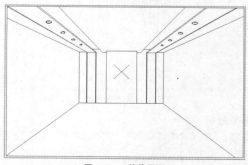

图21-111　镜像图形

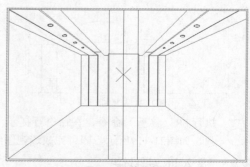

图21-112　偏移直线

09 重复执行O（偏移）命令，在命令行提示下，设置偏移距离为309、120、120，将上方水平直线向下偏移，如图21-113所示。

10 执行EL（椭圆）命令，在命令行提示下，依次捕捉偏移直线的相应交点，绘制一个椭圆对象，如图21-114所示。

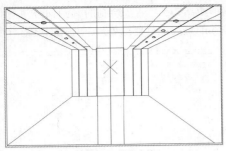

图21-113　偏移直线

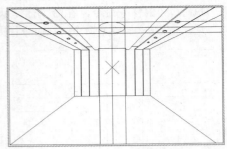

图21-114　绘制椭圆

11 执行SC（缩放）命令，在命令行提示下，选择新绘制的椭圆为缩放对象，捕捉椭圆圆心为基点，输入C（复制）选项，按【Enter】键确认，输入比例因子为0.95，缩放图形；执行E（删除）命令，在命令行提示下，删除偏移后的直线，如图21-115所示。

12 执行M（移动）命令，在命令行提示下，选择缩放后的椭圆为移动对象，捕捉圆心点，输入（@0,18），按【Enter】键确认，移动图形，如图21-116所示。

13 执行CO（复制）命令，在命令行提示下，选择两个椭圆为复制对象，捕捉椭圆的圆心为基点，依次输入（@0,480）和（@0,-328），复制图形，如图21-117所示。

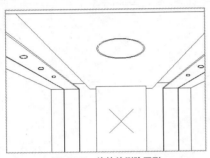

图21-115　缩放并删除图形

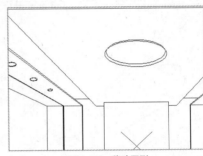

图21-116　移动图形

14 执行SC（缩放）命令，在命令行提示下，分别对复制后的椭圆进行缩放处理，缩放的"比例因子"分别为1.6和0.6，缩放效果如图21-118所示。

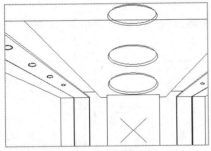

图21-117　复制图形

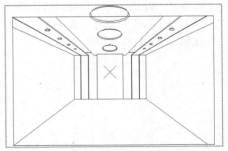

图21-118　缩放椭圆

15 执行TR（修剪）命令，在命令行提示下，修剪多余椭圆，如图21-119所示，即可完成透视图结构的绘制。

21.3.4　插入沙发图块

【实践操作466】插入沙发图块的具体操作步骤如下。

01 执行I（插入）命令，弹出"插入"对话框，如图21-120所示。

02 单击"浏览"按钮，弹出"选择图形文件"对话框，选择需要插入的图块素材，单击"打开"按钮，如图

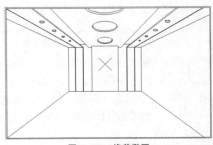

图21-119　修剪椭圆

21-121所示。

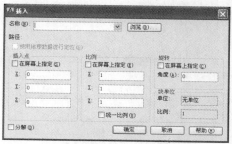

图21-120 单击"浏览"按钮

图21-121 单击"打开"按钮

03 返回到"插入"对话框，单击"确定"按钮，将沙发图形插入到绘图区的合适位置，如图21-122所示。

04 执行X（分解）命令，将图块进行分解处理；执行TR（修剪）命令，将多余的线进行修剪处理，效果如图21-123所示。

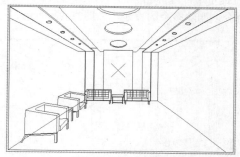

图21-122 插入沙发对象

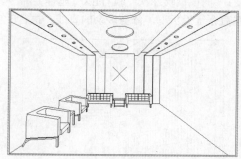

图21-123 修剪图形

21.3.5 绘制沙发背景墙

【实践操作 467】绘制地板的具体操作步骤如下。

01 执行O（偏移）命令，在命令行提示下，依次设置偏移距离为300、212、38、520、80，将左侧的竖直直线向右进行偏移处理，如图21-124所示。

02 执行L（直线）命令，在命令行提示下，输入FROM（捕捉自）命令，按【Enter】键确认，捕捉左下方端点为基点，分别以（@0,2047）和（@0,2400）为起点，捕捉透视点为直线终点，绘制两条透视线，如图21-125所示。

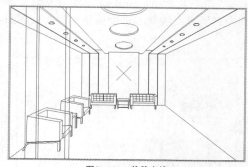

图21-124 偏移直线

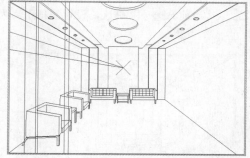

图21-125 绘制透视线

03 执行TR（修剪）命令，在命令行提示下，修剪多余直线，如图21-126所示。

04 执行L（直线）命令，在命令行提示下，捕捉修剪后图形的第3条竖直直线的上方端点，向左引导光标，捕捉垂足并绘制直线；执行TR（修剪）命令，在命令行提示下，修剪多余的直线，如图21-127所示。

图21-126 修剪多余直线

图21-127 绘制并修剪直线

05 执行O（偏移）命令，在命令行提示下，依次设置偏移距离为50、49、48、47、46、45、44、43、42、41、40、39、38、37、36、35、34、33、32、31和30，将沙发背景墙左侧的竖直直线向右进行偏移处理，如图21-128所示。

06 重复执行O（偏移）命令，在命令行提示下，设置偏移距离均为69，将沙发背景墙最上方的直线向下偏移28次；执行EX（延伸）命令，在命令行提示下，延伸相应的直线；执行TR（修剪）命令，在命令行提示下，修剪多余的直线；执行E（删除）命令，删除多余的直线，如图21-129所示。

图21-128 偏移直线

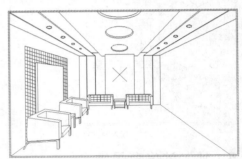
图21-129 修剪并删除直线

21.3.6 绘制阳台

【实践操作468】绘制阳台的具体操作步骤如下。

01 将"门窗"图层置为当前，执行L（直线）命令，在命令行提示下，输入FROM（捕捉自）命令，按【Enter】键确认；捕捉左下方端点为基点，分别以（@0,1047）和（@0,1071）为起点，捕捉透视点为直线终点，绘制两条透视线，如图21-130所示。

02 执行O（偏移）命令，在命令行提示下，输入LA（图层）选项，按【Enter】键确认，输入C（当前）选项并确认，设置偏移距离为1189，将左侧竖直直线向右进行偏移处理，如图21-131所示。

图21-130 绘制透视线

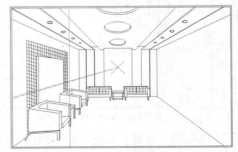
图21-131 偏移直线

03 执行TR（修剪）命令，在命令行提示下，修剪多余直线，如图21-132所示。

04 执行L（直线）命令，在命令行提示下，捕捉修剪后的图形的右下方端点为起点，向左引导光标，捕捉垂足绘制直线；捕捉新绘制直线的左端点为起点，向上引导光标，捕捉垂足绘制直线，如图21-133所示。

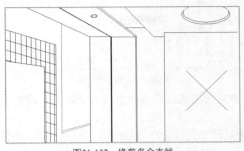

图21-132　修剪多余直线

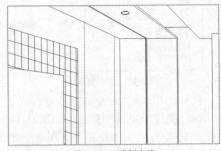

图21-133　绘制直线

05 执行TR（修剪）命令，在命令行提示下，修剪多余直线，如图21-134所示。

06 执行O（偏移）命令，在命令行提示下，设置偏移距离为25，将新绘制的竖直直线向左偏移3次，如图21-135所示。

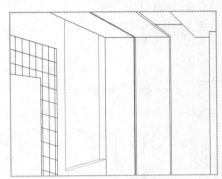

图21-134　修剪多余直线

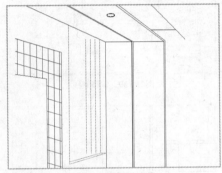

图21-135　偏移直线

07 执行EX（延伸）命令，在命令行提示下，延伸偏移直线，如图21-136所示。

技巧点拨

21.3.7　绘制双开门

【实践操作469】绘制双开门的具体操作步骤如下。

01 执行L（直线）命令，在命令行提示下，依次捕捉右下方端点和透视点，绘制透视线，如图21-137所示。

02 重复执行L（直线）命令，在命令行提示下，输入FROM（捕捉自）命令，按【Enter】键确认，捕捉右下方端点为基点，分别以（@0,2511）和（@0,2566）为起点，捕捉透视点为直线终点，绘制两条透视线，如图21-138所示。

03 执行O（偏移）命令，在命令行提示下，输入L（图层）选项，按【Enter】键确认，输入C（当前）选项并且确认，设置偏移距离为350和989，将右侧竖直直线向左偏移，如图21-139所示。

04 执行TR（修剪）命令，在命令行提示下，修剪绘图区中多余的直线，效果如图21-140所示。

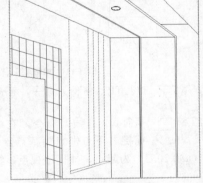

图21-136　延伸直线

图21-137 绘制透视线

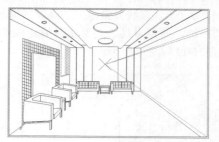

图21-138 绘制透视线

05 执行L（直线）命令，在命令行提示下，捕捉修剪后图形的左侧竖直直线的下端点，向右引导光标，捕捉垂足绘制直线，如图21-141所示。

06 重复执行L（直线）命令，在命令行提示下，捕捉新绘制直线的右端点，向上引导光标，捕捉垂足绘制直线；捕捉新绘制直线的上端点，向左引导光标，捕捉垂足绘制直线，效果如图21-142所示。

图21-139 偏移直线

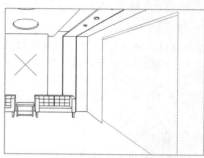

图21-140 修剪多余直线

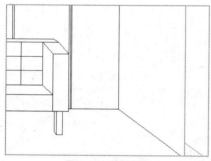

图21-141 绘制直线

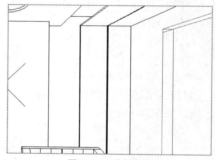

图21-142 绘制直线

07 执行TR（修剪）命令，在命令行提示下，修剪多余直线，如图21-143所示。

08 执行L（直线）命令，在命令行提示下，输入FROM（捕捉自）命令，按【Enter】键确认，捕捉右下方端点为基点，分别以（@0,223）、（@0,905）、（@0,1049）、（@0,1834）和（@0,2053）为起点，捕捉透视点，绘制5条透视线，如图21-144所示。

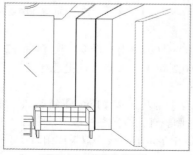

图21-143 修剪多余直线

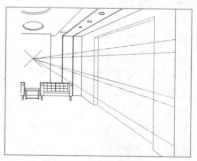

图21-144 绘制透视线

09 执行O（偏移）命令，在命令行提示下，依次设置偏移距离为600、125、65、60、50、55和135，将右侧的竖直直线向左进行偏移处理，如图21-145所示。

10 执行TR（修剪）命令，在命令行提示下，修剪绘图区中多余的直线，如图21-146所示。

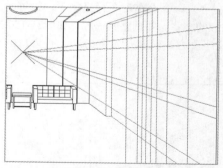

图21-145　偏移直线

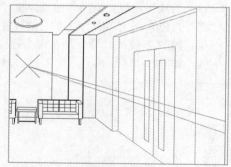

图21-146　修剪多余直线

11 执行O（偏移）命令，在命令行提示下，依次设置偏移距离为810、20、37和16，将右侧的竖直直线向左偏移，如图21-147所示。

12 执行TR（修剪）命令，在命令行提示下，修剪绘图区中多余直线,如图21-148所示。

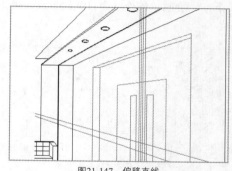

图21-147　偏移直线

图21-148　修剪并删除直线

21.3.8　后期处理透视图

【实践操作 470】透视图的后期处理具体操作步骤如下。

01 将"地板"图层置为当前图层，执行L（直线）命令，在命令行提示下，依次捕捉图形的左下方和右下方端点，捕捉透视点，绘制透视线，如图21-149所示。

02 执行DIV（定数等分）命令，在命令行提示下，设置"线段数目"为8，将新绘制的透视线和最下方的水平直线进行定数等分，效果如图21-150所示。

图21-149　绘制透视线

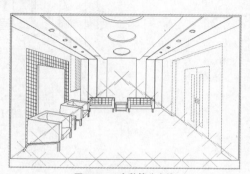

图21-150　定数等分直线

03 执行L（直线）命令，在命令行提示下，依次捕捉绘图区中的各个节点，绘制相应的直线对象，如图21-151所示。

04 执行TR（修剪）命令，在命令行提示下，修剪绘图区中多余的直线；执行E（删除）命令，在命令行提示下，删除多余的直线和点，如图21-152所示。

05 将"墙线"图层置为当前图层，执行MT（多行文字）命令，在命令行提示下，设置"文字高度"为120，在绘图区下方的合适位置处，创建相应的文字，并调整其位置，如图21-153所示。

06 执行PL（多段线）命令，在命令行提示下，在文字下方，绘制一条宽为20、长为1108的多段线，如图21-154所示。

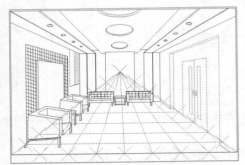

图21-151 绘制直线

图21-152 修剪并删除直线

07 执行L（直线）命令，在命令行提示下，在多段线下方，绘制一条长度为1108的直线，效果如图21-155所示。

图21-153 绘制文字

图21-154 绘制多段线

图21-155绘制直线

第22章

室外建筑设计

建筑是人类文明的一部分，与人的生活息息相关，而建筑设计是一项涉及了许多不同种类学科知识的综合性工作，它包括了环境设计、建筑形式、空间分区、色彩等。本章综合执行前面章节所学的知识，向读者介绍室外建筑施工图的绘制方法与设计技巧，为读者成为受人尊敬与崇拜的知名建筑师打好结实的基础。

22.1 小区规划效果图

本实例制作的是小区规划效果图，3D 效果如图 22-1 所示；小区规划的线框效果图如图 22-2 所示。

图22-1 小区规划3D效果图

图22-2 小区规划线框效果图

22.1.1 绘制建筑红线

实践素材	光盘 \ 素材 \ 第 22 章 \ 图框 .dwg、花台 .dwg、植物 .dwg
实践效果	光盘 \ 效果 \ 第 22 章 \ 小区规划效果图 .dwg
视频演示	光盘 \ 视频 \ 第 22 章 \ 小区规划效果图 .mp4

【实践操作 471】绘制建筑红线的具体操作步骤如下。

01 新建一个CAD文件；执行LA（图层）命令，在"图层特性管理器"面板中，新建"轴线"图层（红色、CENTER）图层，并将其置为当前图层，如图22-3所示。

02 执行LT（线型管理器）命令，弹出"线型管理器"对话框，设置CENTER线型的"全局比例因子"为150，如图22-4所示。

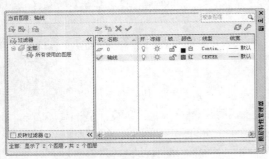

图22-3 新建"轴线"图层

图22-4 设置参数

03 执行L命令，根据命令行提示进行操作，在绘图区中的适当位置上单击鼠标，输入（@-445，-4490），按【Enter】键确认，绘制一条直线，如图22-5所示。

04 执行L命令，根据命令行提示进行操作，输入FROM，按【Enter】键确认，捕捉上方端点，依次输入（@-1049，-718）和（@4468，108），绘制另一条直线，如图22-6所示。

05 重复执行L命令，根据命令行提示进行操作，输入FROM，按【Enter】键确认，捕捉左上方的端点，依次输入（@2512，61）和（@511，-4544）并确认，绘制直线，效果如图22-7所示。

06 重复执行L命令，根据命令行提示进行操作，输入FROM，按【Enter】键确认，捕捉左上方的端点，依次输入（@-1283，-4030）和（@4272，0）并确认，绘制直线，效果如图22-8所示。

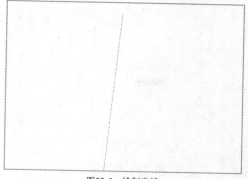

图22-5 绘制直线

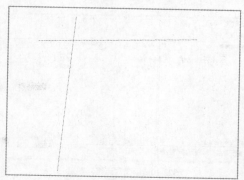

图22-6 绘制另一条直线

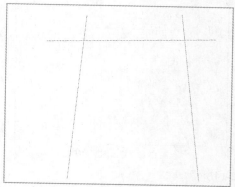

图22-7 绘制第3条直线

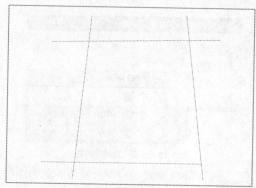

图22-8 绘制第4条直线

07 执行SPL命令，根据命令行提示进行操作，输入FROM，按【Enter】键确认，捕捉左上方的端点，依次输入（@1560，25）、（@21，-913）、（@-10，-520）、（@-214，-678）、（@-139，-462）、（@-35，-1103）、（@32，-389）和（@100，-462）并确认，绘制样条曲线，效果如图22-9所示。

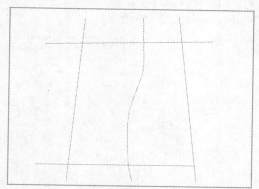

图22-9 绘制样条曲线

A^u^t^o^C^A^D 技巧点拨

居住小区建设水平的好坏直接影响着居民居住环境的优劣，而小区规划又是小区建设的先行工作，是影响小区建设水平的重要环节，因此，住宅小区居住环境的优劣，首先取决于规划方案的好坏。

22.1.2 绘制主干道

【实践操作472】绘制主干道的具体操作步骤如下。

01 执行LA（图层）命令，在"图层特性管理器"面板中，新建"道路"图层，如图22-10所示。

02 执行O（偏移）命令，根据命令行提示进行操作，设置偏移距离为200，将轴线向两侧依次偏移，效果如图22-11所示。

03 选择偏移所得的直线，在"功能区"选项板的"常用"选项卡中，单击"图层"面板中的"图层"按钮，在弹出的下拉列表框，选择"道路"图层，如图22-12所示。

04 执行操作后，更改图层，效果如图22-13所示，将"道路"图层置为当前层。

图22-10　新建"道路"图层

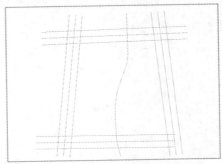

图22-11　偏移效果

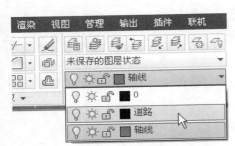

图22-12　选择"道路"图层

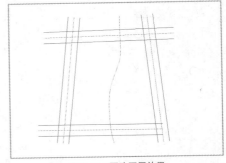

图22-13　更改图层效果

05 执行TR（修建）命令，修剪多余的图形，如图22-14所示。

06 执行F（圆角）命令，根据命令行提示进行操作，设置倒圆角半径为200，对道路进行倒圆角处理，如图22-15所示。

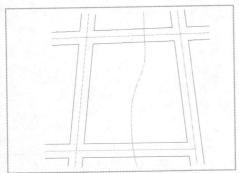

图22-14　修剪效果

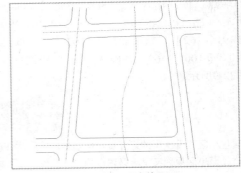

图22-15　圆角效果

22.1.3　绘制人行道

【实践操作473】绘制人行道的具体操作步骤如下。

01 执行O（偏移）命令，根据命令行提示进行操作，设置偏移距离为50，将样条曲线向两侧依次进行偏移，如图22-16所示。

02 将偏移后的样条曲线放置在"道路"图层上，如图22-17所示。

03 执行TR（修剪）命令，修剪图形，如图22-18所示。

04 执行F（圆角）命令，根据命令行提示进行操作，设置倒圆角半径为100，对道路进行倒圆角处理，如图22-19所示。

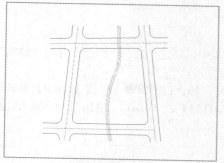

图22-16　偏移效果

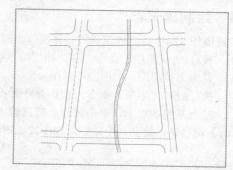

图22-17　更改图层

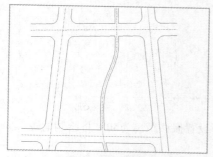

图22-18　修剪效果

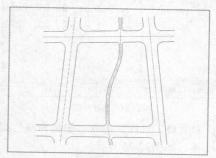

图22-19　圆角效果

05 执行I（插入）命令，弹出"插入"对话框，如图22-20所示。

06 单击"浏览"按钮，弹出"选择图形文件"对话框，选择需要插入的图块素材，单击"打开"
按钮，如图22-21所示。

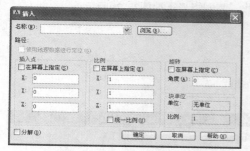

图22-20　单击"浏览"按钮

图22-21　单击"打开"按钮

07 返回到"插入"对话框，单击"确定"按钮，在绘图区中的任意位置上单击鼠标，插入花台，
选择插入的花台对象，将其缩放并移至合适的位置，如图22-22所示。

08 执行TR（修剪）命令，修剪图形，如图22-23所示。

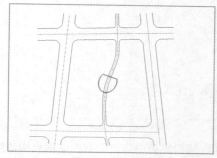

图22-22　插入图块

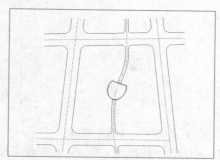

图22-23　修剪效果

22.1.4 绘制建筑群

【实践操作 474】绘制建筑群的具体操作步骤如下。

01 执行LA（图层）命令，在"图层特性管理器"面板中，新建"建筑"图层，并将"建筑"图层置为当前图层，如图22-24所示。

02 执行REC（矩形）命令，根据命令行提示进行操作，输入FROM命令，按【Enter】键确认，在左上方的端点上，单击鼠标，依次输入（@367，-1155）、（@417，-320），每输入一次按一次【Enter】键确认，绘制一个矩形，如图22-25所示。

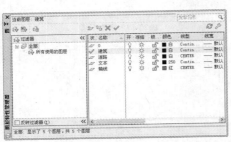

图22-24　新建图层

图22-25　绘制矩形

03 执行O（偏移）命令，根据命令行提示进行操作，设置偏移距离为50，将绘制的矩形向内侧偏移，如图22-26所示。

04 在命令行中输入AR（阵列）命令，按【Enter】键确认，在绘图区中选择矩形对象，按【Enter】键确认，输入R并确认，弹出"阵列创建"面板，设置"列数"为1、其对应的"介于"为1；"行数"为4、其对应的"介于"为-640，如图22-27所示。

05 按【Enter】键确认，即可阵列图形，如图22-28所示。

06 执行CO（复制）命令，根据命令行提示进行操作，复制矩形，如图22-29所示。

图22-26　偏移效果

图22-27　设置参数

图22-28　阵列图形效果

图22-29　复制图形效果

07 执行XL（构造线）命令，根据命令行提示进行操作，捕捉矩形中点，绘制两条垂直构造线，如图22-30所示。

08 执行REC（矩形）命令，根据命令行提示进行操作，输入FROM命令，按【Enter】键确认，捕捉左上方矩形的上中点，依次输入（@0，100）、（@308.5，-520），每输入一次按【Enter】键确认，绘制一个矩形，如图22-31所示。

图22-30 绘制构造线

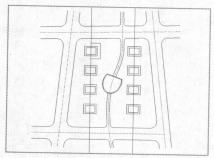

图22-31 绘制矩形

小区规划应注重生态环境的保护，生态环境是影响小区居住条件的关键因素。所以在规划设计时，应充分考虑地形、地貌和地物的特点，在尽可能不破坏建设基地原有的河流、山坡、树木、绿地等地理条件的同时，创建出建筑与自然环境和谐一致、相互依存，富有当地特色的居住环境。

09 执行CO（复制）命令，根据命令行提示进行操作，以合适的基点复制矩形，如图22-32所示。

10 执行RO（旋转）命令，根据命令行提示进行操作，捕捉左上方的矩形的左上角点为基点，将左侧绘制的矩形和构造线旋转-6°，如图22-33所示。

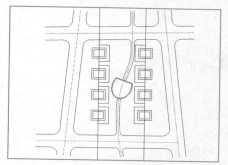

图22-32 复制图形效果

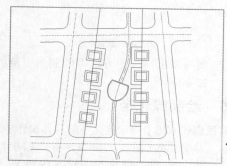

图22-33 旋转图形

11 重复执行RO（旋转）命令，根据命令行提示进行操作，捕捉右上方的矩形的右上角点为基点，将右侧绘制的矩形和构造线旋转6°，如图22-34所示。

12 执行TR（修剪）命令，根据命令行提示进行操作，修剪图形，如图22-35所示。

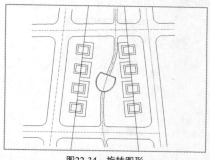

图22-34 旋转图形

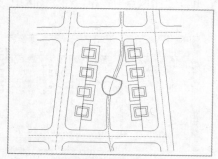

图22-35 修剪图形

13 执行L（直线）命令，根据命令行提示进行操作，在矩形与样条曲线之间连接直线，如图22-36所示。

14 执行CO（复制）命令，根据命令行提示，复制直线对象，如图22-37所示。

图22-36　绘制直线

图22-37　复制直线

15 执行RO（旋转）命令，根据命令行提示进行操作，将绘制的直线旋转-6度，如图22-38所示。

16 执行TR（修剪）命令，根据命令行提示进行操作，修剪图形，如图22-39所示。

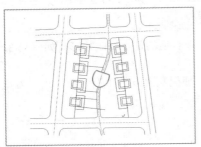

图22-38　旋转图形

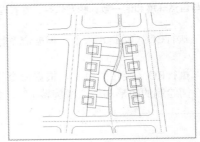

图22-39　修剪效果

17 用与以上同样的方法，绘制另一侧的直线，效果如图22-40所示。

22.1.5　绘制绿化带

【实践操作475】绘制绿化带的具体操作步骤如下。

01 执行LA（图层）命令，在"图层特性管理器"面板中，新建"绿化"图层（绿色），并其置为当前图层，如图22-41所示。

02 执行H（图案填充）命令，按【Enter】键确认，弹出"图案填充编辑器"面板，单击"图案填充图案"的下拉按钮，选择"AR-CONC"选项，如图22-42所示。

03 单击"拾取点"按钮，在绘图区中选择合适的填充区域，进行填充，如图22-43所示。

图22-40　绘制直线

图22-41　新建"绿化"图层

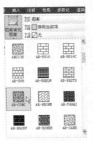

22-42　设置参数

04 执行I（插入）命令，弹出"插入"对话框，如图22-44所示。

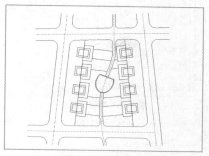

图22-43 图案填充

图22-44 单击"浏览"按钮

05 单击"浏览"按钮，弹出"选择图形文件"对话框，选择需要插入的图块素材，如图22-45所示。

06 单击"打开"按钮，返回到"插入"对话框，单击"确定"按钮，在绘图区中的任意位置上单击鼠标，插入植物，选择插入的植物对象，将其缩放并移至合适的位置，并复制图块至合适位置，效果如图22-46所示。

图22-45 单击"打开"按钮

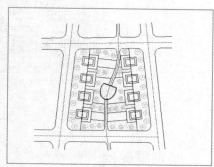

图22-46 复制图块

22.1.6 添加文本及图签

【实践操作 476】添加文本及图签的具体操作步骤如下。

01 将"文本"图层置为当前图层。在命令行中输入T（文本）命令，按【Enter】键确认，根据命令行提示进行操作，在主干道位置输入道路名称，如图22-47所示。

02 执行T（文本）命令，根据命令行提示进行操作，在矩形内输入小区名称，如图22-48所示。

03 执行I（插入）命令，插入图框素材，并调整其位置，如图22-49所示。

04 使用文本工具输入图纸名称，效果如图22-50所示。

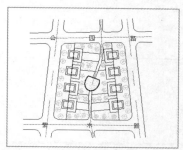

图22-47 添加文本

图22-48 添加文本

图22-49　插入图块

图22-50　添加文本

别墅立面图

本实例制作的是别墅立面图的效果，实例效果如图 22-51 所示。

图22-51　别墅立面图

22.2.1　绘制别墅轮廓

实践素材	无
实践效果	光盘\效果\第22章\别墅立面图.dwg
视频演示	光盘\视频\第22章\别墅立面图.mp4

【实践操作 477】绘制别墅轮廓的具体操作步骤如下。

01 新建一个CAD文件，执行LA（图层）命令，弹出"图层特性管理器"面板，依次创建"墙体"图层、"填充"图层（颜色为8），并将"墙体"图层置为当前图层，如图22-52所示。

02 执行L（直线）命令，根据命令行提示，在绘图区中任意捕捉一点为起点，向右引导光标，输入22897，按【Enter】键确认，绘制水平直线，并全部缩放显示图形。

03 重复执行L（直线）命令，根据命令行提示进行操作，输入FROM（捕捉自）命令，按【Enter】键确认，捕捉新绘制直线的左端点，依次输入（@2581,0）和（@0,5795），绘制竖直直线，如图22-53所示。

图22-52　创建图层

图22-53　绘制直线

04 执行REC（矩形）命令，根据命令行提示，输入FROM（捕捉自）命令，按【Enter】键确认，捕捉新绘制直线的下端点，依次输入（@-50,122）和（@500,450），绘制矩形，如图22-54所示。

05 执行CO（复制）命令，根据命令行提示，选择新绘制的矩形，捕捉左下方端点，向上引导光标，依次输入550、1100、1650、2200、2750、3300、3850、4400和4950，复制矩形，如图22-55所示。

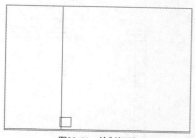

图22-54　绘制矩形

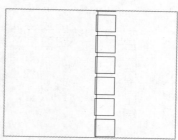

图22-55　复制矩形

06 执行TR（修剪）命令，根据命令行提示，修剪多余的直线，如图22-56所示。

07 执行REC（矩形）命令，根据命令行提示，输入FROM（捕捉自）命令，按【Enter】键确认，捕捉新绘制直线的上端点，依次输入（@-159,0）和（@1051,200），绘制矩形，如图22-57所示。

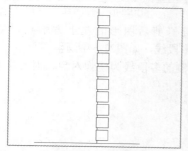

图22-56　修剪直线

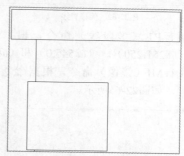

图22-57　绘制矩形

08 重复执行REC（矩形）命令，根据命令行提示，输入FROM（捕捉自）命令，按【Enter】键确认，捕捉上一步中新绘制矩形的左上方端点，输入（@-30,0）和（@1101,100），绘制矩形，如图22-58所示。

09 执行PL（多段线）命令，根据命令行提示，输入FROM（捕捉自）命令，按【Enter】键确认，捕捉上一步中新绘制矩形的左上方端点，输入（@50,0）、（@255,250）、（@545,0）和（@251,-250），绘制多段线，如图22-59所示。

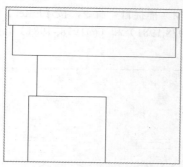

图22-58　绘制矩形

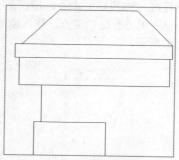

图22-59　绘制多段线

10 执行REC（矩形）命令，根据命令行提示，输入FROM（捕捉自）命令，按【Enter】键确认；捕捉新绘制多段线的右下方端点，输入（@2494,0）和（@2925,-471），绘制矩形，如图22-60所示。

11 执行X（分解）命令，根据命令行提示，分解上一步中新绘制的矩形；执行O（偏移）命令，在命令行提示下，依次设置偏移距离为100和150，将新矩形上方水平直线向下偏移，如图22-61所示。

12 重复执行O（偏移）命令，根据命令行提示，依次设置偏移距离为20、95、2695、95，将矩形左侧竖直直线向右偏移，如图22-62所示。

13 执行TR（修剪）命令，根据命令行提示，修剪多余直线，如图22-63所示。

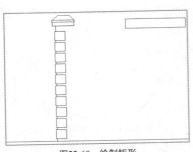

图22-60 绘制矩形

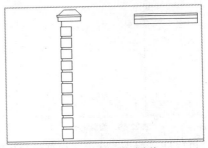

图22-61 分解并偏移直线

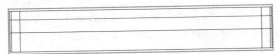

图22-62 偏移直线

图22-63 修剪直线

14 执行PL（多段线）命令，根据命令行提示，捕捉修剪后图形的左上方端点，依次输入（@251,250）、（@545,0）和（@255,-250），绘制多段线，如图22-64所示。

15 执行MI（镜像）命令，根据命令行提示，选择新绘制的多段线为镜像对象，对其进行镜像处理，如图22-65所示。

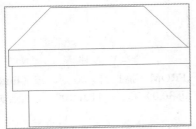

图22-64 绘制多段线

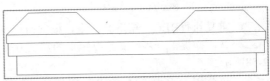

图22-65 镜像图形

16 重复执行MI（镜像）命令，根据命令行提示，选择从步骤2至步骤9中的所有绘制的图形为镜像对象，对其进行镜像处理，如图22-66所示。

17 执行PL（多段线）命令，根据命令行提示，输入FROM（捕捉自）命令，按【Enter】键确认；捕捉左上方合适的端点，依次输入（@65,0）、（@1978,1981）和（@1978,-1981），绘制多段线，如图22-67所示。

图22-66 镜像图形

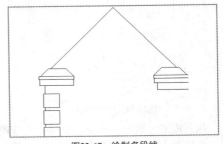

图22-67 绘制多段线

18 执行O（偏移）命令，根据命令行提示，依次设置偏移距离为200、100和249，将新绘制的多段线向下偏移；设置偏移距离为65，将多段线向上偏移，如图22-68所示。

19 执行TR（修剪）命令，根据命令行提示，修剪多余直线，并通过夹点拉伸图形，如图22-69所示。

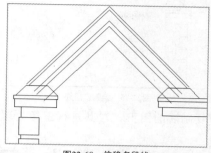

图22-68　偏移多段线

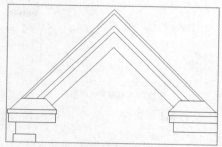

图22-69　修剪直线

20 执行C（圆）命令，根据命令行提示，输入FROM（捕捉自）命令，按【Enter】键确认；捕捉内侧多段线的上方端点，输入（@0,-631）并确认，分别创建半径为400、288、218的圆，如图22-70所示。

21 执行MI（镜像）命令，根据命令行提示，在绘图区中选择新绘制的多段线和圆，对其进行镜像处理，如图22-71所示。

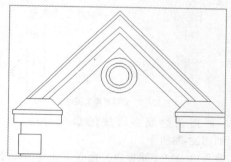

图22-70　绘制圆

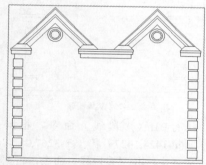

图22-71　镜像图形

22 执行PL（多段线）命令，根据命令行提示，捕捉左侧多段线最上方端点，输入（@530,550）、（@4359,0）和（@530,-550），绘制多段线，如图22-72所示。

23 执行CO（复制）命令，根据命令行提示，捕捉左侧合适的图形为复制对象，如图22-73所示。

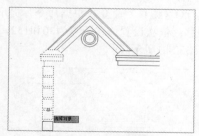

图22-72　绘制多段线

图22-73　选择复制图形

24 按【Enter】键确认，捕捉图形左上方端点为基点，输入（@9126,-2750）并确认，复制图形；执行E（删除）命令，根据命令行提示进行操作，删除相应的图形，如图22-74所示。

25 执行PL（多段线）命令，根据命令行提示，捕捉复制图形的左上方端点，依次输入（@3205,3215）和（@3205,-3215），绘制多段线，如图22-75所示。

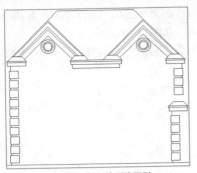

图22-74　复制并删除图形

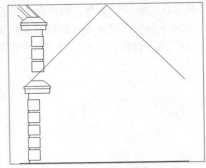

图22-75　绘制多段线

26 执行MI（镜像）命令，根据命令行提示，选择复制后的图形，对其进行镜像处理，如图22-76所示。

27 执行O（偏移）命令，根据命令行提示，依次设置偏移距离为100、200、100、230，将新绘制的多段线向下偏移；执行TR（修剪）命令，在命令行提示下，修剪多余的直线，如图22-77所示。

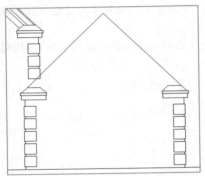

图22-76　镜像图形

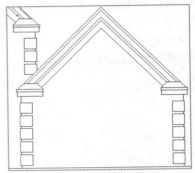

图22-77　偏移并修剪图形

28 执行PL（多段线）命令，根据命令行提示，捕捉新绘制多段线的最上方端点，输入（@-1424,1427）和（@-3267,0），绘制多段线，如图22-78所示。

29 重复执行PL（多段线）命令，根据命令行提示，输入FROM（捕捉自）命令，按【Enter】键确认；捕捉新绘制多段线右下方端点，输入（@-96,97）、（@1857,0）和（@1061,-1063），绘制多段线，如图22-79所示。

30 执行L（直线）命令，根据命令行提示，输入FROM（捕捉自）命令，按【Enter】键确认；捕捉新绘制多段线右下方端点，输入（@964,-966）、（@1907,0）和（@0,-1910），绘制直线，如图22-80所示。

31 执行O（偏移）命令，根据命令行提示，依次设置偏移距离为100和200，将新绘制的水平直线向下偏移；依次设置偏移距离为30和152，将新绘制的竖直直线向左偏移，并对偏移后的图形进行修剪处理，如图22-81所示。

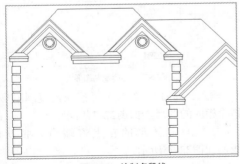

图22-78　绘制多段线

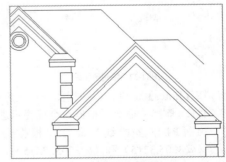

图22-79　绘制多段线

图22-80 绘制直线

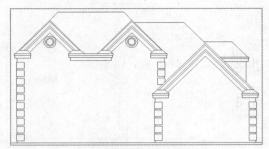

图22-81 偏移并修剪直线

22.2.2 绘制别墅窗户

【实践操作478】绘制别墅窗户的具体操作步骤如下。

01 执行REC（矩形）命令，根据命令行提示，输入FROM（捕捉自）命令，按【Enter】键确认，捕捉左下方端点，依次输入（@3985,5970）和（@1500,-2136），绘制矩形，如图22-82所示。

02 执行X（分解）命令，根据命令行提示，分解新绘制的矩形；执行O（偏移）命令，根据命令行提示，依次设置偏移距离为240、40、60、253、20、263、20、223、20、243、20、243、20、253、60、40，将矩形上方水平直线向下偏移，如图22-83所示。

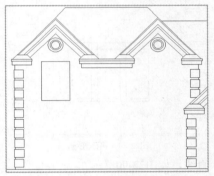

图22-82 绘制矩形

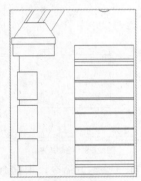

图22-83 偏移直线

03 重复执行O（偏移）命令，根据命令行提示，依次设置偏移距离为40、60、193、20、193、20、164、60、63、193、20、194、20、164、57，将矩形左侧的竖直直线向右偏移，如图22-84所示。

04 执行TR（修剪）命令，根据命令行提示，修剪多余直线，得到窗户图形，如图22-85所示。

05 执行CO（复制）命令，根据命令行提示，选择新绘制的窗户对象，捕捉左上方端点为基点，输入（@0,-2654），复制窗户图形，如图22-86所示。

06 执行MI（镜像）命令，根据命令行提示，选择左侧的窗户图形对象，对其进行镜像处理，如图22-87所示。

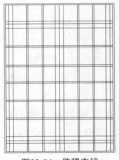

图22-84 偏移直线

图22-85 修剪直线

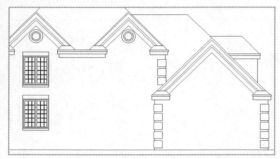

图22-86 复制窗户图形

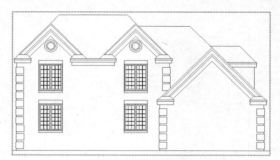

图22-87 镜像窗户图形

07 执行REC（矩形）命令，根据命令行提示，输入FROM（捕捉自）命令，按【Enter】键确认；捕捉右下方端点，依次输入（@-6447,3316）和（@-2800,-2136），绘制矩形，如图22-88所示。

08 执行X（分解）命令，根据命令行提示，分解新绘制的矩形对象；执行O（偏移）命令，在命令行提示下，将矩形的上方水平直线向下偏移，偏移距离依次为240、1776，将矩形的左侧竖直直线向右偏移，偏移距离依次为800、200、800、200，如图22-89所示。

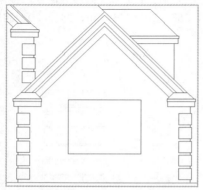

图22-88 绘制矩形

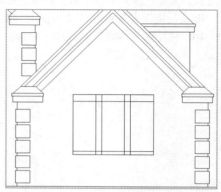

图22-89 偏移直线

09 执行TR（修剪）命令，根据命令行提示，修剪多余直线，如图22-90所示。

10 执行REC（矩形）命令，根据命令行提示，输入FROM（捕捉自）命令，按【Enter】键确认；捕捉修剪后图形左上方端点，输入（@40,-280）和（@720,-1696），绘制矩形，如图22-91所示。

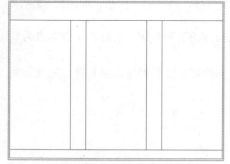

图22-90 修剪直线

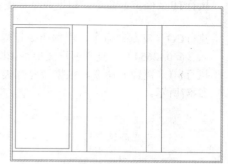

图22-91 绘制矩形

11 执行O（偏移）命令，根据命令行提示，设置偏移距离为60，将新绘制的矩形向内偏移，如图22-92所示。

12 执行X（分解）命令，根据命令行提示，将偏移后的矩形进行分解处理；执行O（偏移）命令，在命令行提示下，依次设置偏移距离为190、20、180、20，将分解后的矩形左侧竖直直线向右偏移，如图22-93所示。

图22-92 偏移矩形

图22-93 偏移直线

13 重复执行O（偏移）命令，依次设置偏移距离为253、20、243、20、243、20、243、20、243、20、243、20，将分解后的矩形上方水平直线向下偏移，如图22-94所示。

14 执行CO（复制）命令，根据命令行提示，选择从步骤10至步骤13中绘制的所有图形为复制对象，捕捉所选择对象的左上方端点，向右引导光标，依次输入1000和2000，复制图形，如图22-95所示。

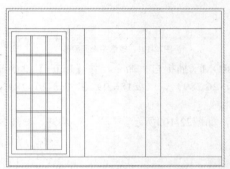

图22-94 偏移直线

图22-95 复制图形

15 执行L（直线）命令，根据命令行提示，输入FROM（捕捉自）命令，按【Enter】键确认。捕捉新绘制窗户的左上方端点，依次输入（@455,545）和（@1976,0），绘制直线，如图22-96所示。

16 执行A（圆弧）命令，根据命令行提示，捕捉新绘制直线的左端点，输入（@988,988）和（@988,-988），绘制圆弧，如图22-97所示。

图22-96 绘制直线

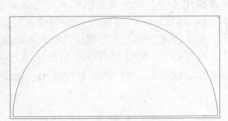

图22-97 绘制圆弧

17 执行O（偏移）命令，根据命令行提示，设置偏移距离为240、40、250、30，将新绘制的圆弧向下偏移，如图22-98所示。

18 执行L（直线）命令，输入FROM（捕捉自）命令，按【Enter】键确认。捕捉大圆弧的左端点，输入（@480,494）和（@494,-494），绘制直线，如图22-99所示。

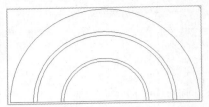

图22-98　偏移圆弧

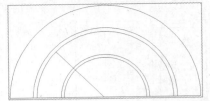

图22-99　绘制直线

19 重复执行L（直线）命令，根据命令行提示，输入FROM（捕捉自）命令，按【Enter】键确认。捕捉大圆弧的左端点，依次输入（@494,507）、（@484,-484）和（@0,684），绘制直线，如图22-100所示。

20 执行MI（镜像）命令，根据命令行提示进行操作，选择新绘制的3条直线为镜像对象，对其进行镜像处理；执行TR（修剪）命令，根据命令行提示，修剪多余的直线，如图22-101所示。

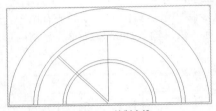

图22-100　绘制直线

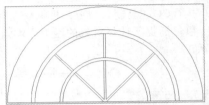

图22-101　镜像并修剪图形

21 执行PL（多段线）命令，根据命令行提示，输入FROM（捕捉自）命令，按【Enter】键确认；捕捉大圆弧的左端点，依次输入（@920,745）、（@-26,289）、（@186,0）和（@-26,-289），绘制多段线，如图22-102所示。

22 执行TR（修剪）命令，修剪绘图区中多余的圆弧，如图22-103所示。

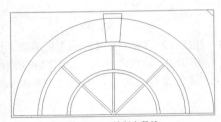

图22-102　绘制多段线

图22-103　修剪图形

22.2.3　绘制别墅门和其他

【实践操作 479】绘制别墅门和其它的具体操作步骤如下。

01 执行REC（矩形）命令，根据命令行提示，输入FROM（捕捉自）命令，按【Enter】键确认；捕捉左上方窗户的左上方端点，输入（@2376,-481）和（@500,-450），绘制矩形，如图22-104所示。

02 执行CO（复制）命令，根据命令行提示，选择新绘制的矩形，捕捉左上方端点，向下引导光标，输入510和1020，复制图形，如图22-105所示。

图22-104　绘制矩形

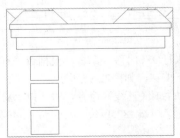

图22-105　复制矩形

03 执行L（直线）命令，根据命令行提示，捕捉复制后最下方矩形的右下方端点，向右引导光标，输入1178，按【Enter】键确认，绘制直线；执行O（偏移）命令，在命令行提示下，设置偏移距离为397，将新绘制直线向上偏移，如图22-106所示。

04 执行MI（镜像）命令，根据命令行提示，选择直线左侧的所有矩形，对其进行镜像处理，如图22-107所示。

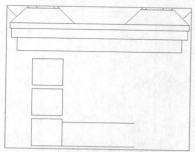

图22-106　绘制并偏移直线

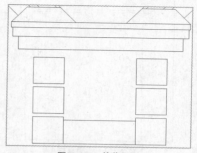

图22-107　镜像图形

05 执行C（圆）命令，根据命令行提示，输入FROM（捕捉自）命令，按【Enter】键确认；捕捉偏移后的水平直线的中点，输入（@0,617）并确认，分别绘制半径为515和415的圆对象，如图22-108所示。

06 执行PL（多段线）命令，根据命令行提示，输入FROM（捕捉自）命令，按【Enter】键确认；捕捉左侧最下方矩形的左下方端点，依次输入（@383,0）、（@-738,-578）、（@2791,0）和（@-738,578），绘制多段线，如图22-109所示。

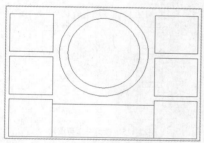

图22-108　绘制圆

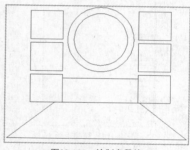

图22-109　绘制多段线

07 执行X（分解）命令，根据命令行提示，分解新绘制的多段线；执行O（偏移）命令，在命令行提示下，依次设置偏移距离为50、200、100，将分解后的图形最下方的水平直线向下偏移，如图22-110所示。

08 执行L（直线）命令，根据命令行提示，捕捉新绘制多段线左下方端点，向下引导光标，输入2990，按【Enter】键确认，绘制直线；执行O（偏移）命令，在命令行提示下，依次设置偏移距离为45、159、45、2293、45、159、45，将新绘制直线向右偏移，如图22-111所示。

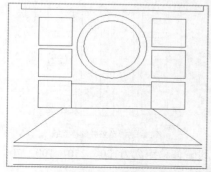

图22-110　偏移直线

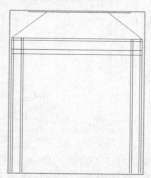

图22-111　绘制并偏移直线

09 执行TR（修剪）命令，根据命令行提示，修剪多余直线，如图22-112所示。

10 执行REC（矩形）命令，根据命令行提示，输入FROM（捕捉自）命令，按【Enter】键确认；捕捉修剪后图形的左下方端点，输入（@-28,222）和（@500,450），绘制矩形，如图22-113所示。

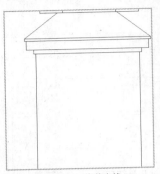

图22-112　修剪直线

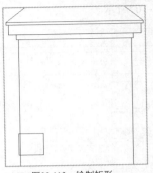

图22-113　绘制矩形

11 执行CO（复制）命令，根据命令行提示，选择新绘制矩形为复制对象，捕捉左下方端点，向上引导光标，输入550、1100、1650，复制图形，如图22-114所示。

12 执行MI（镜像）命令，根据命令行提示，选择左侧的所有矩形对象，对其进行镜像处理，并修剪多余的直线，如图22-115所示。

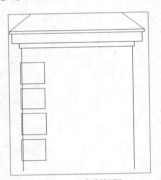

图22-114　复制矩形

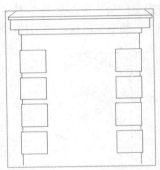

图22-115　镜像并修剪图形

13 执行REC（矩形）命令，根据命令行提示，输入FROM（捕捉自）命令，按【Enter】键确认；捕捉修剪后图形的左下方端点，输入（@549,164）和（@1200,2116），绘制矩形，如图22-116所示。

14 执行X（分解）命令，根据命令行提示，分解新绘制的矩形；执行O（偏移）命令，在命令行提示下，依次设置偏移距离为100、366、134、134、366，将矩形左侧的竖直直线向右偏移，如图22-117所示。

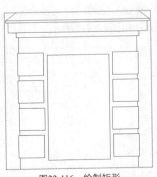

图22-116　绘制矩形

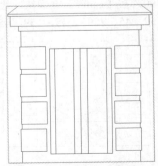

图22-117　分解并偏移直线

15 重复执行O（偏移）命令，根据命令行提示，依次设置偏移距离为100、250、100、700、100、700，将矩形上方水平直线向下偏移，如图22-118所示。

16 执行TR（修剪）命令，根据命令行提示，修剪多余直线，如图22-119所示。

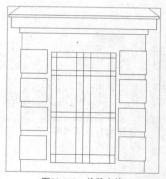

图22-118　偏移直线

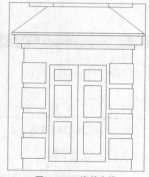

图22-119　修剪直线

17 执行REC（矩形）命令，根据命令行提示，输入FROM（捕捉自）命令，按【Enter】键确认；捕捉修剪后图形的左下方端点，输入（@-1130,-14）和（@-300,-600），绘制矩形，如图22-120所示。

18 执行MI（镜像）命令，根据命令行提示，选择新绘制的矩形对象，对其进行镜像处理，如图22-121所示。

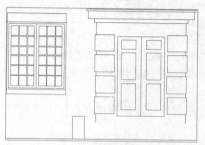

图22-120　绘制矩形

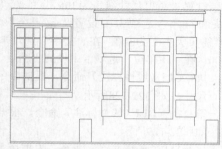

图22-121　镜像矩形

19 执行O（偏移）命令，根据命令行提示，设置偏移距离均为150，将最下方水平直线向上偏移3次，如图22-122所示。

20 执行TR（修剪）命令，根据命令行提示，修剪绘图区中多余的直线；执行E（删除）命令，在命令行提示下，删除多余的直线，效果如图22-123所示。

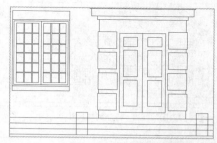

图22-122　偏移直线

图22-123　修剪并删除直线

22.2.4　填充别墅立面图

【实践操作 480】填充别墅立面图的具体操作步骤如下。

01 将"填充"图层置为当前，执行H（图案填充）命令，弹出"图案填充创建"选项卡，在"图案填充图案"下拉列表框中，选择"ANSI31"选项，设置"图案填充角度"为315、"图案填充比例"为40，如图22-124所示。

02 在绘图区中的合适位置上单击鼠标，并按【Enter】键确认，即可创建图案填充，如图22-125所示。

03 重复执行H（图案填充）命令，弹出"图案填充创建"选项卡，选择"AR-RSHKE"选项，在合适位置上单击鼠标左键，并按【Enter】键确认，即可创建图案填充，效果如图22-126所示。

图22-124　设置填充参数

图22-125　创建图案填充

22.2.5　标注别墅立面图

【实践操作481】标注别墅立面图的的具体操作步骤如下。

01 将0图层置为当前，执行D（标注样式）命令，弹出"标注样式管理器"对话框，如图22-127所示，选择默认的标注样式，单击"修改"按钮。

02 弹出"修改标注样式"对话框，在"线"选项卡中，设置"超出尺寸线"为300、"起点偏移量"为200；在"箭头和符号"选项卡中设置"第一个"箭头为"建筑标记"、"箭头大小"为300；在"文字"选项卡中设置"文字高度"为300；在"主单位"选项卡中设置"精度"为0，单击"确定"按钮，即可设置标注样式。

图22-126　创建图案填充

03 执行DLI（线性标注）命令，根据命令行提示，依次捕捉最下方水平直线的左右端点，标注线性尺寸，如图22-128所示。

04 重复执行DLI（线性标注）命令，根据命令行提示，依次捕捉合适的端点，标注其他线性尺寸，如图22-129所示。

05 执行MT（多行文字）命令，根据命令行提示进行操作，设置"文字高度"为400，在绘图区下方的合适位置处，创建相应的文字，并调整其在绘图区的位置，如图22-130所示。

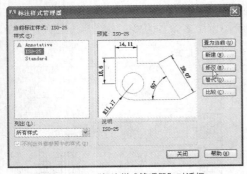

图22-127　"标注样式管理器"对话框

图22-128　标注线性尺寸

图22-129　标注其他线性尺寸

图22-130　绘制文字

06 执行PL（多段线）命令，根据命令行提示，设置宽度为100，在文字的下方绘制一条合适长度的多段线；执行L（直线）命令，根据命令行提示，在多段线下方，绘制一条直线，效果如图22-131所示。

图22-131　绘制多段线和直线

22.3　园林规划鸟瞰图

本实例制作的是园林规划鸟瞰图的效果，实例效果如图22-132所示。

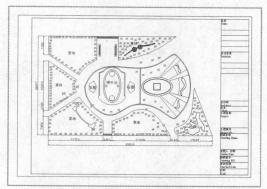

图22-132　园林规划鸟瞰图的效果图

22.3.1　绘制基本建筑

实践素材	光盘 \ 素材 \ 第 22 章 \ 图框 .dwg、假山 .dwg、绿草 .dwg、图块 .dwg、木椅 .dwg、苗圃 .dwg、鹅卵石路 .dwg、石凳 .dwg
实践效果	光盘 \ 效果 \ 第 22 章 \ 建筑景观平面图 .dwg
视频演示	光盘 \ 视频 \ 第 22 章 \ 建筑景观平面图 .mp4

【实践操作 482】 绘制基本建筑的具体操作步骤如下。

01 单击快速访问工具栏上的"新建"按钮，新建一个空白图形文件。

02 执行LA（图层）命令，在"图层特性管理器"面板中，单击"新建图层"按钮，新建"轮廓"图层，如图22-133所示。

03 在"轮廓"图层上双击鼠标，将其置为当前图层，如图22-134所示。

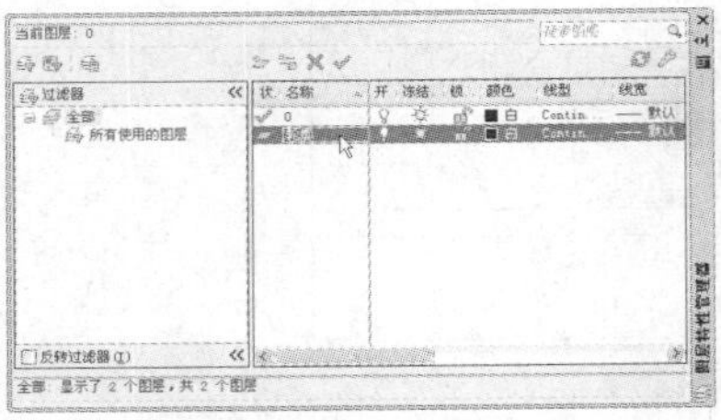

图22-133　新建图层

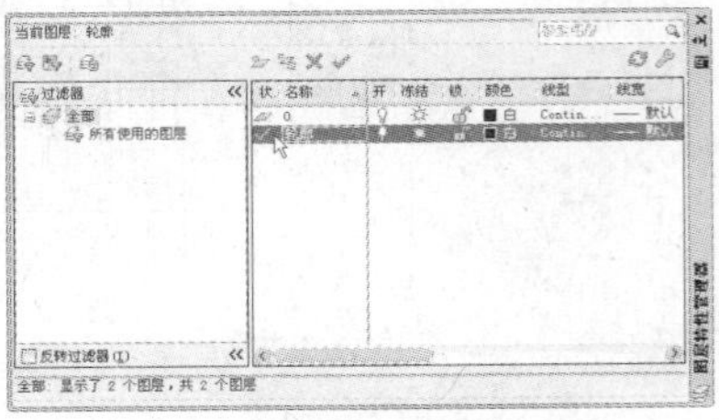

图22-134　置为当前图层

04 执行L（直线）命令，根据命令行提示，在绘图区中任意点上单击鼠标，向左引导光标，输入65000，如图22-135所示。

05 按【Enter】键确认，绘制直线，如图22-136所示。

06 重复L（直线）命令，根据命令行提示，在新绘制的直线左端点上，向上引导光标，输入39976，按【Enter】键确认，绘制直线，如图22-137所示。

07 重复L（直线）命令，根据命令行提示，在新绘制的直线最上方的端点上，向右引导光标，输入50000，按【Enter】键确认，绘制直线，如图22-138所示。

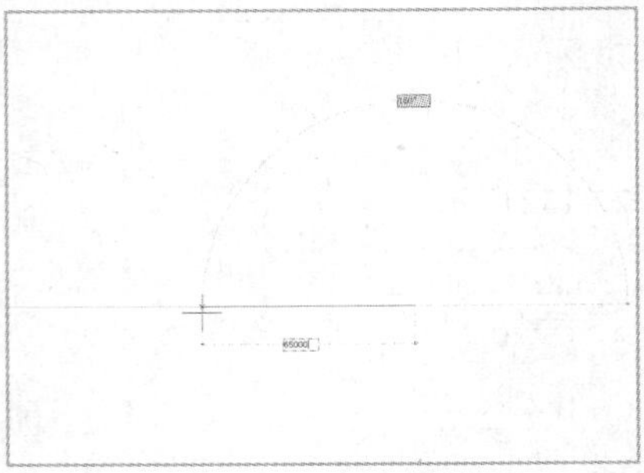

图22-135　输入参数

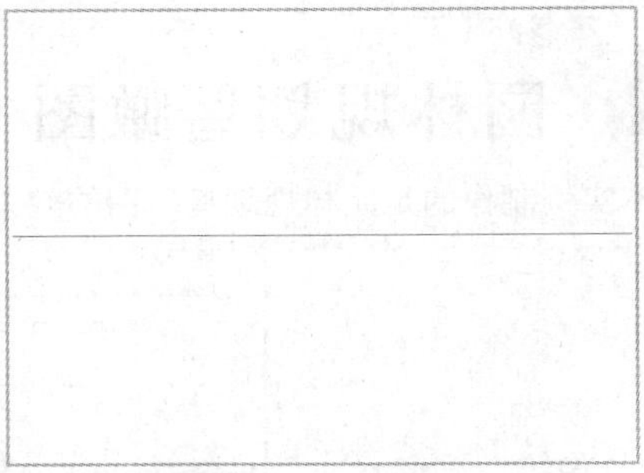

图22-136　绘制直线

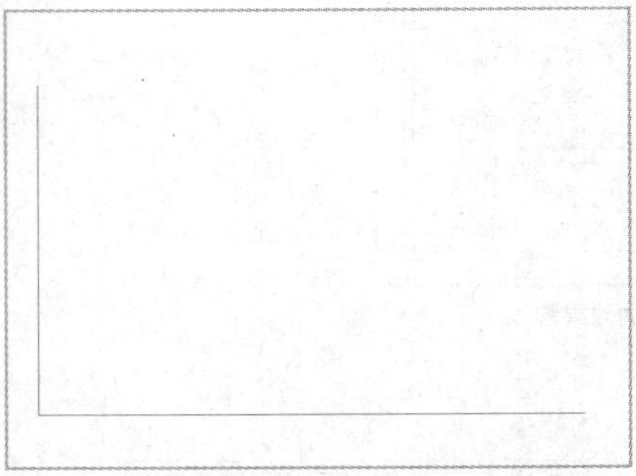

图22-137　绘制直线

图22-138　绘制直线

08 重复L（直线）命令，根据命令行提示，在绘图区中的两条水平直线的右端点上，依次单击鼠标，如图22-139所示。

09 执行O（偏移）命令，根据命令行提示，选择最左侧的直线为偏移对象，向右进行偏移，偏移距离依次为19187、2563、3401、2349、20760、3143，如图22-140所示。

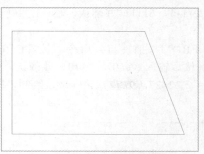

图22-139　绘制直线

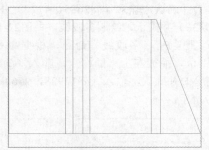

图22-140　绘制直线

10 重复O（偏移）命令，根据命令行提示，选择最下方的水平直线为偏移对象，向上进行偏移，偏移距离依次为200、200、200、6888、2496、9418、10582、2500、6695、200、200、200，如图22-141所示。

11 执行TR（修剪）命令，在绘图区中，将偏移后的直线进行修剪处理，执行E（删除）命令，在绘图区中，将修剪后的多余的线段进行删除处理，删除后的效果如图22-142所示。

12 执行PL（多段线）命令，根据命令行提示，输入FROM（捕捉自）命令，按【Enter】键确认，在绘图区中左下方端点上，单击鼠标确定基点，如图22-143所示。

13 输入（@0，7480），按【Enter】键确认，输入（@12167，8054）并确认，输入A并确认，输入D并确认，输入（@4166，-5453）并确认，输入（@9582，-9655）并确认，输入L并确认，输入（@0，-5269）并确认，绘制多段线，如图22-144所示。

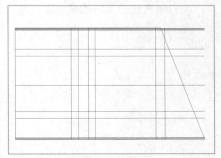

图22-141　绘制直线

图22-142　修剪并删除多余线段

图22-143　确定基点

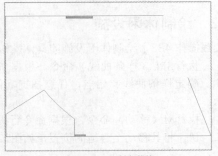

图22-144　绘制多段线

14 重复PL（多段线）命令，根据命令行提示，输入FROM（捕捉自）命令，按【Enter】键确认，捕捉左下方的端点，输入（@0，9984）并确认，输入（@11250，7500）并确认，输入（@-1250，2500）并确认，输入（@1250，2500）并确认，输入（@-11250，7500）并确认，绘制多段线，如图22-145所示。

15 重复PL（多段线）命令，根据命令行提示，输入FROM（捕捉自）命令，按【Enter】键确认，捕捉左上方的端点，输入（@0，-7500）并确认，输入（@12075，-8047）并确认，输入A并确认，输入D并确认，输入（@2635，4127）并确认，输入（@7111，6111）并确认，输入L并确认，输入（@0，9436）并确认，绘制多段线，如图22-146所示。

16 重复PL（多段线）命令，根据命令行提示，输入FROM（捕捉自）命令，按【Enter】键确认，捕捉左上方的端点，输入（@27500，0）并确认，输入（@0，-9440）并确认，输入A并确认，输入D并确认，输入（@12928，956）并确认，输入（@22427，9377）并确认，绘制多段线，如图22-147所示。

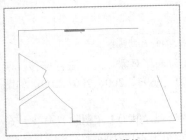

图22-145　绘制多段线

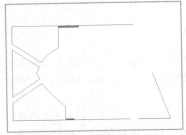

图22-146　绘制多段线

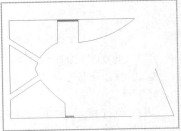

图22-147　绘制多段线

17 重复PL（多段线）命令，输入FROM（捕捉自）命令，按【Enter】键确认，捕捉左下方的端点，输入（@25151，0）并确认，输入（@0，5898）并确认，输入A并确认，输入D并确认，输入（@4756，1247）并确认，输入（@7030，3289）并确认，输入（@10325，-1024）并确认，捕捉合适的端点，绘制多段线，如图22-148所示。

18 执行SPL（样条曲线）命令，输入FROM（捕捉自）命令，按【Enter】键确认，捕捉右下方的端点，输入（@-13598，0）并确认，任意捕捉3个端点，在右侧直线最上方的端点上，单击鼠标，按【Enter】键确认，绘制样条曲线，如图22-149所示。

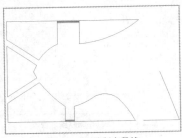

图22-148　绘制多段线

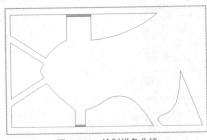

图22-149　绘制样条曲线

22.3.2　绘制休闲设施

【实践操作483】绘制休闲设施的具体操作步骤如下。

01 执行SPL（样条曲线）命令，根据命令行提示，输入（@85068,29425），按【Enter】键确认，确定样条曲线起始点，任意捕捉其他点和终点，按【Enter】键确认，绘制样条曲线，如图22-150所示。

02 执行M（移动）命令，根据命令行提示，选择新绘制的样条曲线为移动对象，按【Enter】键确认，将其移动至合适的位置，如图22-151所示。

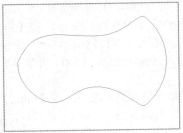

图22-150　绘制样条曲线

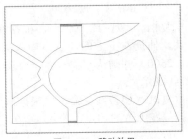

图22-151　移动效果

03 执行O（偏移）命令，根据命令行提示，设置偏移距离为250，将新绘制的样条曲线向内进行偏移处理，如图22-152所示。

04 执行L（直线）命令，根据命令行提示，输入FROM（捕捉自）命令，按【Enter】键确认，捕捉样条曲线的左端点，输入（@5723，5439）并确认，输入（@0，-9304）并确认，绘制直线，如图22-153所示。

05 执行O（偏移）命令，将新绘制的直线向右进行偏移处理，偏移距离依次为250、9710、250、5960、250；执行LINE（直线）命令，根据命令行提示进行操作，在绘图区中的相应端点上，依次单击鼠标左键，绘制直线，如图22-154所示。

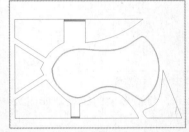
图22-152　偏移效果

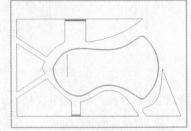
图22-153　绘制直线

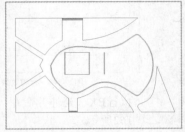
图22-154　绘制直线

06 执行PL（多段线）命令，根据命令行提示，在新绘制的最下方水平直线的左端点上，单击鼠标左键，依次输入A、D、（@-55，-103）、（@-216，-776），每输入一次都按【Enter】键确认，绘制多段线，如图22-155所示。

07 重复PL（多段线）命令，根据命令行提示进行操作，在新绘制的最上方水平直线的左端点上，单击鼠标，依次输入A、D、（@1355，343）、（@1604，605），每输入一次都按【Enter】键确认，绘制多段线，如图22-156所示。

08 执行MI（镜像）命令，根据命令行提示进行操作，选择多段线为镜像对象，按【Enter】键确认，捕捉两条水平直线的中点并确认，进行镜像处理，如图22-157所示。

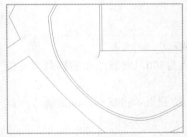
图22-155　绘制多段线

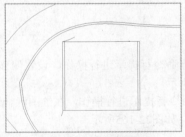
图22-156　绘制多段线

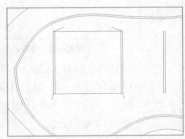
图22-157　镜像效果

09 执行TR（修剪）命令，修剪多余线段，执行C（圆）命令，根据命令行提示进行操作，在绘图区合适的位置上单击鼠标，确定圆心点，输入6297并确认，绘制圆，如图22-158所示。

10 重复C（圆）命令，根据命令行提示进行操作，在绘图区合适的位置上单击鼠标，确定圆心点，输入4363并确认，绘制圆，如图22-159所示。

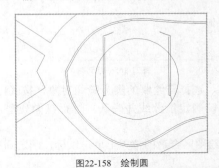
图22-158　绘制圆

图22-159　绘制圆

11 执行EX（延伸）命令，延伸相应的直线；执行TR（修剪）命令，修剪多余的线段，如图22-160所示。

12 执行O（偏移）命令，根据命令行提示进行操作，设置偏移距离为250，将最上方的多段线和圆弧向下偏移，如图22-161所示。

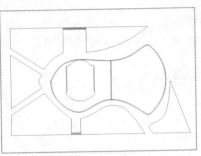

图22-160　修剪效果

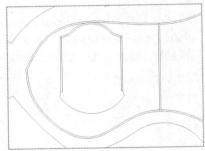

图22-161　偏移效果

13 执行EX（延伸）命令，延伸相应的直线；执行TR（修剪）命令，修剪多余的线段，如图22-162所示。

14 执行EL（椭圆）命令，根据命令行提示进行操作，在绘图区合适的位置上单击鼠标，确定椭圆中心点，向上引导光标，输入6168并确认，向左引导光标，输入2943并确认，绘制椭圆，如图22-163所示。

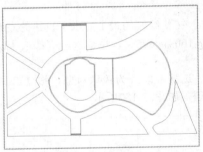

图22-162　修剪效果

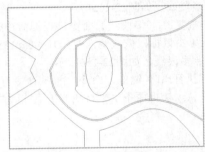

图22-163　绘制椭圆

15 执行O（偏移）命令，根据命令行提示进行操作，设置偏移距离为500，将新绘制的椭圆向外进行偏移处理，如图22-164所示。

16 执行C（圆）命令，根据命令行提示进行操作，在绘图区合适的位置上单击鼠标，确定圆心点，输入1000并确认，绘制圆，如图22-165所示。

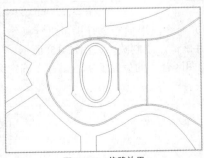

图22-164　偏移效果

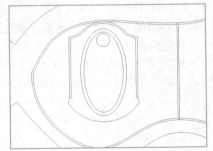

图22-165　绘制圆

17 执行MI（镜像）命令，根据命令行提示进行操作，选择新绘制的圆为镜像对象，按【Enter】键确认，在椭圆的左右象限点上，依次单击鼠标，确定镜像线并确认，进行镜像处理，如图22-166所示。

18 执行C（圆）命令，根据命令行提示进行操作，在绘图区合适的位置上单击鼠标，确定圆心点，输入374并确认，绘制圆，如图22-167所示。

19 执行MI（镜像）命令，根据命令行提示进行操作，选择新绘制的圆为镜像对象，按【Enter】键确认，在椭圆的上下象限点上，依次单击鼠标，确定镜像线并确认，进行镜像处理，效果如图22-168所示。

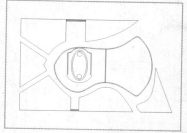

图22-166　镜像效果

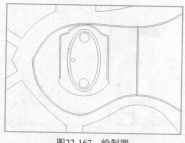

图22-167　绘制圆

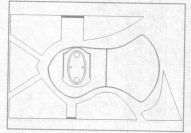

图22-168　镜像效果

22.3.3　插入图块

【实践操作484】插入图块的具体操作步骤如下。

01 执行I（插入）命令，弹出"插入"对话框，单击对话框中的"浏览"按钮，如图22-169所示。

02 弹出"选择图形文件"对话框，选择需要插入的图块素材，如图22-170所示。

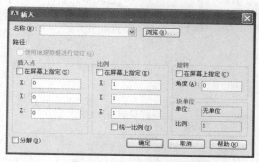

图22-169　单击"浏览"按钮

图22-170　选择素材图形

03 单击"打开"按钮，返回到"插入"对话框，单击"确定"按钮，在绘图区中的任意位置上单击鼠标，插入台阶，如图22-171所示。

04 执行M（移动）命令，根据命令行提示进行操作，选择新插入的"台阶"为移动对象，按【Enter】键确认，在绘图区中的合适位置上单击，即可移动图形，如图22-172所示。

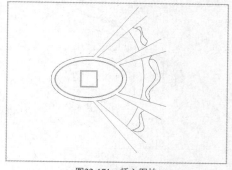

图22-171　插入图块

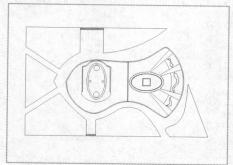

图22-172　移动图形

05 执行I（插入）命令，弹出"插入"对话框，单击对话框中的"浏览"按钮，弹出"选择图形文件"对话框，选择需要插入的合适素材，单击"打开"按钮，如图22-173所示。

06 返回到"插入"对话框，单击"确定"按钮，在绘图区中的任意位置上，单击鼠标，插入假山图块，并将其移至合适的位置，如图22-174所示。

图22-173　单击"打开"按钮

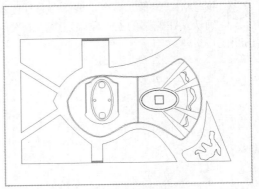

图22-174　插入图块

07 执行I（插入）命令，弹出"插入"对话框，单击对话框中的"浏览"按钮，弹出"选择图形文件"对话框，选择合适的素材，单击"打开"按钮，如图22-175所示。

08 返回到"插入"对话框，单击"确定"按钮，在绘图区中的任意位置上，单击鼠标，插入鹅卵石路图块，并将其移至合适的位置，如图22-176所示。

图22-175　单击"打开"按钮

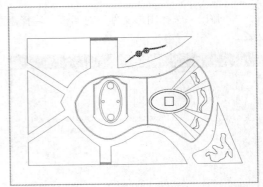

图22-176　插入图块

09 执行I（插入）命令，弹出"插入"对话框，单击对话框中的"浏览"按钮，弹出"选择图形文件"对话框，选择素材，单击"打开"按钮，如图22-177所示。

10 返回到"插入"对话框，单击"确定"按钮，在绘图区中的任意位置上单击鼠标，插入绿草图块，缩放图形至合适大小，将其移至合适的位置，如图22-178所示。

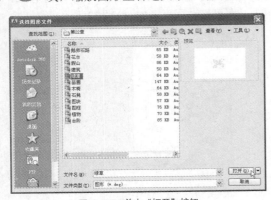

图22-177　单击"打开"按钮

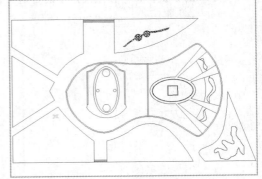

图22-178　插入绿草图块

11 执行CO（复制）命令，根据命令行提示进行操作，选择新插入的绿草为复制对象，将其复制至合适位置，如图22-179所示。

12 重复I（插入）命令，插入其他图块，并复制至合适位置，如图22-180所示。

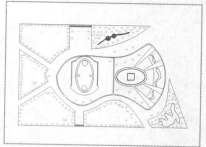

图22-179　复制图块的效果

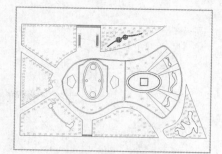

图22-180　插入其他的图块效果

22.3.4　创建尺寸标注

【实践操作485】创建尺寸标注的具体操作步骤如下。

01 执行LA（图层）命令，在"图层特性管理器"面板中，单击"新建图层"按钮，新建一个"标注"图层（蓝色）。在"功能区"选项板中的"常用"选项卡中，单击"注释"面板中间的下拉按钮，在展开的面板中，单击"标注样式"按钮，弹出"标注样式管理器"对话框，选中"ISO－25"选项并单击"修改"按钮，如图22-181所示。

02 弹出"修改标注样式：ISO-25"对话框，在相应的选项卡中，设置"箭头大小"为500、"文字高度"为1000、"精度"为0，如图22-182所示。

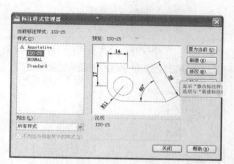

图22-181　单击"修改"按钮

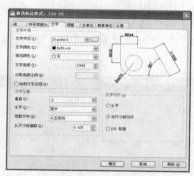

图22-182　设置参数

03
04 单击"确定"按钮，即可设置标注样式。执行DLI（线性）命令，根据命令行提示进行操作，在绘图区中的最下方直线的左右端点上，依次单击鼠标，向下引导光标，如图22-183所示。
在绘图区中的合适位置上，单击鼠标，即可创建线性尺寸标注，如图22-184所示。

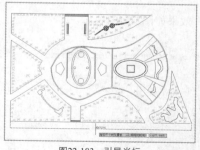

图22-183　引导光标

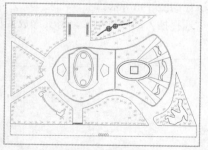

图22-184　创建线性尺寸标注

05 重复DLI（线性）命令，创建其他尺寸标注，如图22-185所示。

06 执行DTEXT（单行文字）命令，根据命令行提示进行操作，在绘图区中的任意位置上单击鼠标，输入1000，连续按【Enter】键确认，输入文字"草地"并确认，按【Esc】键退出，创建文字标注，如图22-186所示。

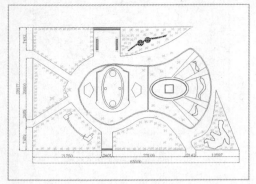

图22-185 尺寸标注效果

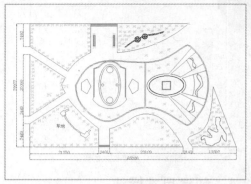

图22-186 文字标注效果

07 重复DTEXT（单行文字）命令，创建其他的文字标注，效果如图22-187所示。

22.3.5 添加图框

【实践操作486】添加图框的具体操作步骤如下。

01 将"轮廓"图层置为当前图层。执行I（插入）命令，弹出"插入"对话框，单击"浏览"按钮，如图22-188所示。

02 弹出"选择图形文件"对话框，选择需要插入的图框素材，单击"打开"按钮，如图22-189所示。

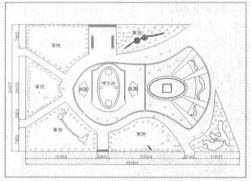

图22-187 文字效果

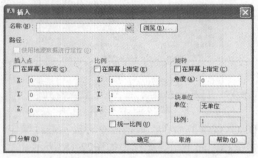

图22-188 单击"浏览"按钮

图22-189 单击"打开"按钮

03 返回到"插入"对话框，单击"确定"按钮，在绘图区中的任意位置上单击鼠标，插入图框，如图22-190所示。

04 选择插入的图框对象，将其缩放并移至合适的位置，效果如图22-191所示。

图22-190 插入图框

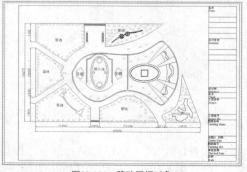

图22-191 移动图框对象